中国国家标准汇编

2008年修订-29

中国标准出版社 编

中国标准出版社

北京

图书在版编目（CIP）数据

中国国家标准汇编：2008 年修订．29/中国标准出版社编．—北京：中国标准出版社，2009

ISBN 978-7-5066-5534-7

Ⅰ．中…　Ⅱ．中…　Ⅲ．国家标准-汇编-中国-2008　Ⅳ．T-652.1

中国版本图书馆 CIP 数据核字（2009）第 186089 号

中国标准出版社出版发行
北京复兴门外三里河北街 16 号
邮政编码：100045
网址 www.spc.net.cn
电话：68523946　68517548
中国标准出版社秦皇岛印刷厂印刷
各地新华书店经销

*

开本 880×1230　1/16　印张 39.75　字数 1 177 千字
2009 年 11 月第一版　2009 年 11 月第一次印刷

*

定价 200.00 元

ISBN 978-7-5066-5534-7

出 版 说 明

1.《中国国家标准汇编》是一部大型综合性国家标准全集。自1983年起，按国家标准顺序号以精装本、平装本两种装帧形式陆续分册汇编出版。它在一定程度上反映了我国建国以来标准化事业发展的基本情况和主要成就，是各级标准化管理机构，工矿企事业单位，农林牧副渔系统，科研、设计、教学等部门必不可少的工具书。

2.《中国国家标准汇编》收入我国每年正式发布的全部国家标准，分为"制定"卷和"修订"卷两种编辑版本。

"制定"卷收入上年度我国发布的、新制定的国家标准，顺延前年度标准编号分成若干分册，封面和书脊上注明"20××年制定"字样及分册号，分册号一直连续。各分册中的标准是按照标准编号顺序连续排列的，如有标准顺序号缺号的，除特殊情况注明外，暂为空号。

"修订"卷收入上年度我国发布的、被修订的国家标准，视篇幅分设若干分册，但与"制定"卷分册号无关联，仅在封面和书脊上注明"20××年修订-1，-2，-3，……"字样。"修订"卷各分册中的标准，仍按标准编号顺序排列（但不连续）；如有遗漏的，均在当年最后一分册中补齐。需提请读者注意的是，个别非顺延前年度标准编号的新制定的国家标准没有收入在"制定"卷中，而是收入在"修订"卷中。

读者配套购买《中国国家标准汇编》"制定"卷和"修订"卷则可收齐上一年度我国制定和修订的全部国家标准。

3. 由于读者需求的变化，自1996年起，《中国国家标准汇编》仅出版精装本。

4. 2008年制修订国家标准共5946项。本分册为"2008年修订-29"，收入新制修订的国家标准39项。

中国标准出版社

2009年10月

目　录

ICS 13.220.20
C 84

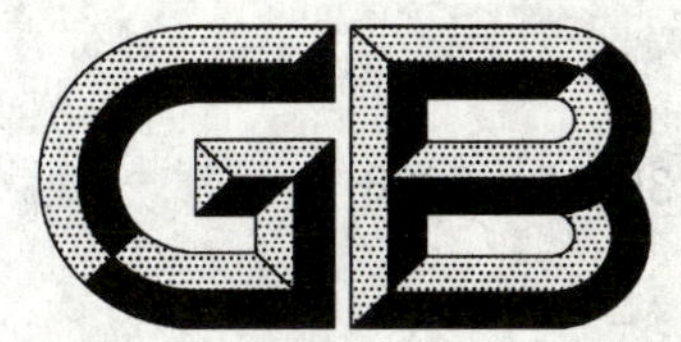

中华人民共和国国家标准

GB 5135.15—2008

自动喷水灭火系统 第15部分:家用喷头

**Automatic sprinkler system—
Part 15: Domestic sprinklers**

(ISO 6182-10:2006, Fire protection—Automatic sprinkler systems—
Part 10: Requirements and test methods for domestic sprinklers, MOD)

2008-06-04 发布　　2009-06-01 实施

中华人民共和国国家质量监督检验检疫总局
中国国家标准化管理委员会　发布

前言

本部分的第6章、第8章的内容为强制性，其余为推荐性。

GB 5135《自动喷水灭火系统》目前已分为如下几部分：

——第1部分：洒水喷头；

——第2部分：湿式报警阀；

——第3部分：水雾喷头；

——第4部分：干式报警阀；

——第5部分：雨淋报警阀；

——第6部分：通用阀门；

——第7部分：水流指示器；

——第8部分：加速器；

——第9部分：早期抑制快速响应(ESFR)喷头；

——第10部分：压力开关；

——第11部分：沟槽式管接件；

——第12部分：扩大覆盖面积洒水喷头；

——第13部分：水幕喷头；

——第14部分：预作用装置；

——第15部分：家用喷头；

……

本部分为GB 5135的第15部分。

本部分修改采用ISO 6182-10:2006《自动喷水灭火系统　家用喷头的要求和试验方法》(英文版)。

本部分根据ISO 6182-10:2006重新起草。在附录A中列出了本部分章条编号与ISO 6182-10:2006章条编号的对照一览表。

考虑到我国国情，在采用ISO 6182-10:2006时，本部分做了一些修改。有关技术性差异已编入正文中并在它们所涉及的条款的页边空白处用垂直单线标识。在附录B中给出了这些技术性差异及其原因的一览表以供参考。

为便于使用，对于ISO 6182-10:2006，本部分还做了下列编辑性修改：

——将“本国际标准”一词改为“本部分”；

——用小数点“.”代替作为小数点的逗号“,”；

——删除国家标准的前言、引言和参考文献。

本部分的附录A、附录B、附录D、附录E为资料性附录。附录C为规范性附录。

本部分由中华人民共和国公安部提出。

本部分由全国消防标准化技术委员会第二分技术委员会(SAC/TC 113/SC 2)归口。

本部分负责起草单位：公安部天津消防研究所。

本部分参加起草单位：泰科流体控制国际贸易(上海)有限公司、广东胜捷消防设备有限公司。

本部分主要起草人：张强、李毅、啜凤英、张少禹、赵永顺、卢政强、宋焕瞳、甘晓虹、赵雷、伍建许。

自动喷水灭火系统
第15部分:家用喷头

1 范围

GB 5135的本部分规定了自动喷水灭火系统家用喷头的要求、试验方法、检验规则和标志、使用说明书、包装、运输、贮存等。

本部分适用于自动喷水灭火系统家用喷头。

2 规范性引用文件

下列文件中的条款通过GB 5135的本部分的引用而成为本部分的条款。凡是注日期的引用文件,其随后所有的修改单(不包括勘误的内容)或修订版均不适用于本部分,然而,鼓励根据本部分达成协议的各方研究是否可使用这些文件的最新版本。凡是不注日期的引用文件,其最新版本适用于本部分。

GB 5135.1 自动喷水灭火系统 第1部分:洒水喷头

GB/T 7306.2 55°密封管螺纹 第2部分:圆锥内螺纹与圆锥外螺纹(GB/T 7306.2—2000, eqv ISO 7-1:1994, Pipe threads where pressure-tight joints are made on the threads—Part 1:Dimensions, tolerances and designation)

GB/T 16172 建筑材料热释放速率试验方法[GB/T 16172—2007/ISO 5660-1:2002, Reaction to fire tests—Heat release, smoke production and mass loss rate—Part 1:Heat release rate(cone calorimeter method), IDT]

3 术语和定义

GB 5135.1确立的以及下列术语和定义适用于GB 5135的本部分。

3.1

家用喷头 domestic sprinklers

安装在家庭和其他类似居住空间内,在预定的温度范围内自行启动,按设计的洒水形状和流量洒水到设计的保护区域内的一种快速响应喷头。

3.2

设计长度 design length

家用喷头设计保护面积的长度。

3.3

设计宽度 design width

家用喷头设计保护面积的宽度。

3.4

设计流量 design flow rate

针对不同保护面积,家用喷头能够有效保护的最小流量。

3.5

快速响应喷头 fast response sprinklers

响应时间系数(RTI)小于或等于$50(m \cdot s)^{0.5}$且传导系数(C)小于或等于$1.0(m/s)^{0.5}$的喷头。

4 分类

4.1 按热敏元件分类

4.1.1 易熔元件家用喷头

通过易熔元件受热熔化而开启的家用喷头。

4.1.2 玻璃球家用喷头

通过玻璃球内充装的液体受热膨胀使玻璃球爆破而开启的家用喷头。

4.2 根据安装位置分类

4.2.1 下垂型家用喷头

下垂安装,水流向下冲向溅水盘的家用喷头。

4.2.2 直立型家用喷头

直立安装,水流向上冲向溅水盘的家用喷头。

4.2.3 边墙型家用喷头

靠墙安装,在一定的保护面积内,将水向一边(半个抛物线)喷洒分布的家用喷头。

4.3 特殊类型喷头

4.3.1 嵌入式家用喷头

除根部螺纹外,喷头的全部或部分本体被安装在嵌入吊顶的护罩内的家用喷头。

4.3.2 隐蔽式家用喷头

带有装饰盖板的嵌入式家用喷头。

4.3.3 齐平式家用喷头

喷头的部分本体(包括根部螺纹)安装在吊顶下平面以上,而部分或全部热敏感元件在吊顶下平面以下的家用喷头。

5 公称口径、接口螺纹、颜色标志和型号编制

5.1 家用喷头的公称口径和接口螺纹

喷头的公称口径和接口螺纹见表1。

表1 喷头的公称口径和接口螺纹

公称口径/mm	接口螺纹/in
10	R 3/8
15	R 1/2
20	R 3/4

5.2 公称动作温度和颜色标志

家用喷头的公称动作温度和颜色标志见表2。

玻璃球家用喷头的公称动作温度分为5档,应在玻璃球工作液中做出相应的颜色标志。

易熔元件家用喷头的公称动作温度分为2档,应在喷头轭臂或相应的位置做出颜色标志。

表2 公称动作温度

玻璃球喷头		易熔元件喷头	
公称动作温度/℃	液体色标	公称动作温度/℃	轭臂色标
57	橙色	57~77	未标色
68	红色	78~107	白色
79	黄色	—	—
93	绿色		
107	绿色		

5.3 型号编制

5.3.1 家用喷头的型号规格由类型特征代号、性能代号、公称流量系数和公称动作温度等部分组成。

5.3.2 类型特征代号表明了产品的结构形式和特征，由不超过3位大写英文字母、阿拉伯数字或其组合构成，可由生产商自己命名。

5.3.3 性能代号表明喷头的洒水分布类型、安装位置等特性，由下列符号构成：

下垂型家用喷头：RES-SP

直立型家用喷头：RES-SU

直立边墙型家用喷头：RES-USW

水平边墙型家用喷头：RES-HSW

齐平式下垂型家用喷头：RES-FSP

齐平式边墙型家用喷头：RES-FSW

嵌入式下垂型家用喷头：RES-RSP

嵌入式边墙型家用喷头：RES-RSW

隐蔽式下垂型家用喷头：RES-CSP

隐蔽式边墙型家用喷头：RES-CSW

5.3.4 型号编制示例

家用喷头的型号编制方法如下：

示例1：A1 RESSP 60—57℃表示A1型，下垂安装，公称流量系数为60，公称动作温度为57 ℃的家用喷头。

示例2：C2 RESHSW 70—68 ℃表示C2型，边墙型、水平安装，公称流量系数为70，公称动作温度为68 ℃的家用喷头。

6 要求

6.1 整体要求

家用喷头在制造上应确保其产品的一致性，从设计和制造上应保证使其不能轻易调整、拆卸和重装。密封部分不应使用橡胶O型圈。

6.2 外观

6.2.1 家用喷头的外表面应均匀一致，无明显的磕碰伤痕、变形及缺陷，表面涂、镀层完整美观。

6.2.2 家用喷头的接口螺纹应符合GB/T 7306.2的规定。

6.2.3 家用喷头在其溅水盘或本体上至少应标记型号规格、生产厂商的名称(代号)或商标、生产年代等；边墙型家用喷头，还应标明水流方向。所有标记应为永久性标记且标志正确、清晰。

6.3 水压密封和耐水压强度性能

6.3.1 按7.3.1规定的方法进行试验时，家用喷头在整个试验过程中应无渗漏。

6.3.2 按7.3.2规定的方法进行试验时，家用喷头应无变形或破坏。

6.4 流量系数

6.4.1 家用喷头的流量系数K由式(1)计算：

$$K=\frac{Q}{\sqrt{10P}} \qquad \cdots\cdots(1)$$

式中：

P——家用喷头入口处压力，单位为兆帕(MPa)；

Q——家用喷头的流量，单位为升每分(L/min)。

6.4.2 按7.4规定的方法进行试验，家用喷头流量系数 K 的任一测量值和平均值均不应超过公称流量系数的±5%。

6.5 布水性能

6.5.1 平面喷洒性能

6.5.1.1 非边墙型家用喷头在设计保护面积的1/4空间进行布水试验，边墙型家用喷头在设计保护面积的一半空间进行布水试验。

6.5.1.2 非边墙型家用喷头按7.5.1.1规定进行试验，洒水密度小于0.8 mm/min且大于0.6 mm/min的集水盒数量不应超过4个，其他集水盒的洒水密度都应大于0.8 mm/min。

6.5.1.3 边墙型家用喷头按7.5.1.2规定进行试验，洒水密度小于0.8 mm/min且大于0.6 mm/min的集水盒数量不应超过8个，其他集水盒的洒水密度都应大于0.8 mm/min。

6.5.2 墙面喷洒性能

6.5.2.1 按7.5.2规定的方法进行试验时，家用喷头应连续打湿试验室四周的墙面，打湿部位距吊顶的距离不应大于711 mm。

6.5.2.2 当设计保护面积为正方形时，区域内每面墙的洒水量不应小于喷头洒水量的5%；当设计保护面积为长方形时，区域内的每面墙的洒水量不应小于喷头洒水量的 W。W 根据式(2)计算：

$$W = 20 \times (L_1/L) \qquad (2)$$

式中：

W——一面墙上接收水量占喷头洒水量的百分比，%；

L_1——此墙长度，单位为米(m)；

L——保护区域的周长，单位为米(m)。

6.6 静态动作温度

家用喷头的静态动作温度按7.6规定的方法进行试验，不应超过式(3)规定的范围。

$$X \pm (0.035X + 0.62) \qquad (3)$$

式中：

X——公称动作温度，单位为摄氏度(℃)。

6.7 功能

家用喷头按7.7规定的方法进行试验，喷头应在热敏元件释放后5 s内打开。热敏元件释放后10 s内，应清除所有沉积。

6.8 抗水冲击性能

按7.8规定的方法进行试验，家用喷头不应出现渗漏和损坏。本项试验后，所有试样还应进行密封试验和0.035 MPa压力下的功能试验，并应符合6.3.1和6.7的规定。

6.9 工作载荷和框架强度

6.9.1 轭臂支撑的家用喷头的工作载荷按7.9.1～7.9.4规定的方法确定。

6.9.2 轭臂支撑的家用喷头按7.9.5规定的方法进行试验时，其框架的永久变形不应大于喷头载荷支承点间距离的0.2%。

6.10 热敏元件强度

6.10.1 玻璃球按7.10.2规定的方法进行试验，应符合下列要求：

a) 玻璃球的平均破碎载荷不应小于6倍的玻璃球平均设计载荷；

b) 对于99%的样品(p)置信度系数(ν)为0.99时，计算出的玻璃球破碎载荷的下限误差至少为玻璃球设计载荷上限误差的2倍。除非在生产或设计中证实其他分布更适用，应使用正态或高斯分布进行计算。参见附录D。

6.10.2 易熔元件按 7.10.3.1 规定的方法进行试验，应能承受 15 倍的最大设计载荷 100 h；或按 7.10.3.2 规定的方法进行试验，满足式(4)的规定：

$$L_d \leqslant 1.02 L_m^2 / L_o \qquad \cdots\cdots(4)$$

式中：

L_d——易熔元件最大设计载荷，单位为牛(N)；

L_m——易熔元件 1 000 h 损坏时的载荷，单位为牛(N)；

L_o——易熔元件 1 h 损坏时的载荷，单位为牛(N)。

6.11 疲劳强度

玻璃球家用喷头按 7.11 进行试验，玻璃球元件不应损坏。本项试验后，所有试样还应进行 0.035 MPa 压力下的功能试验，并应符合 6.7 的规定。

6.12 溅水盘强度

喷头按 7.12 规定的方法进行试验，其溅水盘不应出现松动、脱落、永久变形和损坏。

6.13 热稳定性

玻璃球家用喷头按 7.13 规定的方法进行试验时，其玻璃球不应有任何损坏。本项试验后，所有试样还应进行 0.035 MPa 压力下的功能试验，并应符合 6.7 的规定。

6.14 抗振动性能

按 7.14 规定的方法进行试验，喷头的构成部件应无松动和损坏。本项试验后，所有试样还应进行密封试验和 0.035 MPa 压力下的功能试验，并应符合 6.3.1 和 6.7 的规定。

6.15 耐低温性能

按 7.15 规定的方法进行试验，试验后应符合下列三种规定中的一种：

a) 家用喷头有明显的损坏、破裂；

b) 家用喷头无明显损坏，进行密封试验时出现泄漏现象；

c) 家用喷头无破裂、变形或损坏，所有试样进行密封试验符合 6.3.1 的规定，进行动态热试验，应符合 6.17.3 的规定。

6.16 耐高温性能

按 7.16 规定的方法进行试验，喷头体不应发生严重变形和损坏。

6.17 动态热性能

6.17.1 家用喷头按 7.17.1 规定的方法在标准方位进行试验时，其 *RTI* 和 *C* 应符合图 1 对快速响应喷头的规定。

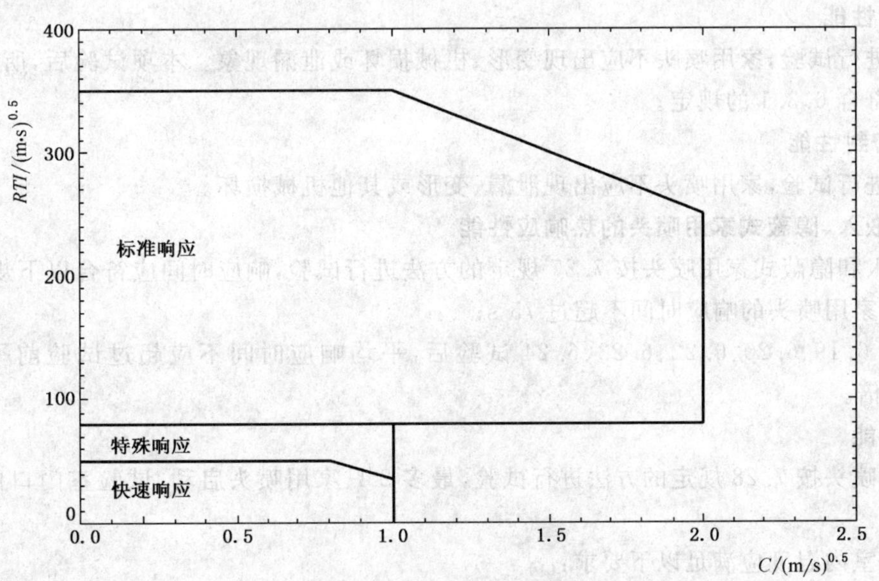

图 1 标准方位 *RTI* 和 *C* 值范围

6.17.2 按7.17.1规定的方法在偏离最不利方位25°进行试验时，*RTI* 值不应超过在标准方位下测得的平均 *RTI* 值的250%。

6.17.3 按6.15、6.19～6.24的方法进行试验后，家用喷头应按7.17.1中规定的在标准方位下进行试验，*RTI* 值不应超过试验前 *RTI* 平均值的130%，所有试验后的 *RTI* 值按7.17.3规定的方法，使用试验前的传导系数(*C*)进行计算。

6.18 耐氨应力腐蚀性能

按7.18规定的方法进行试验，家用喷头不应断裂、脱层或损坏。本项试验后的所有试样应进行密封试验和0.035 MPa压力下的功能试验，应分别符合6.3.1和6.7的规定。

6.19 耐二氧化硫腐蚀性能

按7.19规定的方法进行试验，家用喷头不应产生腐蚀损坏。本项试验后试样应进行密封试验，0.035 MPa压力下的功能试验和动态热试验(或热响应试验)，并分别符合6.3.1、6.7和6.17.3(或6.27)的规定。

6.20 耐盐雾腐蚀性能

按7.20规定的方法进行试验，家用喷头不应产生腐蚀损坏。本项试验后试样应进行密封试验，0.035 MPa压力下的功能试验和动态热试验(或热响应试验)，并分别符合6.3.1、6.7和6.17.3(或6.27)的规定。

6.21 耐潮湿气体腐蚀性能

按7.21规定的方法进行试验，家用喷头不应产生腐蚀损坏。本项试验后的所有试样应进行密封试验和0.035 MPa压力下的功能试验，并分别符合6.3.1和6.7的规定。

6.22 抗碰撞性能

按7.22规定的方法进行试验，家用喷头应无破裂和变形。本项试验后试样应进行密封试验、0.035 MPa压力下的功能试验和动态热试验(或热响应试验)，并分别符合6.3.1、6.7和6.17.3(或6.27)的规定。

6.23 抗翻滚性能

按7.23规定的方法进行试验，家用喷头应无破裂、变形或损坏。本项试验后试样应进行密封试验和动态热试验(或热响应试验)，并分别符合6.3.1、6.17.3(或6.27)的规定。

6.24 侧向喷洒

按7.24规定的方法进行试验，家用喷头应在正庚烷燃尽前动作，相邻的喷头不应妨碍其启动。

6.25 抗真空性能

按7.25进行试验，家用喷头不应出现变形、机械损坏或泄漏现象。本项试验后，所有试样进行密封试验，结果应符合6.3.1的规定。

6.26 30天密封性能

按7.26进行试验，家用喷头不应出现泄漏、变形或其他机械损坏。

6.27 齐平、嵌入、隐蔽式家用喷头的热响应性能

齐平、嵌入和隐蔽式家用喷头按7.27规定的方法进行试验，响应时间应符合以下规定：

a) 每个家用喷头的响应时间不超过75 s；

b) 进行6.19、6.20、6.22、6.23、6.24试验后，平均响应时间不应超过试验前平均响应时间的1.3倍。

6.28 灭火性能

6.28.1 家用喷头按7.28规定的方法进行试验，最多2只家用喷头启动，试验室门口的第3只喷头不应启动。

6.28.2 试验室内温度应满足以下要求：

a) 吊顶下76 mm处最高温度不应超过315 ℃；

b) 地面以上 1.6 m 处最高温度不应超过 93 ℃，且任何连续 2 min 内的平均温度不应超过 54 ℃；

c) 吊顶表面后 6 mm 处吊顶材料最高温度不应超过 260 ℃。

7 试验方法

7.1 初步检查

试验前，应提供详细的部件和装配图纸及相应的采用国际单位制说明书。除了规定的温度外，试验应在室温 20^{+5}_{0} ℃条件下进行。喷头应按所有部件设计和安装要求进行试验。

标准中除注明的情况外，公差应符合附录 C 的规定。

7.2 外观检验

试验前，目测喷头，检查喷头与厂家图纸和说明书的一致性，以保证达到 6.1 和 6.2 的要求。

7.3 密封和水压强度试验

7.3.1 将 10 只家用喷头试样安装在试验装置上，使管路充满清水，排除管路中的空气。以(0.1±0.025)MPa/s 的速率升压至 3.0 MPa，保持压力 3 min，然后降压至 0 MPa。再在 5 s 内使压力从 0 MPa 升至0.05 MPa，保持压力 15 s 后，以(0.1±0.025)MPa/s 的速率升压至 1.0 MPa，保持压力 15 s 后降压至 0 MPa。试验过程中，每只试样均应符合 6.3.1 的规定。

7.3.2 继续对密封试验后的家用喷头进行水压强度试验，使管路充满清水，排除管路中的空气。以不超过 2.0 MPa/min 的速率升压至 4.8 MPa，保持压力 1 min，每只试样均应符合 6.3.2 的规定。

7.4 流量试验

试验样品为 2 只，将试样除去框架和溅水盘后安装在试验装置上。试验压力从 0.05 MPa 至 0.65 MPa，每间隔 0.10 MPa 测量喷头的流量。压力测量精度不应低于 0.5 级，流量测量精度不应低于 1.0 级。对于每一个试样，压力先从低升到高，至每一个测量点，再从高降到低，至每一个测量点。

将所测得的数据代入 6.4.1 中的公式(1)中，计算出每一压力点的 K 值和 K 的平均值，结果应符合 6.4.2 的规定。

在试验中应修正自压力表至喷头出口之间的静压差。

7.5 布水试验

家用喷头的设计长度及设计宽度参照表 3 中一种或多种，设计流量不应小于表 3 单喷头最小流量的要求。

表 3 布水试验空间条件

非边墙型家用喷头		边墙型家用喷头	
设计长度×设计宽度/(m×m)	单喷头最小流量/(L/min)	设计长度×设计宽度/(m×m)	单喷头最小流量/(L/min)
3.6×3.6	28	3.6×3.6	28
4.2×4.2	37	4.2×4.2	37
4.8×4.8	49	4.8×4.8	49
5.4×5.4	62	5.4×5.4	62
6.0×6.0	76	6.0×6.0	76
		4.8×5.4	55
		4.8×6.0	61
		5.4×6.0	69

7.5.1 平面布水性能

7.5.1.1 非边墙型喷头

试验室的面积应不小于 7 m×7 m，取 1 只家用喷头安装于试验管路上，试验布置见图 2。家用喷头轭臂应与供水管平行。吊顶与直立或下垂型家用喷头溅水盘之间的距离为 100 mm。

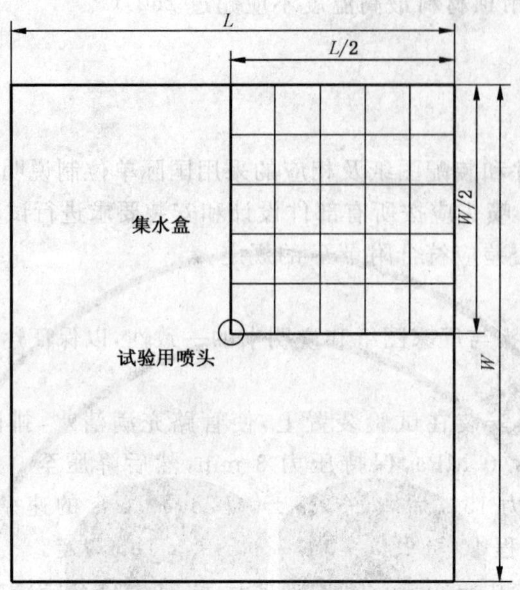

W——设计宽度；

L——设计长度。

图 2　非边墙型家用喷头平面布水试验布置图

齐平、嵌入、隐蔽式家用喷头应取其最嵌入的位置安装在吊顶上，吊顶位于试验室的中央。喷头通过三通或弯头直接安装在水平管路上，或通过长度不小于 150 mm 的 DN25 直管和变径联接在水平管路上。在设计流量下进行试验。

喷头洒水由正方形集水盒测量，集水盒的边长为 300 mm，吊顶距集水盒上边缘的距离为 2.4 m，集水盒布置在设计保护面积的 1/4 的区域，试验集水时间不应少于 10 min。

试验结果应符合 6.5.1.2 的规定。

7.5.1.2　**边墙型喷头**

试验室的面积应不小于 7 m×7 m，取 1 只边墙型家用喷头进行本项试验。试验布置见图 3。吊顶距边墙型家用喷头溅水盘之间的距离为 100 mm。

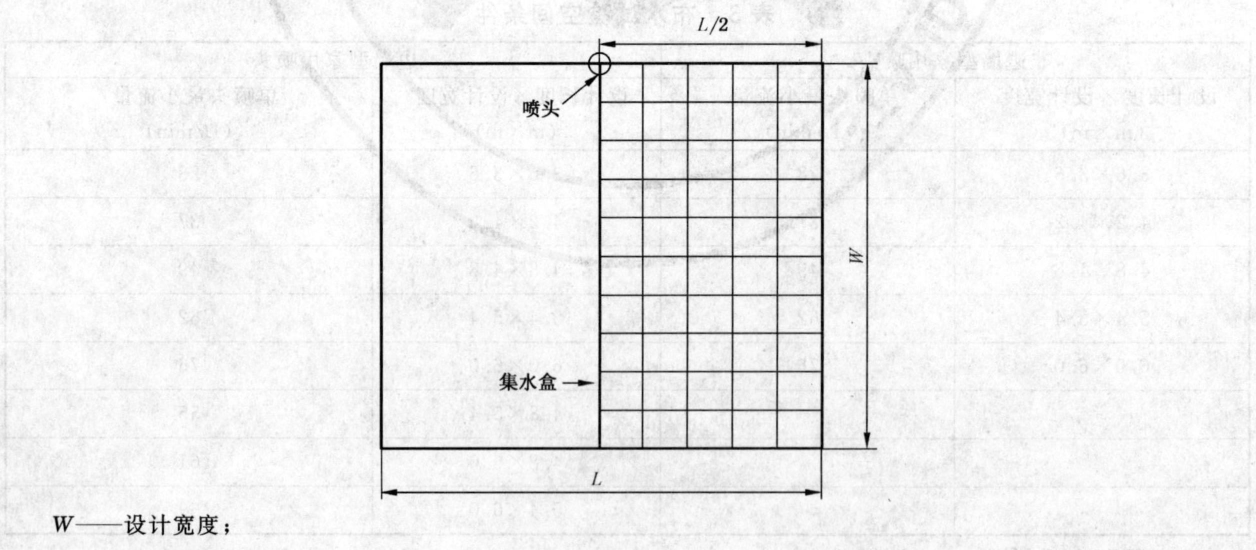

W——设计宽度；

L——设计长度。

图 3　边墙型家用喷头平面布水试验布置图

齐平、嵌入、隐蔽式边墙型家用喷头应取其最嵌入的位置，安装在高度 2.4 m 墙上。在设计流量下进行试验。

喷头洒水由正方形集水盒测量，集水盒的边长为 300 mm，吊顶距集水盒上边缘的距离为 2.4 m。集水盒布置在设计保护面积一半的区域，试验集水时间不应少于 10 min。

试验结果应符合 6.5.1.3 的规定。

7.5.2 墙面布水性能

试验室长度为设计长度，宽度为设计宽度，取 1 只家用喷头安装于试验管路上，非边墙型家用喷头轭臂应与供水管平行，试验布置见图 4。边墙型家用喷头，试验布置见图 5。

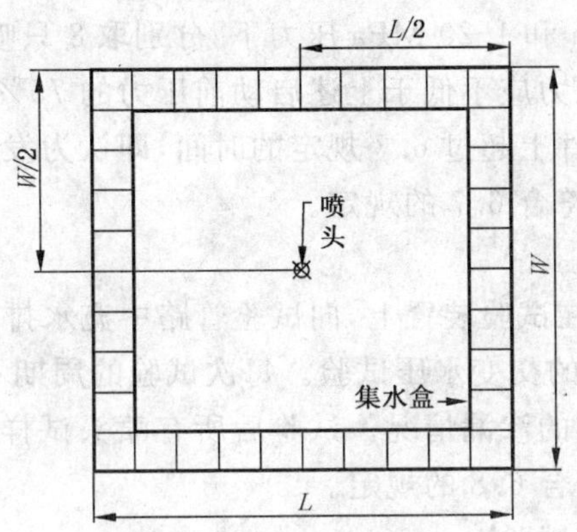

W——设计宽度；
L——设计长度。

图 4 非边墙型家用喷头墙面布水试验布置图

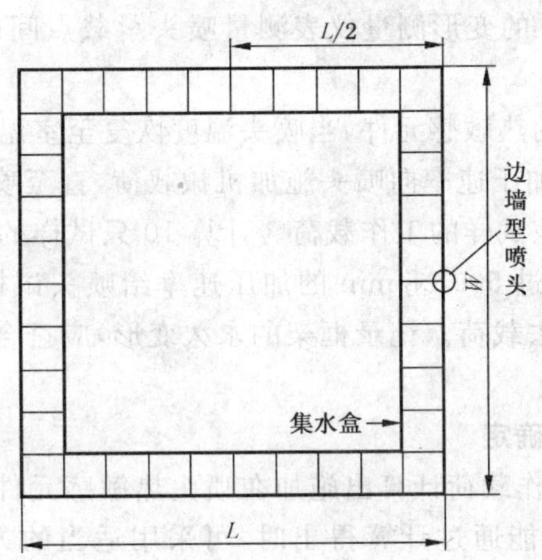

W——设计宽度；
L——设计长度。

图 5 边墙型家用喷头墙面布水试验布置图

吊顶与直立或下垂型家用喷头溅水盘之间的距离为 100 mm。

齐平、嵌入、隐蔽式家用喷头应取其最嵌入的位置安装在吊顶上，吊顶位于试验室的中央。在设计流量下进行试验。

喷洒到每面墙上的水由正方形集水盒测量，集水盒的边长为 300 mm。集水盒沿设计长度和设计宽度紧贴墙放置在地面上，吊顶距集水盒上边缘的距离为 2.0 m。应进行遮挡以避免喷洒水直接进入集水盒，并确保喷洒到墙面上的水全部收集到墙下的集水盒中，试验集水时间不应少于 10 min。

喷洒完成后，测量每面墙集水量与墙打湿高度，试验结果应符合 6.5.2 的规定。

7.6 静态动作温度试验

7.6.1 试验在液浴中进行，公称动作温度不高于 79 ℃的喷头在水浴(宜采用蒸馏水)中进行，公称动作温度高于 79 ℃的喷头在油浴中进行。试验液浴的温度应均匀，试验区域内的温度偏差不得超过

0.5 ℃。喷头动作温度的测量采用二等标准水银温度计。

7.6.2 将至少20只家用喷头试样在升温速率不超过20 ℃/min的条件下，从室温加热到低于其公称动作温度20^{+2}_{0}℃，并保持此温度10 min。然后以(0.5±0.1)℃/min速率升温，直至喷头动作。记录喷头的动作温度，试验结果均应符合6.6的规定。

7.7 功能试验

7.7.1 喷头试样按其正常安装位置进行安装。试验箱的热源采用气体燃料，试验箱内靠近喷头处的温度应能在3 min内达到(400±20)℃。

7.7.2 在0.035 MPa、0.35 MPa和1.20 MPa压力下，分别取8只喷头试样按其正常安装位置进行功能试验。试样启动后，试验水流压力应不低于上述启动前压力的75%。当释放机构中的零件或热敏感元件的碎片滞留在溅水盘框架组件上超过6.7规定的时间，即认为发生沉积现象。

每一个试样的试验结果均应符合6.7的规定。

7.8 水冲击试验

将5只试样按工作位置安装在试验装置上，向试验管路中充水排出空气，然后进行3 000次压力从(0.4±0.1)MPa至$3.0^{+0.4}_{0}$ MPa的交变水压试验。每次试验的周期不应大于2 s。

在试验过程中，检查每个试样的渗漏情况。试验后所有喷头试样还应进行密封试验和0.035 MPa压力下的功能试验，试验结果应符合6.8的规定。

7.9 工作载荷的确定和框架强度试验

7.9.1 至少取10只喷头试样用以测量工作载荷。将试样在室温下牢固地安装于试验装置上，在喷头的入口施加1.2 MPa的压力。

7.9.2 使用分辨率为0.001 mm的变形测量仪表测量喷头承载点间的长度变化。应避免喷头螺纹与固定件之间的位移。

7.9.3 以适当的方法除去喷头的热敏感元件，当喷头温度恢复至室温后，再次测量变形。

7.9.4 以不超过500 N/min的加压速率向喷头施加机械载荷，直至喷头框架变形数值回到加1.2 MPa压力时的数值，此机械载荷即为该试样的工作载荷。计算10只试样的平均工作载荷。

7.9.5 对上述10只喷头以不超过500 N/min的加压速率给喷头试样施加两倍平均工作载荷的机械载荷，保持此载荷(15±5)s后卸去载荷。记录框架的永久变形，应符合6.9.2的规定。

7.10 热敏感元件的强度试验

7.10.1 热敏感元件设计载荷的确定

使用在7.9中确定的喷头工作载荷计算出施加在喷头热敏感元件上的力，即热敏感元件的设计载荷。当热敏感元件的设计载荷不能通过计算得出时，可采用适当的方法直接测量热敏感元件的设计载荷。

7.10.2 玻璃球

7.10.2.1 每种类型、每种温度等级的玻璃球至少取15只试样进行试验。将试样安装于试验装置上，试验装置的玻璃球支撑件可使用喷头上的支撑件或生产商提供的专用支撑件。以150 N/s～250 N/s的加压速率给玻璃球施加平稳载荷，直至玻璃球破碎。

7.10.2.2 每次试验使用新的玻璃球支撑件，可对支撑件进行外部加固以防止试验失败，但不得影响玻璃球原有的受力状况。

7.10.2.3 记录每只玻璃球的破碎载荷，破碎载荷测量值应精确到1 N。

7.10.2.4 计算玻璃球平均破碎载荷和玻璃球破碎载荷的下限误差TL_1，计算玻璃球设计载荷的上限误差TL_2(参见附录D)，结果应符合6.10.1的规定。

7.10.3 易熔元件

7.10.3.1 至少取10只易熔元件试样，使其承受15倍的易熔元件最大设计载荷历时100 h，试验结果应符合6.10.2的规定。与评价易熔元件无关的非正常损坏可不考虑。

7.10.3.2 至少取10只易熔元件试样，使其分别承受不同的载荷，载荷值从易熔元件最大设计载荷 L_d 至15倍易熔元件最大设计载荷，使易熔元件试样在1 000 h之内和之后损坏(参见附录E)，应去除非正常的损坏。用最小二乘法绘制全对数回归曲线，从曲线得出试样1 h损坏时的载荷 L_0 和1 000 h损坏时的载荷 L_m，试验结果应符合6.10.2的规定。

7.11 疲劳试验

本项试验使用4只玻璃球家用喷头试样，每只喷头试样重复进行4次试验。

试验在液浴中进行，公称动作温度不超过79 ℃的喷头采用水浴(宜用蒸馏水)，公称动作温度高于79 ℃的喷头使用油浴(适当的油)进行试验。将试样置于液浴中，升温速率不超过20 ℃/min，使温度从(20±5)℃升至低于其公称动作温度(20±2)℃，然后使液浴温度以1 ℃/min的速率升温直至玻璃球的气泡消失或低于公称动作温度5 ℃。将喷头从液浴中取出，使其在空气中冷却，直至玻璃球气泡重新出现。在冷却过程中，玻璃球的尖端(封口端)应指向下方。

疲劳强度试验后的所有试样进行0.035 MPa压力下的功能试验，试验结果应符合6.11的规定。

7.12 溅水盘强度试验

将喷头试样按正常安装位置安装在7.7规定的试验装置上，在1.20 MPa水压下进行试验。喷头启动后调节水压至1.2 MPa，连续洒水15 min，试验结果应符合6.12的规定。

7.13 热稳定性试验

7.13.1 试验前将5只玻璃球家用喷头试样置于(20±5)℃的环境中不少于30 min。

7.13.2 将喷头浸入液浴内，液浴的温度为低于喷头公称动作温度(10±2)℃，液浴试验区域的温度偏差不得超过±1 ℃。5 min后将喷头从液浴中取出，使玻璃球尖端(封口端)朝下，立即浸入(10±1)℃的液浴中。

试验后的所有试样进行0.035 MPa压力下的功能试验，试验结果应符合6.13的规定。

7.14 振动试验

7.14.1 将5只家用喷头试样垂直安装于试验台面上，沿喷头联接螺纹的轴线方向进行正弦振动。振动的频率为35 Hz，振幅为1 mm，振动时间为120 h。

7.14.2 家用喷头应以5 min/oct，1 mm的振幅(1/2峰值)，频率为5 Hz～40 Hz连续振动；如果出现1个或多个共振点，喷头应在其每个共振频率下振动120 h；如果未出现共振点，喷头应在5 Hz～40 Hz连续振动120 h。

7.14.3 振动试验后，所有试样进行密封试验和0.035 MPa压力下的功能试验，试验结果应符合6.14的规定。

7.15 低温试验

将5只家用喷头分别连接在1只长度100 mm，直径25 mm的钢管上。每只钢管完全充满水，用管堵密封。放置在低温试验箱内，在(−30±2)℃温度下放置24 h。试验结果应符合6.15的规定。

7.16 耐高温试验

将两只去掉动作机构的家用喷头，按其正常工作位置放入(800±20)℃的试验箱中，历时15 min。然后夹持家用喷头的螺纹处将其从试验箱中取出，立即放入(15±2)℃的水中，试验结果应符合6.16的规定。

7.17 动态热试验

7.17.1 插入试验

本项试验在(20±5)℃的环境温度中进行。用某一温度等级的喷头试样，在标准方位和偏离最不利方位25°各进行10次插入试验，其他温度等级的喷头，每种取10只试样进行标准方位的插入试验。每种方位的 *RTI* 值按7.17.3和7.17.4规定的方法计算。

插入试验时喷头的固定基座应使用黄铜制作，应保证在每一个独立的插入试验中，历时55 s的试验期间固定座或水的温升不超过2 ℃(固定座的温升采用热电偶进行测量，测点嵌入基座内从内螺纹根部径向向外不超过 8 mm,或将热电偶置于喷头入口内中心部的水中)。

进行试验的喷头应在接口螺纹上缠 1 至 1.5 圈的聚四氟乙烯带,拧入固定座的力矩为(15±3) N·m。将每只喷头安装在风洞试验盖上,并将其保存在恒温箱内,以使喷头和盖达到环境温度的时间不少于 30 min。

在试验前,应将至少 25 mL 达到环境温度的水引入喷头入口,并施加 0.035 MPa 的压力。

用精度为±0.01 s 的计时仪器测量从喷头插入风洞到其动作的时间即响应时间。

试验采用风洞进行,在试验段(喷头部位)按表 4 调节选取相应的气体流速及温度范围。为了使试样(热敏元件)和限流边界(风洞壁)之间的热辐射交换尽量减小,应在设计上保证试验段热辐射效果不超过 *RTI* 计算值的±3%。

应测量并控制风洞中气流的温度和流速,在整个试验过程中,风洞试验段的控温精度为±2 ℃;流速的控制精度为±0.03 m/s。

表 4 插入试验时试验段(喷头部位)条件范围

公称动作温度/℃	气体温度范围/℃	气体流速范围/(m/s)
57～77	129～141	1.65～1.85
79～107	191～203	1.65～1.85

7.17.2 传导系数(*C*)的确定

传导系数 *C* 采用 7.17.2.1 或 7.17.2.2 所述的方法测量确定。

7.17.2.1 反复插入试验

反复插入试验是确定 *C* 的一个重复过程,试验必须使用未使用过的喷头试样。即使试样在反复插入试验中未动作,也必须换用新试样进行试验。

试验时,喷头试样处于标准方位。在试样接口螺纹处缠 1 至 1.5 圈聚四氟乙烯带,将其拧入固定座,扭矩为(15±3) N·m。将每只待试喷头安装于风洞试验盖上,并将其保存在恒温箱内以使喷头和盖达到环境温度的时间不少于 30 min。

试验前,将至少 25 mL 达到环境温度的水引入喷头入口,并施加 0.05 MPa 的压力。

使用精度为±0.01 s 的计时仪器测量从喷头插入风洞到其动作的时间,即响应时间。

固定座的温度在试验期间应保持在(20±0.5)℃。在风洞试验段喷头位置,气体流速应保持在选择流速的±2%之内。试验期间气体温度的选择和控制精度应符合表 5 的要求。

应选择合适的气流速度,以使试样在两个连续的速度之间启动。即必须选择两个流速,在低速(U_L)时,试样在 15 min 试验期间内不能启动,而在下一个较高的速度(U_H)时,在 15 min 内试样必须启动。如果喷头在最高流速还未动作,应从表 5 中选择下一较高温度级的气体温度。

试验流速的选择应满足:

$$(U_H/U_L)^{0.5} \leqslant 1.1$$

试样的 *C* 值为使用公式(5),在两个速度下计算出的数值的平均值:

$$C = (\Delta T_g/\Delta T_{ea} - 1)U^{0.5} \qquad \cdots\cdots(5)$$

式中:

ΔT_g——实际气体温度减去固定座温度(T_m),单位为摄氏度(℃);

ΔT_{ea}——平均液浴动作温度减去固定座温度(T_m),单位为摄氏度(℃);

U——试验段实际气流速度,单位为米每秒(m/s)。

通过一组试验测量并确定三个 *C* 值,然后计算三个 *C* 值的算术平均值做为喷头的 *C* 值。这个 *C* 值被用来计算所有标准方位的 *RTI* 值。

如果确定的 *C* 值小于 $0.5(m/s)^{0.5}$ 可假设 *C* 为 $0.5(m/s)^{0.5}$ 来计算 *RTI* 值;

表 5 确定传导系数 *C* 时，试验段（喷头部位）的条件 单位为摄氏度

公称动作温度	气体温度	气体温度的控制精度
57	85～91	±1.0
57～77	124～130	±1.5
79～107	193～201	±3.0

7.17.2.2 等速率升温试验

等速率升温试验在风洞试验装置中进行，喷头固定端温度的要求与插入试验相同，喷头试样不需预热。

取 10 只喷头试样在标准方位进行试验。将喷头插入流速为（1±0.1）m/s 的气流中，试验初始气流的温度为该喷头的公称动作温度。

气温以（1±0.25）℃/min 的速率上升，直至喷头动作。试验应控制和记录气体的流速、喷头固定端的温度和喷头的动作温度。

C 值的计算公式（6）与 7.17.2.1 中的公式相同，即：

$$C=(\Delta T_{g}/\Delta T_{ea}-1)U^{0.5} \qquad \cdots\cdots(6)$$

式中：

ΔT_{g}——喷头的动作温度减去固定座温度（T_{m}），单位为摄氏度（℃）；

ΔT_{ea}——平均液浴动作温度减去固定座温度（T_{m}），单位为摄氏度（℃）；

U——试验段实际气流速度，单位为米每秒（m/s）。

取 10 只试样 *C* 值测量值的平均值作为喷头的 *C* 值。

此试验方法适用于所有温度等级的家用喷头。

7.17.3 ***RTI* 值的计算**

RTI 的计算公式（7）如下：

$$RTI=\left[\frac{-t_{r}(u)^{1/2}}{L_{n}\left[1-\Delta T_{ea}(1+C/(u)^{1/2})/\Delta T_{g}\right]}\right]\cdot\left[1+C/(u)^{1/2}\right] \qquad \cdots\cdots(7)$$

式中：

t_{r}——喷头响应时间，单位为秒（s）；

u——风洞试验段的实际气体流速（取自表 5），单位为米每秒（m/s）；

ΔT_{ea}——喷头的平均液浴动作温度减去环境温度，单位为摄氏度（℃）；

ΔT_{g}——试验段的实际气体温度减去环境温度，单位为摄氏度（℃）；

C——按 7.17.2 规定的方法确定的传导系数，单位为毫米每秒的二分之一次方 $(m/s)^{0.5}$。

7.17.4 偏离最不利方位时 ***RTI*** 的确定

偏离最不利方位 *RTI* 值的计算需使用偏离最不利方位的 *C* 值，这个 *C* 值比标准方位的 *C* 值大一个倍数，此倍数等于偏离最不利方位 *RTI* 值的平均值与标准方位 *RTI* 值平均值的比值。因此，插入试验中的表达式变为偏离最不利方位 *RTI* 值的隐函数，可通过叠代解出偏离最不利方位的 *RTI* 值。

7.18 氨应力腐蚀试验

取 5 只喷头进行试验。每只试样的入口用与氨水溶液不反应的材料（如塑料）制成的盖密封，将试样除去油脂置于试验箱中。将密度为 0.94 g/cm³ 氨水溶液存放在试验箱的底部，距试样的下部约 40 mm。按 0.01 mL/cm³ 向试验箱中加入氨溶液，大约产生如下的气体组分：35%的氨，5%的水蒸气和 60%的空气。

潮湿的氨混合气体应保持在大气压力下，试验箱内温度保持在(34±2)℃。采取适当的措施防止试验箱内压力高于大气压力，喷头试样应有防护罩以防止凝滴落于其上，试验历时 10 d。

试验后将喷头试样冲洗干燥，进行仔细地检查。随后进行 1.2 MPa 历时 3 min 的密封试验和 0.035 MPa 压力下的功能试验，结果应符合 6.18 的规定。

7.19 二氧化硫腐蚀试验

取 10 只喷头进行试验。将喷头试样的入口用与二氧化硫不反应的材料(如塑料)制成的盖密封。

将喷头试样按其工作位置挂在试验箱内防滴罩的下面，试验箱按体积比每 24 h 加入 1%的二氧化硫。试验箱内温度保持在 45 ℃±3 ℃。应保护喷头样品不受冷凝液滴的损害。无涂层喷头进行 8 d 的腐蚀试验，有涂层喷头进行 16 d 的腐蚀试验。8 d 后将喷头从容器中取出，对于有涂层的喷头，经过清理容器后，重复上述过程，进行第二个周期试验。

无涂层喷头经过 8 d，或有涂层喷头经过 16 d 试验后，取出试样，在温度不超过 35 ℃，相对湿度不超过 70%的条件下干燥 4 d～7 d。

干燥后，所有试样进行密封试验。然后，5 只喷头在 0.035 MPa 压力下进行功能试验。另 5 只喷头按 7.17.1 进行动态热试验，或对齐平、嵌入和隐蔽式家用喷头按 7.28 进行热响应试验，结果应符合6.19 的规定。

7.20 盐雾腐蚀试验

试验在盐雾试验箱中进行。使质量比为 20%的氯化钠盐溶液雾化形成盐雾，盐溶液的密度为 1.126 g/mL～1.157 g/mL，pH 值为 6.5～7.2。

将 10 只喷头试样从入口充入蒸馏水，在螺纹处用与盐雾不反应的材料(如塑料)制成的盖密封，按正常的安装位置支撑或悬挂在盐雾试验箱的试验区，试验区的温度应保持在(35±2)℃，喷雾压力在 0.07 MPa～0.17 MPa 之间。使用过的盐溶液应收集起来，不得循环使用。应将试样蔽护以防凝滴落在其上面。

在试验区内，应至少从两点收集盐雾以确定雾化速率和盐浓度。在连续 16 h 中，收集区内每 80 cm^2 面积每小时应能收集到 1 mL～2 mL 盐溶液，盐溶液的质量浓度应为(20±1)%。

经过 10 d 的试验后将喷头从盐雾试验箱中取出，在温度为(20±5)℃，相对湿度不超过 70%的条件下干燥 4 d～7 d。干燥后，所有试样进行密封试验。然后，5 只喷头在 0.035 MPa 压力下进行功能试验。另 5 只喷头按 7.17.1 进行动态热试验，或对齐平、嵌入和隐蔽式家用喷头按 7.28 进行热响应试验，结果应符合 6.20 的规定。

7.21 潮湿空气试验

本项试验在湿热试验箱中进行。将 10 只喷头试样安装在具有多个接口的管段上，管内充满去离子水，将整个管段(及喷头)放入湿热试验箱中。试验箱内的相对湿度为(98±2)%，温度为(95±4)℃。可选择同型号、同种形式较高温度等级的喷头进行本项试验以评价较低温度等级的喷头。

经过 90 d 试验后，将喷头从湿热试验箱中取出，在温度为(20±5)℃，相对湿度不超过 70%的条件下，干燥 4 d～7 d。干燥后，所有喷头应进行密封试验及 0.035 MPa 压力下进行功能试验，结果应符合 6.21 的规定。

7.22 碰撞试验

本项试验需要 5 只喷头，使一个重物沿喷头中心轴线落于溅水盘一端进行碰撞。对于带有运输护罩的喷头，如果只有当喷头完全安装完毕后才摘下护罩，则应带着护罩进行碰撞试验。在碰撞点落物的能量应等于与被试喷头同重的物体从 1 m 高度落下时的冲量。应避免落物多次碰撞被试喷头。碰撞试验后按 7.3.1 进行密封性能试验，然后按 7.17.1 规定的方法进行动态热试验，或按 7.27 规定的方法对齐平、嵌入和隐蔽式家用喷头进行热响应试验，结果应符合6.22的规定。

7.23 翻滚试验

本项试验需要5只喷头，带有运输护罩的喷头，要带着护罩进行翻滚试验。喷头分别放置在正六棱柱形试验滚筒内。滚筒沿回转轴方向长为254 mm，六边形平面平行边之间相距305 mm。每一次试验，筒内装1只喷头和5个木块。木块为38 mm×38 mm×38 mm的硬木立方体。滚筒以每秒一圈的速率绕其轴旋转3 min。试验后，样品从滚筒内取出，检查损坏情况，按7.3.1进行密封试验，然后按7.17.1规定的方法进行动态热试验，或对齐平、嵌入和隐蔽式喷头按7.27进行热响应试验，结果应符合6.23的规定。

7.24 侧向喷洒试验

7.24.1 将1只直立或下垂型喷头安装在试验管线上，在同一水平面上与被试喷头相距2.4 m（中心与中心之间），安装一只同型号、同规格的已开启喷头。喷头分别安装在独立的相互平行的管线上，喷头的框架所在平面与管线平行，溅水盘位于吊顶下允许距顶的最大距离。水从已开启的喷头中洒出，工作压力为0.69 MPa，当水流稳定后，点燃位于被试喷头正下方的油盘。油盘为正方形，边长300 mm，深100 mm，上边缘距喷头热敏感元件150 mm，盘内放有0.47 L正庚烷。

7.24.2 在喷头框架所在平面与管线垂直的情况下，重复上述试验。

7.24.3 喷头溅水盘位于吊顶下允许距顶的最小距离，重复上述两个试验。

7.24.4 所有试验结果均应符合6.24的规定。

7.25 真空试验

在环境温度为(20±5)℃条件下，将5只喷头从其入口逐渐增加负压，直至460 mm汞柱，保持此压力1 min。所有试样还应进行密封试验，结果应符合6.25的规定。

7.26 30天密封试验

在环境温度为(20±5)℃条件下，将5只家用喷头安装在充满水的试验管路中，在2.0 MPa的压力下保持30天。

至少每周观察一次喷头密封状况。30天试验后，所有样品应满足6.26的规定。

7.27 齐平、嵌入、隐蔽式家用喷头热响应试验

7.27.1 每种型式家用喷头至少取10只试样进行试验。

7.27.2 将试样按其最隐蔽的位置安装在4.6 m×4.6 m的封闭试验室内中央的吊顶上，喷头沿吊顶对角线安装，喷头距沙箱燃烧器所在的房间角落5.1 m。边墙型喷头安装于沙箱燃烧器角落对面墙上的中点。吊顶高2.4 m，每只喷头入口充入(20±5)℃的清水，水压0.03 MPa。喷头在安装和试验时不得阻碍气流流过护罩。

7.27.3 热源为置于试验室一角地面上的沙箱燃烧器，沙箱燃烧器的外形为300 mm×300 mm×300 mm，燃料为天然气。燃料的流量为14.6 m^3/h，天然气的热值为(37 600±1 000) kJ/m^3。亦可使用具有高热值的其他气体，通过调节流量得到等效的热量输出。

7.27.4 点燃燃烧器，当在房间中央吊顶下25 mm处测量的环境温度为(31±1)℃时，开始计时，记录喷头动作时间；结果应符合6.27的规定。

7.28 火灾试验

7.28.1 试验室

7.28.1.1 对非边墙型喷头，试验室长度为喷头设计长度的2倍，宽度为喷头设计宽度，高度2.4 m。对边墙型喷头，试验室长度为喷头设计长度的1.5倍加上2.7 m，宽度为喷头设计宽度，高度2.4 m。

7.28.1.2 每次试验，火源正上方吊顶安装新的纤维板。板尺寸为1.2 m×1.2 m，厚度12 mm，密度(216±24) kg/m^3。火源位置的墙角地面上放置一块水泥板，尺寸为1.2 m×1.2 m，厚度为6 mm。

7.28.1.3 试验室对面墙设有两扇门,门高度 2.2 m。

7.28.1.4 每次试验,火源所处试验室墙角两面墙上,用木板条各固定一块新的杉木三层胶合板。胶合板尺寸为 1.2 m×2.4 m,厚度 6 mm,纵向布置。试验前,胶合板应在(20±5)℃和相对湿度(50±10)%环境下至少 72 h。根据 GB/T 16172,杉木三层胶合板应符合以下燃烧特性:

a) 单位面积热释放率最大值:(15±3) kW/m^2;

b) 热反应参数:(220±50) $kW\cdot(s^{1/2})m^2$。

7.28.2 试验布置

7.28.2.1 火源由木垛和模拟家具组件组成。木垛由油盘中正庚烷点燃,模拟家具组件由两根150 mm长,直径 6.5 mm 浸有正庚烷的棉绳点燃,正庚烷为商业级并有以下特性:

a) 初馏点:90 ℃;

b) 50%:93 ℃;

c) 干点:96.5 ℃;

d) 相对密度(15.6 ℃/15.6 ℃):0.719;

e) 雷德(Reid)蒸发压:0.015 MPa;

f) 分析辛烷等级:60;

g) 发动机辛烷等级:60。

7.28.2.2 木垛尺寸为 300 mm×300 mm×150 mm,由相互正交的 4 层杉木条组成,每层有 4 根木条,均匀分布,木条的尺寸为 38 mm×38 mm×300 mm,质量为(2.8±0.4)kg。将组装好的木垛放置在干燥箱中进行干燥,施加(104±5)℃的温度,时间 48 h,然后,木垛装入塑料包内,在室温下至少 4 h。

7.28.2.3 钢制油盘尺寸为 300 mm×300 mm×100 mm,木垛放在油盘上,油盘放置在试验室墙角的地面上,木垛距每面墙的距离为 50 mm。

7.28.2.4 模拟家具组件由两块聚乙烯泡沫垫子组件组成,泡沫垫子尺寸为 800 mm×750 mm×75 mm,密度为(29±2) kg/m^3。根据 GB/T 16172,在 30 kW/m^2 热流下,聚乙烯泡沫应有以下燃烧特性:

a) 热释放率峰值(HRR):(230±50) kW/m^2;

b) 燃烧热:(22±3) kJ/g。

用泡沫胶粘剂把每个泡沫垫子粘在尺寸为 850 mm×800 mm×12 mm 的胶合板上。粘贴后,胶合板两侧各留有 12.7 mm,底部留有 25 mm 空间。沿组件一端,在底部 25 mm 空间处水平放置浸有正庚烷的棉绳。试验前,垫子组件在(20±5)℃,相对湿度(50±10)%条件下,放置至少 24 h。垫子组件用钢架在垂直方向支撑。

7.28.2.5 每次试验,两个泡沫垫子组件放在水泥板上,每个泡沫垫子与对面墙平行,距对面墙距离 1 m。

7.28.2.6 共安装 4 只热电偶。如图 6、图 7a)及图 7b)所示,1 只位于木垛上部吊顶表面后 6 mm 处,从墙角沿对角线偏移 254 mm;2 只位于图中 4、5 位置的吊顶下 76 mm 处;1 只位于图中 4 位置的地面上 1.6 m 处。

7.28.3 喷头安装

7.28.3.1 每次火灾试验,安装同型号规格、同温度等级的 3 只家用喷头。2 只喷头在设计长度和设计宽度安装,第 3 只喷头位置距火源最远,靠近门处。喷头安装在 DN25 mm 管道上。

7.28.3.2 非边墙型喷头进行 2 次试验,第一次试验时喷头轭臂与纵墙平行;第二次试验喷头轭臂旋转 90°。下垂型家用喷头的溅水盘距吊顶 76 mm。试验布置见图 6。

7.28.3.3 齐平、嵌入式与隐蔽式喷头按其正常工作位置安装,且不得阻碍气流流过护罩。

7.28.3.4 边墙型喷头进行 2 次试验,分别按照图 7a)和图 7b)布置要求进行 1 次试验,溅水盘位于吊顶下 100 mm。

单位为毫米

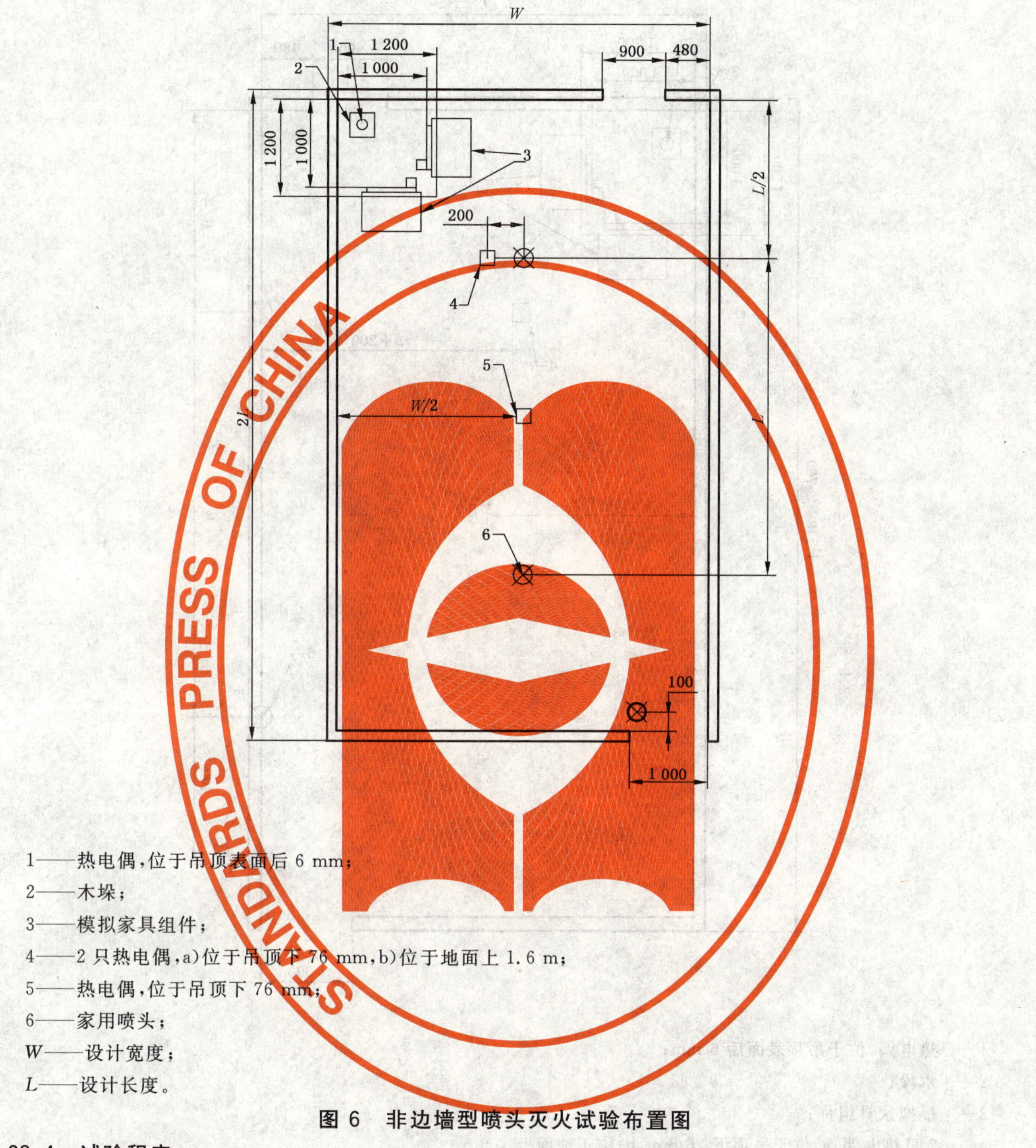

1——热电偶,位于吊顶表面后 6 mm;

2——木垛;

3——模拟家具组件;

4——2 只热电偶,a)位于吊顶下 76 mm,b)位于地面上 1.6 m;

5——热电偶,位于吊顶下 76 mm;

6——家用喷头;

W——设计宽度;

L——设计长度。

图 6 非边墙型喷头灭火试验布置图

7.28.4 试验程序

7.28.4.1 每次试验前,将试验室保持在(24±8) ℃环境中。试验室地面、墙面和吊顶都无水。试验室的两扇门保持在全开状态。

7.28.4.2 试验前调节供水系统满足 2 只试验家用喷头的设计流量和设计压力要求。

7.28.4.3 油盘内加入 0.5 L 水和 0.25 L 正庚烷。点燃油盘内正庚烷后,立即点燃棉绳,引燃模拟家具组件。

7.28.4.4 每个热电偶区域的温度始终得到记录。自点火起,试验进行 30 min。试验过程中,如果所有火焰熄灭,试验可以终止。试验结果应符合 6.28 的规定。

单位为毫米

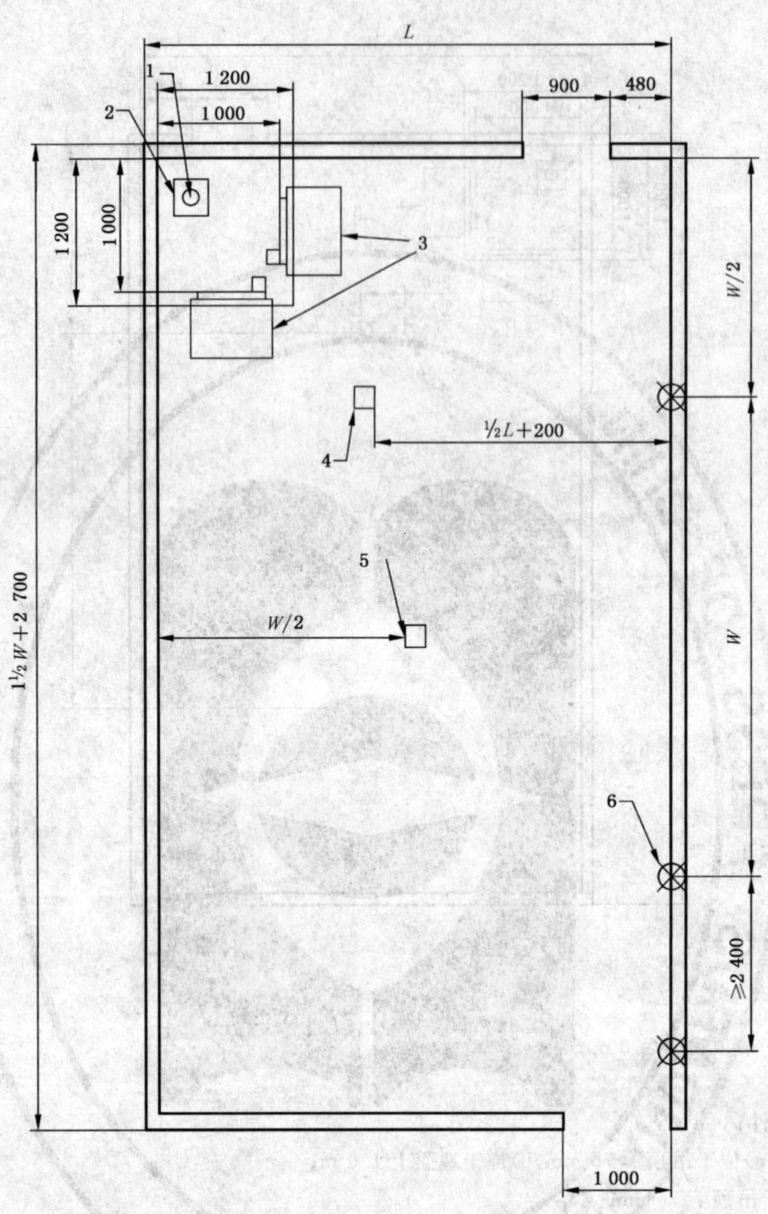

1——热电偶，位于吊顶表面后 6 mm；

2——木垛；

3——模拟家具组件；

4——2 只热电偶，a）位于吊顶下 76 mm，b）位于地面上 1.6 m；

5——热电偶，位于吊顶下 76 mm；

6——家用喷头；

W——设计宽度；

L——设计长度。

a）

图 7 边墙型喷头灭火试验布置图

单位为毫米

1——热电偶,位于吊顶表面后 6 mm;

2——木垛;

3——模拟家具组件;

4——2 只热电偶,a)位于吊顶下 76 mm,b)位于地面上 1.6 m;

5——热电偶,位于吊顶下 76 mm;

6——家用喷头;

W——设计宽度;

L——设计长度。

b)

图 7(续)

8 检验规则

8.1 检验分类

8.1.1 出厂检验

所有喷头成品出厂前必须按表6的规定进行出厂检验。

8.1.2 型式检验

有下述情况之一者，应按表6的规定进行型式检验：

a) 正式生产后，产品的结构、材料、工艺、重要部件中任何一项有较大改变，可能影响产品性能时；

b) 产品停产超过一年恢复生产时；

c) 产品转厂生产或异地搬迁生产时；

d) 国家质量监督机构或管理部门提出进行型式检验要求时。

表6 出厂检验和型式检验项目

检验项目	标准条款号	型式检验项目			出厂检验项目	
		主检	不同温度等级	不同安装形式	全检	抽检
整体要求	6.1	★	★	★	★	
外观	6.2	★	★	★	★	
水压密封和耐水压强度性能	6.3	★	★	★	★[a]	
流量系数	6.4	★				
布水性能	6.5	★		★		★
静态动作温度	6.6	★	★			★
功能	6.7	★	★	★		★
抗水冲击性能	6.8	★				
工作载荷和框架强度	6.9	★		★		★
热敏感元件强度	6.10	★	★			★
疲劳强度	6.11	★	★			
溅水盘强度	6.12	★		★		
热稳定性	6.13	★	★			
抗振动性能	6.14	★				
耐低温试验	6.15	★				
耐高温性能	6.16	★				
动态热性能	6.17	★	★			
耐氨应力腐蚀性能	6.18	★		★		★
耐二氧化硫腐蚀性能	6.19	★				
耐盐雾腐蚀性能	6.20	★				
耐潮湿气体腐蚀性能	6.21	★				
抗碰撞性能	6.22	★		★		
抗翻滚性能	6.23	★		★		
侧向喷洒	6.24	★		★		
抗真空性能	6.25	★				
30天密封试验	6.26	★				
齐平、嵌入、隐蔽式喷头热响应性能	6.27	★[b]	★[b]			★
灭火性能	6.28	★		★		

[a] 全检指水压密封性能。

[b] 适用于齐平、嵌入、隐蔽式家用喷头。

8.2 组批

同种工艺，相同的材料及配件组装或生产的同型号、同规格的产品为一批。

8.3 抽样

8.3.1 检验样品的抽取应采用随机抽样的方法，抽样基数不宜少于检验样品数量的2倍。

8.3.2 家用喷头型式检验的试验程序和样品数量如图8所示。

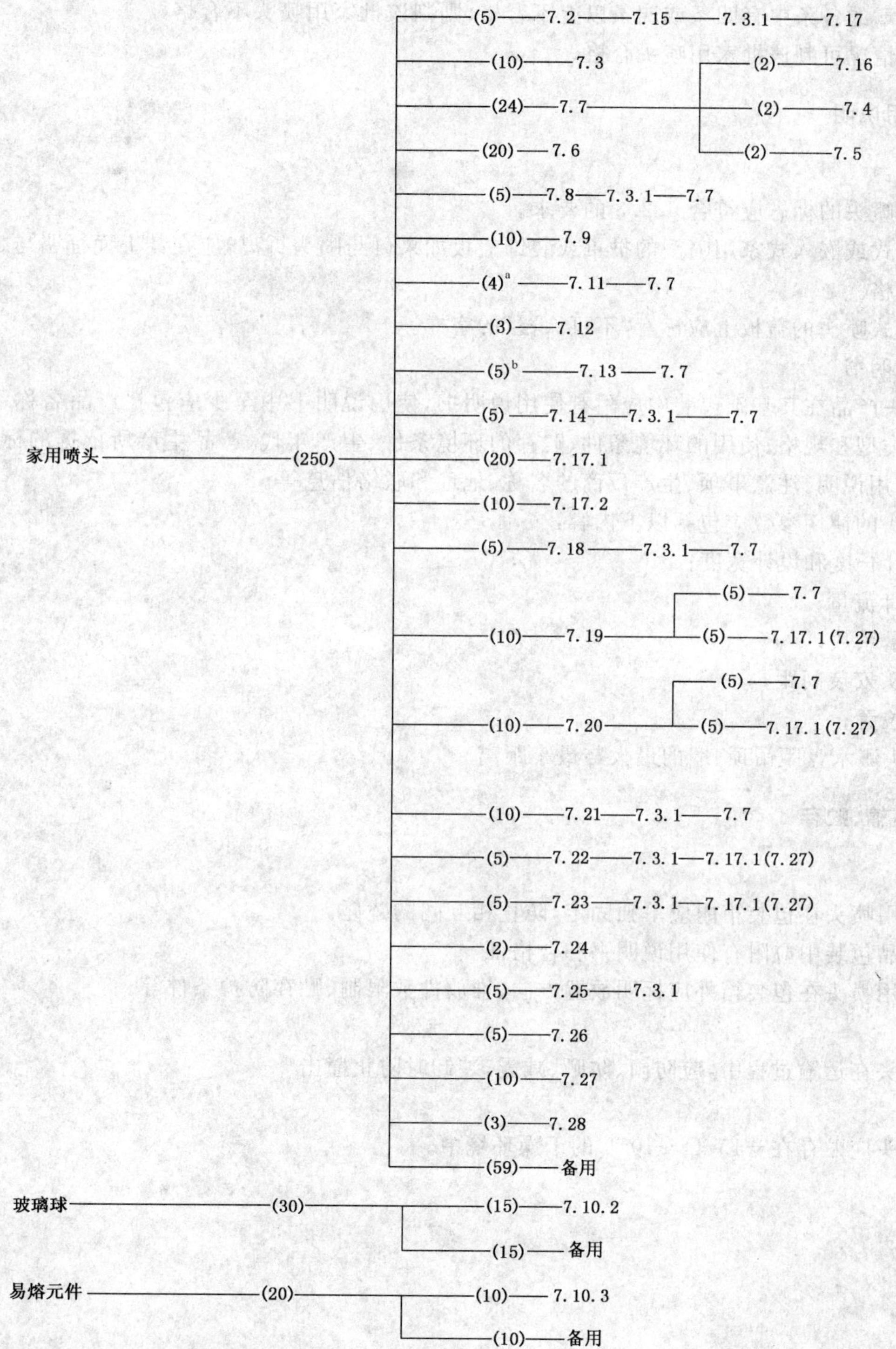

注：括号中数字为试样数量。

a、b 为玻璃球型家用喷头。

图8 试验程序和样品数量

8.4 判定准则

8.4.1 对于所有类型的家用喷头，若 6.1、6.3、6.5、6.6、6.7、6.17、6.18、6.21、6.22、6.26、6.28 中任一条不合格，则判该批家用喷头不合格；齐平、嵌入或隐蔽式喷头 6.27 不合格，亦判该批家用喷头不合格。

8.4.2 若 6.2、6.4、6.8、6.9、6.11、6.13、6.14、6.15、6.16、6.19、6.20、6.22、6.24 各条中有两条或两条以上不合格，则判该批家用喷头不合格。

8.4.3 第 6 章的各条中有四条或四条以上不合格，则判该批家用喷头不合格。

8.4.4 其余情况可判该批家用喷头合格。

9 标志、使用说明

9.1 标志

9.1.1 家用喷头的标志应符合 6.2.3 的要求。

9.1.2 隐蔽式或嵌入式家用喷头的护罩或装饰盖板如果可与喷头拆离，应在其上面标明与之配套的喷头的型号、规格。

9.1.3 隐蔽式喷头的盖板上应标有“不可涂覆”的字样。

9.2 使用说明书

家用喷头产品在其基础包装中应附有使用说明书，使用说明书中至少应包括产品名称、型号规格、动作元件的类型和规格、使用的环境条件、贮存的环境条件、生产年代、产品生产所依据的标准、必要的使用参数、使用说明、注意事项、生产厂商的名称、地址和联络信息等。

家用喷头的使用参数应包括以下内容：

a) 设计长度和设计宽度；

b) 设计流量；

c) 流量系数；

d) 喷头安装间距；

e) 装位置；

f) 喷头溅水盘距吊顶、墙的最大与最小距离。

10 包装、运输、贮存

10.1 包装

10.1.1 家用喷头在包装箱内应单独固定，防止相互间的磕碰。

10.1.2 产品包装中应附有使用说明书和合格证。

10.1.3 家用喷头在包装箱外应标明放置方向、堆放件数限制、贮存防护条件等。

10.2 运输

家用喷头在运输过程中，应防雨、防晒、减震，装卸时防止撞击。

10.3 贮存

家用喷头应贮存在－15 ℃～40 ℃的干燥环境中。

附 录 A
（资料性附录）
本部分章条编号与 ISO 6182-10:2006 章条编号对照

表 A.1 给出了本部分章条编号与 ISO 6182-10:2006 章条编号对照一览表。

表 A.1 本部分章条编号与 ISO 6182-10:2006 章条编号对照

本部分的章条编号	对应的国际标准章条编号
1	1
2	2
3	3.1
4	3.2～3.4
—	4
5.1	6.1.1.1
—	6.1.1.2～6.1.1.3
—	6.1.2
5.2	6.2
5.3	—
6.1	5.1～5.2
6.2	—
6.3	6.8
6.4	6.4.1
6.5	6.4.2
6.6	6.3
6.7	6.5
6.8	6.13
6.9	6.6
6.10	6.7
6.11	6.9
6.12	6.5.2
6.13	6.10
6.14	6.16
6.15	6.23
6.16	6.15
6.17	6.14
6.18	6.11.1
6.19	6.11.2
6.20	6.11.3

表 A.1（续）

本部分的章条编号	对应的国际标准章条编号
6.21	6.11.4
6.22	6.17
6.23	6.12
6.24	6.19
6.25	6.21
6.26	6.20
6.27	6.22
6.28	6.18
7.1	7.1
7.2	7.2
7.3	7.4
7.4	7.10
7.5	7.11
7.6	7.6.1
7.7	7.5
7.8	7.15
7.9	7.3
7.10	7.9
7.11	7.7
7.12	7.5.5
7.13	7.8
7.14	7.16
7.15	7.23
7.16	7.14
7.17	7.6.2
7.18	7.12.1
7.19	7.12.2
7.20	7.12.3
7.21	7.12.4
7.22	7.17
7.23	7.13
7.24	7.19
7.25	7.21
7.26	7.20
7.27	7.22

表 A.1（续）

本部分的章条编号	对应的国际标准章条编号
7.28	7.18
8	—
9	9
10	—
附录 A	附录 D
附录 B	—
附录 C	—
附录 D	附录 A
附录 E	附录 B
—	参考文献

附　录　B
（资料性附录）
本部分与 ISO 6182-10:2006 技术性差异及其原因

表 B.1 给出了本部分与 ISO 6182-10:2006 技术性差异及其原因的一览表。

表 B.1　本部分与 ISO 6182-10:2006 技术性差异及其原因

本部分的章条编号	技术性差异	原因
1	删除 ISO 6182-10:2006 范围中第二段	家用喷头性能说明，在此段表述不恰当
2	引用了我国国家标准	以适应我国国情
3	删除 ISO 6182-10:2006 中的术语和定义 3.1.1～3.1.3 及 3.1.7～3.1.12。 修改了"家用喷头"的定义	术语和定义 3.1.1～3.1.3 及 3.1.7～3.1.12 已广为人知，本部分不再重复。 明确了此种喷头特性
4	删除 ISO 6182-10:2006 中的第 4 章：产品一致性，改为"分类"	此部分内容与要求中重复
5	增加第 5 章：公称口径、接口螺纹、颜色标志和型号编制	与 GB 5135 系列标准协调一致
6.1	修改 ISO 6182-10:2006 中的第 5 章：产品组装，此部分移动到 6.1"整体要求"	统一到要求部分使结构严谨，与 GB 5135 系列标准协调一致
6.2	删除 ISO 6182-10:2006 中的 6.1 条：尺寸。增加外观要求	此部分是从国际标准角度表述的。 外观要求与 GB 5135 系列标准协调一致
6.5.2	修改打湿部位距吊顶的距离不应大于 700 mm，为不应大于 711 mm	经过大量试验，显示家用喷头既应该打湿墙面高度，也应该控制下部火灾，打湿高度取 711 mm 是适当的
6.6	家用喷头的静态动作温度偏差范围，不应超过($0.035X+0.62$)，修改为静态动作温度范围 $X\pm(0.035X+0.62)$	使表述明确，与 GB 5135 系列标准协调一致
6.29	删除 ISO 6182-10:2006 中的 6.18.3 条：日本式房间灭火性能	目前没有具体试验方法，没有必要保留
—	删除 ISO 6182-10:2006 中图 4 和图 8	在 GB 5135 系列标准中已经具有，不再重复
—	删除 ISO 6182-10:2006 中图 9	在本部分 7.29 中文字表述清楚，此图无实际意义
图 6、图 7a)、图 7b)	图中尺寸修正为整数	保留毫米级个位数无实际意义，取整后，便于操作及布置
—	删除 ISO 6182-10:2006 中附录 C	在 GB 5135 系列标准中已经具有 C 系数计算示例，不再重复

表 B.1(续)

本部分的章条编号	技术性差异	原因
第 8 章	增加“检验规则”	符合 GB/T 1.1 规则
第 9 章	以“标志、使用说明”代替 ISO 6182-10:2006 中第 9 章	以适应我国国情
第 10 章	增加“包装、运输、贮存”	与 GB 5135 系列标准协调一致,适应我国国情
图 8	增加图 8 试验程序和样品数量	与 GB 5135 系列标准协调一致,适应我国国情
附录 A	增加附录 A	本部分章条编号与 ISO 6182-10:2006 章条编号对照
附录 B	增加附录 B	本部分与 ISO 6182-10:2006 技术性差异及其原因说明

附　录　C
（规范性附录）
公　　差

标准中未标明公差时，按以下规定执行：

a)　角度：$\pm 2^\circ$；

b)　频率(Hz)：测量值的 $\pm 5\%$；

c)　长度：测量值的 $\pm 2\%$；

d)　容积：测量值的 $\pm 5\%$；

e)　压力：测量值的 $\pm 3\%$；

f)　温度：测量值的 $\pm 5\%$；

g)　时间：s $^{+5}_{0}$

min $^{+0.1}_{0}$

h $^{+0.1}_{0}$

d $^{+0.25}_{0}$。

附　录　D
（资料性附录）
误差限的计算方法

7.10.2 所述的玻璃球非偏标准偏差和误差限的计算方法如下：

1）　计算非偏标准偏差

非偏标准偏差由下式计算：

$$S=\left[\sum_{i=1}^{n}(x_1-x)^2/n-1\right]^{0.5}$$

式中：

x——载荷的平均值，单位为牛(N)；

x_1——每一个测得的载荷值，单位为牛(N)；

n——试样的数量。

2）　计算玻璃球破碎载荷下限误差 TL_1

玻璃球破碎载荷下限误差 $TL_1=Z_1-\Gamma_1\cdot S_1$

式中：

Z_1——玻璃球破碎载荷的平均值，单位为牛(N)；

Γ_1——从表 D.1 中查得的系数；

S_1——玻璃球破碎载荷的非偏标准偏差，单位为牛(N)。

3）　计算玻璃球设计载荷上限误差 TL_2

玻璃球设计载荷上限误差 $TL_2=Z_2+\Gamma_2\cdot S_2$

式中：

Z_2——玻璃球设计载荷的平均值，单位为牛(N)；

Γ_2——从表 D.1 中查得的系数；

S_2——玻璃球设计载荷的非偏标准偏差，单位为牛(N)。

当 $TL_1>2TL_2$，是可以接受的。

表 D.1　正态分布单边误差限的系数

[$\nu=0.99$，$p=0.99$(试样的 99%)]

n	Γ	n	Γ
10	5.075	21	3.776
11	4.828	22	3.727
12	4.633	23	3.680
13	4.427	24	3.638
14	4.336	25	3.601
15	4.224	30	3.446
16	4.124	35	3.334
17	4.038	40	3.250
18	3.961	45	3.181
19	3.892	50	3.124
20	3.832		

附　录　E
（资料性附录）
易熔元件强度试验的分析

6.10.2 中给出的公式的目的是为了使易熔元件在承受了相当长时间的工作载荷后，仍不容易因蠕变应力而损坏。因为喷头的使用寿命受其他许多因素的影响，因此，876 600 h(100 年)这个时间的选择仅仅是一个带有保险系数的数据值，而无其他特殊含义。

造成蠕变损坏的载荷(而不是不必要的高初始扭曲应力)被施加在试样上并记录施加的时间，给定的要求近似于通过下述分析得到的全对数回归曲线的推论。

使用最小二乘法，利用观察到的数据来确定 1 h 时的载荷 L_o 和 1 000 h 时的载荷 L_m。一种确定这个载荷的方法如下：

在全对数坐标纸上作出曲线，由 L_o 和 L_m 所确定的直线的斜率应大于或等于由 100 年时最大设计载荷 L_d 和 L_o 所确定的直线的斜率。

即：

$$(L_nL_m - L_nL_o)/L_n1\ 000 \geqslant (L_nL_d - L_nL_o)/L_n876\ 600$$

可化简为：

$$\begin{aligned} L_nL_m &\geqslant [(L_nL_d - L_nL_o) \cdot L_n1\ 000]/L_n876\ 600 + L_nL_o \\ &\geqslant 0.504\ 8(L_nL_d - L_nL_o) + L_nL_o \\ &\geqslant 0.504\ 8(L_nL_d - L_nL_o) + L_nL_o(1 - 0.504\ 8) \\ &\geqslant 0.504\ 8L_nL_d + 0.495\ 2L_nL_o \end{aligned}$$

当允许误差为 1%的时，以上公式可近似表示为：

$$L_nL_m \geqslant 0.5(L_nL_d - L_nL_o)$$

经误差补偿后表示为：

$$L_m \geqslant 0.99(L_d \cdot L_o)^{0.5} \quad 或 \quad L_d \leqslant 1.02L_m^2/L_o$$

ICS 53.060
J 83

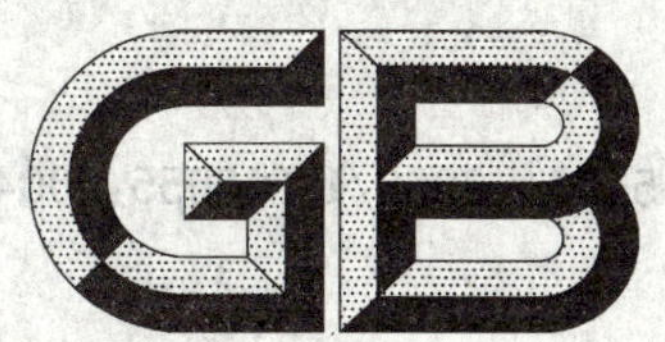

中华人民共和国国家标准

GB/T 5143—2008/ISO 6055:2004
代替 GB/T 5143—2001

工业车辆 护顶架 技术要求和试验方法

Industrial trucks—Overhead guards—Specification and testing

(ISO 6055:2004,IDT)

2008-02-03 发布 2008-07-01 实施

中华人民共和国国家质量监督检验检疫总局
中国国家标准化管理委员会 发布

前　言

本标准等同采用 ISO 6055:2004《工业车辆　护顶架　技术要求和试验方法》(英文版)。

本标准等同翻译 ISO 6055:2004。

为了便于使用,本标准作了下列编辑性修改:

——“本国际标准”一词改为“本标准”;

——删除了国际标准的前言;

——对 ISO 6055:2004 中引用的其他国际标准,用已采用为我国的标准代替对应的国际标准。未被采用为我国标准的直接引用国际标准。

本标准代替 GB/T 5143—2001《乘驾式高起升车辆　护顶架　技术要求和试验方法》。

本标准与 GB/T 5143—2001 相比主要变化如下:

——第 1 章中增加:“驾驶员腿和脚的保护、翻车保护结构(ROPS)和落物保护结构(FOPS)的技术要求和试验方法”,取消了不适用的产品;

——第 2 章中增加了 5 个引用标准;

——增加了“3.1　导言”和“4.1　导言”;

——将原标准中 3.2.3 的“体重 90 kg 的驾驶员坐下后座椅面最低点至车辆正常行驶时驾驶员头部上方护顶架顶部下表面的垂直距离不应小于 1 000 mm”改为本标准中 3.3.3 的“从座椅标定点(按 GB/T 8591 确定)至驾驶员处于正常操作位置时驾驶员头部上方护顶架顶部下表面的垂直距离不应小于 903 mm”;

——增加了降低护顶架正常高度的示例(本标准的 3.3.5);

——增加了“如果护顶架的制造厂已经被告知用户可能处于跌落物能穿过 150 mm 开口的风险中时,则护顶架的结构应消除风险,必要时根据补充的信息设置开口”的内容(本标准的 3.3.6);

——增加了图 4、图 5、图 6 和图 7;

——取消了原标准 4.2 静载试验的内容;

——动载试验的试验方法中增加:9 个落点中的第一点应位于护顶架的前方(本标准的 3.4.2.3);

——增加了冲击下落试验(本标准的 3.4.3);

——增加了驾驶员腿和脚的保护试验(本标准的 3.4.4);

——性能要求一章中增加了对冲击下落试验和驾驶员腿和脚的保护试验后的要求(本标准的3.5.2 和 3.5.3);

——增加了“驾驶员位置不受臂架保护的伸缩臂式车辆的要求”(本标准的第 4 章)。

本标准由中国机械工业联合会提出。

本标准由北京起重运输机械研究所归口。

本标准负责起草单位:北京起重运输机械研究所。

本标准参加起草单位:安徽合力股份有限公司、浙江杭叉工程机械股份有限公司、宁波如意股份有限公司、浙江诺力机械股份有限公司、宝鸡双力叉车制造有限公司和天津港(集团)有限公司。

本标准主要起草人:赵春晖。

本标准所代替标准的历次版本发布情况为 GB/T 5143—1985、GB/T 5143—2001。

工业车辆　护顶架　技术要求和试验方法

1　范围

本标准规定了起升高度大于 1 800 mm 的各种型式乘驾式高起升机动工业车辆的护顶架、驾驶员腿和脚的保护、翻车保护结构(ROPS)和落物保护结构(FOPS)的技术要求和试验方法。

2　规范性引用文件

下列文件中的条款通过本标准的引用而成为本标准的条款。凡是注日期的引用文件,其随后所有的修改单(不包括勘误的内容)或修订版均不适用于本标准,然而,鼓励根据本标准达成协议的各方研究是否可使用这些文件的最新版本。凡是不注日期的引用文件,其最新版本适用于本标准。

GB/T 8591　土方机械　司机座椅标定点(GB/T 8591—2000,eqv ISO 5353:1995)

GB 10827　机动工业车辆　安全规范(GB 10827—1999,eqv ISO 3691:1980)

GB/T 17771　土方机械　落物保护结构　实验室试验和性能要求(GB/T 17771—1999,eqv ISO 3449:1992)

GB/T 17772　土方机械　保护结构的实验室鉴定　挠曲极限量的规定(GB/T 17772—1999,idt ISO 3164:1995)

GB/T 17922　土方机械　翻车保护结构　试验室试验和性能要求(GB/T 17922—1999,idt ISO 3471:1994)

ISO 13564-1　机动工业车辆　检查视野的试验方法　第 1 部分:坐驾式和站驾式车辆及伸缩臂式车辆

3　起升高度大于 1 800 mm 的乘驾式高起升车辆的技术要求

3.1　导言

本章所规定的内容适用于装有门架的车辆和操作位置受臂架保护的伸缩臂式车辆,即门架或臂架防止车辆超过 90°倾翻。

3.2　总则

3.2.1　当驾驶员坐在按 GB 10827 定义的正常操作位置操作由车辆制造厂提供的控制装置时,护顶架应遮挡驾驶员的上方。对固定在门架上的护顶架,当门架倾斜时上述要求同样适用。

处于中位的各操作手柄,释放状态的踏板和方向盘沿门架方向超出护顶架的外轮廓线在水平面内的垂直投影,如果超出量不大于 150 mm,则认为手柄、踏板和方向盘受到了保护(见图 1)。驱动方式可调整的方向盘应置于中位。不考虑停车制动手柄处于最靠近门架的位置。

处于正常操作位置的驾驶员其腿或脚的任意部分超出护顶架前端在水平面内的垂直投影 150 mm 时,应由结构加以保护,该结构的试验步骤按 3.4.4 中的规定。

3.2.2　倾斜机构出现故障时,不得由于护顶架的原因而直接或间接地使驾驶员处于危险之中。

3.3　尺寸

3.3.1　护顶架的结构不应妨碍 ISO 13564-1 中规定的视野。

3.3.2　护顶架顶部开口的宽度或长度应有一个尺寸不超过 150 mm。

单位为毫米

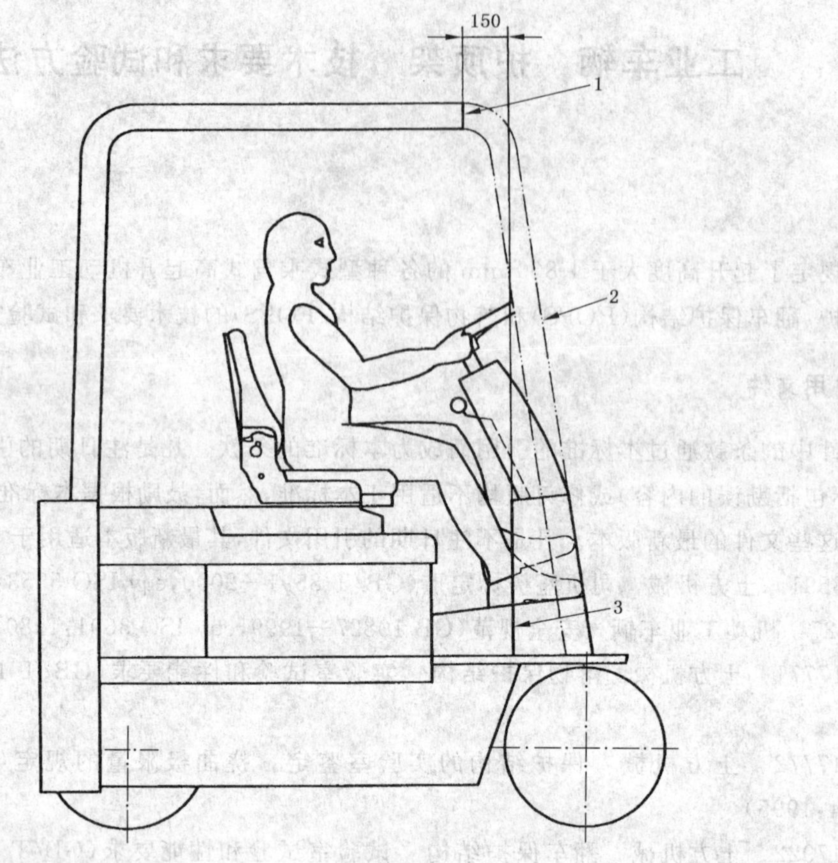

1——护顶架边缘；

2——护顶架前支柱示意图；

3——前部结构的后端。

图 1 满足保护要求的护顶架

3.3.3 对坐驾式高起升车辆，从座椅标定点(按 GB/T 8591 确定)至驾驶员处于正常操作位置时驾驶员头部上方护顶架顶部下表面的垂直距离不应小于 903 mm。

3.3.4 对站驾式高起升车辆，驾驶员站立的平台至驾驶员处于正常操作位置时驾驶员头部上方护顶架顶部下表面的垂直距离不应小于 1 880 mm。

3.3.5 当用户提出要求时，制造厂可以降低护顶架的正常总高度和驾驶员头部至护顶架顶部下侧之间的垂直距离，以便装有护顶架的车辆能够在上方净空限制车辆总高度的地方工作。

例如，如果按照 GB/T 8420—2000 图 1～图 4 中的定义，95%的躯干高度是 *XX*，护顶架高度减少 *Y*，那么，推荐的驾驶员躯干高度不应超过 *XX*-*Y*。

如果垂直距离减小，应向可能使用装有该种护顶架车辆的驾驶员提供该护顶架规定的限制驾驶员身高的信息。

3.3.6 如果护顶架的制造厂已经被告知用户可能处于跌落物能穿过 150 mm 开口的风险中时(见 3.3.2)，则护顶架的结构应消除风险，必要时根据提供的信息设置开口。

3.4 试验

3.4.1 总则

3.4.1.1 护顶架应安装在其设计所对应的车型和额定起重量的车辆上进行动载试验和冲击下落试验。另外，如果护顶架在一测试底盘上的安装方式与在所设计配套叉车上的安装方式相同时，也可将护顶架安装在这种底盘上。

3.4.1.2 两个试验应采用相同的护顶架和相同的安装方式,首先应按3.4.2进行动载试验,然后按3.4.3进行冲击下落试验。

3.4.1.3 对于安装在叉车上的护顶架为特殊设计时,可采用其他方法(如已经在类似护顶架上通过试验验证过的计算法)来确定护顶架是否符合该试验要求。

3.4.1.4 对于操作台可升降及带有辅助起升设备,其相对于操作平台的最大起升高度不大于1 800 mm 的车辆,不需要进行冲击试验。

3.4.2 **动载试验**

3.4.2.1 本试验的目的是为了确定驾驶员(坐驾或站驾)正上方护顶架抵抗永久变形的能力。

注:对安装在特殊设计车辆上的护顶架,可采用其他方法(如估算或根据以前试验的结果)来确定护顶架是否符合该试验要求。

3.4.2.2 试验物体应具有边长为300 mm 的正方形冲击面,其质量为45 kg。冲击面应由橡木或相同密度的材料制成,厚度不小于50 mm。棱角和棱边应具有10^{+5}_{0} mm 的圆角。

3.4.2.3 试验物体应置于能自由下落的位置,其冲击面基本平行于护顶架的顶部。避免用试验物体的角或棱边撞击护顶架。将试验物体在距护顶架顶部上方1.5 m 高处下落10次。第1次落点应使试验物体的中心位于驾驶员座椅(按GB/T 8591将座椅调节至中间位置)标定点的垂直上方或驾驶员站立位置的正上方,其他9个落点应沿顺时针方向由试验物体中心点平均地分布在直径为600 mm 的圆内,该圆的中心应位于驾驶员座椅(调节至中间位置)标定点或者站立位置中心的正上方。9个落点中的第一点应位于护顶架的前方。

注:当试验物体撞击护顶架时,可允许试验物体的一部分在某些位置与护顶架的棱边重叠。

3.4.3 **冲击下落试验**

3.4.3.1 本试验的目的是为了确定大型载荷(如整批板材、纸卷)撞击护顶架时的永久变形。

3.4.3.2 试验载荷应由50 mm×100 mm 名义尺寸的建筑级别的板材构成,长度为3 600 mm;整个试验载荷宽度不应超过1 000 mm。应使50 mm×100 mm 横截面中的100 mm 的标准尺寸位于水平位置。板材应采用至少3个金属带捆扎在一起,一个金属带大致位于中央,其他两个距离每端不超过900 mm。

试验载荷应具有表1中规定的最小质量。

可使用不同尺寸和/或材料的试验载荷,只要其在试验中冲击的剧烈程度不比上述规定差即可。

3.4.3.3 试验载荷应位于护顶架的正上方,3 600 mm 长度与车辆纵向中心平面成直角,1 000 mm 的平面应撞击在护顶架如图4所示位置上。

3.4.3.4 试验载荷应以基本水平的状态并从能产生所需要的冲击功(单位为焦耳,按表1中规定)的某一高度自由下落。

表1 护顶架冲击试验载荷

车辆额定起重量/kg	试验冲击功 E_{test}[a]/J	试验载荷最小质量/kg
1 000以下	3 600	340
1 000～1 500	5 400	340
1 501～2 500	10 800	680
2 501～3 500	21 760	1 360
3 501～6 500	32 640	1 360
6 501～10 000	43 520	1 360
10 000以上	48 960	1 360

a $l_{drop}=E_{test}/(9.8\times m_{test})$

式中:

l_{drop}——下落距离,单位为米(m);

m_{test}——试验载荷的实际质量,单位为千克(kg)。

3.4.4 驾驶员腿和脚的保护试验

3.4.4.1 本试验的目的是为了验证保护驾驶员腿和脚的结构的强度,见3.2.1。

3.4.4.2 试验物体(按3.4.2.2的规定)应从位于每组踏板正上方1.5 m高度自由下落撞击保护结构。试验物体应从每组踏板正上方下落一次。

为给本试验提供一个无障碍下落,任何相邻部件,如护顶架、门架、方向盘,或安装在防护结构上的部件,如液压操纵杆、制动杆均应拆除。

如果在设计上,拆除这些构件会导致结构强度的削弱,则这些部件应留在被试车辆上,而且试验时试验物体应沿护顶架的垂直线方向下落。

3.5 性能要求

3.5.1 按照3.4.2中规定的方法进行试验,护顶架的构件及其配件不应出现裂纹、构件分离,或其垂直方向的永久变形超过20 mm。测量时,应在以驾驶员座椅(调节至中间位置)标定点或驾驶员站立位置中心点的铅垂线为中心,护顶架下侧直径为600 mm的圆内进行(见图2和图3)。在动载试验期间,装在按3.3.2规定的护顶架开口之间的材料(如钢丝网布、钢化玻璃、透明板等)的损坏应予以忽略。

3.5.2 按照3.4.3中规定的方法进行试验,护顶架及其配件在冲击试验后的永久变形应确保留有如下最小间距:

a) 对于坐驾式车辆,驾驶员位置处护顶架下侧水平切面与方向盘上表面水平切面之间为250 mm(见图5);

b) 对于站驾式车辆,驾驶员位置处护顶架下侧水平切面与车辆工作期间驾驶员站立表面之间为1 600 mm(见图6)。

3.5.3 按照3.4.4中规定的方法进行试验,从任一踏板最高点向上垂直测量,踏板距脚部保护结构的距离不应小于150 mm(见图7)。

单位为毫米

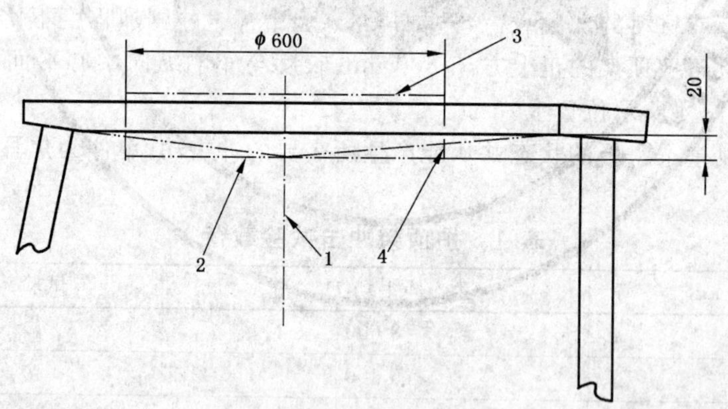

1——驾驶员站立位置中心或座椅(调节至中间位置)标定点;

2——变形限制线[最大(L−20)mm];

3——变形测量区;

4——内侧变形。

图2 当四周有支承时动载试验护顶架的允许变形量

单位为毫米

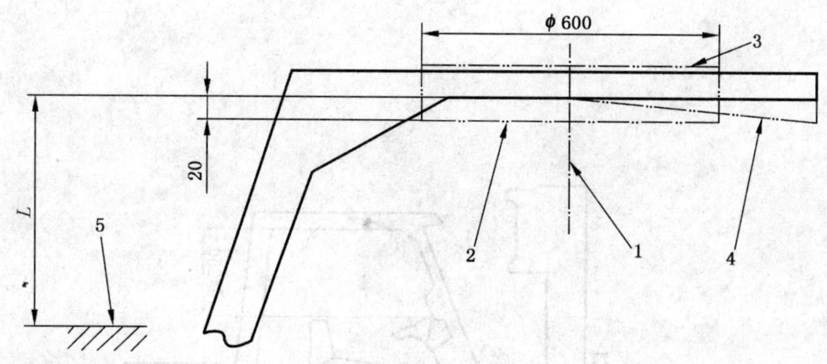

1——驾驶员站立位置中心或座椅(调节至中间位置)标定点;
2——变形限制线[最大(L－20)mm];
3——变形测量区;
4——内侧变形;
5——相对于底盘的基线。

图 3 当只在一侧支撑时动载试验护顶架的允许变形量

单位为毫米

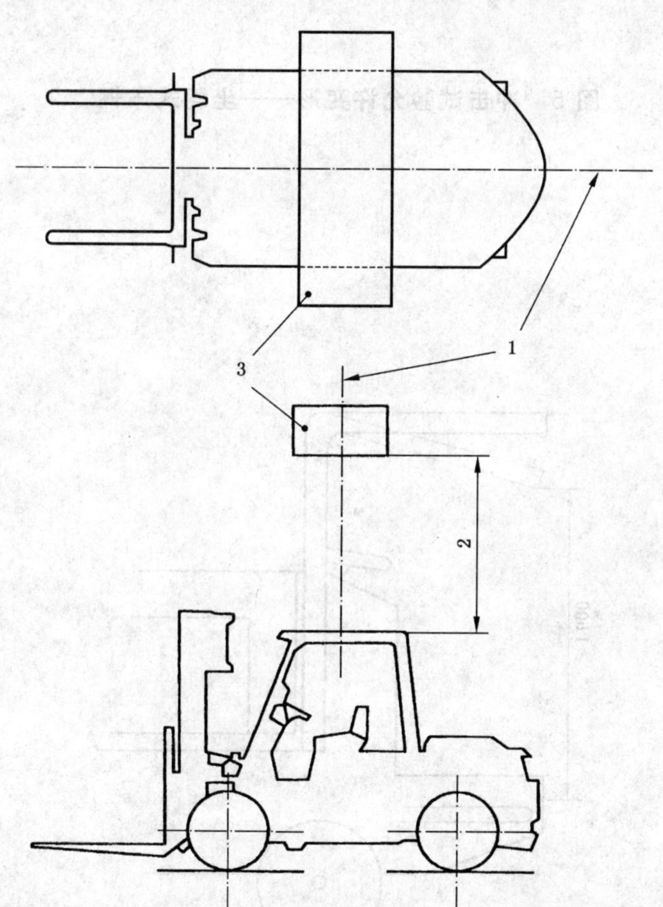

1——车辆和试验载荷中心线;
2——下落高度,见表 1;
3——试验载荷。

图 4 冲击试验方法

单位为毫米

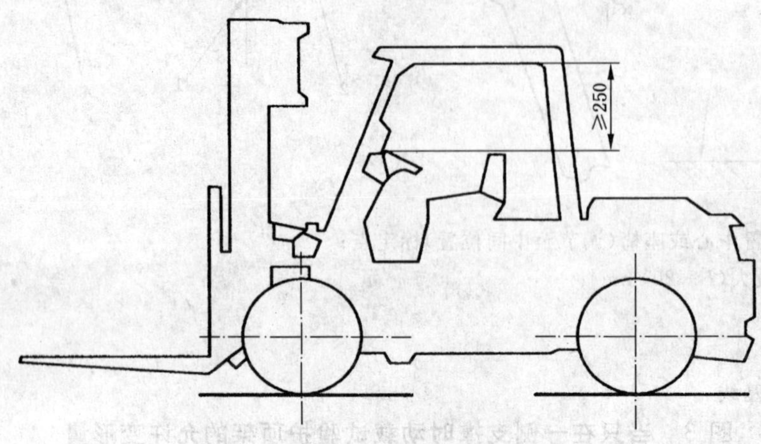

图5 冲击试验允许变形——坐驾式车辆

单位为毫米

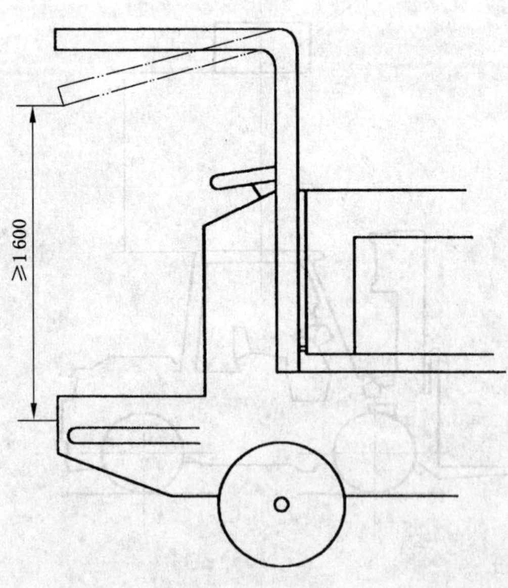

图6 冲击试验允许变形——站驾式车辆

单位为毫米

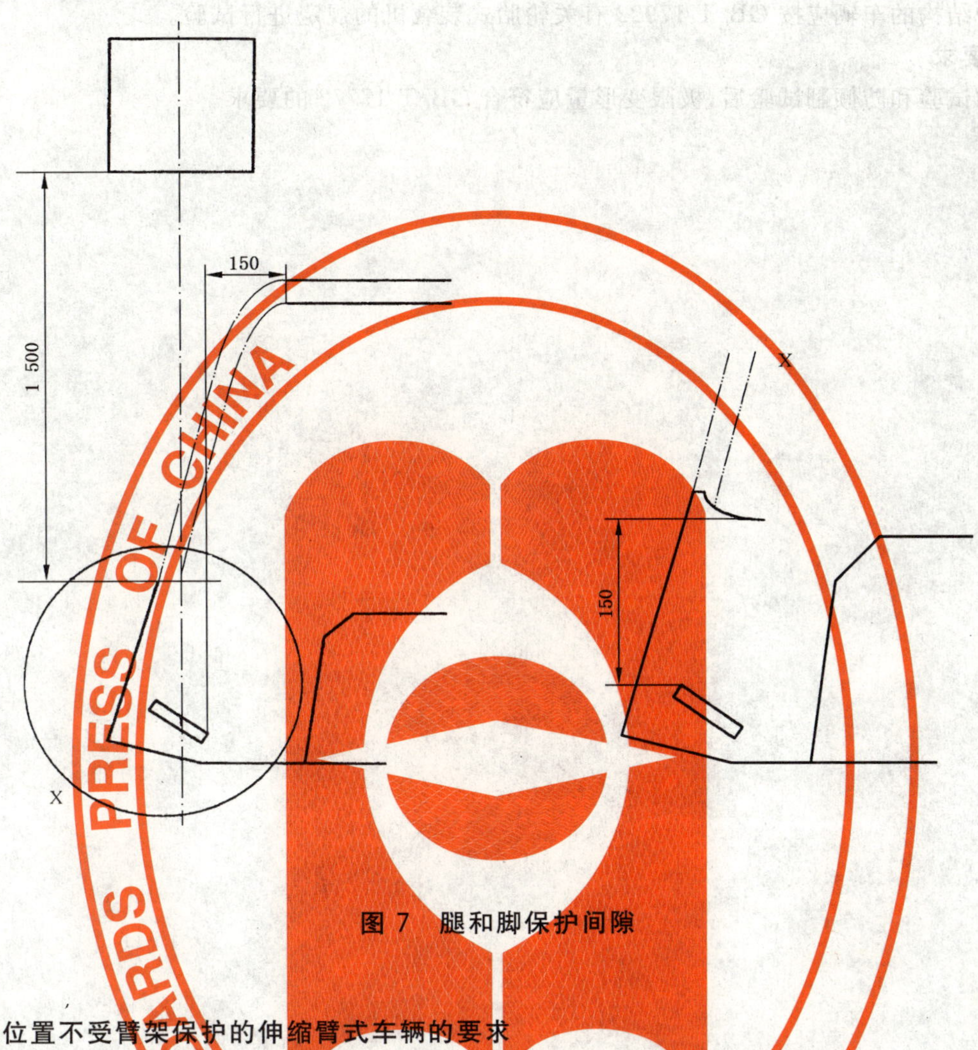

图 7 腿和脚保护间隙

4 驾驶员位置不受臂架保护的伸缩臂式车辆的要求

4.1 导言

本章所规定的内容适用于除驾驶员位置受臂架保护之外的所有伸缩臂式车辆。

4.2 总则

车辆应装有保护结构，该保护结构不仅能保护驾驶员免遭落物伤害，而且还能避免翻车的风险。

4.3 尺寸

保护结构应符合 3.2.1、3.3.1、3.3.2 和 3.3.6 的要求。

4.4 试验

4.4.1 导言

试验应在未装臂架的车辆上进行。

4.4.2 落物试验

除了只能采用集装箱吊具搬运货物集装箱的车辆外，伸缩臂式车辆应装有 FOPS。FOPS 应符合 GB/T 17771 的规定。

如果车辆的实际起重量（单位为千克）与相对应的最大起升高度（单位为米）乘积的最大值不小于 10 000 kg · m，则 FOPS 应为Ⅱ级。

如果最大值小于 10 000 kg · m，则 FOPS 可为Ⅰ级。

在进行试验的过程中，车辆的臂架不应妨碍或参与试验。

4.4.3 倾翻试验

带保护结构的车辆应按 GB/T 17922 有关轮胎式装载机的规定进行试验。

4.5 性能要求

防落物试验和防倾翻试验后，极限变形量应符合 GB/T 17772 的要求。

参 考 文 献

[1] GB/T 8420—2000 土方机械 司机的身材尺寸与司机的最小活动空间(GB/T 8420—2000，eqv ISO 3411:1995)

ICS 77.120.50
H 64

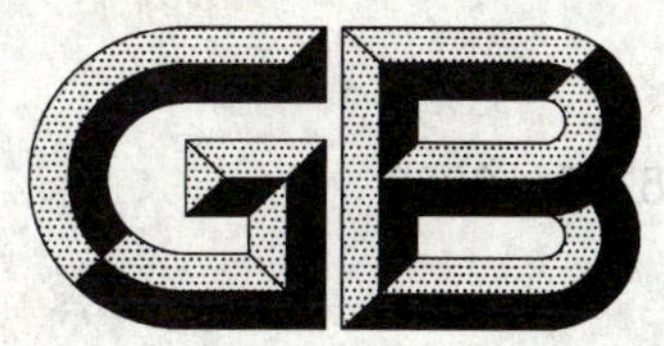

中华人民共和国国家标准

GB/T 5168—2008
代替 GB/T 5168—1985

α-β 钛合金高低倍组织检验方法

Microstructure and macrostructure examination for α-β titanium alloys

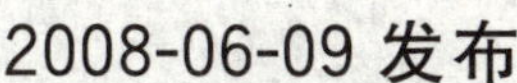

2008-06-09 发布 2008-12-01 实施

中华人民共和国国家质量监督检验检疫总局
中国国家标准化管理委员会 发布

前言

本标准代替 GB/T 5168—1985《两相钛合金高低倍组织检验方法》。

本标准与 GB/T 5168—1985 相比，主要变化如下：

——修订了低倍试样的制备要求；

——修订了表面粗糙度的表示方法；

——修订了试样的腐蚀剂比例；

——更换了高低倍组织图片；

——对文本格式进行了编辑。

本规范的附录 A 是规范性附录，附录 B 和附录 C 是资料性附录。

本标准由中国有色金属工业协会提出。

本标准由全国有色金属标准化技术委员会归口。

本标准由宝钛集团有限公司、宝鸡钛业股份有限公司负责起草。

本标准主要起草人：王永梅、徐祝萍、黄永光、谢慧茹、李献军、杨慧丽、周光爵。

本标准所代替标准的历次版本发布情况为：

——GB/T 5168—1985。

α-β 钛合金高低倍组织检验方法

1 范围

本标准规定了 α-β 钛合金高低倍组织试样的制备、腐蚀要求和检验结果的判定。

本标准适用于 α-β 钛合金高低倍组织的检验。

2 低倍组织检验

2.1 试样制备

2.1.1 棒材、挤压材、厚板以及挤压用毛坯：试样应从检验的产品上横向切取，然后沿纵向切取一半，以便检查横向及纵向表面。试样的横截面厚度应不小于 13 mm。取自锻件或挤压用坯料的试样可在本熔炼炉号的 β 转变温度以下 30℃ 加热，保温(60±5)min 以后，以相当于空冷或更快的速度冷却后，再进行表面加工后进行检查；也可不经上述热处理，直接进行表面加工后进行检查。试样加工后，其受检面的表面粗糙度 Ra 应不大于 1.6 μm。

2.1.2 锻件：当尺寸允许时，应对锻件外表面进行粗加工，以保证去除 α 层。为保证消除晶间腐蚀及成品零件的氢脆，腐蚀后的锻件需留有 0.8 mm 的加工余量。仅进行过超声波检验的锻件的表面可不再机加工，表面粗糙度 Ra 应不大于 3.2 μm。

2.1.3 试样制备过程中人身安全及设备与仪器防护注意事项见附录 A。

2.2 试样显示

2.2.1 试样应在常温的强酸溶液里腐蚀足够时间，以便产生一个清晰的低倍组织。推荐使用以下溶液或供需双方同意的其他腐蚀剂。

a) 用工业纯酸时：

13%～28%体积分数的硝酸(质量分数 65%～68%)；8.5%～14%体积分数的氢氟酸(质量分数 48%)；其余为水。

b) 用化学纯酸时：

13%～30%体积分数的硝酸(质量分数 65%～68%)；10.5%～16%体积分数的氢氟酸(质量分数 40%～42%)；其余为水。

2.2.2 溶液的腐蚀速度应保持在 5 min 内能去除金属厚度为 0.05 mm～0.10 mm。应定期检查腐蚀速度。

2.2.3 从浸蚀液内取出的试样，应立刻在干净的水中清洗几分钟。

2.2.4 试样最终应用加压的自来水进行冲洗，以去除污迹并且用干风吹干试样。

2.3 试样检验

2.3.1 在光照度不低于 2153 lx 下，目视试样，以检查低倍组织及缺陷，如偏析、折叠、裂纹、夹杂及严重的缺陷未清除区。

2.3.2 典型的低倍图片见附录 B。

3 高倍组织检验

3.1 试样制备

3.1.1 应在已做过低倍组织检查的试样上，认为需要的部位切取高倍试样，或按供需双方协议从其他面上切取试样。

3.1.2 用金相技术抛光及腐蚀要检验的试样，使其清晰地显示要观察评定的高倍组织。

3.1.3 抛光时可用机械抛光,也可用电解抛光,如果用电解抛光,推荐选用下列三种溶液之一。

A 溶液

甲醇	630 mL
丁醇	50mL
乙二醇丁醚	260 mL
乙酸	2 mL
高氯酸	60 mL

电压 25 V～40 V,时间 10 s～30 s。

B 溶液

高氯酸	78 mL
蒸馏水	120 mL
乙醇	700 mL
乙二醇丁醚	100 mL

电压 40 V±1 V,时间大约 5 s。

C 溶液

高氯酸	50 mL
冰醋酸	950 mL

电压 55 V～60 V,时间 20 s～40 s。

3.1.4 试样制备过程中人身安全及设备与仪器防护注意事项见附录 A。

3.2 试样显示

3.2.1 推荐用以下腐蚀剂,或供需双方同意的其他腐蚀剂。

2%～5%体积分数的化学纯氢氟酸(质量分数 40%～42%);10%～12%体积分数的化学纯硝酸(质量分数 65%～68%);其余为水。

3.2.2 用选定的腐蚀剂将试样腐蚀 5s～30s(以能清晰地显示要观察评定的高倍组织为准)。随后在流动的水中漂洗并干燥。

3.3 试样检验

3.3.1 观察试样的高倍组织及确定在低倍检验时发现的疑点的实质。

3.3.2 典型的高倍图片见附录 C。

4 偏析组织判定

4.1 在低倍腐蚀以后,偏析将在无光泽的灰色背底上呈现出亮银色的光泽斑。

4.2 偏析用橡皮擦不掉,而染色或污染的斑痕均可用橡皮擦掉。

4.3 偏析用砂纸磨去并重新腐蚀后,在原来位置又可重现。

4.4 偏析与其他材料缺陷相类似,可在产品中以不同尺寸、形状、类型和不同的几率出现。

附 录 A
（规范性附录）
人身和设备与仪器防护

A.1 人身安全

A.1.1 要遵守国家规定的有关安全和劳动保护条例。

A.1.2 操作人员要熟悉所用化学药品的性质。操作时要穿戴好适当的防护服装。

A.1.3 在配置腐蚀剂时，应将酸慢慢倒入水中并搅拌。不应让酸与皮肤接触。

A.1.4 由于强烈反应放出气体，所以必须适当通风。

A.2 设备与仪器防护

A.2.1 装高低倍腐蚀剂的容器，应当用聚氯乙烯或其他相当的材料衬在容器里面。

A.2.2 所有夹具支架及吊篮，应当用和硝酸-氢氟酸溶液不起反应的材料包覆。

A.2.3 显微镜的物镜能被疏忽留下的氢氟酸气腐蚀。当试样或镶嵌料（如胶木）有孔时，以及镶料与试样边部有渗漏时，在试样放到显微镜试样台上以前，应仔细去掉酸迹。需要时可在 20 g/L～30 g/L 的碳酸氢钠溶液中漂洗，之后用水清洗并烘干。

附　录　B
（资料性附录）
低倍组织典型图片

图 B.1～图 B.5 为 α-β 钛合金的低倍图片，其中图 B.4 和图 B.5 为常见缺陷的低倍。需要时，可选图 B.1～B.3 作为低倍组织典型图片。根据不同产品类型、规格及用途，应选用不同的组织类型，具体要求应在产品技术条件中确定。

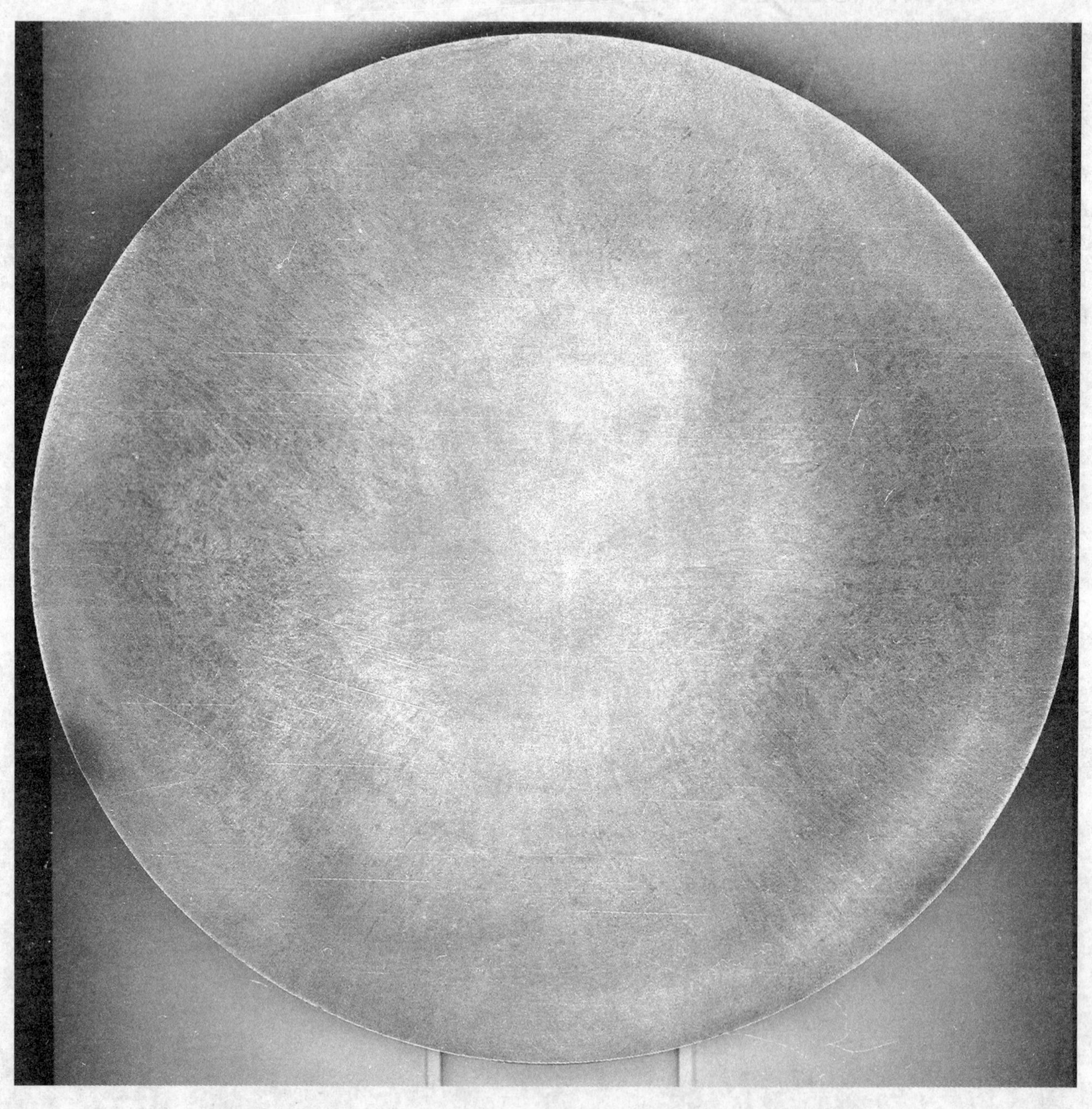

1.5X

图 B.1　模糊晶（TC1 合金）

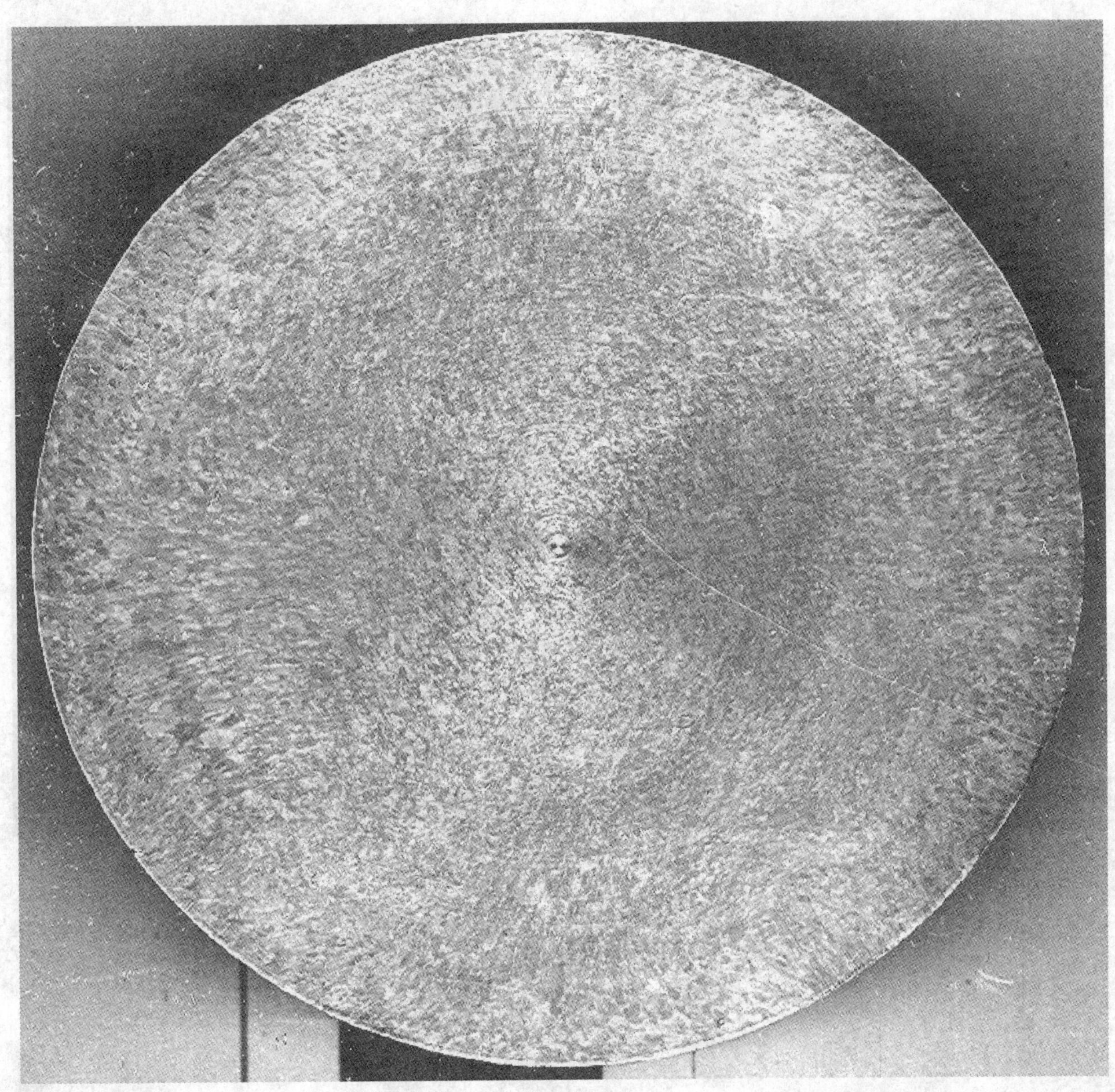

1.5X

图 B.2 半清晰晶(TC4 合金)

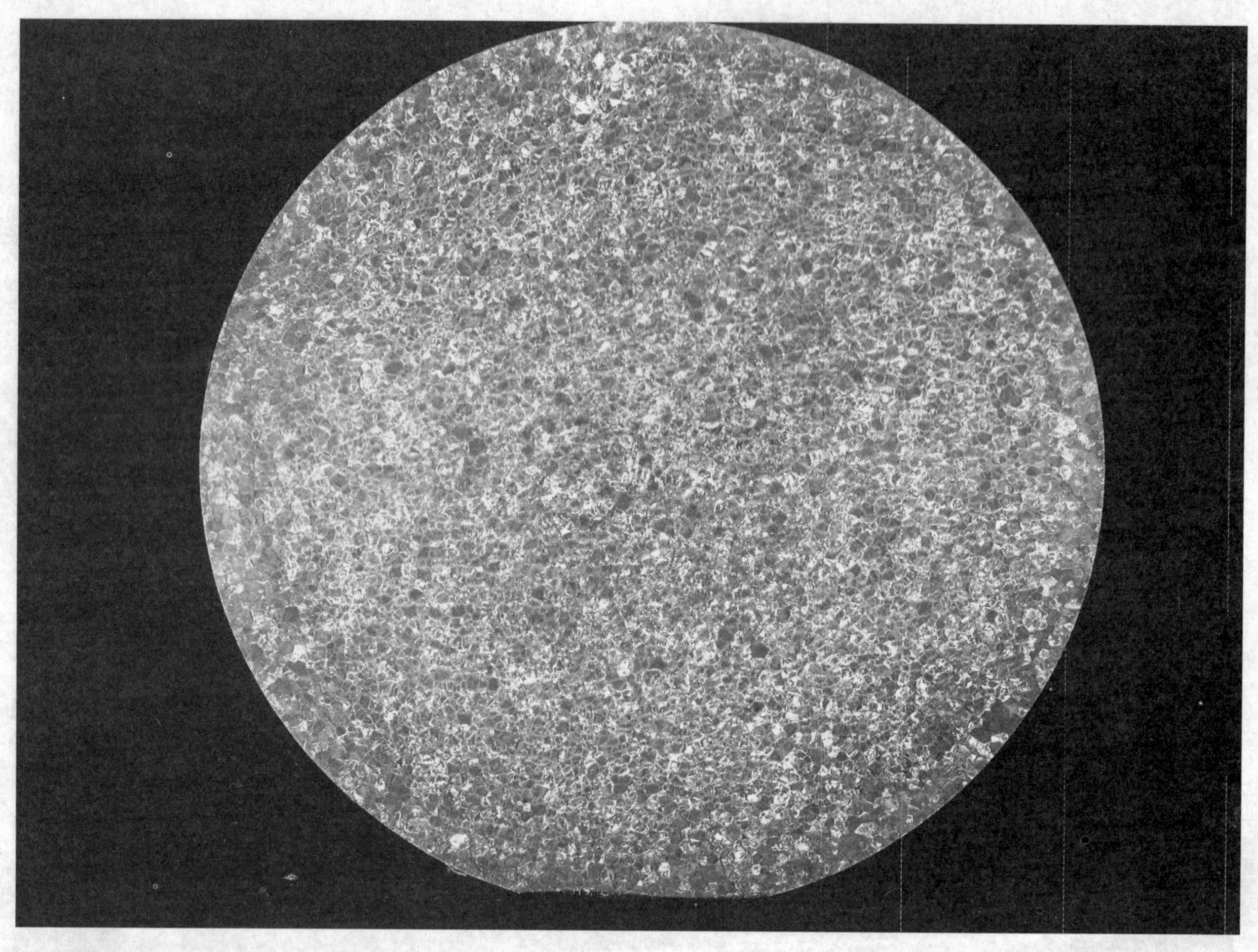

1.5X

图 B.3 清晰晶(TC11 合金)

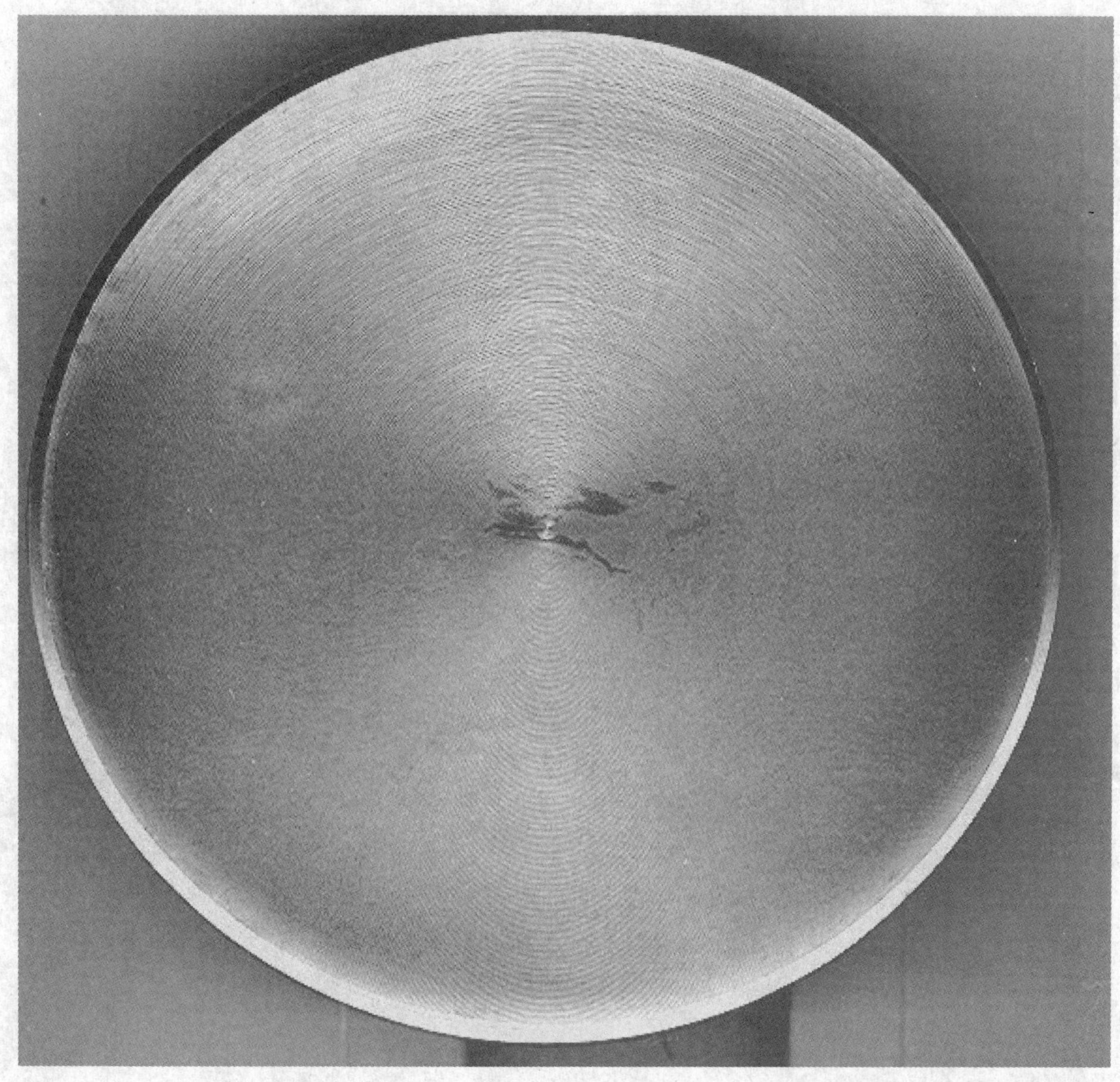

1.5X

图 B.4　α偏析（TC4 合金）

1.5X

图 B.5 β 斑(Ti-4322 合金)

附　录　C
（资料性附录）
高倍组织典型图片

图 C.1～图 C.6 为 α-β 钛合金的高倍图片，其中图 C.5 和图 C.6 为常见缺陷的高倍。需要时，可选图 C.1～图 C.4 作为高倍组织典型图片。根据不同产品类型、规格及用途，应选用不同的组织类型，具体要求应在产品技术条件中确定。

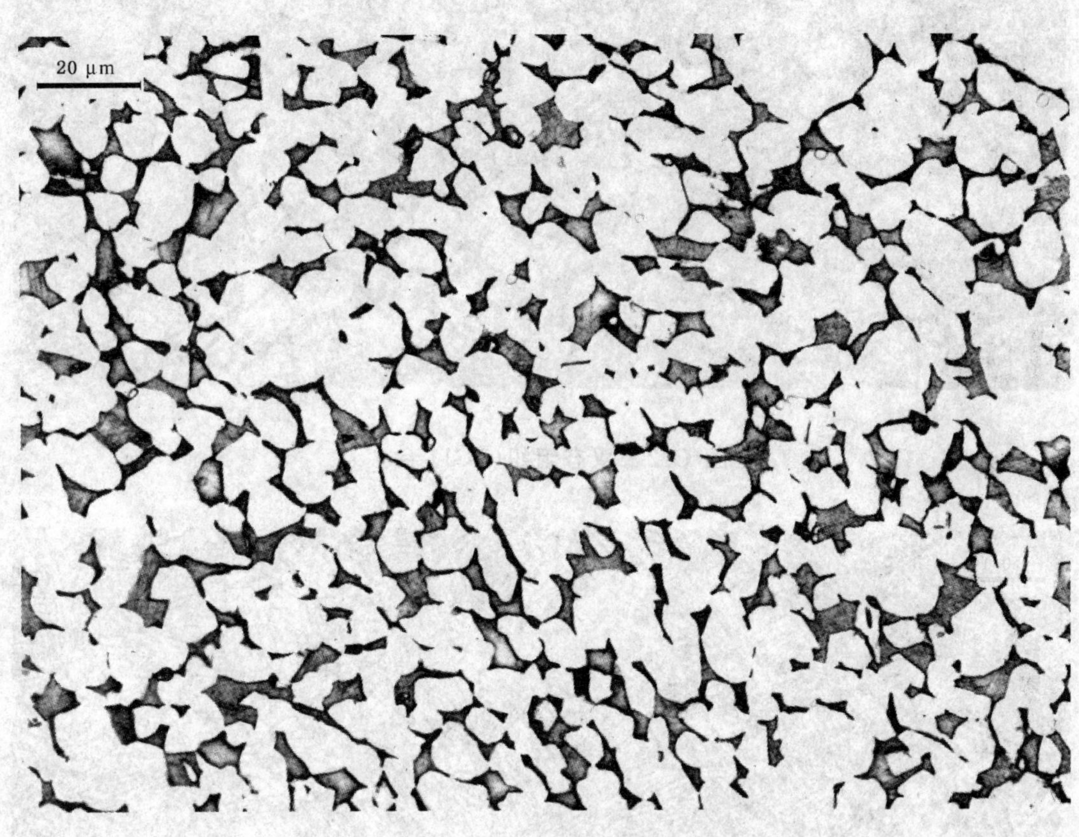

图 C.1　等轴组织（TC11 合金）

图 C.2 双态组织(TC11 合金)

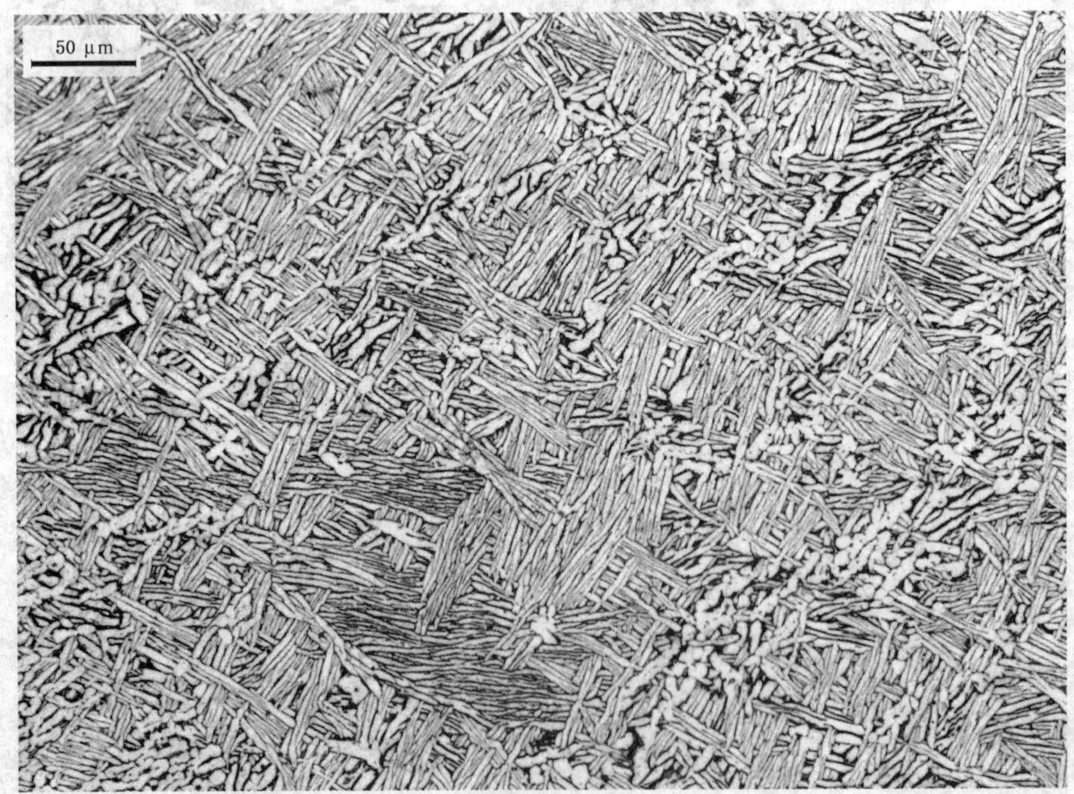

图 C.3 网篮组织(TC4 合金)

图 C.4　魏氏组织(TC4 合金)

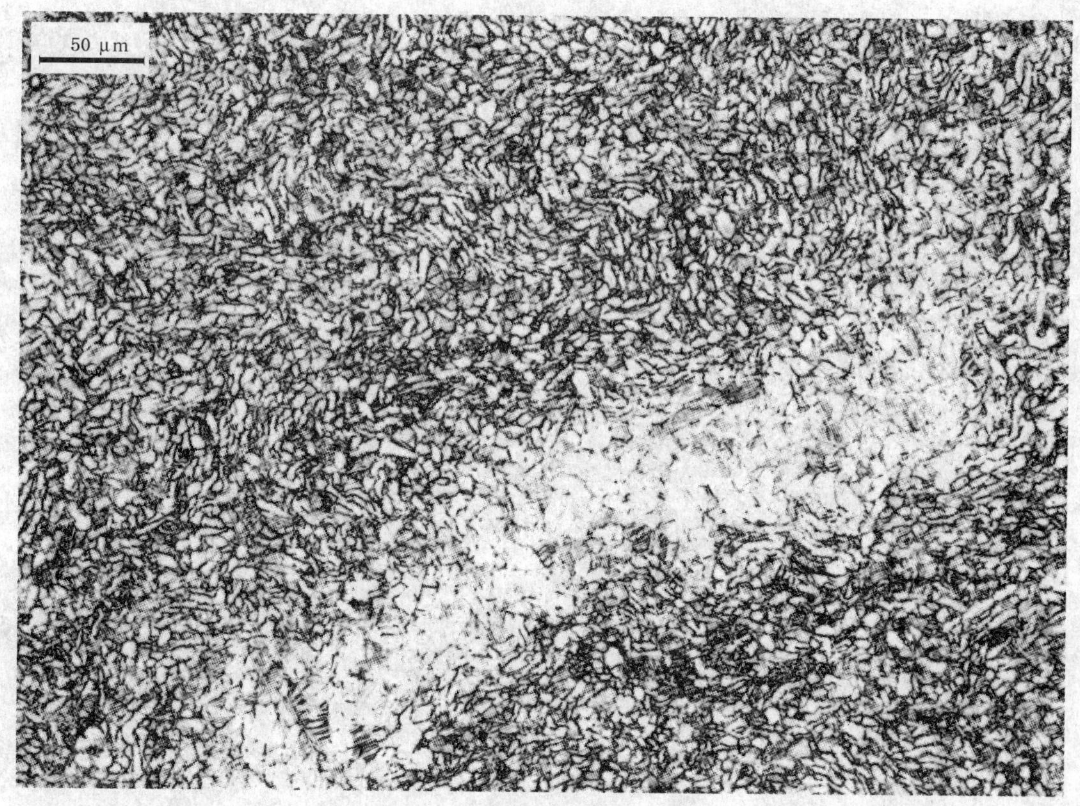

图 C.5　α 偏析(TC4 合金)

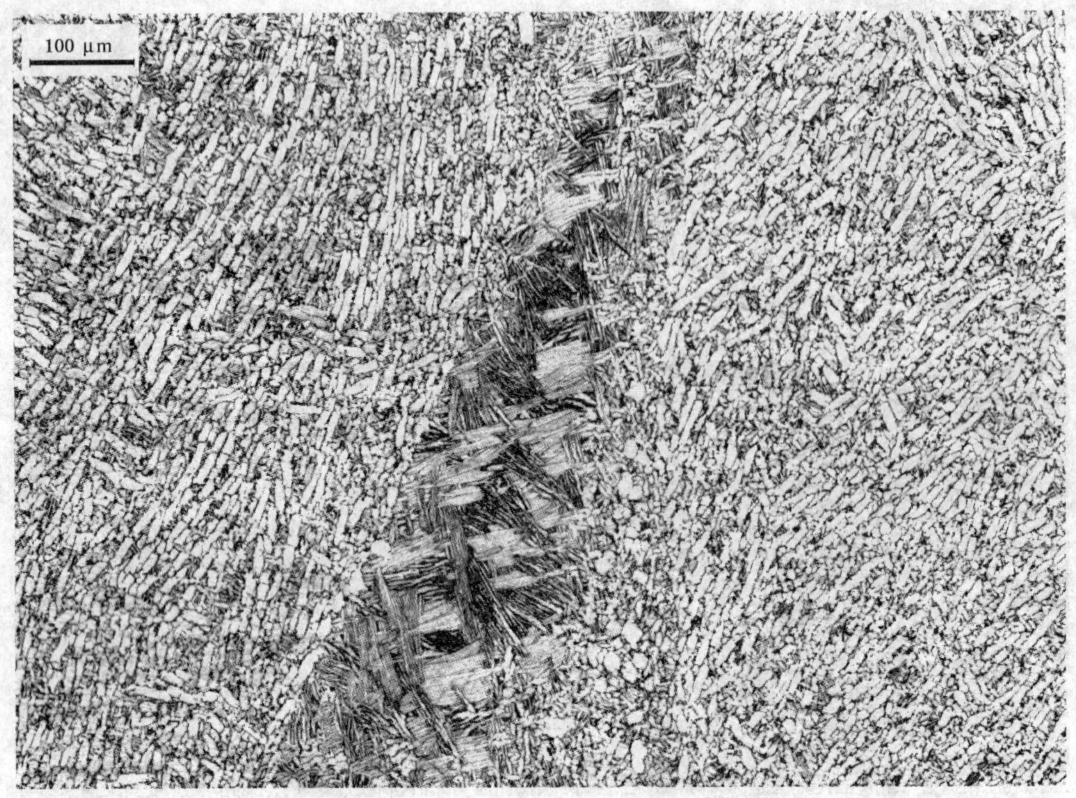

图 C.6 β斑(TC6 合金)

ICS 29.020
K 04

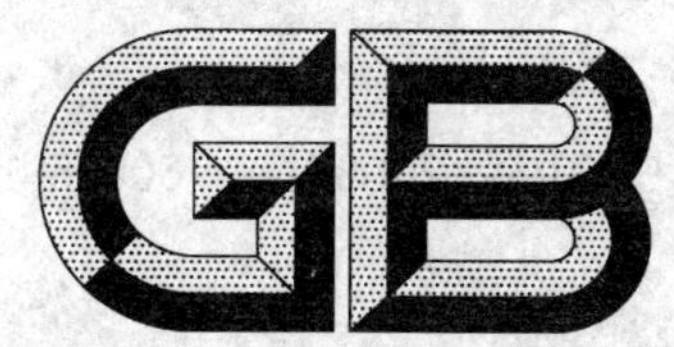

中华人民共和国国家标准

GB/T 5169.5—2008/IEC 60695-11-5:2004
代替 GB/T 5169.5—1997

电工电子产品着火危险试验 第5部分:试验火焰 针焰试验方法 装置、确认试验方法和导则

Fire hazard testing for electric and electronic products—Part 5:Test flames—Needle test method—Apparatus, confirmatory arrangement and guidance

(IEC 60695-11-5:2004, Fire hazard testing—
Part 11-5:Test flames—Needle test method—
Apparatus, confirmatory arrangement and guidance, IDT)

2008-12-30 发布　　　　2009-10-01 实施

中华人民共和国国家质量监督检验检疫总局
中国国家标准化管理委员会　发布

前　言

GB/T 5169《电工电子产品着火危险试验》分为以下部分：

——GB/T 5169.1—2007　电工电子产品着火危险试验　第1部分：着火试验术语(IEC 60695-4：2005,IDT)

——GB/T 5169.2—2002　电工电子产品着火危险试验　第2部分：着火危险评定导则　总则(IEC 60695-1-1：1999,IDT)

——GB/T 5169.3—2005　电工电子产品着火危险试验　第3部分：电子元件着火危险评定技术要求和试验规范制订导则(IEC 60695-1-2：1982,IDT)

——GB/T 5169.5—2008　电工电子产品着火危险试验　第5部分：试验火焰　针焰试验方法　装置、确认试验方法和导则(IEC 60695-11-5：2004,IDT)

——GB/T 5169.9—2006　电工电子产品着火危险试验　第9部分：着火危险评定导则　预选试验规程的使用(IEC 60695-1-30：2002,IDT)

——GB/T 5169.10—2006　电工电子产品着火危险试验　第10部分：灼热丝/热丝基本试验方法　灼热丝装置和通用试验方法(IEC 60695-2-10：2000,IDT)

——GB/T 5169.11—2006　电工电子产品着火危险试验　第11部分：灼热丝/热丝基本试验方法　成品的灼热丝可燃性试验方法(IEC 60695-2-11：2000,IDT)

——GB/T 5169.12—2006　电工电子产品着火危险试验　第12部分：灼热丝/热丝基本试验方法　材料的灼热丝可燃性试验方法(IEC 60695-2-12：2000,IDT)

——GB/T 5169.13—2006　电工电子产品着火危险试验　第13部分：灼热丝/热丝基本试验方法　材料的灼热丝起燃性试验方法(IEC 60695-2-13：2000,IDT)

——GB/T 5169.14—2007　电工电子产品着火危险试验　第14部分：试验火焰　1 kW标称预混合型火焰　装置、确认试验方法和导则(IEC 60695-11-2：2003,IDT)

——GB/T 5169.15—2008　电工电子产品着火危险试验　第15部分：试验火焰　500 W火焰　装置和确认试验方法(IEC/TS 60695-11-3：2004,IDT)

——GB/T 5169.16—2008　电工电子产品着火危险试验　第16部分：试验火焰　50 W水平与垂直火焰试验方法(IEC 60695-11-10：2003,IDT)

——GB/T 5169.17—2008　电工电子产品着火危险试验　第17部分：试验火焰　500 W火焰试验方法(IEC 60695-11-20：2003,IDT)

——GB/T 5169.18—2005　电工电子产品着火危险试验　第18部分：将电工电子产品的火灾中毒危险减至最小的导则　总则(IEC 60695-7-1：1993,IDT)

——GB/T 5169.19—2006　电工电子产品着火危险试验　第19部分：非正常热　模压应力释放变形试验(IEC 60695-10-3：2002,IDT)

——GB/T 5169.20—2006　电工电子产品着火危险试验　第20部分：火焰表面蔓延　试验方法概要和相关性(IEC/TS 60695-9-2：2001,IDT)

——GB/T 5169.21—2006　电工电子产品着火危险试验　第21部分：非正常热　球压试验(IEC 60695-10-2：2003,IDT)

——GB/T 5169.22—2008　电工电子产品着火危险试验　第22部分：试验火焰　50 W火焰　装置和确认试验方法(IEC/TS 60695-11-4：2004,IDT)

——GB/T 5169.23—2008　电工电子产品着火危险试验　第23部分：试验火焰　管形聚合材料500 W垂直火焰试验方法(IEC/TS 60695-11-21：2005,IDT)

——GB/T 5169.24—2008 电工电子产品着火危险试验 第24部分:着火危险评定导则 绝缘液体(IEC/TS 60695-1-40:2002,IDT)

——GB/T 5169.25—2008 电工电子产品着火危险试验 第25部分:烟模糊 总则(IEC 60695-6-1:2005,IDT)

——GB/T 5169.26—2008 电工电子产品着火危险试验 第26部分:烟模糊 试验方法概要和相关性(IEC/TS 60695-6-2:2005,IDT)

——GB/T 5169.27—2008 电工电子产品着火危险试验 第27部分:烟模糊 小规模静态试验方法 仪器说明(IEC/TR 60695-6-30:1996,IDT)

——GB/T 5169.28—2008 电工电子产品着火危险试验 第28部分:烟模糊 小规模静态试验方法 材料(IEC/TS 60695-6-31:1999,IDT)

——GB/T 5169.29—2008 电工电子产品着火危险试验 第29部分:热释放 总则(IEC 60695-8-1:2008,IDT)

——GB/T 5169.30—2008 电工电子产品着火危险试验 第30部分:热释放 试验方法概要和相关性(IEC/TS 60695-8-2:2008,IDT)

——GB/T 5169.31—2008 电工电子产品着火危险试验 第31部分:火焰表面蔓延 总则(IEC 60695-9-1:2006,IDT)

本部分为GB/T 5169的第5部分。

本部分等同采用IEC 60695-11-5:2004《着火危险试验 第11-5部分:试验火焰 针焰试验方法 装置、确认试验方法和导则》(英文版),但按GB/T 20000.2—2001《标准化工作指南 第2部分:采用国际标准的规则》中4.2b)和5.2的规定作了少量编辑性修改,并删除了附录B(资料性附录),将第2章中的规范性引用文件IEC Guide 104:1997、ISO/IEC Guide 51:1999和ASTM-B187改为参考文献。

本部分代替GB/T 5169.5—1997《电工电子产品着火危险试验 第2部分:试验方法 第2篇:针焰试验》(idt IEC 695-2-2:1991)。

本部分与GB/T 5169.5—1997相比主要变化如下:

a) 扩大了适用范围,针焰试验也可以模拟设备外部的小火焰;
b) 增加了实验室通风柜/试验箱的要求(本部分5.3);
c) 增加了计时器的要求(本部分5.5);
d) 增加了试验样品的要求(本部分第6章);
e) 增加了对图1b)中尺寸(8±1)mm的文字说明(本部分9.2);
f) 修改了第10章"试验结果评定"的内容(本部分第11章);
g) 增加了试验报告的要求(本部分第13章);
h) 附录A.3中"铜块温度由100 ℃±2 ℃升高到700 ℃±3 ℃……"均改为"铜块温度由100 ℃±5 ℃升高到700 ℃±3 ℃……";
i) 附录A中增加了铜块材料的型号;
j) 增加了参考文献。

本部分的附录A是规范性附录。

本部分由全国电工电子产品着火危险试验标准化技术委员会(SAC/TC 300)提出并归口。

本部分负责起草单位:中国电器科学研究院。

本部分参加起草单位:广州威凯检测技术研究所、广东出入境检验检疫局检验检疫技术中心、武汉计算机外部设备研究所、深圳市计量质量检测研究院、深圳市出入境检验检疫局、中国电子技术标准化研究所、无锡汉迪科技有限公司、山东省产品质量监督检验研究院。

本部分主要起草人:陈灵、陈兰娟、武政、张效忠、何益壮、毕凯军、王忠义、倪一明、王锋。

本部分首次发布于1985年,第一次修订为1997年,本次为第二次修订。

引　言

检验电工电子产品着火危险的最好方法，是真实地再现实际存在的条件，但在多数情况下是不可能的。因此，根据现实情况，电工电子产品着火危险试验最好尽可能模拟实际发生的效应。

电工电子设备的零件由于电的作用可能经受过热应力，其劣化可能会降低设备的安全性能，这些零件不应过度地受到设备内部产生的热和火的影响。

在设备内部容易使火焰蔓延的绝缘材料或其他可燃材料的零部件可能会因故障元件产生的火焰而起燃。在一定条件下，例如形成漏电起痕的故障电流、元件或部件过载和不良接触，都可能产生火焰，这样的火焰可能影响附近的可燃零部件。

本部分用于在受控的试验室条件下检测和描述材料、产品或组件对热和火焰的反应特性，不能用于描述或评价材料、产品或组件在实际着火条件下的着火危险或着火风险。但是该试验的结果可作为着火风险评估的要素，而评估要考虑与特定最终用途有关的所有着火危险因素。

本部分可能包括危险的材料、操作和设备。

本部分不涉及与本部分的使用有关的所有安全问题。

本部分使用者的职责是建立适当的安全和健康保护措施，并在使用前确定对其局限性的适应性。

电工电子产品着火危险试验
第5部分:试验火焰 针焰试验方法
装置、确认试验方法和导则

1 范围

GB/T 5169 的本部分规定的针焰试验,用于模拟因故障条件产生的小火焰的效应,利用模拟技术评定着火危险。

本部分适用于电工电子产品设备、设备组件和部件,也适用于固体绝缘材料或其他可燃材料。

2 规范性引用文件

下列文件中的条款通过 GB/T 5169 的本部分的引用而成为本部分的条款。凡是注日期的引用文件,其随后所有的修改单(不包括勘误的内容)或修订版均不适用于本部分,然而,鼓励根据本部分达成协议的各方研究是否可使用这些文件的最新版本。凡是不注日期的引用文件,其最新版本适用于本部分。

GB/T 5169.1—2007 电工电子产品着火危险试验 第1部分:着火试验术语(IEC 60695-4:2005,IDT)

ISO/IEC 13943:2000 消防安全 词汇

ISO 4046-4:2002 纸、纸板、纸浆及术语 词汇 第4部分:纸和纸板分级及加工产品

3 术语和定义

GB/T 5169.1—2007 和 ISO/IEC 13943:2000 给出的术语和定义适用于本部分。

4 试验的一般说明

警告:

试验时应采取措施保护操作者的健康,防止:

——爆炸或着火的风险;

——烟雾和/或毒性产物的吸入;

——毒性残余物。

本试验是用于确定在规定的条件下试验火焰不会使部件起燃,或试验火焰引燃了可燃部件,但是部件的燃烧持续时间或燃烧长度是有限的,并且火焰或从试验样品上落下的燃烧或灼热颗粒不会使燃烧蔓延。

本试验确定诸如由其他起燃元件产生的小火焰对试验样品的影响,相关产品规范应规定火焰施加时间和验收标准。

5 试验装置的说明

5.1 燃烧器

产生试验火焰的燃烧器应由长度至少 35 mm、孔径 0.5 mm±0.1 mm,外径不超过 0.9 mm 的管子构成。

注:ISO 9626[1]规定的管形材料(外径 0.8 mm 的标准空心管或薄的空心管)满足本部分中孔径为 0.5 mm±0.1 mm、

外径不超过 0.9 mm 的要求。

燃烧器使用的丁烷或丙烷气体的纯度不低于 95%。不允许空气进入燃烧管。

5.2 火焰

燃烧器沿轴线垂直方向放置，在柔和的光线下对着暗背景观察[见图 1a)]，调节供气量使火焰高度为 12 mm±1 mm。应采用附录 A 规定的装置和程序确认火焰。温度从 100 ℃±5 ℃升高到 700 ℃±3 ℃的试验时间应为 23.5 s±1.0 s。

5.3 实验室通风柜/试验箱

试验室通风柜/试验箱的容积应至少为 0.5 m^3。试验箱应允许观察试验的进程并且应是无通风环境，同时允许试验样品周围空气的正常热循环。试验箱的内表面应是深色的。

为了安全和方便起见，这个(能完全封闭的)试验箱应装有排气装置，如排气扇，以便排出可能有毒的燃烧产物。这种排气装置在试验期间应关闭，在试验后应立即打开排出燃烧产物。可能需要强制关闭的风门。

注：可在试验箱中放一面镜子，以观察试验样品的另一面。

5.4 规定的铺底层

为了评定火焰蔓延的可能性，例如从试验样品上落下的燃烧或灼热颗粒引起的火焰蔓延，在试验样品下方放置铺底层，铺底层一般是由正常使用试验样品时其周围或底下的材料或元件组成，试验样品与铺底层的距离应与在正常使用条件下安装的试验样品一致。

如果试验样品是设备的组件或部件，并进行单独测试时，除非有关规范另有规定，在厚约 10 mm 的平滑木板上，紧密覆盖一层包装绢纸，将其置于施加针焰的试验样品下方 200 mm±5 mm 处。符合 ISO 4046-4:2002 中 4.215 要求的绢纸柔软而结实，轻质包装绢纸 12 g/m^2～30 g/m^2。

如果试验样品是一个完整的独立式设备，按其正常使用的位置放置在覆盖了一层绢纸的木板上，覆盖了绢纸的木板在设备底部四周向外延长至少 100 mm。

如果试验样品是一个完整的壁挂式设备，按其正常的使用位置固定在覆盖了绢纸的木板上方 200 mm±5 mm 处。

可能需要采用将试验样品和燃烧器固定在位的方法。

5.5 计时器

计时器的允差应不大于 0.5 s。

6 试验样品

如果可能，试验样品应是完整的设备、组件或部件。必要时，拆除部分外壳或截取适当的部分进行试验，但必须注意确保试验条件在如形状、通风条件、热应力效应和可能产生的火焰，以及燃烧或灼热颗粒落在试验样品附近等方面，与正常使用时出现的情况无显著差异。

如果试验样品是从一个大的整体上截取的适当部分，必须注意确保在这种特殊情况下，不要错误地施加试验火焰，例如不要将火焰施加到切割所产生的边缘上。

如果试验不可能在设备中的组件或部件上进行，则从设备上取下试验样品进行试验。

7 严酷等级

施加试验火焰持续时间(t_a)的优先值为：

5 s、10 s、20 s、30 s、60 s、120 s。

所有允差均为 $_{-1}^{0}$ s。

注：施加试验火焰的持续时间应根据成品的特性来选择。

8 预处理

除非有关规范另有规定，在试验开始之前，试验样品、木板和绢纸应在温度 15 ℃～35 ℃、相对湿度

45%～75%的环境条件下，放置至少 24 h。

9 试验程序

9.1 试验样品的位置

除非有关规范另有规定，试验时应将试验样品安放在正常使用时最易起燃的位置。固定试验样品的方式不应影响试验火焰的施加或火焰蔓延，应和正常使用条件下的情况一致。

9.2 针焰的应用

将试验火焰施加到试验样品最易受到火焰影响的表面部位，此火焰由正常使用、故障条件而产生。火焰试验位置举例见图 1b)和图 1c)。

施加试验火焰的持续时间应按有关规范中的规定。

试验火焰被定位在火焰尖端与试验样品表面接触的位置。达到规定时间之后将试验火焰移开。

如果在火焰施加期间试验样品滴下熔化或有焰的材料，燃烧器可与垂线倾斜 45°以防止材料落入燃烧管，燃烧器顶端中心与试验样品剩余部分之间保持 8 mm±1 mm 的空间，忽略熔化的材料丝。

当有关规范要求在同一试验样品上进行多于一个点的试验时，应注意确保前面试验造成的劣化不会影响要进行的试验的结果。

9.3 试验样品的数量

除非有关规范另有规定，试验在 3 个试验样品上进行。

10 观察和测量

在试验样品和/或规定的铺底层和/或周围零部件起燃的情况下，测量和记录燃烧的持续时间(t_b)。

燃烧的持续时间是指从移开试验火焰开始，一直到最后的火焰完全熄灭以及试验样品、规定的铺底层和/或周围零部件看不到灼热现象为止的这段时间。

11 试验结果的评定

除非有关规范另有规定，如果试验样品符合下列情况之一，可认为能耐受针焰试验：

a) 试验样品无火焰和灼热，并且规定的铺底层或包装绢纸没有起燃；

b) 在移开针焰后，试验样品和周围的零部件的火焰或灼热在 30 s 之内熄灭，即 $t_b < 30$ s，而且周围的零部件没有完全烧毁以及规定的铺底层或包装绢纸没有起燃。

12 有关规范中应给出的资料

有关规范应说明以下内容：

a) 如果与第 8 章规定不同，给出预处理条件；

b) 如果与 9.3 规定不同，给出试验样品数量；

c) 试验样品的位置(见 9.1)；

d) 被测试表面和火焰施加点(见 9.2)；

e) 用于评定从试验样品落下的燃烧或灼热颗粒影响的规定的铺底层(见 5.4)；

f) 严酷等级：

——施加试验火焰的持续时间(t_a)(见第 7 章)；

g) 如果与第 10 章和第 11 章的要求不同：

——考虑到设备内各种部件、护罩和屏障的设计和布置，可允许的燃烧持续时间和燃烧长度；

——所规定的标准是否符合安全要求，或是否引用其他标准。

13 试验报告

试验报告应包含以下内容：

a) 试验样品类型和说明(见第 6 章);
b) 制备方法(见第 6 章);
c) 试验样品的所有预处理(见第 8 章);
d) 试验样品的数量(见 9.3);
e) 严酷等级:
施加试验火焰的持续时间(t_a)(见第 7 章和第 12 章);
f) 要测试的表面和施加针焰的点(见 9.2);
g) 用于评定从试验样品落下的燃烧或灼热颗粒影响的规定的铺底层(见 5.4);
h) 是否在同一试验样品上进行多于一个点的试验(见 9.2);
i) 试验结果(见第 10 章和第 11 章)。

单位为毫米

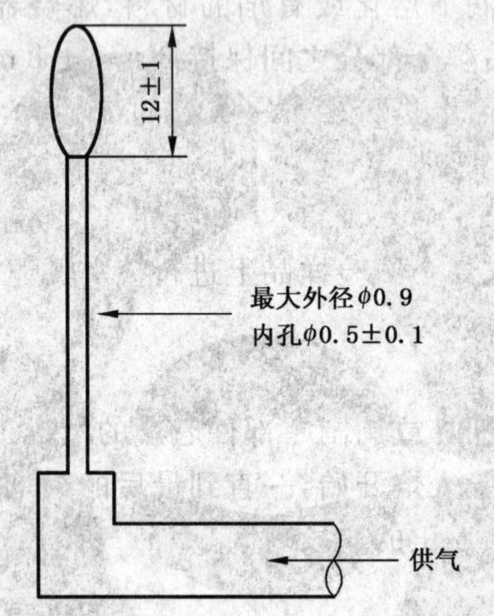

a) 火焰的调节

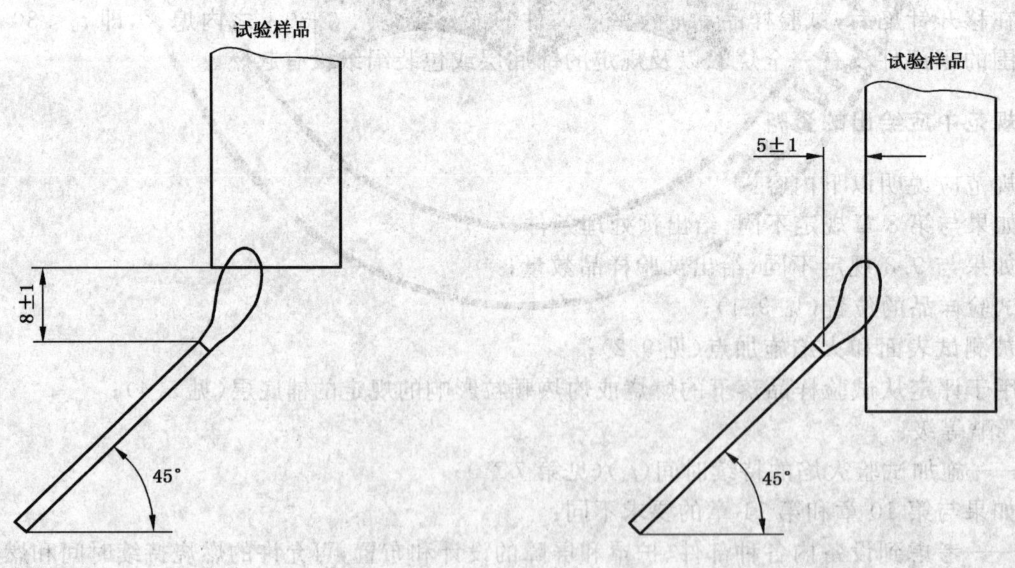

b) 试验位置举例

c) 试验位置举例

图 1 针形燃烧器

附 录 A
（规范性附录）
确认试验方法

A.1 试验火焰确认原理

采用图 A.2 的火焰确认试验装置，图 A.1 的铜块温度从 100 ℃±5 ℃升高到 700 ℃±3 ℃时所需时间应为 23.5 s±1.0 s。

注：确认试验火焰的详细背景资料见 IEC 60695-11-40:2002[2]。

A.2 试验装置

A.2.1 燃烧器

燃烧器应符合 5.1 的要求。

A.2.2 控制阀

要求用一个控制阀来调节气体流量。

A.2.3 铜块

铜块材料应规定为：Cu-ETP UNS C11000（见 ASTM-B187）。在完成全部机加工但未钻孔的情况下，铜块直径为 4.00 mm±0.01 mm，质量为 0.58 g±0.01 g，见图 A.1。

A.2.4 热电偶

铠装 K 型（NiCr/NiAl）细丝，带有一个直径为 0.5 mm 的护套。

如图 A.2 所示，在确保热电偶插入孔的全部深度之后，将热电偶固定到铜块上，其优选方法是挤压热电偶周围的铜块。

A.2.5 温度指示、记录和计时器

适合测量铜块温度从 100 ℃±5 ℃升高到 700 ℃±3 ℃的这些仪器，时间误差为 0.1 s。计时器的允差应不大于 0.5 s。

A.3 程序

图 A.3 为调节火焰高度的适用量规举例。固定装置既不能固定在燃烧管出火末端，也不能影响燃烧器端部火焰。

——在空气不流通的环境下，采用图 A.2 的确认试验装置，并确保连接部分无气体泄漏。

——将燃烧器暂时从铜块处移开，以确保在初始调节气体流量时铜块不受火焰的影响。

——点燃气体和调节气体流量，在柔和的光线下对着暗背景观察，使火焰高度达到 12 mm±1 mm。

注：在有争议的情况下，应使用 20 Lux 照度的光。

——如果必要，至少等待 5min 使燃烧器达到平衡，然后重新调节火焰高度。

——使用着温度/时间显示/记录装置时，将燃烧器重新放置到铜块下方。

——铜块温度从 100 ℃±5 ℃升高到 700 ℃±3 ℃需要的时间，应进行三次测量。在两次测量之间，允许铜块在空气中自然冷却到 50 ℃以下。

注：温度在 700 ℃以上时热电偶易损坏，因此在温度达到 700 ℃后立即移开燃烧器是可行的。

——如果该铜块从未使用过，先初始运行对铜块表面进行预处理，不计结果。

——以 s 为单位计算平均时间作为试验结果。

——如果结果在 23.5 s±1.0 s 内，则火焰被确认。

——每次改变或更换燃气源，都应根据本附录进行火焰确认。

单位为毫米

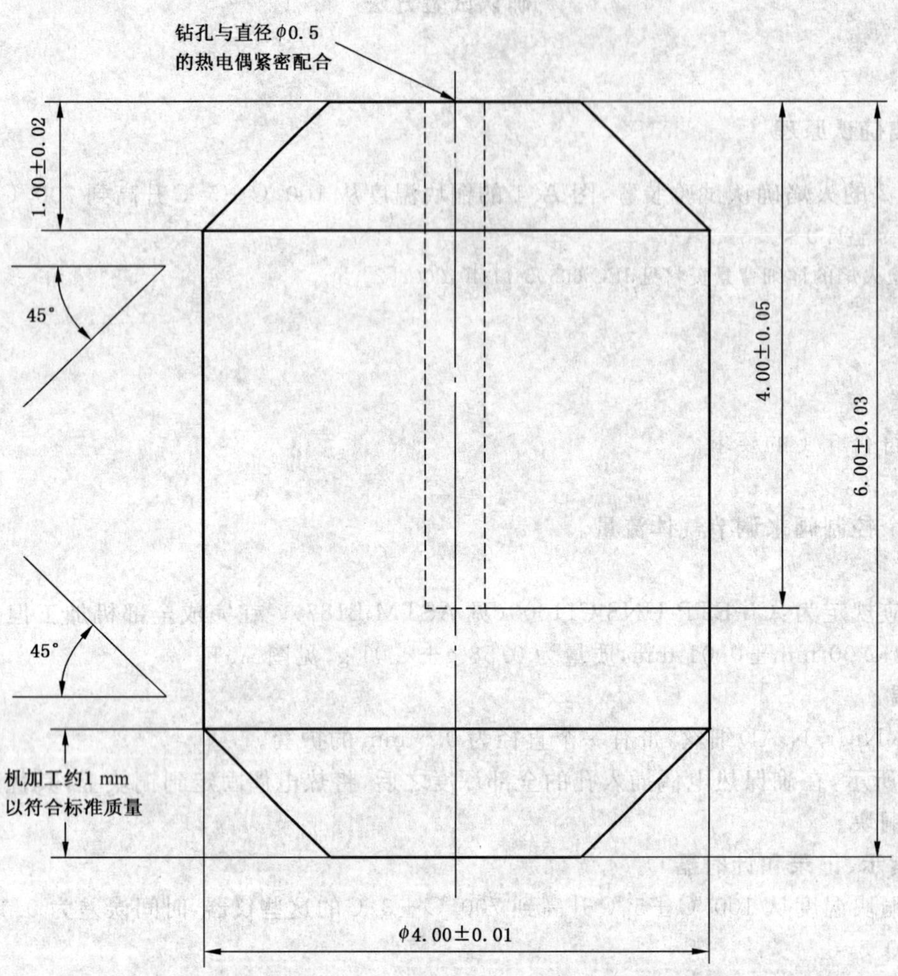

除非另有说明，公差为±0.1，±30′(角度)。

材料：高导电率电解铜 Cu-ETP UNS C11000(见 ASTM-B187)。

质量：钻孔前 0.58 g±0.01 g。

表面全部抛光。

图 A.1 铜块

单位为毫米

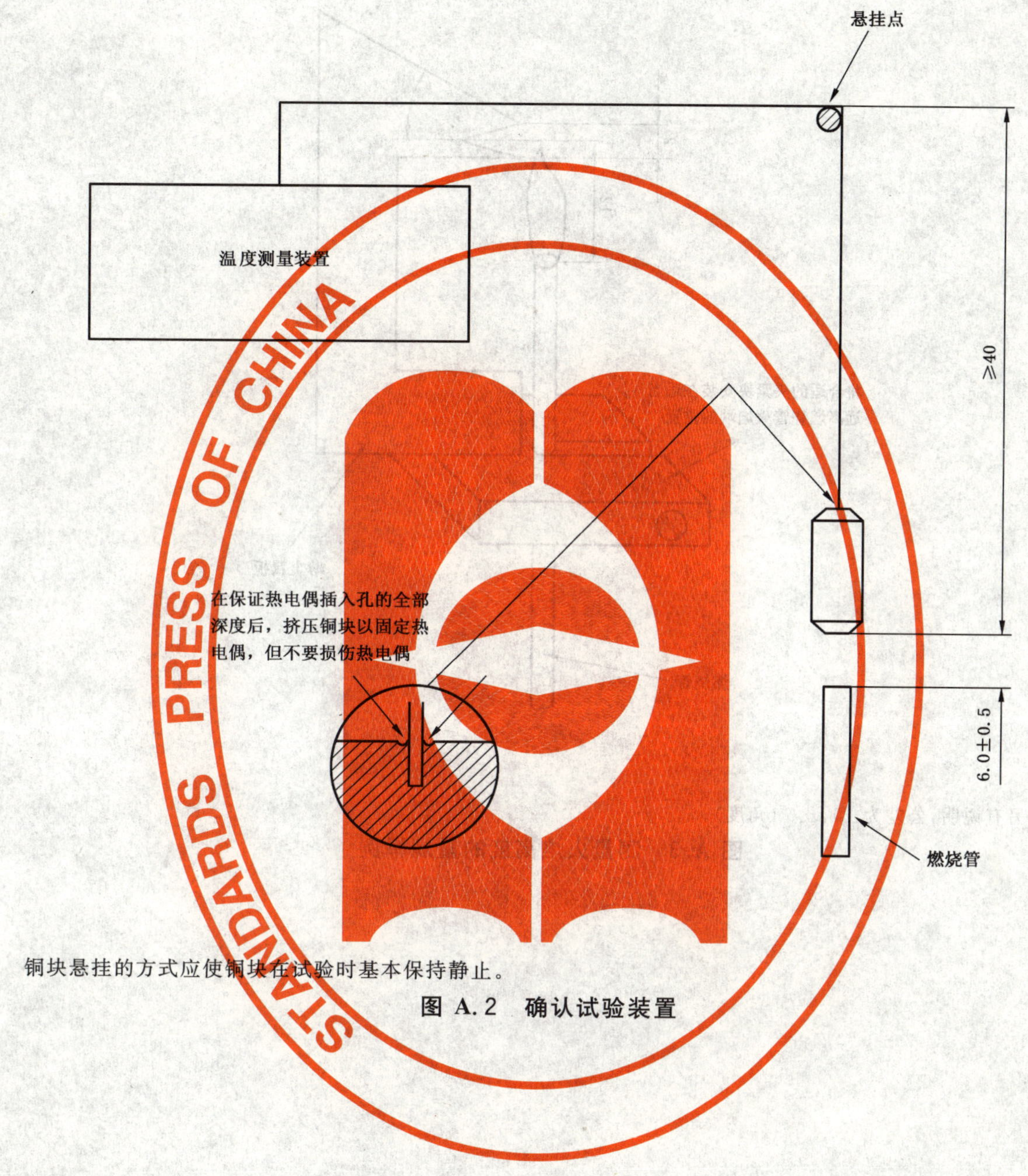

铜块悬挂的方式应使铜块在试验时基本保持静止。

图 A.2 确认试验装置

单位为毫米

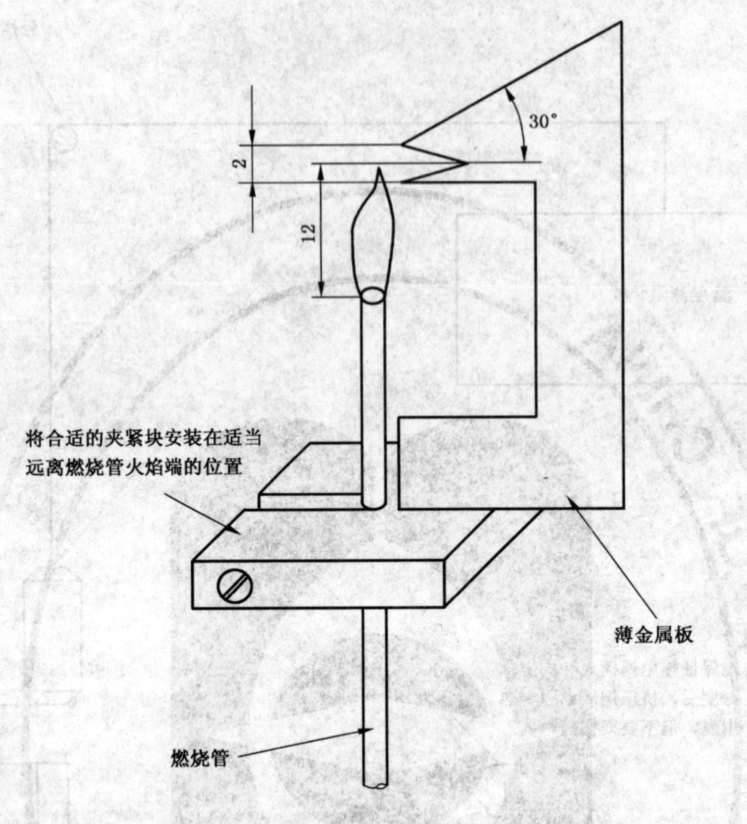

除非另有说明，公差为±1，±5°(角度)。

图 A.3 测量火焰高度的量规举例

参 考 文 献

[1] ISO 9626:1991,Stainless steel needle tubing for the manufacture of medical devices

[2] IEC 60695-11-40: 2002, Fire hazard testing—Part 11-40: Test flames—Confirmatory tests—Guidance

[3] IEC Guide 104:1997,The preparation of safety publications and the use of basic safety publications and group safety publications

[4] ISO/IEC Guide 51:1999,Safety aspects—Guidelines for their inclusion in standards

[5] ASTM-B187,Standard specification for copper,bus bar,rod,and shapes and general purpose rod,bar,and shapes

参考文献

[1] ISO 9626:1991 Stainless steel needle tubing for the manufacture of medical devices

[2] IEC 60695-11-40:2002 Fire hazard testing—Part 11-40: Test flames—Confirmatory tests—Guidance

[3] IEC Guide 104:1997 The preparation of safety publications and the use of basic safety publications and group safety publications

[4] ISO/IEC Guide 51:1999 Safety aspects—Guidelines for their inclusion in standards

[5] ASTM-B187 Standard specification for copper bus bar, rod, and shapes and general purpose rod, bar, and shapes

ICS 29.020
K 04

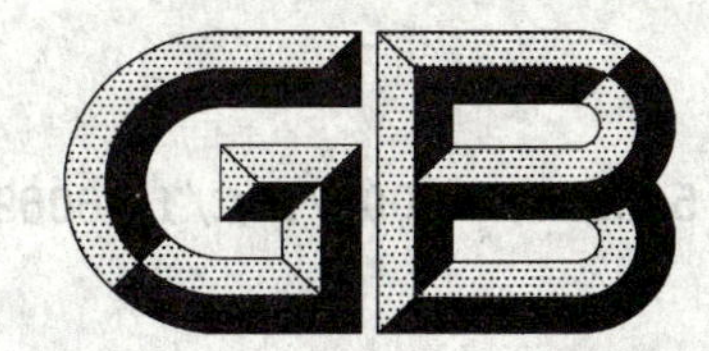

中华人民共和国国家标准

GB/T 5169.15—2008/IEC/TS 60695-11-3:2004
代替 GB/Z 5169.15—2001

电工电子产品着火危险试验 第15部分:试验火焰 500 W火焰 装置和确认试验方法

Fire hazard testing for electric and eletronic products—Part 15: Test flames—500 W flames—Apparatus and confirmational test methods

(IEC/TS 60695-11-3:2004, Fire hazard testing—Part 11-3: Test flames—500 W flames—Apparatus and confirmational test methods, IDT)

2008-05-19 发布　　　　2009-01-01 实施

中华人民共和国国家质量监督检验检疫总局
中国国家标准化管理委员会
发布

前　言

GB/T 5169《电工电子产品着火危险试验》分为以下部分：

——第1部分：着火试验术语

——第2部分：着火危险评定导则　总则

——第3部分：电子元件着火危险评定技术要求和试验规范制订导则

——第2部分：试验方法　第2篇：针焰试验

——试验方法　扩散型和预混合型火焰试验方法

——第9部分：着火危险评定导则　预选试验规程的使用

——第10部分：灼热丝/热丝基本试验方法　灼热丝装置和通用试验方法

——第11部分：灼热丝/热丝基本试验方法　成品的灼热丝可燃性试验方法

——第12部分：灼热丝/热丝基本试验方法　材料的灼热丝可燃性试验方法

——第13部分：灼热丝/热丝基本试验方法　材料的灼热丝起燃性试验方法

——第14部分：试验火焰　1 kW标称预混合型火焰　装置、确认试验方法和导则

——第15部分：试验火焰　500 W火焰　装置和确认试验方法

——第16部分：试验火焰　50 W水平与垂直火焰试验方法

——第17部分：试验火焰　500 W火焰试验方法

——第18部分：将电工电子产品的火灾中毒危险减至最小的导则　总则

——第19部分：非正常热　模压应力释放变形试验

——第20部分：火焰表面蔓延　试验方法概要和相关性

——第21部分：非正常热　球压试验

——第22部分：试验火焰　50 W火焰　装置和确认试验方法

本部分为GB/T 5169的第15部分。

本部分等同采用IEC/TS 60695-11-3:2004《着火危险试验　第11-3部分：试验火焰　500 W火焰装置和确认试验方法》(英文版)，但按GB/T 20000.2—2001《标准化工作指南　第2部分：采用国际标准的规则》的4.2b)和5.2的规定作了少量编辑性修改，更正了图C.2中零件2(圆环)ϕ14的标注错误，删除了资料性附录H，将第2章中的规范性引用文件IEC Guide 104:1997、ISO/IEC Guide 51:1999和ASTM-B187改为参考文献。

本部分代替GB/Z 5169.15—2001《电工电子产品着火危险试验　试验方法　500 W标称预混合型火焰和导则》。

本部分与GB/Z 5169.15—2001相比主要变化如下：

a)　燃气甲烷的纯度由“……不低于99%”改为“……不低于98%”(本部分4.2.8)；

b)　方法A增加了实验室通风柜/试验箱的内容(本部分4.2.9)；

c)　“……铜块由100℃±2℃加热到700℃±3℃……”改为“……铜块由100℃±5℃加热到700℃±3℃……”(本部分全部)；

d)　撤销了关于“方法B”的内容(本部分第5章)；

e)　增加了可以使用甲烷或丙烷的方法C(本部分第6章)；

f)　撤销了关于“试验方法B装置”的内容(本部分附录B)；

g)　增加了关于“试验方法C装置”的内容(本部分附录C)。

本部分的附录C为规范性附录，附录A、附录B、附录D、附录E、附录F和附录G为资料性附录。

本部分由全国电工电子产品环境技术标准化技术委员会(SAC/TC 8)提出并归口。

本部分由中国电器科学研究院负责起草，广州威凯检测技术研究所、广东出入境检验检疫局检验检疫技术中心、武汉计算机外部设备研究所参加起草。

本部分主要起草人：陈灵、陈兰娟、武政、张效忠、梁晖。

本部分于 2001 年首次发布，本次为第一次修订。

引 言

测试电工电子产品着火危险的最好方法，是真实地再现在实际中存在的条件。但在大多数情况下是不可能的。因此，最好根据现实情况尽可能真实地模拟实践中发生的实际效应来进行电工电子产品着火危险试验。

本部分给出了产生两种试验火焰所需装置的一般说明，及检验火焰是否符合要求的确认方法的一般说明。有关试验火焰确认的详细资料可在 IEC 60695-11-40 中得到。

本部分给出了：

a) 关于设计和使用火焰试验方法评定火焰对试验样品的影响的导则，这种火焰可能是来自附近其他燃烧物品，或火灾初期阶段；

b) 产生试验火焰所需装置的一般说明；

c) 检验火焰是否符合要求的确认原则的一般说明。

产生和确认试验火焰所需装置的详细说明在本标准的相应部分中给出，本部分为其中之一。

下表总结了本标准目前的研究状况。

试验火焰标称功率/W	类型	气体	目前状态	视总高度/mm
500(A)	预混合	甲烷	本部分方法 A	约 125
500(B)	(撤销)			
500(C)	预混合	甲烷/丙烷	本部分方法 C	约 125
500(D)	(撤销)			
注：GB/T 5169.14(IEC 60695-11-2)规定了 1 kW 标称试验火焰的装置和确认试验方法，GB/T 5169.22(IEC/TS 60695-11-4)规定了 50 W 标称试验火焰的装置和确认试验方法。				

由安全顾问委员会创始的该项工作的目的，就是制定一系列(最少的)可行适用的标准试验火焰，包括所有委员会所需试验火焰的能量范围。在所有可能的情况下，这些试验火焰一直是以现存类型为基础，但改进了试验规范。

本部分说明了产生 500 W 标称试验火焰的方法 A 和方法 C。方法 A 于 1994 年出版，以现有装置为基础。方法 C 是以不可调节的装置为基础，该装置是为产生高度可重复和稳定的试验火焰特殊研制的。这些都是对先前技术的改进。

火焰 A 仅以甲烷为燃料，采用一些国家使用多年的严格规定型号的燃烧器。

火焰 C 以甲烷或丙烷为原料，采用方法 A 使用的经进一步提高改进的燃烧器。

电工电子产品着火危险试验 第15部分:试验火焰 500 W火焰 装置和确认试验方法

1 范围

GB/T 5169的本部分规定了产生500 W标称预混合型试验火焰的具体要求。火焰的总高度大约为125 mm。

本部分给出了两种试验火焰:方法A火焰以甲烷为燃料,方法C火焰以甲烷或丙烷为燃料。

2 规范性引用文件

下列文件中的条款通过GB/T 5169的本部分的引用而成为本部分的条款。凡是注日期的引用文件,其随后所有的修改单(不包括勘误的内容)或修订版均不适用于本部分,然而,鼓励根据本部分达成协议的各方研究是否可使用这些文件的最新版本。凡是不注日期的引用文件,其最新版本适用于本部分。

GB/T 5169.1—2007 电工电子产品着火危险试验 第1部分:着火试验术语(IEC 60695-4:2005,IDT)

IEC 60584-1:1995 热电偶 第1部分:参考表

IEC 60584-2:1982 热电偶 第2部分:公差

ISO/IEC 13943:2000 防火安全 术语

3 术语和定义

GB/T 5169.1—2007和ISO/IEC 13943:2000给出的定义及以下定义适用于本部分。

3.1

标准500 W试验火焰 Standardized 500 W test flame

符合本部分并满足第4章和第6章规定的全部技术要求的试验火焰。

4 方法A——用现有装置产生标准500 W标称试验火焰

4.1 要求

根据本方法,500 W标称试验火焰由下述方法产生:

——采用图A.1和图A.2所示的装置;

——采用图A.2的装置,在23℃、0.1 MPa[1)]的条件下以965 mL/min±30 mL/min的流量供给纯度不低于98%的甲烷气体,并使背压达到125 mm±5 mm水柱。

火焰应是对称和稳定的,并能得到4.4规定的54 s±2 s的确认试验结果。

应使用图A.3所示的确认试验装置。

在实验室通风柜/试验箱中,用图2所示的量规测量的火焰实际尺寸为:

——蓝色焰心高度:38 mm~42 mm;

1) 依据实际使用条件下的测量结果修正的数据。

——总高度:约 125 mm。

4.2 装置和燃料

4.2.1 燃烧器

燃烧器应符合图 A.1 的要求。

注:为了便于清洁,燃烧管、燃气喷嘴和针阀应是可拆卸的。在重新安装时应小心操作,避免针阀尖端受损并使针阀与阀座(燃气喷嘴)正确连接。

4.2.2 流量表

流量表应适用于测量 23℃、0.1 MPa 条件下流量为 965 mL/min 的气体且精确到±2%。

注:使用质量流量表是精确地控制燃烧器的燃气输入流量的首选方法。也可使用能够显示出相同精确度的其他方法。

4.2.3 压力表

压力表应适用于测量(0~7.5) kPa 的范围。也可用水压表,但读数范围应适用于(0~7.5) kPa。

注:为保持需要的背压,要求压力表连接质量流量表。

4.2.4 控制阀

控制阀应能将气体流量限定在规定的容差内。

4.2.5 铜块

在完成整个机加工但未钻孔的情况下,铜块直径为 9 mm,质量为 10.00 g±0.05 g,见图 1。

没有确认铜块的方法。鼓励实验室保持一个标准基准单位、二级基准单位和工作单位,对其做相互比较,用于校验工作系统。

4.2.6 热电偶

带有绝缘结点的一级(见 IEC 60584-2:1982)矿物绝缘金属铠装细丝的热电偶,用于测量铜块的温度。其标称直径应为 0.5mm,例如镍铬和镍铝(K 型)线材(见 IEC 60584-1:1995),有位于铠装套内的焊接点。铠装套应由金属制成,适合在温度至少为 1 050℃ 的条件下连续工作。热电偶容差应符合 IEC 60584-2:1982 一级的要求。

注:由镍基耐热合金(如 Inconel 600[2)])制成的铠装套可以满足上述要求。

将热电偶固定在铜块上的优选方法是确保热电偶嵌入孔的全部深度,然后按照图 A.3 所示挤压热电偶周围的铜块,保持无损坏状态。

4.2.7 温度/时间显示/记录装置

应适用于测量铜块由 100℃±5℃加热到 700℃±3℃的时间,并且时间测量容差为±0.5 s。应有测量周围空气温度和气压的仪器。

4.2.8 燃气

燃气应是纯度不低于 98%的甲烷气体。

4.2.9 实验室通风柜/试验箱

实验室通风柜/试验箱的容积应至少为 0.75 m^3。试验箱应允许观察试验的进程并且应是无气流环境,同时允许试验样品周围空气的正常热循环。试验箱的内表面应是深色的。将一个照度计面向试验箱后部放在试验火焰的位置时,显示的照度应小于 20 lx。为了安全和方便起见,这个(能完全封闭的)试验箱应装有排气装置,如排气扇,以便排出可能有毒的燃烧产物。排气装置在试验期间应关闭,在试验后应立即打开排出燃烧产物。可能需要强制关闭的风门。

注 1:用于维持试验样品燃烧的氧气量对于燃烧试验的实施来说自然是重要的。对本方法实施的试验来说,当燃烧时间延长时,要产生精确的试验结果,内容积为 0.75 m^3 的试验箱可能还不够大。

注 2:可在试验箱里放一面镜子,以便观察试验样品的另一面。

2) 本资料是为了方便本部分的使用者,并非本部分认可的指定产品,如果能证明会产生同样结果,可使用等效的产品。

4.3 试验火焰的产生

按照图 A.2 所示安装燃烧器供气装置，确保连接处无气体泄漏，将燃烧器置于实验室通风柜/试验箱内。

点燃气体将气体流量和背压调节到规定值。调节空气入口直到蓝色焰心高度为 40 mm±2 mm，用图 2 所示的量规测量，然后用锁紧螺母将空气入口固定在适当位置。

检验时火焰应是稳定和对称的。

4.4 试验火焰的确认

4.4.1 原则

当使用图 A.3 所示的火焰确认试验装置时，图 1 所示的铜块的温度从 100℃±5℃上升到 700℃±3℃所需的时间应为 54 s±2 s。

4.4.2 程序

——在实验室通风柜/试验箱内，按照图 A.3 安装燃烧器供气和确认试验装置，保证连接处无气体泄漏；

——初始调节气体流量、气体背压和空气入口时，暂时将燃烧器移离铜块，以免火焰影响铜块；

——点燃气体并将气体流量和背压调节到规定值。调节空气入口至蓝色焰心高度为 40 mm±2 mm，用图 2 所示的量规测量，然后用锁紧螺母将空气入口固定在适当位置；

——用图 2 所示的量规测量，保证火焰的总高度约 125 mm 并且是对称的；

——至少等待 5 min 时间使燃烧器条件达到稳定。检查气体流量和背压及蓝色焰心高度在规定范围内；

——使温度/时间显示/记录装置处于运行状态，重新调整铜块下方燃烧器的位置；

——进行 3 次测量，确定铜块温度从 100℃±5℃上升到 700℃±3℃的时间。允许每次测量后将铜块在空气中自然冷却到 50℃以下；

注：热电偶在 700℃以上易损坏，因此在达到 700℃时立即移离燃烧器是可行的。

——如果铜块从未使用过，应对铜块表面进行初始运行处理，不计结果；

——以 s 为单位计算平均时间作为试验结果。

4.4.3 确认

如果结果是在 54 s±2 s 内，即确认火焰可用于试验。

5 方法 B

撤销。

附录 B 中关于试验方法 B 装置的内容同时撤销。

注：在 IEC 60695-11-3 第一版中最初说明了 4 种燃烧器，意在由使用者确定排序。这个过程已经得出撤销方法 B 的结果。

6 方法 C——用不可调节的装置产生标准 500 W 标称试验火焰

6.1 要求

根据本方法，500 W 标称试验火焰由下述方法产生：

——采用图 C.1～图 C.4(见附录 C)所示的装置；

——选择其中一种方法：

- 采用图 C.5 所示的装置，在 23℃、0.1 MPa[3] 的条件下，纯度不低于 98%的甲烷气体的流量为 965 mL/min±30 mL/min；在 23℃、0.1 MPa[3] 的条件下，空气的流量为 6.3 L/min±0.1 L/min；

注 1：期望的气体背压是在 110 mm～170 mm 水柱范围，空气背压是在 20 mm～40 mm 水柱范围。

- 或采用图 C.5 所示的装置，在 23℃、0.1 MPa[3] 的条件下，纯度不低于 98%的丙烷气体的流量

3) 依据实际使用条件下的测量结果修正的数据。

为 380 mL/min±15 mL/min;在23℃、0.1 MPa[3]的条件下,空气的流量为 5.9 L/min±0.1 L/min。

注2:期望的气体背压是在135 mm~205 mm水柱范围,空气背压是在15 mm~35 mm水柱范围。

火焰应是对称和稳定的,并能得到6.4规定的54 s±2 s的确认试验结果。

应使用图C.6所示的确认试验装置。

在实验室通风柜/试验箱中,用图2所示的量规测量的火焰近似尺寸为:

——蓝色焰心高度:38 mm~42 mm;

——总高度:115 mm~135 mm。

6.2 装置和燃料

6.2.1 燃烧器

燃烧器应符合图C.1~C.4的要求。

6.2.2 流量表

流量表应适用于:

——测量23℃、0.1 MPa条件下流量为965 mL/min的甲烷气体和(或)380 mL/min的丙烷气体且精确到±2%;

——测量23℃、0.1 MPa条件下流量为6.3 L/min和(或)5.9 L/min的空气且精确到±2%。

注:使用质量流量表是精确地控制燃烧器的燃气和空气输入流量的首选方法。也可使用能够显示出相同精确度的其他方法。

6.2.3 压力表

两个压力表应适用于(0~7.5) kPa范围的压力测量。也可使用水压表。其读数范围应适用于(0~7.5) kPa。

注:使用质量流量表时,不需要压力表。

6.2.4 控制阀

控制阀应能将燃气和空气流量限定在规定的容差内。

6.2.5 铜块

在完成全部机加工但未钻孔的情况下,铜块直径为9 mm,质量为10.00 g±0.05 g,见图1。

没有确认铜块的方法。鼓励实验室保持一个标准基准单位、二级基准单位和工作单位,对其做相互比较,适于校验工作系统。

6.2.6 热电偶

带有绝缘结点的一级(见IEC 60584-2:1982)矿物绝缘金属铠装细丝的热电偶,用于测量铜块的温度。其标称直径应为0.5 mm,例如镍铬和镍铝(K型)线材(见IEC 60584-1),有位于铠装套内的焊接点。铠装套应由金属制成,能耐受在温度至少为1 050℃的条件下连续运行。热电偶容差应符合IEC 60584-2:1982一级。

注:由镍基耐热合金(如Inconel 600[2])制成的铠装套可以满足上述要求。

将热电偶固定在铜块上的优选方法是确保热电偶嵌入孔的全部深度,然后按照图C.6所示挤压热电偶周围的铜块,保持无损坏状态。

6.2.7 温度/时间显示/记录装置

这些装置应适用于测量铜块由100℃±5℃加热到700℃±3℃的时间,并且时间测量容差为±0.5 s。应有测量周围空气温度和气压的仪器。

6.2.8 燃气

如果有争议,应使用纯度不低于98%的甲烷(见6.1)。

6.2.9 气源

空气应基本无油和无水。

6.2.10　实验室通风柜/试验箱

实验室通风柜/试验箱的容积应至少为 0.75 m^3。试验箱应允许观察试验的进程并且应是无通风环境，允许燃烧期间试验样品周围空气的正常热循环。试验箱的内表面应是深色的。将一个照度计面向试验箱后部放在试验火焰的位置时，显示的照度应小于 20 lx。为了安全和方便起见，这个（能完全封闭的）试验箱应装有排气装置，如排气扇，以便排出可能有毒的燃烧产物。排气装置在试验期间应关闭，在试验后应立即打开排出燃烧产物。可能需要强制关闭的风门。

注 1：可维持试验样品燃烧的氧气量对这个火焰试验的实施自然是重要的。对本方法实施的试验来说，当燃烧时间延长时，要产生精确的试验结果，内容积为 0.75 m^3 的试验箱可能还不够大。

注 2：可在试验箱里放一面镜子，以便观察试验样品的另一面。

6.3　试验火焰的产生

按照图 C.5 所示安装燃烧器供气装置，确保连接处无气体泄漏，将燃烧器置于实验室通风柜/试验箱内。

点燃混合气体，将燃气和空气流量调节到规定值。

蓝色焰心的高度和火焰总高度应符合 6.1。

检验时火焰应是稳定和对称的。

6.4　试验火焰的确认

6.4.1　原则

当使用图 C.6 所示的火焰试验装置时，图 1 所示的铜块的温度从 100℃±5℃ 上升到 700℃±3℃ 所需的时间应为 54 s±2 s。

单位为毫米

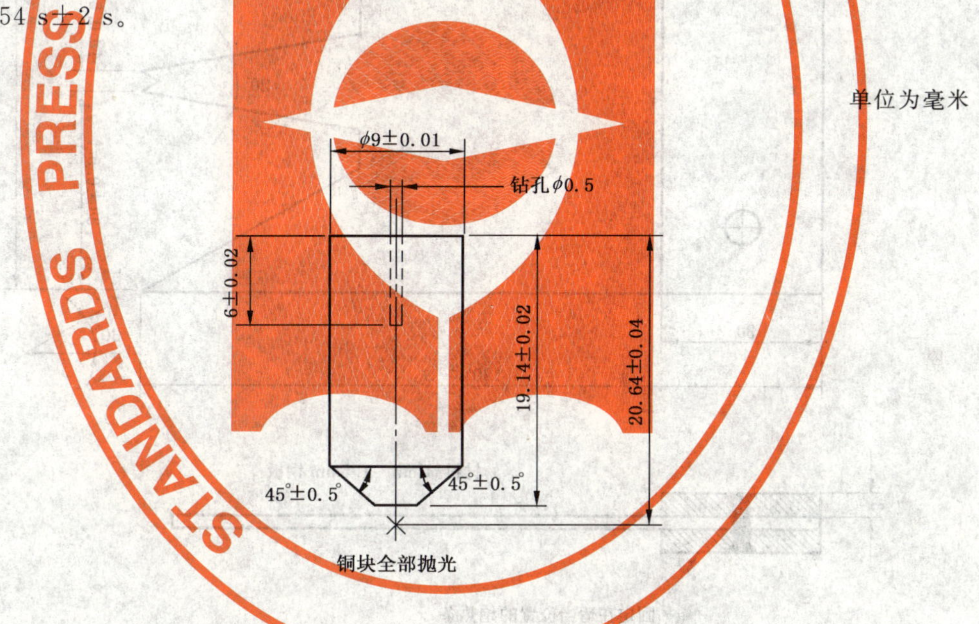

除非另有说明，公差为±0.1、±30′（角度）。

材料：高导电率电解铜 Cu-ETP USN C11000（见 ASTM-B187）。

质量：钻孔前 10.00 g±0.05 g。

图 1　铜块

6.4.2　程序

——在实验室通风柜/试验箱内，按图 C.6 所示安装燃烧器供气装置，确保连接处无气体和空气泄漏；

——初始调节气体和空气流量时，暂时将燃烧器移离铜块，以免火焰影响铜块；

——点燃火焰并调节气体和空气流量到规定值。当使用图 2 所示的量规测量时，保证火焰的高度是在规定的范围内并且是对称的。至少等待 5 min 时间使燃烧器条件达到稳定。检查气体和空气流量并确定其在规定范围内；

——使温度/时间显示/记录装置处于运行状态，重新调整铜块下方燃烧器的位置；

——进行 3 次测量，确定铜块温度从 100℃±5℃上升到 700℃±3℃的时间。允许每次测量后将铜块在空气中自然冷却到 50℃以下；

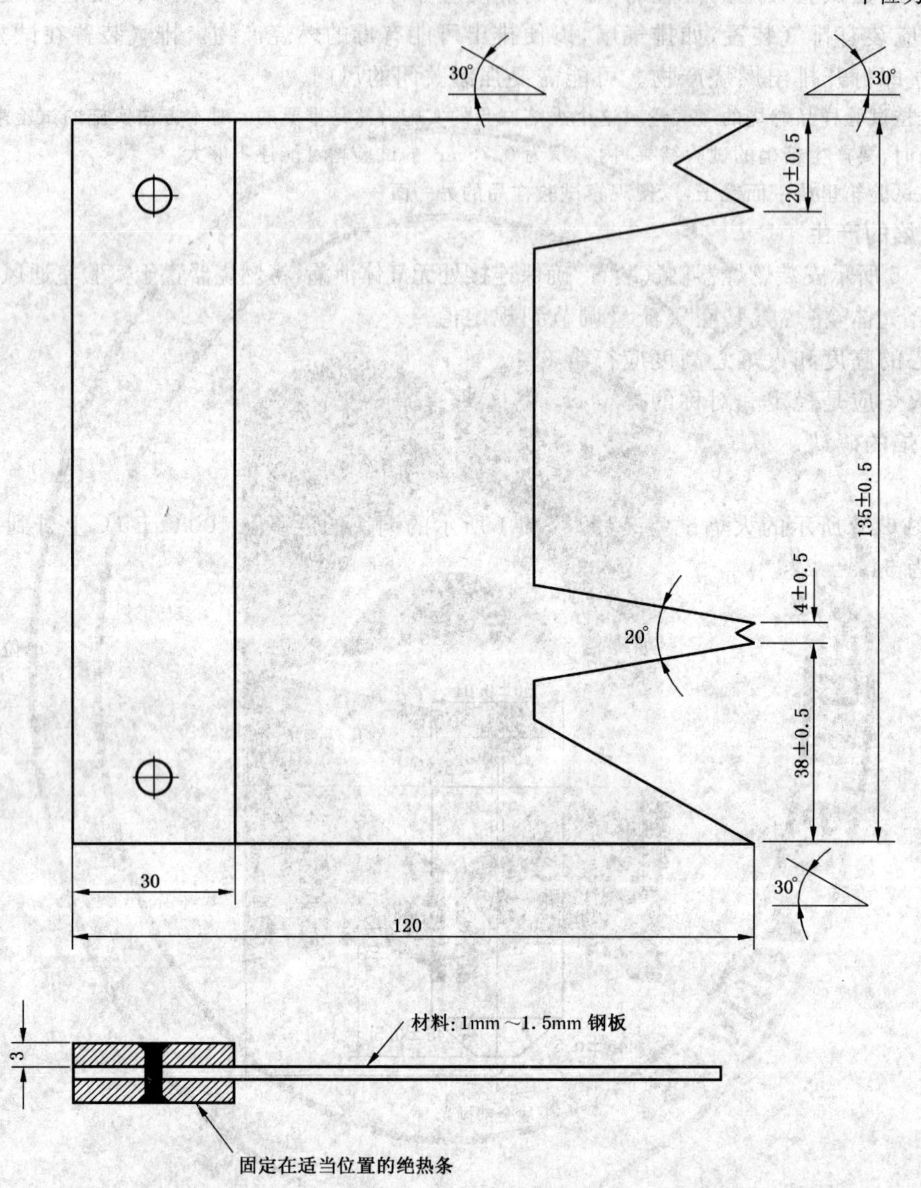

公差：±0.1、±5°(角度)，除非另有说明。

图 2　火焰高度量规

注：热电偶在 700℃以上易损坏，因此在达到 700℃时立即移离燃烧器是可行的。

——如果铜块从未使用过，应对铜块表面进行初始运行处理，不计结果；

——以 s 为单位计算平均时间作为试验结果。

6.4.3　确认

如果结果是在 54 s±2 s 内，即确认火焰可用于试验。

7　方法 D

撤销。

附录D中关于试验方法D装置的内容同时撤销。

注：在IEC 60695-11-3第一版中最初说明了4种燃烧器，意在由使用者确定排序。这个过程已经得出撤销方法D的结果。

8 分类和命名

符合本部分技术要求用以产生500 W标称试验火焰的装置可命名为：

"500 W标称试验火焰装置，符合GB/T 5169.15—2008"。

注：如何选用试验装置见附录E、附录F和附录G。

附 录 A
（资料性附录）
试验方法 A 装置

单位为毫米

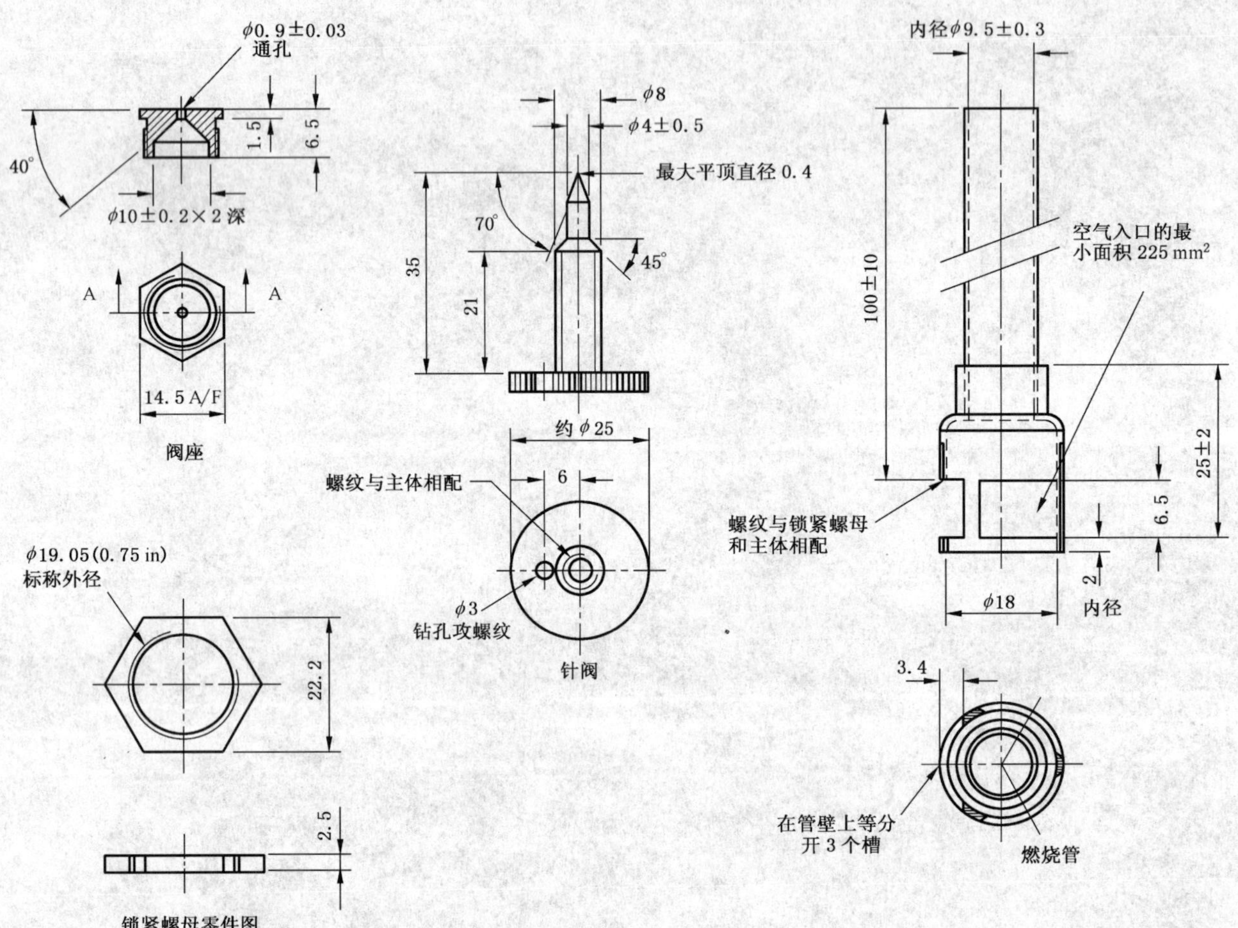

材料：黄铜或其他合适的材料。

除非另有说明，公差为±0.1、±30′(角度)。

图 A.1 总装图和零件图

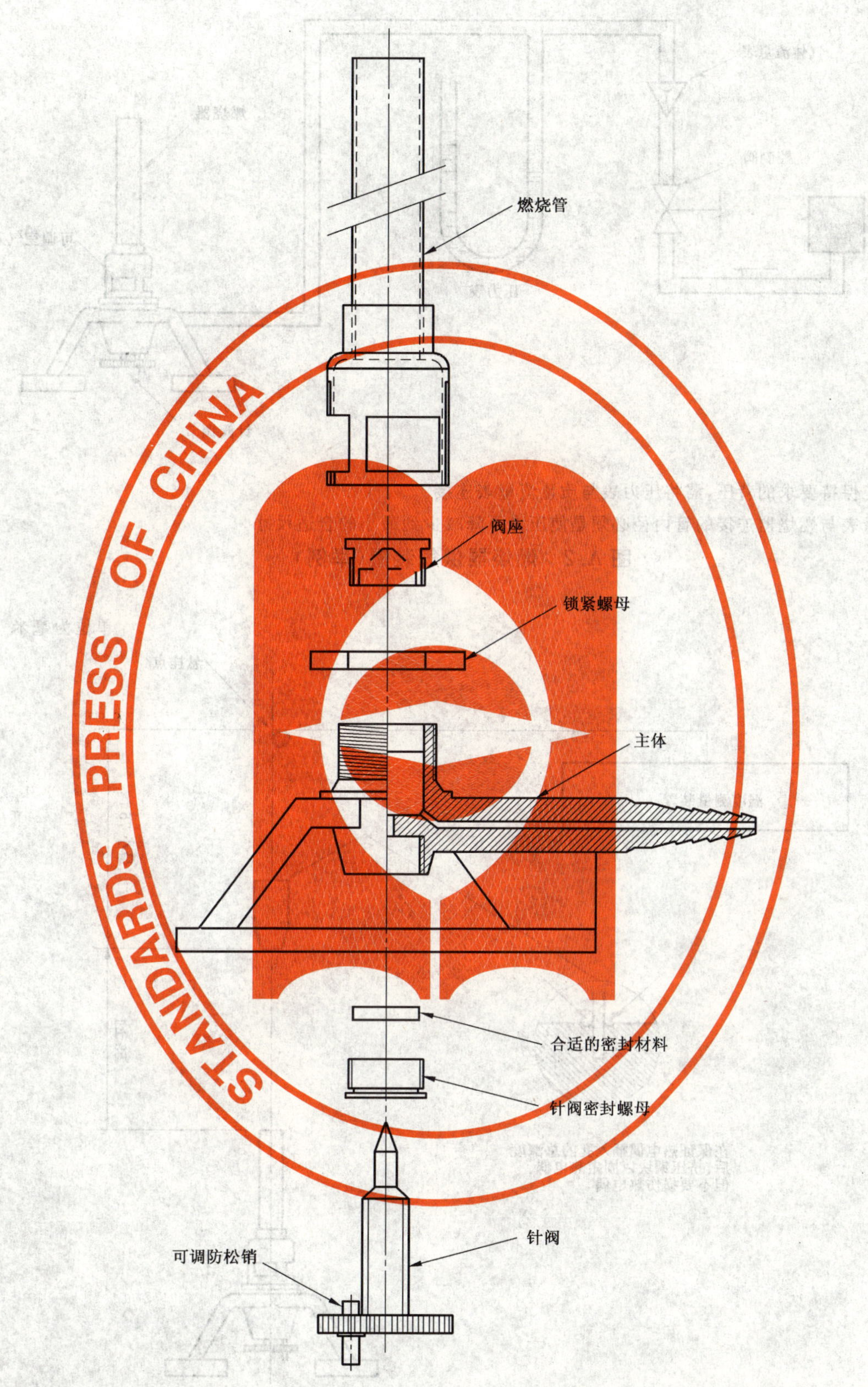

材料：黄铜或其他合适的材料。

图 A.1（续）

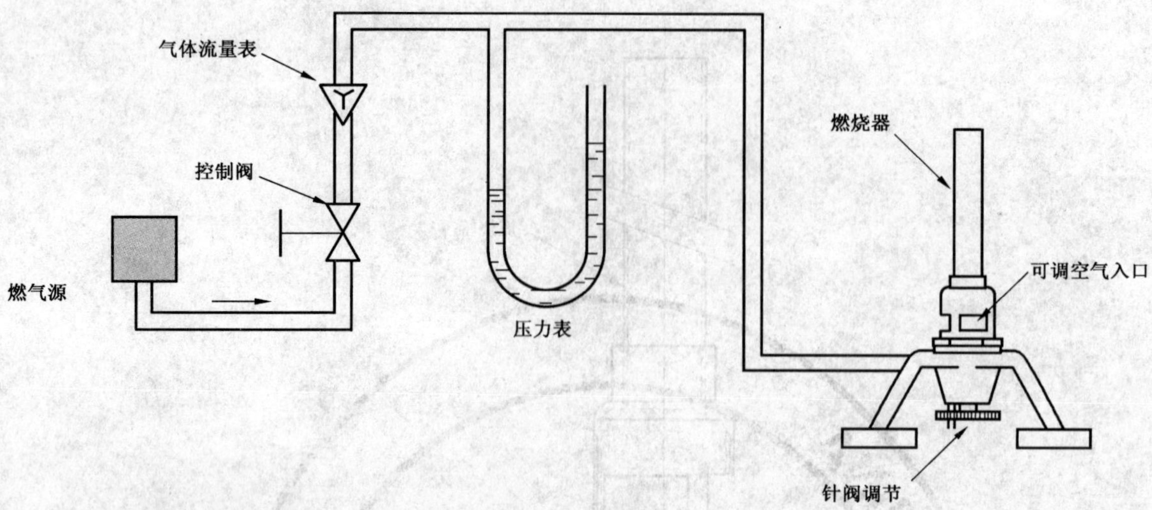

注 1：为了保持要求的背压，需将压力表与质量流量表连接。

注 2：流量表与燃烧器连接的管内径必须是使压力下降减少到最小的合适尺寸。

图 A.2　燃烧器供气装置(举例)

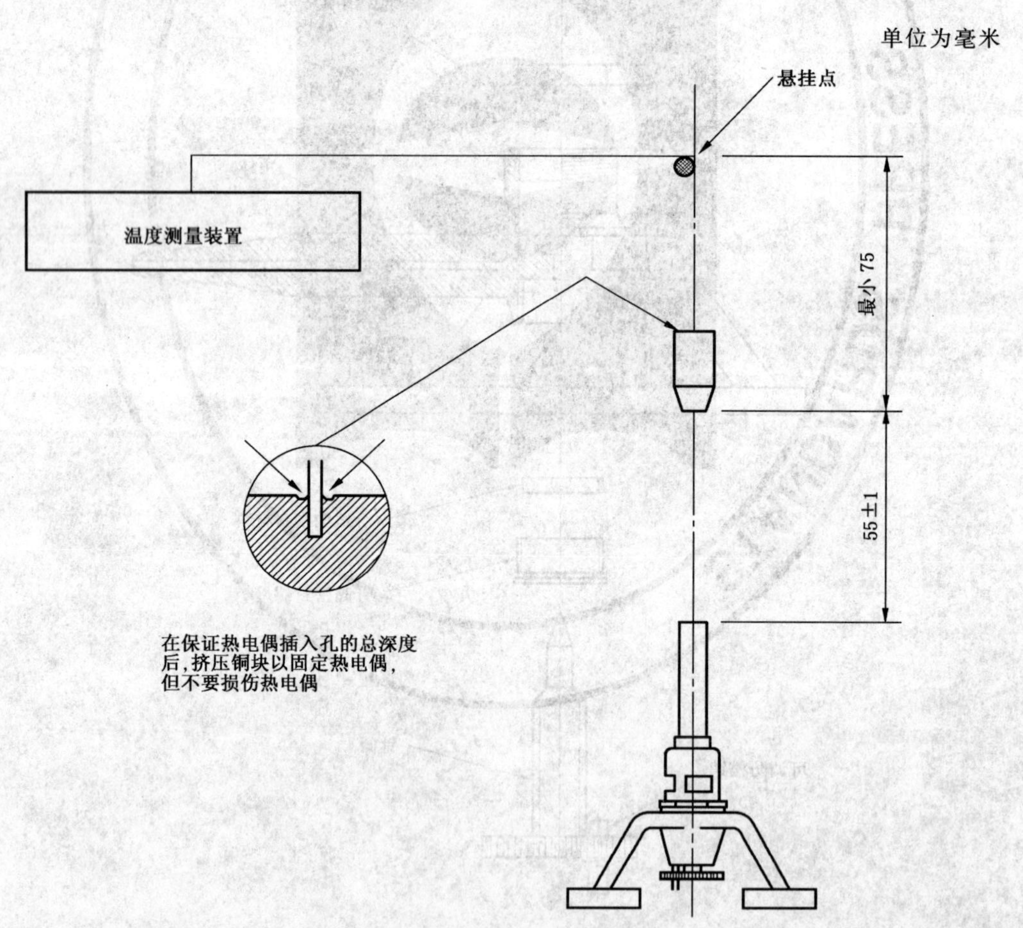

注：铜块悬挂的方式应使铜块在试验时基本保持静止。

图 A.3　确认试验装置

附　录　B
（资料性附录）
试验方法 B 装置

撤销。

注：在 IEC 60695-11-3 第一版中最初说明了 4 种燃烧器，意在由使用者确定排序。这个过程已经得出撤销本附录的结果。

附　录　C
（规范性附录）
试验方法 C 装置

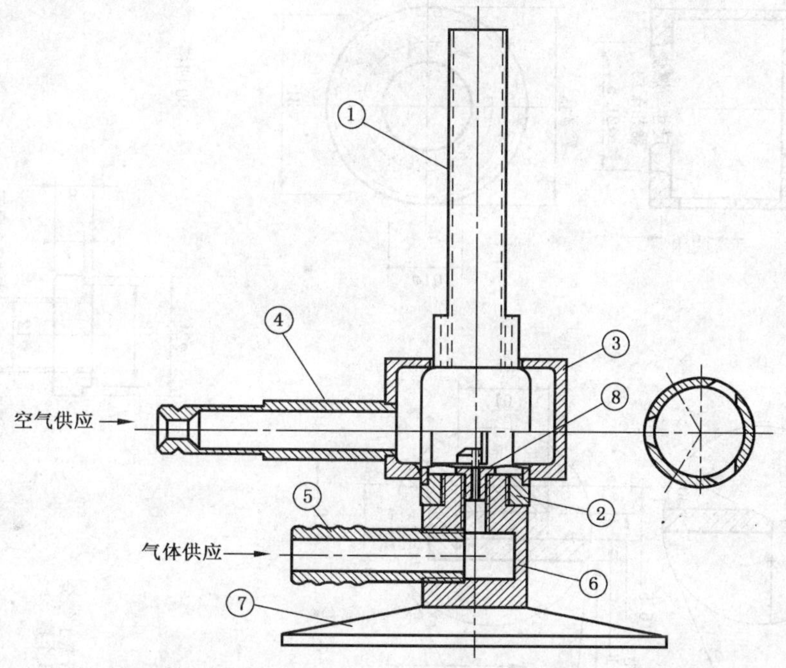

1——燃烧器筒身；
2——圆环；
3——空气歧管；
4——空气源管；
5——燃气源管；
6——肘形零件；
7——燃烧器底座；
8——燃气喷嘴。
零件 1、2、3、4 在装配时焊牢；
如果需要，可将零件 5、6 焊牢在一起，避免气体泄漏；
零件 7、8 可整体制作，或用其他方法固定在一起，避免气体泄漏；
零件 1、2、3、4 的零件图见 C.2；
零件 5、8 的零件图见 C.3；
零件 6、7 的零件图见图 C.4。

图 C.1　试验方法 C 燃烧器总装图

单位为毫米

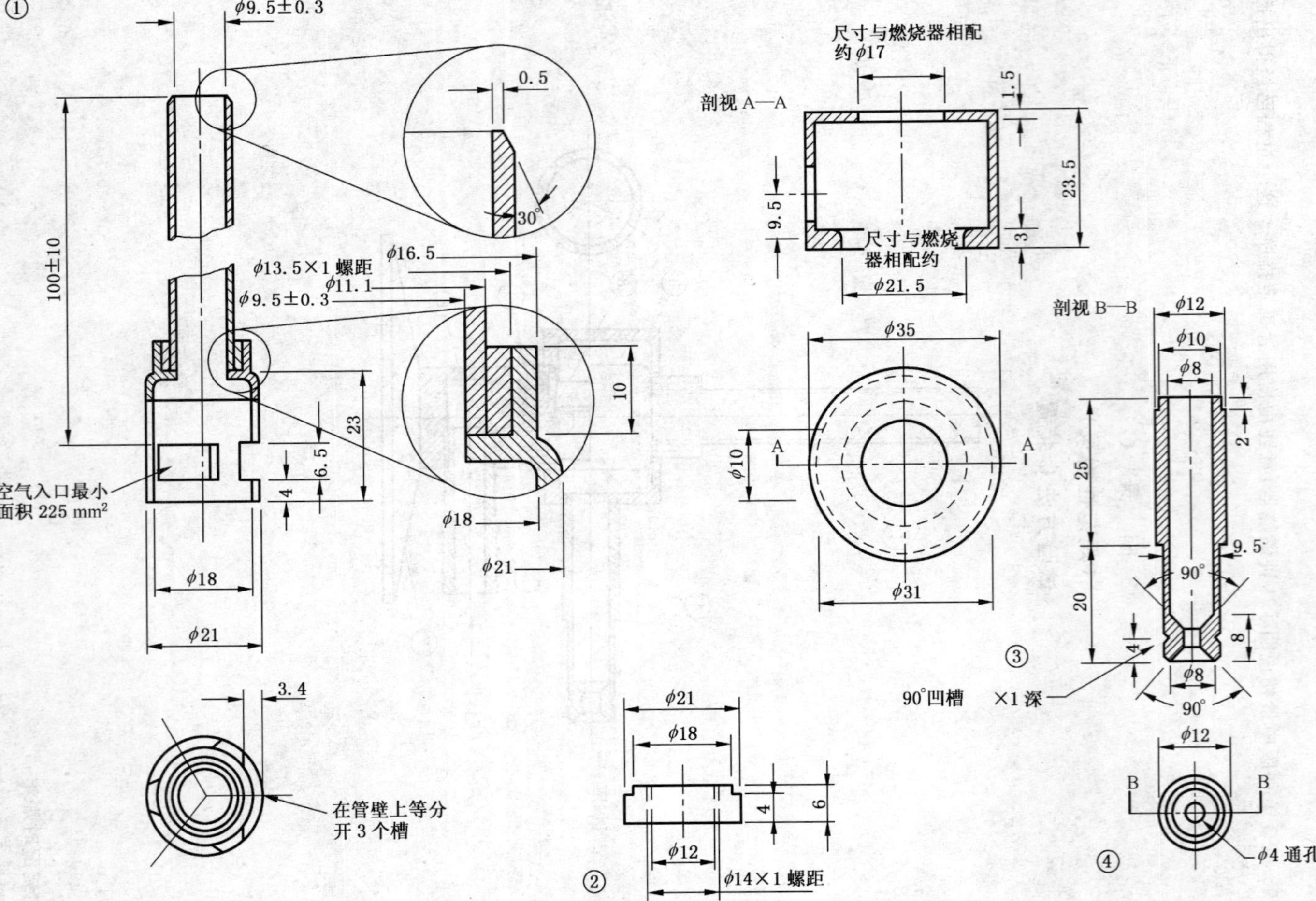

材料：黄铜或其他合适的材料。

除非另有说明，公差为±0.1、±30′（角度）。

图 C.2 燃烧器零件图——燃烧器筒身、圆环、空气歧管和空气源管

单位为毫米

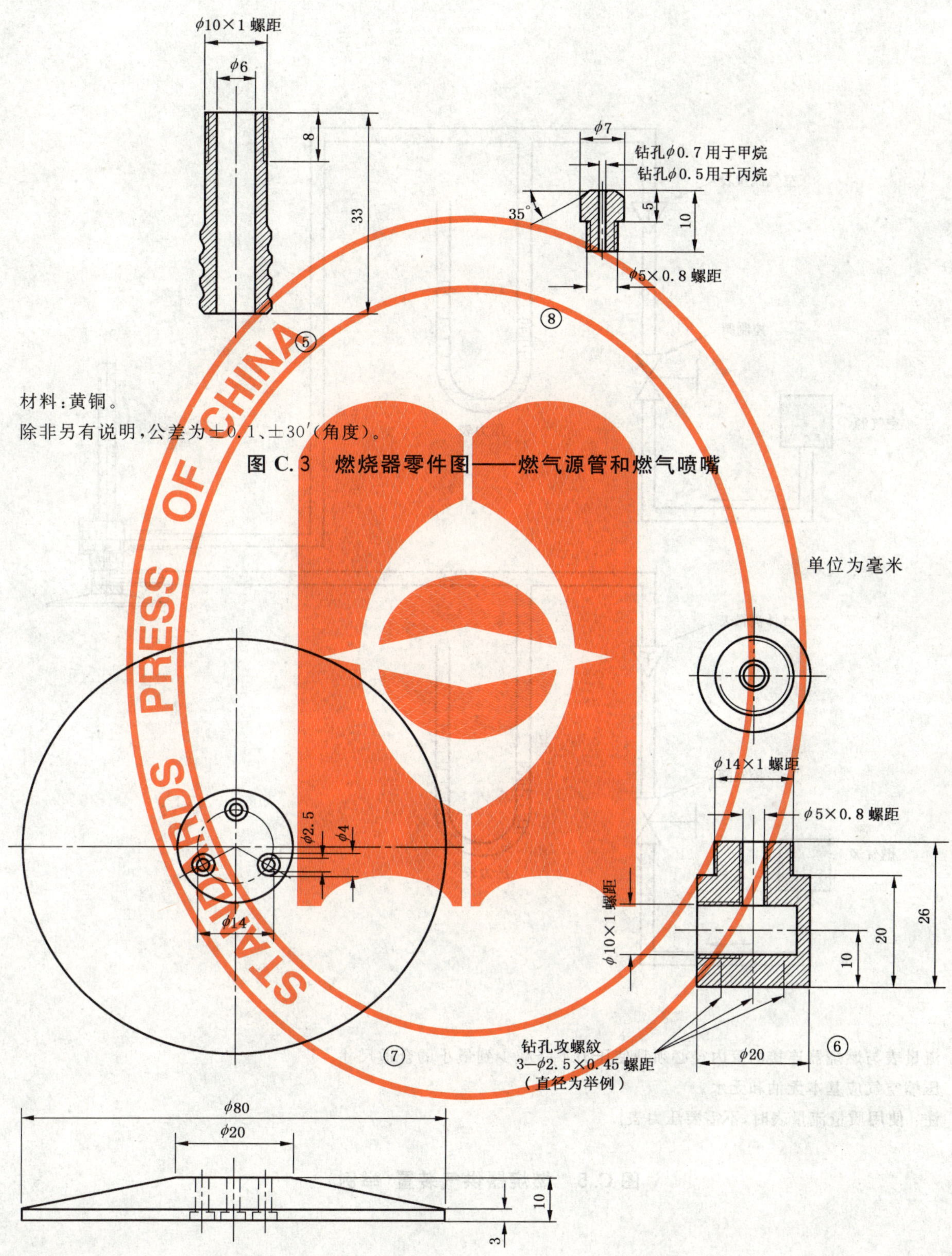

材料：黄铜。

除非另有说明，公差为±0.1、±30′(角度)。

图 C.3　燃烧器零件图——燃气源管和燃气喷嘴

单位为毫米

材料：黄铜或其他合适的材料。

除非另有说明，公差为±0.1。

注：零件 7 的形状为举例。

图 C.4　燃烧器零件图——燃烧器底座和肘形零件

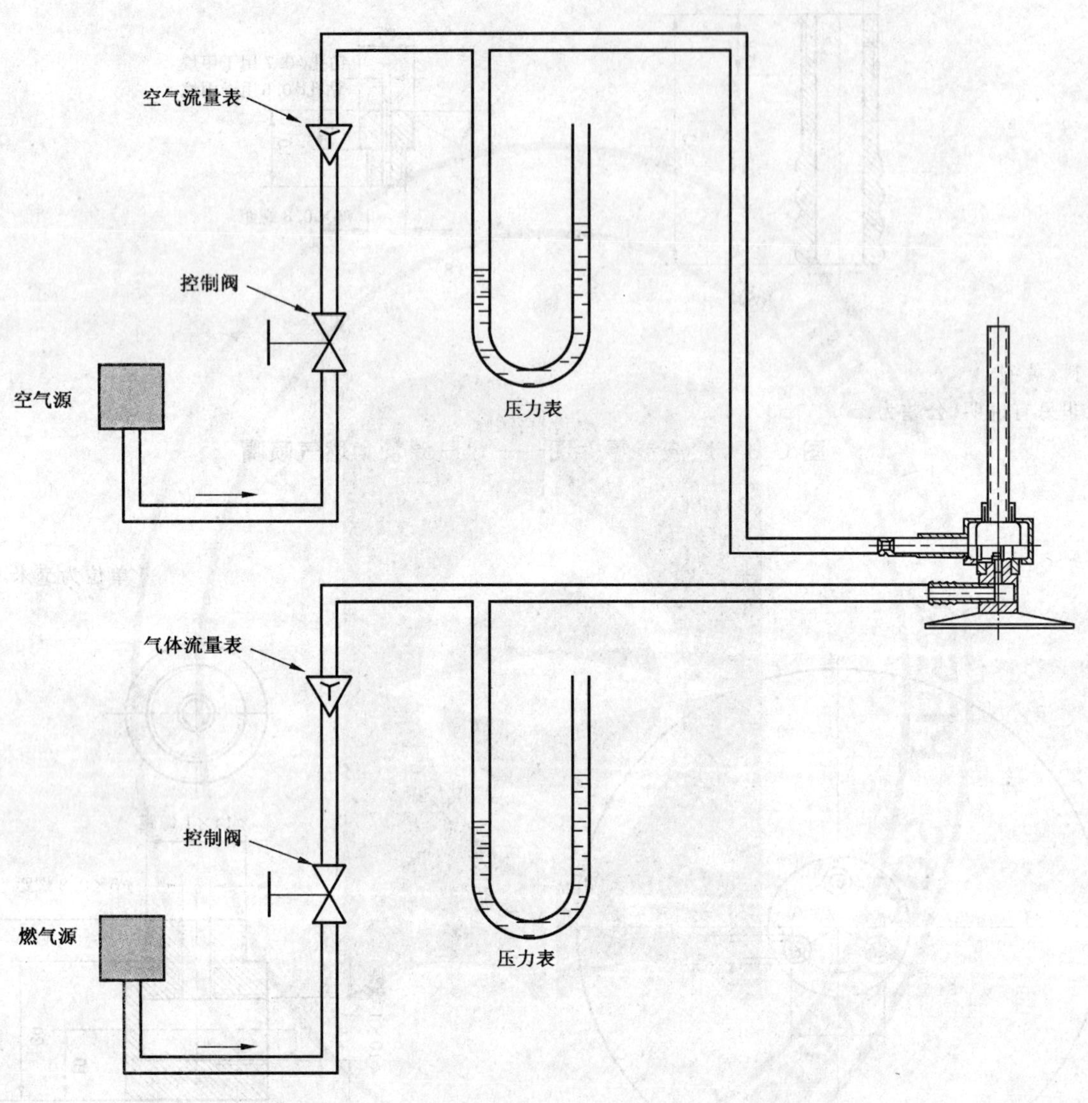

流量表与燃烧器连接的管内径必须是使压力下降减少到最小的合适尺寸。

压缩空气应基本无油和无水。

注：使用质量流量表时，不需要压力表。

图 C.5　燃烧器供气装置(举例)

单位为毫米

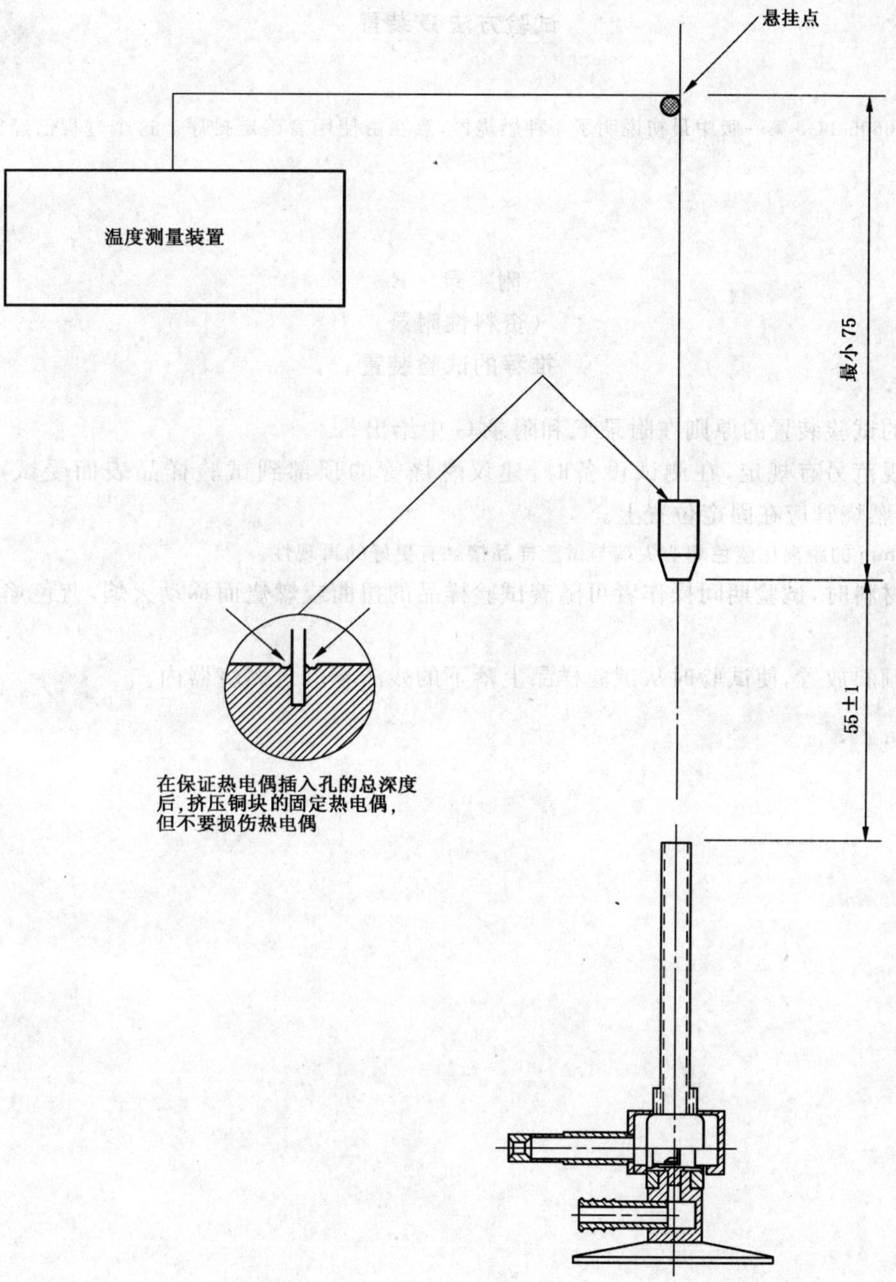

悬挂点

温度测量装置

最小 75

55±1

在保证热电偶插入孔的总深度后，挤压铜块的固定热电偶，但不要损伤热电偶

注：铜块悬挂的方式应使铜块在试验时基本保持静止。

图 C.6　确认试验装置

附　录　D
（资料性附录）
试验方法 D 装置

撤销。

注：在 IEC 60695-11-3 第一版中最初说明了 4 种燃烧器，意在由使用者确定排序。这个过程已经得出撤销本附录的结果。

附　录　E
（资料性附录）
推荐的试验装置

选择合适的试验装置的原则在附录 F 和附录 G 中给出。

除非有关规范另有规定，在测试设备时，建议燃烧管的顶部到试验样品表面受试点的距离约为 55 mm，试验时燃烧管应在固定位置上。

注：选择 55 mm 的距离比蓝色焰心尖端与试验样品接触有更好的再现性。

测试条形材料时，试验期间操作者可随着试验样品的扭曲或燃烧而移动火焰，蓝色焰心应恰好不接触试验样品。

燃烧器应倾斜放置，使试验时从试验样品上落下的残渣不落入燃烧器内。

附 录 F
（资料性附录）
用于设备试验的试验装置

单位为毫米

图 F.1 试验装置举例

附　录　G
（资料性附录）
用于材料试验的试验装置

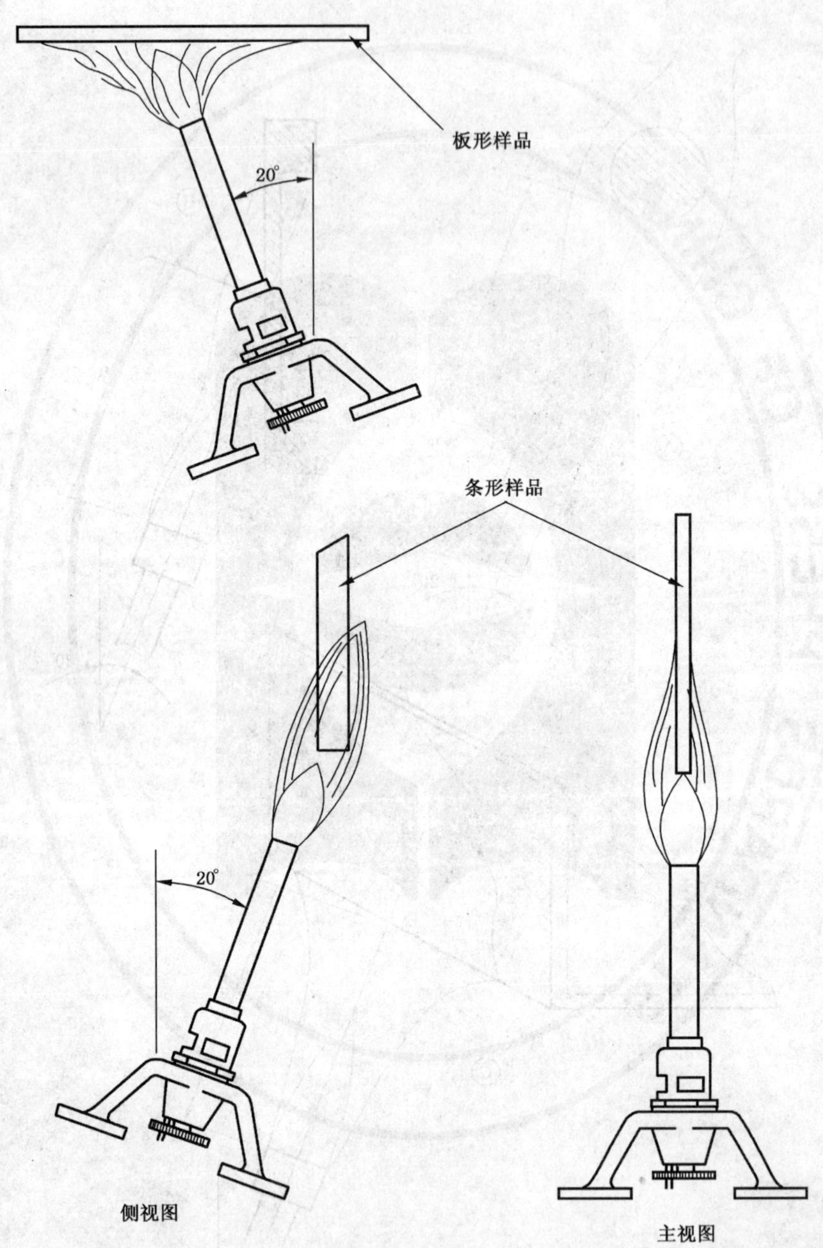

图 G.1　试验装置举例

参考文献

GB/T 5169.2—2002 电工电子产品着火危险试验 第2部分:着火危险评定导则 总则(IEC 60695-1-1:1999,IDT)

GB/T 5169.7—2001 电工电子产品着火危险试验 试验方法 扩散型和预混合型火焰试验方法(idt IEC 60695-2-4/0:1991)

GB/T 5169.9—2006 电工电子产品着火危险试验 第9部分:着火危险评定导则 预选试验规程的使用(IEC 60695-1-30:2002,IDT)

GB/T 5169.14—2007 电工电子产品着火危险试验 第14部分:试验火焰 1 kW 标称预混合型火焰 设备、确认试验方法和导则(IEC 60695-11-2:2003,IDT)

GB/T 5169.22—2008 电工电子产品着火危险试验 试验火焰 50 W 火焰 设备、确认试验方法(IEC/TS 60695-11-4:2004,IDT)

IEC Guide 104:1997 The preparation of safety publications and the use of basic safety publications and group safety publications

IEC 60695-11-40:2002 Fire hazard testing—Part 11-40: Test flames—Confirmatory tests—Guidance

ISO/IEC Guide 51:1999 Safety aspects—Guidelines for their inclusion in standards

ASTM-B187 Standard specification for copper, bus bar, rod, and shapes and general purpose rod, bar, and shapes

ICS 29.020
K 04

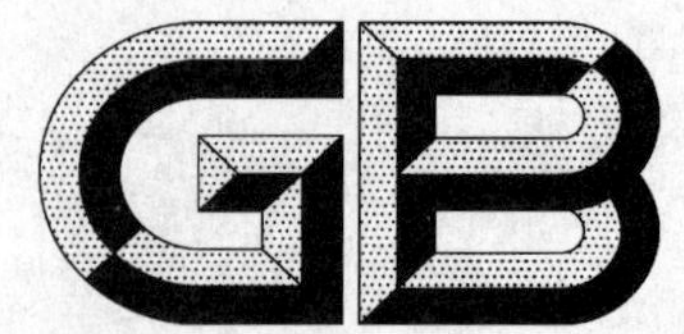

中华人民共和国国家标准

GB/T 5169.16—2008/IEC 60695-11-10:2003
代替 GB/T 5169.16—2002

电工电子产品着火危险试验 第16部分:试验火焰 50 W水平与垂直火焰试验方法

Fire hazard testing for electric and electronic products—Part 16: Test flames—50 W horizontal and vertical flame test methods

(IEC 60695-11-10:2003, Fire hazard testing—Part 11-10: Test flames—50W horizontal and vertical flame test methods, IDT)

2008-05-19 发布 2009-01-01 实施

中华人民共和国国家质量监督检验检疫总局
中国国家标准化管理委员会 发布

前　言

GB/T 5169《电工电子产品着火危险试验》分为以下部分：

——第1部分：着火试验术语

——第2部分：着火危险评定导则　总则

——第3部分：电子元件着火危险评定技术要求和试验规范制订导则

——第2部分：试验方法　第2篇：针焰试验

——试验方法　扩散型和预混合型火焰试验方法

——第9部分：着火危险评定导则　预选试验规程的使用

——第10部分：灼热丝/热丝基本试验方法　灼热丝装置和通用试验方法

——第11部分：灼热丝/热丝基本试验方法　成品的灼热丝可燃性试验方法

——第12部分：灼热丝/热丝基本试验方法　材料的灼热丝可燃性试验方法

——第13部分：灼热丝/热丝基本试验方法　材料的灼热丝起燃性试验方法

——第14部分：试验火焰　1 kW标称预混合型火焰　装置、确认试验方法和导则

——第15部分：试验火焰　500 W火焰　装置和确认试验方法

——第16部分：试验火焰　50 W水平与垂直火焰试验方法

——第17部分：试验火焰　500 W火焰试验方法

——第18部分：将电工电子产品的火灾中毒危险减至最小的导则　总则

——第19部分：非正常热　模压应力释放变形试验

——第20部分：火焰表面蔓延　试验方法概要和相关性

——第21部分：非正常热　球压试验

——第22部分：试验火焰　50 W火焰　装置和确认试验方法

本部分为GB/T 5169的第16部分。

本部分等同采用IEC 60695-11-10:2003《着火危险试验　第11-10部分：试验火焰　50 W水平与垂直火焰试验方法》(英文版)，但按GB/T 20000.2—2001《标准化工作指南　第2部分：采用国际标准的规则》的4.2b)和5.2的规定作了少量编辑性修改，并将第2章中的规范性引用文件IEC Guide 104：1997、ISO/IEC Guide 51:1999改为参考文献。

本部分代替GB/T 5169.16—2002《电工电子产品着火危险试验　第16部分：50 W水平与垂直火焰试验方法》。

本部分与GB/T 5169.16—2002相比主要变化如下：

a)　增加了关于材料试验的内容(本部分7.2)；

b)　增加了关于划分HB类材料的准则的内容(本部分8.4.1)；

c)　增加了关于工业层压板预处理的内容(本部分9.1.3)；

d)　增加了关于试验样品、操作者和燃烧器的位置的内容(本部分9.2.3和图6)；

e)　增加了因其厚度而变形、收缩、或烧至夹持夹具处的某些材料的测试要求(本部分9.2.8)。

本部分的附录A和附录B为资料性附录。

本部分由全国电工电子产品环境技术标准化技术委员会(SAC/TC 8)提出并归口。

本部分由中国电器科学研究院负责起草，广州威凯检测技术研究所、广东出入境检验检疫局检验检疫技术中心、武汉计算机外部设备研究所参加起草。

本部分主要起草人：陈灵、陈兰娟、武政、张效忠。

本部分于2002年首次发布，本次为第一次修订。

引　言

在考虑使用GB/T 5169的试验方法时，重要的是要区分“成品试验”与“预选试验”的差别。成品试验是对一台完整的产品、零件、元件或组件进行的着火危险评定试验；预选试验则是对材料（零件、元件或组件）进行的燃烧特性试验。

材料的预选试验通常使用具有标准形状（形状非常简单）的试件，如矩形条状或矩形板状试件，并常常采用标准模制工艺制备。

需要强调的是使用GB/T 5169给定的预选试验数据需要认真考虑，以确保该数据与预期应用相适应，避免错用和误解。一个零件或一台产品的实际耐火性能受其环境、设计参数（形状和大小）、制造工艺、传热效果、潜在引燃源的种类及与引燃源接触时间长短等的影响。重要的是要牢记，这些特性可能还会受到可预见的用途、不正确使用和环境暴露的影响。

预选法的优点如下：

a) 如果能避免可能的协同效应，在制成标准试样试验时，性能比另一种材料好的材料，在制成产品的成品零件时，通常性能也较好。

b) 与相关燃烧特性有关的数据能有助于在设计阶段选择材料、元件和组件。

c) 与成品试验相比，预选试验的精确度通常比较高，灵敏度也可能较高。

d) 预选试验可用于将着火危险减至最小的决策过程。预选试验适用于着火危险评定时，可减少成品试验数量，从而减少试验工作的总量。

e) 需要快速提高对着火危险的要求时，只要先提高预选试验的要求再改进成品试验方法就可以达到目的。

f) 根据预选试验结果得出的分类等级，可用于在产品规范中规定所用材料的最低基本性能。

应该注意，在用预选试验替代某些成品试验时，应提高安全系数，以确保该成品有令人满意的性能。成品试验可以防止预选试验限制创新设计、限制选用更经济的材料。因此在预选试验之后，可能有必要对成品进行价值分析，避免对产品提出超出必备性能的过分要求。

GB/T 5169.2指出，电工电子产品的任一带电电路都存在着火的风险。对于这种风险，在设计元件电路和设备以及选择材料时，要考虑可预见的非正常使用、故障或失效，减少着火的可能性。实际目的是要防止带电部件起火，如果发生起燃着火，应尽可能将火情控制在电工电子产品的外壳内。

检验电工电子产品着火危险的最佳方法是精确地再现实际发生火灾的条件，但在大多数情况下这是不可能的，因此尽可能按实际情况真实地模拟实际发生的效应，对电工电子产品的着火危险性进行测试。

GB/T 5169.9规定，可在规定试验的基础上利用必要的耐火规范和相关的燃烧特性进行预选。该标准还概略地叙述了如何使电工电子产品及其零件和组件的具体功能与被试材料性能相关联的导则，并说明了这种预选方法的意义和局限性。

ISO/TR 10840总结了与塑料着火试验有关的一些特殊问题，可在评定和解释试验结果时予以考虑。

电工电子产品着火危险试验
第16部分:试验火焰
50 W水平与垂直火焰试验方法

1 范围

GB/T 5169的本部分规定了用于比较塑料和其他非金属材料样品相对燃烧特性的小型实验室筛选法,试验的引燃源为标称功率50 W的小型火焰,试验样品呈水平或垂直放置。

这些试验方法是测定样品的损坏长度以及样品的线性燃烧速率和余焰/余灼时间。这些试验方法适用于固体材料和按ISO 845:1988的方法测定时表观密度不小于250 kg/m³的泡沫塑料,不适用于遇火蜷缩但不燃烧的材料;对薄而易弯曲的材料宜使用ISO 9773:1998的方法。

本部分规定的分类方法(见8.4和9.4)可用于质量保证或用来预选产品的零部件材料。

只有在样品的厚度等于实际使用最小厚度并且获得的结果为肯定时,这些方法才可用于材料的预选。

注:试验结果受材料组分和材料性质的影响,前者如着色剂、填充剂和阻燃剂,后者如各向异性的方向和分子量等。

2 规范性引用文件

下列文件中的条款通过GB/T 5169的本部分的引用而成为本部分的条款。凡是注日期的引用文件,其随后所有的修改单(不包括勘误的内容)或修订版均不适用于本部分,然而,鼓励依据本部分达成协议的各方研究是否可使用这些文件的最新版本。凡是不注日期的引用文件,其最新版本适用于本部分。

GB/T 2918—1998 塑料试样状态调节和试验的标准环境(idt ISO 291:1997)

GB/T 5169.5—1997 电工电子产品着火危险试验 第2部分:试验方法 第2篇 针焰试验(idt IEC 60695-2-2:1991)

GB/T 5169.17—2008 电工电子产品着火危险试验 第17部分:试验火焰 500 W火焰试验方法(IEC 60695-11-20:2003,IDT)

GB/T 5169.22—2008 电工电子产品着火危险试验 第22部分:试验火焰 50 W火焰 装置和确认试验方法(IEC/TS 60695-11-4:2004,IDT)

ISO 293:1986 塑料 热塑性塑料试验样品的压塑

ISO 294(所有部分) 塑料 热塑性塑料试验样品的注塑

ISO 295:1991 塑料 热固性塑料试验样品的压塑

ISO 845:1988 泡沫塑料和泡沫橡胶 表观(体积)密度的测定

ISO 9773:1998 暴露于小型火焰引燃源时易弯垂直薄试样燃烧特性的测定

3 术语和定义

下列术语和定义适用于本部分。

3.1

余焰 afterflame

在规定的试验条件下,移开引燃源后材料持续的有焰燃烧。

3.2

余焰时间 afterflame time

t_1，t_2

余焰持续的时间段。

3.3

余灼 afterglow

在规定的试验条件下，移开引燃源后，火焰终止后或无火焰，材料持续的灼热。

3.4

余灼时间 afterglow time

t_3

余灼持续的时间段。

4 原理

夹住矩形条形试验样品的一端，使样品呈水平或垂直状态，自由端与规定的试验火焰接触。用测量线性燃烧速率的方法评定水平支撑的条形样品燃烧特性，用测量余焰和余灼时间、燃烧颗粒的燃烧程度和滴落程度的方法评定垂直支撑的条形样品的燃烧特性。

试验方法A的精度见附录A，试验方法B的精度见附录B。

5 试验的意义

5.1 在规定的条件下对材料进行的试验，在比较不同材料的相对燃烧特性、控制制造工艺或评定燃烧特性的变化时会有相当大的价值。这些试验方法所获得的试验结果取决于试验样品的形状、方位和试验样品周围的环境及起燃情况。

这些试验方法的显著特点在于试验样品的布放呈水平位置或垂直位置，即可划分各种材料的易燃性等级。

在试验方法A即水平燃烧HB中，试验样品的水平位置特别适于评定燃烧程度和(或)火焰蔓延的速度即线性燃烧速率。

在试验方法B即垂直燃烧V中，试验样品的垂直位置特别适于评定移开试验火焰后的燃烧程度。

注1：水平燃烧(HB)和垂直燃烧(V)的试验结果不等效。

注2：用本方法获得的试验结果与用GB/T 5169.17—2008规定的燃烧试验5 VA和5 VB所得的试验结果不等效，因为本方法试验火焰的严酷程度大约只是后者的1/10。

5.2 依据本部分所获得的结果不应用来描述或评定在实际着火条件下特殊材料或特殊形状所呈现的着火危险。评定着火危险需要考虑燃料作用、燃烧强度(放热速率)、燃烧生成物和环境因素，包括引燃源强度、被暴露材料的方位和通风条件。

5.3 用这些试验方法测得的燃烧特性受诸如材料密度、材料的各向异性和试验样品厚度等因素的影响。

5.4 有些试验样品可能遇火蜷缩或变形但不起燃，在这种情况下，就需要补充试验样品以获得有效的试验结果。如果仍不能获得有效的试验结果，则不宜使用这些试验方法进行评定。

注：对一些易弯曲的薄样品和有一件以上的试验样品遇火蜷缩但不起燃的情况，宜使用ISO 9773:1998规定的方法。

5.5 某些塑料的燃烧特性可能随时间而变化。因此合理的做法是使用适当的方法在老化处理前后进行多次试验。优选的老化处理方法是在70℃±2℃的烘箱中老化处理7 d。也可以根据协议采用其他老化处理时间和老化处理温度，但应在试验报告中注明。

6 试验装置

试验装置应由以下部分组成。

6.1 实验室通风柜/试验箱

实验室通风柜/试验箱的容积应至少为 0.5 m^3。试验箱应允许观察试验的进程并且应是无通风环境,允许燃烧期间试验样品周围空气的正常热循环。试验箱的内表面应是深色的。将一个照度计面向试验箱后部放在试验样品的位置时,显示的照度应小于 20 lx。为了安全和方便,(能完全密闭的)试验箱应装有排气装置,如排气扇,以便排出可能有毒的燃烧产物。排气装置在试验期间应关闭,在试验后应立即打开排出燃烧产物。可能需要强制关闭的风门。

注:可在试验箱内放一面镜子,以便观察试验样品的另一面。

6.2 实验室燃烧器

实验室燃烧器应符合 GB/T 5169.22—2008 关于火焰 A 的要求。

注:ISO 10093 描述了引燃源 P/PF2(50 W)的燃烧器。

6.3 试验支架

试验支架应有可调节试验样品位置的夹具或类似装置(见图 1 和图 3)。

6.4 计时装置

计时装置的分辨率至少应为 0.5 s。

6.5 测量直尺

测量直尺的刻度应以毫米(mm)为单位。

6.6 金属丝网

金属丝网应是 20 目的,即每 25 mm 约有 20 个孔眼,用直径 0.40 mm～0.45 mm 的钢丝制成,然后裁成约 125 mm×125 mm 的正方形。

6.7 预处理箱

预处理箱的温度应能维持在 23℃±2℃,相对湿度应能维持在 50%±5%。

6.8 千分尺

千分尺的分辨率至少应为 0.01 mm。

6.9 支承夹具

支承夹具应用于检测非自撑型试验样品(见图 2)。

6.10 干燥箱

干燥箱应装有无水氯化钙或其他干燥剂,能将温度维持在 23℃±2℃、相对湿度不大于 20%。

6.11 空气循环烘箱

空气循环烘箱应能提供 70℃±2℃ 的处理温度,除非有关规范另有说明,应每小时换气不少于 5 次。

6.12 棉垫

棉垫应由约为 100%的脱脂棉制成。

注:这种脱脂棉通常指医用脱脂棉或棉絮。

7 试验样品

7.1 成品试验

试验样品应从成品的有代表性的模制零部件上切割下来,如果不可能,应使用与模制产品零件相同的制造工艺制作试验样品;如仍无可能,应使用 ISO 的适当方法,例如 ISO 294 的铸塑法和注塑法、ISO 293:1986或 ISO 295:1991 的压塑法或压注法制成必要的形状。

如不能用上述任何一种方法制备试验样品,则按 GB/T 5169.5—1997 的针焰试验法进行型式试验。

切割完成之后,用细砂纸将切口各棱边打磨平整光滑;应仔细从表面上清除全部粉尘和微粒。

7.2 材料试验

使用不同颜色、厚度、密度、分子量、各向异性方向和类型的试验样品,或含有不同添加剂、或不同填料/增强剂的试验样品进行试验所得出的试验结果会不同。

如果试验结果产生了相同的火焰试验分类,可规定试验样品的密度、熔体流动性、填料/增强剂含量的极值,并要考虑这一范围的代表性。如果代表性范围中的所有样品的试验结果未产生相同的火焰试验分类,则评定应限于所测试的密度、熔体流动性、填料/增强剂含量为极值的材料。此外,为了确定每种火焰试验分类的代表性范围,应测试密度、熔体流动性、填料/增强剂含量为中间值的试验样品。

如果试验结果产生了相同的火焰试验分类,要考虑本色试验样品和按质量添加最高含量有机和无机颜料的试验样品其有代表性的颜色范围。当已知某些颜料会影响燃烧特性时,也应测试含有那些颜料的试验样品。被试样品应为:

a) 不含颜料;

b) 含最高含量的有机颜料;

c) 含最高含量的无机颜料;

d) 含已知对燃烧特性有不利影响的颜料。

7.3 条形试验样品

条形试验样品的尺寸为:长 125 mm±5 mm、宽 13.0 mm±0.5 mm,并应提供常用的最小和最大厚度。厚度不应大于 13.0 mm,棱边应光滑,圆角半径不应大于 1.3 mm。也可根据协议采用其他厚度,如是则应在试验报告中注明(见图 4)。

试验方法 A 最少要准备 6 件条形试验样品、试验方法 B 最少要准备 20 件试验样品。

8 试验方法 A——水平燃烧试验

8.1 预处理

除非有关规范另有规定,否则应采用下列要求。

8.1.1 应将一组 3 件条形试验样品在温度 23℃±2℃、相对湿度为 50%±5%的条件下处理至少 48 h。试验样品从处理箱中取出后,应在 1 h 内进行试验(见 GB/T 2918—1998)。

8.1.2 所有的试验样品均应在温度为 15℃~35℃、相对湿度为 45%~75%的实验室大气条件下进行试验。

8.2 试验程序

8.2.1 应测试 3 个试验样品。每个试验样品都应在距被引燃端 25 mm±1 mm 和 100 mm±1 mm 处划两条与条形试样的长轴垂直的直线。

8.2.2 在距 25 mm 标记最远的一端夹住试验样品,使样品的长轴呈水平放置,横轴(短轴)倾斜成 45°角,如图 1 所示。将金属丝网水平地放在试验样品下方夹紧,使试验样品最低的棱边和金属丝网的距离为 10 mm±1 mm,自由端与金属丝网的一边平齐。前几次试验残留在金属丝网上的任何材料都要烧去,或每次试验都使用新金属丝网。

8.2.3 如果试验样品的自由端下垂,不能保持 8.2.2 规定的 10 mm±1 mm 的距离,则应使用图 2 所示的支承夹具(见 6.9)。将支承夹具放在金属丝网上用以支撑试验样品,使支承夹具的加长部分距试验样品的自由端约为 10 mm±1 mm。在试验样品的被夹持端留出足够的间隙,以便支承夹具能自由地横向移动。

8.2.4 使燃烧器管的中心轴线垂直,将燃烧器放在远离试验样品的地方,调节燃烧器(见 6.2)产生 50 W的标准试验火焰即 GB/T 5169.22—2008 的火焰 A。至少等待 5 min,使燃烧器达到平衡状态。

8.2.5 使燃烧器管的中心轴线与水平面约呈 45°角,斜向试验样品的自由端,燃烧器管的中心轴线则与试验样品的(长)底边在同一垂直平面内(见图 1)。对试验样品自由端的最低棱边施加火焰,燃烧器的放置位置应使样品的自由端深入火焰中约 6 mm。

8.2.6 随着火焰前沿(见 8.2.5)沿着试验样品向前推移,以大约同样的速度后移支承夹具,以防止在火焰烧到支承夹具,对火焰或对试验样品的燃烧产生影响。

8.2.7 在不改变其位置的情况下施加试验火焰 30 s±1 s,或者在试验样品的火焰前沿达到 25 mm 标记时(如果小于 30 s)立即移开试验火焰。在火焰前沿达到 25 mm 标记线时,重新启动记时装置(见 6.4)。

注:将燃烧器从试验样品处移开 150 mm 可认为符合要求。

8.2.8 如果移开试验火焰后试验样品继续有焰燃烧,应记录经过的时间 t(单位:s),如果火焰前沿从 25 mm 标记线起蔓延通过 100 mm 标记线,应将损坏长度 L 记录为 75 mm。如果火焰前沿越过 25 mm 标记线,但未通过 100 mm 标记线,应记录经过的时间 t(单位:s)和 25 mm 标记线与火焰前沿停止处之间的损坏长度 L(单位:mm)。

8.2.9 再试验两块试验样品。

8.2.10 如果第一组 3 件试验样品(见 7.3)中有一件试验样品不符合 8.4.1 和 8.4.2 所示的指标,则要试验另一组 3 件试验样品。第二组的所有试验样品都应符合有关类别规定的所有指标。

8.3 计算

8.3.1 对于火焰前沿通过 100 mm 标示线的每个试验样品,使用下式计算线性燃烧速率(以毫米每分钟为单位):

$$v = \frac{60\ L}{t}$$

式中:

v——线性燃烧速率,单位为毫米每分钟(mm/min);

L——损坏长度,单位为毫米(mm),是 8.2.8 记录的值;

t——时间,单位为秒(s),是 8.2.8 记录的值。

注:线性燃烧速率的 SI 单位是米每秒,实际上使用的单位是毫米每分钟。

8.4 分类

应按下列准则把材料分为 HB、HB40 或 HB75 类(HB 表示水平燃烧)。

8.4.1 划分到 HB 类的材料应符合下列指标之一:

a) 移开引燃源后不应有明显的有焰燃烧;

b) 如果移开引燃源后试验样品继续有焰燃烧,则火焰前沿不应通过 100 mm 标志线;

c) 如果火焰前沿通过了 100 mm 标志线,试样厚度为 3.0 mm~13.0 mm 的线性燃烧速率不应超过 40 mm/min,或试样厚度小于 3.0 mm 的线性燃烧速率也不应超过 75 mm/min;

d) 如果试样厚度为 3.0 mm±0.2 mm 的线性燃烧速率不超过 40 mm/min,则最小厚度应自动允许降到 1.5 mm。

8.4.2 划分到 HB40 类的材料应符合下列指标之一:

a) 移开引燃源后不应有明显的有焰燃烧;

b) 如果移开引燃源后试验样品继续有焰燃烧,则火焰前沿不应通过 100 mm 标志线;

c) 如果火焰前沿通过了 100 mm 标志线,则线性燃烧速率不应大于 40 mm/min。

8.4.3 被划入 HB75 类的材料即使火焰前沿通过了 100 mm 标志线,其线性燃烧速率也不应大于 75 mm/min。

8.5 试验报告

试验报告应包括下列项目:

a) 提及 GB/T 5169 的本部分;

b) 确定被试产品所必需的全部详细资料，包括制造厂名称、产品编号或代码和产品颜色；

c) 试验样品的厚度，精确到 0.1 mm；

d) 标称表观密度(只适用于硬质泡沫塑料)；

e) 与试验样品的尺寸有关的各向异性的方向；

f) 预处理；

g) 除了切割、修整和预处理之外，试验前的所有处理；

h) 施加试验火焰后，试验样品是否连续有焰燃烧的说明；

i) 火焰前沿是否越过 25 mm 和 100 mm 标记线的说明；

j) 对于火焰前沿通过 25 mm 标记线但未通过 100 mm 标记线的试验样品，火焰经过的时间和损坏的长度 L；

k) 对于火焰前沿达到或通过了 100 mm 标记线的试验样品，要给出平均线性燃烧速率 V；

l) 是否从试验样品上落下任何燃烧的颗粒或滴状物的说明；

m) 是否使用易弯曲样品支承夹具的说明；

n) 确定类别(见 8.4)。

9 试验方法 B——垂直燃烧试验

9.1 预处理

除非有关规范另有规定，否则应采用下列要求。

9.1.1 应将一组 5 件条形试验样品在 23℃±2℃、50%±5%的相对湿度条件下处理至少 48 h。试验样品从预处理箱(见 6.7)中取出后，应在 1 h 内进行试验(见 GB/T 2918—1998)。

9.1.2 将一组 5 件条形试验样品在空气循环烘箱(见 6.11)中 70℃±2℃条件下老化处理 168 h±2 h，然后在干燥箱(见 6.10)中冷却至少 4 h。试验样品从干燥箱中取出后，应在 30 min 内进行试验。

9.1.3 对 9.1.2 中描述的预处理的另一个选择，工业层压板可以在 125℃±2℃条件下放置 24 h。

9.1.4 所有试验样品都应在 15℃～35℃、45%～75%的相对湿度的实验室大气条件下进行试验。

9.2 试验程序

9.2.1 利用试验样品上端 6 mm 的长度夹住试验样品，长轴垂直，以便使试验样品的下端在水平棉垫以上 300 mm±10 mm，棉垫的尺寸约为 50 mm×50 mm×6 mm(未经压实的厚度)，最大质量为 0.08 g (见图 3)。

9.2.2 使燃烧器管的中心轴线垂直，将燃烧器放在远离试验样品的地方。使燃烧器(见 6.2)产生50 W 标准试验火焰，即符合 GB/T 5169.22—2008 的火焰 A。至少等待 5 min，使燃烧器状态达到稳定。

9.2.3 试验样品、操作者和燃烧器的位置如图 6 所示。

9.2.4 保持燃烧器管的中心轴线在垂直位置，重要的是把试验火焰施加在试验样品底边的中点，为此应使燃烧器的顶端在中点下边 10 mm±1 mm，并在这一距离保持 10 s±0.5 s，随着试验样品的位置或长度的改变，必要时，可在该垂直面内移动燃烧器。

注：对一些在燃烧器火焰的作用下移动的试验样品，利用一根固定在燃烧器(见图 5)上的指示尺，按照 GB/T 5169.22—2008 的规定，将燃烧器顶端与试验样品主要部分之间的距离保持在 10 mm，可认为符合本要求。

如果在施加火焰期间试验样品落下熔化或燃烧着的材料，将燃烧器倾斜 45°角，刚好足以从试验样品下面移开，以免材料落入燃烧器的燃烧管中，同时将燃烧器燃烧口的中心与试验样品剩余部分(不计熔融材料的流延部分)之间的距离保持为 10 mm±1 mm。在对试验样品施加火焰 10 s±0.5 s 后，立即充分移开燃烧器，使试验样品不受影响。同时，使用计时装置开始测量余焰时间 t_1(以秒为单位)，并予以记录。

注：在测量 t_1 时，将燃烧器从试验样品处移开 150 mm 可认为符合本要求。

9.2.5 在试验样品的余焰中止后，立即把试验火焰放在试验样品下方原来的位置上，燃烧器管的中心轴线维持在垂直位置，燃烧器顶端在试验样品残余底棱边之下 10 mm±1 mm，维持 10 s±0.5 s，如有必要，如 9.2.4 所述，移动燃烧器避开下落的材料。在第二次对试验样品施加火焰 10 s±0.5 s 之后，立即熄灭燃烧器或把燃烧器充分地移离试验样品，以便对试验样品无任何影响。同时使用计时装置开始测量试验样品的余焰时间 t_2（精确到秒）和余灼时间 t_3，记录 t_2、t_3 和(t_2+t_3)，还要记录是否有任何颗粒从试验样品上落下，如有，这些颗粒是否引燃了棉垫（见 6.12）。

注 1：测量和记录余焰时间 t_2，然后继续测量余焰时间 t_2 和余灼时间 t_3 之和，即 t_2+t_3，（无需重新设定计时装置），这对记录 t_3 来说是较方便的。

注 2：在测量 t_2 和 t_3 时，将燃烧器从试验样品处移开 150 mm 可认为符合要求。

9.2.6 重复该程序，直到按 9.1.1 处理的全部 5 个试验样品和按照 9.1.2 处理的全部 5 个试验样品被试验完毕。

9.2.7 对于作过预处理的样品来说，如果一组 5 个试验样品中，有一件试验样品不符合一种类别的所有判别标准，则应对接受过同一处理的试验另外一组 5 个试验样品进行试验。对于余焰时间 t_f 总秒数的判别标准来说，如果余焰时间的总和，V-0 类在 51 s～55 s、V-1 和 V-2 类在 251 s～255 s 的范围内，则要增补一组 5 个试验样品进行试验。第二组的所有试验样品均应符合该类规定的所有判别标准。

9.2.8 试验时，某些材料由于其厚度而变形、收缩、或烧至夹持夹具处。这些材料应按 ISO 9773:1998 中的试验程序测试，准备适当成型加工的试验样品。

注：依据 ISO 307，提供状态的分类为 V-2 的 PA 66 型尼龙材料，用 96%的硫磺酸配制方法测定时，其粘度应低于 225 mL/g，或用 90%的蚁酸配制方法测定时，其粘度应低于 210 mL/g。如果相对粘度分别高于 225 mL/g 和 210 mL/g，模制试验样品的相对粘度不应低于提供状态的相对粘度的 70%。

9.3 计算

对两组经过预处理的试验样品，计算每组的总余焰时间 t_f。计算公式如下：

$$t_f=\sum_{i=1}^{5}(t_{1,i}+t_{2,i})$$

式中：

t_f——总余焰时间，单位为秒(s)；

$t_{1,i}$——第 i 个试验样品的第一次余焰时间，单位为秒(s)；

$t_{2,i}$——第 i 个试验样品的第二次余焰时间，单位为秒(s)。

9.4 分类

根据试验样品的特性，按照表 1 所示的判别标准，应将材料分为 V-0、V-1 或 V-2 三类，V 表示垂直燃烧。

表 1 垂直燃烧的类别

判 别 标 准	类别(见注)		
	V-0	V-1	V-2
单个试验样品的余焰时间(t_1 和 t_2)	≤10 s	≤30 s	≤30 s
对于任何预处理，总余焰时间 t_f	≤50 s	≤250 s	≤250 s
第二次施加火焰后，单个试验样品的余焰时间加上余灼时间(t_2+t_3)	≤30 s	≤60 s	≤60 s
余焰和/或余灼是否蔓延到夹持夹具	否	否	否
燃烧颗粒或滴状物是否引燃了棉垫	否	否	是
注：如试验结果不符合规定的判断标准，则不能用本试验方法对这种材料分类，而要用第 8 章所述的水平燃烧试验方法对这种材料的燃烧特性进行分类。			

9.5 试验报告

试验报告应包括以下项目：

a) 提及 GB/T 5169 的本部分；

b) 确定被试产品所必需的全部资料，包括制造商名称、产品编号或代码以和产品颜色；

c) 试验样品的厚度，精确到 0.1 mm；

d) 标称表观密度(仅适用于硬质泡沫塑料)；

e) 与试验样品尺寸有关的各向异性的方向；

f) 预处理；

g) 除了切割、修整和预处理之外，试验前的所有处理；

h) 每块试验样品的 t_1、t_2、t_3 和(t_2+t_3)值；

i) 经过二次预处理的每组 5 件试验样品的总余焰时间 t_f(见 9.1.1 和 9.1.2)；

j) 试验样品是否落下任何燃烧颗粒以及是否引燃棉垫的记录；

k) 关于试验样品是否燃烧到夹持夹具的记录；

l) 确定类别(见 9.4)。

注：作为第 9 章所述垂直燃烧(V)试验的结果，如果试验样品因太薄而变形、收缩或烧至夹持夹具处，那么这种材料可能要接受第 8 章所述的水平燃烧(HB)试验或 ISO 9773:1998 规定的适用于易弯曲材料的垂直燃烧试验。

单位为毫米

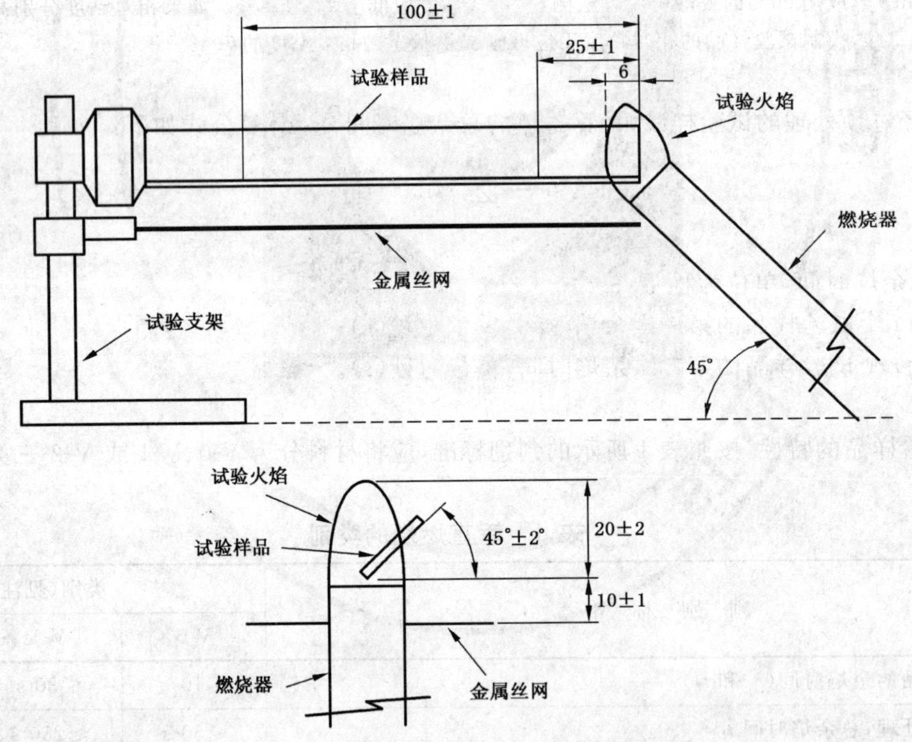

图 1 水平燃烧试验装置

单位为毫米

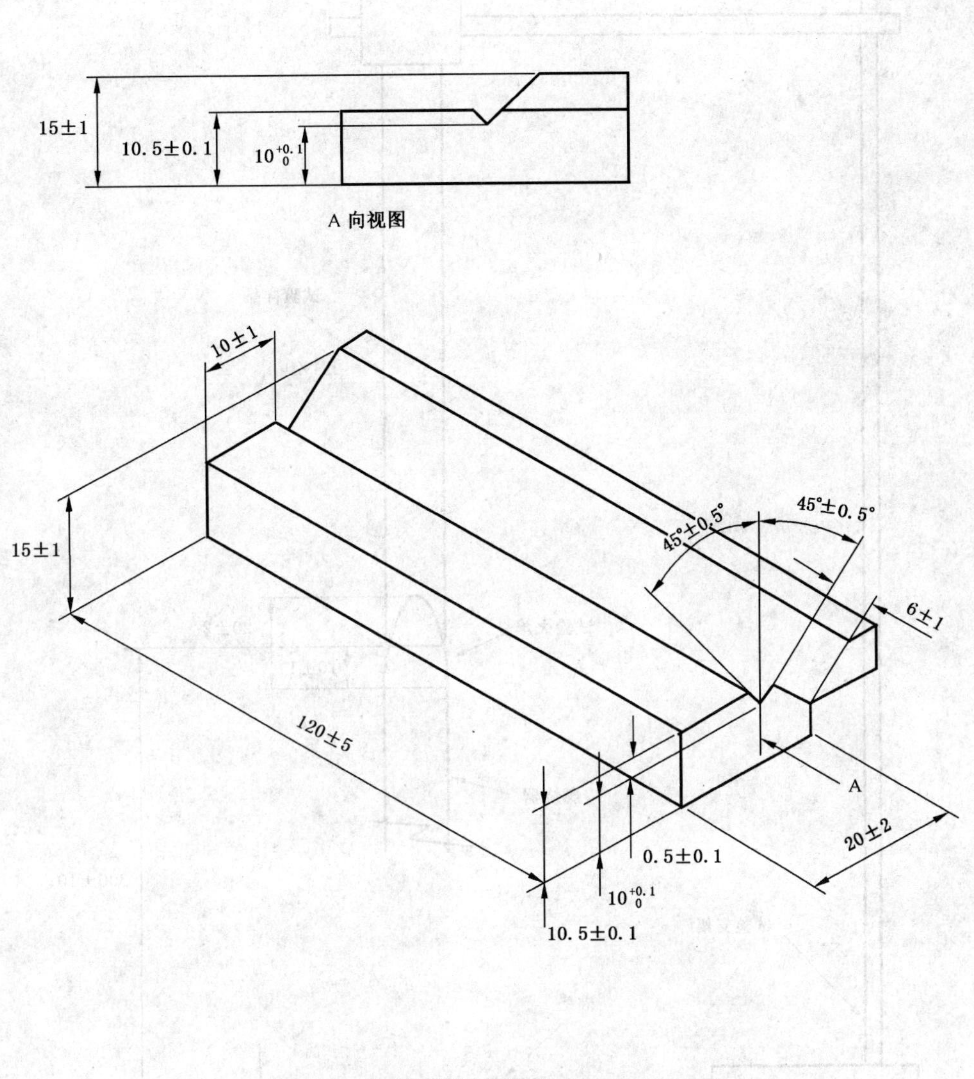

图 2　易弯样品的支承夹具——方法 A

单位为毫米

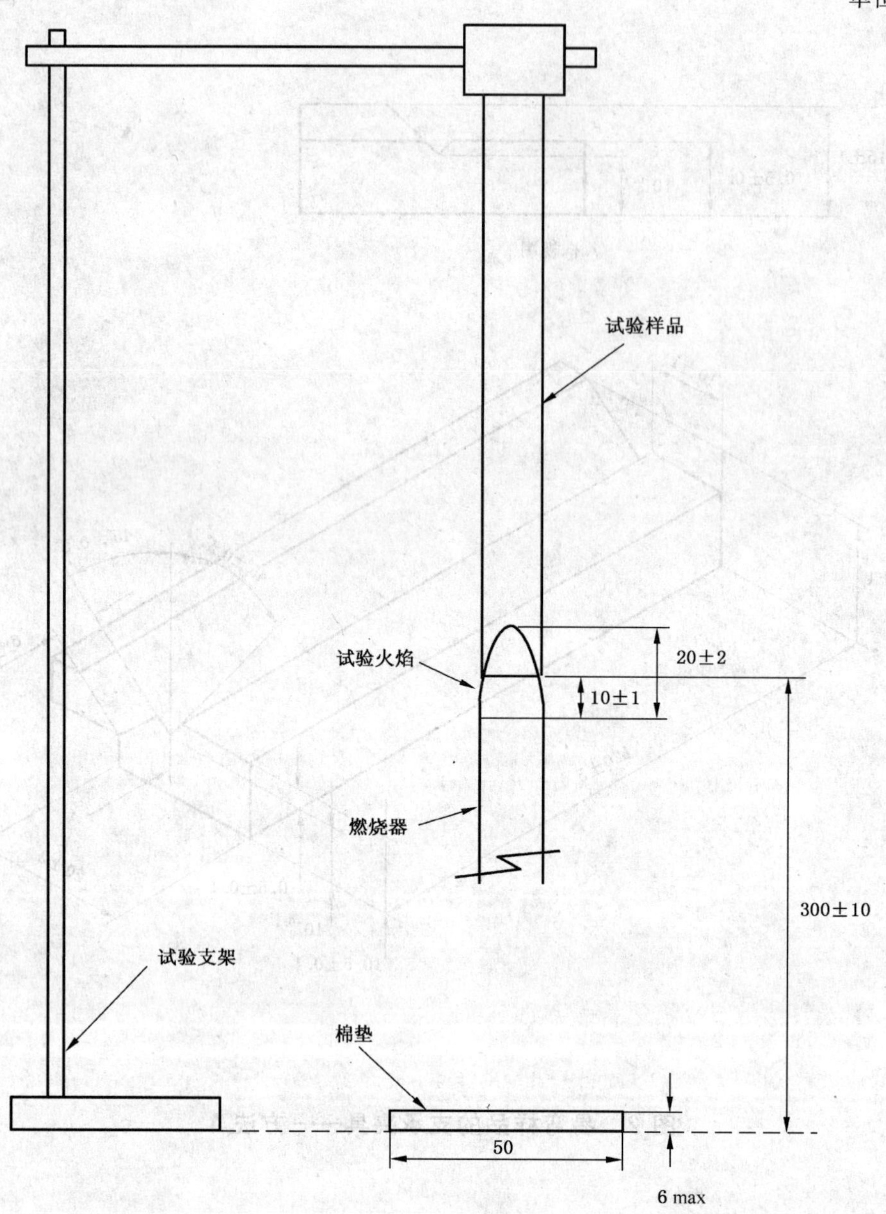

图 3　垂直燃烧试验装置——方法 B

单位为毫米

S ——样品厚度

图 4　条形试验样品

单位为毫米

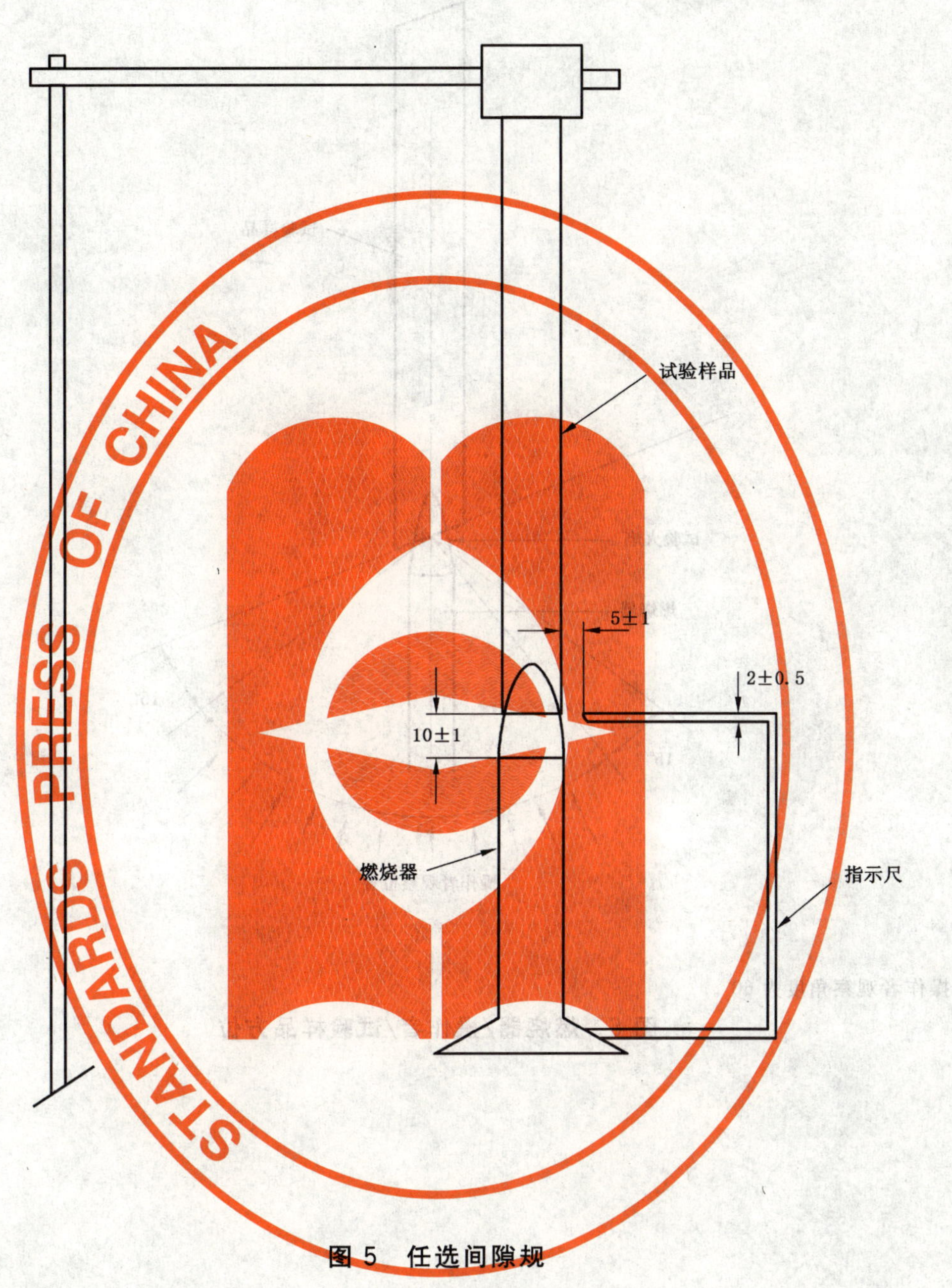

图 5 任选间隙规

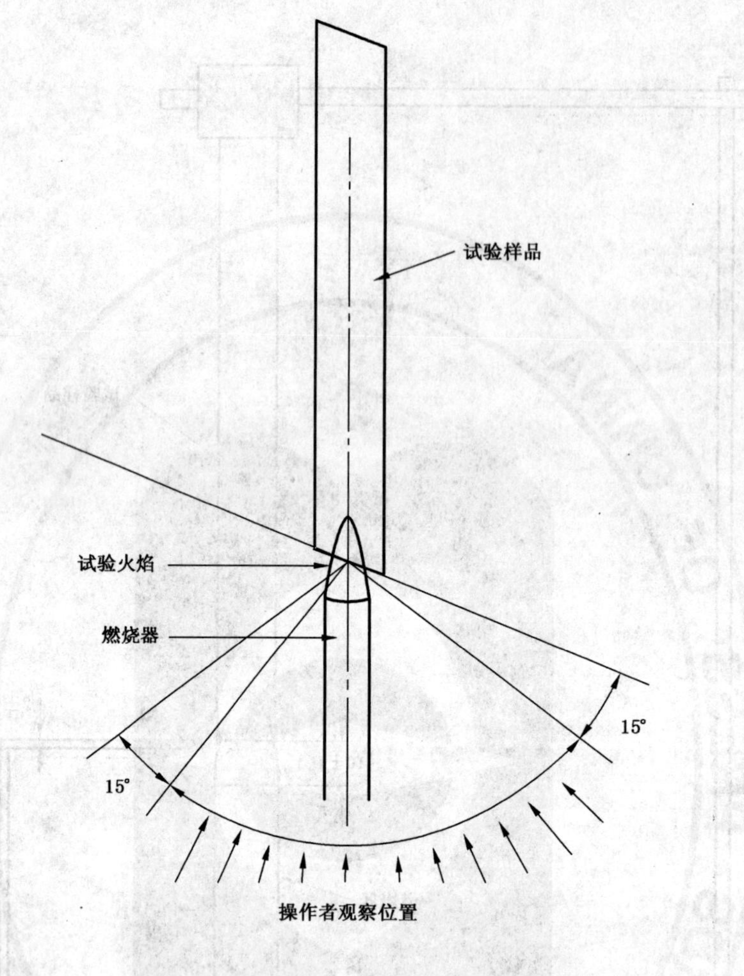

注：操作者观察角度为 60°。

图 6　燃烧器/操作者/试验样品方位

附　录　A
（资料性附录）
试验方法 A 的精度

实验室间的试验

精度数据是根据 1988 年进行的实验室间的试验确定的。这次试验涉及 10 间实验室、3 种材料、3 件同样的样品，每种材料使用 3 个数据点的平均值。所有的试验都采用 3.0 mm 厚的样品。按照 ISO 5725-2分析这些试验结果并归纳在表 A.1 中。

表 A.1　燃烧速率

单位为毫米每分钟

参　数	PE	ABS	Acrylic
平均值	15.1	27.6	29.7
重复性	0.9	2.0	1.9
再现性	1.3	4.1	2.3

注 1：材料符号的规定见 ISO 1043-1。

注 2：表 A.1 仅用于提出一种考虑本试验方法近似精度的很有意义的方法，适用于材料种类较少的情况。严格来说，这些数据不宜用作接收或拒收某种材料的判据，因为这些数据限于实验室间试验，可能不代表其他批次、条件、厚度、其他材料，也不代表其他实验室的试验结果。

附 录 B
（资料性附录）
试验方法B的精度

实验室间的试验

精度数据是根据1978年进行的实验室间的试验确定的。这次试验涉及4家实验室4种材料和2件同样的样品，每次都采用5个数据点的平均值。按照ISO 5725-2分析这些试验结果并归纳在表B.1中，接受实验室间试验的试验样品的厚度为3.0 mm。

表B.1 余焰时间和余焰加余灼时间之和

单位为秒

阶 段	测得的时间	参 数	材 料			
			PC	PPE+PS	ABS	PF
第一次施加火焰后	余焰时间 t_1	平 均	1.7	10.1	0.4	0.8
		重复性	0.4	3.9	0.3	0.3
		再现性	0.6	4.4	0.5	0.6
第二次施加火焰后	余焰加余灼 t_2+t_3	平 均	3.6	16.0	1.1	49.3
		重复性	0.5	5.2	0.8	16.3
		再现性	0.9	4.7	0.7	18.1

注1：塑料名称的符号见ISO 1043-1的规定。

注2：表B.1仅给出一种考虑本试验方法近似精度的方法，适于材料种类不多时用，这些数据不宜作为接收和拒收材料的判据，因为这些数据只限于实验室间试验，或许并不代表别的批次、条件、厚度和别的实验室。

参 考 文 献

GB/T 5169.1—2006 电工电子产品着火危险试验 着火试验术语(idt IEC 60695-4:2005)

GB/T 5169.2—2002 电工电子产品着火危险试验 第2部分:着火危险评定导则 总则(IEC 60695-1-1:1999,IDT)

GB/T 5169.9—2006 电工电子产品着火危险试验 第9部分:着火危险评定导则 预选试验规程的使用(IEC 60695-1-30:2002,IDT)

IEC Guide 104:1997 The preparation of safety publications and the use of basic safety publications and group safety publications

IEC 60707:1999,Flammability of solid non-metalllic materials when exposed to flame sources-list of test methods

ISO/IEC Guide 51:1999 Safety aspects—Guidelines for their inclusion in standards

ISO 307:1994 Plastics—Polyamides—Determination of viscosity number

ISO 1043-1:1997 Plastics—Symbols and abbreviated terms—Part 1:Basic polymers and their special characteristics

ISO 5725-2:1994 Accuracy(trueness and precision) of measurement methods and results—Part 2:Basicmethod for the determination of repeatability and reproducibility of standard measurement method

ISO 10093:1998 Plastics—Fire tests—Standard ignition sources

ISO/TR 10840:1993 Plastics—Burning behaviour—Guidance for development and use of fire tests

ICS 29.020
K 04

中华人民共和国国家标准

GB/T 5169.17—2008/IEC 60695-11-20:2003
代替 GB/T 5169.17—2002

电工电子产品着火危险试验 第17部分:试验火焰 500 W 火焰试验方法

Fire hazard testing for electric and electronic products—Part 17:Test flames—500 W flame test methods

(IEC 60695-11-20:2003,Fire hazard testing—
Part 11-20:Test flames—500 W flame test methods,IDT)

2008-05-19 发布 2009-01-01 实施

中华人民共和国国家质量监督检验检疫总局
中国国家标准化管理委员会 发布

前　言

GB/T 5169《电工电子产品着火危险试验》分为以下部分：

——第1部分：着火试验术语

——第2部分：着火危险评定导则　总则

——第3部分：电子元件着火危险评定技术要求和试验规范制订导则

——第2部分：试验方法　第2篇：针焰试验

——试验方法　扩散型和预混合型火焰试验方法

——第9部分：着火危险评定导则　预选试验规程的使用

——第10部分：灼热丝/热丝基本试验方法　灼热丝装置和通用试验方法

——第11部分：灼热丝/热丝基本试验方法　成品的灼热丝可燃性试验方法

——第12部分：灼热丝/热丝基本试验方法　材料的灼热丝可燃性试验方法

——第13部分：灼热丝/热丝基本试验方法　材料的灼热丝起燃性试验方法

——第14部分：试验火焰　1 kW标称预混合型火焰　装置、确认试验方法和导则

——第15部分：试验火焰　500 W火焰　装置和确认试验方法

——第16部分：试验火焰　50 W水平与垂直火焰试验方法

——第17部分：试验火焰　500 W火焰试验方法

——第18部分：将电工电子产品的火灾中毒危险减至最小的导则　总则

——第19部分：非正常热 模压应力释放变形试验

——第20部分：火焰表面蔓延　试验方法概要和相关性

——第21部分：非正常热　球压试验

——第22部分：试验火焰　50 W火焰　装置和确认试验方法

本部分为GB/T 5169的第17部分。

本部分等同采用IEC 60695-11-20:2003《着火危险试验　第11-20部分：试验火焰　500 W火焰试验方法》(英文版)，但按GB/T 20000.2—2001《标准化工作指南　第2部分：采用国际标准的规则》的4.2b)和5.2的规定作了少量编辑性修改，将第2章中的规范性引用文件IEC Guide 104:1997、ISO/IEC Guide 51:1999改为参考文献。

本部分代替GB/T 5169.17—2002《电工电子产品着火危险试验　第17部分：500 W火焰试验方法》。

本部分与GB/T 5169.17—2002相比主要变化如下：

a)　在第7章中增加了关于材料试验的内容(本部分7.2)；

b)　在第7章的“条形试验样品”中增加了关于颜料的内容(本部分7.3)；

c)　在第7章的“板形试验样品”中增加了关于颜色范围等内容(本部分7.4)；

d)　在第8章中增加了关于第二组板形试验样品的内容(本部分8.3.7)。

本部分的附录A为资料性附录。

本部分由全国电工电子产品环境技术标准化技术委员会(SAC/TC 8)提出并归口。

本部分由中国电器科学研究院负责起草，广州威凯检测技术研究所、广东出入境检验检疫局检验检疫技术中心、武汉计算机外部设备研究所参加起草。

本部分主要起草人：陈灵、陈兰娟、武政、张效忠。

本部分于2002年首次发布，本次为第一次修订。

引　言

在考虑使用GB/T 5169的试验方法时，重要的是要区分“成品试验”与“预选试验”的差别。成品试验是对一台完整产品、零件、元件或组件进行的着火危险评定试验。预选试验则是对材料(零件、元件或组件)进行的燃烧特性试验。

材料的预选试验通常使用标准形状的试验样品，如长方形的条状试验样品或长方形的试验样板，通常用标准模制工艺制备。

需要强调的是使用GB/T 5169给出的预选试验的数据要认真考虑，以确保对预期应用的适用性，避免错用和误解。一个零件或一台产品的实际着火性能受其周围环境、设计参数如形状和大小、制造工艺、传热效果、潜在引燃源的种类及与其接触时间的长短等的影响。重要的是要牢记，这些特性可能还会受到可预见的用途、不正确的使用和环境暴露情况的影响。

预选法的优点有以下几点：

a) 如果能避免可能的协同效应，在制成标准试样试验时，性能比另一种材料好的材料，在制成产品的成品零件时，通常性能也较好。

b) 与相关燃烧特性有关的数据能有助于在设计阶段选择材料、元件和组件。

c) 与成品试验相比，预选试验的精确度通常比较高，灵敏度也可能较高。

d) 预选试验可用于将着火危险减至最小的决策过程。预选试验适用于着火危险评定时，可减少成品试验数量，从而减少试验工作的总量。

e) 需要迅速提高对着火危险的要求时，只要先提高预选试验的要求再改进成品试验方法就可以达到目的。

f) 根据预选试验结果得出的分类分级可用来在产品规范中规定所用材料的最低基本性能。

应该注意，在用预选试验替代某些成品试验时，应提高安全系数，以确保该成品有令人满意的性能。成品试验可以防止预选法限制创新设计、限制选用更经济的材料。因此在预选试验之后，可能有必要对成品进行价值分析，避免对产品提出超出必备性能的过分要求。

GB/T 5169.2指出，电工电子产品的任一带电电路都存在着火的风险。对于这种风险，在设计元件电路和设备以及选择材料时，要考虑可预见的非正常使用、故障或失效，减少着火的可能性。实际目的是要防止带电部件起火，如果发生起燃着火，应尽可能将火情控制在电工电子产品的外壳内。

检验电工电子产品着火危险的最佳方法是精确地再现实际发生火灾的条件，但在大多数情况下这是不可能的，因此尽可能按实际情况真实地模拟实际发生的效应，对电工电子产品的着火危险性进行测试。

GB/T 5169.9规定，可在规定试验的基础上利用必要的耐火规范和相关的燃烧特性进行预选。该标准还概略地叙述了如何使电工电子产品及其零件和组件的具体功能与被试材料性能相关联的导则，并说明了这种预选方法的意义和局限性。

ISO/TR 10840总结了与塑料着火试验有关的一些特殊问题，可在评定和解释试验结果时予以考虑。

电工电子产品着火危险试验 第17部分:试验火焰500 W火焰试验方法

1 范围

GB/T 5169的本部分规定了比较塑料和其他非金属材料样品相对燃烧特性及其耐烧穿能力的小型实验室筛选法。比较试验使用标称功率为500 W的火焰引燃源。本方法适用于固体材料和表观密度等于或大于250 kg/m^3(按ISO 845:1988规定的方法测定)的泡沫塑料。本方法不适用于遇火蜷缩但不起燃的薄材料,对这种材料宜使用ISO 9773:1998。

本试验方法意在描述材料特性,例如可用于质量控制,但不适用于评定建筑材料和建筑器具的着火性能。本试验方法可用于材料的预选,但在试验时材料的厚度要等于实际应用的最小厚度才能获得明确的结果。虽然这些试验结果提供了塑料在使用时的某些特性,但绝不能仅以此来保证使用时的安全性能。

注:试验结果受材料组分和材料性能的影响,前者如着色剂、填充剂和阻燃剂,后者如各向异性的方向和分子量等。

本试验方法规定的材料分类法(见8.4)可用于产品质量保证或产品零部件材料的预选。

2 规范性引用文件

下列文件中的条款通过GB/T 5169的本部分的引用而成为本部分的条款。凡是注日期的引用文件,其随后所有的修改单(不包括勘误的内容)或修订版均不适用于本部分,然而,鼓励根据本部分达成协议的各方研究是否可使用这些文件的最新版本。凡是不注日期的引用文件,其最新版本适用于本部分。

GB/T 2918—1998 塑料试样状态调节和试验的标准环境(idt ISO 291:1997)

GB/T 5169.5—1997 电工电子产品着火危险试验 第2部分:试验方法 第2篇 针焰试验(idt IEC 60695-2-2:1991)

GB/T 5169.15—2008 电工电子产品着火危险试验 第15部分:试验火焰 500 W火焰 装置和确认试验方法(IEC/TS 60695-11-3:2004,IDT)

GB/T 5169.16—2008 电工电子产品着火危险试验 第16部分:试验火焰 50 W水平与垂直火焰试验方法(IEC 60695-11-10:2003,IDT)

ISO 293:1986 塑料 热塑性塑料试验样品的压塑

ISO 294(所有部分) 塑料 热塑性塑料试验样品的注塑

ISO 295:1991 塑料 热固性塑料试验样品的压塑

ISO 845:1988 泡沫塑料和泡沫橡胶 表观(体积)密度的测定

ISO 9773:1998 塑料 测定与小火焰引燃源接触的薄的柔性垂直样品的燃烧特性

3 术语和定义

下列术语和定义适用于本部分。

3.1

余焰 afterflame

在规定的试验条件下,移开引燃源后材料持续的有焰燃烧。

3.2

余焰时间　afterflame time

t_1

余焰持续的时间段。

3.3

余灼　afterglow

在规定的试验条件下，移开引燃源后，火焰终止后或无火焰，材料持续的灼热。

3.4

余灼时间　afterglow time

t_2

余灼持续的时间段。

3.5

烧穿　burn-throngh

试验火焰在板形样品上烧出孔洞。

4　原理

本方法要求使用两种不同形状的试验样品以表征材料的特性。长方条形试验样品（见 8.2）用于评估材料的易燃性和燃烧时间，板形试验样品（见 8.3）则用于评定材料耐烧穿的能力。

试验方法的精度见附录 A。

5　试验的意义

5.1　在规定的条件下对材料进行的试验，在比较不同材料的相对燃烧特性、控制制造工艺或评定燃烧特性的变化时会有相当大的价值。本试验方法所获得的试验结果取决于试验样品的形状、方位和试验样品周围的环境及起燃情况。

注：用本试验方法获得的结果与用 GB/T 5169.16—2008 规定的水平燃烧（HB）试验和垂直燃烧（V）试验得到的结果不等效，因为本方法的试验火焰更严酷，约为后者的 10 倍。

5.2　依据本部分所获得的结果不应用来描述或评定在实际着火条件下特殊材料或特殊形状所呈现的着火危险。评定着火危险需要考虑燃料作用、燃烧强度（放热速率）、燃烧生成物和环境因素，包括引燃源强度、被暴露材料的方位和通风条件。

5.3　用本试验方法测得的燃烧特性受诸如材料的密度、非匀质性和试验样品厚度等因素的影响。

5.4　某些材料可能遇火蜷缩或遇火变形但不燃烧，在这种情况下，就需要补充试验样品以获得有效的试验结果。

5.5　某些塑料的燃烧特性可能随时间而变化。因此合理的做法是使用适当的方法在老化处理前后进行多次试验。优选的老化处理方法是在 70℃±2℃ 的烘箱中老化处理 7 d。也可以根据协议采用其他老化处理时间和老化处理温度，但应在试验报告中注明。

6　试验装置

试验装置应由以下部分组成。

6.1　实验室通风柜/试验箱

通风柜/试验箱的容积应至少为 0.75 m^3。试验箱应允许观察试验的进程并且应是无通风环境，允许燃烧期间试验样品周围空气的正常热循环。试验箱的内表面应是深色的。将一个照度计面向试验箱后部放在试验样品的位置时，显示的照度应小于 20 lx。为了安全和方便起见，这个（能完全密闭的）试验箱应装有排气装置，如排气扇，以便排出可能有毒的燃烧产物。排气装置在试验期间应关闭，在试验后应立即打开排出燃烧产物。可能需要强制关闭的风门。

注：可在试验箱内放一面镜子，以便观察试验样品的另一面。

6.2 实验室燃烧器

实验室燃烧器应符合 GB/T 5169.15—2008 关于火焰 A 或 C 的要求。

注：ISO 10093 描述了作为 P/PF2 和 P/PF4 型(500 W)引燃源的燃烧器。

6.3 试验支架

试验支架应有可调节试验样品位置的夹具或类似装置。

6.4 计时装置

计时装置的分辨率至少应为 0.5 s。

6.5 测量直尺

测量直尺的刻度应以毫米(mm)为单位。

6.6 预处理箱

预处理箱的温度应能维持在 23℃±2℃，相对湿度应能维持在 50%±5%。

6.7 千分尺

千分尺的分辨率至少应是 0.01 mm。

6.8 干燥箱

干燥箱内应装有无水氯化钙或其他干燥剂，能将温度维持 23℃±2℃、相对湿度不超过 20%。

6.9 空气循环烘箱

空气循环烘箱应能将烘箱处理温度调节到 70℃±2℃，相关规范另有规定时除外，每小时换气不少于 5 次。

6.10 棉垫

棉垫应由约为 100%的脱脂棉制成(见图 1)。

注：这种脱脂棉通常指医用脱脂棉或棉絮。

6.11 燃烧器安装垫块或固定装置

燃烧器安装斜垫块或固定装置用于将燃烧器安装成与垂直轴线的交角为 20°±2°(见图 3)。

7 试验样品

7.1 成品试验

试验样品应从成品的有代表性的模制零部件上切割下来，如果不可能，应使用与模制产品零件相同的制造工艺制作试验样品；如仍无可能，应使用 ISO 的适当方法，例如 ISO 294 的铸塑法和注塑法、ISO 293:1986或 ISO 295:1991 的压塑法或压注法制作成必要的形状。

如不能用上述任何一种方法制备试验样品，则按 GB/T 5169.5—1997 的针焰试验法进行型式试验。

切割完成之后，用细砂纸将切口各棱边打磨平整光滑；应仔细从表面上清除全部粉尘和微粒。

7.2 材料试验

使用不同颜色、厚度、密度、分子量、各向异性方向和类型的试验样品，或含有不同添加剂、或不同填料/增强剂的试验样品进行试验所得出的试验结果会不同。

如果试验结果产生了相同的火焰试验分类，可规定试验样品的密度、熔体流动性、填料/增强剂含量的极值，并要考虑这一范围的代表性。如果代表性范围中的所有样品的试验结果未产生相同的火焰试验分类，则评估应限于所测试的密度、熔体流动性、填料/增强剂含量为极值的材料。此外，为了确定每种火焰试验分类的代表性范围，应测试密度、熔体流动性、填料/增强剂含量为中间值的试验样品。

7.3 条形试验样品

条形试验样品的尺寸应为：长 125 mm±5 mm、宽 13.0 mm±0.5 mm，并应提供常用的最小厚度，且不应大于 13.0 mm。棱边应光滑，圆角半径不应大于 1.3 mm。也可根据协议采用其他厚度，如是则应在试验报告中注明(见图 4a))。

如果试验结果产生了相同的火焰试验分类，要考虑本色试验样品和按重量添加最高含量有机和无机颜料的试验样品其有代表性的颜色范围。当已知某些颜料会影响燃烧特性时，也应测试含有那些颜料的试验样品。被试样品应为：

a) 不含颜料；

b) 含最高含量的有机颜料；

c) 含最高含量的无机颜料；

d) 含已知对燃烧特性有不利影响的颜料。

7.4 板形试验样品

板形试验样品的尺寸应为：长 150 mm±5 mm，宽 150 mm±5 mm，厚度应是常用的最小厚度，且不应大于 13.0 mm。也可根据协议采用其他厚度，如是则应在试验报告中注明（见图 4b)）。

应测试本色或常用颜色的试验样品并考虑典型的颜色范围。

如果要求 5 VA 类，必须测试板形试验样品。对 5 VB 类的测定，不需要测试板形试验样品。

至少应制备 20 件条形试验样品和 12 件板形试验样品。

8 试验方法

8.1 预处理

除非相关规范另有规定，否则应采用下列要求。

8.1.1 每 5 件条形试验样品和 3 件板形试验样品组成一组试验样品，将几组这样的样品在 23℃±2℃和 50%±5%的相对湿度下至少处理 48h，试验样品从预处理箱（见 6.6）中取出后，应在 1 h 内进行试验（见 GB/T 2918—1998）。

8.1.2 每 5 件条形试验样品和 3 件板形试验样品组成一组，在温度为 70℃±2℃的循环通风烘箱（见 6.9）老化处理 168 h±2 h，然后在干燥箱中（见 6.8）冷却至少 4 h。试验样品从干燥箱中取出后，应在 30 min 内进行试验（见 GB/T 2918—1998）。

8.1.3 所有的试验样品均应在 15℃～35℃空气温度、45%～75%的相对湿度的实验室大气条件下进行试验。

8.2 试验程序——条形试验样品

8.2.1 使用试验支架（见 6.3），施加与条形试验样品纵轴垂直的力在试验样品上部 6 mm 之处夹住条形试样，使其下端距水平放置的棉垫（见 6.10）300 mm±10 mm；棉垫的面积约为 50 mm×50 mm，未压实的厚度约 6 mm，最大质量为 0.08 g（见图 1）。

8.2.2 将燃烧器放在远离试验样品的地方，燃烧管的中心轴线垂直，然后使燃烧器（见 6.2）产生标称 500 W 的符合 GB/T 5169.15—2008 中火焰 A 或 C 的标准火焰。至少等待 5 min，使燃烧器达到稳定状态。再把燃烧器固定在安装斜垫块上（见 6.11），使燃烧管的轴心线与垂直平面（见图 1）成 20°±5°角。如有争议，应用火焰 A 作为基准试验火焰。

8.2.3 使条形试验样品的窄边面对燃烧器，使燃烧器火焰与垂直面成 20°±5°，施加在试验样品的前下角，使蓝色锥形焰芯的顶部刚好触及条形试样（见图 1）。

施加火焰 5.0 s±0.5 s，然后移开火焰 5.0 s±0.5 s，重复操作，使条形试验样品经受 5 次试验火焰。如果在试验期间条形试验样品滴下颗粒，卷缩或伸长，则要调整燃烧器位置，使蓝色焰心的顶部刚好触及条形试样的剩余部分，而不是触及熔融的材料细丝。在每次施加火焰之后，立即充分移开燃烧器，使条形试验样品不受影响。

注 1：可能必需手持燃烧器和垫块才能做到这一点。

注 2：每次施加火焰后，将燃烧器从试验样品处移开 150 mm 可认为符合本要求。

8.2.4 在对条形试验样品第 5 次施加火焰后，立即移开燃烧器使之远离试验样品，使样品不受影响，同时使用计时装置（见 6.4）开始测量并记录余焰时间 t_1 和余灼时间 t_2 及 t_1 与 t_2 之和，精确到秒，还要记录是否有燃烧的颗粒从条状试验样品上落下，如有燃烧颗粒落下，则要记录它们是否点燃了棉垫（见 6.10）。

注 1：测量并记录余焰时间 t_1，然后接着测量余焰时间 t_1 和余灼时间 t_2 之和也就是（t_1+t_2），而不需重新设定计时装置，这在记录 t_2 时较方便。

注 2：在测量 t_1 和 t_2 期间，将燃烧器从条形试验样品移开 150 mm 可认为符合本要求。

8.2.5 重复该程序直到按照 8.1.1 和 8.1.2 所处理的全部 5 件条形试验样品试验完毕。

8.2.6 经过规定预处理的 5 件一组的条形试验样品中，如果只有一件试验样品不符合某一类所有指标，则应试验经受过相同处理的另外 5 件一组的条形试验样品。第二组全部试验样品均应符合这类材料规定的所有指标。

8.3 试验程序——板形试验样品

8.3.1 利用试验支架上的夹具(见 6.3)，使试验样品保持在水平位置(见图 2)。

8.3.2 按 8.2.2 所述的方法设置燃烧器。

8.3.3 将燃烧器的火焰施加在该板形试验样品底面的中心。燃烧器与垂直平面成 20°±5°，使蓝色焰心的顶部刚好触及样品表面。

8.3.4 施加火焰 5.0 s±0.5 s，然后移开火焰 5.0 s±0.5 s。重复操作，使板形试验样品经受 5 次试验火焰。在每次施加火焰之后，立即充分移开燃烧器，使板形试验样品不受影响。

注 1：可能必须用手握住燃烧器和安装垫块来达到这一目的。

注 2：在每次施加火焰之后，将燃烧器从试验样品处移开 150 mm 可认为符合本要求。

8.3.5 在第 5 次施加火焰后，立即充分移开燃烧器，使板形试验样品不受影响。观察并记录火焰是否烧穿该样品。

注：将燃烧器从试验样品处移开 150 mm 即符合本要求。

8.3.6 重复本程序，直到按照 8.1.1 处理的 3 件板形样品和按 8.1.2 处理的 3 件板形样品全部试验完毕。

8.3.7 经过规定预处理的 3 件一组的板形样品中，如果只有一件试验样品不符合某一类所有指标，则应试验经受过相同处理的另外 3 件一组的板形样品。第 2 组全部试验样品均应符合这类材料规定的所有指标。

8.4 分类

根据条形试验样品和板形试验样品的性能，按照表 1 给出的指标应将被试材料分为 5 VA 类或 5 VB 类(5 V 表示垂直燃烧)。为了评定燃烧到支持夹具的距离，归入 5 VA 类或归入 5 VB 类的材料，同一条形试验样品厚度，还应符合 GB/T 5169.16—2008 所描述的 V-0、V-1 或 V-2 类材料的指标。

表 1 5 V 燃烧的类别

指　　标	类别(见注)	
	5 VA	5 VB
对每个单个的条形试验样品第 5 次施加火焰后，单个条形试验样品的余焰时间加上余灼时间，即(t_1+t_2)	≤60 s	≤60 s
条形试验样品的燃烧颗粒或滴状物是否引燃了棉垫(见 6.10)	否	否
条形试验样品是否完全烧尽	否	否
是否有板形试验样品被烧穿	否	是
注：如试验结果不符合规定的指标，则该材料不能用这一试验方法分类。		

8.5 试验报告

试验报告应包括以下项目：

a) 提及 GB/T 5169 的本部分；

b) 确定被试产品所必需的全部资料，包括制造商名称、产品编号或代码以及产品颜色；

c) 试验样品的厚度，精确到 0.1 mm；

d) 标称表观密度(只适用于泡沫塑料)；

e) 与试验样品的尺寸有关的各向异性的方向；

f) 预处理；

g) 除了切割、修整和预处理之外，试验前的所有处理；

h) 每个条形试验样品在第5次施加火焰后的余焰时间 t_1、余灼时间 t_2 和 (t_1+t_2)；

i) 有关条形试验样品上的颗粒或滴状物是否落下及其是否点燃棉垫的记录；

j) 有关板形试验样品是否已被烧穿的记录；

k) 确定类别(见8.4)。

单位为毫米

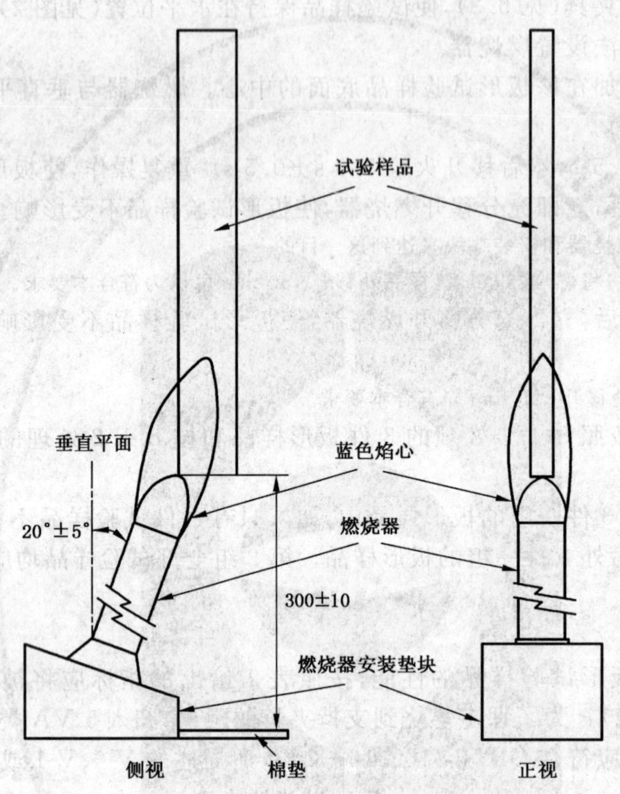

图1 条形试样的垂直燃烧试验

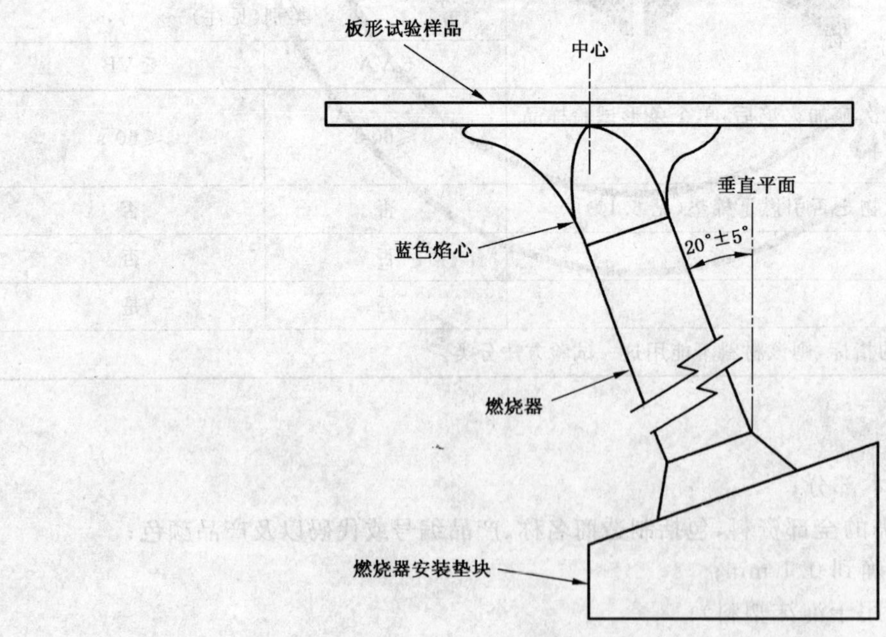

图2 板形试验样品的水平燃烧试验

单位为毫米

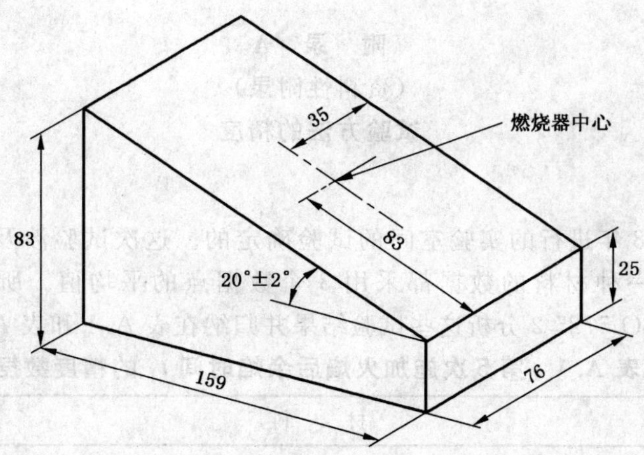

作为示例，仅给出角度公差。

图 3 燃烧器安装垫块示例

单位为毫米

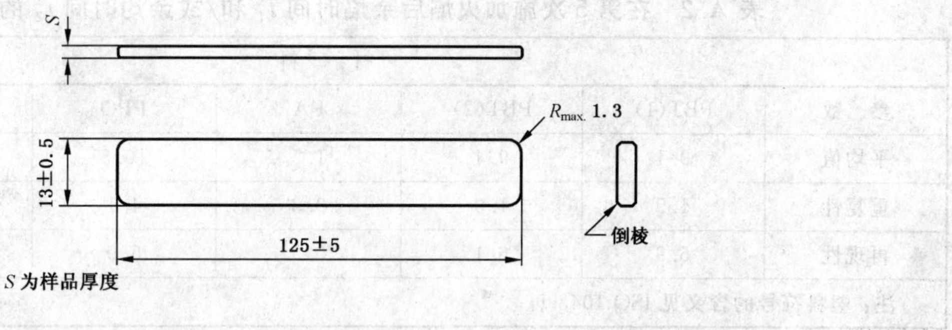

a）条形试验样品

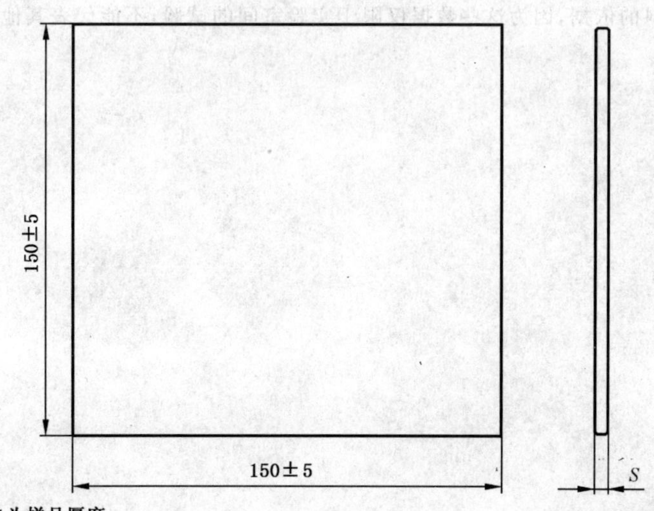

b）板形试验样品

图 4 试验样品

附　录　A
（资料性附录）
试验方法的精度

实验室间的试验

精度数据是根据1988年进行的实验室间的试验确定的。这次试验涉及10家实验室、6种材料、3件同样的试验样品，每一种材料的数据都采用3个数据点的平均值。所有的试验都采用厚度为3.0 mm的样品。按照ISO 5725-2分析这些试验结果并归纳在表A.1和表A.2中。

表A.1　第5次施加火焰后余焰时间 t_1 的精度数据　　单位为秒

材料						
参　数	PBT(1)	PBT(2)	PA	PPO	PC	UP
平均值	1.0	1.2	1.5	10.3	2.1	6.7
重复性	0.4	0.6	0.3	4.1	0.7	1.9
再现性	0.6	1.1	0.9	6.0	1.0	5.4
注：塑料符号的含义见ISO 1043-1。						

表A.2　在第5次施加火焰后余焰时间 t_1 和/或余灼时间 t_2 的精度数据　　单位为秒

材料						
参　数	PBT(1)	PBT(2)	PA	PPO	PC	UP
平均值	9.1	9.4	1.5	10.3	2.2	8.3
重复性	1.9	1.0	0.3	4.1	0.6	1.8
再现性	5.9	6.1	0.9	5.9	1.0	5.1
注：塑料符号的含义见ISO 1043-1。						

注：表A.1和A.2仅用来给出一种用几种材料估计本试验方法近似精度的办法。严格来说，这些数据不宜用作接收或拒收一种材料的依据，因为这些数据仅限于实验室间的试验，不能代表其他批次、条件、厚度、其他材料和其他实验室。

参 考 文 献

GB/T 5169.1—2007 电工电子产品着火危险试验 第1部分:着火试验术语(IEC 60695-4:2005,IDT)

GB/T 5169.2—2002 电工电子产品着火危险试验 第2部分:着火危险评定导则 总则(IEC 60695-1-1:1999,IDT)

GB/T 5169.9—2006 电工电子产品着火危险试验 第9部分:着火危险评定导则 预选试验规程的使用(IEC 60695-1-30:2002,IDT)

IEC Guide 104:1997 The preparation of safety publications and the use of basic safety publications and group safety publications

IEC 60695-1-3:1986 Fire hazard testing—Part 1:Guidance for preparation of requirments and test specifications for assessing the fir hazard of electrotechnical products—Guidance for use of preselection procedures

IEC 60707:1999 Flammability of solid non-metalllic materials when exposed to flame sources-list of test methods

ISO/IEC Guide 51:1999 Safety aspects—Guidelines for their inclusion in standards

ISO 307:1994 Plastics—Polyamides—Determination of viscosity number

ISO 1043-1:1997 Plastics—Symbols and abbreviated terms—Part 1:Basic polymers and their special characteristics

ISO 5725-2:1994 Accuracy(trueness and precision) of measurement methods and results— Part 2: Basicmethod for the determination of repeatability and reproducibility of standard measurement method

ISO 10093:1998 Plastics—Fire tests—Standard ignition sources

ISO/TR 10840:1993 Plastics—Burning behaviour—Guidance for development and use of fire tests

ICS 29.020
K 04

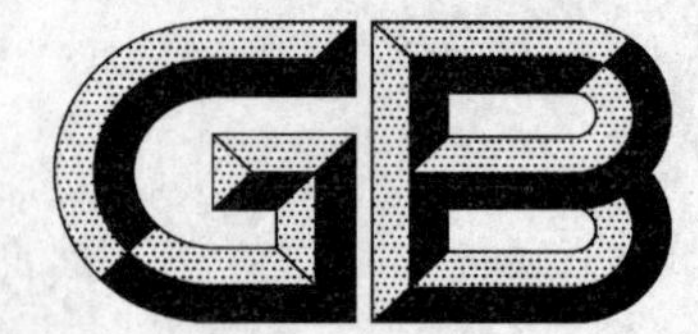

中华人民共和国国家标准

GB/T 5169.22—2008/IEC/TS 60695-11-4:2004

电工电子产品着火危险试验 第22部分:试验火焰 50W火焰 装置和确认试验方法

Fire hazard testing for electric and eletronic products —Part 22:Test flames—50W flames—Apparatus and confirmational test methods

(IEC/TS 60695-11-4:2004,Fire hazard testing—Part 11-4:Test flames—50W flames—Apparatus and confirmational test methods, IDT)

2008-05-19 发布　　　　2009-01-01 实施

中华人民共和国国家质量监督检验检疫总局
中国国家标准化管理委员会　发布

前　言

GB/T 5169《电工电子产品着火危险试验》分为以下部分：

——第1部分：着火试验术语

——第2部分：着火危险评定导则　总则

——第3部分：电子元件着火危险评定技术要求和试验规范制订导则

——第2部分：试验方法　第2篇：针焰试验

——试验方法　扩散型和预混合型火焰试验方法

——第9部分：着火危险评定导则　预选试验规程的使用

——第10部分：灼热丝/热丝基本试验方法　灼热丝装置和通用试验方法

——第11部分：灼热丝/热丝基本试验方法　成品的灼热丝可燃性试验方法

——第12部分：灼热丝/热丝基本试验方法　材料的灼热丝可燃性试验方法

——第13部分：灼热丝/热丝基本试验方法　材料的灼热丝起燃性试验方法

——第14部分：试验火焰　1 kW标称预混合型火焰　装置、确认试验方法和导则

——第15部分：试验火焰　500 W火焰　装置和确认试验方法

——第16部分：试验火焰　50 W水平与垂直火焰试验方法

——第17部分：试验火焰　500 W火焰试验方法

——第18部分：将电工电子产品的火灾中毒危险减至最小的导则　总则

——第19部分：非正常热　模压应力释放变形试验

——第20部分：火焰表面蔓延　试验方法概要和相关性

——第21部分：非正常热　球压试验

——第22部分：试验火焰　50 W火焰　装置和确认试验方法

本部分为GB/T 5169的第22部分。

本部分等同采用IEC/TS 60695-11-4:2004《着火危险试验　第11-4部分：试验火焰50W火焰　装置和确认试验方法》(英文版)，但按GB/T 20000.2—2001《标准化工作指南　第2部分：采用国际标准的规则》的4.2b)和5.2的规定作了少量编辑性修改，删除了资料性附录H，将第2章中的规范性引用文件IEC Guide 104:1997、ISO/IEC Guide 51:1999和ASTM-B187改为参考文献。

本部分的附录A是规范性附录，附录B、附录C、附录D、附录E、附录F和附录G是资料性附录。

本部分由全国电工电子产品环境技术标准化技术委员会(SAC/TC 8)提出并归口。

本部分由中国电器科学研究院负责起草，广州威凯检测技术研究所、广东出入境检验检疫局检验检疫技术中心、武汉计算机外部设备研究所参加起草。

本部分主要起草人：陈灵、陈兰娟 、武政、张效忠、梁晖。

本部分是首次发布。

引　言

测试电工电子产品着火危险的最好方法，是真实地再现在实际中存在的条件。但在大多数情况下是不可能的。因此，最好根据现实情况尽可能真实地模拟实践中发生的实际效应来进行电工电子产品着火危险试验。

本部分给出了产生两种试验火焰所需装置的一般说明，及检验火焰是否符合要求的确认方法的一般说明。有关试验火焰确认的详细资料可在IEC 60695-11-40中得到。

本部分给出了：

a) 关于设计和使用火焰试验方法评定火焰对试验样品影响的导则，这种火焰可能是来自附近其他燃烧物品，或火灾初期阶段；
b) 产生试验火焰所需装置的一般说明；
c) 检验火焰是否符合要求的确认方法的一般说明。

产生和确认试验火焰所需装置的详细说明在本部分的相应部分中给出，本部分为其中之一。

下表总结了本部分目前的研究状况。

火焰的标称功率/W	类型	气体	目前状态	视总高度/mm
50(A)	预混合	甲烷	本部分方法 A	约 20
50(B)	(撤销)			
50(C)	(撤销)			
注：GB/T 5169.14(IEC 60695-11-2)规定了1 kW标称试验火焰的装置和确认试验方法，GB/T 5169.15(IEC/TS 60695-11-3)规定了500 W标称试验火焰的装置和确认试验方法。				

由安全顾问委员会创始的该项工作的目的，就是制定一系列(最少的)可行适用的标准试验火焰，包括所有委员会所需试验火焰的能量范围。在所有可能的情况下，这些试验火焰一直是以现存类型为基础，但改进了试验规范。

本部分第4章说明采用单式供气管、调节气体背压的针阀、调节燃烧管气体流量的流量表和调节燃烧管空气入口产生50 W标称试验火焰的方法。本方法的研制是对前期技术的改进。

本部分第4章说明的火焰A，是以甲烷为燃料，采用一些国家使用多年的严格规定型号的燃烧器产生的。

电工电子产品着火危险试验 第22部分:试验火焰 50 W火焰 装置和确认试验方法

1 范围

GB/T 5169的本部分规定了产生50 W标称预混合型试验火焰的具体要求。火焰的总高度大约为20 mm。

2 规范性引用文件

下列文件中的条款通过GB/T 5169的本部分的引用而成为本部分的条款。凡是注日期的引用文件,其随后所有的修改单(不包括勘误的内容)或修订版均不适用于本部分,然而,鼓励根据本部分达成协议的各方研究是否可使用这些文件的最新版本。凡是不注日期的引用文件,其最新版本适用于本部分。

GB/T 5169.1—2007 电工电子产品着火危险试验 第1部分:着火试验术语(IEC 60695-4:2005,IDT)

IEC 60584-1:1995 热电偶 第1部分:参考表

IEC 60584-2:1982 热电偶 第2部分:公差

ISO/IEC 13943:2000 防火安全 术语

3 术语和定义

GB/T 5169.1—2007和ISO/IEC 13943:2000给出的定义及以下定义适用于本部分。

3.1

标准50 W标称试验火焰 standardized 50 W nominal test flame

符合本部分并满足第4章规定的技术要求的试验火焰。

4 方法A——标准50 W标称试验火焰的产生

4.1 要求

根据本方法,50 W标称试验火焰由下述方法产生:

——采用图A.1和图A.2所示的装置;

——采用图A.3的装置,在23℃、0.1 MPa[1)]的条件下以105 mL/min±5 mL/min的流量供给纯度不低于98%的甲烷气体。

注:期望的背压是小于10 mm水柱。

火焰应是对称和稳定的,并能得到4.4规定的44 s±2 s的确认试验结果。

应使用图A.4所示的确认试验装置。

典型的火焰总高度应在18 mm~22 mm范围内,但是在实验室通风柜/试验箱(见4.2.9)中使用图2所示的火焰高度量规测量时指标接近20 mm。

1) 依据实际使用条件下的测量结果修正的数据。

4.2 装置和燃料

4.2.1 燃烧器

燃烧器应符合图 A.1 和图 A.2 的要求。

注：为了便于清洁，燃烧管、燃气喷嘴和针阀应是可拆卸的。在重新安装时应小心操作，避免针阀尖端受损并使针阀与阀座（燃气喷嘴）正确连接。

4.2.2 流量表

流量表应适用于测量在 23℃、0.1 MPa 条件下流量为 105 mL/min 的气体且精确到±2%。

注：使用质量流量表是精确地控制燃烧器的燃气输入流量的首选方法。也可使用能够显示出相同精确度的其他方法。

4.2.3 压力表

压力表应适用于测量(0～7.5)kPa 的范围。也可用水压表，但读数范围应适用于(0～7.5)kPa。

注：为保持需要的背压，要求压力表连接质量流量表。

4.2.4 控制阀

控制阀应能将气体流量限定在规定的容差内。

4.2.5 铜块

在完成整个机加工但未钻孔的情况下，铜块直径为 5.5 mm，质量为 1.76 g±0.01 g，见图 1。

没有确认铜块的方法。鼓励实验室保持一个标准基准单位、二级基准单位和工作单位，对其做相互比较，用于校验工作系统。

4.2.6 热电偶

带有绝缘结点的一级（见 IEC 60584-2:1982）矿物绝缘金属铠装细丝的热电偶，用于测量铜块的温度。其标称直径应为 0.5 mm，例如镍铬 NiCr 和镍铝 NiAl（K 型）线材（见 IEC 60584-1:1995），有位于铠装套内的焊接点。铠装套应由金属制成，适合在温度至少为 1 050℃的条件下连续工作。热电偶容差应符合 IEC 60584-2:1982 一级的要求。

注：由镍基耐热合金（如 Inconel 600[2)]）制成的铠装套可以满足上述要求。

将热电偶固定在铜块上的优选方法是确保热电偶嵌入孔的全部深度，然后按照图 A.4 所示挤压热电偶周围的铜块，保持无损坏状态。

4.2.7 温度/时间显示/记录装置

这些装置应适用于测量铜块由 100℃±5℃加热到 700℃±3℃的时间，并且时间测量容差为±0.5 s。应有测量周围空气温度和压力的仪器。

4.2.8 燃气

燃气应是纯度不低于 98%的甲烷气体。

4.2.9 实验室通风柜/试验箱

实验室通风柜/试验箱的容积应至少为 0.5m³。试验箱应允许观察试验的进程并且应是无通风环境，允许燃烧期间试验样品周围空气的正常热循环。试验箱的内表面应是深色的。将一个照度计面向试验箱后部放在试验火焰的位置时，显示的照度应小于 20 lx。为了安全和方便起见，这个（能完全封闭的）试验箱应装有排气装置，如排气扇，以便排出可能有毒的燃烧产物。排气装置在试验期间应关闭，在试验后应立即打开排出燃烧产物。可能需要强制关闭的风门。

注 1：用于维持试验样品燃烧的氧气量对于燃烧试验的实施来说自然是重要的。对本方法实施的试验来说，当燃烧时间延长时，要产生精确的试验结果，内容积为 0.5 m³ 的试验箱可能还不够大。

---

2) 本资料是为了方便本部分的使用者，并非本部分认可的指定产品，如果能证明会产生同样结果，可使用等效的产品。

注 2:可在试验箱中放一面镜子,以观察试验样品的另一面。

4.3 试验火焰的产生

按照图 A.3 所示安装燃烧器供气装置,确保连接处无气体泄漏,将燃烧器置于实验室通风柜/试验箱内。

点燃气体将气体流量和背压调节到规定值。调节针阀设定气体流量。调节空气入口直到火焰没有焰心完全是蓝色的。

火焰的总高度按 4.1 的规定。检验时火焰应是稳定和对称的。

4.4 试验火焰的确认

4.4.1 原则

当使用图 A.4 所示的火焰确认试验装置时,图 1 所示的铜块的温度从 100℃±5℃上升到 700℃±3℃所需的时间应为 44 s±2 s。

4.4.2 程序

——在 4.2.9 规定的实验室通风柜/试验箱内,按照图 A.3 和图 A.4 安装燃烧器供气和确认试验装置,保证连接处无气体泄漏;

——初始调节气体和空气流量、气体背压和空气入口时,暂时将燃烧器移离铜块,以免火焰影响铜块;

——点燃气体并将气体流量调节到规定值。旋转燃烧管调节空气入口至火焰的黄色尖端消失为止。用图 2 所示的量规测量,保证火焰的总高度在规定的范围内并且是对称的。至少等待 5 min时间使燃烧器条件达到稳定。检查气体流量并确定是在规定范围内;

——使温度/时间显示/记录装置处于运行状态,重新调整铜块下方燃烧器的位置;

——进行 3 次测量,确定铜块温度从 100℃±5℃上升到 700℃±3℃的时间。允许每次测量后将铜块在空气中自然冷却到 50℃以下;

注:热电偶在 700℃以上易损坏,因此在达到 700℃时立即移开燃烧器是可行的。

——如果铜块从未使用过,应对铜块表面进行初始运行处理,不计结果;

——以 s 为单位计算平均时间作为试验结果。

4.4.3 确认

如果结果是在 44 s±2 s 内,即确认火焰可用于试验。

5 方法 B

撤销。

附录 B 中关于试验方法 B 装置的内容同时撤销。

注:在 IEC 60695-11-4 第一版中最初说明了 3 种燃烧器,意在由使用者确定排序。这个过程已经得出撤销方法 B 的结果。

6 方法 C

撤销。

附录 C 中关于试验方法 C 装置的内容同时撤销。

注:在 IEC 60695-11-4 第一版中最初说明了 3 种燃烧器,意在由使用者确定排序。这个过程已经得出撤销方法 C 的结果。

7 分类和命名

符合本部分技术要求用以产生 50 W 标称试验火焰的装置可命名为:

“50 W 标称试验火焰装置,符合 GB/T 5169.22—2008”。

注:如何选用试验装置见附录 D、附录 F 和附录 G,保证燃烧管顶部位置的量规见附录 E。

单位为毫米

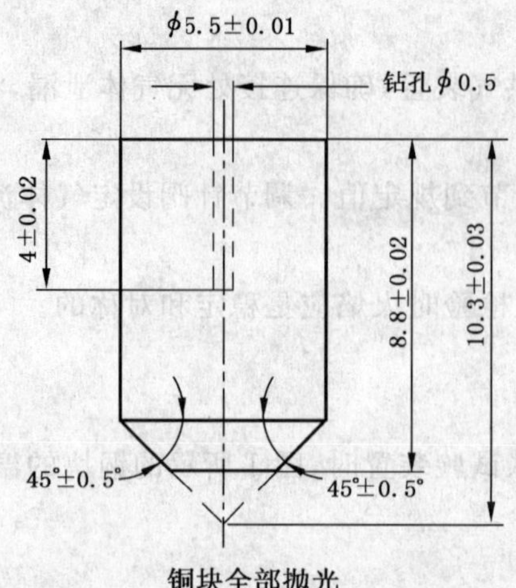

材料：高导电率电解铜 Cu-ETP UNS C11000（见 ASTM-B187）

质量：钻孔前 1.76 g±0.01 g

除非另有说明，公差为±0.1。

图 1 铜块

单位为毫米

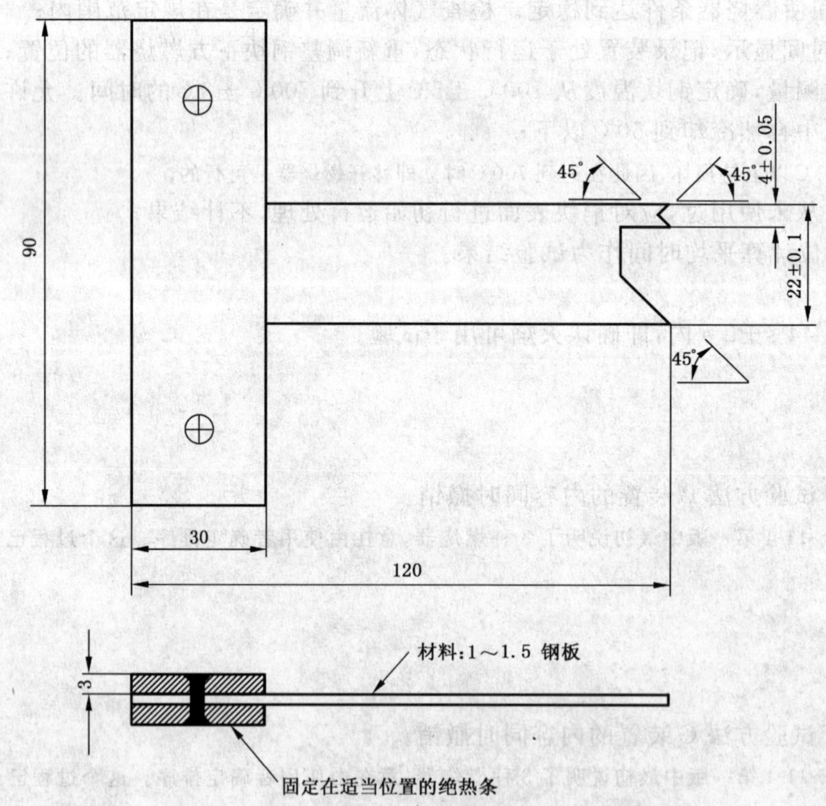

除非另有说明，公差为±0.1、±30′（角度）。

图 2 火焰高度量规

附 录 A
（规范性附录）
试验方法 A 装置

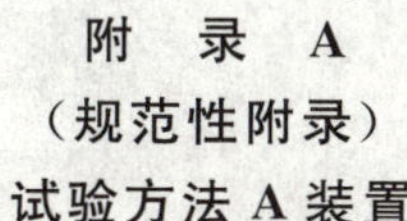

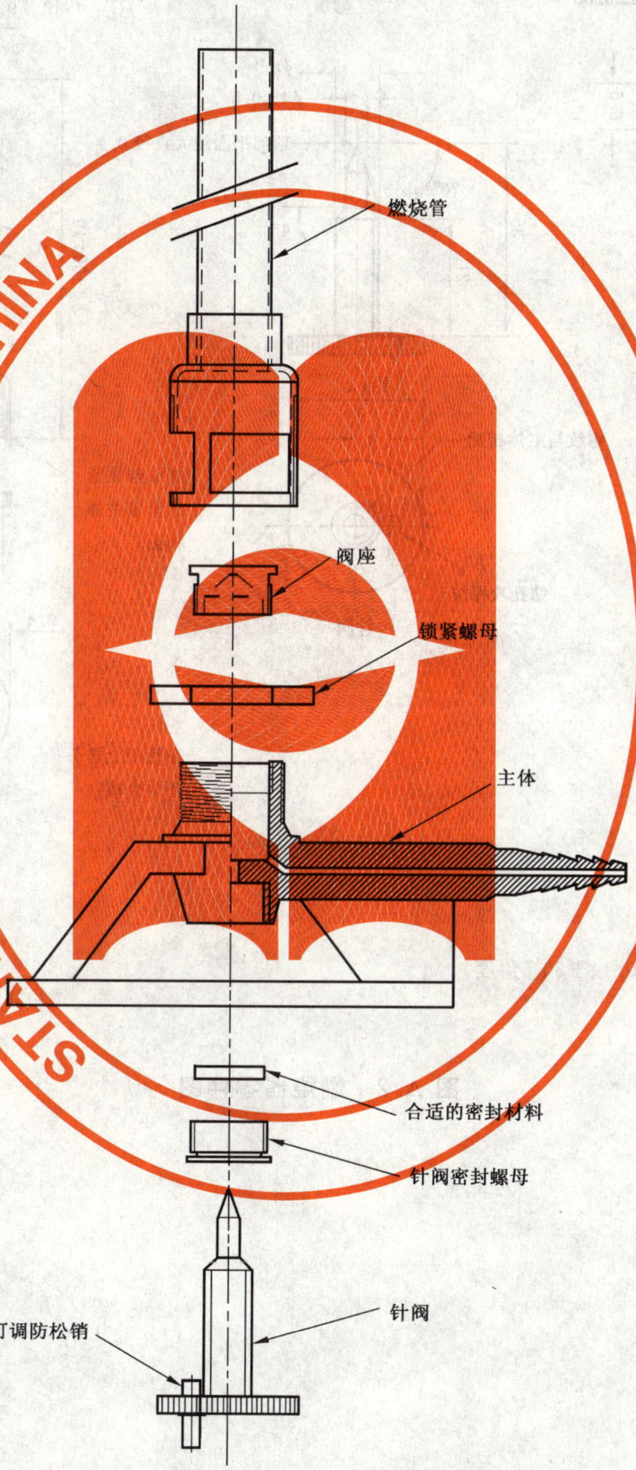

图 A.1 试验方法 A 燃烧器总装图

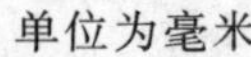
单位为毫米

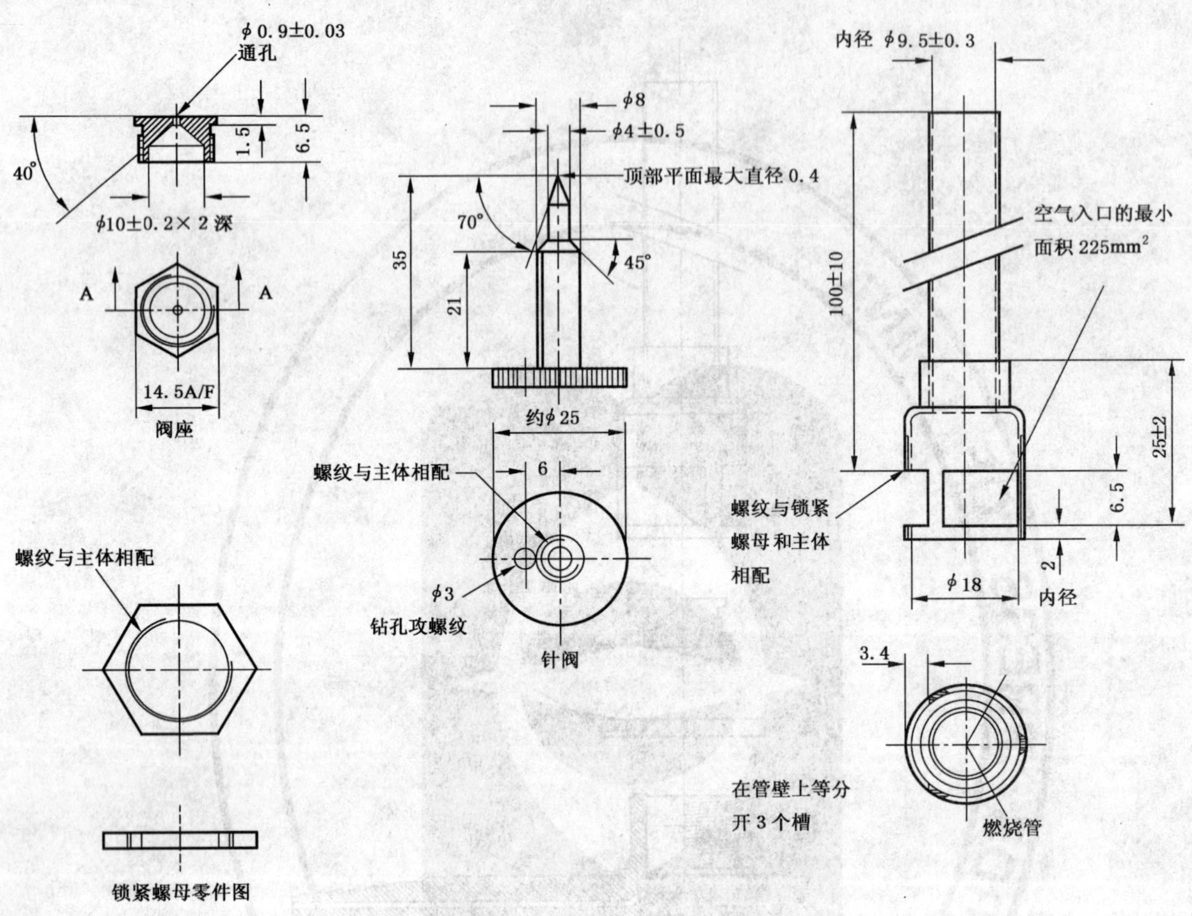

除非另有说明，公差为±0.1、±30′(角度)。

图 A.2 燃烧器零件图

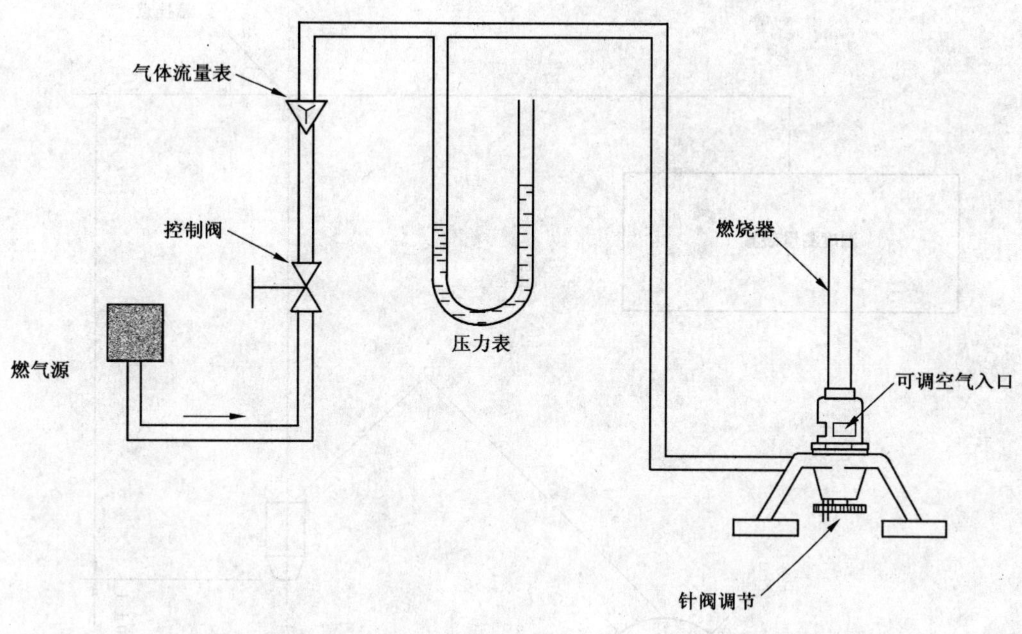

注：为了保持要求的背压，需将压力表与质量流量表连接。

流量表与燃烧器连接的管内径必须是使压力下降减少到最小的合适尺寸。

图 A.3 燃烧器供气装置

单位为毫米

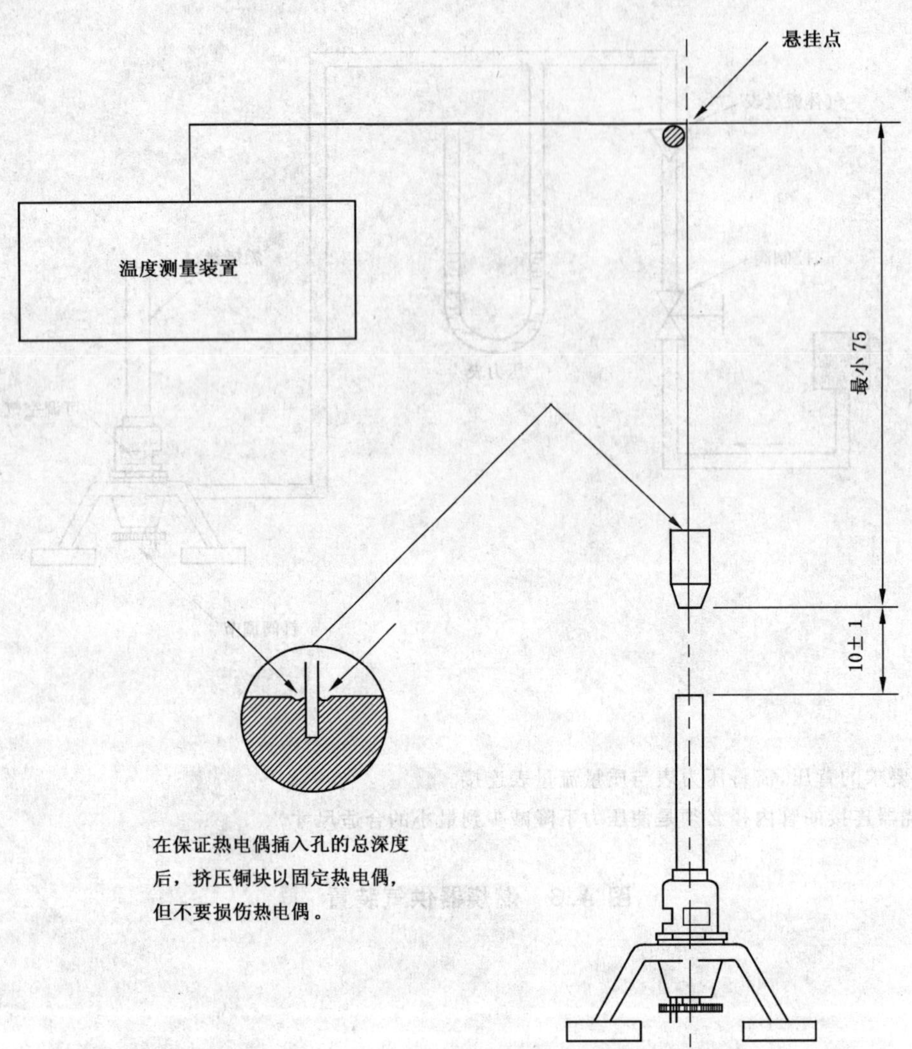

铜块悬挂的方式应使铜块在试验时基本保持静止。

图 A.4 确认试验装置

附　录　B
（资料性附录）
试验方法B装置

已撤销。

注：在IEC 60695-11-4第一版中最初说明了3种燃烧器，意在由使用者确定排序。这个过程已经得出撤销本附录的结果。

附　录　C
（资料性附录）
试验方法C装置

已撤销。

注：在IEC 60695-11-4第一版中最初说明了3种燃烧器，意在由使用者确定排序。这个过程已经得出撤销本附录的结果。

附　录　D
（资料性附录）
推荐的试验装置

选择合适的试验装置的原则在附录F和附录G中给出。

除非有关规范另有规定，测试设备时，建议燃烧管顶部到试验样品表面受试点的距离约为20 mm，试验时燃烧器可倾斜45°或以下，且在固定位置上。

除非有关规范另有规定，测试条形材料时，试验期间操作者应可随着试验样品的扭曲和燃烧移动火焰，建议燃烧管的顶部到试验样品表面受试点的距离约为10 mm。

注：选择10 mm的距离比蓝色焰心顶部与试验样品接触有更好的再现性。

如果必要，燃烧器可倾斜放置，使试验时从试验样品上落下的残渣不落入燃烧器内。

附录E中图E.1所示的量规可以保证燃烧管顶部位置，帮助操作者保持燃烧管顶部与试验样品之间的规定距离。

附　录　E
（资料性附录）
量　规

单位为毫米

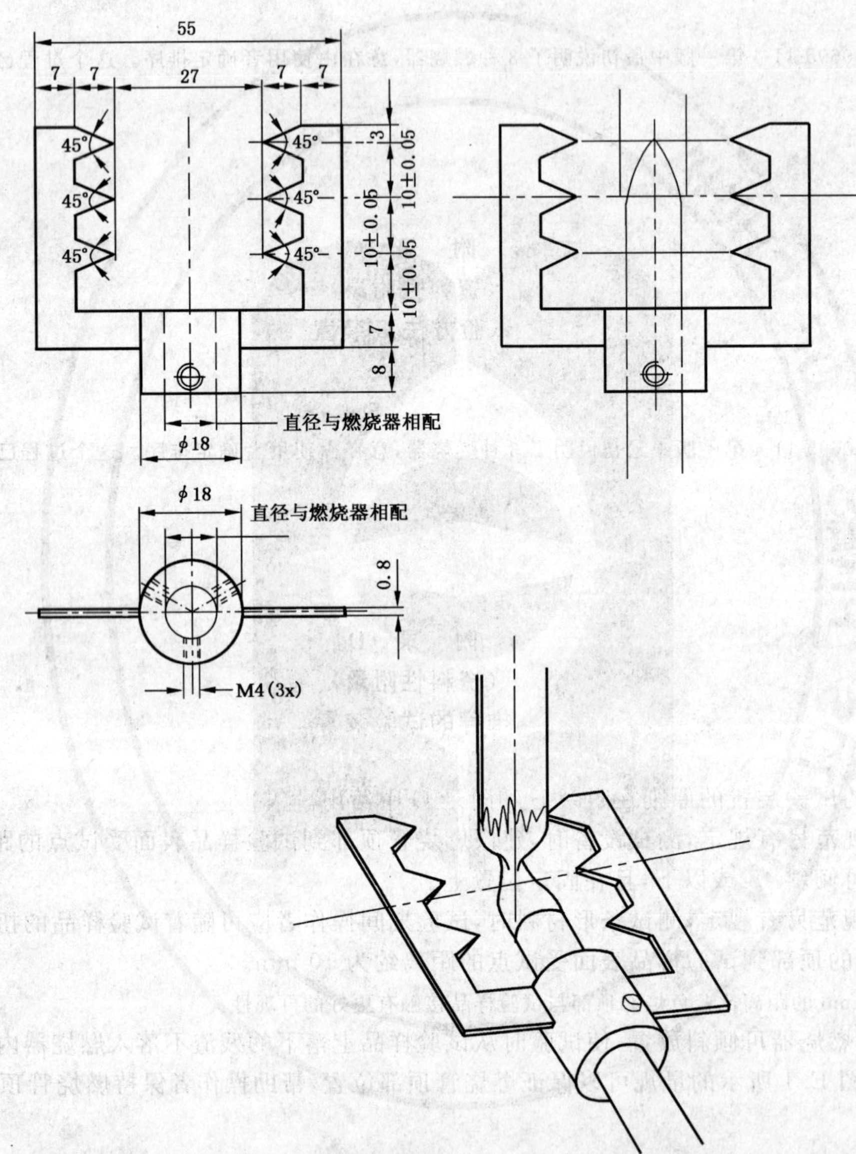

材料：不锈钢

除非另有说明，公差为±0.1、±30′（角度）。

图 E.1　量规

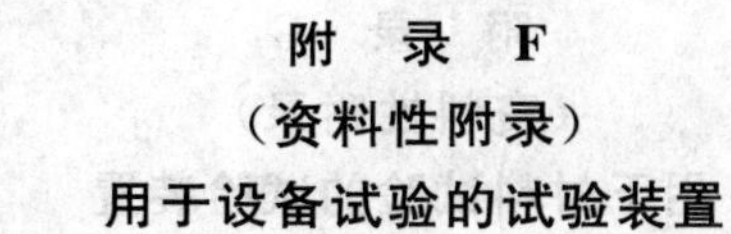

附 录 F
（资料性附录）
用于设备试验的试验装置

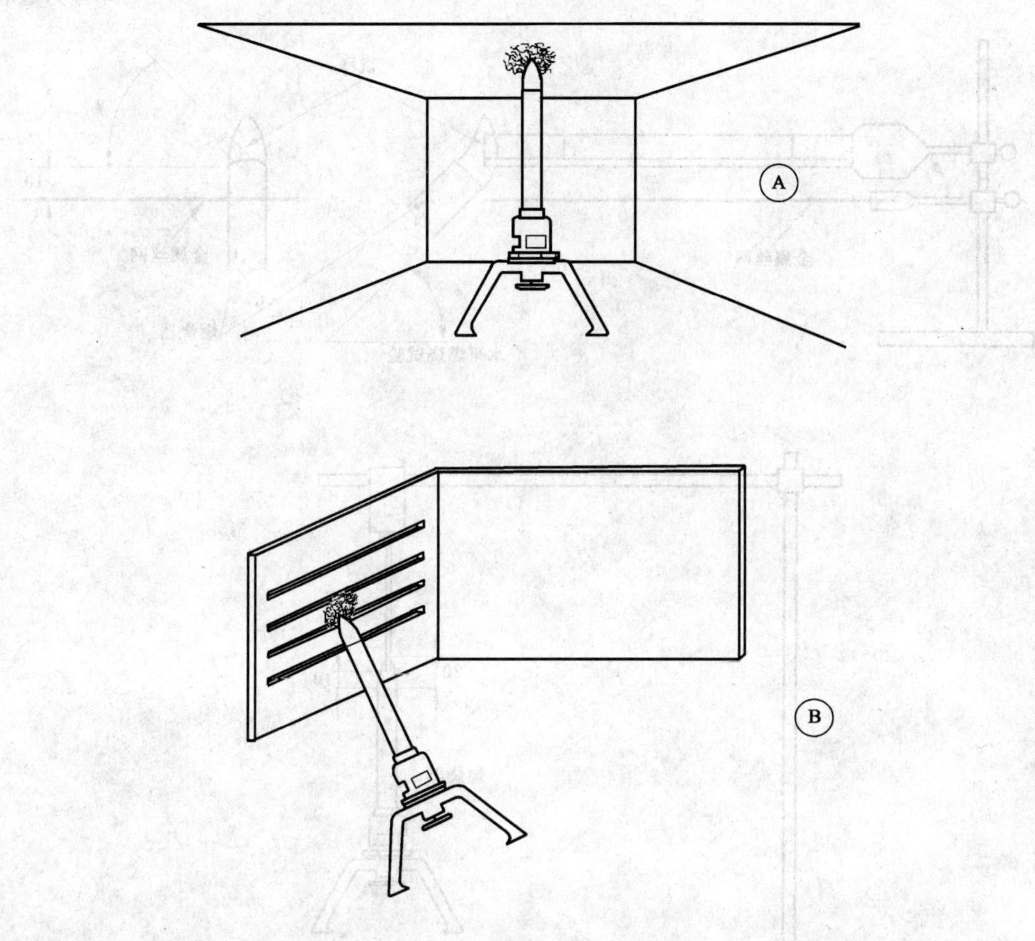

注：试验火焰施加到试验样品内表面的测试点，该点因接近起燃源被判断可能发生起燃。如果是遇到通风口，将试验火焰施加到一个通风口，否则就施加到固体表面。无论什么情况，火焰的尖端应刚好接触到试验样品。如果是垂直部件遭遇火焰，以方便的角度倾斜于垂直面施加试验火焰。

图 F.1　试验装置举例

为评定防火外壳内的材料，即设备内的部件，将着火蔓延或内部火焰减到最小，如果受尺寸限制不能在内部实施，则允许将试验火焰施加到试验样品的外表面。

附 录 G
（资料性附录）
用于材料试验的试验装置

单位为毫米

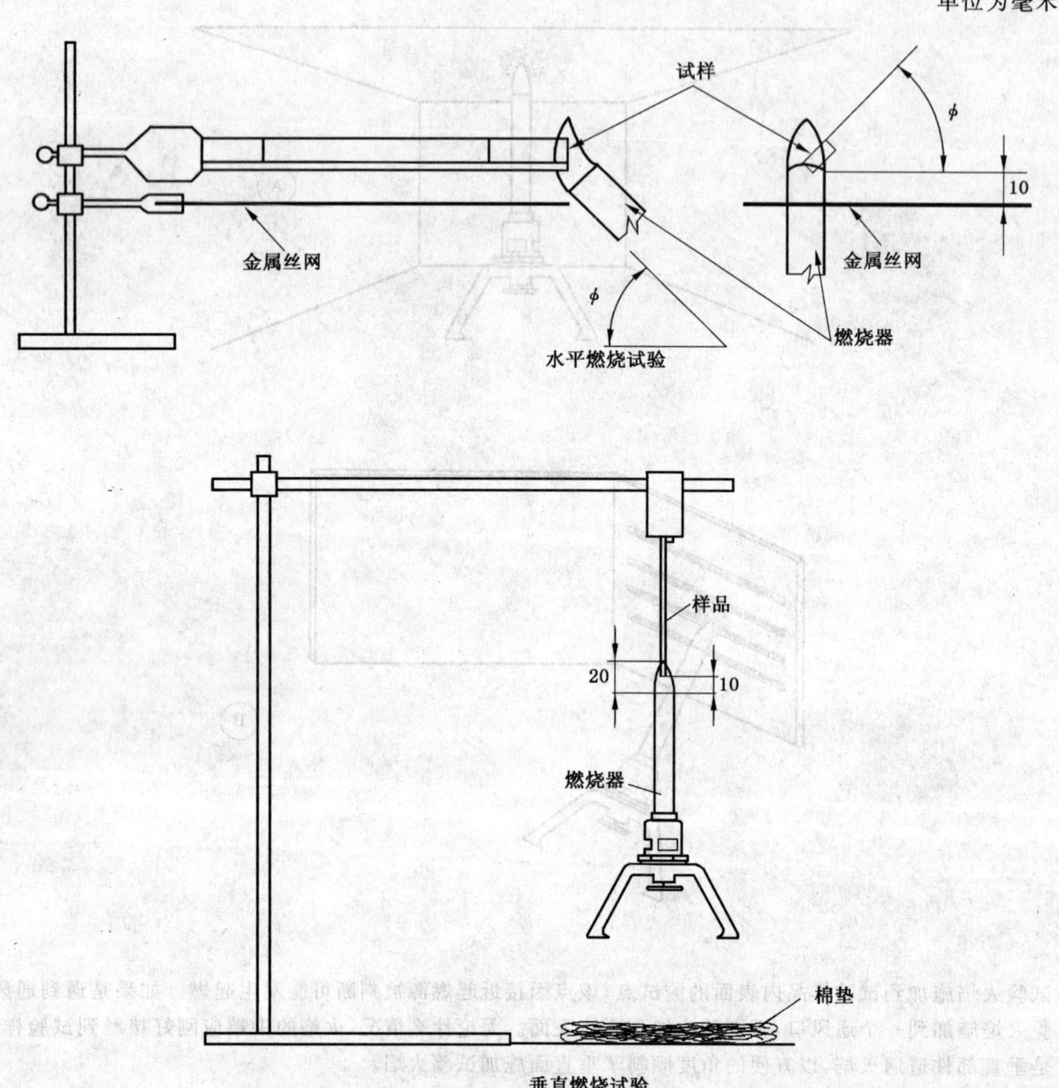

图 G.1 试验装置举例

参 考 文 献

GB/T 5169.2—2002 电工电子产品着火危险试验 第2部分:着火危险评定导则 总则(IEC 60695-1-1:1999,IDT)

GB/T 5169.7—2001 电工电子产品着火危险试验 试验方法 扩散型和预混合型火焰试验方法(idt IEC 60695-2-4/0:1991)

GB/T 5169.9—2006 电工电子产品着火危险试验 第9部分:着火危险评定导则 预选试验规程的使用(IEC 60695-1-30:2002,IDT)

GB/T 5169.14—2007 电工电子产品着火危险试验 第14部分:试验火焰 1 kW标称预混合型火焰 装置、确认试验方法和导则(IEC 60695-11-2:2003,IDT)

GB/T 5169.15—2008 电工电子产品着火危险试验 试验火焰 500 W火焰 装置、确认试验方法(IEC/TS 60695-11-3:2004,IDT)

IEC Guide 104:1997 The preparation of safety publications and the use of basic safety publications and group safety publications

IEC 60695-11-40:2002 Fire hazard testing —Part 11-40: Test flames —Confirmatory tests —Guidance document

ISO/IEC Guide 51:1999 Safety aspects —Guidelines for their inclusion in standards

ASTM-B187 Standard specification for copper, bus bar, rod, and shapes and general purpose rod, bar, and shapes

ICS 29.020
K 04

中华人民共和国国家标准

GB/T 5169.23—2008/IEC/TS 60695-11-21:2005

电工电子产品着火危险试验 第23部分:试验火焰 管形聚合材料500 W垂直火焰试验方法

Fire hazard testing for electric and electronic products—Part 23: Test flames—500 W vertical flame test method for tubular polymeric materials

(IEC/TS 60695-11-21:2005, Fire hazard testing—Part 11-21: 500 W vertical flame test method for tubular polymeric materials, IDT)

2008-12-30 发布　　2009-10-01 实施

中华人民共和国国家质量监督检验检疫总局
中国国家标准化管理委员会　发布

前言

GB/T 5169《电工电子产品着火危险试验》分为以下部分:

——GB/T 5169.1—2007 电工电子产品着火危险试验 第1部分:着火试验术语(IEC 60695-4:2005,IDT)

——GB/T 5169.2—2002 电工电子产品着火危险试验 第2部分:着火危险评定导则 总则(IEC 60695-1-1:1999,IDT)

——GB/T 5169.3—2005 电工电子产品着火危险试验 第3部分:电子元件着火危险评定技术要求和试验规范制订导则(IEC 60695-1-2:1982,IDT)

——GB/T 5169.5—2008 电工电子产品着火危险试验 第5部分:试验火焰 针焰试验方法 装置、确认试验方法和导则(IEC 60695-11-5:2004,IDT)

——GB/T 5169.7—2001 电工电子产品着火危险试验 试验方法 扩散型和预混合型火焰试验方法(idt IEC 60695-2-4/0:1991)

——GB/T 5169.9—2006 电工电子产品着火危险试验 第9部分:着火危险评定导则 预选试验规程的使用(IEC 60695-1-30:2002,IDT)

——GB/T 5169.10—2006 电工电子产品着火危险试验 第10部分:灼热丝/热丝基本试验方法 灼热丝装置和通用试验方法(IEC 60695-2-10:2000,IDT)

——GB/T 5169.11—2006 电工电子产品着火危险试验 第11部分:灼热丝/热丝基本试验方法 成品的灼热丝可燃性试验方法(IEC 60695-2-11:2000,IDT)

——GB/T 5169.12—2006 电工电子产品着火危险试验 第12部分:灼热丝/热丝基本试验方法 材料的灼热丝可燃性试验方法(IEC 60695-2-12:2000,IDT)

——GB/T 5169.13—2006 电工电子产品着火危险试验 第13部分:灼热丝/热丝基本试验方法 材料的灼热丝起燃性试验方法(IEC 60695-2-13:2000,IDT)

——GB/T 5169.14—2007 电工电子产品着火危险试验 第14部分:试验火焰 1 kW标称预混合型火焰 装置、确认试验方法和导则(IEC 60695-11-2:2003,IDT)

——GB/T 5169.15—2008 电工电子产品着火危险试验 第15部分:试验火焰 500 W火焰 装置和确认试验方法(IEC/TS 60695-11-3:2004,IDT)

——GB/T 5169.16—2008 电工电子产品着火危险试验 第16部分:试验火焰 50 W水平与垂直火焰试验方法(IEC 60695-11-10:2003,IDT)

——GB/T 5169.17—2008 电工电子产品着火危险试验 第17部分:试验火焰 500 W火焰试验方法(IEC 60695-11-20:2003,IDT)

——GB/T 5169.18—2005 电工电子产品着火危险试验 第18部分:将电工电子产品的火灾中毒危险减至最小的导则 总则(IEC 60695-7-1:1993,IDT)

——GB/T 5169.19—2006 电工电子产品着火危险试验 第19部分:非正常热 模压应力释放变形试验(IEC 60695-10-3:2002,IDT)

——GB/T 5169.20—2006 电工电子产品着火危险试验 第20部分:火焰表面蔓延 试验方法概要和相关性(IEC/TS 60695-9-2:2001,IDT)

——GB/T 5169.21—2006 电工电子产品着火危险试验 第21部分:非正常热 球压试验(IEC 60695-10-2:2003,IDT)

——GB/T 5169.22—2008 电工电子产品着火危险试验 第22部分:试验火焰 50 W火焰 装

置和确认试验方法(IEC/TS 60695-11-4:2004,IDT)

——GB/T 5169.23—2008 电工电子产品着火危险试验 第23部分:试验火焰 管形聚合材料500 W垂直火焰试验方法(IEC/TS 60695-11-21:2005,IDT)

——GB/T 5169.24—2008 电工电子产品着火危险试验 第24部分:着火危险评定导则 绝缘液体(IEC/TS 60695-1-40:2002,IDT)

——GB/T 5169.25—2008 电工电子产品着火危险试验 第25部分:烟模糊 总则(IEC 60695-6-1:2005,IDT)

——GB/T 5169.26—2008 电工电子产品着火危险试验 第26部分:烟模糊 试验方法概要及相关性(IEC/TS 60695-6-2:2005,IDT)

——GB/T 5169.27—2008 电工电子产品着火危险试验 第27部分:烟模糊 小规模静态试验方法 仪器说明(IEC/TR 60695-6-30:1996,IDT)

——GB/T 5169.28—2008 电工电子产品着火危险试验 第28部分:烟模糊 小规模静态试验方法 材料(IEC/TS 60695-6-31:1999,IDT)

——GB/T 5169.29—2008 电工电子产品着火危险试验 第29部分:热释放 总则(IEC 60695-8-1:2008,IDT)

——GB/T 5169.30—2008 电工电子产品着火危险试验 第30部分:热释放 试验方法概要及相关性(IEC/TS 60695-8-2:2008,IDT)

——GB/T 5169.31—2008 电工电子产品着火危险试验 第31部分:火焰表面蔓延 总则(IEC 60695-9-1:2006,IDT)

本部分为GB/T 5169的第23部分。

本部分等同采用IEC/TS 60695-11-21:2005《着火危险试验 第11-21部分:试验火焰 管形聚合材料500 W垂直火焰试验方法》(英文版),但按GB/T 20000.2—2001《标准化工作指南 第2部分:采用国际标准的规则》中4.2 b)和5.2的规定作了少量编辑性修改,将第2章中的规范性引用文件IEC Guide 104:1997、ISO/IEC Guide 51:1999改为参考文献。

本部分由全国电工电子产品着火危险试验标准化技术委员会(SAC/TC 300)提出并归口。

本部分由中国电器科学研究院负责起草。广州威凯检测技术研究所、广东出入境检验检疫局检验检疫技术中心、武汉计算机外部设备研究所、深圳市计量质量检测研究院、深圳市出入境检验检疫局、无锡汉迪科技有限公司、山东省产品质量监督检验研究院、中国电子技术标准化研究所等参加起草。

本部分主要起草人:陈灵、陈兰娟、武政、张效忠、何益壮、毕凯军、倪一明、王锋、王忠义。

本部分是首次发布。

引　言

检验电工电子产品着火危险的最好方法，是真实地再现实际存在的条件，但在多数情况下是不可能的。因此，根据现实情况，电工电子产品着火危险试验最好尽可能模拟实际发生的效应。

电工电子设备的零件由于电的作用可能经受过热应力，其劣化可能会降低设备的安全性能，这些零件不应过度地受到设备内部产生的热和火的影响。

在设备内部容易使火焰蔓延的绝缘材料或其他可燃材料的零部件可能会因故障元件产生的火焰而起燃。在一定条件下，例如形成漏电起痕的故障电流、元件或部件过载和不良接触，都可能产生火焰，这样的火焰可能影响附近的可燃零部件。

本部分用于在受控的试验室条件下检测和描述材料、产品或组件对热和火焰的反应特性，不能用于描述或评价材料、产品或组件在实际着火条件下的着火危险或着火风险。但是该试验的结果可作为着火风险评估的要素，而评估要考虑与特定最终用途有关的所有着火危险因素。

本部分可能包含危险的材料、操作和设备。本部分不涉及与产品使用有关的所有安全问题。本部分使用者的职责是建立适当的安全和健康保护措施，并在使用前确定对其局限性的适应性。

电工电子产品着火危险试验 第23部分:试验火焰 管形聚合材料500 W垂直火焰试验方法

1 范围

GB/T 5169的本部分规定了测定管形聚合材料比较燃烧特性的小规模实验室程序。将火焰施加到用金属丝或芯轴支撑且保持于垂直位置的试验样品上。移开试验火焰后,测定火焰熄灭的时间和燃烧特性。

本试验方法适用于比较管形聚合材料的燃烧特性。本试验方法不适用于比较电线、电缆产品以及电缆管理系统的燃烧特性。

本试验方法适用于比较材料的相对性能,有助于质量控制和质量保证方面的材料选择。

2 规范性引用文件

下列文件中的条款通过GB/T 5169的本部分的引用而成为本部分的条款。凡是注日期的引用文件,其随后所有的修改单(不包括勘误的内容)或修订版均不适用于本部分,然而,鼓励根据本部分达成协议的各方研究是否可使用这些文件的最新版本。凡是不注日期的引用文件,其最新版本适用于本部分。

GB/T 5169.1—2007 电工电子产品着火危险试验 第1部分:着火试验术语(IEC 60695-4:2005,IDT)

GB/T 5169.15—2008 电工电子产品着火危险试验 第15部分:试验火焰 500 W火焰装置和确认试验方法(IEC/TS 60695-11-3:2004,IDT)

GB/T 2918—1998 塑料试样状态调节和试验的标准环境(ISO 291:1997,IDT)

ISO/IEC 13943:2000 消防安全 词汇

ISO 4046-4:2002 纸、纸板、纸浆及术语 词汇 第4部分:纸和纸板分级及加工产品

3 术语和定义

GB/T 5169.1—2007、ISO/IEC 13943:2000及以下术语和定义适用于本部分。

3.1

燃烧时间 flaming time

t

从燃烧器火焰移开后直到试验样品的有焰燃烧结束的时间间隔。

3.2

牛皮纸 kraft paper

几乎完全由牛皮纸浆制成的纸。

注:在一些地区,术语“牛皮纸”也指基本上是用牛皮纸浆制造工艺生产出的原色软木材纸浆制作的纸。这种纸通常比用同样木材采用其他已知制浆工艺制成的纸具有更高的机械强度。

[ISO 4046-4:2002,定义4.94]

4 原理

如图2所示,将管形试验样品垂直支撑并暴露于规定的试验火焰。通过测定燃烧时间 t、垂直燃烧

的长度和燃烧颗粒的滴落来评定燃烧特性。

5 意义和用途

本试验方法的试验结果为材料在试验条件下以秒(s)计时的燃烧时间。

燃烧特性会随着试验样品的厚度和/或结构的不同而变化。

材料的厚度、颜色、添加剂、劣化以及可能的挥发成分损失的影响是可以测定的。

对于质量控制和质量保证而言,试验结果可用于比较材料的相对性能,有助于材料的选用。

6 试验装置

试验装置应由以下部分组成。

6.1 实验室通风柜/试验箱

实验室通风柜/试验箱的容积应至少为 4 m^3。试验箱应允许观察试验的进程并且应是无通风环境,允许燃烧时试验样品周围空气的正常热循环。试验箱的内表面应呈深色。为了安全和方便起见,这个(能完全封闭的)试验箱应装有抽气装置,如排气扇,以便排出可能有毒的燃烧产物。抽气装置在试验期间应关闭,在试验后应立即打开排出燃烧产物。可能需要可以强制关闭的风门。

箱体内部每个线性尺寸至少为 600 mm。在试验样品上方的体积至少为 2 m^3,用于热量和烟雾的积聚并且不会影响试验样品发出火焰。试验火焰水平面和其下方的试验箱容积,不应包含影响空气对试验火焰自然流动的任何障碍物。

测试面(试验箱底面或工作台面)应在试验箱壁顶部之下至少 750 mm 处。工作台测试面的尺寸应能容纳 6.5 规定的棉垫。

6.2 燃烧器

燃烧器应符合 GB/T 5169.15—2008 中方法 A 的要求。

6.3 试验支架

试验支架应有可调节的夹具将试验样品从上至下支撑在垂直位置。

6.4 计时装置

计时装置的容差应不大于 0.5 s。

6.5 棉垫

棉垫应由 100%的脱脂棉制成。

6.6 指示标记

将 90 g/m^2～100 g/m^2 不加固的牛皮纸(ISO 4046-4:2002)条,宽 10 mm±1 mm,厚约 0.1 mm,粘在一侧作为指示标记。

6.7 燃烧器支座

燃烧器支座应是一个安装在带有铰链的底板上的木垫块,燃烧器的底板应可靠固定并与垂直线成 20°±1°的夹角,同时圆柱体的纵向轴线保持在垂直面中。其安装举例见图 1。

6.8 预处理室或箱

预处理室或箱应能保持温度 23 ℃±2 ℃、相对湿度 50%±5%。

7 试验样品

试验样品长度应至少为 450 mm。

除非另有规定,典型采样和试验样品制备应符合规定的产品标准。

使用不同颜色、厚度、密度、分子量、各向异性方向和类型的试验样品,或含有不同添加剂、或不同填料/增强剂的试验样品进行试验所得出的试验结果可能不同。

如果试验样品产生了相似的试验结果,可规定试验样品的密度、熔融指数、填料/增强剂含量的极值,并要考虑有代表性的范围。

如果代表性范围中的所有样品的试验结果不同,则试验应限于所测试的密度、熔融指数、填料/增强剂含量为极值的材料。此外,应测试密度、熔融指数、填料/增强剂含量为中间值的试验样品。

如果试验结果相似,要考虑本色试验样品和按重量添加最高含量有机和无机颜料的试验样品其有代表性的颜色范围。当已知某些颜料会影响燃烧特性时,也应测试含有那些颜料的试验样品。被试样品应为:

a) 不含颜料;

b) 含最高含量的有机颜料;

c) 含最高含量的无机颜料;

d) 含已知对燃烧特性有不利影响的颜料。

考虑到如果必要(见第 10 章),需要测试第二组的 3 个试验样品,因此应准备至少 6 个试验样品。

8 预处理

依据 GB/T 2918—1998,试验前将试验样品在温度为 23 ℃±2 ℃、相对湿度为 50%±5%的条件下至少放置 48 h。

所有试验样品应在温度为 15 ℃～35 ℃、相对湿度为 45%～75%的实验室环境下进行试验。

9 试验程序

9.1 引言

试验应在 6.1 规定的试验箱中进行。燃烧器/燃烧器支座组合应直接放在试验箱的底板上,或为了便于试验,也可放在试验箱内的台子上。试验样品应用纵向轴垂直的金属丝或芯轴固定。用试验台和夹具或其他适用的支撑将试验装置保持在适当位置,且不会产生上升气流或阻碍对火焰的空气供给。

在预处理(见第 8 章)之前或之后准备好试验样品。

注:有关试验样品支架的导则可以在 IEC 60684-2 中找到。

9.2 指示标记

按照 6.6 的要求,在试验样品的适当位置,将指示标记涂上刚好能粘住的胶水。有胶水的一面朝着试验样品,指示标记应环绕于试验样品一端,其下方的边缘高于 B 点 250 mm±2 mm,B 点为试验火焰蓝色焰心与试验样品的接触点。指示标记的两端应均匀整齐地粘在一起,使标记从试验样品朝着试验箱后面的方向突出 20 mm±1 mm。如图 2 所示。

9.3 燃烧器

安装在支座上的燃烧器,其纵向轴线与试验样品的纵向轴线应位于同一垂直平面,如图 2 所示。垫块应放在定位 A 点的位置,A 点是燃烧管顶端平面与燃烧管纵轴线的交点,燃烧管纵向轴线的延伸线与试验样品外表面相交于 B 点,B 点与 A 点的距离是 40 mm±1 mm,B 点是蓝色焰心的顶端,每一次施加火焰时,B 点都会接触到试验样品前部的中心。

以燃烧管轴线垂直的方式,将燃烧器远离试验样品放置,调节燃烧器,使其产生符合 GB/T 5169.15—2008 中方法 A 的 500 W 标称试验火焰。至少等待 5 min,使燃烧器条件达到平衡。

9.4 棉垫

水平棉垫的厚度不超过 6 mm,其直径应足够大,以包含全部测试表面和滴落物或落下的颗粒,中心定位在试验样品垂直轴线的下方。如果必要,类似的棉垫应制成覆盖燃烧器支座但不妨碍燃烧器的操作。棉垫的上表面应在 B 点下方 230 mm～240 mm,B 点是试验火焰的蓝色焰心尖端与试验样品接触的点,见图 2。

9.5 施加火焰

施加火焰 15 s±0.5 s,然后移开 15 s±0.5 s。记录燃烧时间 t。重复操作,直到对试验样品施加过 5 次试验火焰为止。在前一次施加试验火焰后,试验样品持续燃烧超过 15 s 时,不再重复试验火焰,直到试验样品的燃烧自动停止。试验样品的燃烧停止后,应立即重复施加试验火焰。

应迅速地完成燃烧器倾斜向前对试验样品施加火焰以及从试验样品处向后移开试验火焰,同时试验样品周围的空气流动应最小。

9.6 燃烧时间的测量

记录 5 次施加火焰后的燃烧时间和每次施加火焰的间隔时间。

9.7 垂直燃烧长度的评定

从 B 点向上,测量试验样品损坏的长度,单位为毫米(mm)(见 9.3)。

9.8 指示标记的损坏

应按百分比记录指示标记损坏的面积(烧掉的面积包括炭化部分)。

9.9 棉垫的起燃

记录滴落或燃烧的颗粒是否点燃了棉垫。

10 试验结果的评定

除非有关规范另有规定,如果 3 个试验样品都符合以下情况,则认为试验样品通过了本试验:

a) 施加试验火焰 15 s 共 5 次,试验样品燃烧累计时间应不超过 60 s;

b) 来自试验样品的燃烧材料不应点燃棉垫;

c) 在 5 次施加试验火焰期间、之间或之后,指示标记损坏部分不应超过 25%。

如果 3 个一组的试验样品中有一个试验样品不符合以上情况,应使用另外 3 个一组的试验样品进行试验。在这种情况下,3 个试验样品都应满足以上的要求。

11 试验报告

试验报告应包括以下内容:

a) 提及 GB/T 5169 的本部分;

b) 材料标识:包括分类名称、制造商、材料名称和颜色;

c) 试验样品的尺寸;

d) 每一次施加火焰之后,试验样品燃烧的时间,单位为秒(s)(见第 10 章);

e) 试验样品燃烧的长度,单位为毫米(mm);

f) 指示标记损坏百分比(见第 10 章);

g) 按第 10 章要求记录滴落或燃烧颗粒是否点燃棉垫(见第 10 章);

h) 任何附加的观察;

i) 总的试验结果,即合格或不合格。

单位为毫米

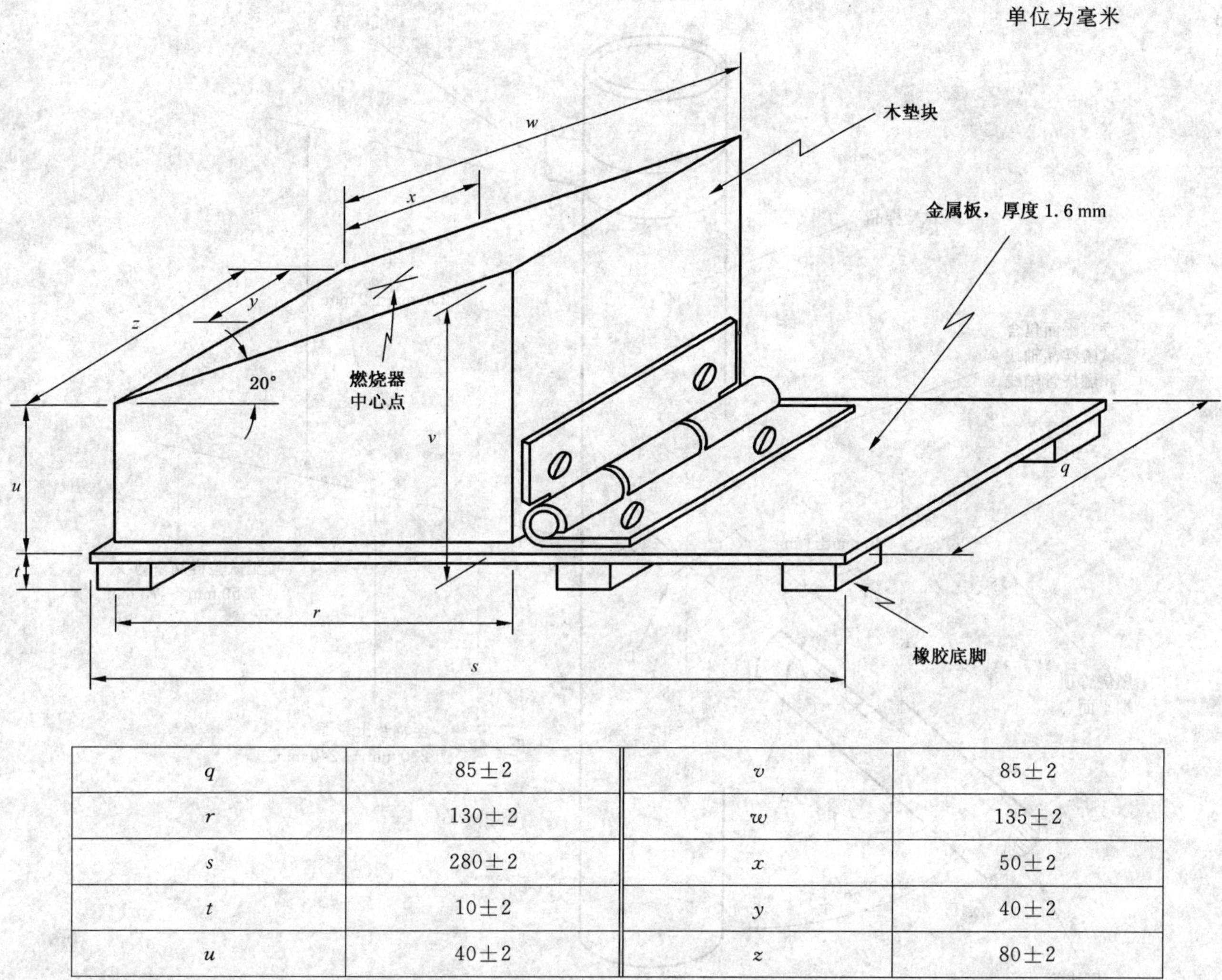

q	85±2	v	85±2
r	130±2	w	135±2
s	280±2	x	50±2
t	10±2	y	40±2
u	40±2	z	80±2

在试验时保持木垫块在适当位置向前和向后倾斜的组合装置应使用橡胶底脚。2个橡胶底脚应位于铰链区域的下方，铰链用于木垫块动作时在平板上转换位置。

图1 燃烧器支座—铰接垫块安装举例

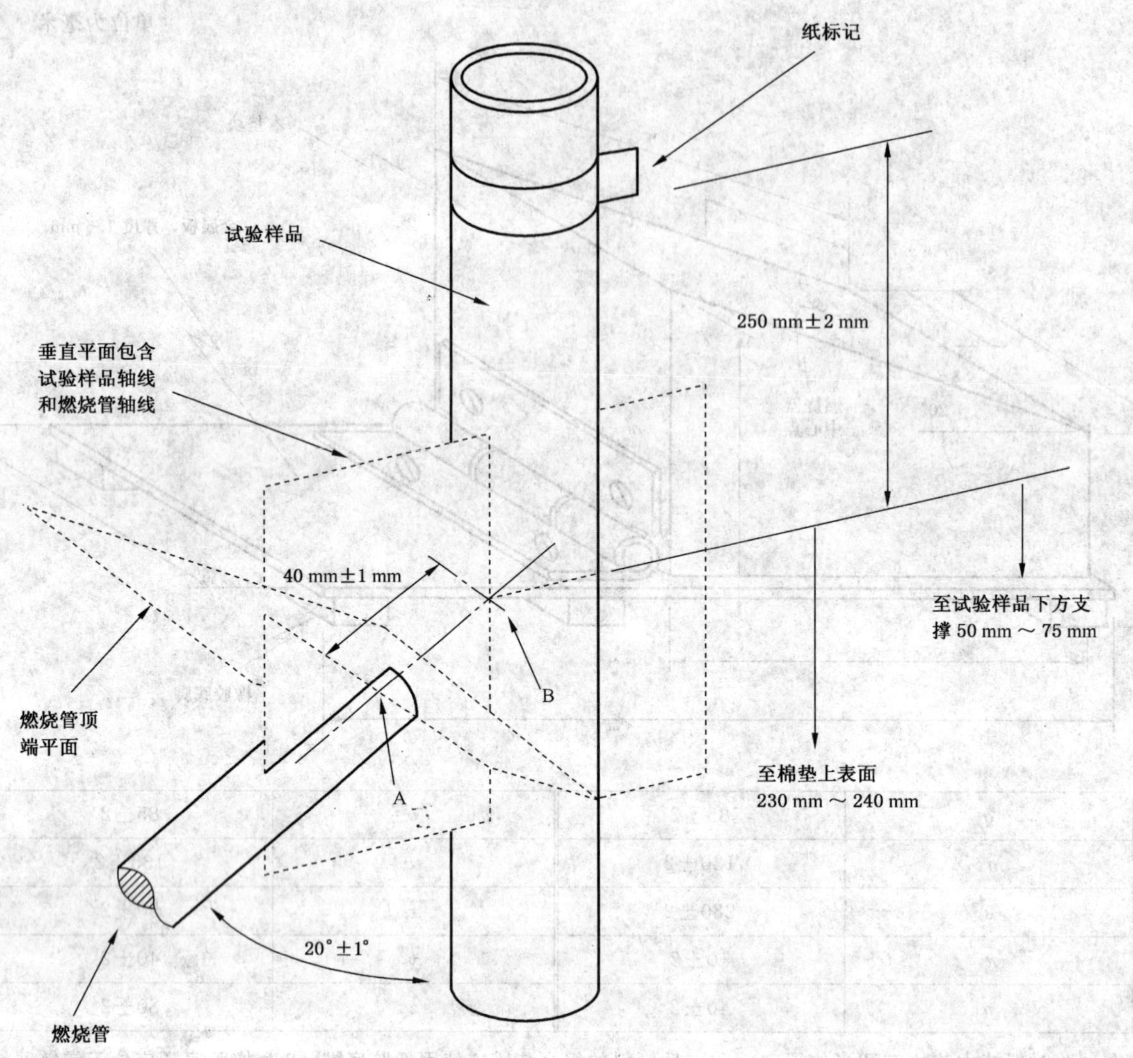

纸标记
试验样品
250 mm±2 mm
垂直平面包含
试验样品轴线
和燃烧管轴线
40 mm±1 mm
至试验样品下方支
撑 50 mm ~ 75 mm
B
燃烧管顶
端平面
A
至棉垫上表面
230 mm ~ 240 mm
20°±1°
燃烧管

图 2 试验布置

参考文献

[1] IEC Guide 104:1997 The preparation of safety publications and the use of basic safety publications and group safety publications

[2] IEC 60684-2 Flexible insulating sleeving—Part 2: Methods of test

[3] ISO/IEC Guide 51:1999 Safety aspects—Guidelines for inclusion in standards

ICS 29.020
K 04

中华人民共和国国家标准

GB/T 5169.24—2008/IEC/TS 60695-1-40:2002

电工电子产品着火危险试验 第24部分:着火危险评定导则 绝缘液体

Fire hazard testing for electric and electronic products—Part 24:Guidance for assessing the fire hazard—Insulating liquids

(IEC/TS 60695-1-40:2002,Fire hazard testing—Part 1-40:Guidance for assessing the fire hazard of electrotechnical products—Insulating liquids,IDT)

2008-12-30 发布 2009-10-01 实施

中华人民共和国国家质量监督检验检疫总局
中国国家标准化管理委员会 发布

前言

GB/T 5169《电工电子产品着火危险试验》分为以下部分：

——GB/T 5169.1—2007 电工电子产品着火危险试验 第1部分：着火试验术语(IEC 60695-4：2005,IDT)

——GB/T 5169.2—2002 电工电子产品着火危险试验 第2部分：着火危险评定导则 总则(IEC 60695-1-1：1999,IDT)

——GB/T 5169.3—2005 电工电子产品着火危险试验 第3部分：电子元件着火危险评定技术要求和试验规范制订导则(IEC 60695-1-2：1982,IDT)

——GB/T 5169.5—2008 电工电子产品着火危险试验 第5部分：试验火焰 针焰试验方法 装置、确认试验方法和导则(IEC 60695-11-5：2004,IDT)

——GB/T 5169.7—2001 电工电子产品着火危险试验 试验方法 扩散型和预混合型火焰试验方法(idt IEC 60695-2-4/0：1991)

——GB/T 5169.9—2006 电工电子产品着火危险试验 第9部分：着火危险评定导则 预选试验规程的使用(IEC 60695-1-30：2002,IDT)

——GB/T 5169.10—2006 电工电子产品着火危险试验 第10部分：灼热丝/热丝基本试验方法 灼热丝装置和通用试验方法(IEC 60695-2-10：2000,IDT)

——GB/T 5169.11—2006 电工电子产品着火危险试验 第11部分：灼热丝/热丝基本试验方法 成品的灼热丝可燃性试验方法(IEC 60695-2-11：2000,IDT)

——GB/T 5169.12—2006 电工电子产品着火危险试验 第12部分：灼热丝/热丝基本试验方法 材料的灼热丝可燃性试验方法(IEC 60695-2-12：2000,IDT)

——GB/T 5169.13—2006 电工电子产品着火危险试验 第13部分：灼热丝/热丝基本试验方法 材料的灼热丝起燃性试验方法(IEC 60695-2-13：2000,IDT)

——GB/T 5169.14—2007 电工电子产品着火危险试验 第14部分：试验火焰 1 kW标称预混合型火焰 设备、确认试验方法和导则(IEC 60695-11-2：2003,IDT)

——GB/T 5169.15—2008 电工电子产品着火危险试验 第15部分：试验火焰 500 W火焰装置和确认试验方法(IEC/TS 60695-11-3：2004,IDT)

——GB/T 5169.16—2008 电工电子产品着火危险试验 第16部分：试验火焰 50 W水平与垂直火焰试验方法(IEC 60695-11-10：2003,IDT)

——GB/T 5169.17—2008 电工电子产品着火危险试验 第17部分：试验火焰 500 W火焰试验方法(IEC 60695-11-20：2003,IDT)

——GB/T 5169.18—2005 电工电子产品着火危险试验 第18部分：将电工电子产品的火灾中毒危险减至最小的导则 总则(IEC 60695-7-1：1993,IDT)

——GB/T 5169.19—2006 电工电子产品着火危险试验 第19部分：非正常热 模压应力释放变形试验(IEC 60695-10-3：2002,IDT)

——GB/T 5169.20—2006 电工电子产品着火危险试验 第20部分：火焰表面蔓延 试验方法概要和相关性(IEC/TS 60695-9-2：2001,IDT)

——GB/T 5169.21—2006 电工电子产品着火危险试验 第21部分：非正常热 球压试验(IEC 60695-10-2：2003,IDT)

——GB/T 5169.22—2008 电工电子产品着火危险试验 第22部分：试验火焰 50 W火焰 装

置和确认试验方法(IEC/TS 60695-11-4:2004,IDT)

——GB/T 5169.23—2008 电工电子产品着火危险试验 第23部分:试验火焰 管形聚合材料500 W垂直火焰试验方法(IEC/TS 60695-11-21:2005,IDT)

——GB/T 5169.24—2008 电工电子产品着火危险试验 第24部分:着火危险评定导则 绝缘液体(IEC/TS 60695-1-40:2002,IDT)

——GB/T 5169.25—2008 电工电子产品着火危险试验 第25部分:烟模糊 总则(IEC 60695-6-1:2005,IDT)

——GB/T 5169.26—2008 电工电子产品着火危险试验 第26部分:烟模糊 试验方法概要及相关性(IEC/TS 60695-6-2:2005,IDT)

——GB/T 5169.27—2008 电工电子产品着火危险试验 第27部分:烟模糊 小规模静态试验方法 仪器说明(IEC/TR 60695-6-30:1996,IDT)

——GB/T 5169.28—2008 电工电子产品着火危险试验 第28部分:烟模糊 小规模静态试验方法 材料(IEC/TS 60695-6-31:1999,IDT)

——GB/T 5169.29—2008 电工电子产品着火危险试验 第29部分:热释放 总则(IEC 60695-8-1:2008,IDT)

——GB/T 5169.30—2008 电工电子产品着火危险试验 第30部分:热释放 试验方法概要及相关性(IEC/TS 60695-8-2:2008,IDT)

——GB/T 5169.31—2008 电工电子产品着火危险试验 第31部分:火焰表面蔓延 总则(IEC 60695-9-1:2006,IDT)

本部分为GB/T 5169的第24部分。

本部分等同采用IEC/TS 60695-1-40:2002《着火危险试验 第1-40部分:电工电子产品着火危险评定导则 绝缘液体》(英文版),但按GB/T 20000.2—2001《标准化工作指南 第2部分:采用国际标准的规则》的4.2b)和5.2的规定作了少量编辑性修改,将第2章中的规范性引用文件IEC Guide 104:1997、ISO/IEC Guide 51:1999改为参考文献,删除了第2章中的IEC/TR 60695-6-30:1996,在第2章中增加了规范性引用文件GB/T 5169.18—2005、GB/T 5169.25—2008、IEC 60695-5-1:1993,删除了参考文献中的IEC 60695-5-1:1993、IEC 60695-6-1:2005和IEC 60695-7-1:1993。

本部分的附录A、附录B、附录C、附录D、附录E、附录F和附录G为资料性附录。

本部分由全国电工电子产品着火危险试验标准化技术委员会(SAC/TC 300)提出并归口。

本部分负责起草单位:中国电器科学研究院。

本部分参加起草单位:广州威凯检测技术研究所、广东出入境检验检疫局检验检疫技术中心、武汉计算机外部设备研究所、深圳市计量质量检测研究院、深圳市出入境检验检疫局、中国电子技术标准化研究所。

本部分主要起草人:陈灵、陈兰娟、武政、张效忠、何益壮、毕凯军、王忠义。

本部分是首次发布。

引　言

必须考虑所有电工电子产品的着火风险。100多年来，矿物油绝缘液体已用于变压器和其他一些类型的电工设备的绝缘和冷却。

在过去的60年中，开发和使用了合成绝缘液体，其性能尤其适合特殊电气应用。然而由于技术和经济方面的原因，高精炼矿物油作为绝缘液体继续广泛用于变压器，也是其主要用途。地区、国家和国际法规包含了变压器的安全安装。

对于矿物油和合成液体而言，含有绝缘液体的电工电子产品的防火安全记录是良好的。近些年来在防火设计和措施方面的改进，已经减少了含有矿物油的电工设备的着火危险。然而，对于所有的电工设备而言，目的依然是减少着火的可能性，即使在可预见的非正常使用的情况下。

实际目的应是防止起燃，如果发生起燃，最好将火灾控制在电工设备的外壳内。

电工电子产品着火危险试验
第 24 部分:着火危险评定导则　绝缘液体

1　范围

GB/T 5169 的本部分给出了将使用电气绝缘液体所产生的着火危险减至最小的导则。着火危险影响到:

a）电工设备和系统;

b）人群、建筑物及其中的物品。

因为绝缘液体通常是绝缘系统的一部分,所以整个系统的着火危险也必须被评定。

2　规范性引用文件

下列文件中的条款通过 GB/T 5169 的本部分的引用而成为本部分的条款。凡是注日期的引用文件,其随后所有的修改单(不包括勘误的内容)或修订版均不适用于本部分,然而,鼓励根据本部分达成协议的各方研究是否可使用这些文件的最新版本。凡是不注日期的引用文件,其最新版本适用于本部分。

GB/T 5169.1—2007　电工电子产品着火危险试验　第 1 部分:着火试验术语(IEC 60695-4:2005,IDT)

GB/T 5169.2—2002　电工电子产品着火危险试验　第 2 部分:着火危险评定导则　总则(IEC 60695-1-1:1999,IDT)

GB/T 5169.18—2005　电工电子产品着火危险试验　第 18 部分:将电工电子产品的火灾中毒危险减至最小的导则　总则(IEC 60695-7-1:1993,IDT)

GB/T 5169.25—2008　电工电子产品着火危险试验　第 25 部分:烟模糊　总则(IEC 60695-6-1:2005,IDT)

GB/T 5169.29—2008　电工电子产品着火危险试验　第 29 部分:热释放　总则(IEC 60695-8-1:2008,IDT)

IEC 60695-5-1:1993　着火危险试验　第 5-1 部分:燃烧流潜在腐蚀损害评定

IEC 61100:1992　绝缘液体按燃点和净热值分级

ISO/IEC 13943:2000　消防安全　词汇

ISO 2592:2000　闪点和燃点的测定　克利夫兰开口杯法

3　术语和定义

GB/T 5169.1—2007 和 ISO/IEC 13943:2000 给出的术语和定义适用于本部分。

4　绝缘液体分级

绝缘液体已在 IEC 61100:1992 中根据燃点和净热值(燃烧的净热)分级,如表 1 所示。

表 1　绝缘液体分级

燃点		净热值 （完全燃烧的净热）	
O级	≤300 ℃	1级	≥42 MJ/kg
K级	＞300 ℃	2级	＜42 MJ/kg ≥32 MJ/kg
L级	不可测量的燃点	3级	＜32 MJ/kg
举例：矿物变压器油（IEC 60296）分级为O1级。			

5　含有绝缘液体的电工设备的类型

绝缘液体用于以下设计：

——变压器和电抗器；

——电容器；

——电缆；

——套管；

——开关设备；

——各种电源电子设备（其他一些电工应用中，绝缘液体少量用作绝缘而主要用作冷却液）。

在许多情况下，设计时可使用固体或气体绝缘材料替换液体绝缘材料。本部分不论述这些选择的相对优点和缺点。

6　着火参数

以下是与绝缘液体起燃和燃烧相关的主要参数。

6.1　起燃性

起燃性可依据 ISO 2592:2000 中描述的燃点来测定。

6.2　燃烧特性

应考虑燃烧流对着火负载和着火危险的影响。即使绝缘液体不燃烧，也要考虑在火情中可能引发的非燃烧流造成的危险。

6.2.1　对着火发展和着火总负载的影响

重要的参数是燃烧热值（净热值）、热释放速率和气化的热量。

6.2.2　燃烧流和非燃烧流

重要的参数是不透明度、腐蚀性和毒性。

7　火情

含有绝缘液体的电工设备的火情说明如下。这些火情尤其与变压器（应用绝缘液体的主要产品）以及在某些状况下的其他类型的电工设备有关。

应按照 GB/T 5169.2—2002 评定着火危险。

对于含有绝缘液体的电工设备，应考虑起因和受害两种火情。

在起因火情中，着火是因电工设备内部故障引起。在受害火情中，绝缘液体影响到外部起火的着火负载。

7.1　起因火情

应考虑：

a) 在过载条件下设备的绝缘液体是否会被加热至燃点。如果暴露于外部引燃源,可能导致起火。

b) 非受控的内部高能量电弧是否会导致起火。

这样就可能产生足以使电工设备中的绝缘液体容器破裂的内部压力。之后液体喷出,通常喷雾状的液体可能被电弧点燃。喷雾在短时间内剧烈燃烧,但是在电工设备的底部形成液池就可能燃烧或不燃烧。有关O1级绝缘液体的经验表明,液池火灾的燃烧造成的损害最大,但已经报告K级液体没有液池火灾。

K级绝缘液体(已知的不易燃绝缘液体)的试验说明,即使喷雾以这种方式起燃,产生的液池也会迅速终止燃烧。这主要是由于这种液体的高燃点。然而,矿物油(O1级)更可能以液池火灾的方式持续燃烧。因此,与着火损害有关的许多信息应用于O1级液体。

氯化联苯(见附录A)的特性类似于K级绝缘液体。尽管氯化联苯被定级为L级,喷雾和溶解气体可起燃。而形成的液池不会持续燃烧。

对于各种电工设备而言,由于技术和/或经济方面的原因,O1级绝缘液体几乎一直在使用。因此应通过电工设备的合理设计和安全定位来提供防火保护,其中包括物理和电气控制装置(见附录B)。

K级绝缘液体防护措施的严格程度低于O级绝缘液体(见附录A和附录C)。

绝缘液体主要用于变压器。以下列出的主要和次要火情,适用于变压器和其他种类型的含有绝缘液体的电工设备。

应该对人类防御含有氯化联苯或被多氯联苯污染的矿物油的设备产生的燃烧流或非燃烧流做出防护规定。应按照地区法规识别和处理这些设备,并终止使用。这点很重要,因为无论载液是否燃烧,如果热分解,氯化联苯都呈现毒性。

7.1.1 着火的主要起因

a) 容器损坏导致较多液体的泄漏;

b) 未发现的泄漏导致循环不足,结果产生过热和液体性质的改变,最终因被暴露导体产生的电弧而发生故障;

c) 因瞬时高压、闪电或开关冲击导致在输入高压终端之间产生的高能量电弧;

d) 高压线圈中心的低量级故障导致击穿和液体分解成为易燃气体;

e) 去除故障的保护失效,导致严重过热和线圈故障;

f) 分接开关故障——失效可能会波及到变压器;

g) 过热连接的绝缘套管故障,造成绝缘体破裂。过热连接处液体缓慢流出,如果未发现,可能会发展成较严重火灾;

h) 电缆箱故障——电缆箱是复合绝缘或充油绝缘。绝缘的失效可能产生相位之间的电弧,从而产生的高压可能造成电缆箱爆裂;

i) 充油电缆失效。

7.1.2 重要火情

a) 在过载或分解产生气体的条件下,容器内部压力因热膨胀而增大;

b) 压力安全阀释放出的流体或蒸汽;

c) 容器较小的破裂,导致液体喷射;

d) 着火对连接电缆的损坏,导致短路。

7.1.3 次要火情

a) 过热的连接导致绝缘体破裂;

b) 过热的连接引起绝缘液体的缓慢流出。如果未发现,可能会成为着火的原因,这取决于液体的燃烧特性。

尽管导致装有绝缘液体电工设备起火的故障是罕见的,但明显的是,传输高能量电能和容纳大量易燃固体和/或液体绝缘材料的所有设备都存在理论上的着火危险。

采用良好的预防措施，造成的损害通常较小并限制在容器内，可能会喷出少量液体。

7.1.4 起燃和燃烧的方式

矿物油油浸变压器的使用经验表明，如果变压器容器因高能内部电弧引起灾难性的故障而破裂，绝缘液体会以喷雾状喷射出来。这种喷雾在短时间内剧烈燃烧，并且对变压器本身会造成损害，除此之外，在多数记录的事件中，油池燃烧的高热释放速率对总的火灾损害有相当大的影响。

出于这个原因，液池火灾的可能性是必须特殊考虑的问题。

7.1.5 燃烧喷雾

如上所述，喷雾仅在短时间内会剧烈燃烧。因为大多数电工设备中的容器仅有限定的耐压能力，所以采用对比的方法限定压力，例如液压对比。

7.1.6 热表面起燃

电工设备外部大电流连接故障，会导致局部高温，可能会超过500 ℃。如果绝缘液体从电工设备中泄漏并流过这样的过热表面，绝缘液体可能会起燃。这将取决于表面温度、液体的起燃温度和流动的速度。

7.2 受害火情

外部着火开始时电工设备可能会被卷入的情况在考虑中。这些情况可能包括因建筑物倒塌造成容器损坏和液体流出成池而可能起燃。

另外一种受害火情是交互火灾，火灾开始于邻近的电工设备，如连接电缆、电容器和开关设备。

应该考虑绝缘液体可能暴露于外部火灾的可能性，液体是否全部装入电工设备内，或设备物理损坏后液体是否会流出。重要的参数是绝缘液体的起燃性、(如果起燃)热释放和燃烧及非燃烧流对着火危险的影响。在受害火情中，K级(不易燃的)绝缘液体与外部火焰接触起燃并继续燃烧时的温度必定高于O级绝缘液体。在起因火情中，也应记录有关的不易燃的绝缘液体。

8 防火保护措施

防火保护措施说明如下：

a) 对于保留在电工设备内部的液体，应考虑到其使用时的热膨胀；

b) 预备保留任何流出的液体，采用容器或隔离壁；

c) 距离最近的建筑物(对于室外的安装来说)要有足够的距离；

d) 使用防火屏障或防火室；

e) 温升过高启动灭火器；

f) 用减压阀启动断路器；

g) 过电流保护；

h) 快速短路保护。

附录B对此作了详细说明。某些保护措施由相关机构来规定。

对于安装在特殊着火危险区域(例如建筑中)的电工设备，对于不易燃的液体不要求采用很严酷的措施。

电工设备含有的绝缘液体数量在规定的最小值(通常大约是4 L)以下时，即使是O级液体，亦可免除这些规定中的许多限制。在受害火情中，少量的绝缘液体仅对总着火负载提供一个小的增量。

然而，如果容器因内部的高能量电弧而破裂并且喷射出燃烧的液体，含有O级绝缘液体的电工设备依然会是着火的一个原因。电容器、较小的变压器和开关设备易于出现这种情况。应该注意的是，变压器通常内置固定减压装置以避免容器破裂，如果熔断器或其他保护措施不能熄灭内部电弧，没有这种减压装置的电工设备就会破裂。

附录B和附录C给出了更多的资料。

9 选择试验方法要考虑的因素

9.1 原则

选择的试验方法和限定值应与火情有关(见 GB/T 5169.2—2002)。

为选择最适合特殊用途的绝缘液体进行的型式试验,或对新的绝缘液体进行的分批抽样试验,或对使用过的绝缘液体进行的抽样试验,都应选择试验方法。

9.2 型式试验

9.2.1 燃烧特性

应依据燃点(见 ISO 2592:2000)测定起燃性(起燃的容易程度)。

应依据燃烧热值(净热值)和热释放速率(见 GB/T 5169.29—2008)测定燃料燃烧的着火负载。

应按 IEC 60695-5-1:1993、GB/T 5169.25—2008 和 GB/T 5169.18—2005 中的说明分别测定燃烧流和非燃烧流的腐蚀性、不透明性和毒性特性。

9.2.2 抽样试验

燃点(见 ISO 2592:2000)试验最适合于质量控制。可以同时测定开口杯闪点(见 ISO 2592:2000)。在 IEC 60944[1]和 IEC 61203[2]文献中说明了绝缘液体的维护和样品试验,在余辉时间测取数据。

对于各种电工设备中的绝缘液体来说,便于取样和测量其性能(包括余辉时间的闪点和燃点)是其特殊的优点。对于固体绝缘则是不可能的。

9.2.3 耐电弧试验

对于变压器,评估抵抗持续的低能量电弧,和在变压器油箱不破裂的条件下抵抗规定高能电弧的能力的方法已经制定。这些方法已通过 US 批准机构[3]使用,但还没有制定成为地区标准或国际标准。

9.2.4 引燃源

实验室使用的引燃源与实际火情有关:

a) 电工设备内局部性的内部过热源和起燃;

b) 电工设备和系统因暴露于外部火焰或过热源而起燃。

9.2.5 试验设备

试验设备应有测量液体热释放速率的能力。

试验设备应有对起燃区域的试验样品近似均匀地施加外部热源或火焰的热通量的装置。

有施加热通量装置的试验设备应备有点火器、材料蒸汽/空气混合物。电火花点火器或混合前的气体/空气火焰要符合要求。有火焰冲击的试验设备应有施加均匀火焰的装置。

应有排放所有燃烧流/空气混合物的排气系统和有足够灵敏度的仪器用于以下测量:

a) 氧气的浓度(氧气消耗法);

b) 二氧化碳和一氧化碳(二氧化碳生成法);

c) 可能存在的其他毒性气体;

注:有矿物绝缘油的火灾所产生的燃烧流可能含有丙烯醛、甲醛和多环芳烃。火灾中包含被多氯化联苯污染的绝缘液体,燃烧流可能含有多氯代二苯并二恶英和呋喃。

d) 气体温度(热电偶或热电堆);

e) 压力(燃烧流-空气混合物的总质量流动速度);

f) 烟雾浓度和光学密度;

g) 金属腐蚀。

易燃性试验设备[4]和锥形热量计(ISO 5660-1[5])被推荐为适合的设备类型。

9.2.6 火情试验结果的相对性

因着火而使生命和财产遭受危险是由于热量和燃烧流的释放。

通过测定燃点、热释放速率和燃烧流，可以被评定陷入火灾中的电工设备预期的相对热量和非热量危险，是基于这些原理：

- 燃点越高，越不易起燃；
- 如果起燃发生，热释放速率越低和燃烧流越少，预期的危险和着火强度就越低。

绝缘液体的着火特性取决于液体性质和液体容器的尺寸和几何形状，以及其他可燃材料和热源的存在。

附 录 A
(资料性附录)
绝缘液体的历史

矿物油常被大量用作绝缘液体,已有 100 多年的历史。当高压变压器和电缆发展起来时,在 1890 年首先应用于电工行业。被用来浸渍多孔纸和其他固体绝缘材料,这对提高工作电压去除空气和湿气是必要的,在此期间如果需要也可提供流动的冷却。

今天,用于电气绝缘的矿物绝缘油是含有稳定添加剂的非常精炼的产品,符合关于变压器和开关装置的 IEC 60296[6]和关于有输油管的电缆的 IEC 60465[7]。

植物油(尤其是蓖麻油)也被使用,并且在一些电容器中现在还一直在使用。

大约从 1930 年开始使用氯化联苯,包括多氯联苯,替代安装在室内或其他着火危险场所的变压器中的矿物油。变压器用氯化联苯有不可测量的燃点,因而被看作是不易燃的。可是后来发现,如果变压器破裂随之发生非控制的高能量电弧故障,氯化联苯的喷雾和分解气体仍然能够起燃和短暂燃烧。严重的是氯化联苯的燃烧产物是毒性的,而不可分解的多氯联苯会在环境中长期存留,造成环境危害。进一步使用和制造氯化联苯已经在全世界范围被禁止。

为了替换变压器用氯化联苯,燃点超过 300 ℃的不易起燃的绝缘液体(包括硅树脂、酯和高分子烃)在 1970 年投入使用。这些绝缘液体在高能量电弧变压器的故障中显示的性能类似于氯化联苯。尽管喷射出的喷雾会被分解和被电弧点燃,但仅仅是短时燃烧。

超过 15 000 台的容纳 K 级(不易燃的)绝缘液体的变压器正在使用,有着良好的安全记录。这些 K 级绝缘液体不同于氯化联苯,不会造成类似的环境危害。

直到 1970 年,氯化联苯依然用于电容器。在取消使用之后,改变电容器设计转而采用其他合成液体,特别是低粘性的芳烃类。这些液体一般符合 IEC 60867[8]。不同于氯化联苯,这些低粘性合成芳烃类液体的燃点大约在 165 ℃。

电缆用绝缘液体最初以矿物油为主,但是从 1960 年以后也开始使用合成芳香烃类液体。

在 1992 年,IEC TC 10 出版了 IEC 61100:1992,根据燃点和净热值(净燃烧热)对绝缘液体分级。

目前正在使用的超过总数 90%的绝缘液体是易燃的 IEC 61100:1992 中的 O1 级。包含各种绝缘液体的电工设备的防火安全记录一般是良好的。有一些包括 O1 级液体的严重事件,但值得注意的是,容纳以此分级的矿物油的数百万台变压器正在全球使用,而这样的事件是罕见的。在严重的火灾事故中 L3 级绝缘液体也被涉及,主要由于随之发生的环境污染和清除费用。

由于这些原因,着火危险分析和适当的保护措施是非常重要的。

附　录　B
（资料性附录）
火灾的预防和保护措施

以下这些措施特别适合变压器，通常也适合其他一些充液装置。这些措施的应用还取决于电工设备的特殊类型和绝缘系统、使用场所的着火危险评定和有关地区和/或国家的防火安全法规。

B.1　物理措施

a）　使用压力释放装置；

注：压力释放装置仅能对高能量故障提供有限的保护，尽管在爆炸的情况下可以预防冲击波，但在低能量受灾火情故障中可以提供良好的保护。

b）　容器爆裂强度要求；

c）　防火屏障；

d）　变压器周围和下方的液体受限区域；

e）　安装在地下室；

f）　自动灭火器；

g）　适应因温度上升或气体生成引起膨胀的波纹容器；

h）　氮气（或其他惰性气体）层。

B.2　化学措施

a）　使用不易燃或高燃点的液体；

b）　绝缘液体最低击穿电压的要求。

B.3　电气措施

a）　内部或外部的电力熔断器；

b）　内部或外部的限流熔断器；

c）　其他内部或外部的过电流限制装置。

B.4　感应装置

a）　线圈或绝缘液体温度报警和跳闸装置；

b）　超压报警和跳闸装置；

c）　气体探测继电器。

B.5　保养和检查

a）　设备的外观检查；

b）　设备和绝缘液体的电气检测；

c）　对于绝缘液体、固体绝缘和电工设备的劣化现象，进行绝缘液体的化学检测；

d）　溶解气体分析（DGA）；

e）　新的或已用绝缘液体的多氯联苯（PCB）含量分析；

注：受 PBC 污染的油和绝缘液体，其燃烧流可能含有毒的呋喃和二恶英。无法精确地知道绝缘液体中 PCB 的含量超过指标，而这种情况是可能发生的。通常要考虑可接受的含量指标应与地区和/或国家法规规定的流入环境指标一致。当这些含量超过指标时，消防员需要特殊的保护措施并要净化火灾后的环境。

f）　与制造商一起重审设备设计（这些电工设备在使用中有着火和爆炸的倾向）。

附 录 C
（资料性附录）
变 压 器

选择特定用途的变压器取决于许多因素。工作电压在 33 kV～400 kV 及以上范围的大功率变压器都装满了高度精制矿物油。这些变压器总是安装在户外，其竖立机座设计成用填满的卵石来容纳泄漏的油。使用这种方法，产生液池火灾的可能性是很小的。

这种类型的变压器配有过电流保护和防止故障性接地、差动保护、绕组温度保护和油温报警和跳闸装置。配有油位报警和跳闸装置的储油器的变压器，如果发生气体生成故障或液体泄漏故障，瓦斯气体和浪涌即启动继电器报警和跳闸。

大功率变压器装有带负载抽头转换开关，这些复杂开关装置的内部故障可能会损坏变压器。

户外变压器的安装要远离建筑物，并要保护公共场所的通道。另外可以安装防水防火保护系统。

许多大功率变压器安装在噪声控制罩内，通常是坚固的混凝土或砖结构，也有助于防火。

多个变压器通常用防爆墙隔开，防止发生一个变压器影响相邻变压器的灾难性故障。

100 kVA～1 000 kVA 范围的公共配电变压器注满矿物油，在户外用钢材、混凝土或玻璃钢遮蔽防护，或安装在建筑物中指定的安全变电站内。

二级分配系统带有限定短路时间的熔断器和断路器，万一发生内部故障，断路器或高速熔断保护会迅速断开电源。

对于户内安装，需要有液体保存设备，最低限要有适用于电气火灾的轻便灭火器。在建筑物内使用注满矿物油的变压器，趋向于限制特别指定区域，例如地下室或停车场，这样的地方陷入建筑物火灾的可能性较小。

在有重大着火危险的场所使用 500 kVA～2 000 kVA 范围的工业用变压器，可规定要注满燃点高于 300 ℃的 K 级防火液体。这些变压器安装在建筑物外面或指定的变电站里面。

这种类型的变压器通常是密封的，箱体可以是波纹扩展型或者有充满氮气的顶部扩展空间。

除此之外，标准的电气保护，箱体可装有一个减压阀来释放故障产生的气体并且断开输入电源。

在公共建筑内部，尤其是高层建筑或预期有大量人群聚集的地方，防火性能成为最重要的问题。尤其在欧洲，依靠当地的法规和惯例，有时宁愿选择不需要绝缘液体存留装置的干式变压器。必须详细考虑国际惯例变化和每一种特殊绝缘。

以上简略的提示，意在给出不同类型的变压器的防火通用导则，但是为了确保做出最佳选择，通常必须详细考虑每一种特定的用途，同一项工程中，不同的用途和环境通常使用不同类型的变压器。

有关变压器防火性能和实例的几个标准和技术论文包括：IEC 60076-8 [9]，IEC 61330 [10]和 ISO 14000 [11]。

附 录 D
（资料性附录）
电力电容器

报告表明，火灾很少是由充满绝缘液体的高压电容器组引起的，部分原因是由于外部或内部熔断器、快速启动继电器或浪涌放电器很好地保护了电容器。

多数故障并不导致火灾，变电站中的电容器组用栅栏防护，电容器单元应分开。

然而，应特别注意安装时氯代联苯充液电容器是否靠近可能引起火灾或扩大火灾的一些设备，因为氯化联苯热分解后会产生高毒性燃烧流。

每个电容器单元只包含少量绝缘液体，绝缘液体只有很少量(标准量10%～20%)的自由液体，自由液体会流出并促成液池火灾。在许多低压应用中，充液电容器的电容器组安装在工业或商贸建筑中。对于这种安装，电容器组通常位于建筑物中限制接近并且是受害电容器对火灾影响最小地方。

附 录 E
（资料性附录）
电 缆

E.1 一般要求

主要是纸绝缘的所有电缆必须用绝缘液体浸渍。浸渍的主要功能是：

- 构成油/纸电介质绝缘的一部分。防吸水的金属套管是必要的；
- 在设计的高电介质应力(例如可能导致故障的抑制放电)下运行的电缆的全部工作条件下，用液体增压排出充气空间；
- 在某种程度上提高绝缘体的导热性，使电缆额定电流值最大化。

带有固体绝缘的电缆越来越多地被指定用于新的安装，但是大量浸渍电源电缆在全世界装设，并且预期继续使用许多年。对于某些用途，例如海中配电和额定电压在275 kV以上的系统，浸渍纸依然是首选的绝缘介质。通信电缆也可以包含浸渍，例如阻止纵向水渗透的矿脂。

电源电缆浸渍剂可分为以下类型：

a) 仅在工作温度(例如在80 ℃)以上时为液体，但在环境温度和工作温度下为固体。这些液体具有标准的220 ℃以上的开口杯闪点(见ISO 2592:2000)，用于设计运行达到AC 33 kV的电缆。这些电缆被形容为不滴流电缆，用于城市区域配电，供应于服务业和工业。在火灾情况下，由于重力和热膨胀，浸渍剂会流出，但不会提供持续的可燃液体燃料源；

b) 高粘度液体(例如在环境温度下粘度大于10 000 mm^2/s)在工作温度也很粘，但在刚好高于工作温度时为中粘度(例如粘度小于100 mm^2/s)。这些液体具有标准的220 ℃以上的开口杯闪点，用于一些旧式设计的城市和工业配电用的电缆，电压达到33 kV，有些达到500 kV。在火灾情况下，液体因重力和膨胀会流出，但不会提供持续的可燃液体源；

c) 在环境温度和工作温度下的中粘度液体(例如粘度大于1 000 mm^2/s)，在较高的温度下为低粘度，标准的开口杯闪点在200 ℃以上。这些液体可用于填充管式电缆(见IEC 60141-1[12])，可在高达DC 500 kV电压下运行，实际上纸浸渍剂有更高的粘度(例如粘度大于3 000 mm^2/s)。这种电缆用泵进行有效增压，因此如果电缆管在进入连接箱处破裂，液体会流入外部火灾，直到通过安全开关使泵不作用，或直到液体自由体积被耗尽为止；

d) 低粘度液体(例如在环境温度和工作温度下粘度小于15 mm^2/s)，标准的开口杯闪点在120 ℃以上。这些液体用在AC 33 kV～500 kV的城市电缆中。在外部火灾中，绝缘液体在储液器的压力下会排出，直到可容纳数百升液体的储液器排空；

e) 较低粘度液体(例如在环境温度下粘度小于5 mm^2/s)，标准的开口杯闪点大约在115 ℃。这些液体用于超长的交流和直流海底电缆。真空条件下储液器包含数十立方米的空间。水压可在20 bar～25 bar范围。

这些浸渍剂大多数是碳氢化合物，因此是易燃的。除了那些暴露于大气的场所，如连接间和连接箱、隧道、井筒或升降器、未填满的管道或建筑内部(如转换站)，埋地电缆的着火危险受到控制。但是，在这样的场所电缆最可能卷入火灾，后果也最严重。在着火危险相对高的场所，有些电缆用高闪点和高燃点的硅树脂液体浸渍，以减少同碳氢化合物电缆绝缘液体[13]相关的着火危险。这样的电缆不能普遍使用，原因是绝缘液体相对的高成本和特殊的制作和加工要求。通信电缆中的凝胶的基本材料为碳氢化合物或硅树脂。

E.2 通信电缆

用于有金属导体或光纤的通信电缆的浸渍剂，在环境温度(通常也是工作温度)下是粘胶状态，但在较高的温度下可能是液体。其标准的开口杯闪点高于 200 ℃。在外部火灾中，如果电缆套破裂和浸渍剂液化，液体因重力或膨胀会流出，但不会提供持续的可燃液体源。

E.3 水封剂电缆

为了防火安全，有固体绝缘、凝胶或油脂用于水封的通信电缆和电源电缆，可用完整电缆进行测试。水封剂在可能达到的工作高温度（典型为 80 ℃）下不应液化。

E.4 电缆终端

较高电压的电缆终端，可在陶瓷或复合材料的外壳中包含约 100 L 的低粘度或较低粘度的液体。

附 录 F
（资料性附录）
套 管

为了将着火危险减到最小，应提出特别注意变压器的套管、护罩和HV（高压）导线。虽然这些组件通常只是由附件构成，但它们是注满O1级（IEC 61100:1992）绝缘液体（矿物油）的变压器陷入火灾（约80%）的主要起因。

套管失效通常导致瓷散落、破裂和破碎，越过较宽的区域。通过裂开或断开的套管喷入周围大气环境的油，可能被故障伴随的电弧点燃。

如果故障是在套管的上部，与高压套管相比，通常只会引起相对小的火灾，不会进一步蔓延。然而，高压套管或高压导线的破损会导致套管和箱体之间的连接断裂、转动架或甚至箱体本身断裂，随着更剧烈的喷射燃烧，油箱大量的油卷入汇聚成火灾。在最极端的情况下，随着套管的爆炸，会看到大约高于变压器5倍的火球。

但是对此进行观察，只有少数变压器故障会导致火灾（根据一份报告[14]，标准的比例在13%以下）。

由于这些设备的尺寸和位置的原因，要实施在使用中预防高压套管着火和爆炸的物理保护措施，通常是困难或不可能的。当一种特殊类型的套管倾向于发生这样的故障时，通常首先限制该场所入口，然后与制造商讨论更改设备的设计，以改善安全性和可靠性。

变压器套管和变压器箱中的矿物油，通常都是IEC 61100:1992中相同的等级（例如O1级）。但是牌子可以不同，尤其是在制造商更换套管准备注满油时。

当套管在其他设备（见附录A）中使用，但仅是在小比例（小于10%）的设备中使用，K级液体（IEC 61100:1992）着火危险最小。

附 录 G
（资料性附录）
开 关 设 备

本附录适用于充油断路器、充油开关和带负荷的变压器分接头切换装置，通常充满 O 级(IEC 61100)绝缘液体(矿物油 IEC 60296[6])的所有开关。实际上，这 3 种类型的安全记录全部良好，故障率很低。在某些领域，特别是断路器，新技术允许油的替换，使得断路器可以继续使用一段时间。

这些开关设备的每种类型仅包含少量的绝缘液体，在一场火灾事故中，在受害情况下会对火灾总负荷起到小的作用。然而分接头切换装置连接在变压器上，故障会导致变压器中大量的油起燃。

断路器和开关的主要危险是成为火灾的起因，例如因设备内部的绝缘失效，难于控制的高能量电弧最可能引起火灾。为了减小这种危险，重要的是保持结构中使用的液体绝缘和固体绝缘的双重电气绝缘性能。

这种用途的矿物油应符合 IEC 60296[6]，尤其是应该纯净，没有沉淀物和悬浮物，尤其是纤维性材料。油在使用前还应去湿，以保证高电阻率。

在理想的条件下，充油设备是封闭的，与环境隔离。然而，大部分充油开关设备是自由通风的，容器中油的水分含量会与环境达到平衡。部分设计者和制造商必须特别注意所有固体绝缘和油之间的工作协调性。

设备的污染可能发生在使用中，操作者必须建立检验和维护程序，这些程序还必须使设备污染和任何一次替换所用油的污染减少到最小。

如果开关设备内部的油成为严重污染，就会发生电气故障，以油中电气短路的形式，或更加常见的在油和固体绝缘之间越过连接。这些短路故障电流很大，备用电气保护限制其持续时间。然而，邻近短路电弧的油可能蒸发，从而产生足够的可燃气体，导致灾难性故障。为减少人员和周围建筑的风险，在变电站设计阶段就要给出安全方面的考虑。

参 考 文 献

[1] IEC 60944:1988,Guide for the maintenance of silicone transformer liquids

[2] IEC 61203:1992,Synthetic organic esters for electrical purposes—Guide for maintenance of transformer esters in equipment

[3] HALLERBERG,P. E. ,Less-flammable liquids used in transformers,Underwriters Laboratories Inc. IEEE Industrial Applications Magazine,Vol. 5,No. 1,January 1999

[4] TEWARSON,A. and FION,R. F. ,A laboratory scale test method for the measurement of flammability parameters,Factory Mutual Corporation Technical Report 22524,(1979)

[5] ISO 5660-1:1993,Fire tests—Reaction to fire—Part 1:Rate of heat release from building products—(Cone calorimeter method)

[6] IEC 60296:1982,Specification for unused mineral insulating oils for transformers and switchgear

[7] IEC 60465:1988,Specification for unused insulating mineral oils for cables with oil ducts

[8] IEC 60867:1993,Insulating liquids—Specifications for unused liquids based on synthetic aromatic hydrocarbons

[9] IEC 60076-8:1997,Power transformers—Part 8:Application guide

[10] IEC 61330:1995,High-voltage/low voltage prefabricated substations

[11] ISO 14000,Environmental management systems

[12] IEC 60141-1:1993,Tests on oil-filled and gas-pressure cables and their accessories—Part 1:Oil-filled paper or polypropylene paper laminate insulated,metal-sheathed cables and accessories for alternating voltages up to and including 500 kV

[13] LANFRANCONI G. M. ,VERCELLIO,CIGRE,B. ,Fire-retardant oil-filled cables,paper 21-11,1986

[14] FOATA,M. ,Power transformer tank rupture,Proceedings of the Annual Meeting of the Canadian Electrical Association,Toronto,1994

[15] IEC 60055-1:1997,Paper-insulated metal-sheathed cables for rated voltages up to 18/30 kV(with copper or aluminium conductors and excluding gas-pressurised and oil-filled cables)—Part 1:Tests on cables and their accessories

[16] IEC 60695-6-30:1996,Fire hazard testing—Part 6:Guidance and test methods on the assessment of obscuration hazards of vision caused by smoke opacity from electrotechnical products involved in fires—Section 30:Small scale static method—Determination of smoke opacity—Description of the apparatus

[17] IEC 60708-1:1981,Low-frequency cables with polyolefin insulation and moisture barrier polyolefin sheath—Part 1:General design details and requirements

[18] IEC 60794-1-1:2001,Optical fibre cables—Part 1-1:Generic specification General

[19] IEC 60836:1988,Specifications for silicone liquids for electrical purposes

[20] IEC 60963:1988,Specification for unused polybutenes

[21] IEC 61099:1992,Specifications for unused synthetic organic esters for electrical purposes

[22] IEC 61144:1992,Test method for the determination of oxygen index of insulating liquids

[23] IEC 61197:1993,Insulating liquids—Linear flame propagation—Test method using a glass-fiber tape

[24] IEC 62271-105: 2002, High-voltage switchgear and controlgear—Part 105: Alternating current switch-fuse combinations

[25] IEC Guide 104:1997, The preparation of safety publications and the use of basic safety publications and group safety publications

[26] ISO/IEC Guide 51:1999, Safety aspects—Guidelines for their inclusion in standards

[27] CHAN, J. C. McALISTER, R. C. and COMETA, R. Flame-retardant Insulating Liquids for Oil—Paper Power Cables. IEEE International Symposium, Boston, USA, 1988

[28] DIRNBOCK, J., PREISS, P. and SCHIFFER, Der Silicontransformator im Brandgeschehen, R. S. ETZ No. 16, 1984

[29] FALTERMEIER, J. F and GUILBERT, B. Trafos in der Feuertaufe, Betriebs Technik, August 1990

[30] GIFFORD, L. N. and ORBECK, T. Evaluation of the long-term capability of a high-temperature insulation system using silicone liquid as a dielectric coolant, IEEE transactions. Industrial applications 1984

[31] GUILBERT, B. and FALTERMEIER, J. F. Un nouveau transformateur HTA/BT pour les réseaux ruraux de distribution publique Revue génerale d'électricité, December 1992, No. 11

[32] NORTHRUP, S. D. The evaluation of less-flammable transformer liquids, 5th BEAMA International Electrical Insulation Conference, 1986

[33] PECK, G. C. Fire and explosion hazards of liquid-filled electrical equipment. Part 1, An overview. Part 2, Distribution transformers. The Insurance Technical Bureau (London). Publication R84/148, 1984

[34] VUARCHEX, P. Huiles et liquides isolants, Techniques de l'ingénieur, June 1995

[35] WADDINGTON, F. B. A new synthetic ester fluid for transformers, Proceedings IEEE/NEMA Electrical/Electronic Insulation Conference, Boston, USA, 3-11 1979, pp 211-213

[36] WILSON, A. C. M. Insulating Liquids: their use, manufacture and properties, Peter Peregrinus Ltd., 1980

[37] Requirements and tests applicable to fire-resistant hydraulic fluids used for power transmission and control, Doc. No. 6746/10/91/EN, April 1994. European Commission

[38] YASHIDA et al., Evolution of power capacitors as a result of new material development, CIGRE Report 15. 01, 1980

[39] Modern power transformer practice, (Editor: R. Feinberg). John Wiley and Sons, New York, 1979

[40] PCB Capacitor fire at IREQ's high-voltage laboratory and subsequent decontamination, Proceedings 1985 EPRI PCB Seminar. Report CS/EA/EL-4480. pp 9-17 to 9-20, 1986

[41] AEIC C52-82, Specifications for impregnated-paper insulated cable, pressure type

[42] CENELEC HD 637 S1, Power installations exceeding 1 kV a. c., 1999

[43] NFC 17300 Conditions d'utilisation des diélectriques liquides. Première partie; Risquesd'incendie

[44] NFPA 70, National Electrical Code®—1999 Edition, Copyright 1998, National Fire Protection Association, Quincy, Massachusetts, USA

[45] IEEE Std 241—1990 Recommended Practice for Electric Power Systems in Commercial Buildings

[46] IEEE Std 1221—1993 Guide for Fire Hazard Assessment of Electrical Insulating Materials in Electrical Power Systems

[47] Factory Mutual Loss Prevention Data Sheet. Transformers (5-4) (14-8) January 1997

[48] Factory Mutual Approval Standard 6933. Less—Flammable Transformer Fluids,1979

[49] Review on Insulating Liquids. CIGRE WG 15.02. April 1997

[50] DICKSON,M. R. The low-flammability transformer,ERA Report 87-0021,1987

ICS 29.020
K 04

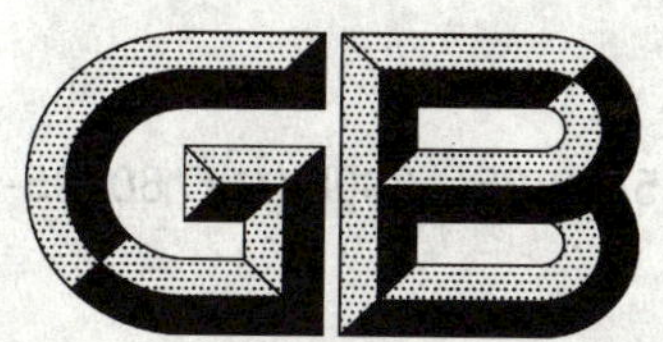

中华人民共和国国家标准

GB/T 5169.25—2008/IEC 60695-6-1:2005

电工电子产品着火危险试验 第25部分:烟模糊 总则

Fire hazard testing for electric and electronic products—Part 25:Smoke obscuration—General guidance

(IEC 60695-6-1:2005,Fire hazard testing—Part 6-1:Smoke obscuration—General guidance,IDT)

2008-12-30 发布 2009-10-01 实施

中华人民共和国国家质量监督检验检疫总局
中国国家标准化管理委员会 发布

前言

GB/T 5169《电工电子产品着火危险试验》分为以下部分:

——GB/T 5169.1—2007 电工电子产品着火危险试验 第1部分:着火试验术语(IEC 60695-4:2005,IDT)

——GB/T 5169.2—2002 电工电子产品着火危险试验 第2部分:着火危险评定导则 总则(IEC 60695-1-1:1999,IDT)

——GB/T 5169.3—2005 电工电子产品着火危险试验 第3部分:电子元件着火危险评定技术要求和试验规范制订导则(IEC 60695-1-2:1982,IDT)

——GB/T 5169.5—2008 电工电子产品着火危险试验 第5部分:试验火焰 针焰试验方法 装置、确认试验方法和导则(IEC 60695-11-5:2004,IDT)

——GB/T 5169.7—2001 电工电子产品着火危险试验 试验方法 扩散型和预混合型火焰试验方法(idt IEC 60695-2-4/0:1991)

——GB/T 5169.9—2006 电工电子产品着火危险试验 第9部分:着火危险评定导则 预选试验规程的使用(IEC 60695-1-30:2002,IDT)

——GB/T 5169.10—2006 电工电子产品着火危险试验 第10部分:灼热丝/热丝基本试验方法 灼热丝装置和通用试验方法(IEC 60695-2-10:2000,IDT)

——GB/T 5169.11—2006 电工电子产品着火危险试验 第11部分:灼热丝/热丝基本试验方法 成品的灼热丝可燃性试验方法(IEC 60695-2-11:2000,IDT)

——GB/T 5169.12—2006 电工电子产品着火危险试验 第12部分:灼热丝/热丝基本试验方法 材料的灼热丝可燃性试验方法(IEC 60695-2-12:2000,IDT)

——GB/T 5169.13—2006 电工电子产品着火危险试验 第13部分:灼热丝/热丝基本试验方法 材料的灼热丝起燃性试验方法(IEC 60695-2-13:2000,IDT)

——GB/T 5169.14—2007 电工电子产品着火危险试验 第14部分:试验火焰 1 kW标称预混合型火焰 装置、确认试验方法和导则(IEC 60695-11-2:2003,IDT)

——GB/T 5169.15—2008 电工电子产品着火危险试验 第15部分:试验火焰 500 W火焰 装置和确认试验方法(IEC/TS 60695-11-3:2004,IDT)

——GB/T 5169.16—2008 电工电子产品着火危险试验 第16部分:试验火焰 50 W水平与垂直火焰试验方法(IEC 60695-11-10:2003,IDT)

——GB/T 5169.17—2008 电工电子产品着火危险试验 第17部分:试验火焰 500 W火焰试验方法(IEC 60695-11-20:2003,IDT)

——GB/T 5169.18—2005 电工电子产品着火危险试验 第18部分:将电工电子产品的火灾中毒危险减至最小的导则 总则(IEC 60695-7-1:1993,IDT)

——GB/T 5169.19—2006 电工电子产品着火危险试验 第19部分:非正常热 模压应力释放变形试验(IEC 60695-10-3:2002,IDT)

——GB/T 5169.20—2006 电工电子产品着火危险试验 第20部分:火焰表面蔓延 试验方法概要和相关性(IEC/TS 60695-9-2:2001,IDT)

——GB/T 5169.21—2006 电工电子产品着火危险试验 第21部分:非正常热 球压试验(IEC 60695-10-2:2003,IDT)

——GB/T 5169.22—2008 电工电子产品着火危险试验 第22部分:试验火焰 50 W火焰 装

置和确认试验方法(IEC/TS 60695-11-4:2004,IDT)

——GB/T 5169.23—2008 电工电子产品着火危险试验 第23部分:试验火焰 管形聚合材料500 W垂直火焰试验方法(IEC/TS 60695-11-21:2005,IDT)

——GB/T 5169.24—2008 电工电子产品着火危险试验 第24部分:着火危险评定导则 绝缘液体(IEC/TS 60695-1-40:2002,IDT)

——GB/T 5169.25—2008 电工电子产品着火危险试验 第25部分:烟模糊 总则(IEC 60695-6-1:2005,IDT)

——GB/T 5169.26—2008 电工电子产品着火危险试验 第26部分:烟模糊 试验方法概要和相关性(IEC/TS 60695-6-2:2005,IDT)

——GB/T 5169.27—2008 电工电子产品着火危险试验 第27部分:烟模糊 小规模静态试验方法 仪器说明(IEC/TR 60695-6-30:1996,IDT)

——GB/T 5169.28—2008 电工电子产品着火危险试验 第28部分:烟模糊 小规模静态试验方法 材料(IEC/TS 60695-6-31:1999,IDT)

——GB/T 5169.29—2008 电工电子产品着火危险试验 第29部分:热释放 总则(IEC 60695-8-1:2008,IDT)

——GB/T 5169.30—2008 电工电子产品着火危险试验 第30部分:热释放 试验方法概要和相关性(IEC/TS 60695-8-2:2008,IDT)

——GB/T 5169.31—2008 电工电子产品着火危险试验 第31部分:火焰表面蔓延 总则(IEC 60695-9-1:2006,IDT)

本部分为GB/T 5169的第25部分。

本部分等同采用IEC 60695-6-1:2005《着火危险试验 第6-1部分:烟模糊 总则》(英文版),但按GB/T 20000.2—2001《标准化工作指南 第2部分:采用国际标准的规则》中4.2 b)和5.2的规定作了少量编辑性修改。

本部分的附录A、附录B和附录C为资料性附录。

本部分由全国电工电子产品着火危险试验标准化技术委员会(SAC/TC 300)提出并归口。

本部分由广州威凯检测技术研究所负责起草,深圳市计量质量检测研究院、中国电器科学研究院、广东出入境检验检疫局检验检疫技术中心、武汉计算机外部设备研究所、深圳市出入境检验检疫局、中国电子技术标准化研究所等参加起草。

本部分主要起草人:夏庆云、陈兰娟、何益壮、陈灵、武政、张效忠、毕凯军、王忠义。

本部分是首次发布。

引　言

任何电路都需要考虑到着火的危险，元件设计、电路设计、设备设计以及材料选择的目的是为了减少着火的可能性，即使在可预见的非正常使用、故障和失效的情况下也是如此。

最初是火灾受害者的电工电子产品却可能有助于火灾。增加的火灾危险之一是释放烟雾，使人视觉降低和(或)迷失方向而不能从建筑里逃生或影响灭火。

由于烟粒子的光吸收和光散射作用而使能见度降低，使人很难找到出口标志、门和窗。能见度通常是指不能见到目标物的距离。能见度取决于许多因素，但已经确定能见度与烟的消光系数的测量之间有着密切关系(见附录A)。

烟的产生和烟的光学特性如同其他着火特性一样都可以被测量，例如热释放、火焰蔓延、毒气和腐蚀性气体的产生。本部分给出了关于烟模糊的指导文件。

电工电子产品着火危险试验
第 25 部分:烟模糊　总则

1　范围

GB/T 5169 的本部分给出的导则涉及以下几个方面:

a)　烟模糊的光学测量;

b)　光学烟试验方法概况;

c)　选择试验方法时需要考虑的问题;

d)　烟试验数据的表达;

e)　光学烟数据与危险评估的相关性。

2　规范性引用文件

下列文件中的条款通过 GB/T 5169 的本部分的引用而成为本部分的条款。凡是注日期的引用文件,其随后所有的修改单(不包括勘误的内容)或修订版均不适用于本部分,然而,鼓励根据本部分达成协议的各方研究是否可使用这些文件的最新版本。凡是不注日期的引用文件,其最新版本适用于本部分。

GB/T 5169.1—2007　电工电子产品着火危险试验　第 1 部分:着火试验术语(IEC 60695-4:2005,IDT)

GB/T 5169.2　电工电子产品着火危险试验　第 2 部分:着火危险评定导则　总则

GB/T 5169.26—2008　着火危险试验　第 26 部分:烟模糊　试验方法概要及相关性(IEC/TR 60695-6-2:2005,IDT)

GB/T 5169.27—2008　电工电子产品着火危险试验　第 27 部分:烟模糊　小规模静态试验方法　仪器说明(IEC/TR 60695-6-30:1996,IDT)

GB/T 5169.28—2008　电工电子产品着火危险试验　第 28 部分:烟模糊　小规模静态试验方法　材料(IEC/TS 60695-6-31:1999,IDT)

ISO/TR 9122-1:1989　燃烧流的毒性试验　第 1 部分:总则

ISO 5659-2:1994　塑料　产烟　第 2 部分:单箱试验测定光密度

ISO/IEC 13943:2000　消防安全　词汇

3　术语、定义和符号

3.1　术语和定义

GB/T 5169.1—2007、ISO/IEC 13943:2000 及以下术语、定义和符号适用于本部分。

3.1.1

燃烧　combustion

物质与氧化剂进行氧化放热反应

注:燃烧通常放出废水废气并伴随火焰和(或)可见光。

[ISO/IEC 13943:2000,定义 23]

3.1.2

烟的消光面积　extinction area of smoke

烟的消光系数与烟体积的乘积。

注：这是烟量的度量。

[GB/T 5169.1—2007,定义 3.17]

3.1.3

烟的消光系数　extinction coefficient of smoke

烟阻光度的自然对数除以用于测量烟阻光度的光程。

[GB/T 5169.1—2007,定义 3.18]

3.1.4

着火　fire

a)　以放热和生成废水废气为特征的燃烧过程,同时伴有烟和(或)火焰和(或)灼热现象;

b)　在时间和空间上未受控制的快速燃烧蔓延。

[GB/T 5169.1—2007,定义 3.19]

3.1.5

燃烧流　fire effluent

燃烧或热解产生的所有气体、细粒或悬浮微粒。

3.1.6

着火危险　fire hazard

着火造成生命和(或)财产损失的可能性。

[GB/T 5169.1—2007,定义 3.26]

3.1.7

着火模型　fire model

用于模拟真实火灾的某一重要阶段的试验过程,包括试验设备和试验方法。

[GB/T 5169.1—2007,定义 3.29]

3.1.8

火情　fire scenario

对特定场所真实火灾或大规模模拟试验,从起燃前到燃烧结束的一个或多个阶段条件(包括环境条件)的详细描述。

[GB/T 5169.1—2007,定义 3.32]

3.1.9

轰燃　flash-over

在封闭空间内可燃材料的整个表面突然转入着火状态。

[GB/T 5169.1—2007,定义 3.42]

3.1.10

热通量　heat flux

单位面积和单位时间释放、传输或接受的热能的量。

注：用 $W \cdot m^{-2}$ 表示。

[ISO/IEC 13943:2000,定义 85]

3.1.11

起燃　ignition

燃烧的开始。

[ISO/IEC 13943:2000,定义 96]

3.1.12

大规模试验　large scale test

规模超过典型实验室试验台的试验。

[GB/T 5169.1—2007,定义 3.53]

3.1.13

烟的质量光密度　mass optical density of smoke

光密度与因数 $V/(L\times\Delta m)$ 的乘积,V 是试验箱的容积,Δm 是试样的质量损失,L 是光程。

[GB/T 5169.1—2007,定义 3.61]

3.1.14

(烟的)阻光度　optical of smoke

在规定的试验条件下,入射光通量(I)和穿过烟的透射光通量(T)之比(I/T)。

[GB/T 5169.1—2007,定义 3.67]

3.1.15

(烟的)光密度　optical density (of smoke) [lg (I/T)]

烟的阻光度的常用对数[lg (I/T)](参见烟的“比光密度”)。

[GB/T 5169.1—2007,定义 3.68]

3.1.16

实际规模试验　real-scale test

在尺寸和周围环境两方面模拟最终使用状况的试验。

[GB/T 5169.1—2007,定义 3.73]

3.1.17

小规模试验　small-scale test

可以在典型的试验台上进行的试验。

[GB/T 5169.1—2007,定义 3.77]

3.1.18

烟　smoke

由燃烧或热解产生的气体中的固体和(或)液体可见悬浮微粒。

[GB/T 5169.1—2007,定义 3.79]

3.1.19

烟模糊　smoke obscuration

烟的产生使能见度降低。

[GB/T 5169.1—2007,定义 3.80]

3.1.20

烟产生速率　smoke production rate

在规定试验条件下,单位时间内材料燃烧产生的烟的消光面积。

3.1.21

烟释放速率　smoke release rate

参见“烟产生速率”。

3.1.22

烟的比消光面积　specific extinction area of smoke

烟的消光面积除以试验样品的质量损失。

[GB/T 5169.1—2007,定义 3.83]

3.1.23

(烟的)比光密度　specific optical density (of smoke)

光密度乘以一个几何因子 V/AL，这里 V 是试验箱的体积，A 是试验样品的暴露表面积，L 是光程。

注：术语“比”在这里不是指“单位质量”而是指与特殊试验设备和试验样品暴露表面积相关的无量纲的量。

3.1.24

能见度　visibility

规定了尺寸、亮度和对比的物体可以被看到和辨认的最大距离。

[GB/T 5169.1—2007，定义 3.95]

3.2 符号

符号	量	典型单位
A	试验样品的暴露面积	m^2
D	线性十分吸光系数(通常叫做每米的光密度)	m^{-1}
D'	光密度	无量纲
D_{mass}	质量光密度	$m^2\ kg^{-1}$
D_s	比光密度	无量纲
$D_{max}(D_m)$	最大比光密度	无量纲
I	入射光强度	W
I/T	入射光强度与透射光强度的比	无量纲
k	线性内皮尔(Napierian)系数(通常也叫消光系数)	m^{-1}
L	通过烟的光程	m
Δm	试验样品的质量损失	kg
$\dot{m}$	质量损失率	$kg\ s^{-1}$
S	烟的消光面积(即烟总量)	m^2
$\dot{S}$	烟的生成率(消光面积变化率)	$m^2\ s^{-1}$
t	时间	s
Δt	取样的时间间隔	s
T	透射光强度	W
V	烟箱体积	m^3
$\dot{V}$	烟的体积流量	$m^3\ s^{-1}$
σ_f	比消光面积	$m^2\ kg^{-1}$
γ	能见度和消光系数的比例常数	无量纲
ω	能见度	m

注1：这些量的常用对数(例如 D、D'、D_{max}、D_{mass}、D_s)有类似的符号但它们是不同的量，且单位不同。

注2：术语比光密度(D_s)中的“比”不表示“每单位质量”。

4 烟试验方法概况

4.1 火情和着火模型

近年来，在燃烧产物的分析研究上取得了重大的进展。众所周知，燃烧产生的混合物成分主要取决于燃烧物质的性质、主体温度和通风条件，特别是火场上氧气的供给量。表1显示的是随着空气的变化，火焰在不同阶段的情况。为了尽量符合实际规模的火情，用于实验室测试(小规模或大规模)的条件可以从表中推导出来。

着火伴随着一系列复杂的化学和物理现象。因此，很难在一台小型设备中模拟真实着火的各个方面。着火模型的有效性问题对于所有的着火测试可能是一个最复杂的技术问题。

GB/T 5169.2 给出了电工电子产品的着火危险评定总则。

起燃后，环境条件和易燃材料的布置方式可能会导致火势按照不同的方式发展。然而，在室内可以确定火势发展的一般模式，即温度-时间曲线上有三个着火阶段和一个衰退阶段。（见图 1）

阶段 1 为出现连续火焰之前的初始阶段，着火室中温度仅有少量升高。这个阶段的主要危害是产生的火花和烟。阶段 2（燃烧渐强）起始于起燃，终止于着火室温度呈现指数上升。这个阶段的主要危害除了烟之外，还包括火焰蔓延和热释放。阶段 3（充分燃烧）开始于室内所有易燃物的表面分解至火势蔓延整个室内，伴随着温度的快速升高（轰燃）。

阶段 3 的末期，消耗了大量的易燃物和/或氧气，因此温度受系统的通风条件、传热和传质性质影响按一定速率下降，也就是衰退。

每个阶段会形成不同的分解产物混合物，反之，这些混合物又影响到各个阶段产生的烟密度。此外，需要得到相关火情的信息，尤其是热通量，氧气供给量和排烟设施情况。

表 1　着火的一般分级（ISO/TR 9122-1:1989）

着火的阶段		氧气[a]/ %	比值[b] CO_2/CO	温度[a]/ ℃	辐照度[c]/ (kW/m^2)
阶段 1	无焰分解				
	a）　闷烧（自维持）	21	不适用	<100	不适用
	b）　无焰（氧化）	5～21	不适用	<500	<25
	c）　无焰（热解）	<5	不适用	<1 000	不适用
阶段 2	燃烧渐强（有焰燃烧）	10～15	100～200	400～600	20～40
阶段 3	充分燃烧（有焰燃烧）				
	a）　相对弱的通风	1～5	<10	600～900	40～70
	b）　相对强的通风	5～10	<100	600～1 200	50～150

[a] 室内一般环境条件（平均）。

[b] 靠近火的烟流中的平均值。

[c] 试验样品的入射辐照度（平均）。

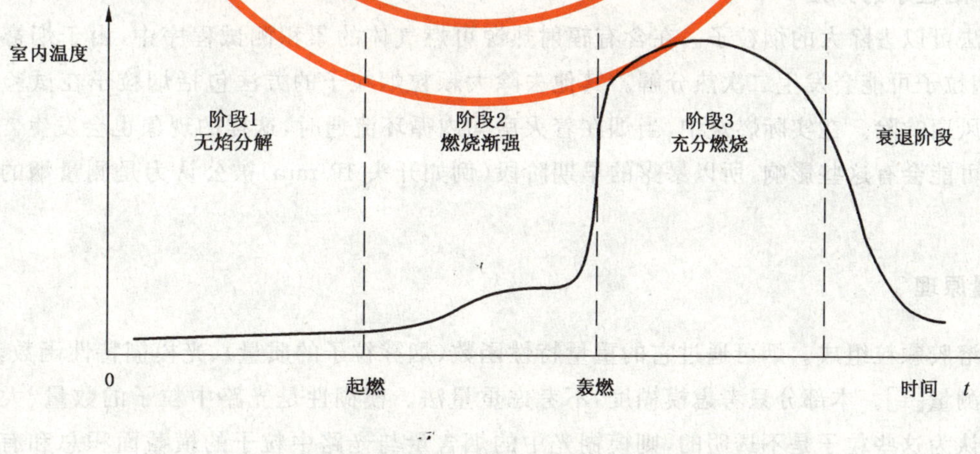

室内温度

阶段1
无焰分解

阶段2
燃烧渐强

阶段3
充分燃烧

衰退阶段

0　　起燃　　轰燃　　时间 t

图 1　室内着火发展不同阶段的示图

4.2 影响烟产生的因素

4.2.1 综述

影响烟的产生和烟的特性因素有很多，虽然不可能对这些特性进行全面的描述，但可了解其中几种重要变量的影响。

4.2.2 分解模式

烟是燃烧的结果，燃烧可以是有焰或无焰，包括闷烧，这些不同的燃烧模式可能产生不同类型的烟。无焰燃烧时，温度的升高促使挥发物的形成。当挥发物与冷空气混合时，会形成球状小滴，呈现明亮的烟气溶胶。有焰燃烧会产生富含碳黑的烟，这种烟中的粒子为不规则形状。有焰燃烧的粒子是在气相中形成的，并且是在氧气含量非常低的区域导致不完全燃烧形成的。烟中的含碳颗粒释放辐射能量(黑体辐射)使烟看起来为黄色。

无焰燃烧产生的球状颗粒大小通常为 1 μm，有焰燃烧的那些不规则的含碳颗粒尺寸虽然更大，但却更难测定，并取决于其测量技术。

通常燃烧木材时有焰燃烧比无焰燃烧产生的烟量要少。然而对于塑料则不能一概而论：有焰燃烧产生的烟量可能少于也可能多于无焰燃烧产生的烟量。因此，测试烟时，必须记录测试样品是否点燃以及点燃和熄灭的次数。另外，复合物的背面可能会产生冷烟，与暴露着的表面产生的烟在颜色和成分上完全不同。

试验样品上的热通量影响着材料的燃烧方式；在低水平入射辐照度($15\ kW \cdot m^{-2} \sim 25\ kW \cdot m^{-2}$)和高水平入射辐照度($40\ kW \cdot m^{-2} \sim 50\ kW \cdot m^{-2}$)下评估样品产生的烟量是一个良好的常用方法。这样可以评估在火焰发展阶段材料产生烟倾向的影响。

4.2.3 通风和燃烧环境

产生的烟不仅和燃烧材料种类有关，还和火情有关。众所周知，对于某些材料，有限的通风可显著地增加烟量。

测量燃烧中的烟量时，要考虑燃烧速率和燃烧面积。由于火在大面积上蔓延速度很快，单位面积产生少量烟的物质可能释放出大量的烟。

4.2.4 时间和温度

烟气溶胶颗粒的大小分布与时间有关并随时间变化会凝结。有些特性也会随温度变化而改变，所以时间长的烟或者是冷烟，它们的性质可能与产生不久的烟或者热烟的特性不同。这些因素对消防人员考虑在大型建筑物中烟的潜在移动趋势很重要。这些因素在设计烟测试时也要考虑到。

4.2.5 去除烟粒子的方法

有些方法可以去除大的烟粒子。在含有辐射热源可燃气体的累积测试程序中，由于烟雾粒子循环流通，大的烟粒子可能会发生二次热分解。其他去除大颗粒烟粒子的方法包括烟粒子在试验箱内表面上的沉积和风扇吹除。在实际燃烧中，当烟在着火房间内循环流通时，这样的现象也会发生。因为在累积烟测试中可能会有这些影响，所以暴露的早期阶段(例如开头 10 min)被公认为是测量烟的速率的最好时期。

5 烟的测量原理

烟由气溶胶颗粒组成。烟可通过它的重量特性函数(烟雾粒子的质量)、光模糊特性函数，或者两种特性函数来测量[1]。本部分只考虑模糊度，不考虑重量法。模糊性是光路中粒子的数量、大小和性质的函数。若认为这些粒子是不透明的，则模糊光中的烟含量与光路中粒子的横截面积总和有关。测量结果的单位为面积，例如平方米(m^2)。

这些测量方法可应用于小规模或大规模或实际规模的着火测试。采用密闭系统的称为累积法或静态法，采用流动系统的测试方法称为动态法。

5.1 布格(Bouguer)定律

光学烟测试源于布格(Bouguer)定律，该定律描述了单色光在吸收媒介中的衰减。

$$I/T = e^{kL} \qquad \text{……(1)}$$

$$k = (1/L)\ln(I/T) \qquad \text{……(2)}$$

(k 的单位为长度的倒数，如 m^{-1})

式中：

T——透射光强度；

I——入射光强度；

L——穿过烟的光程

k——线性内皮尔(Napierian)吸收系数(或消光系数)(见图 2)。

图 2 的方框内容可作参考。

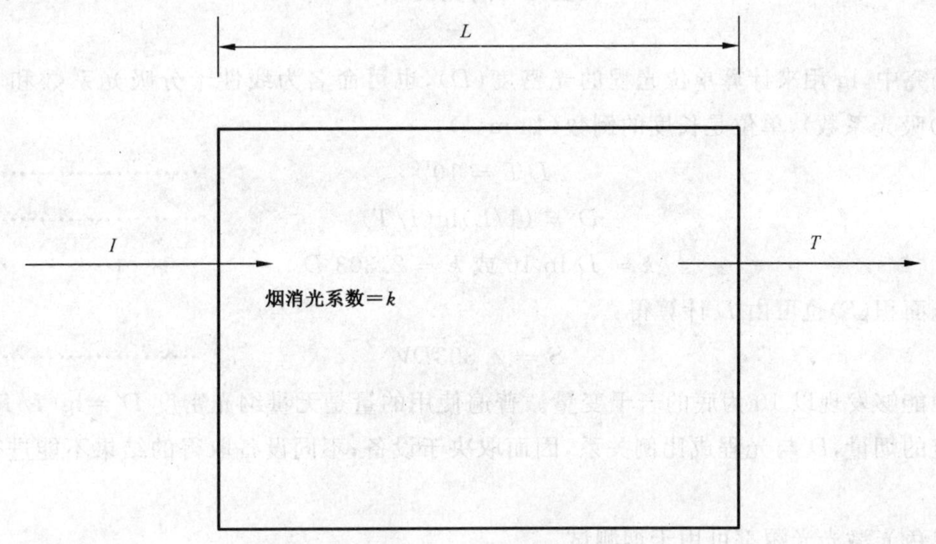

图 2 光在烟中传播的衰减

5.2 消光面积

烟量的一个有效测量方法为计算所有烟粒子的有效横截面积总和。这个面积即为消光面积 S。这个消光面积可以看作是烟粒子在光束中投下的总阴影面积(见图 3)。

消光面积与烟的消光系数和烟的体积有关，方程如下：

$$S = kV \qquad \text{……(3)}$$

式中：

V——容纳烟的试验箱容量。

该方程仅适用于均匀的烟。

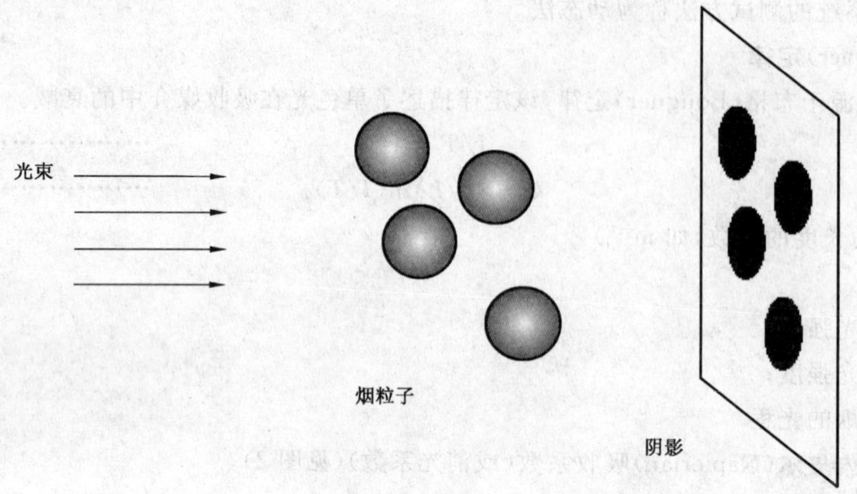

图 3 消光面积

5.3 单位 lg

在某些研究中,lg 用来计算单位光程的光密度(D),也可命名为线性十分吸光系数和 k(线性内皮尔(Napierian)吸光系数),单位是长度的倒数(如 m^{-1})。

$$I/T = 10^{DL} \quad \cdots\cdots(4)$$

$$D = (1/L)\lg(I/T) \quad \cdots\cdots(5)$$

$$k = D \ln 10 \text{ 或 } k = 2.303\ D \quad \cdots\cdots(6)$$

烟的消光面积(S)也可由 D 计算得:

$$S = 2.303DV \quad \cdots\cdots(7)$$

在文献中能够发现以 10 为底的若干变量。普遍使用的量是无量纲光密度 $D'=\lg(I/T)$。

对于给定的烟量,D' 与光程成比例关系,因而取决于设备;不同设备取得的结果不能进行比较。

5.4 光源

白光和单色光激光光源都可用于烟测试。

光在烟中的衰减取决于光的吸收和散射,因为后者取决于波长,所以用不同的光源取得的数据进行比较时应谨慎。

5.5 比消光面积

测试中样品质量若有减少,比消光面积 σ_f 计算如下:

$$\sigma_f = S/\Delta m \quad \cdots\cdots(8)$$

式中:

Δm——试验样品的质量损失

σ_f——单位为面积/质量,例如 $m^2 \cdot kg^{-1}$。

比消光面积 σ_f,是所有规模的试验都可进行的基本测量,它与下列因素无关:

——测量所取的光程;

——气体流量;

——暴露产品的表面积;

——试验样品的质量。

比消光面积 σ_f，用于定义试验样品单位质量损失产生的烟量。

例如，80 g 试验样品在无焰燃烧条件下损失了 50 g，残余 30 g。50 g 挥发性热解产物产生的烟有 4 m^2 的消光面积。σ_f 值则为 0.08 $m^2 \cdot g^{-1}$。假设同样的试验样品在有焰燃烧条件下损失了 60 g，残余 20 g，60 g 挥发性燃烧产物产生的烟有 30 m^2 的消光面积。σ_f 值则为 0.5 $m^2 \cdot g^{-1}$。

必须认识到 σ_f 既没有给出火焰中产生的烟量信息，也没有给出烟的产生速率的信息。为了得到这些信息，必须知道样品的质量损失或者质量损失速率。因而，产生的烟的消光面积为：

$$S = \sigma_f \Delta m \qquad \cdots\cdots(9)$$

在动态系统中(见 6.2)，比消光面积按下式计算：

$$\sigma_f = k\dot{V}/\dot{m} \qquad \cdots\cdots(10)$$

式中：

$\dot{V}$——体积流速；

$\dot{m}$——质量损失速率。

烟的产生速率表达式如下：

$$\dot{S} = \sigma_f \dot{m} \qquad \cdots\cdots(11)$$

5.6 质量光密度

当以 lg 为单位时，σ_f 的等价变量称为质量光密度(D_{mass})，与 σ_f 的关系如下：

$$D_{mass} = \sigma_f/\ln 10 = \sigma_f/2.303 \qquad \cdots\cdots(12)$$

D_{mass} 单位为面积/质量，例如 $m^2 \cdot kg^{-1}$。

在静态系统中(见 6.1)：

$$D_{mass} = D'V/\Delta mL \qquad \cdots\cdots(13)$$

式中：

D_{mass}——质量光密度；

D'——光密度；

V——试验箱容积；

Δm——样品质量损失；

L——光程。

在动态系统中，质量光密度可由下式计算：

$$D_{mass} = D\dot{V}/\dot{m} \qquad \cdots\cdots(14)$$

5.7 能见度

如果在能见度(ω)和 k(或 D)之间的比例常数(γ)已知，且烟量(消光面积)和烟所占体积已知，则可以很容易计算出能见度。

$$\omega = \gamma(V/S) \qquad \cdots\cdots(15)$$

$$\gamma = \omega k = 2.303\omega D \qquad \cdots\cdots(16)$$

能见度的计算在附录 A 中有进一步说明，附录 B 和附录 C 给出了使用不同试验方法和不同测量单位测得的烟参数之间的关系。

6 静态方法和动态方法

6.1 静态方法

在静态烟测试中，试验样品在密闭试验箱中燃烧，产生的烟随时间而累积。在一些试验中，使用风扇搅动烟以防止产生烟层，并使其均匀。

烟量是通过测量一束光通过烟后的衰减而得出的。烟的消光面积是产生的烟量的一个有效度量，它是烟模糊、试验箱容积和光程的函数。

$$S = (V/L)\ln(I/T) \qquad (17)$$

此公式仅在烟均匀时适用。

在一些试验中，包括 GB/T 5169.27—2008 和 ISO 5659-2:1994，烟量是由烟的光密度计算得出的，取决于试验样品的表面积 A 的平均值。计算值 D_s 为比光密度。

$$D_s = [V/(AL)]\lg(I/T) \qquad (18)$$

试验样品的厚度会影响产生的烟量。对不同厚度的试验样品不能直接比较 D_s 值。反之如果已经做出比较，则试验样品的厚度应该保持不变。

测量 D_s(或 S)的目的是为了能预测能见度。然而通常不需要知道试验箱里的能见度，需要的是估计给定情形下的能见度。基于静态试验(例如 GB/T 5169.27)得出的数据有可能做出这样的估计，但必须要意识到这样的计算仅仅是估算，因为改变着火模型可能会同时改变烟的产生过程和老化方式。

6.2 动态方法

在动态试验中，试验样品产生的烟被可测定流量的排气装置抽出，每隔一定时间，通过监测透过烟的光束的透射光强来测量烟流的不透明度(见图 4)。

在特定瞬间的烟的生成速率($\dot{S}$)由下式计算：

$$\dot{S} = k\dot{V} \qquad (19)$$

式中：

$\dot{V}$——排出气体的体积流量；

$\dot{S}$——单位为面积/时间，比如 $m^2 \cdot s^{-1}$。

在动态系统中烟的产生速率很容易被确定，它表示单位时间产生的烟的消光面积。当有关的试验样品暴露面积已知时，比如在 ASTM E 1354[2]中，使用锥形量热仪或家具量热仪，试验样品单位暴露面积的烟的产生速率可以简化。单位为时间的倒数，例如$(m^2 \cdot s^{-1})/m^2$，即 s^{-1}。

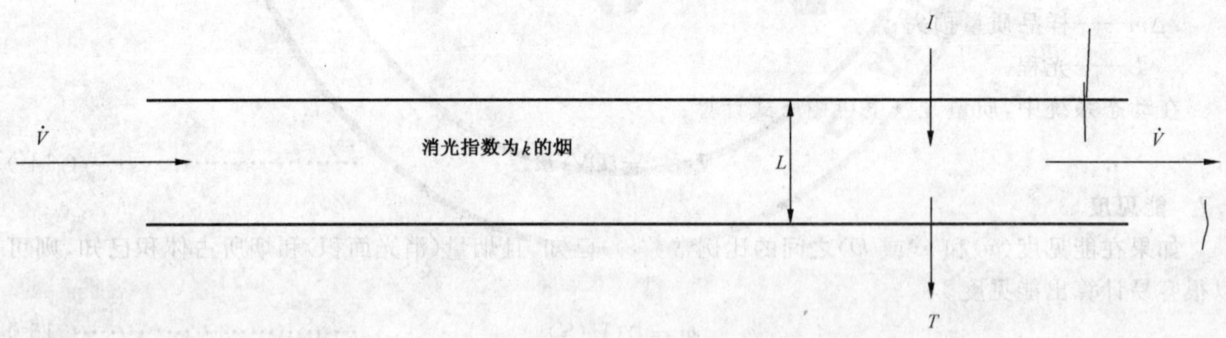

图 4 动态烟测量

$$\dot{S} = k\dot{V} = (1/L)\ln(I/T)\dot{V} \qquad (20)$$

关于总产烟量的积分数据也应引起注意，尤其在比较可能在不同时段产生烟的材料或情形时。总产烟量由在规定时间间隔内产生的消光面积确定，由下式给出：

$$S = \int \dot{S}\,dt \qquad (21)$$

式中：

S——总产烟量，即总消光面积；

t——时间。

积分时间应该被确定下来。在锥形量热仪中时间要持续到试验结束，在简单情况下，就是当试验样品单位面积质量损失速率达到一个确定值（比如 25 $g \cdot m^{-2} \cdot s^{-1}$）。如果知道燃烧面积，就可以计算单位燃烧面积的总产烟量。

在封闭系统中测得的燃烧的试验样品的总产烟量通常要比在动态系统中相似燃烧试验测得的总产烟量要小得多。这是因为在静态系统中更多的受由于老化、在试验箱壁上沉积或相互作用而引起的损失所影响。

7 试验方法

7.1 试验方法注意事项

重要的是考虑与待评估危险最相关的着火模型以及选择与待评估危险相似的着火模型的试验（见 GB/T 5169.26—2008）。

在选择试验方法时，考虑每个备选方法时都应回答以下问题：

- 试验能否适应待试产品的几何形状和布局（结构）？
- 试验方法能否重现关注的着火阶段？
- 试验能否以适当的形式给出数据并足以鉴别和具有足够的分辨力？

如果这些问题中任何一个的答案是否定的，就需要修改备选方法，或者考虑替代方法。

图 5 所示的流程图简述了关于现有方法对新用途的适应性所应遵循的评估步骤。

7.2 试验样品的选择

可以选择不同种类的试验样品进行测试。在产品试验中，试验样品是制造的产品。在模拟产品试验中，试验样品是产品有代表性的一部分。试验样品也可以是一个基础材料（固体或液体）或是材料的复合物。

试验样品的类型很大程度上决定于烟试验的规模。小规模试验更适合用来测试材料和小制品，或是大制品中具有代表性的试验样本。对于较大规模的试验，可以测试整个产品。在选择时，应选择最能反映最终使用状态的试验样品。

8 数据表示

目前表示烟数据有很多不同的方法。而比较不同试验得出的烟数据是困难的，有时甚至是不可能的。这也使得很难将试验结果和所测试的材料或产品表现出的着火危险程度联系起来。为了解决这些问题，建议在可能的情况下，报告中应以消光面积表示烟数据。也应报告所有其他相关参数，包括试验样品性质的详尽资料、试验条件和任何异常情况的观察记录。

通常记录的是标准化的烟数据，例如单位质量烟产生的总量和单位表面积烟产生的总量。在这种情况下，原始数据也应记录（即校正前的）。

9 危险评估相关资料

目前只能通过以实际应用的形状和方位测试实际尺寸的试验样品来评估产品的着火性能。孤立的小规模试验不能代表产品的最终应用状况，只能显示产品对所选择的着火模型的反应。必须强调，在正常情况下，没有任何着火试验或烟试验能测量着火或烟危险；另外，不能认为单一的标准着火试验或烟试验的结果符合要求就能保证符合规定的安全标准。各种类着火试验和烟试验的结果所提供的信息有助于着火危险和烟危险的测定和随后的控制。

燃烧材料产生烟雾引起的光模糊而导致的潜在危险取决于许多因素。这些因素包括：

——烟产生的总量；

——烟的比消光面积，即燃烧材料单位质量损失所产生的烟量；

——燃烧材料的质量损失速率(取决于卷入火灾的材料数量和材料的易燃程度)；

——烟的产生速率(这是以上两个量的乘积)；

——能散布烟的空间。

还有许多与疏散路线上的能见度有关的其他因素，包括：

——发光标志的尺寸、亮度、对比度和强度；

——反射物体的尺寸和对比度；

——外部照明的状况；

以及人的反应因素，包括：

——视觉灵敏度；

——黑暗适应性；

——刺激性。

因此，仅考虑单位质量或单位面积的材料产生烟的可能性不足以完成危险评估。如果在危险环境中存在的材料数量很小，并且/或能散布烟的空间很大，具有高比消光面积或高 D_s 值的材料可能不存在危险。同样，如果在危险环境中存在的材料数量很多，并且/或能散布烟的空间很小，具有低比消光面积或低 D_s 值的材料也可能存在危险。

开始
选择候选试验
是
其他候选试验是否可用？
否
开发新试验
试验是否适应产品有代表性的几何形状和结构
否
是否能通过修改试验解决？
否
修改试验
是
是
试验是否重现了关注的着火阶段
否
能否通过修改试验解决？
否
修改试验
是
是
试验数据能否以适当的形式给出并具有足够的分辨力？
否
能否改进形式或分辨力？
否
修改形式或分辨力
是
是
改进方法
试验方法是否在原方法上做重大修改？
是
进入循环程序
是
否
否
结果是否可用？
否
方法能否进一步改进？
采纳试验
是

图 5 烟试验方法评价

附 录 A
(资料性附录)
能见度计算

图 A.1 说明了 Jin[3]提出的引起模糊的烟的消光系数和能见度的关系。图 A.1 中有两条线;一条为光的发射信号,另一条为光的反射信号。能见度与消光系数约成反比,也就是:$\omega=\gamma/k$,γ 为比例常数。然而,试验数据有一个可观的分布,能见度还取决于其他因素,如外部光线,光发射信号的亮度,光反射信号的反射系数。用这关系式只能估算能见度。

Jin 对于光的反射信号和发射信号分别取 γ 为 3 和 8。BS DD240 的 1[4]部分取值为 2.30 和 5.76。

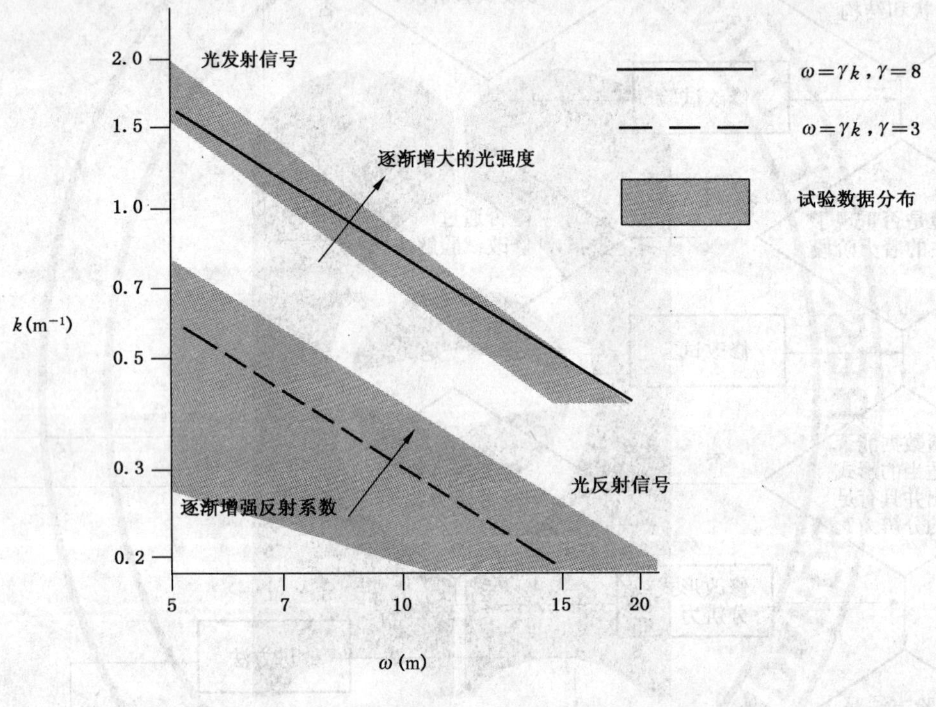

图 A.1 能见度(ω)对应的消光系数(k)

典型的能见度评估例子如下:

假设厚度为 10 mm 的样品在 GB/T 5169.27—2008 的设备中测试。得到的最大 D_s 值即为 D_{max}。假设我们想估算这个厚度为 10 mm,表面积为 A 以同样的方式燃烧,在一个体积为 V 的室内的光发射信号最小能见度。

我们知道:

$$\omega = \gamma(V/S) \qquad \text{(A.1)}$$

并且,为了估算,假设光发射信号 $\gamma=8$。

我们首先需要计算假定情境下产生的烟量,这可由下式给出:

$$S = 2.303 D_{max} A$$

则估计的能见度为:

$$\omega = 8[V/(2.303\ D_{max} A)]$$

需要注意的是这个计算式是建立在烟为均一物质的基础上的,然而在许多实际着火中,烟易形成热浮力层。另外,也假设烟量与样品燃烧面积呈线性关系,其忽略了刺激物的影响。少数研究提出眼睛刺激物会使视力降低 50%~95%。

Jin 报导的简单的 $\omega=\gamma/k$ 关系式仅适用于相对小的观测距离。也涉及到目标的能见度，然而信号的辨认需要对信号细节的分析。已经提出了一个更复杂的可以外推至干净空气条件的方程用于识别烟的距离。

附 录 B
（资料性附录）
D_s 与 GB/T 5169.27—2008 和 GB/T 5169.28—2008 中测量的其他烟参数的关系

GB/T 5169.27—2008 和 GB/T 5169.28—2008 中测量的比光密度 D_s 可以通过一个简单的计算转化为消光面积 S。

虽然这样的转化有利于用相同的单位进行光密度比较，但是这样的转化要谨慎使用，因为这样的转化没有考虑到从一个试验到另一个试验的不同条件（例如试验箱的几何因素）。

因此，D_s 的测量结果（用 S 表示）不应直接与其他的通过不同试验方法测得的 S 值进行比较。

对于已给出表面积的试验样品，它的比光密度（D_s）与消光面积（S）成正比。在 GB/T 5169.27—2008 中，试验样品表面积为 0.004 225 m^2，则

$$S=(0.009\,73\ m^2)D_s \qquad \cdots\cdots(B.1)$$

表 B.1 说明了 GB/T 5169.27—2008 和 GB/T 5169.28—2008 中比光密度、透光率和消光面积的关系。

表 B.1 从 D_s 到 GB/T 5169.27—2008 和 GB/T 5169.28—2008 测量的其烟参数的换算

D_s	透光率/%	消光面积 S/m^2
450	0.04	4.38
400	0.09	3.89
350	0.22	3.41
300	0.53	2.92
250	1.28	2.43
200	3.05	1.95
150	7.31	1.46
100	17.48	0.97
75	27.03	0.73
50	41.80	0.49
30	59.26	0.29
20	70.55	0.19
15	76.98	0.15
10	83.99	0.10
5	91.65	0.05
0	100.00	0.00

图 B.1 给出了表 B.1 列出的烟参数的直观表示。

图 B.1 GB/T 5169.27—2008 和 GB/T 5169.28—2008 测量的烟参数与 D_s 的关系

附　录　C
（资料性附录）
在“三立方米”封闭烟箱中测定的透光率与消光面积的关系

试验样品在“三立方米”封闭烟箱中燃烧，透光率根据入射光与透射光之比(I/T)进行计算。这个试验为静态烟试验。

目前，在GB/T 17651.1和GB/T 17651.2中规定的试验是该类试验中专门用于电缆的试验。

表C.1说明了透光率与“三立方米”的消光面积的转化。

表 C.1　透光率转换为“三立方米”测定的烟量(消光面积)

透光率/%	烟量 S/m²
0.10	62.18
0.20	55.94
0.40	49.70
1.00	41.45
2.00	35.21
4.00	28.98
5.00	26.97
10.00	20.73
15.00	17.08
20.00	14.49
30.00	10.84
40.00	8.25
50.00	6.24
60.00	4.60
70.00	3.21
80.00	2.01
90.00	0.95
100.00	0.00

图C.1给出了表C.1列出的烟参数的直观表示。

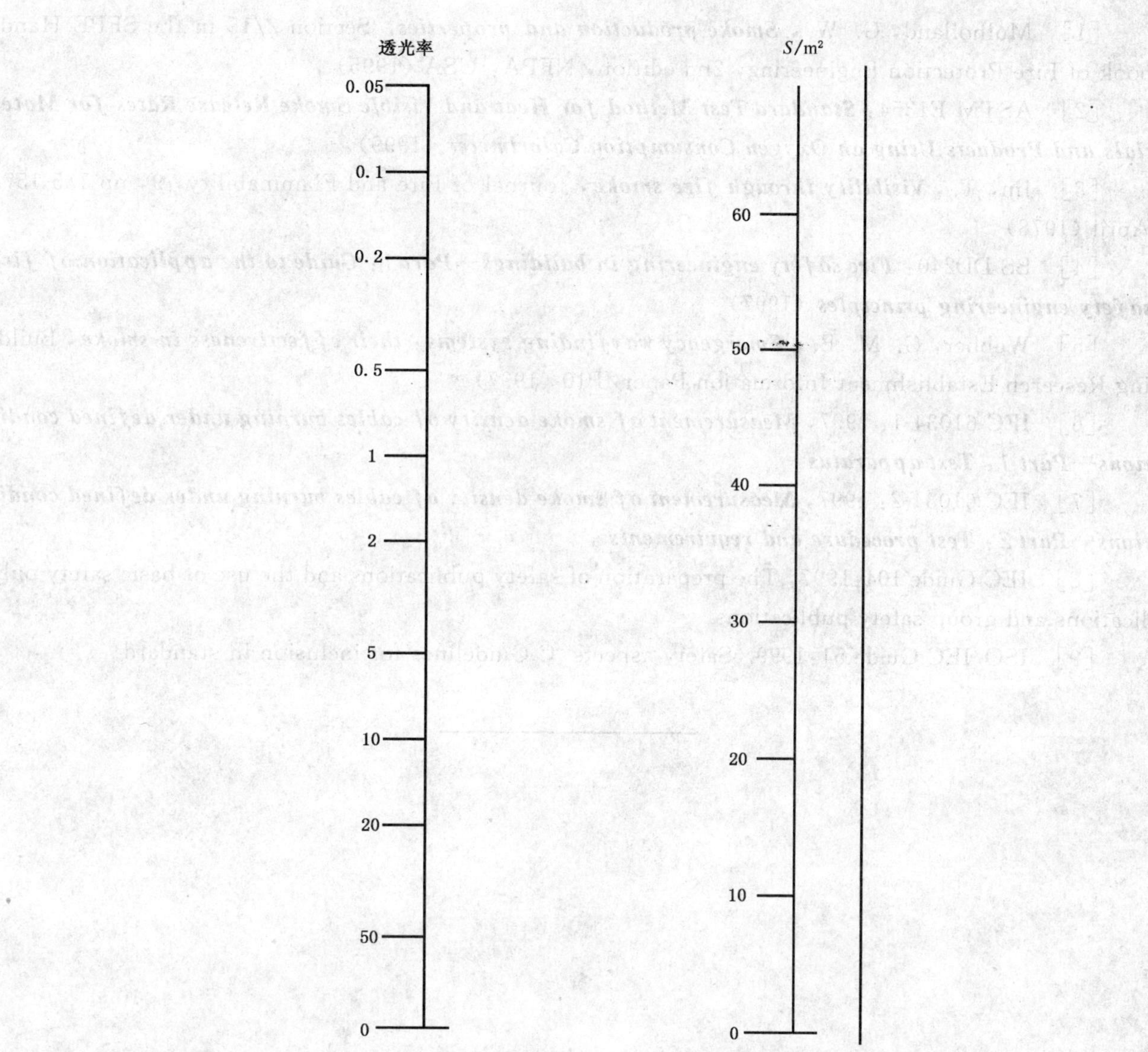

图 C.1　消光面积(烟量)与在“三立方米”中测得的透光率的关系

参 考 文 献

[1] Mulholland, G. W., ***Smoke production and properties.*** Section 2/15 in the SFPE Handbook of Fire Protection Engineering, 2nd edition, NFPA, USA (1995)

[2] ASTM E1354: ***Standard Test Method for Heat and Visible Smoke Release Rates for Materials and Products Using an Oxygen Consumption Calorimeter*** (1999)

[3] Jin, T., ***Visibility through fire smoke***, Journal of Fire and Flammability, 9, pp 135-157, April (1978)

[4] BS DD240: ***Fire safety engineering in buildings—Part 1: Guide to the application of fire safety engineering principles*** (1997)

[5] Webber, G. M. B., ***Emergency wayfinding systems: their effectiveness in smoke***, Building Research Establishment Information Paper IP10 (1997)

[6] IEC 61034-1: 1997, ***Measurement of smoke density of cables burning under defined conditions—Part 1: Test apparatus***

[7] IEC 61034-2: 1997, ***Measurement of smoke density of cables burning under defined conditions—Part 2: Test procedure and requirements***

[8] IEC Guide 104:1997, The preparation of safety publications and the use of basic safety publications and group safety publications

[9] ISO/IEC Guide 51:1999. Safety aspects ¨C Guidelines for inclusion in standard

ICS 29.020
K 04

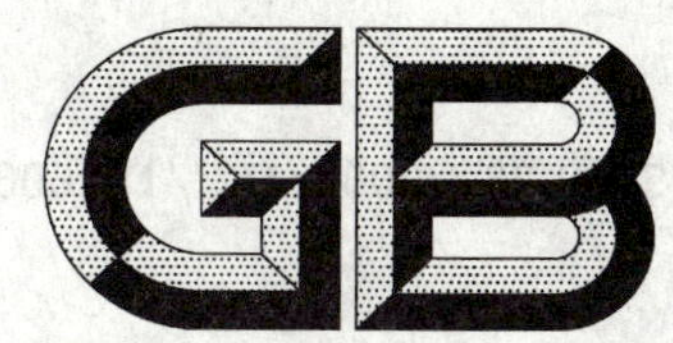

中华人民共和国国家标准

GB/T 5169.26—2008/IEC/TS 60695-6-2:2005

电工电子产品着火危险试验 第26部分:烟模糊 试验方法概要和相关性

Fire hazard testing for electric and electronic products—Part 26:Smoke obscuration—Summary and relevance of test methods

(IEC/TS 60695-6-2:2005,Fire hazard testing—Part 6-2:Smoke obscuration—Summary and relevance of test methods,IDT)

2008-12-30 发布 2009-10-01 实施

中华人民共和国国家质量监督检验检疫总局
中国国家标准化管理委员会 发布

前言

GB/T 5169《电工电子产品着火危险试验》分为以下部分:

——GB/T 5169.1—2007 电工电子产品着火危险试验 第1部分:着火试验术语(IEC 60695-4:2005,IDT)

——GB/T 5169.2—2002 电工电子产品着火危险试验 第2部分:着火危险评定导则 总则(IEC 60695-1-1:1999,IDT)

——GB/T 5169.3—2005 电工电子产品着火危险试验 第3部分:电子元件着火危险评定技术要求和试验规范制订导则(IEC 60695-1-2:1982,IDT)

——GB/T 5169.5—2008 电工电子产品着火危险试验 第5部分:试验火焰 针焰试验方法 装置、确认试验方法和导则(IEC 60695-11-5:2004,IDT)

——GB/T 5169.7—2001 电工电子产品着火危险试验 试验方法 扩散型和预混合型火焰试验方法(idt IEC 60695-2-4/0:1991)

——GB/T 5169.9—2006 电工电子产品着火危险试验 第9部分:着火危险评定导则 预选试验规程的使用(IEC 60695-1-30:2002,IDT)

——GB/T 5169.10—2006 电工电子产品着火危险试验 第10部分:灼热丝/热丝基本试验方法 灼热丝装置和通用试验方法(IEC 60695-2-10:2000,IDT)

——GB/T 5169.11—2006 电工电子产品着火危险试验 第11部分:灼热丝/热丝基本试验方法 成品的灼热丝可燃性试验方法(IEC 60695-2-11:2000,IDT)

——GB/T 5169.12—2006 电工电子产品着火危险试验 第12部分:灼热丝/热丝基本试验方法 材料的灼热丝可燃性试验方法(IEC 60695-2-12:2000,IDT)

——GB/T 5169.13—2006 电工电子产品着火危险试验 第13部分:灼热丝/热丝基本试验方法 材料的灼热丝起燃性试验方法(IEC 60695-2-13:2000,IDT)

——GB/T 5169.14—2007 电工电子产品着火危险试验 第14部分:试验火焰 1 kW标称预混合型火焰 装置、确认试验方法和导则(IEC 60695-11-2:2003,IDT)

——GB/T 5169.15—2008 电工电子产品着火危险试验 第15部分:试验火焰 500 W火焰装置和确认试验方法(IEC/TS 60695-11-3:2004,IDT)

——GB/T 5169.16—2008 电工电子产品着火危险试验 第16部分:试验火焰 50 W水平与垂直火焰试验方法(IEC 60695-11-10:2003,IDT)

——GB/T 5169.17—2008 电工电子产品着火危险试验 第17部分:试验火焰 500 W火焰试验方法(IEC 60695-11-20:2003,IDT)

——GB/T 5169.18—2005 电工电子产品着火危险试验 第18部分:将电工电子产品的火灾中毒危险减至最小的导则 总则(IEC 60695-7-1:1993,IDT)

——GB/T 5169.19—2006 电工电子产品着火危险试验 第19部分:非正常热 模压应力释放变形试验(IEC 60695-10-3:2002,IDT)

——GB/T 5169.20—2006 电工电子产品着火危险试验 第20部分:火焰表面蔓延 试验方法概要和相关性(IEC/TS 60695-9-2:2001,IDT)

——GB/T 5169.21—2006 电工电子产品着火危险试验 第21部分:非正常热 球压试验(IEC 60695-10-2:2003,IDT)

——GB/T 5169.22—2008 电工电子产品着火危险试验 第22部分:试验火焰 50 W火焰 装

置和确认试验方法(IEC/TS 60695-11-4:2004,IDT)

——GB/T 5169.23—2008 电工电子产品着火危险试验 第23部分:试验火焰 管形聚合材料500 W垂直火焰试验方法(IEC/TS 60695-11-21:2005,IDT)

——GB/T 5169.24—2008 电工电子产品着火危险试验 第24部分:着火危险评定导则 绝缘液体(IEC/TS 60695-1-40:2002,IDT)

——GB/T 5169.25—2008 电工电子产品着火危险试验 第25部分:烟模糊 总则(IEC 60695-6-1:2005,IDT)

——GB/T 5169.26—2008 电工电子产品着火危险试验 第26部分:烟模糊 试验方法概要和相关性(IEC/TS 60695-6-2:2005,IDT)

——GB/T 5169.27—2008 电工电子产品着火危险试验 第27部分:烟模糊 小规模静态试验方法 仪器说明(IEC/TR 60695-6-30:1996,IDT)

——GB/T 5169.28—2008 电工电子产品着火危险试验 第28部分:烟模糊 小规模静态试验方法 材料(IEC/TS 60695-6-31:1999,IDT)

——GB/T 5169.29—2008 电工电子产品着火危险试验 第29部分:热释放 总则(IEC 60695-8-1:2008,IDT)

——GB/T 5169.30—2008 电工电子产品着火危险试验 第30部分:热释放 试验方法概要和相关性(IEC/TS 60695-8-2:2008,IDT)

——GB/T 5169.31—2008 电工电子产品着火危险试验 第31部分:火焰表面蔓延 总则(IEC 60695-9-1:2006,IDT)

本部分为GB/T 5169的第26部分。

本部分等同采用IEC/TS 60695-6-2:2005《着火危险试验 第6-2部分:烟模糊 试验方法概要和相关性》(英文版),但按GB/T 20000.2—2001《标准化工作指南 第2部分:采用国际标准的规则》中4.2b)和5.2的规定作了少量编辑性修改。

本部分的附录A、附录B、附录C、附录D和附录E为资料性附录。

本部分由全国电工电子产品着火危险试验标准化技术委员会(SAC/TC 300)提出并归口。

本部分由广州威凯检测技术研究所负责起草。深圳市计量质量检测研究院、中国电器科学研究院、广东出入境检验检疫局检验检疫技术中心、武汉计算机外部设备研究所、深圳市出入境检验检疫局参加起草。

本部分主要起草人:夏庆云、陈兰娟、何益壮、陈灵、武政、张效忠、毕凯军。

本部分是首次发布。

引　言

任何电路都需要考虑到着火的危险。元件设计、电路设计、设备设计以及材料选择的目的是为了减少着火的可能性,甚至在可预见的非正常使用、故障和失效的情况下也是如此。

最初是火灾受害者的电工电子产品却可能有助于火灾。增加的火灾危险之一是释放烟雾,使人视觉降低和(或)迷失方向而不能从建筑里逃生或影响灭火。

本部分描述了评估电工电子产品或其所用材料的烟释放的通用烟试验方法。

电工电子产品着火危险试验
第 26 部分:烟模糊
试验方法概要和相关性

1　范围

GB/T 5169 的本部分给出了用于评估烟模糊的试验方法概要,简要概括了国际标准、国家标准或行业标准中通用的静态和动态试验方法,包括电工电子产品及其材料以及火情的相关性的特别观察,同时给出了使用建议。

2　规范性引用文件

下列文件中的条款通过 GB/T 5169 的本部分的引用而成为本部分的条款。凡是注日期的引用文件,其随后所有的修改单(不包括勘误的内容)或修订版均不适用于本部分,然而,鼓励根据本部分达成协议的各方研究是否可使用这些文件的最新版本。凡是不注日期的引用文件,其最新版本适用于本部分。

GB/T 5169.1—2007　电工电子产品着火危险试验　第 1 部分:着火试验术语(IEC 60695-4:2005,IDT)

GB/T 6379.2—2004　测量方法与结果的准确度(正确度与精密度)　第 2 部分:确定标准测量方法重复性与再现性的基本方法(ISO 5725-2:1994,IDT)

GB/T 17651.1—1998　电缆在规定条件下燃烧时的烟尘密度的测量　第 1 部分:试验设备(IEC 61034-1:1997,IDT)

IEC 61034-1　电缆或光缆在特定条件下燃烧的烟密度测定　第 1 部分:试验装置

ISO/IEC 13943:2000　消防安全　词汇

ISO 5725-2　测量方法与结果的准确度(正确度与精密度)　第 2 部分:确定标准测量方法重复性与再现性的基本方法

ISO/TR 9122-1:1989　燃烧流毒性试验　第 1 部分:总则

NF C20-902-1　着火危险试验　试验方法　空气供给不变时烟的不透明度测定　第 1 部分:方法和试验设备

NF C20-902-2　着火危险试验　试验方法　空气供给不变时烟的不透明度测定　第 2 部分:电缆材料和光纤电缆材料的试验方法

3　术语和定义

GB/T 5169.1—2007 和 ISO/IEC 13943:2000 及以下术语和定义适用于本部分。

3.1

燃烧　combustion

物质与氧化剂进行氧化放热反应

注:燃烧通常放出废水废气并伴随火焰和(或)可见光。

[ISO/IEC 13943:2000,定义 23]

3.2

烟的消光面积　extinction area of smoke

烟的消光系数与烟所占容积的乘积。

注：消光面积是烟量的度量。

[GB/T 5169.1—2007,定义 3.17]

3.3

烟的消光系数　extinction coefficient of smoke

烟的阻光度的自然对数除以测量烟阻光度的光程。

[GB/T 5169.1—2007,定义 3.18]

3.4

着火　fire

a) 以放热和生成废水废气为特征的燃烧过程,同时伴有烟雾和(或)火焰和(或)灼热现象;

b) 在时间和空间上未受控制的快速燃烧蔓延。

[GB/T 5169.1—2007,定义 3.19]

3.5

燃烧流　fire effluent

燃烧或热解产生的所有气体、细粒或悬浮微粒。

3.6

着火危险　fire hazard

着火造成生命和(或)财产损失的可能性。

[GB/T 5169.1—2007,定义 3.26]

3.7

着火模型　fire model

用于再现、预测或复制着火的一个或多个阶段、或阶段之间转换的过程或方法。

[ISO/IEC 13943:2000,定义 51]

3.8

火情　fire scenario

对特定场所真实火灾或大规模模拟试验,从起燃前到燃烧结束的一个或多个阶段条件(包括环境条件)的详细描述。

[GB/T 5169.1—2007,定义 3.32]

3.9

热通量　heat flux

单位面积和单位时间释放、传输或接受的热能量。

注：用 $W \cdot m^{-2}$ 表示。

[ISO/IEC 13943:2000,定义 85]

3.10

起燃　ignition

燃烧的开始。

[ISO/IEC 13943:2000,定义 96]

3.11

烟的质量光密度　mass optical density of smoke

光密度与因数 $V/(\Delta m \times L)$ 的乘积,V 是试验箱的容积,Δm 是试样的质量损失,L 是光程。

3.12

烟的光密度　optical density of smoke

烟阻光度的常用对数[lg (*I*/*T*)](见比光密度)。

[GB/T 5169.1—2007,定义3.68]

3.13

实际规模试验　real-scale test

在规模和周围环境两方面模拟最终状况的试验。

[GB/T 5169.1—2007,定义3.73]

3.14

小规模试验　small-scale test

可以在典型的试验台上进行的试验。

[GB/T 5169.1—2000,定义3.77]

3.15

烟　smoke

由燃烧或热解产生的气体中的固体和(或)液体可见悬浮微粒。

[GB/T 5169.1—2000,定义3.79]

3.16

烟模糊　smoke obscuration

烟的产生使能见度降低。

[GB/T 5169.1—2000,定义3.80]

3.17

烟产生速率　smoke production rate

在规定试验条件下,单位时间内材料燃烧产生的烟的消光面积。

3.18

烟释放速率　smoke release rate

参见"烟产生速率"。

3.19

烟的比消光面积　specific extinction area of smoke

烟的消光面积除以试验样品的质量损失。

[GB/T 5169.1—2007,定义3.83]

3.20

烟的比光密度　specific optical density of smoke

光密度乘以一个几何因子 *V*/(*AL*),这里 *V* 是试验箱的容积,*A* 是试验样品的暴露表面积,*L* 是光程。

注:术语"比"在这里不是指"单位质量"而是指与特殊试验设备和试验样品暴露表面积相关的无量纲的量。

3.21

能见度　visibility

指定大小、亮度和对比度的物体能被识别和辨认的最大距离。

4　试验方法分类

4.1　概要

试验方法的分类是以静态或动态和(或)试验样品的类型来划分的。

4.2 着火模型

从给定材料或产品中释放的烟量和速率并不是给定材料或产品固有的特性，而是主要取决于这些材料或产品燃烧时的条件。分解温度和通风量是影响燃烧流构成的主要变量，因此影响烟的释放量和释放速率。

标准化试验方法（着火模型）规定的试验条件有必要与实际着火阶段相关联并复制实际着火阶段。ISO已经在ISO/TR 9122-1：1989中公布了一般着火阶段的分类，如表1所示。影响烟产生的重要因素是氧气的浓度和辐照度（或温度）。

表1 着火的一般分级（根据ISO/TR 9122-1）

着火的阶段		氧气[a]/ %	比值[b] CO_2/CO	温度[a]/ ℃	辐照度[c]/ (kW/m²)
阶段1	无焰分解				
	a) 闷烧（自维持）	21	不适用	<100	不适用
	b) 无焰（氧化）	5～21	不适用	<500	<25
	c) 无焰（热解）	<5	不适用	<1 000	不适用
阶段2	燃烧渐强（有焰燃烧）	10～15	100～200	400～600	20～40
阶段3	充分燃烧（有焰燃烧）				
	a) 相对弱的通风	1～5	<10	600～900	40～70
	b) 相对强的通风	5～10	<100	900～1 200	50～150

[a] 室内一般环境条件（平均）。

[b] 靠近火的烟流中的平均值。

[c] 试验样品的入射辐照度（平均）。

4.3 静态试验方法

静态试验方法允许产生的烟在试验箱中累积。可能会产生一些烟粒子的再循环和二次燃烧。烟模糊可能受沉积、凝聚、搅拌和氧气逐步消耗的影响。

4.4 动态试验方法

动态试验方法为燃烧流持续流过测量装置，无再循环。试验中，产生的烟粒子不允许累积，并被穿过试验仪器的受控气流驱散。动态试验中可能存在烟的衰减，并且冷却时粒子可能会凝结和（或）沉积。

5 试验样品类型

试验样品可以是制造的产品、产品的部件、模拟产品（代表了制造产品的一部分）、基本材料（固体或液体）或复合材料。

6 已发布的静态试验方法

6.1 概要

本章描述的静态试验方法是在已出版的国际标准、国外标准中选择出来的，并且是电工领域通用的试验方法。本章不是描述可能存在的所有试验方法。

注：这些概要是试验方法的简单概述，不能代替完整的出版标准。

6.2 在NBS箱中测量烟的阻光度

6.2.1 概要

6.2.1.1 目的和原理

本试验方法用于评估烟的阻光度。烟是在封闭的容积为0.51 m³的试验箱中，材料试验样品垂直暴露于规定的热通量（有或无引燃火焰）的条件下产生的。连续记录穿过烟的光通量。

6.2.1.2　**试验样品**

试验样品尺寸为 76.2 mm×76.2 mm，最大厚度 25.4 mm。

6.2.1.3　**方法**

本方法使用一个能对垂直放置的试验样品产生 25 kW/m^2 热通量的电辐射能源。一般使用两种试验模式：

a）无焰，仅使用辐射能源；

b）有焰，除了辐射能源外还使用一个小型燃烧器，该燃烧器沿着试验样品下边缘产生一排引燃火焰，能引燃任何燃烧产品。

一个带垂直光程的复合白光光度测量系统用于测量试验过程中光透射的变化。

结果用比光密度 D_s 表示，计算公式如下：

$$D_s = [V/(AL)]\log_{10}(I/T)$$

式中：

V——烟的体积(也就是试验箱的体积)；

A——试验样品暴露的表面积；

L——用于测量的光程；

I——入射的光通量；

T——透射的光通量。

这个公式中的 D_s 与烟的消光面积(S)有关：

$$D_s = S/[A \times \ln(10)]$$

也就是

$$D_s = S/(2.303 \times A)$$

式中：

S——烟的消光面积。

6.2.1.4　**重复性和再现性**

依据法国标准 NF C20-902-1 和 NF C20-902-2，重复性和再现性已在多个实验室间的试验中被确定。

根据 GB/T 6379.2—2004 提出的试验结果见附录 A。

6.2.2　**试验数据与特别观察的相关性**

基于 NBS 烟试验箱的试验方法大约自 1970 年首次用于材料评估以来，已经被全世界广泛应用。但现在这些方法在很大程度上已经被 ISO 5659-2(见 6.3)替代，克服了以下这些 NBS 方法的重大局限性：

a）热通量相对较低，空气源有限，意味着该方法只能复制 ISO/TR 9122-1:1989 中的着火阶段 1b)和可能复制着火阶段 2 的条件；

b）垂直安装且本身平直的小型试验样品将试验方法限制在只能评估材料的范围，不适用于液体和一些热塑性塑料。样品朝着电炉膨胀也是个问题，当试验样品前端经受发射热通量时会明显增大，可能会使引燃火焰熄灭，显示出试验的缺陷；

c）低热通量和试验样品的几何形状的局限性意味着很难在 NBS 试验箱所得数据与其他火情之间建立联系。

基于 NBS 烟试验箱的方法的更多的局限性包括：

d）试验数据与产品在火灾中性能或实际试验规模之间只有很少或者没有相关性；

e）试验中没有监测试验样品质量的手段；

f）空气源有限，当氧气浓度下降到约 14%以下时，试验样品会停止燃烧；

g）相当多的烟沉积在壁上；

h) 经多次研究发现该试验方法的重复性和再现性很差(见附录 A),主要决定于试验中材料的特性。高流动性材料由于过多的膨胀和不重现的可燃性会产生不可靠的结果。

无论如何,尽管是在低热通量条件下,该方法为评估有焰和无焰燃烧的烟产生提供了的可用选项。产生的数据不适合用于着火危险评估或防火安全工程。

总的说来,不推荐本方法用于电工电子产品的进一步发展。由于着火模型和试验样品几何形状的局限性,不推荐该方法作为涉及电工电子产品烟释放的法规的或其他管理的基础。

6.2.3 参考文献

国际标准:[1]* 和 [2]。

国外标准:[3]到[6]。

6.3 单箱试验测定烟的阻光度

6.3.1 概要

6.3.1.1 目的和原理

本试验方法用于评估在封闭的 0.51 m^3 体积的试验箱中材料试验样品水平暴露于规定的热辐射(有或无引燃火焰)时产生的烟的阻光度。连续测量和记录穿过烟的光通量。

注:本方法基本使用与 6.2 中描述的相同的试验设备,只是要改变热辐射源和试验样品的方向。

6.3.1.2 试验样品

试验样品是一块 75 mm×75 mm、最大厚度为 25 mm 的平板。

6.3.1.3 方法

本方法使用一个圆锥型的电热辐射源,对水平安装的试验样品辐射 25 kW/m^2 或 50 kW/m^2 的热通量。热源由包含在截顶钢锥内的电绕组构成。辐照可以是有焰模式或无焰模式,这取决于是否用了小型气体燃烧器产生的引燃火焰。

试验箱是一个容积为 0.51 m^3 的密闭箱,用一个光度测定系统来测定烟的阻光度,该光度测定系统具有垂直照射穿过试验箱的白光。光电探测器测量因烟积聚导致的光透射率的降低量。

试验样品水平放置在圆锥型的辐射加热器下面,样品表面距离加热器下边缘 25 mm。考虑到试验样品暴露于圆锥型辐射加热器下会受热膨胀,这个距离应该增大到 50 mm。试验前,应该对所用距离下施加于试验样品表面的热通量进行校准。

光透射测定法用于测量烟的比光密度。

试验过程中试验样品质量损失可选择通过位于试验样品下面的压力传感器来持续监测。如果使用了压力传感器,还可以测量质量光密度。

结果用试验开始后 10 min 的比光密度 D_{s10} 表示,计算公式如下:

$$D_{s10} = [V/(AL)]\lg(100/T_{10})$$

式中:

V——烟的体积(也就是试验箱的容积);

A——试验样品暴露的表面积;

L——用于测量的光程;

T_{10}——10 min 后的透射率;

D_{s10}——10 min 后烟的消光面积 $S(t=10\ \text{min})$,用以下公式计算:

$$D_{s10} = S(t = 10\ \text{min})/[A \times \ln(10)],\text{即}$$

$$D_{s10} = S(t = 10\ \text{min})/[2.303 \times A]$$

结果也可以用质量光密度 D_{mass} 表示,公式为:

$$D_{mass} = [(V/L)\log_{10}(100/T)]/\Delta m$$

式中:

T——透射百分比;

Δm——质量损失。

D_{mass}与烟的消光面积的关系是：

$S = D_{mass} \cdot \Delta m \cdot \ln(10) = 2.303\ D_{mass} \cdot \Delta m$。

6.3.1.4 重复性和再现性

在制定 ISO 5659-2 时，完成了一项包括 8 个实验室的实验室间的试验。根据 GB/T 6379.2—2004 提出的试验结果见表 B.1。在修订 ISO 5659-2 时，完成了另外一项包括 10 个实验室的实验室间的试验，是针对两种膨胀塑料(聚碳酸酯和聚氯乙烯地板)进行的试验，试验样品与加热器的距离为 50 mm。根据 GB/T 6379.2—2004 提出的试验结果见表 B.2 和表 B.3。

6.3.2 试验数据与特别观察的相关性

本方法是基于 NBS 烟试验箱的方法(见 6.2)，并进行了许多有效改进：

a) 试验样品为水平方向放置，这是考虑了热塑性塑料的评估。随着本方法的进一步发展可以适用于液体。但是本方法仍然只适用于本身是平的试验样品。膨胀的样品仍然会朝热源移动并经受不标准的热通量。

b) 最大热通量被增加到 50 kW/m^2，这意味着本方法可以复制 ISO/TR 9122-1:1989 中除了阶段 1b)和阶段 2 以外的阶段 3a)。这个热通量可以给出阻燃材料间更大的区别。

c) 如果记录了质量损失速率，可以用作着火危险评估的输入资料，或者用于计算质量光密度。产生的数据可以用作着火危险评估或防火安全工程的输入资料；

d) 增加了膨胀材料的试验方法。

已发现本方法的重复性和再现性是多变的并取决于被试材料的特性。尤其是烟的产生主要取决于被试材料的起燃特性。

本方法被 IMO(国际海事组织)用作规范控制的基础。不推荐本方法作为电工电子产品的规范控制的基础，除非被试电工电子产品在试验样品几何形状限制内。

6.3.3 参考文献

国际标准：[7]。

6.4 测量“三立方米”烟试验箱中的烟密度

6.4.1 概要

6.4.1.1 目的和原理

本试验方法用于评估在封闭的试验箱中暴露于有焰燃烧源的材料或产品产生的烟的密度。连续测量和记录穿过烟的光通量。

6.4.1.2 试验样品

试验样品由水平取向的材料或产品组成，位于引燃源上方。

6.4.1.3 方法

本方法是在容积为 27 m^3 的密闭试验箱内，将一盏酒精灯作为火焰源置于试验样品下方。用光度测定系统测量烟密度，该系统用位于 2.15 m 高度的白光水平穿过试验箱。光电探测器测量因烟积聚导致的光透射率的降低量。光透射测定法用于评估试验中达到的最大阻光度。整个试验过程中使用风扇使烟均匀并将烟分层减少到最小。

在一些标准中，透射百分比值(%T)被记录并用下面公式计算：

$$\%T = 100(T/I)$$

式中：

I——入射光通量；

T——透射光通量。

在一些标准中(主要是电缆)，光密度(称为 A_m)用下面公式计算：

$$A_m = \log_{10}(I/T)$$

注：A_m 在一些标准中也被误认为吸光率。

根据参数 A_o 报告试验结果：

$$A_o = A_m V/(nL)$$

式中：

V——试验箱体积(27 m^3)；

L——光程(3 m)；

n——试验样品数量。

烟的消光面积(S)可以通过 A_m 或 A_o 计算，如下：

$$S = A_m V \ln(10)/L = 2.303\ V/L$$

$$S = A_o n \ln(10) = 2.303\ A_o n$$

6.4.1.4 重复性和再现性

依据 GB/T 17651.1—1998，重复性和再现性已在实验室间的试验中被确定。

根据 GB/T 6379.2—2004 提出的试验结果见附录 C。

6.4.2 试验数据与特别观察的相关性

本方法最初是作为评估电缆和其他地铁产品的烟释放的基础而研制的。火情参数(试验箱几何形状、火源和试验样品位置)被设计为与地铁相关。本方法可以复制 ISO/TR 9122-1:1989 中着火阶段 2 的条件。

试验样品是自立式的，并在整个试验过程中保持试验位置。

应用的光学系统使本方法不能分辨烟释放导致穿过试验箱的光透射率小于 10% 的产品。提供的数据不适用于作为定量着火危险评估或防火安全工程的直接输入，但是经过进一步处理，这些数据可以适用。

在其他一些国家，本方法用作规范控制的基础。

如果着火模型适用，且试验样品几何形状和分辨力的局限性可以被接受，那么本方法适用于其他电工电子产品的进一步发展需要。

6.4.3 参考文献

国际标准：[8]至[10]。

国外标准：[11]至[15]。

6.5 用两箱试验法测定比光密度

6.5.1 概要

6.5.1.1 目的和原理

本试验方法用于评定在封闭的两箱内经受规定热辐射的材料或产品产生的烟的阻光度。

6.5.1.2 试验样品

试验样品尺寸为 165 mm×165 mm，最大厚度 70 mm。

6.5.1.3 方法

试验样品水平放置在分解箱中并暴露于不超过 60 kW/m^2 的热辐射下。产生的烟在第二个箱中收集，并且测定阻光度。

6.5.1.4 重复性和再现性

无可用数据。

6.5.2 试验数据与特别观察的相关性

本方法现在很少应用，基本被 ISO 5659-2 取代并被逐步废弃。

不推荐本方法进一步发展。

6.5.3 参考文献

国际技术报告：[16]。

7 已发布的动态试验方法

7.1 概要

本章描述的动态试验方法是在已出版的国际标准、国外标准中选择出来的，并且是电工电子领域通用的试验方法。本章不是描述所有的试验方法。

注：这些概要是试验方法的简单概述，不能代替完整的出版标准。

7.2 安装在水平梯上的电缆产生的烟密度的测定

7.2.1 概要

7.2.1.1 目的和原理

本试验方法用于评估有排风的水平通道中的电缆产生的烟模糊。

7.2.1.2 试验样品

试验样品由 7.32 m 长的电缆组成，以单层覆盖的方式安装在 286 mm 宽的电缆梯的横档上。

7.2.1.3 方法

在通道中，梯子一端的试验样品暴露于 87.9 kW (300 000 BTU/h)的火焰达 20 min。沿着通道从火源开始施加强制气流。试验时，用光电元件测量通道另一端的烟的光密度的峰值和平均值。

7.2.1.4 重复性和再现性

为评估 NFPA 262，已完成一项包括 5 个实验室的实验室间的试验。结果见附录 D。

7.2.2 试验数据与特别观察的相关性

本方法用于模拟包括环境空气运动(有严酷火源和通风条件)的特殊火情。

本方法能复制 ISO/TR 9122-1:1989 中的着火阶段 3b)。

在一些国家，用本方法为某些类型电缆的规范控制提供数据。

7.2.3 参考文献

国外标准：[17]到 [20]。

7.3 安装在垂直梯上的电缆产生的烟的测定

7.3.1 概要

7.3.1.1 目的和原理

将电缆安装在垂直梯上并放入有受控气流的试验箱中。测量烟模糊，计算烟的释放速率和烟的总释放量。选择性地测量质量损失。

7.3.1.2 试验样品

根据指定协议以不同的结构将电缆安装在梯子上。

7.3.1.3 方法

安装了电缆的梯子垂直安装在试验箱内，可以选择性地置于测压元件上。

电缆暴露于 20 kW 火焰 20 min，然后用位于排气管中的光电元件测量烟模糊。

烟的释放速率(SRR)用管中的消光系数和体积流量进行计算。

7.3.1.4 重复性和再现性

无可用数据。

7.3.2 试验数据与特别观察的相关性

这些方法是对标准电缆行业火焰传播试验修改而来的，在排气管中增加设备可以进行烟的动态测量。

试验样品是直的，应能自身支撑，通常垂直放置在封闭的管道中。

通风条件和火源使本试验方法能复制 ISO/TR 9122-1 中的着火阶段 2。

如果产品的安装环境适当、试验样品几何形状的局限性可以接受、同时着火模型也是合适的，则本方法可用于电工电子产品的进一步发展的需求。

在美国和加拿大，用本方法为所谓“低烟”电缆的规范控制提供数据。

7.3.3 参考文献

国外标准:[21]到[22]。

7.4 用锥型量热仪测定烟

7.4.1 概要

7.4.1.1 目的和原理

本方法用于评估高通风条件下的试验样品暴露于平锥形加热器下产生的烟模糊。产生的烟流经排气管,在管中测量消光系数和体积流量。

7.4.1.2 试验样品

试验样品是 100 mm×100 mm 的平板,最大厚度为 50 mm。

7.4.1.3 方法

试验样品暴露于锥形加热器产生的 100 kW/m^2 的热通量,用火花点火器点燃燃气。

锥形量热仪是同时测试多个参数的方法,用水平方向的试验样品动态地测量烟。烟从燃烧区域以 24 dm^3/s 的速率流向排气管,其速率用氦氖激光和双硅光电二极管系统进行监控。烟的比消光面积(δ_f)用消光系数、体积流量和质量损失速率按下列公式进行计算:

$$\delta_f = k\dot{V}/\dot{m}$$

式中:

$\dot{V}$——体积流量;

$\dot{m}$——质量损失速率;

k——消光系数[$=(1/L)\ln(I/T)$]。

注:重要的是认识到 δ_f 并不提供有关火灾中产生烟的速率的信息。

烟的产生速率由下式给出:

$$\dot{S} = k\dot{V} = \delta_f\dot{m}$$

平均比消光面积($\delta_{f\,avg}$)计算如下:

$$\delta_{f\,avg} = [\sum(\dot{V}k\Delta t)]/\Delta m = S/\Delta m$$

式中:

Δt——读数的时间间隔;

Δm——质量损失。

烟的总消光面积:

$$S = \sum(\dot{V}k\Delta t)$$

烟产生的总消光面积也可以表示为:

$$S = \int \dot{S}\mathrm{d}t$$

可以在 $\dot{S}$ 对时间曲线中找到计算面积。

7.4.1.4 重复性和再现性

在制定 ISO 5660-2 时,完成了一项包括 7 个实验室的实验室间的试验。根据 GB/T 6379.2—2004 提出的试验结果见附录 E。

7.4.2 试验数据与特别观察的相关性

锥形热量仪最初是为测量耗氧释放的热量而研制的,改进后通常装备激光系统能进行烟的动态测量。

锥形热量仪使用广泛,主要为着火模拟和危险评估提供数据,但用于电工电子产品试验则有明显的局限性:

a) 试验样品小,且本身必须是平的;

b) 本试验不限制空气接触试验样品,这就限制了本方法复制 ISO/TR 9122-1:1989 中着火阶段 1b)和阶段 2。

如果试验样品本身是平的并代表了终端产品应用，则本方法可以作为电工电子产品的试验方法，为产品的进一步发展提供基础。

本试验的数据不能单独作为电工电子产品烟释放的规范控制的基础。

7.4.3 **参考文献**

国外标准：[23]。

国际标准：[24]。

8 试验方法和数据相关性的综述

第6章和第7章概述的试验方法概括在表2中，涉及试验方法的局限性和着火阶段的适应性在表1中定义。产品委员会预选用和修改任何一个试验方法应保证试验方法对预定用途的适用性。

动态试验方法提供的数据通常在形式上适合作为着火危险评估或着火安全工程的输入数据。

注：这些方法是基于着火模型和试验样品几何形状的多样化，而这两个因素对材料或产品产生烟模糊有重要的影响。因此不能认为用一种试验方法获得的材料或产品的烟模糊数据等级排序与用另一种试验方法获得的结果相同。

另外，烟模糊数据有多种表达方式，这意味着从不同试验方法得到的数据在没有作进一步计算前不能直接比较。

表2 烟试验方法汇总

试验方法类型	试验方法和涉及条款	试验样品的限制	与着火阶段的相关性						用作规范目的局限性	数据形式作为着火安全工程输入的适宜性
			1(a)	1(b)	1(c)	2	3(a)	3(b)		
静态	6.2 在NBS箱中测定烟的阻光度	本身只能是平的，小于76.2 mm×76.2 mm，不适用于液体和一些热塑性塑料	否	是	否	是	否	否	不推荐	否
	6.3 单箱试验法测定烟的阻光度	本身只能是平的，小于75 mm×75 mm，可能适用于产品（见6.3）	否	是	否	是	是	否	只能用于有适当的几何形状的产品和相关着火阶段	不作为当前报告的
	6.4 在“三立方米”烟试验箱里测量烟密度	只能是自支撑产品，长约1 m	否	否	否	是	否	否	只能用于自支撑产品和相关着火阶段	不作为当前报告的
动态	7.2 安装在水平梯上的电缆产生的烟密度的测定	本身是平的建筑制品或电缆	否	否	否	否	否	是	只能用于有适当的几何形状的产品和相关着火阶段	是
	7.3 安装在垂直梯上的电缆产生的烟的阻光度测定	只能是自支撑产品	否	否	否	是	否	是	只能用于自支撑产品和相关着火阶段	是
	7.4 用锥型量热仪测定烟	本身是平的材料，也可能适用于产品（见7.4）	否	是	否	是	否	是	只能用于有适当的几何形状的产品和相关着火阶段	是
注：适用于防火安全工程的数据，仅限于用在与试验方法相关的合适的着火阶段。										

附　录　A
（资料性附录）
重复性和再现性数据-NBS 烟试验箱——依据法国标准 NF C20-902-1 和 NF C20-902-2 的实验室间的试验

根据法国标准 NF C20-902-1 和 NF C20-902-2 规定的程序，使用 14 个 NBS 烟试验箱，对 4 种用于电工电子产品的材料，包括 3 种用于电缆的材料进行了评估。这些涉及 D_m 测定的试验结果汇总在表 A.1 中：

表 A.1　D_m 的测定

试验模式	参数	研究的材料			
		硅橡胶	氯磺化聚乙烯	乙酸-醋酸乙烯酯共聚物	尼龙 66
无焰	m	278	234	314	70
	r	43	113	42	11
	S_r	15	40	17	4
	R	67	287	81	41
	S_R	24	102	29	15
有焰	m	211	624	259	84
	r	158	98	115	44
	S_r	56	85	41	16
	R	206	131	204	60
	S_R	74	68	73	21

注：

m——平均比光密度；

r——重复性；

S_r——重复性的标准偏差；

R——再现性；

S_R——再现性的标准偏差。

附　录　B
（资料性附录）
重复性和再现性数据——ISO 5659-2

表 B.1　D_{s10} 的测量

材料	厚度/mm	辐照度/(kW/m²)	平均 D_{s10}	重复性（实验室内）		再现性（实验室间）	
				r	平均值的百分数/%	R	平均值的百分数/%
PMMA	1.0	25	11	4	38	10	91
		25＋pf[a]	55	13	24	29	53
		50	54	11	20	17	32
ABS	1.1	25	312	77	25	311	100
		25＋pf[a]	441	146	33	205	46
		50	435	102	23	192	44
硬质聚氨酯泡沫（28 kg/m³）	25.0	25	49	16	32	61	124
		25＋pf[a]	48	24	51	26	54
		50	145	48	33	97	67
软质聚氨酯泡沫（27 kg/m³）	25.0	25	178	49	27	114	64
		25＋pf[a]	80	28	35	56	70
		50	127	46	36	80	63
交联聚苯乙烯（无阻燃剂；14 kg/m³）	25.0	25	112	75	67	196	175
		25＋pf[a]	102	75	74	130	128
		50	270	88	33	195	72

a　＋pf 是指模型 2 中的试验（也就是带引燃火焰）。

表 B.2　聚碳酸酯的结果

试验条件	参数	平均值 A	重复性 r	r/A %	再现性 R	R/A %	实验室数量
25 kW/m² 带引燃火焰	D_{s10}	8.4	1.6	20.1	3.8	45.2	6
	D_{smax}	17.1	2.1	10.4	5.4	31.8	6
25 kW/m² 无引燃火焰	D_{s10}	8.7	1.2	15.9	2.5	28.4	5
	D_{smax}	22.2	1.8	8.1	3.7	16.7	6
50 kW/m² 无引燃火焰	D_{s10}	*	*	*	*	*	*
	D_{smax}	*	*	*	*	*	*

注：试验样品距离加热器 50 mm。

* 大部分实验室报告的 D_{s10} 和 D_{smax} 超过 500。

表 B.3 PVC 地板的试验结果

试验条件	参数	平均值 A	重复性 r	r/A %	再现性 R	R/A %	实验室数量
25 kW/m² 带引燃火焰	D_{s10}	260.8	47.8	18.8	74.7	28.6	9
	D_{smax}	296.0	57.9	20.1	96.3	32.5	9
25 kW/m² 无引燃火焰	D_{s10}	472.6	41.6	9.8	124.0	26.2	9
	D_{smax}	504.0	22.7	4.8	101.9	20.2	9
50 kW/m² 无引燃火焰	D_{s10}	376.6	26.8	6.8	110.4	29.3	8
	D_{smax}	491.6	28.7	6.0	95.9	19.5	8

注：试验样品距离加热器 50 mm。

附 录 C
（资料性附录）
重复性和再现性数据——“三立方米”烟试验箱——依据 IEC 61034-1 的法国循环比对试验

有三类电缆被 7 个实验室用“三立方米”烟试验箱按照 GB/T 17651.1—1998 描述的过程进行了评估。

这些涉及烟密度的测定的试验结果汇总在下面表 C.1 中。

表 C.1 透射百分比的测量

试验模型	参数	研究的电缆类型		
		软电缆 %	铠装电缆 %	光纤电缆 %
C	m	77	81	81
	r	9	9	7
	S_r	3	3	3
	R	15	16	13
	S_R	4	6	4

式中：

m——平均值；

r——重复性；

S_r——重复性的标准偏差；

R——再现性；

S_R——再现性的标准偏差。

附 录 D
（资料性附录）
重复性和再现性数据——NFPA 262

这项国际循环比对试验[25]有5个实验室参与。

在这个试验方法中，烟的测量系统用0.1～1.0的中性滤光片来校准。被测光密度必须对中性滤光片呈线性响应，滤光片的回归系数最小为0.99。报告的光密度结果精度为0.01。

确定重复性和再现性所使用的方法是GB/T 6379.2—2004。

平均值(m)、重复性(r)、再现性(R)分别用了6个电缆试验样品进行计算，见表D.1和表D.2。

表D.1 峰值光密度

峰值光密度			
电缆	m	r	R
1	0.24	0.14	0.16
2	0.33	0.12	0.18
3	0.32	0.07	0.16
4	0.32	0.10	0.13
5	0.34	0.12	0.33
6	0.18	0.12	0.17

表D.2 平均光密度

平均光密度			
电缆	m	r	R
1	0.09	0.05	0.07
2	0.09	0.02	0.02
3	0.13	0.04	0.04
4	0.11	0.01	0.02
5	0.15	0.02	0.07
6	0.07	0.04	0.05

附 录 E
(资料性附录)
ISO 5660-2 烟测量的精度数据

在7个实验室中已经完成一系列对 ISO 5660 的实验室间的验证试验,这些试验是在欧洲针对软垫家具燃烧特性(CBUF)的消防研究程序工程中,对5个模拟软垫家具合成物的试验样品进行的。在这些试验中,基于烟的消光系数和试验中试验样品质量损失测量的比消光面积($m^2 \cdot kg^{-1}$)是用 ISO 5660-2 的方法加上热释放数据获得的。实验室间的验证试验结果给出了 ISO 5660-2 中烟的产生测试的精度数据。

表 E.1 给出了软垫家具材料化合物试验样品的内容。

表 E.1 软垫家具材料化合物

参考序号	材料
1	涂黑的丙烯酸织物,546 $g \cdot m^{-2}$,无阻燃高弹性聚氨酯泡沫,21 $kg \cdot m^{-3}$
2	阻燃棉织物,422 $g \cdot m^{-2}$,燃烧改善高弹性泡沫,30 $kg \cdot m^{-3}$
3	聚丙烯织物,264 $g \cdot m^{-2}$,无阻燃聚氨酯泡沫,21 $kg \cdot m^{-3}$
4	羊毛织物,432 $g \cdot m^{-2}$,燃烧改善高弹性泡沫,30 $kg \cdot m^{-3}$
5	同1,但含有凯芙拉尔(Kevlar)纤维内衬,65 $g \cdot m^{-2}$

表 E.2 给出了重复性(r)和再现性(R)以及平均值(m)。试验时根据 ISO 5725-2:1986 进行分析是有效的。

表 E.2 比消光面积($m^2 \cdot kg^{-1}$)的重复性和再现性

参考序号	实验室数量	m	r	R
1	6	399	93	366
2	5	108	60	76
3	6	499	91	112
4	6	241	27	56
5	5	341	93	333

GB/T 6379.2—2004 中有关公式指定的线性回归模式用于描述 r 和 R 为平均值(m)的函数,下面的公式是从表2的数据中得来的。

$$r = 28.83 + 0.14m \qquad \text{(E.1)}$$

$$R = 15.03 + 0.56m \qquad \text{(E.2)}$$

参 考 文 献

[1] IEC/TR2 60695-6-30:1996, Fire hazard testing—Part 6: Guidance and test methods on the assessment of obscuration hazard of vision caused by smoke opacity from electrotechnical products involved in fires—Section 30: Small scale static method—Determination of smoke opacity—Description of the apparatus

[2] IEC 60695-6-31:1999, Fire hazard testing—Part 6-31: Smoke obscuration—Small scale static test—Materials

[3] ASTM E662:1997, Standard test method for specific optical density of smoke generated by solid materials

[4] BS 6401:1983, Method for measurement, in the laboratory, of the specific optical density of smoke generated by materials

[5] NF C20-902-1:1990, Fire hazard testing—Test methods—Determination of smoke opacity without air change—Part 1: Methodology and test devices

[6] NF C20-902-2:1990, Fire hazard testing—Test methods—Determination of smoke opacity without air change—Part 2: Test methods for materials used in electric cables and in optical fibre cables

[7] ISO 5659-2:1994, Plastics—Smoke generation—Part 2: Determination of optical density by a single-chamber test

[8] IEC 61034-1:2005, Measurement of smoke density of cables burning under defined conditions—Part 1: Test apparatus

[9] IEC 61034-2:2005, Measurement of smoke density of cables burning under defined conditions—Part 2: Test procedure and requirements

[10] CENELEC HD 606: see IEC 61034-1 and IEC 61034-2

[11] BS 6853:1999, Code of practice for fire precautions in design and construction of passenger carrying trains

[12] BS 7622-1:1993, Measurement of smoke density of electric cables burning under defined conditions. Test apparatus

[13] CEI 20-37-3:1985, Tests on gases evolved during the combustion of electrical cables—Part 3: Measurements of smoke density of electrical cable and material burned under defined conditions (A+B methods)

[14] NF C32-073-1:1993, Measurement of smoke density of electric cables burning under defined conditions—Part 1: Test apparatus

[15] NF C32-073-2:1993, Measurement of smoke density of electric cables burning under defined conditions—Part 2: Test procedure and requirements

[16] ISO/TR 5924:1989, Fire tests—Reaction to fire—Smoke generated by building products (dual-chamber test)

[17] NFPA 262:1999, Standard method of test for flame travel and smoke of wires and cables for use in air-handling spaces

[18] UL 910:1998, Test for flame propagation and smoke-density values for electrical and optical-fibre cables used in spaces transporting environmental air

[19] ULC S102.4:1987, Test for fire and smoke characteristics of electrical wiring and cables

[20] EN 50289-4-11, Communication cables—Specifications for test methods—Part 4-11: Environmental test methods—A horizontal integrated fire test method

[21] ASTM D5424:1999, Standard test method for smoke obscuration of insulating materials contained in electrical or optical fibre cables when burning in a vertical cable tray configuration

[22] UL 1685:1997, Vertical-tray fire-propagation and smoke-release test for electrical and optical-fibre cables

[23] ASTM E1354:1999, Standard test method for heat and visible smoke release rates for materials and products using an oxygen consumption calorimeter

[24] ISO 5660-2:2002, Reaction-to-fire tests—Heat release, smoke production and mass loss rate—Part 2: Smoke production rate (dynamic measurement)

[25] FPRF (Fire Protection Research Foundation), Batterymarch Park, Quincy Mass. USA. "International NFPA 262 Fire Test Harmonization Project".

[26] GB/T 5169.25—2008 电工电子产品着火危险试验 第25部分:烟模糊 总则(IEC 60695-6-1:2005,IDT)

ICS 29.020
K 04

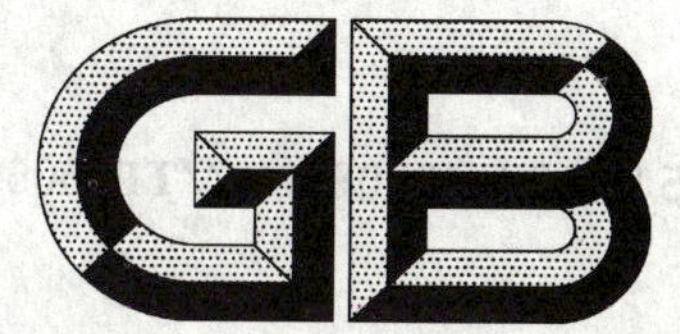

中华人民共和国国家标准

GB/T 5169.27—2008/IEC/TR 60695-6-30:1996

电工电子产品着火危险试验 第27部分:烟模糊 小规模静态试验方法 仪器说明

Fire hazard testing for electric and electronic products—Part 27: Smoke obscuration—Small-scale static test—Description of the apparatus

(IEC/TR 60695-6-30:1996, Fire hazard testing—Part 6: Guidance and test methods on the assessment of obscuration hazard of vision caused by smoke opacity from electrotechnical products involved in fires—Section 30: Small scale static method—Determination of smoke opacity—Description of the apparatus, IDT)

2008-12-30 发布　　2009-10-01 实施

中华人民共和国国家质量监督检验检疫总局
中国国家标准化管理委员会　发布

前言

GB/T 5169《电工电子产品着火危险试验》分为以下部分：

——GB/T 5169.1—2007 电工电子产品着火危险试验 第1部分：着火试验术语(IEC 60695-4:2005,IDT)

——GB/T 5169.2—2002 电工电子产品着火危险试验 第2部分：着火危险评定导则 总则(IEC 60695-1-1:1999,IDT)

——GB/T 5169.3—2005 电工电子产品着火危险试验 第3部分：电子元件着火危险评定技术要求和试验规范制订导则(IEC 60695-1-2:1982,IDT)

——GB/T 5169.5—2008 电工电子产品着火危险试验 第5部分：试验火焰 针焰试验方法 装置、确认试验方法和导则(IEC 60695-11-5:2004,IDT)

——GB/T 5169.7—2001 电工电子产品着火危险试验 试验方法 扩散型和预混合型火焰试验方法(idt IEC 60695-2-4/0:1991)

——GB/T 5169.9—2006 电工电子产品着火危险试验 第9部分：着火危险评定导则 预选试验规程的使用(IEC 60695-1-30:2002,IDT)

——GB/T 5169.10—2006 电工电子产品着火危险试验 第10部分：灼热丝/热丝基本试验方法 灼热丝装置和通用试验方法(IEC 60695-2-10:2000,IDT)

——GB/T 5169.11—2006 电工电子产品着火危险试验 第11部分：灼热丝/热丝基本试验方法 成品的灼热丝可燃性试验方法(IEC 60695-2-11:2000,IDT)

——GB/T 5169.12—2006 电工电子产品着火危险试验 第12部分：灼热丝/热丝基本试验方法 材料的灼热丝可燃性试验方法(IEC 60695-2-12:2000,IDT)

——GB/T 5169.13—2006 电工电子产品着火危险试验 第13部分：灼热丝/热丝基本试验方法 材料的灼热丝起燃性试验方法(IEC 60695-2-13:2000,IDT)

——GB/T 5169.14—2007 电工电子产品着火危险试验 第14部分：试验火焰 1 kW标称预混合型火焰 装置、确认试验方法和导则(IEC 60695-11-2:2003,IDT)

——GB/T 5169.15—2008 电工电子产品着火危险试验 第15部分：试验火焰 500 W火焰 装置和确认试验方法(IEC/TS 60695-11-3:2004,IDT)

——GB/T 5169.16—2008 电工电子产品着火危险试验 第16部分：试验火焰 50 W水平与垂直火焰试验方法(IEC 60695-11-10:2003,IDT)

——GB/T 5169.17—2008 电工电子产品着火危险试验 第17部分：试验火焰 500 W火焰试验方法(IEC 60695-11-20:2003,IDT)

——GB/T 5169.18—2005 电工电子产品着火危险试验 第18部分：将电工电子产品的火灾中毒危险减至最小的导则 总则(IEC 60695-7-1:1993,IDT)

——GB/T 5169.19—2006 电工电子产品着火危险试验 第19部分：非正常热 模压应力释放变形试验(IEC 60695-10-3:2002,IDT)

——GB/T 5169.20—2006 电工电子产品着火危险试验 第20部分：火焰表面蔓延 试验方法概要和相关性(IEC/TS 60695-9-2:2001,IDT)

——GB/T 5169.21—2006 电工电子产品着火危险试验 第21部分：非正常热 球压试验(IEC 60695-10-2:2003,IDT)

——GB/T 5169.22—2008 电工电子产品着火危险试验 第22部分：试验火焰 50 W火焰 装

置和确认试验方法(IEC/TS 60695-11-4:2004,IDT)

——GB/T 5169.23—2008 电工电子产品着火危险试验 第23部分:试验火焰 管形聚合材料500 W垂直火焰试验方法(IEC/TS 60695-11-21:2005,IDT)

——GB/T 5169.24—2008 电工电子产品着火危险试验 第24部分:着火危险评定导则 绝缘液体(IEC/TS 60695-1-40:2002,IDT)

——GB/T 5169.25—2008 电工电子产品着火危险试验 第25部分:烟模糊 总则(IEC 60695-6-1:2005,IDT)

——GB/T 5169.26—2008 电工电子产品着火危险试验 第26部分:烟模糊 试验方法概要和相关性(IEC/TS 60695-6-2:2005,IDT)

——GB/T 5169.27—2008 电工电子产品着火危险试验 第27部分:烟模糊 小规模静态试验方法 仪器说明(IEC/TR 60695-6-30:1996,IDT)

——GB/T 5169.28—2008 电工电子产品着火危险试验 第28部分:烟模糊 小规模静态试验方法 材料(IEC/TS 60695-6-31:1999,IDT)

——GB/T 5169.29—2008 电工电子产品着火危险试验 第29部分:热释放 总则(IEC 60695-8-1:2008,IDT)

——GB/T 5169.30—2008 电工电子产品着火危险试验 第30部分:热释放 试验方法概要和相关性(IEC/TS 60695-8-2:2008,IDT)

——GB/T 5169.31—2008 电工电子产品着火危险试验 第31部分:火焰表面蔓延 总则(IEC 60695-9-1:2006,IDT)

本部分为GB/T 5169的第27部分。

本部分等同采用IEC/TR 60695-6-30:1996《着火危险试验 第6部分:因陷入火灾的电工电子产品产生的烟模糊导致视野模糊危险的导则和试验方法 第30篇:小规模静态试验方法 烟模糊测定仪器说明》(英文版),但按GB/T 20000.2—2001《标准化工作指南 第2部分:采用国际标准的规则》中4.2 b)和5.2的规定作了少量编辑性修改,将美制螺纹改为公制螺纹,并对错误的尺寸作出以下更正:

a) 图A.3中限位器的尺寸更正为:外径38,厚7.9,配M5定位螺钉;

b) 图A.3中2条保持杆的尺寸更正为:孔10.2,不锈钢杆外径9.6;

c) 图A.3中安装保持杆的支架间的尺寸更正为276;

d) 图A.3中钢条的尺寸更正为截面25.4×3.2;

e) 图A.4尺寸表中的M更正为6.4±1.5,N更正为6.4±0.8;

f) 图A.4中磷青铜弹簧片的尺寸更正为76.2×76.2×0.25;

g) 图A.7中铜盘上插入热电偶丝的孔的尺寸更正为:ϕ0.397±0.038 1,深1.57±0.076;

h) 图A.7中的4个孔的标注更正为:在后盖34.9的圆上钻4个等距离的孔。

本部分的附录A、附录B、附录C、附录D和附录E为资料性附录。

本部分由全国电工电子产品着火危险试验标准化技术委员会(SAC/TC 300)提出并归口。

本部分负责起草单位:广州威凯检测技术研究所。

本部分参加起草单位:深圳市计量质量检测研究院、中国电器科学研究院、广东出入境检验检疫局检验检疫技术中心、武汉计算机外部设备研究所、深圳市出入境检验检疫局、无锡汉迪科技有限公司。

本部分主要起草人:夏庆云、陈兰娟、李保军、陈灵、武政、张效忠、毕凯军、陈传录。

本部分是首次发布。

引　言

任何电路都需要考虑到着火的危险。元件设计、电路设计、设备设计以及材料选择的目的是为了减少着火的可能性，甚至在可预见的非正常使用、故障和失败的情况下也是如此。

最初是火灾受害者的电工电子产品却可能有助于火灾。增加的火灾危险之一是释放烟雾，使人视觉降低和(或)迷失方向而不能从建筑里逃生或影响灭火。

事实上，所有的非金属材料(包括那些用在电工电子产品的)在受热时都会释放烟雾。着火产生的烟会导致人员和物质损失以及影响消防灭火。因此，降低火灾中材料/产品产生浓烟的速率能减少设备损失，便于人员撤离和采取应急措施。

本部分规定了测定材料垂直暴露在辐射热源(无论是否使用引燃火焰)下产生的烟的比光密度的仪器、校准程序和基本试验过程。

电工电子产品着火危险试验 第27部分:烟模糊 小规模静态试验方法 仪器说明

1 范围

GB/T 5169 的本部分描述了测定材料垂直暴露在辐射热源(无论是否使用引燃火焰)下产生的烟的比光密度的仪器、校准程序和基本试验过程。试验样品的尺寸已经确定。光密度的测定在事先用参考物质校准过的可控压力控制箱中进行。

本方法只适用于固态的、非金属平面样品。不适用于非平面的样品,例如绝缘电线和电缆,因为这样的产品不能获得均匀的热通量分布。

本部分不为材料提供分级。

本方法不适用于在热流的直接冲击下熔融且流走的材料,因为其不能获得重复的结果。

警告:因为试验样品的热解或燃烧会产生有毒和有害的气体,所以要采取适当的安全措施。

2 规范性引用文件

下列文件中的条款通过 GB/T 5169 的本部分的引用而成为本部分的条款。凡是注日期的引用文件,其随后所有的修改单(不包括勘误的内容)或修订版均不适用于本部分,然而,鼓励根据本部分达成协议的各方研究是否可使用这些文件的最新版本。凡是不注日期的引用文件,其最新版本适用于本部分。

GB/T 5169.1—2007 电工电子产品着火危险试验 第1部分:着火试验术语(IEC 60695-4:2005,IDT)

GB/T 6342—1996 泡沫塑料与橡胶 线性尺寸的测定(ISO 1923:1981,IDT)

3 术语和定义

GB/T 5169.1—2007 确立的术语和定义适用于本部分:

3.1

(烟的)阻光度 opacity (of smoke)

在规定条件下通过烟的入射光通量(I)与透射光通量(T)的比值(I/T)。

3.2

(烟的)光密度 optical density (of smoke)

烟的阻光度的常用对数[$\lg(I/T)$]。

注:在本部分中烟的光密度用(D)来表示。

3.3

比光密度 specific optical density

(D_s)

在材料或产品的烟测量中考虑光密度和规定试验方法的特征因子。

注:比光密度无量纲。

4 原理

将试验样品垂直安装在有或没有引燃火焰的可控压力的控制室内,并暴露在可控的热辐射中。用光度测量系统来测量产生的烟的阻光度。

5 试验仪器

有可移动滤光片的仪器能够测量的最大比光密度为528,没有滤光片的仪器能够测量的最大比光密度为924。

试验仪器的描述见附录A(图A.1～图A.8)。

详细结构见附录B。

校准程序和维护建议见附录C。

附录D给出了仪器的2个示例。

5.1 试验箱

5.1.1 试验箱的标称容积为0.51 m^3,内部尺寸如下:

——宽度:914 mm±3 mm;

——深度:610 mm±3 mm;

——高度:914 mm±3 mm。

内部表面应便于定期清洁以及耐腐蚀。

注:面板结构示例:内表面为搪瓷钢,芯板为绝热材料,外表面为镀锌钢。

5.1.2 按照6.3的要求,在试验过程中,试验箱关闭时应能保持正压力。可用压力计测量箱中压力。

用一片约0.04 mm厚的铝箔片盖住箱底板的孔,防止压力突然增大。安装前,小心去除油脂,清洗并擦干孔周围的试验箱底板。

注意不能使铝箔起皱,防止因褶皱而产生的泄漏。

不锈钢格子放在铝箔上可起到保护作用。不锈钢容器放在样品夹下收集可能损坏铝箔的样品熔化流下的物质。

5.1.3 排烟口必须安装符合环境安全的排放装置。

5.1.4 为了测量内部温度,热电偶应安装于门对面的内壁表面中央(见B.8)。

5.2 电炉(辐射热源)(见图A.2和B.1)

电炉内装有一个为内部直径约76.2 mm的陶瓷管和一个电热元件(见图A.2),其构造和放置见B.1。

确定电炉和其支架的位置,使加热元件和样品表面的距离为76.2 mm±1.0 mm。

电炉运行应由一个合适的系统持久监控。控制电炉的输出,使得在试验样品位于(见附录C)中央直径为38.1 mm的圆形区内,辐射级别平均保持在25 kW/m^2±0.5 kW/m^2的规定范围内。

5.3 试验样品夹具和支架

5.3.1 试验样品夹具(见图A.4和B.2)放置在与电炉支架相连的支架上,用合适的装置使试验样品中心可沿着电炉中心线移动。

5.3.2

空的样品夹具包括一件76.2 mm×76.2 mm的耐火板,电炉通电时,应将空的样品夹具放置在电炉口的前面。试验或校准时除外。

用一个弹簧和保持杆将耐火板保持在样品夹具前部的边缘。

注:标称密度在800 kg/m^3～970 kg/m^3之间、厚度至少为10 mm的耐火板是适用的。

5.4 燃烧器(见B.4)

进行火焰暴露试验时,固定一排6个管的燃烧器,使管水平部分顶端的中心线对准高于试验样品夹具的低开口处6.4 mm±1.5 mm(图A.4中的尺寸M)并且距离试验样品区域6.4 mm±0.8 mm(图A.4中的尺寸N)。

所用燃料为丙烷(纯度≥95%)和空气的混合物。流量分别为50 cm^3/min±5 cm^3/min和

500 cm^3/min±25 cm^3/min。用两个针阀调节流量,用两个流量计测量流量。

5.5 光度测量系统(见图 A.5 和 B.5)

光度测量系统由光源和光电探测器组成。为减少由烟层化造成的测量误差,光电探测器应垂直放置。

光度测量系统应确保对于 0.000 1%~100%范围内的透射因子测量有六位数的灵敏度。

光度计的准确度应该在任何灵敏度范围内优于最大读数的±3%。光电探测器的输出与一个记录装置相连。

5.5.1 光源是一个固定在一个暗箱中的白炽钨丝灯(额定电压 6.5 V),暗箱与试验箱用一个位于底板上的窗分隔开。为防止冷凝,将灯加热到 50 ℃。

暗箱应有光学装置,能提供垂直穿过试验箱的直径为 38.1 mm 的校准光束。

5.5.2 光电探测器是一个暗电流不超过 1 nA 的光电倍增管,并且 S-4 的灵敏度响应符合 ILC[1)]的规定。光电倍增管位于试验箱顶部,正对着暗箱中的光源,暗箱与试验箱用位于顶板的窗分隔开。应使用一个聚光透镜将光束汇聚在探测器上。用标称光密度为 2 的可移动中性滤光片来扩展光密度的测量范围。

5.6 测量和记录装置

数据记录器应可测量:

——校准电炉时辐射计的输出电压(见 6.1);

——试验时光电探测器的输出电压(见 5.5.2)。

6 校准和确认

每次校准或试验之前,试验箱后壁板的温度应稳定在 33 ℃±4 ℃,清除设备中前次试验的所有残留物,至少通风 2 min。

6.1 电炉的校准

电炉校准程序如下:

移开燃烧器,将辐射计安放在炉中备用位置,连接电气装置和供气装置。将空的样品夹具放置在电炉前面。将辐射计移到电炉前面替换样品夹具,靠紧支架上的限位器,用 38.1 mm 量规检查辐射计对准电炉开口的准确度,并做必要的调整(见 C.1.1)。

注:本试验对辐射计和试验样品相对于辐射热源位置的微小变化很敏感。电炉量规还可以用来检查试验样品夹的位置。

将辐射计和样品夹具移回到原来的位置,使仪器处于正常运行条件下,同时试验箱壁板温度稳定保持在 33 ℃±4 ℃,将辐射计移动到电炉前面替换样品夹具,靠紧限位器。

将试验箱门关闭,打开进气口,关闭排气口,给辐射计冷却器供气以便将辐射计本体的温度维持在 93 ℃±3 ℃。监控辐射计输出,确定何时达到平衡,必要时调整电炉,使其能提供一个对应校准值的稳定电压读数,相应的校准值等同于 25 kW/m^2±0.5 kW/m^2 的稳态辐照度。每次调整电炉要等待约 10 min 以保证辐射计达到平衡。如果校准时因故打开箱门,在关闭箱门后等待足够的时间使其达到热平衡,读取最后的电压值。

在校准程序结束时,将样品夹具放回到电炉的前面,关闭辐射计冷却空气供应,将辐射计从试验箱移开。

6.2 光学装置的验证(见 C.1.3)

将标准中性滤光片(见 C.1.3.2)置于光路中以确认光度计的准确性和线性。这些滤光片应覆盖光度测量系统的整个光圈,用光度计测出的比光密度值应为校准值±5%。

1) ILC:国际照明委员会。

注：为了确认在 600 nm 处比光密度的额定值，这些滤光片的透射率可以在 400 nm～900 nm 范围内通过光谱测定系统进行检验，因为光源有一个宽的光谱分布。因此，带有滤光片测出的比光密度值可能不准确。如果灯的光谱分布相同，试验室之间可以进行比对。

6.3 试验箱气密性的验证

应定期检验试验箱的气密性。检验时用一个 U 型压力计（见图 A.8 和 B.9）进行泄漏速率测试。通过箱顶部的一个气体采样端口引进压缩空气使试验箱内的压力升至约 745 Pa（76 mm 水柱）。

用一个秒表来测量压力降到 490 Pa（50 mm 水柱）的时间，这个时间应不小于 5 min。

7 用参考物质验证仪器的性能

应使用两种参考物质来校核仪器和试验程序的正确运行：

——无焰试验使用纤维素纸（参考 SMR 1006）；

——有焰试验使用塑料材料（参考 SMR 1007）。

注：这些参考物质可以从美国标准材料局-国家标准物质技术所得到 Gaithersburg，MD USA。

7.1 试验样品

试验前，所有试验样品（参考物质）应按照每种参考物质的证书说明进行预处理，将样品所有面与空气接触。

试验样品的尺寸为 76.2 mm×76.2 mm。

应按照 GB/T 6342—1996 测量每个试验样品的厚度，一组试验样品至少有 6 个，厚度小于 0.1 mm。

预处理后，按以下要求准备每个试验样品：

用一个平板底座，将样品面朝上放在 0.04 mm 厚的铝箔的钝面上，铝箔应有足够的尺寸沿边缘折叠并盖住样品面 6 mm～10 mm。

小心沿边缘折叠铝箔裹紧样品面，尽量减少褶皱（预先在角上沿对角线划痕可帮助减少褶皱）。避免刺透铝箔。

剪去顶部和侧面的重叠部分，暴露出 65 mm×65 mm 的测试区域，翻转折叠板进入样品夹具槽内作为样品残留物的斜通道。剪切铝箔时要避免损坏样品表面。插入后，一些坚硬的材料可以修整紧靠样品夹具的开口的铝箔。

样品放入样品夹具，样品后面用一个 75 mm 的正方形不易燃的绝热板支撑，该绝热板的烘干密度 850 kg/m^3±100 kg/m^3，标称厚度为 12.5 mm。放入弹簧，插上保持杆。若样品厚度大于 16 mm，要使用可调的保持杆。剪去样品夹具开口周围的铝箔，如果需要，可做一个斜槽通向样品夹具槽。

7.2 仪器的准备

每次试验之前，应先清洁光度测量系统的窗口。

注：可用酒精清洁窗口。

打开光源及所有的测量装置并允许达到稳定状态。

如果以有焰模式测试，按 5.4 的说明调节空气及丙烷的流速，点燃燃烧器。如果以无焰模式测试，移走燃烧器并使其在校准设置（见 6.1）情况下达到稳定状态。

在探测器内安装 2 号密度滤光片，将光度计连接记录系统。当探测器被覆盖时，调节系统读数为零。当探测器完全暴露时（100%透射），调节最小灵敏刻度读数为全刻度。

7.3 程序

将试验样品暴露于电炉释放的热辐射通量。样品外表面的平均热流应为 25 kW/m^2±0.5 kW/m^2。

参考测试材料：SRM 1006——不使用引燃器；

参考测试材料：SRM 1007——使用引燃火焰。

打开进气口挡板，关闭排气口挡板（见附录 D）。将装有样品的夹具固定在可滑动的电炉支架上，并紧邻未装样品的夹具放置。

将装有样品的夹具移至电炉前面代替未装样品的夹具。起动数据记录系统记录光透射率和时间。

当光透射开始衰减时关闭进气阀。

当压力高于 1.47 kPa(150 mm 水柱)时,可短暂打开排气阀使压力降至安全水平。

试验时调节记录器的灵敏度,使读数处于全刻度的 10%~100%。

如果光透射率低于 0.01%,盖上观察窗口,避免外部光进入,并从光路上移开光程延伸滤光片,使灵敏度增加 100 倍。当透射系数超过 0.01%时,放回量程延伸滤光片。

如果使用燃烧器,20 min 后熄灭燃烧器,移走样品夹具并将空的样品夹具放在电炉前面。

打开进气口和排气口排出废气。监控光透射程度直到达到恒定的光透射值(T_c)并记录此值。

试验(有引燃火焰)结束时,熄灭燃烧器。

每次试验之后,清洁两个光学窗。

7.4 测试结果

计算比光密度 D_s 如下:

$$D_s = G[\lg(100/T) + F]$$

式中:

$G=V/AL$;

V——试验箱密封后的体积,单位为立方米(m^3);

A——测试样品的暴露面积,单位为平方米(m^2);

L——透过烟的光程,单位为米(m);

T——光敏设备上读取的光透射率;

F——滤光片的光密度,取决于以下:

1) $F=0$,如果光度测量系统没有装配可移动的滤光片,或测量 T 值时光路上有可移动滤光片;

2) F=已知滤光片的光密度,测量 T 值时光路上没有可移动滤光片。此时,D_s 值可在表 A.1 中得到,通过 C.1.3.3 介绍的方法加上或减去修正因素值进行修正。

计算最小光透射时对应的最大比光密度值(D_m)。

对于每个测试系列,如果最大比光密度值 D_m 小于最小比光密度值的 1.5 倍,测试结果取三个试样的平均值;如果大于 1.5 倍,则要计算六个试样的平均值。

检查 D_m 值和厚度是否在 NBS 要求的范围内。

试验结束后熄灭引燃火焰并排除箱内烟尘,计算得出的比光密度值 D_c。

$$D_{s(corr)} = D_m - D_c$$

注:为了计算位于试验箱内光学系统里的烟尘和其他微粒沉积物,修正后的最大比光密度值 $D_{s(corr)}$ 可通过从最大比光密度值 D_m 中减去测试后期测得的比光密度值 D_c 得到。

8 试验报告(见附录 E)

对于每个测试系列:测试报告应包含以下信息:

——描述:

- 试验箱:型号,制造商,相关资料等;
- 样品:相关资料;
- 每个试验样品:取样方法,厚度等;
- 试验样品数量、预处理条件和平均厚度;
- 试验条件:暴露方法(有焰或无焰),试验时间,校准和操作数值(电炉电压,试验箱温度)。

——对每个测试样品的观察过程(主要事件的细节)。

——对应于每个样品的时间和比光密度值的曲线图($D_s=f(t)$;D_m、D_c、$D_{m(corr)}$ 的平均值。

附 录 A
（资料性附录）
试验设备的详细资料

单位为毫米

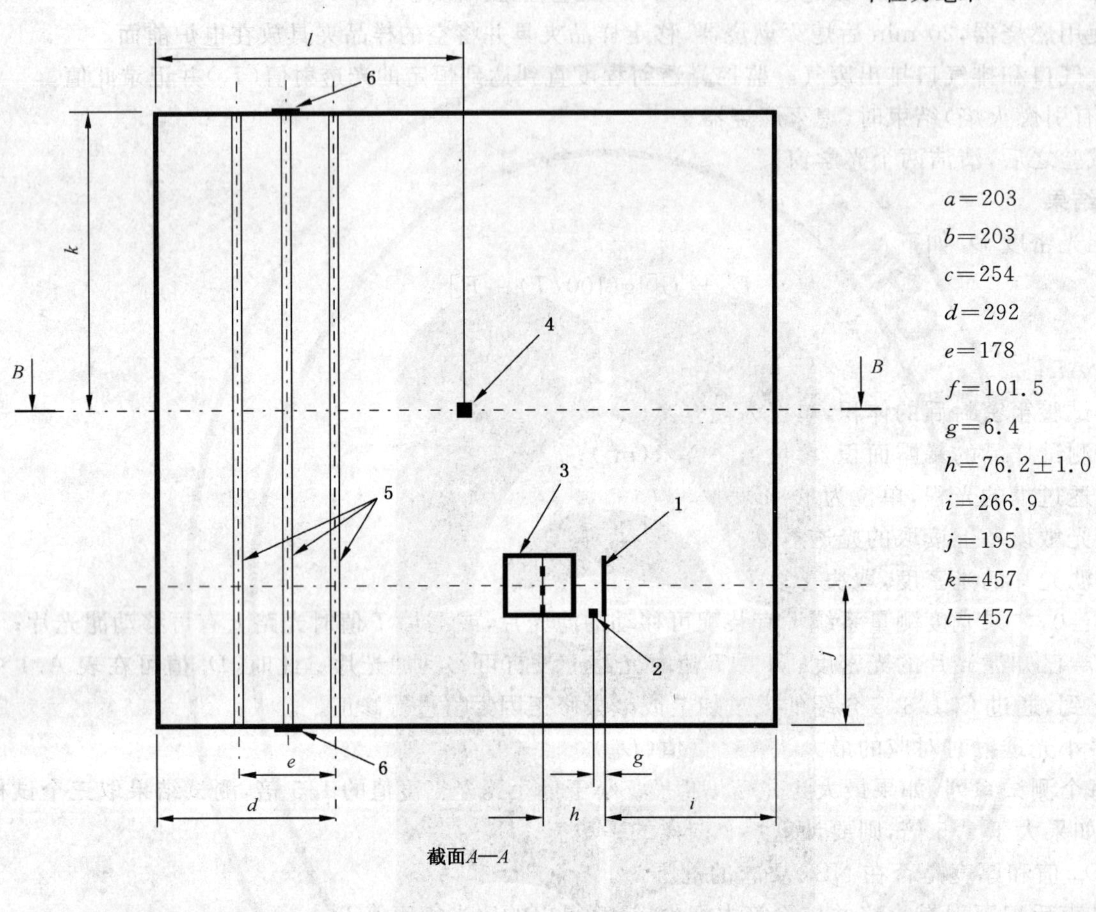

截面A—A

$a=203$
$b=203$
$c=254$
$d=292$
$e=178$
$f=101.5$
$g=6.4$
$h=76.2\pm1.0$
$i=266.9$
$j=195$
$k=457$
$l=457$

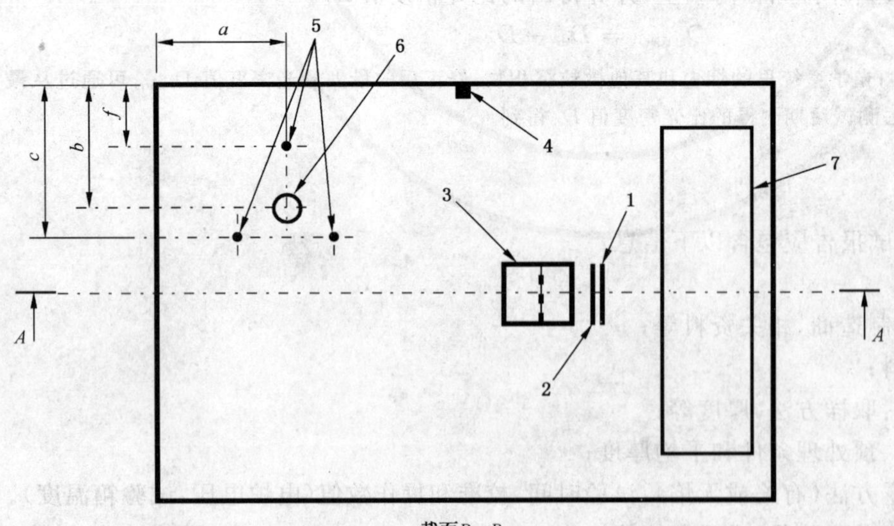

截面B—B

1——试验样品；
2——燃烧器（6个喷嘴）；
3——电炉；
4——热电偶；
5——杆（$\phi19$）；
6——光学窗（$\phi70$）；
7——排气保险孔。

图 A.1 试验设备

单位为毫米

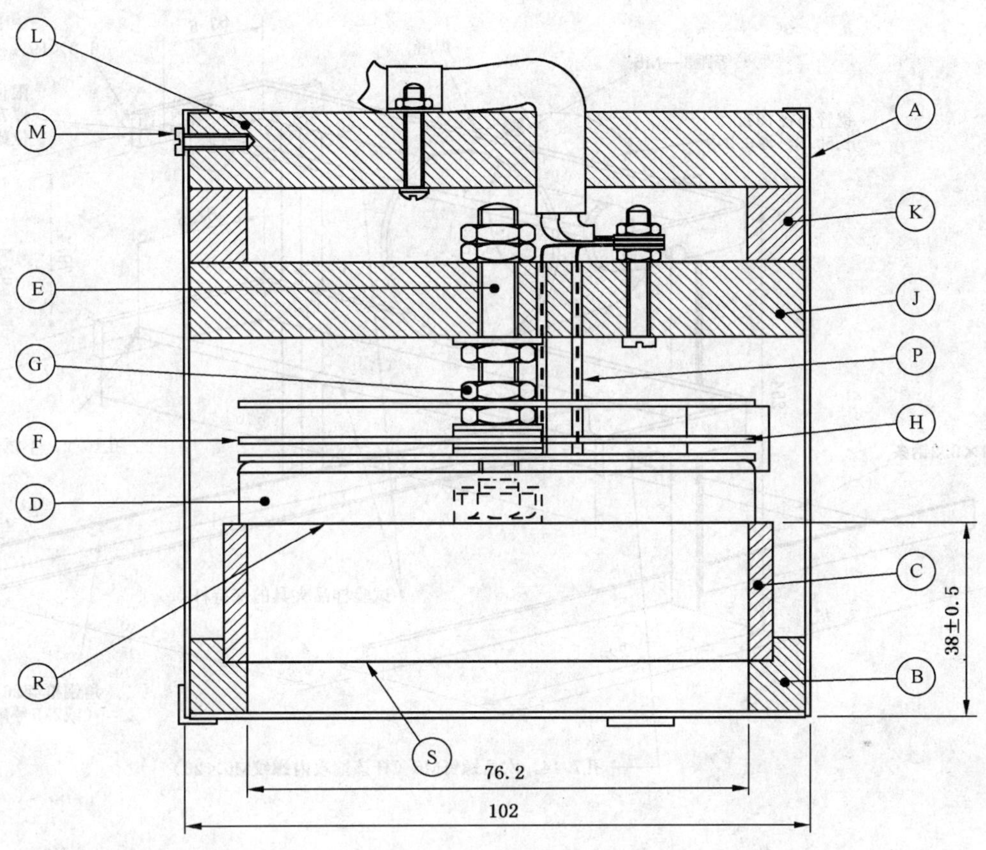

Ⓐ——不锈钢管；
Ⓑ——前绝缘环；
Ⓒ——陶瓷管；
Ⓓ——加热板 525 W；
Ⓔ——不锈钢安装螺栓；
Ⓕ——绝缘垫圈；
Ⓖ——不锈钢垫片(3)；
Ⓗ——不锈钢反射片；
Ⓙ——中心绝缘盘；
Ⓚ——绝缘隔离垫圈；
Ⓛ——背面绝缘盘；
Ⓜ——金属螺钉；
Ⓟ——加热器引线孔/陶瓷套管；
Ⓡ——加热面；
Ⓢ——炉面。

图 A.2 电炉截面

单位为毫米

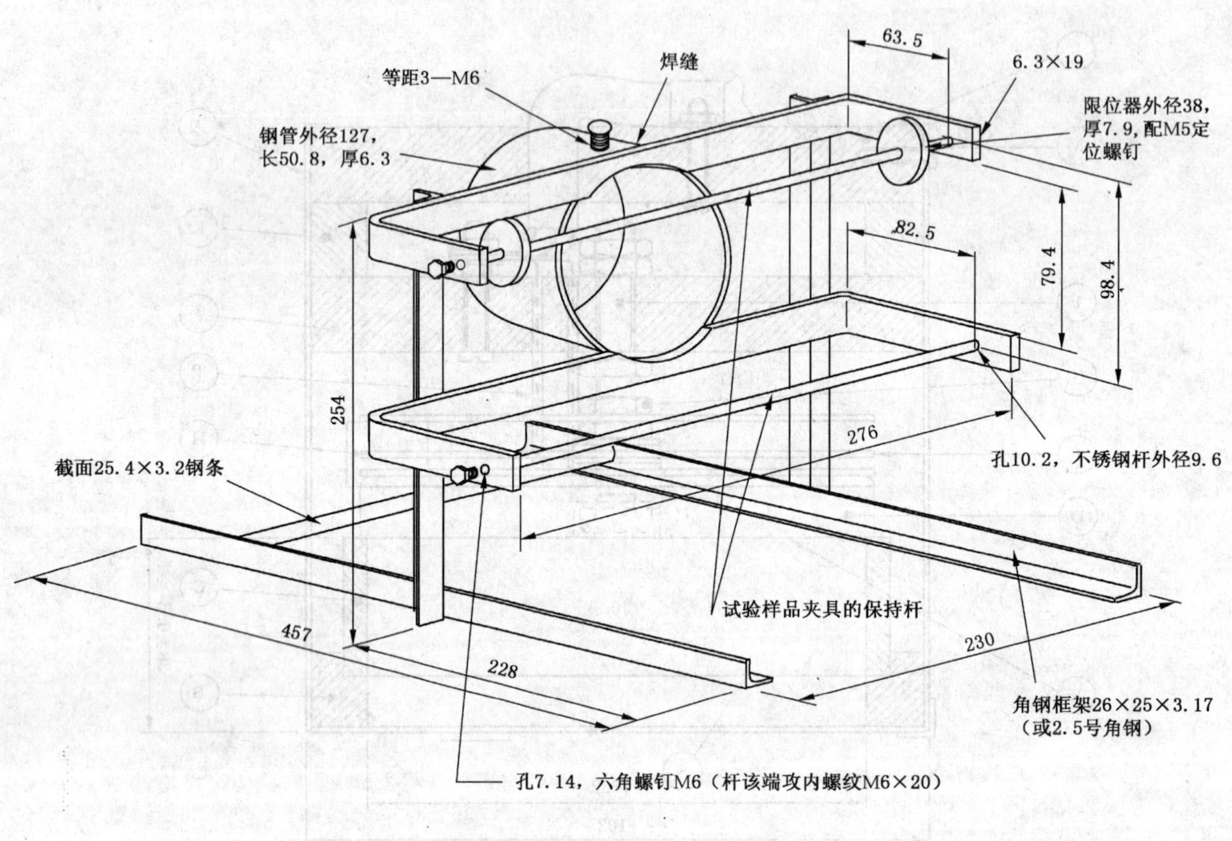

图 A.3　电炉支架和试验样品夹具

单位为毫米

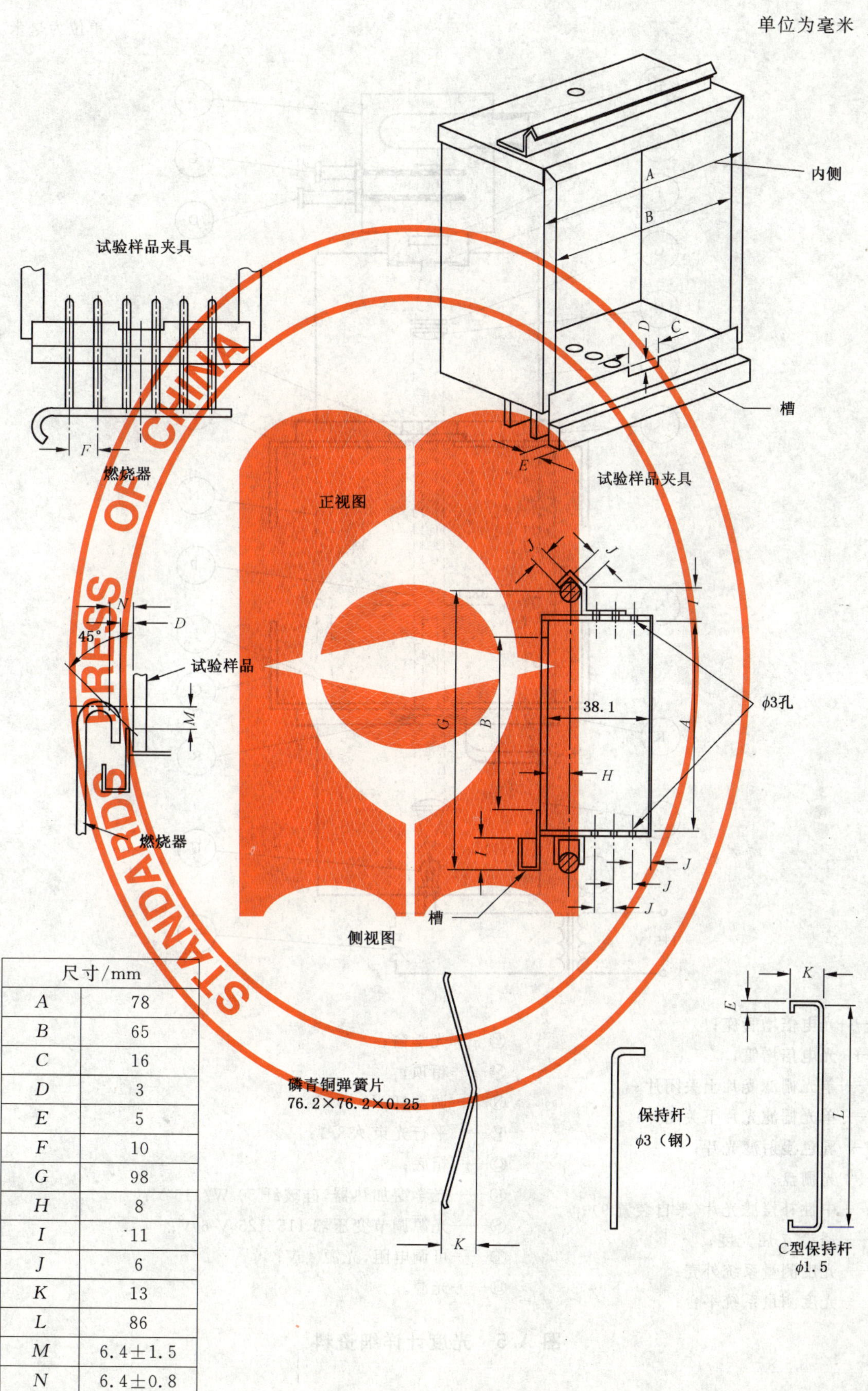

尺寸/mm	
A	78
B	65
C	16
D	3
E	5
F	10
G	98
H	8
I	11
J	6
K	13
L	86
M	6.4±1.5
N	6.4±0.8

图 A.4　试验样品夹具和引燃器的详细资料

单位为毫米

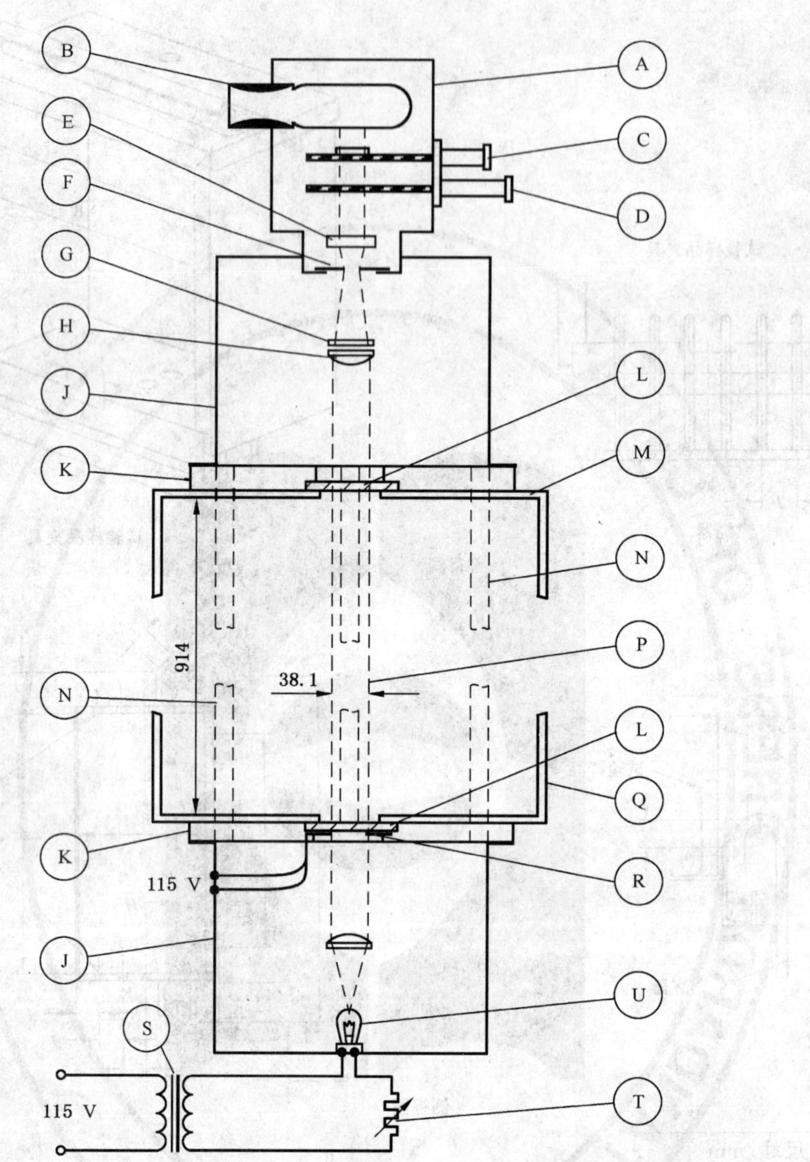

Ⓐ——光电倍增管座；
Ⓑ——光电倍增管；
Ⓒ——单光栅滤光片上关闭片；
Ⓓ——单光栅滤光片下关闭片；
Ⓔ——乳色漫射滤光片；
Ⓕ——光栅盘；
Ⓖ——中性补偿滤光片(来自装置 9)；
Ⓗ——透镜，7 屈光度；
Ⓙ——光度测量系统外壳；
Ⓚ——光度测量系统平台；
Ⓛ——光学窗；
Ⓜ——箱顶；
Ⓝ——调整杆；
Ⓟ——平行光束 ϕ38.1；
Ⓠ——箱底；
Ⓡ——光学窗加热器，硅玻纤 50 W/115 V；
Ⓢ——光源调节变压器 115/125 V-6 V；
Ⓣ——可调电阻，光源 4 V；
Ⓤ——光源。

图 A.5　光度计详细资料

单位为毫米

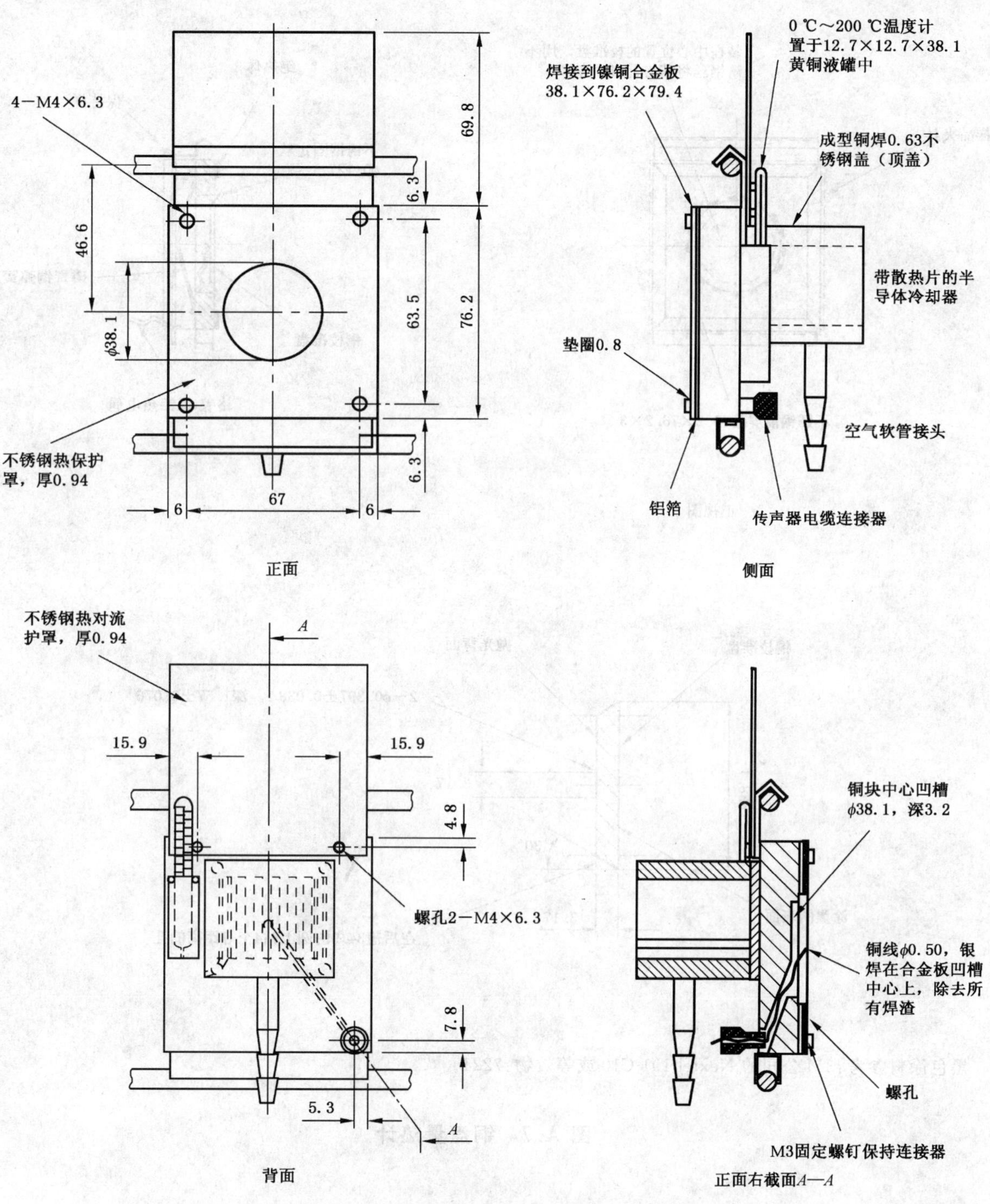

图 A.6　辐射计详细资料

单位为毫米

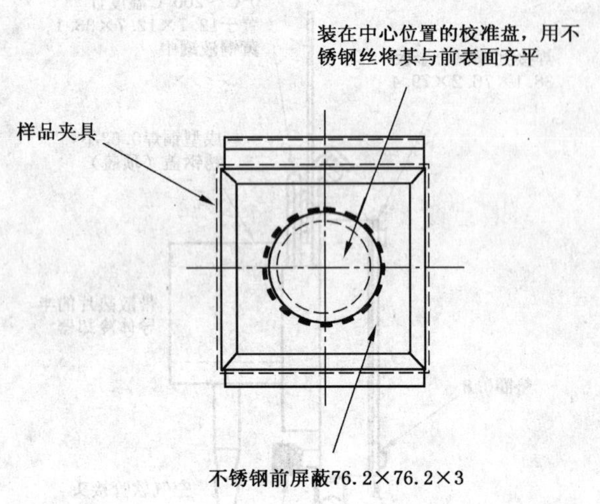

正视图

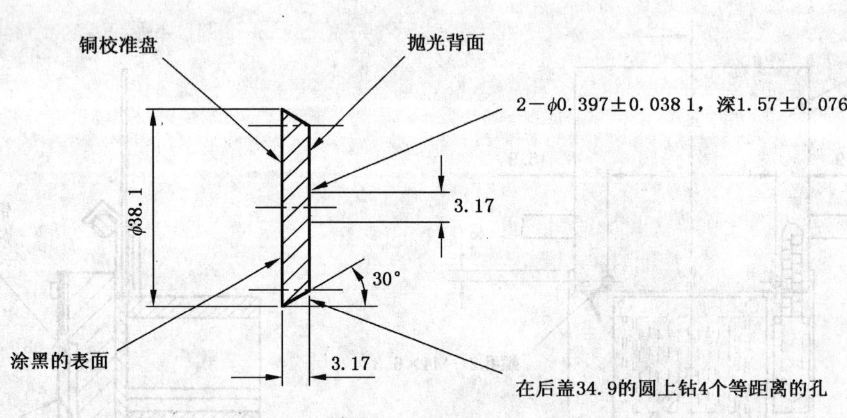

黑色涂料参考：3M 公司的 Nextel 101-C10 或等效物：7221。

图 A.7 铜盘量热计

单位为毫米

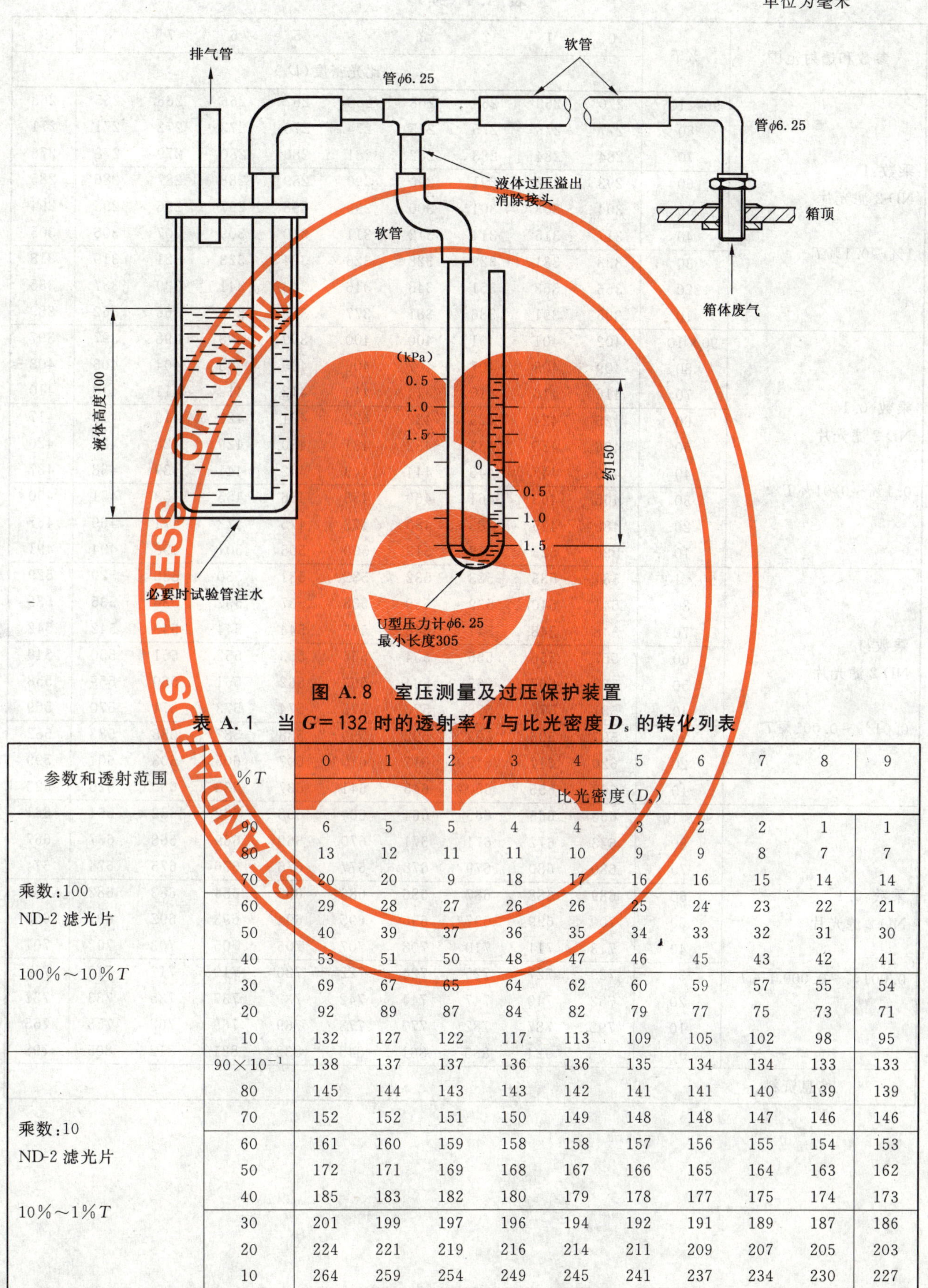

图 A.8　室压测量及过压保护装置

表 A.1　当 G=132 时的透射率 T 与比光密度 D_s 的转化列表

参数和透射范围	%T	0	1	2	3	4	5	6	7	8	9
		比光密度(D_s)									
乘数:100 ND-2 滤光片 100%～10%T	90	6	5	5	4	4	3	2	2	1	1
	80	13	12	11	11	10	9	9	8	7	7
	70	20	20	9	18	17	16	16	15	14	14
	60	29	28	27	26	26	25	24	23	22	21
	50	40	39	37	36	35	34	33	32	31	30
	40	53	51	50	48	47	46	45	43	42	41
	30	69	67	65	64	62	60	59	57	55	54
	20	92	89	87	84	82	79	77	75	73	71
	10	132	127	122	117	113	109	105	102	98	95
乘数:10 ND-2 滤光片 10%～1%T	90×10^{-1}	138	137	137	136	136	135	134	134	133	133
	80	145	144	143	143	142	141	141	140	139	139
	70	152	152	151	150	149	148	148	147	146	146
	60	161	160	159	158	158	157	156	155	154	153
	50	172	171	169	168	167	166	165	164	163	162
	40	185	183	182	180	179	178	177	175	174	173
	30	201	199	197	196	194	192	191	189	187	186
	20	224	221	219	216	214	211	209	207	205	203
	10	264	259	254	249	245	241	237	234	230	227

表 A.1（续）

参数和透射范围	%T	0	1	2	3	4	5	6	7	8	9
		比光密度(D_s)									
乘数:1 ND-2 滤光片 1%～0.1%T	90×10^{-2}	270	269	269	268	268	267	266	266	265	265
	80	277	276	275	275	274	273	273	272	271	271
	70	284	284	283	282	281	280	280	279	278	278
	60	293	292	291	290	290	289	288	287	286	285
	50	304	303	301	300	299	298	297	296	295	294
	40	317	315	314	312	311	310	309	307	306	305
	30	333	331	329	328	326	324	323	321	319	318
	20	356	353	351	348	346	343	341	339	337	335
	10	396	391	386	381	377	373	369	366	362	359
乘数:0.1 ND-2 滤光片 0.1%～0.01%T	90×10^{-3}	402	401	401	400	400	399	398	398	397	397
	80	409	408	407	407	406	405	405	404	403	403
	70	416	416	415	414	413	412	412	411	410	410
	60	425	424	423	422	422	421	420	419	418	417
	50	436	435	433	432	431	430	429	428	427	426
	40	449	447	446	444	443	442	441	439	438	437
	30	465	463	461	460	458	456	455	453	451	450
	20	488	485	483	480	478	475	473	471	469	467
	10	528	523	518	513	509	505	501	498	494	491
乘数:1 ND-2 滤光片 0.01%～0.001%T	90×10^{-4}	534	533	533	532	532	531	530	530	529	529
	80	541	540	539	539	538	537	537	536	535	535
	70	548	548	547	546	545	544	544	543	542	542
	60	557	556	555	554	554	553	552	551	550	549
	50	568	567	565	564	563	562	561	560	559	558
	40	581	579	578	576	575	574	573	571	570	569
	30	597	595	593	592	590	588	587	585	583	582
	20	620	617	615	612	610	607	605	603	601	599
	10	660	655	650	645	641	637	633	630	626	623
乘数:0.1 ND-2 滤光片 0.001%～0.000 1%T	90×10^{-5}	666	665	665	664	664	663	662	662	661	661
	80	673	672	671	671	670	669	669	668	667	667
	70	680	680	679	678	677	676	676	675	674	674
	60	689	688	687	686	686	685	684	683	682	681
	50	700	699	697	696	695	694	693	692	691	690
	40	713	711	710	708	707	706	705	703	702	701
	30	729	727	725	724	722	720	719	717	715	714
	20	752	749	747	744	742	739	737	735	733	731
	10	792	787	782	777	773	769	765	762	758	755
	0*	—	924	885	861	845	832	821	812	805	798

* 信息资料。

附　录　B
（资料性附录）
结构详细资料

如果别的设备的试验结果与本仪器的试验结果一致，那么可以采用别的设备。

B.1　电炉（见图 A.2）

电炉由两个主要的部分组成：陶瓷管（内径 76.2 mm）和螺旋加热器（约 525 W）

电炉具有 76.2 mm 直径的开口，用来给试验样品表面提供连续的辐射。电炉应该位于与箱子前后面等距离的中线上。电炉开口向右，距离右壁约 305 mm。电炉的中线应该在箱底上方约 195 mm。在箱门关闭的恒定条件下，电炉的控制系统应该保持 25 kW/m^2±0.5 kW/m^2 的辐照水平 20 min。

发热器与电炉外表面的距离应为 38.0 mm±0.5 mm。

B.2　样品夹具（见图 A.4）

样品夹具应该用弯曲并铜焊（或点焊）0.5 mm 厚的不锈钢片制成，能提供的深度为 38.1 mm。试验样品曝光光栅应为 65.1 mm×65.1 mm。用 0.25 mm 磷青铜片弯曲成的弹簧应用于使试验样品和绝热板稳定地保持在位置上。

样品夹具（指空的样品夹具）应包括不易燃的绝热板，插在适当孔中的保持杆使绝热板紧靠夹具边缘。

B.3　电炉和样品夹具支座（见图 A.3）

电炉和样品夹结构应该做成符合图 A.3。

B.4　气体燃烧器（见图 A.4）

6 个管应该由外径 3.2 mm、壁厚 0.8 mm 的不锈钢管做成。所有管在顶端用型模弯曲且开口减小到 1.4 mm。电炉的水平截面应该由外径 6.4 mm、壁厚 0.9 mm 的不锈钢管组成。多支管的其他末端应该刚好放在箱底上。

两边的管定向为水平，中线上的两根管定向为 45°角，中间的两根管定向为垂直向下。

B.5　光度测量系统（见图 A.5）

一个依照 ILC 的钨丝白炽灯（1630 型，6.5 V）应该在 4.0 V±0.2 V 的固定电压下工作。

光探测器应该是依照 ILC 的 931-V-A 型。

应该按照图 A.5 进行装配。

下视窗应该用电加热到约 50 ℃以使烟冷凝最小化。

箱内的校准光束应该具有 914 mm±3 mm 的光程和 38.1 mm±3.2 mm 的直径。

两个垂直的光学台和它们的机座应该与三根金属杆保持在一条直线上，牢固地固定在安装在箱的上下外表上的 7.9 mm 厚的板上，并以校准光束为中心线大致对称（见图 A.1）。

B.6　辐射计（见图 A.6）

辐射计由一个铜块组成，铜块上铜焊了一块金属箔，上面有一个直径 38.1 mm、深 3.2 mm 的凹槽。金属箔上喷涂了一层黑漆，发射率 0.95。

一条直径 0.5 mm 的铜线穿过铜块并铜焊在金属箔的中点上。

这个组件安装在黄铜基座上，黄铜基座的温度在暴露于辐射热炉的过程中应该依靠用针阀调节和流量计保持的压缩气流保持在 93 ℃±3 ℃。允许有一个孔用来插入温度计检查温度。

B.7 量热计(见图 A.7)

量热计由一个直径 38.1 mm 的铜盘组成，铜盘喷涂了黑漆(辐射率 0.95)，上面固定有最大直径 0.3 mm 的热电偶丝(见图 A.7)。

B.8 箱壁热电偶

应该安装一个适合测量 35 ℃温度的热电偶，热电偶的节点用电绝缘盘罩和环氧粘合剂保护在箱的后板的几何中心上。

B.9 箱体压力调节器(见图 A.8)

当试验初期箱内空气温度升高和试验样品放出燃烧产物的时候，箱体压力会增大。内部压力通过卸压系统(见图 A.8)控制使箱体压力不超过 1.47 kPa(150 mm 水柱)。

一个适合的压力调节器可以由一个敞开的充水瓶和一段软管组成，软管的一端连接到箱顶部样品进出口(或连接到压力计)，软管的另一端插入水面下 100 mm。充水瓶位于箱底部或底部下面。

附　录　C
（资料性附录）
仪器调节和维护

C.1　调节

为了保持结果的一致性，以下的调节可能是必需的。

C.1.1　电炉调整

一个 38.1 mm 的钢块可以用于调整样品夹与电炉开口的距离。

C.1.2　辐射计校准（见图 A.6 和图 A.7 以及 C.1.3）

辐射计热流量的吸收和电压的输出之间的关系应该定期用量热计调节。

由电炉在设定值 S_1（见注）(90 V～95 V) 的稳定条件下的运行，可以做出以下索引 1 的最初对照：

——用辐射计以相同方式对电炉进行校准，给出温度平衡响应 R_1(mV)。

——取下辐射计并迅速放好温度 T_0 为室温的量热计，记录约 30 s 的温升 (T_1-T_0)，然后

——取下量热计冷却回室温。

温升对于时间的导数 $\frac{\mathrm{d}T_1}{\mathrm{d}t}$，通过下面公式与每平方厘米热接收量对于时间的导数 $\frac{\mathrm{d}Q_1}{\mathrm{d}t}$ 对应起来：

$$\frac{\mathrm{d}Q_1}{\mathrm{d}t}=G_{\mathrm{Cu}}\frac{\mathrm{d}T_1}{\mathrm{d}t}$$

式中：

G_{Cu}——铜盘常数。

如果输出电压 R_1（每单位时间）的增长为 $\frac{\mathrm{d}R_1}{\mathrm{d}t}$，$k$ 是热电偶转化常数(mV/K)，那么可以得到以下公式：

$$\frac{\mathrm{d}Q_1}{\mathrm{d}t}=\frac{G_{\mathrm{Cu}}}{k}\times\frac{\mathrm{d}R_1}{\mathrm{d}t}$$

$\frac{\mathrm{d}Q_1}{\mathrm{d}t}$ 测定结果以 $\mathrm{kW/m^2}$ 表示。

对不同电炉的 S_2、S_3、S_4（见注）重复以上步骤三次，这样得到的四个结果 $\frac{\mathrm{d}Q_1}{\mathrm{d}t}$、$\frac{\mathrm{d}Q_2}{\mathrm{d}t}$、$\frac{\mathrm{d}Q_3}{\mathrm{d}t}$、$\frac{\mathrm{d}Q_4}{\mathrm{d}t}$ 两个位于设置点上方，两个位于设置点下方，例如设置点 25 $\mathrm{kW/m^2}$。

注：电炉控制系统的 S_1 由电压或温度决定，S_1 值为 25 $\mathrm{kW/m^2}$ 对应的大约是 90 V～95 V 或者 800 ℃～1 000 ℃。

每次测量辐射热流量的响应值 R_1、R_2、R_3、R_4（稳定操作中的常数）可以在曲线图中连成直线，在这条直线上用内插法找到 $\frac{\mathrm{d}Q_e}{\mathrm{d}t}=25\ \mathrm{kW/m^2}$ 对应的辐射计的校正值 Re（见图 C.1）。

建议：

a)　测量常数 G 必须包括：

c＝铜的比热，用焦耳每克开表示 $(0.38\ \mathrm{J\cdot g^{-1}\cdot K^{-1}})$

m＝铜盘质量，用克表示

a＝盘的暴露面上的黑色涂覆层的吸收系数（无量纲）

s＝暴露面的面积，用平方厘米表示

G_{Cu}＝用焦耳每平方厘米每开表示，计算如下：

$$G_{\mathrm{Cu}}=\frac{m\cdot c}{a\cdot s}(\mathrm{J}\times\mathrm{cm^{-2}}\times\mathrm{K^{-1}})$$

b) 热电偶至少每年校准一次。

如果热量计的涂黑表面看起来退色或有变化，则应移除涂覆层并清理表面，然后重新涂覆。再次使用前应重新校准并对校正常数 G_{Cu} 做适当修正。

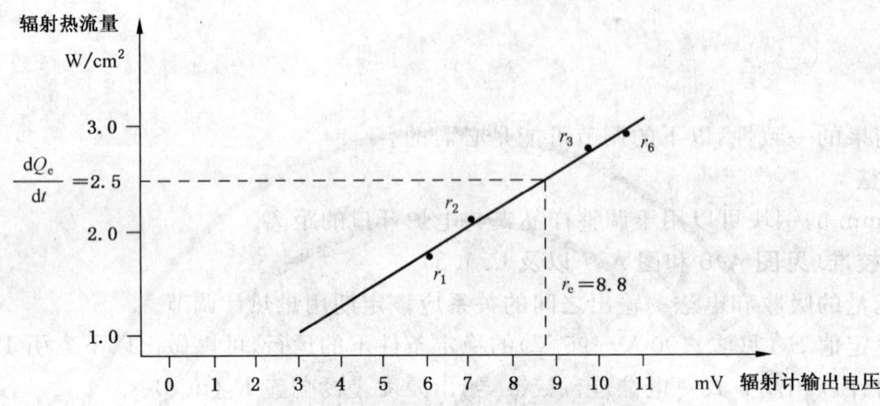

图 C.1 辐射计校准实例

C.1.3 光度测量系统的校准

为得到线性的响应，光束必须对准，测量设备必须提供线性响应。

C.1.3.1 光束较正

光度测量系统的校正在最低灵敏度范围内（$T=100\%$满刻度），用一块直径 115 mm 的不透明的薄圆片进行，圆片中央标记一个直径 51 mm 的圆圈，圆片应贴在上光学窗的中心上。

调节光束直到投影成像在中心位置，且光度计读数达到最大。

关掉光度计，打开暗箱的上盖，从装好的透镜中取出补偿滤光片支架，观察光束的聚焦情况。一个完全聚焦和矫正好的的光束会在光电倍增管的光圈盘上形成细小的亮斑。

调节时，轻轻地松开透镜的固定螺丝，小心地调节焦距。调好后拧紧螺丝，检查光斑。重新把补偿滤光片支架装到透镜上，盖上闭光室地盖子。确保所有螺丝复位防止光泄漏。

注：由于灯丝的原因，图像不会是一个完美的圆圈。

C.1.3.2 线性检查

线性精确度的验证依靠滤光片的透射特性，滤光片的透射因子由光谱带的波长决定（500 nm～700 nm）。

光度测量系统的线性评估是在下光学窗上分别放置各种不同的已知光密度的滤光片，记录测得的光密度值并与已知的光密度值比较。

C.1.3.3 量程增大的滤光片检查（光密度 2.0）

按以下操作进行检查滤光片的精确透射值：

a) 在光程上通过滤光片调节光度测量系统，使箱体在操作条件下达到稳定。

b) 用一块白布或薄纱盖在下窗上，使透射因子约为刻度范围 1 的 50％。

c) 旋转范围旋钮使刻度回到 100％，从光程上移走量程增大的滤光片。

d) 调节微调旋钮使读数正好 50％。

e) 重新装回滤光片，读数应该在 1％刻度上为 50。如果读数刚好 50，则滤光片的光密度值正好是 2.0，可以直接应用转换表 A.1（附录 A）。如果读数不是 50，则按照表 C.1 测定修正因子。

注：以上描述的量程增大的滤光片检查方法与一些国家和行业的 NBS 烟箱试验方法不同。

表 C.1 用于 D_s 值的修正因子

透射值	滤光片光密度	修正值
31	2.21	+27
32	2.19	+25
33	2.18	+24
34	2.17	+22
35	2.16	+20
36	2.14	+19
37	2.13	+17
38	2.12	+15
39	2.11	+14
40	2.10	+13
41	2.09	+11
42	2.08	+10
43	2.07	+8
44	2.06	+7
45	2.05	+6
46	2.04	+5
47	2.03	+3
48	2.02	+2
49	2.01	+1
50	2.00	0
51	1.99	−1
52	1.98	−3
53	1.97	−4
54	1.965	−5
55	1.96	−6
56	1.95	−7
57	1.94	−8
58	1.935	−9
59	1.93	−10
60	1.92	−11
61	1.91	−12
62	1.905	−13
63	1.90	−14
64	1.90	−14
65	1.89	−15
66	1.88	−16
67	1.87	−17
68	1.865	−18
69	1.86	−19
70	1.85	−20

C.2 设备的维护

C.2.1 试验箱

定期用非研磨的软垫清理箱体内壁。

C.2.2 气体燃烧器

如果燃烧管的小孔被残渣堵塞，可用直径0.3 mm～0.35 mm长约90 mm的硬钢丝(例如弹簧丝)清理。

如果有可能，建议在移走燃烧器后立即把钢丝插入燃烧器孔中，直到下次再用燃烧器时再拔出钢丝。如果采取合适的预防措施处理燃烧器后还是存在残渣和堵塞，则可以将燃烧器用适当的溶剂进行浸泡。

附 录 D
（资料性附录）
试验仪器举例

单位为毫米

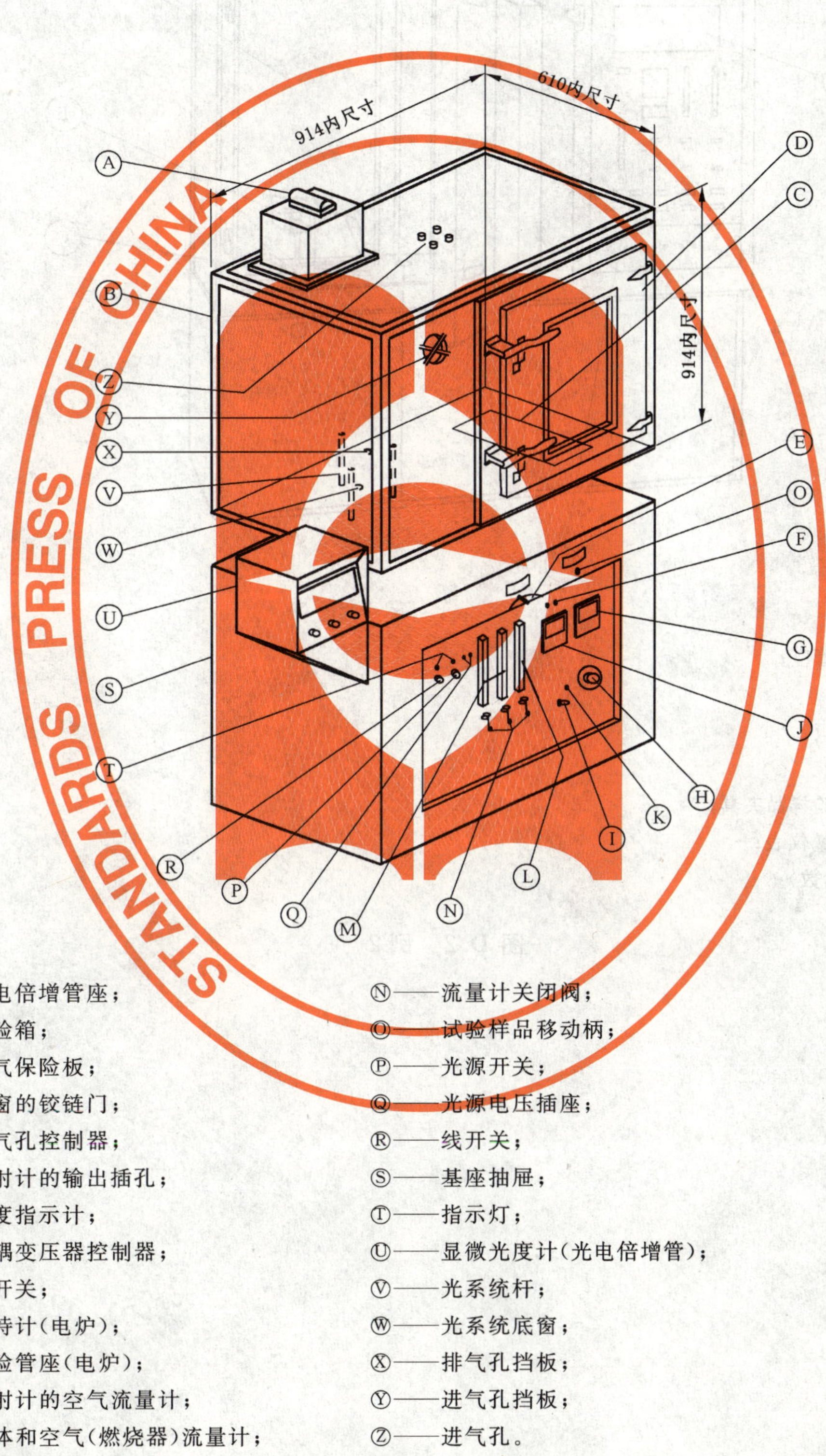

Ⓐ——光电倍增管座；
Ⓑ——试验箱；
Ⓒ——排气保险板；
Ⓓ——带窗的铰链门；
Ⓔ——排气孔控制器；
Ⓕ——辐射计的输出插孔；
Ⓖ——温度指示计；
Ⓗ——自耦变压器控制器；
Ⓘ——炉开关；
Ⓙ——伏特计（电炉）；
Ⓚ——保险管座（电炉）；
Ⓛ——辐射计的空气流量计；
Ⓜ——气体和空气（燃烧器）流量计；
Ⓝ——流量计关闭阀；
Ⓞ——试验样品移动柄；
Ⓟ——光源开关；
Ⓠ——光源电压插座；
Ⓡ——线开关；
Ⓢ——基座抽屉；
Ⓣ——指示灯；
Ⓤ——显微光度计（光电倍增管）；
Ⓥ——光系统杆；
Ⓦ——光系统底窗；
Ⓧ——排气孔挡板；
Ⓨ——进气孔挡板；
Ⓩ——进气孔。

图 D.1 例 1

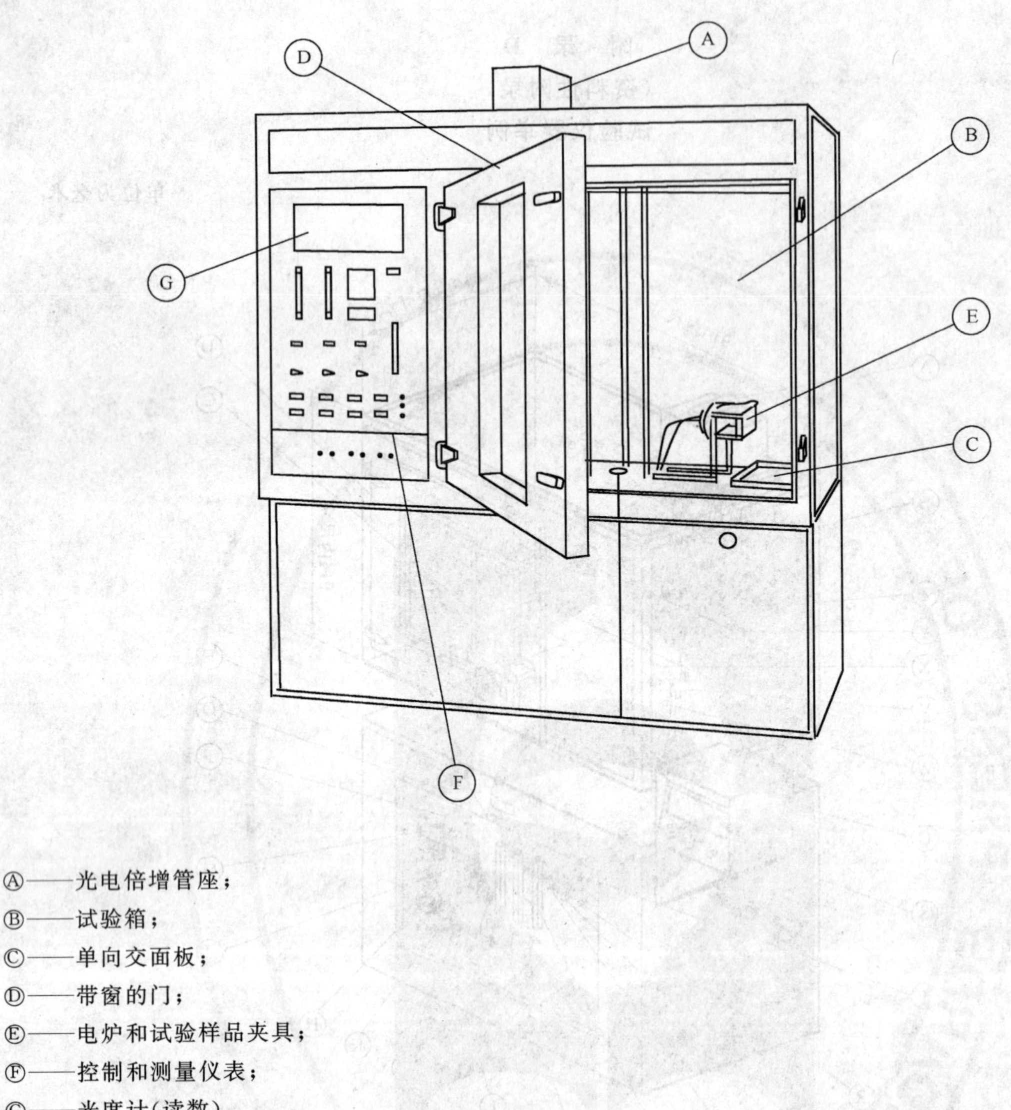

Ⓐ——光电倍增管座；

Ⓑ——试验箱；

Ⓒ——单向交面板；

Ⓓ——带窗的门；

Ⓔ——电炉和试验样品夹具；

Ⓕ——控制和测量仪表；

Ⓖ——光度计(读数)。

图 D.2 例 2

附 录 E
（资料性附录）
验证试验报告举例

E.1 验证和校准

E.1.1 辐射计

——与C.1.2一致
——其他方法
——辐射计校准日期
——达到93.3 ℃的气流
——电炉校准日期
——电炉/辐射计的距离

E.1.2 光度测量系统

——试验箱入口侧灯的光圈直径
——调整
——线性（来自所用的滤光片）
——漏光
——所用滤光片的光密度的测量

E.1.3 箱的气密性

——根据6.3核查泄漏速率
——水柱从745 Pa降到490 Pa的时间
——其他过程
——做成多种连接的材料

E.1.4 样品夹具

——试验样品固定板的类型、厚度和比重

E.1.5 燃烧器

——每个单独的燃烧器管头对于试验样品夹的方向
——所用气体类型
——丙烷和丁烷流量计的验证（流量和泄漏速率）

E.1.6 试验样品

厚度测量：
——测量点数
——测厚仪所用的压力和压头表面（见GB/T 6342—1996）

E.1.7 其他特征或问题

E.2 试验报告

——参考试验样品
——设备
——实验室
——试验数量
——日期

E.2.1 试验前的读数和测量

E.2.1.1 环境

——室温 ℃

——相对湿度 %

E.2.1.2 试验设备

——箱的表面调节

——箱的泄漏速率：

t_0 Pa(mm H_2O)

$t_{5\ \mathrm{min}}$ Pa(mm H_2O)

——电阻器与炉口的距离 mm

——炉口与试验样品的距离 mm

——电炉电压 V

——确认加热器未失真

——辐射计读数 mV

——热流量 kW/m^2

——箱压(试验中的最大压力) Pa(mm H_2O)

——箱体温度 ℃

E.2.1.3 火焰热曝光，燃烧器

——气体燃烧器的条件(燃烧器管的清洁度)

——水平点燃火焰 mm，从试验样品架下缘

mm，从试验样品表面

——引燃火焰尺寸： mm

——丙烷流量 cm^3/min

——空气流量 cm^3/min

E.2.1.4 试验样品

条件：

——温度 ℃

——相对湿度 %

——时间 h

E.2.2 试验后的读数和测量

——室温 ℃

——样品背部温度 ℃

E.2.3 结果

——试验有效性

(样品行为不可用)

——试验样品质量

——可能的质量损失

——最小透射率 %

——最大比光密度 D_m=

——清晰光束值 %相当 D_c=

——$D_{m(corr)}=D_m-D_c=$

——曲线 $D_s=f(t)$

——滤光片比光密度的修正值

参考文献

[1] GB/T 5169.2—2002 电工电子产品着火危险试验 第2部分:着火危险评定导则 总则(IEC 60695-1-1:1999,IDT)

[2] GB/T 16839.1—1997 热电偶 第1部分:分度表(IEC 60584-1:1995,IDT)

[3] GB/T 16839.2—1997 热电偶 第2部分:公差(IEC 60584-2:1982,IDT)

ICS 29.020
K 04

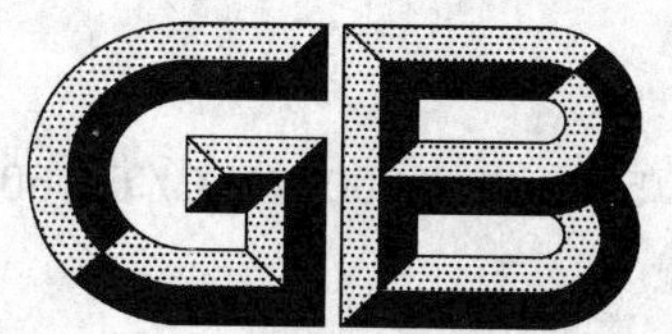

中华人民共和国国家标准

GB/T 5169.28—2008/IEC/TS 60695-6-31:1999

电工电子产品着火危险试验 第28部分:烟模糊 小规模静态试验方法 材料

Fire hazard testing for electric and electronic products—Part 28:Smoke obscuration—Small-scale static test—Materials

(IEC/TS 60695-6-31:1999,Fire hazard testing—Part 6-31:
Smoke obscuration—Small-scale static test—
Materials,IDT)

2008-12-30 发布 2009-10-01 实施

中华人民共和国国家质量监督检验检疫总局
中国国家标准化管理委员会 发布

前言

GB/T 5169《电工电子产品着火危险试验》分为以下部分：

——GB/T 5169.1—2007 电工电子产品着火危险试验 第1部分：着火试验术语(IEC 60695-4：2005,IDT)

——GB/T 5169.2—2002 电工电子产品着火危险试验 第2部分：着火危险评定导则 总则(IEC 60695-1-1：1999,IDT)

——GB/T 5169.3—2005 电工电子产品着火危险试验 第3部分：电子元件着火危险评定技术要求和试验规范制订导则(IEC 60695-1-2：1982,IDT)

——GB/T 5169.5—2008 电工电子产品着火危险试验 第5部分：试验火焰 针焰试验方法 装置、确认试验方法和导则(IEC 60695-11-5：2004,IDT)

——GB/T 5169.7—2001 电工电子产品着火危险试验 试验方法 扩散型和预混合型火焰试验方法(idt IEC 60695-2-4/0：1991)

——GB/T 5169.9—2006 电工电子产品着火危险试验 第9部分：着火危险评定导则 预选试验规程的使用(IEC 60695-1-30：2002,IDT)

——GB/T 5169.10—2006 电工电子产品着火危险试验 第10部分：灼热丝/热丝基本试验方法 灼热丝装置和通用试验方法(IEC 60695-2-10：2000,IDT)

——GB/T 5169.11—2006 电工电子产品着火危险试验 第11部分：灼热丝/热丝基本试验方法 成品的灼热丝可燃性试验方法(IEC 60695-2-11：2000,IDT)

——GB/T 5169.12—2006 电工电子产品着火危险试验 第12部分：灼热丝/热丝基本试验方法 材料的灼热丝可燃性试验方法(IEC 60695-2-12：2000,IDT)

——GB/T 5169.13—2006 电工电子产品着火危险试验 第13部分：灼热丝/热丝基本试验方法 材料的灼热丝起燃性试验方法(IEC 60695-2-13：2000,IDT)

——GB/T 5169.14—2007 电工电子产品着火危险试验 第14部分：试验火焰 1 kW标称预混合型火焰 装置、确认试验方法和导则(IEC 60695-11-2：2003,IDT)

——GB/T 5169.15—2008 电工电子产品着火危险试验 第15部分：试验火焰 500 W火焰 装置和确认试验方法(IEC/TS 60695-11-3：2004,IDT)

——GB/T 5169.16—2008 电工电子产品着火危险试验 第16部分：试验火焰 50 W水平与垂直火焰试验方法(IEC 60695-11-10：2003,IDT)

——GB/T 5169.17—2008 电工电子产品着火危险试验 第17部分：试验火焰 500 W火焰试验方法(IEC 60695-11-20：2003,IDT)

——GB/T 5169.18—2005 电工电子产品着火危险试验 第18部分：将电工电子产品的火灾中毒危险减至最小的导则 总则(IEC 60695-7-1：1993,IDT)

——GB/T 5169.19—2006 电工电子产品着火危险试验 第19部分：非正常热 模压应力释放变形试验(IEC 60695-10-3：2002,IDT)

——GB/T 5169.20—2006 电工电子产品着火危险试验 第20部分：火焰表面蔓延 试验方法概要和相关性(IEC/TS 60695-9-2：2001,IDT)

——GB/T 5169.21—2006 电工电子产品着火危险试验 第21部分：非正常热 球压试验(IEC 60695-10-2：2003,IDT)

——GB/T 5169.22—2008 电工电子产品着火危险试验 第22部分：试验火焰 50 W火焰 装

置和确认试验方法(IEC/TS 60695-11-4:2004,IDT)

——GB/T 5169.23—2008 电工电子产品着火危险试验 第23部分:试验火焰 管形聚合材料500 W垂直火焰试验方法(IEC/TS 60695-11-21:2005,IDT)

——GB/T 5169.24—2008 电工电子产品着火危险试验 第24部分:着火危险评定导则 绝缘液体(IEC/TS 60695-1-40:2002,IDT)

——GB/T 5169.25—2008 电工电子产品着火危险试验 第25部分:烟模糊 总则(IEC 60695-6-1:2005,IDT)

——GB/T 5169.26—2008 电工电子产品着火危险试验 第26部分:烟模糊 试验方法概要和相关性(IEC/TS 60695-6-2:2005,IDT)

——GB/T 5169.27—2008 电工电子产品着火危险试验 第27部分:烟模糊 小规模静态试验方法 仪器说明(IEC/TR 60695-6-30:1996,IDT)

——GB/T 5169.28—2008 电工电子产品着火危险试验 第28部分:烟模糊 小规模静态试验方法 材料(IEC/TS 60695-6-31:1999,IDT)

——GB/T 5169.29—2008 电工电子产品着火危险试验 第29部分:热释放 总则(IEC 60695-8-1:2008,IDT)

——GB/T 5169.30—2008 电工电子产品着火危险试验 第30部分:热释放 试验方法概要和相关性(IEC/TS 60695-8-2:2008,IDT)

——GB/T 5169.31—2008 电工电子产品着火危险试验 第31部分:火焰表面蔓延 总则(IEC 60695-9-1:2006,IDT)

本部分为GB/T 5169的第28部分。

本部分等同采用IEC/TS 60695-6-31:1999《着火危险试验 第6-31部分:烟模糊 小规模静态试验方法 材料》(英文版),但按GB/T 20000.2—2001《标准化工作指南 第2部分:采用国际标准的规则》中4.2 b)和5.2的规定作了少量编辑性修改。

本部分的附录A和附录B为资料性附录。

本部分由全国电工电子产品着火危险试验标准化技术委员会(SAC/TC 300)提出并归口。

本部分由广州威凯检测技术研究所负责起草,深圳市计量质量检测研究院、中国电器科学研究院、广东出入境检验检疫局检验检疫技术中心、武汉计算机外部设备研究所、深圳市出入境检验检疫局、山东省产品质量监督检验研究院参加起草。

本部分主要起草人:夏庆云、陈兰娟、李保军、陈灵、武政、张效忠、毕凯军、王锋。

本部分是首次发布。

引　言

几乎所有(包括用于电工电子产品中的)非金属材料在受热时都会产生烟。烟是着火危险之一,烟导致人体和物质的损伤并妨碍消防工作。因此,降低着火过程中材料/产品产生烟的速率能减少对设备的损伤,有利于人员撤离和应急服务部门介入。

本部分规定了使用 GB/T 5169.27—2008 所描述的仪器测定电工电子产品中的材料产生烟模糊的试验方法。

电工电子产品着火危险试验 第28部分:烟模糊 小规模静态试验方法 材料

1 范围

GB/T 5169的本部分规定了在特定试验条件下,材料在密闭空间中(即无换气)垂直暴露于有或无引燃火焰的热辐射源时所产生的烟的光密度的测量方法。

本部分适用于电工电子产品所用的平面固体的非金属材料样品。

本方法不适用于测试非平面产品,例如绝缘电线和电缆,因为此类样品无法获得一个令人满意的热通量分布。

从目前对实际火情的认知来看,本方法可能不适用于在热通量直接冲击下会熔融并流走而不散发烟的材料。

2 规范性引用文件

下列文件中的条款通过GB/T 5169的本部分的引用而成为本部分的条款。凡是注日期的引用文件,其随后所有的修改单(不包括勘误的内容)或修订版均不适用于本部分,然而,鼓励根据本部分达成的协议进行以下引用文件最新版本的研究。凡是不注日期的引用文件,其最新版本适用于本部分。

GB/T 5169.1—2007 电工电子产品着火危险试验 第1部分:着火试验术语(IEC 60695-4:2005,IDT)

GB/T 5169.27—2008 电工电子产品着火危险试验 第27部分:烟模糊 小规模静态试验方法 仪器说明(IEC/TR 60695-6-30:1996,IDT)

3 术语和定义

GB/T 5169.1—2007中的定义适用于本部分。

4 试验样品

4.1 一般要求

本方法易受样品的几何形状、表面朝向、厚度、质量、成分和制备方法等方面的微小变化所影响;因此,通过本方法获得的试验结果取决于以上参数。

4.2 试验样品数量

对每一种给定的材料,在相同条件下至少需测试3个样品。

在某些情况下,可能需要测试另外3个样品(见5.5)。

4.3 试验样品尺寸

本方法仅适用于本身是平的固体材料。

试验样品应是边长为$76^{+0.2}_{-0.6}$ mm的正方形。最大厚度应为25.4 mm,在可能的情况下,应是材料的最终应用厚度。

做比对试验时材料厚度应该相同,因为目前不了解材料厚度与比光密度之间的相关性。

4.4 试验样品的预处理

试验前,试验样品应在60 ℃±3 ℃的烘箱中处理至少24 h,然后在23 ℃±3 ℃,相对湿度50%±

10%条件下处理至少 24 h。试验样品应在处理完成后的 30 min 内进行测试。

5 试验程序

5.1 试验箱的准备和校准

试验箱的准备和校准应符合 GB/T 5169.27—2008 第 6 章的规定。

5.2 试验样品的制备

每个试验样品应使用单层铝箔(约 0.04 mm 厚)包裹,光面朝外,应避免不必要的褶皱和穿孔。

然后将试验样品安装在样品夹具上,利用试验样品后面的垫板,限位器和弹簧装置保证试验样品紧靠着试验箱前窗。

装好后应剪去侧面和顶部边缘多出的铝箔。将底部边缘多出的铝箔折叠,使夹具底部融化材料的损失减少到最小。

5.3 试验条件

试验样品暴露于由电炉发出的辐射热通量。试验样品表面的平均热通量应为 25 $kW/m^2 \pm 0.5$ kW/m^2。

在有引燃火焰的试验中,除了辐射热通量之外,试验还要暴露于一个以空气和丙烷混合物(空气:0.5 L/min;丙烷:0.05 L/min)为燃料的多焰燃烧器。

试验箱应放置在一个试验时环境温度为 23 ℃±3 ℃,相对湿度大约为 50%的房间或密闭空间中。应采取预防措施以除去操作区域中潜在的危险气体。

仪器运行时应采取措施防止热解物产生爆炸,尤其是在没有施加引燃火焰的情况下以及操作员暴露在烟雾中时,特别是从试验箱中取出样品时或清洁样品时。

试验箱壁应进行周期性目测检查,必要时应随时清理。每次试验前,应清洁试验箱内分隔光电检测器和光源外壳的玻璃窗的暴露面(通常用普通酒精即可)。试验与试验之间应除去试样支架上剩余残渣以避免污染。

预热时应启动所有的电气系统(电炉、光源、光度计等),关闭排气口和试验箱门,打开进气口。当后箱壁中心表面的温度稳定在 33 ℃±4 ℃范围内时,试验箱就可以进行电炉校准或测试了。

空的样品夹具应一直放在电炉前方,只是在用样品夹具试验时或是在用辐射计校准时要移到旁边。当试验或校准结束时,要立即放回原位以防止临近箱壁表面过热。

按照 GB/T 5169.27—2008 第 6 章规定的程序进行校准。

对于不使用引燃火焰的试验,应移去多焰燃烧器;对于使用引燃火焰的试验,按照 GB/T 5169.27—2008 中 5.4 的规定,将多焰燃烧器放置在试验样品下边缘的对面。

在放置试验样品前,打开箱门、排气装置和进气口约两分钟以清洁试验箱,并检验试验箱的起始温度。

5.4 烟模糊的测定—进行试验

关闭排气装置,关闭排气口并将装有试验样品的样品夹具放在保持杆上,靠近空的样品夹具。

沿保持杆滑动样品夹具,替代空的样品夹具,这样试验样品就放在了电炉前方的正中心处。

关闭箱门,启动数据记录仪和秒表。当记录仪显示透射率从 100%开始下降时,关闭进气口。

监控整个试验,适当时做以下调整:

——电炉的电压或温度,以保持规定的热通量。

——电位计刻度读数,调整量程使读数保持在 10%~100%之间。如果透射率低于 0.01%,应移除中性滤光片并将量程调高 10 倍。为避免环境光线影响试验结果,当量程小于 0.01%时,应遮蔽试验箱门。

——压力计显示试验箱内部压力。如果压力超过了 1.47 kPa(150 mm 水柱)(可能发生在快速燃烧期间或之后),短暂地开启排气口。如果压力降低到 0 Pa(mm 水柱)以下,短暂地开启进气口。

——引燃燃烧器的空气和丙烷的流量(如有使用)。

——试验样品的状态。

当透射率达到最低值 3 min 后，或者试验 20 min 后，以先达到的情况结束试验。

注：如果需要试验可能会持续 20 min 以上，应在试验报告上注明。

试验结束后，将样品夹具滑离电炉前方，熄灭引燃火焰(如有使用)，将空的样品夹具放回原位，开启排气扇，打开出气口和进气口。

持续排除烟雾，直到记录到透射率的最大值为止。

5.5 试验中的异常状态

试验中某些试验样品可能会表现出异常状态，导致试验结果无效。以下类型的状态被认为是异常的：

——试验样品从夹具上脱落，或试验样品的移动超出校准辐射区域；

——进行没有使用引燃火焰的试验时，试验样品发生自燃；

——融化的材料从样品夹具上流下；

——使用引燃火焰进行试验时发生的任何引燃火焰熄灭(即使是很短的时间)。

试验时如果一个或多个试验样品表现出异常状态，应测试新的一组 3 个试验样品，计算结果以完成的试验中没有发生异常状态为基础，至少有三次这样的试验。

如果 6 个试验样品中有 3 个以上存在异常状态，则试验结果无效，并且应在报告中说明此方法不适用于这种试验样品。

6 试验结果的表示

6.1 比光密度

D_s 表示比光密度(无量纲)，按照下式计算：

$$D_s = G[\lg(100/T) + F]$$

式中 G 是一个常数，由试验箱的几何形状得出，计算如下：

$$G = V/(AL)$$

式中：

V——试验箱体积(0.51 m^3)，

A——试验样品的暴露面积(0.004 225 m^2)，

L——透过烟雾的光程(0.914 m)。

则此仪器 G=132。

T 为光透射率(%)。

F 是一个基于可移动中性滤光片的真实光密度的因数，如下：

a) 如果测量 T 时，中性滤光片在光路中，则 F=0；

b) 如果测量 T 时，滤光片移出了光路，则 F 按照 GB/T 5169.27—2008 的 C.1.3.3 进行计算；

c) 如果光度测量系统中没有装备可移动过滤器，则 F=0。

在 GB/T 5169.27—2008 的附录 A 中给出了 D_s 值与 T 之间的函数关系表。

注：比光密度中的“比”字不代表单位质量(或质量损失)的光密度，而代表光密度与仪器几何大小的比值。其他测试方法，如 ISO 5660，使用术语比消光面积，则是表示单位质量损失的消光面积。

基于以上对 D_s 的计算，能够确定出下列参数：

D_m：最大比光密度；

t_m：达到 D_m 所需时间，以分钟为单位；

t_{16}：达到 D_s=16(T=75%)所需时间；

D_c：依据试验箱中烟雾被排净后所测出的最大 T 值(T_c)得来的比光密度－测量光学系统窗口上的

沉积物。

$D_{m(corr)}$：针对光学系统窗口上沉积物进行校正后得出的最大比光密度，按下式计算：

$$D_{m(corr)} = D_m - D_c$$

*VOF*4 是一个从在 1 min、2 min、3 min、4 min 时测量比光密度得出的烟雾指数。按下式计算：

$$VOF4 = D_1 + D_2 + D_3 + D_4/2$$

式中：

D_1、D_2、D_3 和 D_4 分别为 1 min、2 min、3 min、4 min 的比光密度。

注：*VOF*4 是某些国家要求的烟指数。

对每一系列测试，报告结果采用所有有效测试的算术平均值。对每一个参数，如果最大值超过了最小值的 1.5 倍，则需再做 3 个试样，取所有结果平均值。

7 重复性和再现性

重复性和再现性数据已经随着法国标准 NF C 20-902/1 和英国标准 BS 6401 的发展而产生。

结果概要在附录 A 中给出。

8 试验报告

对每一系列的试验，试验报告应包括：

——试验样品的详细说明，包括材料类型或相关资料、相关处理参数、制备方法、试验样品的厚度和质量；

——完成的有效试验的数量；

——试验条件，包括校准值、试验持续时间、暴露方式（有或无引燃火焰）；

——D_m、T_m、D_c、$D_{m(corr)}$ 的平均值，以及最大值和最小值之间的最大差值；

——中性滤光片的校正因子（如果移动了）；

——试验时对试验样品状态的观察，以及试验的有效性。

如果愿意还可加记录下列数据：

——D_s 时间曲线；

——多次测试的 D_s 值；

——质量损失；

——*VOF*4。

附录 B 中给出了一种试验报告格式。

附　录　A
（资料性附录）
实验室间的试验的重复性和再现性评估

A.1　法国标准 NF C 20-902/1 的实验室间的试验

用于电工电子产品的四种材料，包括三种用于电缆的材料，用 14 个 NBS 烟试验箱进行评估，符合法国标准 NF C20-902/1 规定的程序。

这些关于 D_m 和 *VOF*4 测定的试验结果汇总在下面两个表中：

表 A.1　D_m 的测定

试验模式	参数	研究的材料			
		硅橡胶	氯磺化聚乙烯	乙酸-醋酸乙烯酯共聚物	尼龙 66
无焰	m	278	234	314	70
	r	43	113	42	11
	S_r	15	40	17	4
	R	67	287	81	41
	S_R	24	102	29	15
有焰	m	211	624	259	84
	r	158	98	115	44
	S_r	56	85	41	16
	R	206	131	204	60
	S_R	74	68	73	21

注：

m 是平均比光密度；

r 是重复性；

S_r 是重复性的标准偏差；

R 是再现性；

S_R 是再现性的标准偏差。

表 A.2　*VOF*4 的测定

试验模式	参数	研究的材料			
		硅橡胶	氯磺化聚乙烯	乙酸-醋酸乙烯酯共聚物	尼龙 66
无引燃火焰	m	99	12	255	20
	r	33	12	84	7
	S_r	12	4	30	2
	R	69	20	164	20
	S_R	25	7	59	7

表 A.2（续）

试验模式	参数	研究的材料			
		硅橡胶	氯磺化聚乙烯	乙酸-醋酸乙烯酯共聚物	尼龙 66
有引燃火焰	m	163	636	185	32
	r	116	209	167	33
	S_r	41	75	60	12
	R	234	577	109	62
	S_R	84	206	71	22

注：

m 是平均 $VOF4$；

r 是重复性；

S_r 是重复性的标准偏差；

R 是再现性；

S_R 是再现性的标准偏差。

A.2 英国标准 BS 6401 的实验室间的试验

11 种建筑用材料按照英国标准 BS 6401 规定的程序用 7 个 NBS 烟试验箱进行评估。

这些关于是否使用引燃火焰的 D_m 测定的试验结果汇总在下面两个表中：

表 A.3 试验中使用引燃火焰的最大比光密度（D_m）的变异系数和相对准确度

材料	变异系数/%		相对准确度/%	
	试验室内部	试验室间	重复性	再现性
地毯	29.8	0.0	41.4	41.4
纸板	15.2	8.7	21.1	32.0
玻纤板	26.0	32.1	36.0	95.9
玻璃增强聚酯(GRP)	14.0	8.6	19.4	30.7
硬纸板	33.4	17.5	46.2	67.0
石膏板	12.8	22.3	17.7	64.2
聚异氰尿酸酯泡沫	10.6	10.1	14.7	31.5
聚苯乙烯泡沫	47.5	33.3	65.9	113.4
聚氨酯泡沫	8.1	0.2	11.2	11.3
硬质聚氯乙烯(PVC)	14.1	0.0	19.6	19.6
丙稀腈-丁二烯-苯乙烯(ABS)塑料	5.6	3.6	7.8	12.7

表 A.4 试验中不使用引燃火焰的最大比光密度（D_m）的变异系数和相对准确度

材料	变异系数/%		相对准确度/%	
	试验内部	试验间	重复性	再现性
地毯	17.1	4.9	23.6	27.3
纸板	17.9	12.8	24.8	43.4
玻纤板	24.3	11.7	33.6	46.8

表 A.4（续）

材料	变异系数/%		相对准确度/%	
	试验内部	试验间	重复性	再现性
玻璃增强聚酯(GRP)	12.8	9.3	17.4	31.0
硬纸板	9.4	5.9	13.0	20.8
石膏板	6.4	5.6	8.8	17.8
聚异氰尿酸酯泡沫	15.1	0.0	20.9	20.9
聚苯乙烯泡沫	31.3	29.0	43.4	91.4
聚氨酯泡沫	8.9	17.2	12.4	49.3
硬质聚氯乙烯(PVC)	7.7	10.7	10.7	31.6
丙烯腈-丁二烯-苯乙烯(ABS)塑料	4.6	0.0	6.4	6.4

附　录　B
(资料性附录)
试验报告举例——无换气的烟的阻光度的测定

——被试材料的相关资料；
——仪器制造商；
——试验编号；
——日期；
——实验室。

B.1　结果

B.2　试验前的读数和测试(可选)

B.2.1　环境

——室温 ……………………………………………………… ℃
——相对湿度 ……………………………………………………… %

B.2.2　试验设备

——箱的表面条件 ………………………………………………
——箱的泄漏速率：
t_o ……………………………………………………… Pa(mm H_2O)
$t_{5\ min}$ ……………………………………………………… Pa(mm H_2O)
——电炉和试验样品间的距离 …………………………………… mm
——电炉的电压 ……………………………………………………… V
——加热器的不失真的检查 ……………………………………
——辐射计读数 ……………………………………………………… mV
——热通量 ……………………………………………………… kW/m²
——试验箱压力(试验中的最大压力) ………………………… Pa(mm H_2O)
——试验箱温度 ……………………………………………………… ℃

B.2.3　有引燃火焰的热暴露

——引燃火焰 ……………………………………………………… mm，距离试验样品架下边缘
……………………………………………………… mm，距离试验样品表面
——引燃火焰尺寸 ……………………………………………………… mm
——丙烷流量 ……………………………………………………… cm^3/min
——空气流量 ……………………………………………………… cm^3/min

B.2.4　试验样品

预处理：
——温度 ……………………………………………………… ℃
——时间 ……………………………………………………… h
条件：
——温度 ……………………………………………………… ℃

——相对湿度 …………………………………………………………… %

——时间 ………………………………………………………………… h

B.3 试验后的读数和测量(可选)

——室温 ………………………………………………………………… ℃

——试验样品背面的温度(铝和保持板之间) ……………………… ℃

参 考 文 献

[1] IEC Guide 104:1997, The preparation of safety publications and the use of basic safety publications and group safety publications

[2] ISO 5725 (all parts), Accuracy (trueness and precision) of measurement methods and results

[3] ISO 5660-1:1993, Fire tests—Reaction to fire—Part 1: Rate of heat release from building products (Cone calorimeter method)

[4] BS 6401:1997, Method for measurements, in the laboratory, of the specific optical density of smoke generated by materials

[5] NF C 20-902/1:1990, Fire hazard testing—Test methods—Determination of smoke opacity without air change—Part 1: Methodology and test devices

[6] NF C 20-902/2:1990, Fire hazard testing—Test methods—Determination of smoke opacity without air change—Part 2: Test methods for materials used in electric cables and in optical fibre cables

ICS 29.020
K 04

中华人民共和国国家标准

GB/T 5169.29—2008/IEC 60695-8-1:2008

电工电子产品着火危险试验 第29部分:热释放 总则

Fire hazard testing for electric and electronic products—Part 29: Heat release—General guidance

(IEC 60695-8-1:2008, Fire hazard testing—Part 8-1: Heat release—General guidance, IDT)

2008-12-30 发布　　2009-10-01 实施

中华人民共和国国家质量监督检验检疫总局
中国国家标准化管理委员会　发布

前　言

GB/T 5169《电工电子产品着火危险试验》分为以下部分：

——GB/T 5169.1—2007　电工电子产品着火危险试验　第1部分：着火试验术语(IEC 60695-4:2005,IDT)

——GB/T 5169.2—2002　电工电子产品着火危险试验　第2部分：着火危险评定导则　总则(IEC 60695-1-1:1999,IDT)

——GB/T 5169.3—2005　电工电子产品着火危险试验　第3部分：电子元件着火危险评定技术要求和试验规范制订导则(IEC 60695-1-2:1982,IDT)

——GB/T 5169.5—2008　电工电子产品着火危险试验　第5部分：试验火焰　针焰试验方法　装置、确认试验方法和导则(IEC 60695-11-5:2004,IDT)

——GB/T 5169.7—2001　电工电子产品着火危险试验　试验方法　扩散型和预混合型火焰试验方法(idt IEC 60695-2-4/0:1991)

——GB/T 5169.9—2006　电工电子产品着火危险试验　第9部分：着火危险评定导则　预选试验规程的使用(IEC 60695-1-30:2002,IDT)

——GB/T 5169.10—2006　电工电子产品着火危险试验　第10部分：灼热丝/热丝基本试验方法　灼热丝装置和通用试验方法(IEC 60695-2-10:2000,IDT)

——GB/T 5169.11—2006　电工电子产品着火危险试验　第11部分：灼热丝/热丝基本试验方法　成品的灼热丝可燃性试验方法(IEC 60695-2-11:2000,IDT)

——GB/T 5169.12—2006　电工电子产品着火危险试验　第12部分：灼热丝/热丝基本试验方法　材料的灼热丝可燃性试验方法(IEC 60695-2-12:2000,IDT)

——GB/T 5169.13—2006　电工电子产品着火危险试验　第13部分：灼热丝/热丝基本试验方法　材料的灼热丝起燃性试验方法(IEC 60695-2-13:2000,IDT)

——GB/T 5169.14—2007　电工电子产品着火危险试验　第14部分：试验火焰　1 kW标称预混合型火焰　装置、确认试验方法和导则(IEC 60695-11-2:2003,IDT)

——GB/T 5169.15—2008　电工电子产品着火危险试验　第15部分：试验火焰　500 W火焰　装置和确认试验方法(IEC/TS 60695-11-3:2004,IDT)

——GB/T 5169.16—2008　电工电子产品着火危险试验　第16部分：试验火焰　50 W水平与垂直火焰试验方法(IEC 60695-11-10:2003,IDT)

——GB/T 5169.17—2008　电工电子产品着火危险试验　第17部分：试验火焰　500 W火焰试验方法(IEC 60695-11-20:2003,IDT)

——GB/T 5169.18—2005　电工电子产品着火危险试验　第18部分：将电工电子产品的火灾中毒危险减至最小的导则　总则(IEC 60695-7-1:1993,IDT)

——GB/T 5169.19—2006　电工电子产品着火危险试验　第19部分：非正常热　模压应力释放变形试验(IEC 60695-10-3:2002,IDT)

——GB/T 5169.20—2006　电工电子产品着火危险试验　第20部分：火焰表面蔓延　试验方法概要和相关性(IEC/TS 60695-9-2:2001,IDT)

——GB/T 5169.21—2006　电工电子产品着火危险试验　第21部分：非正常热　球压试验(IEC 60695-10-2:2003,IDT)

——GB/T 5169.22—2008　电工电子产品着火危险试验　第22部分：试验火焰　50 W火焰　装

置和确认试验方法(IEC/TS 60695-11-4:2004,IDT)

——GB/T 5169.23—2008 电工电子产品着火危险试验 第23部分:试验火焰 管形聚合材料500 W垂直火焰试验方法(IEC/TS 60695-11-21:2005,IDT)

——GB/T 5169.24—2008 电工电子产品着火危险试验 第24部分:着火危险评定导则 绝缘液体(IEC/TS 60695-1-40:2002,IDT)

——GB/T 5169.25—2008 电工电子产品着火危险试验 第25部分:烟模糊 总则(IEC 60695-6-1:2005,IDT)

——GB/T 5169.26—2008 电工电子产品着火危险试验 第26部分:烟模糊 试验方法概要和相关性(IEC/TS 60695-6-2:2005,IDT)

——GB/T 5169.27—2008 电工电子产品着火危险试验 第27部分:烟模糊 小规模静态试验方法 仪器说明(IEC/TR 60695-6-30:1996,IDT)

——GB/T 5169.28—2008 电工电子产品着火危险试验 第28部分:烟模糊 小规模静态试验方法 材料(IEC/TS 60695-6-31:1999,IDT)

——GB/T 5169.29—2008 电工电子产品着火危险试验 第29部分:热释放 总则(IEC 60695-8-1:2008,IDT)

——GB/T 5169.30—2008 电工电子产品着火危险试验 第30部分:热释放 试验方法概要和相关性(IEC/TS 60695-8-2:2008,IDT)

——GB/T 5169.31—2008 电工电子产品着火危险试验 第31部分:火焰表面蔓延 总则(IEC 60695-9-1:2006,IDT)

本部分为GB/T 5169的第29部分。

本部分等同采用IEC 60695-8-1:2008《着火危险试验 第8-1部分:热释放 总则》(英文版),但按GB/T 20000.2—2001《标准化工作指南 第2部分:采用国际标准的规则》中4.2 b)和5.2的规定作了少量编辑性修改。

本部分由全国电工电子产品着火危险试验标准化技术委员会(SAC/TC 300)提出并归口。

本部分由中国电器科学研究院负责起草,广东出入境检验检疫局检验检疫技术中心、公安部四川消防研究所、广州威凯检测技术研究所、武汉计算机外部设备研究所、深圳市计量质量检测研究院、中国电子技术标准化研究所等参加起草。

本部分主要起草人:陈灵、武政、赵成刚、陈兰娟、张效忠、裴晓波、李保军、王忠义。

本部分是首次发布。

引　言

所有电工电子产品的设计都应考虑着火风险和潜在的着火危险。元件、电路和设备设计以及材料筛选在这方面的目的是将潜在的火灾事故风险降低到可以接受的水平，即使发生可预见的非正常使用、故障和失效等状况也是如此。制定中的 IEC 60695-1-10[1]和 IEC 60695-1-11[2]为如何达到这一目的提供了导则。

主要目的为：

a） 防止带电元件引起的起燃；

b） 如果发生起燃，将着火范围限制在电工电子产品外壳内。

次要目的包括减小超出产品外壳的火焰蔓延和减少包括热、烟、毒性气体或腐蚀性气体等燃烧产物的有害影响。

涉及电工电子产品的火灾也可能因外部非电热源引发。总体风险评估应考虑这一因素。

火灾产生的热量（热危险）、毒性和/或腐蚀性化合物、以及由烟雾导致的视觉模糊，均对生命和财产造成危害。随着热释放量的增加，火灾风险增大，可能发展成有轰燃现象的火灾。

着火试验中最重要的测量方法之一是测量热释放量，是确定着火危险的一个重要因素；也是防火安全工程计算的参数之一。

测量和使用热释放量以及其他着火试验数据，可用于减小着火的可能性（或影响），即使电工电子产品发生可预测的非正常使用、故障或失效等状况也是如此。

当一种材料被外部热源加热时会产生燃烧流，与空气混合后会起燃并引发火灾。这一过程中释放的热量有的被燃烧流和空气的混合物带走，有的因辐射损失掉，有的又返回到固体材料上，使其产生更多的高温分解物，从而延续这一过程。

热量也可能会传递到临近的其他可燃产品上，并释放增加的热量和燃烧流。

着火过程中热能量的释放速率定义为热释放速率。热释放速率影响火焰蔓延和次级着火，因此很重要。其他参数也很重要，例如可燃性、火焰蔓延和着火的边界效应等（参见 GB/T 5169 和 IEC 60695 标准系列）。

电工电子产品着火危险试验
第29部分:热释放 总则

1 范围

GB/T 5169的本部分给出了电工电子产品及其构成材料的热释放测量和说明的导则。

即将出版的IEC 60695-1-10[1]和IEC 60695-1-11[2]中,热释放数据可作为着火危险评定和防火安全工程的组成部分。

2 规范性引用文件

下列文件中的条款通过GB/T 5169的本部分的引用而成为本部分的条款。凡是注日期的引用文件,其随后所有的修改单(不包括勘误的内容)或修订版均不适用于本部分,然而,鼓励根据本部分达成协议的各方研究是否可使用这些文件的最新版本。凡是不注日期的引用文件,其最新版本适用于本部分。

GB/T 5169.1—2007 电工电子产品着火危险试验 第1部分:着火试验术语(IEC 60695-4:2005,IDT)

GB/T 5169.30—2008 电工电子产品着火危险试验 第30部分:热释放 试验方法概要和相关性(IEC/TS 60695-8-2:2008,IDT)

GB/T 14402—2007 建筑材料及制品的燃烧性能 燃烧热值的测定(ISO 1716:2002,IDT)

GB/T 20284—2006 建筑材料或制品的单体燃烧试验(EN 13823:2002,IDT)

ISO/IEC 13943:2000 消防安全 词汇

3 术语和定义

GB/T 5169.1—2007和ISO/IEC 13943:2000及下列术语和定义适用于本部分。

3.1

燃烧 combustion

物质与氧化剂相互作用的放热反应。

注:燃烧一般在伴随着火焰和/或炽热时会释放燃烧流。

[ISO/IEC 13943:2000,定义23]

3.2

燃烧产物 combustion products

燃烧后产生的固体、液体和气体。

注:燃烧产物可能包括燃烧流出物、灰烬、炭、余渣和/或烟炱。

3.3

完全燃烧 complete combustion

所有燃烧产物完全氧化的燃烧。

注1:当氧化剂是氧气时,所有的炭转化为二氧化碳,所有的氢转化为水。

注2:如果除炭、氢和氧外还有其他的元素参与燃烧过程,那么完全燃烧的定义不可能唯一。

3.4

受控着火 controlled fire

为提供有用的结果,有意安排的着火,着火的时间和空间都受到控制。

[ISO/IEC 13943:2000,定义40,修改]

3.5

有效燃烧热值　effective heat of combustion

在规定的时间段,试验样品燃烧时释放的热量除以同时间段试验样品损失的质量。

注1:如果所有试验样品全部转化为挥发性的燃烧产物和所有燃烧产物完全氧化,则该值等于净燃烧热值。

注2:标准单位为 $kJ \cdot g^{-1}$。

3.6

着火　fire

燃烧的特征过程是释放热量和燃烧流,同时伴随着有烟、和/或火焰、和/或炽热。

3.7

燃烧流　fire effluent

通过燃烧或者高温分解产生的所有的气体和/或烟雾(包含悬浮的微粒)。

[ISO/IEC 13943:2000,定义45]

3.8

着火危险　fire hazard

着火引起的物理对象或条件伴随的潜在不良后果。

3.9

防火安全工程　fire safety engineering

应用以科学原理为基础的工程方法,通过分析特定火情或量化一组火情风险,开发或评估建筑环境方面的设计。

3.10

着火试验　fire test

为测量试验样品对着火一个或多个方面的防火性能或着火反应而设计的程序。

3.11

轰燃　flash-over

在封闭的空间内可燃材料的整个表面突然转入着火状态。

[GB/T 5169.1—2007,定义3.42]

3.12

总燃烧热值　gross heat of combustion

在规定的条件下,物质完全燃烧及产生的水全部冷凝后所产生的燃烧热值。

[ISO/IEC 13943:2000,定义86.2]

3.13

燃烧热值　heat of combustion

单位质量的物质燃烧产生的热量。

注:标准单位是 $kJ \cdot g^{-1}$。

见3.3、3.5、3.12和3.18。

3.14

热释放量　heat release

燃烧产生的热能量。

注:标准单位为焦耳(J)。

3.15

热释放速率　heat release rate

燃烧产生热能量的速率。

注:标准单位为瓦特(W)。

3.16

中规模着火试验 intermediate-scale fire test

在中尺寸试验样品上进行的着火试验。

注：本定义通常用于试验样品的最大尺寸在1 m～3 m之间的着火试验。

3.17

大规模着火试验 large-scale fire test

不能在典型试验室中进行的、用大尺寸试验样品完成的着火试验。

注：本定义通常适用于试验样品的最大尺寸大于3 m的着火试验。

3.18

净燃烧热值 net heat of combustion

当燃烧产生的水都变为气态时，燃烧释放的热量。

注：净燃烧热值总是小于总燃烧热值，因为没有包含水蒸汽冷凝所释放的热量。

3.19

氧化 oxidation

物质中氧元素或者其他带负电元素比例增加的化学反应。

注：本术语在化学领域有更广泛的含义，包括原子、分子或离子失去一个或多个电子的过程。

3.20

氧化剂 oxidizing agent

具有氧化能力的物质。

注：燃烧就是一种氧化。

3.21

耗氧原理 oxygen consumption principle

燃烧时消耗的氧气质量与释放的热量之间的比例关系。

注：常用值为13.1 $kJ \cdot g^{-1}$。

3.22

热解 pyrolysis

物质因热效应而产生的化学分解。

注1：本术语通常指有焰燃烧发生前的着火阶段。

注2：在火灾科学中，没有做有氧或无氧的假设。

3.23

小规模着火试验 small-scale fire test

在小尺寸试验样品上进行的着火试验。

注：本定义通常用于试验样品最大尺寸小于1 m的着火试验。

3.24

试验样品 test specimen

经受评定和测量过程的样本。

注：在着火试验中，样本可以是材料、产品、部件、结构元件或其任何组合。也可以是模拟产品特性的传感器。

3.25

非受控着火 uncontrolled fire

在时间和空间上未受控制的着火。

4 热释放量测量原理

4.1 用氧弹式量热仪(GB/T 14402—2007)测量完全燃烧

测量燃烧热量的最重要装置是绝热等容氧弹式量热仪。“弹”是一个中央容器，有足够强度经受高压，因此内部体积保持恒定。弹浸在搅拌的水池中，弹和水池的组合就是量热仪。量热仪也浸在一个外部的水池中。在燃烧反应期间，量热仪中的水温和外部水池的水温应受持续监控，并通过电加热调整到相同温度。这是为了确保量热仪对周围环境没有净热量损失，即确保量热仪是绝热的。

在测量之前，将一个已知质量的样品放进弹内并与电引燃线接触。在加压条件下对容器充氧，随之将容器密封，允许其达到热平衡。然后用标准的输入能量点燃样品。由于燃烧发生在高压富氧条件下，因此样品完全燃烧。根据已知的量热仪热容量和燃烧反应导致的温升可以计算出释放的热量。

试验给出了等容条件下释放的热量，即内能的变化 ΔU。总燃烧热量是热函差 ΔH。计算公式如下：

$$\Delta H = \Delta U + \Delta(PV)$$

式中 $\Delta(PV)$ 是采用理想气体定律计算获得：

$$\Delta(PV) = \Delta(nRT)$$

GB/T 14402—2007 描述了建筑产品燃烧热值弹式量热仪测量法。

4.2 不完全燃烧

4.2.1 测量方法

通常发生在空气中和在大气压下的火灾，几乎都是不完全燃烧，因此释放的热量会小于相关材料的混合燃烧热量。

热释放量可通过以下方法之一间接测量：

a) 耗氧量；

b) 二氧化碳生成量；

c) 气体温升。

4.2.2 采用耗氧量计算热释放量

对于大多数有机燃料，消耗单位质量的氧气所释放的热量接近一个常数[4]、[5]。这个常数的平均值是 13.1 $kJ \cdot g^{-1}$（每消耗 1 g 氧气释放 13.1 kJ 热量），该常数值广泛应用于大规模和小规模试验。这种关系说明，为了测量热释放量，只要测量燃烧系统中的耗氧量和排风道里的质量流量即可。

表 1a)列出了一些材料的净燃烧热值[5]；乙烯、乙炔和聚乙烯（甲醛）等 3 种材料除外，经计算，所有材料消耗每克氧气的燃烧热量都在 12.5 kJ～13.6 kJ 之间。表 1a)中的值是假设在完全燃烧的情况下计算出来的。另一方面，休格特（Huggett）论述了可能发生的不完全燃烧的结果，并计算出几种这类情况的 ΔH_c 值。以纤维素燃烧为例，给出 CO_2 与 CO 的比例为 9∶1：

$(C_6H_{10}O_5) + 5.7O_2 \rightarrow 5.4CO_2 + 0.6CO + 5H_2O \quad \Delta H_c = -13.37\ kJ \cdot g^{-1}$ 的 O_2

或者燃烧产生可见数量的碳焦：

$(C_6H_{10}O_5) + 3O_2 \rightarrow 3CO_2 + 3C + 5H_2O \quad \Delta H_c = -13.91\ kJ \cdot g^{-1}$ 的 O_2

和完全燃烧相比：

$(C_6H_{10}O_5) + 6O_2 \rightarrow 6CO_2 + 5H_2O \quad \Delta H_c = -13.59\ kJ \cdot g^{-1}$ 的 O_2

休格特（Huggett）还论述了其他几个例子，并做出结论，假设消耗每单位氧气所释放的热量是常数，其精确度可满足大多数应用。

当然，假如已知特定材料消耗每克氧气的 ΔH_c 的确切值，那就应该用该值代替近似值[6]。

表 1b)列出了一些绝缘液体的净燃烧热值。

4.2.3 采用二氧化碳生成量计算热释放量

本技术是基于下述概念，如果是完全燃烧或近似完全燃烧（即 CO/CO_2 比率非常小），在燃烧反应中释放的能量与生成的二氧化碳的量成大致的比例。生成的二氧化碳的比例常数的平均值近似是 13.3 $kJ \cdot g^{-1}$。如果已知材料或产品更精确的数值，则该数值可应用于热释放量计算。

通常，用二氧化碳生成方法测量的热释放速率数值与用耗氧方法测量的热释放速率数值非常接近。

4.2.4 采用气体温升计算热释放量

气体温升方法是基于这样的假设,没有热量损失,并且燃烧产生的全部热量都作用于空气和燃烧流的热流混合物的温升,其温度可以在燃烧区域的流向下方处测量。如果主要源自热辐射的热量损失可忽略,则气体温升方法(也称为热电堆方法)将表示与耗氧方法或二氧化碳生成方法相同的热释放值。用热电堆方法测量气体温升来确定热释放量,相关的参考(标准)温度通常是周围环境温度。这种确定热释放量的方法,是在适当的空气温度下,利用混合物的比热,测量空气和燃烧流混合物的总流量,或只是使用恒定流量的已知热释放值的材料(例如甲烷)进行校准。

一般来说,通过温升测定的热释放值,要低于用耗氧量热法或二氧化碳生成量热法测定的热释放值,因为热损失通常是不可忽略的。在小规模试验中,通过尽可能对系统进行绝热处理,可将这些热损失减为最小。

表 1 燃料和绝缘液体的燃烧热值

a)多种燃料用燃烧方法测定的燃烧热值与用耗氧方法测定的燃烧热值之间的关系

单位为 $kJ \cdot g^{-1}$

燃料	化学式	ΔH_c[a]	
		燃料	耗氧
甲烷(g)	CH_4	50.0	12.5
乙烷(g)	C_2H_6	47.5	12.7
丁烷(g)	C_4H_{10}	45.7	12.8
辛烷(g)	C_8H_{18}	44.4	12.7
乙烯(g)	C_2H_4	47.1	13.8
乙炔(g)	C_2H_2	48.2	15.7
苯(l)	C_6H_6	40.1	13.1
聚乙烯	$-(-C_2H_4-)_n-$	43.3	12.6
聚丙烯	$-(-C_3H_6-)_n-$	43.3	12.7
聚异丁烯	$-(-C_4H_8-)_n-$	43.7	12.8
聚丁二烯	$-(-C_4H_6-)_n-$	42.7	13.1
聚苯乙烯	$-(-C_8H_8-)_n-$	39.8	13.0
聚氯乙烯	$-(-CH_2CHCl-)_n-$	16	12
聚甲基丙烯酸甲酯	$-(-C_5H_8O_2-)_n-$	24.9	12.9
过氧乙酰硝酸	$-(-C_3H_3N-)_n-$	30.8	13.6
聚甲醛	$-(-CH_2O-)_n-$	15.4	14.5
聚对苯二甲酸乙二酯	$-(-C_{10}H_8O_4-)_n-$	22.0	13.2
聚碳酸酯	$-(-C_{16}H_{14}O_3-)_n-$	29.7	13.1
三乙酸纤维素	$-(-C_{12}H_{16}O_8-)_n-$	17.6	13.2
尼龙 66	$-(-C_6H_{11}NO-)_n-$	29.5	12.6
纤维素	$-(-C_6H_{10}O_5-)_n-$	16	13
棉花	—	15.5	13.6
纸(新闻用纸)	—	18.4	13.4

表 1（续）

单位为 kJ·g^{-1}

燃料	化学式	ΔH_c[a]	
		燃料	耗氧
木头(枫木)	—	17.7	12.5
褐煤	—	24.8	13.1
煤(烟煤)	—	35.2	13.5

注 1：(g)＝气体，(l)＝液体。

注 2：第 3 列的多数数值根据热力学的数据算出。第 4 列的值是根据第 3 列的值假设完全燃烧的条件下计算出来的。

注 3：从热力学数据算出的值，假设碳转换为二氧化碳，氢转换为水，氮转化为二氧化氮，和氯转化为氯化氢。

a 在 25 ℃的反应物和产品，所有产品是气态的。

b）多种绝缘液体用燃料燃烧测得燃烧热值与用耗氧测得燃烧热值之间的关系

单位为 kJ·g^{-1}

绝缘液体	化学式	ΔH_c[a]	
		燃料	耗氧
硅油(1)	—	25	14.5
季戊四醇酯(2)	—	36.8	b
甲基和二苄基甲苯的混合物(3)	—	39.5	b
烷矿(4)	—	46.1	b

(1) 硅变压器液体，T1 型，IEC 60836[7]

(2) 变压器酯，T1 型，IEC 61099[8]

(3) 电容器绝缘液体，IEC 60867[9]

(4) 变压器和开关设备矿物油，IEC 60296[10]

注：IEC/TC 10 技术委员会已发现不同来源的硅树脂的燃烧热值的范围在 25 kJ·g^{-1}～27 kJ·g^{-1}之间。

a 在 25 ℃的反应物和产品，所有产品是气态的。

b 目前没有可利用的数据。

5 用于记录热释放数据的参数

5.1 燃烧热值(总值和净值)

物质的标准燃烧热在热化学术语中定义为，当一摩尔的物质在标准条件下，完全燃烧所产生的热函差。在火灾科学中，燃烧热值是指“总燃烧热值”，所用的单位是单位质量产生的能量，而不是每摩尔产生的能量。

注：定义“发热潜值”和“总发热值”目前已经废弃。

产品燃烧形成的水被认为是呈液体状态。比如，对一种碳氢化合物来说，完全燃烧意味着所有的碳转变为二氧化碳，所有的氢转变为液体水。

总燃烧热值用氧弹量热法测量，其中所有样品都转化为完全氧化产物(见 4.1)。在实际火灾中这种情况是比较少见的。一些潜在可燃材料往往残留炭焦，而且燃烧产物时常仅部分氧化，比如，烟里的烟炱微粒和一氧化碳。

净燃烧热值和总燃烧热值非常接近，除了将燃烧形成的水假设为蒸汽状态之外。不同的是，在 298 K 时水蒸气的潜热是 2.40 kJ·g^{-1}。因此，净燃烧热值总是小于总燃烧热值。在着火过程中，水保持蒸气状态,因此测量的是净燃烧热值。

5.2 热释放速率

热释放速率的定义(见3.15)是着火或着火试验中单位时间内释放的热能。由于它可以用来量化着火的强度,所以这是一个特别有用的参数。

热释放速率通常记录为与时间对应的一条曲线。热释放速率曲线如图1所示。

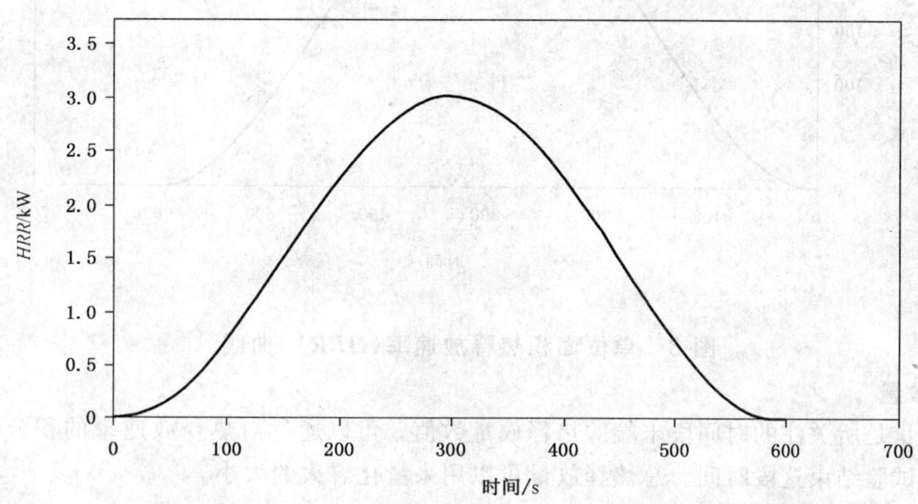

图1 热释放速率(*HRR*)曲线

5.3 热释放量

热释放量的定义(见3.14)是指着火或着火试验中产生的热能。由于它可以用来量化着火的大小,所以它是一个特别有用的参数。热释放量通常用热释放速率的数据关于时间的积分计算。图2所示的曲线根据图1算出。然而通常只记录总的热释放量(见5.5)。

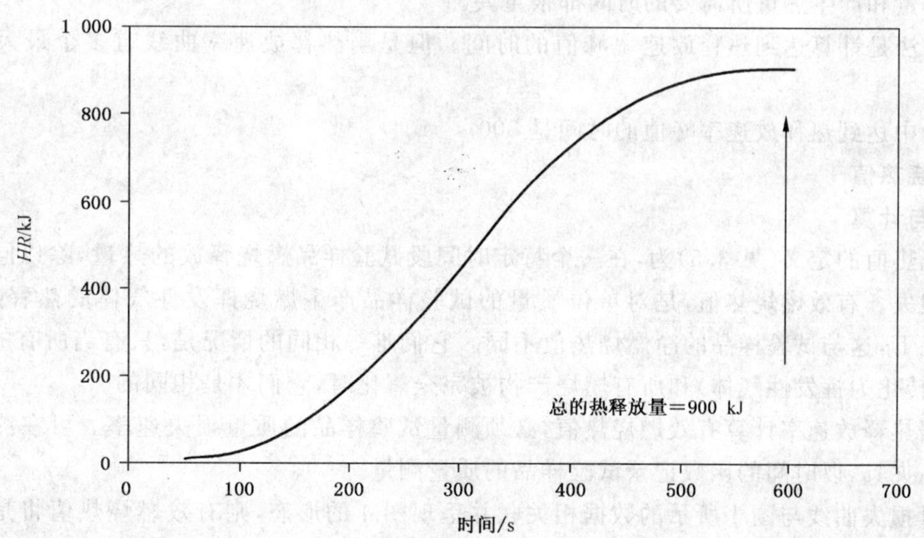

图2 热释放量(*HR*)曲线

5.4 单位面积的热释放速率

有时就平板试验样品而言,热释放速率就是外表面单位面积上的热释放速率。典型单位是kW·m^{-2}。数据通常是通过锥形量热器[11]测得的。单位面积热释放速率曲线如图3所示(基于曲线图1,假设暴露表面积为100 cm^2)。

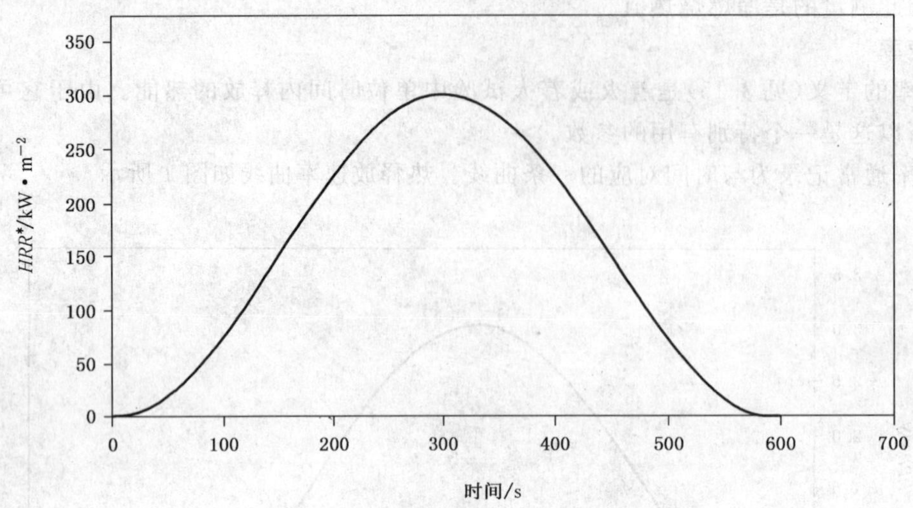

图3 单位面积热释放速率(***HRR****)曲线

5.5 总热释放量

总热释放量是所关注的时间段末端的热释放量数值。可以通过对热释放速率的积分获得,通常是从起燃到着火试验结束这段时间。总热释放量可以用来量化着火的大小。

图2所示曲线的总释放热是900 kJ。

5.6 热释放速率峰值

热释放速率峰值是指着火试验期间热释放速率的最高值。热释放速率峰值可用于比较一些阻燃处理的效果。然而必须注意在某些情况下,热释放速率曲线有多个最大值。

图1所示曲线的热释放速率峰值是3 kW。

5.7 达到热释放速率峰值的时间

产生的热量和产生热量所需要的时间都很重要。

简单的方法是计算达到热释放速率峰值的时间。但是当热释放速率曲线有多个最大值时就必须注意。

图1曲线中达到热释放速率峰值的时间是300 s。

5.8 有效燃烧热值

5.8.1 测量与计算

有效燃烧热值的定义(见3.5)为,在一个特定时间段试验样品燃烧释放的热量,除以同时间段试验样品的质量损失。有效燃烧热值,是对单位质量的试验样品产生燃烧挥发性气体的热释放量的度量。在大多数情况下,这与试验样品的净燃烧热值不同。它们唯一相同的情况是,只有当所有的试验样品被消耗(即全部转化为挥发性气体)和所有燃烧产物被完全氧化时,它们才是相同的。

为了根据热释放速率计算有效燃烧热值,必须测量试验样品的质量损失速率。可在测压传感器上安装试验样品夹具,以时间的函数记录试验样品的质量测量。

如果质量损失曲线与图1所示的数据相关联并呈现图4的形态,则有效燃烧热值将是25 $kJ \cdot g^{-1}$的常值。

如果试验样品燃烧时从始至终有效燃烧热值近似不变,则意味着燃烧机理没有发生变化。然而,通常的情况是燃烧机理随着着火的不同阶段而变化,所以有效燃烧热值也会变化。有效燃烧热值的变化可以作为阻燃剂效能的有效说明。

注:在着火试验开始和临近结束时,质量损失率都有非常小的值,除数为0(或接近0)的错误,可能导致无意义的有效燃烧热值。

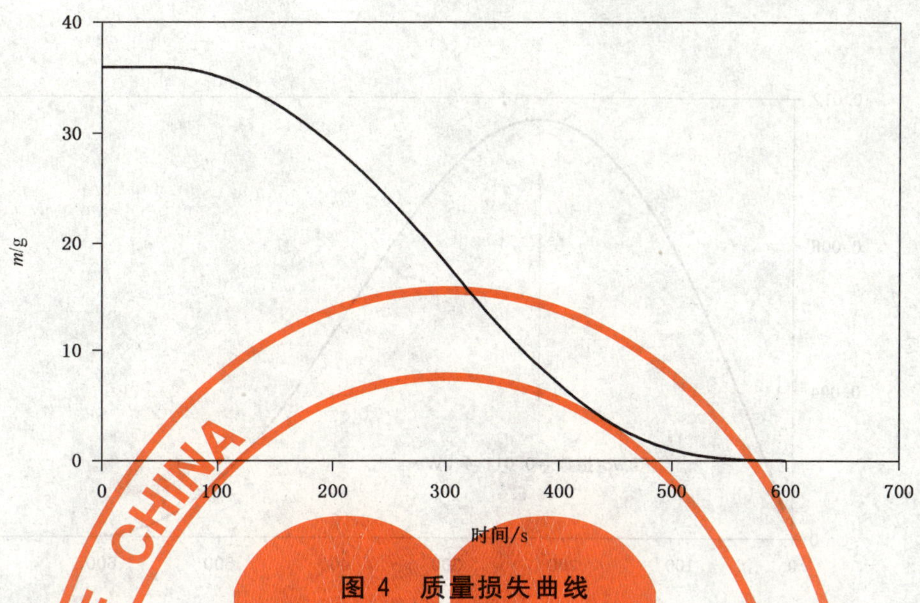

图 4 质量损失曲线

5.8.2 示例

以下示例说明净燃烧热值与有效燃烧热值的区别。

示例 1:甲苯

甲苯的净燃烧热值是 40.99 kJ·g^{-1},是化学反应释放的热能的度量:

C_7H_8(液态)+$9O_2$(气态)→$7CO_2$(气态)+$4H_2O$(气态),$T=298$ K

如果甲苯在一个锥形热量仪中燃烧,其燃烧不充分并生成烟炱、一氧化碳和非完全氧化产物。甲苯不完全燃烧的有效燃烧热值的典型值大约是 36 kJ·g^{-1}(不含外部热通量)。在试验样品全部挥发的情况下,其结果是挥发性燃料的有效燃烧热值与试验样品的有效燃烧热值是相同的。如果试验样品有残余物,上述两值就不相同(见例 2)。

示例 2:木材

假设 100 g 的木材样品燃烧后留下质量 20 g 的焦炭,释放出 960 kJ 热量。燃烧有效热就是 12 kJ·g^{-1}(即 960 kJ/80 g),是当 80 g 的挥发性降解产物燃烧时每克释放的热量。这个数值与每克试验样品释放的热量 9.6 kJ·g^{-1}(即 960 kJ/100 g)是不同的。注意木材的净燃烧热值是一个更高的数值,典型的数值在 16 kJ·g^{-1}~19 kJ·g^{-1}之间,是木材完全燃烧全部成为氧化物时测量的热量。

5.9 ***FIGRA* 指数**

FIGRA 是火灾增长速率的英文缩写。*FIGRA* 指数的值受火灾的规模和增长速率两方面影响。最危险的火灾是规模大并且快速增长的火灾,其 *FIGRA* 指数也较大,反之规模小并且增长缓慢的火灾,其 *FIGRA* 指数也较小。*FIRGA* 指数定义为以下曲线中的最大值:

$$HRR(t)/(t-t_0) \quad \text{相对于 } t \text{ 的关系曲线}$$

式中:

$HRR(t)$——在时间 t 时的热释放速率;

$t-t_0$——经过时间,即从定义的开始时间 t_0 到时间 t。

FIRGA 指数是在 EN 13823 发展中创建的,EN 13823 是欧洲用于建筑产品法规的中等规模墙角试验。作为规范采用的单值参数,有人认为 *FIRGA* 给出的火灾严重性指标比总的热释放量或热释放量峰值更好。

注:在 EN 13823 中,*HRR* 值是 30 s 移动平均值。

图 5 所示 *FIGRA* 曲线由图 1 的热释放速率的数据导出。其 *FIGRA* 指数是 0.011 4 kW·s^{-1}(在 223 s)。

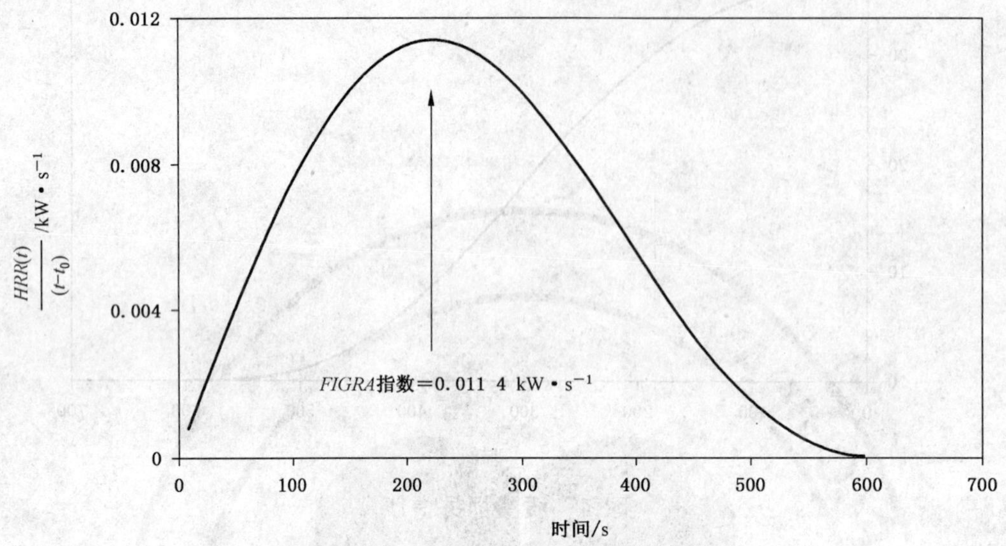

图 5 由图 1 导出的 *FIGRA* 曲线

FIGRA 指数可能是评估着火危险的一个有用的参数，因为它将热释放速率与达到的时间结合起来。应注意 *FIGRA* 指数总是涉及一个比达到最大热释放速率时间更短的时间（在给出的曲线中，223 s 与 300 s 比较）。

然而在早期燃烧速度快但热释放量较少的情况下，应非常谨慎地处理 *FIGRA* 指数。在这种情况下，*HRR* 相对时间的曲线斜率要比根据曲线的有效部分计算出来的更大，而获得的 *FIGRA* 指数可能是不恰当的并且造成误导。

举例，观察图 6 所示的 *HRR* 曲线。除了大约在 33 s 后达到约 0.58 kW 的小 *HRR* 峰值外，它与图 1 的曲线相似。

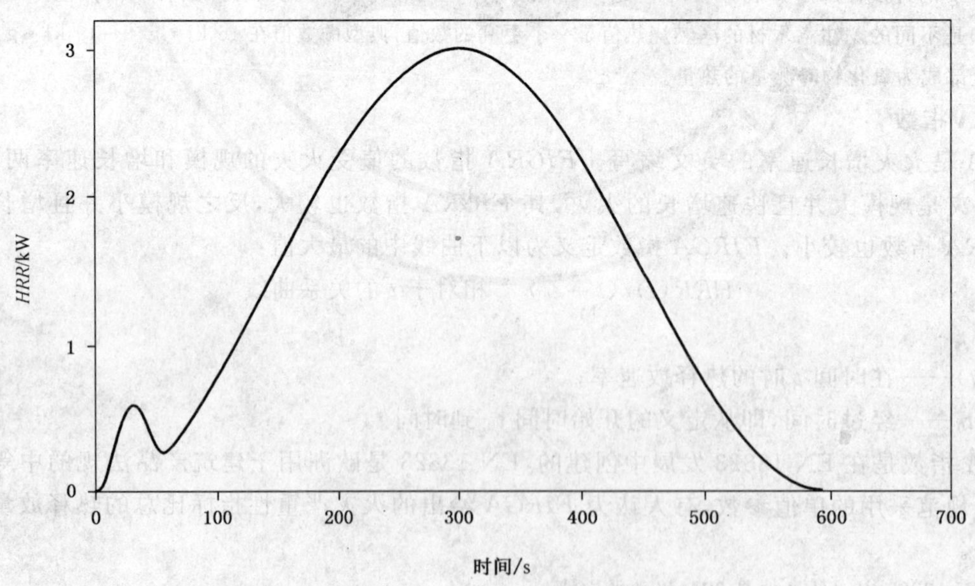

图 6 *HRR* 曲线说明性举例

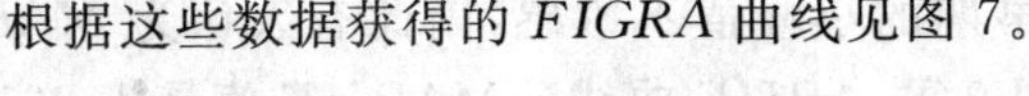
根据这些数据获得的 *FIGRA* 曲线见图 7。

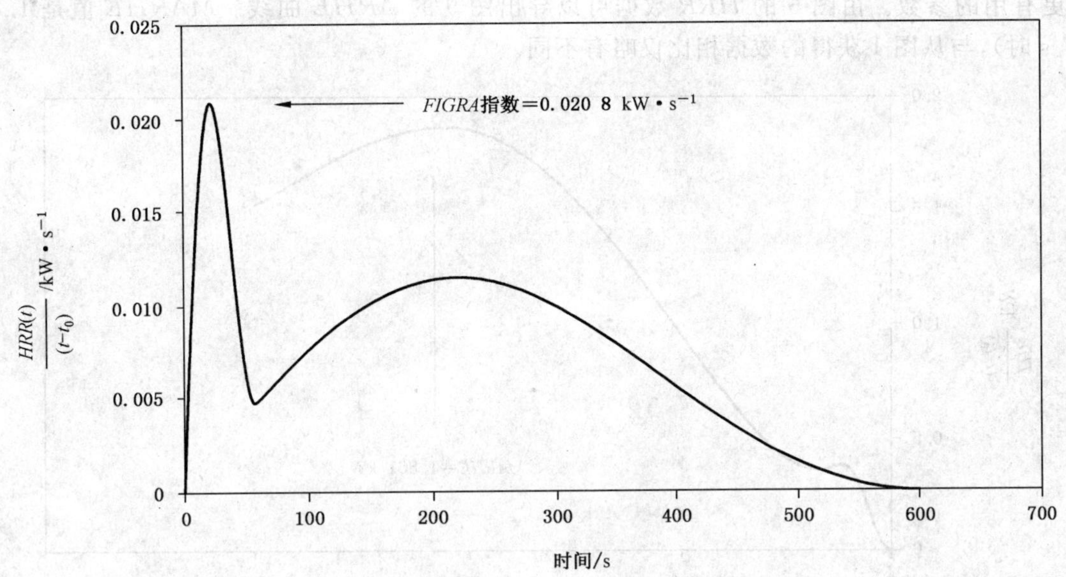

图 7 由图 6 导出的 *FIGRA* 曲线

可以看出,在 23 s 时得到的 *FIGRA* 指数是 0.020 8 kW·s^{-1}。这个值大约是依据曲线的有效部分计算出的值的两倍,即使早期峰值不到总热释放量的 2.2%。

5.10 *ARHE* 和 *MARHE*

ARHE 是热辐射平均速率的缩写。是以时间 t 时的总放热(*THR*)除以实测时间($t-t_0$)得出的,开始时间为 t_0。

MARHE 是规定的试验期间 *ARHE* 的最大值。*MARHE* 受到着火尺寸和发展速度两个因素的影响。大尺寸和快速发展的是最危险的着火,其 *MARHE* 值较大,反之小尺寸和缓慢发展的着火,其 *MARHE* 值较小。*MARHE* 参数是在关于欧洲轨道车辆消防安全标准的 CEN TS 45545-2[17]的发展中提出来的。如同 *FIGRA* 指数,作为规范采用的单值参数,有人认为 *MARHE* 给出的火灾严重性指标比总热释放量或热释放量峰值更好。

图 8 所示的 *ARHE* 曲线由图 1 所示热释放速率的数据导出。*MARHE* 为 1.826 kW(在 429 s 时)。

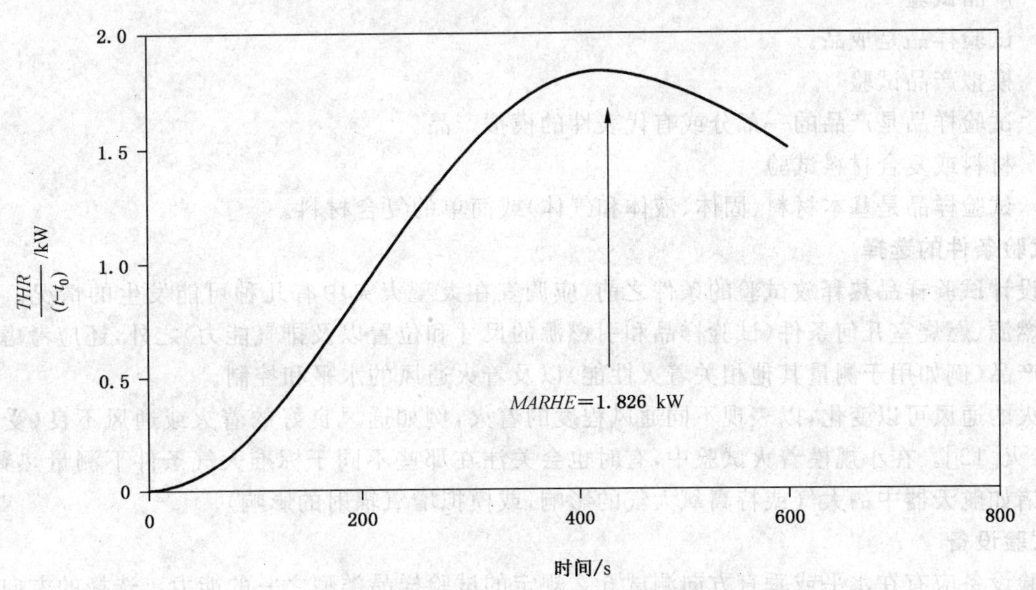

图 8 由图 1 导出的 *ARHE* 曲线

与 *FIGRA* 指数不同的是，*MARHE* 对 *HRR* 曲线早期的小峰值不敏感，因此有人认为 *MARHE* 是一个更有用的参数。由图 6 的 *HRR* 数据可以导出图 9 的 *ARHE* 曲线。*MARHE* 值是 1.861 kW（在 427 s 时），与从图 1 获得的数据相比仅略有不同。

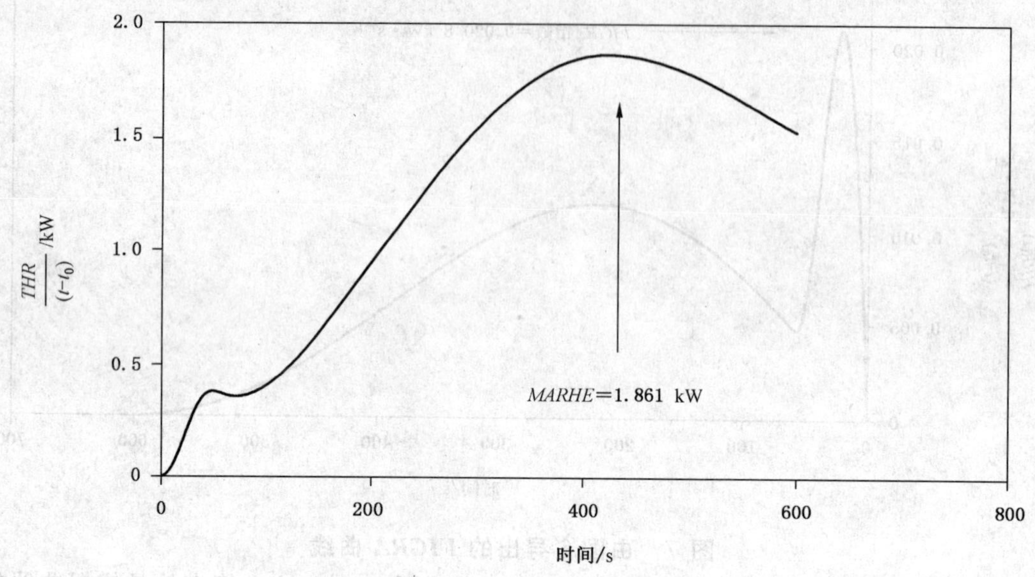

图 9　由图 6 导出的 ***ARHE*** 曲线

6　选择试验方法的要素

6.1　引燃源

应尽可能选择可复现和具有代表性火情的引燃源。这表明引燃源应代表以下两种暴露情况之一：

a)　电工电子设备或系统中的内部能源局部异常；

b)　电工电子设备或系统外部的热源和火焰。

6.2　试验样品的类型

理想的情况是限定试验样品的形状、尺寸和排列的变化。限于设备性能，有 3 种类型的试验样品（某些试验方法只适合某些类型的样品）：

a)　产品试验

试验样品是成品。

b)　模拟产品试验

试验样品是产品的一部分或有代表性的模拟产品。

c)　材料或复合材料试验

试验样品是基本材料（固体、液体和气体）或简单的复合材料。

6.3　试验条件的选择

在设计试验样品热释放试验的条件之前，应调查在大型火灾中有几种可能发生的情况。除了正确选择引燃源、燃烧室几何条件（试验样品和引燃源的尺寸和位置以及排气能力）之外，还应考虑现场其他仪器或产品（例如用于测量其他相关着火性能）以及着火通风的水平和控制。

着火的通风可以变化，以表现不同通风程度的着火，例如通风良好的着火或通风不良（受抑制的通风）的着火[12]。在小规模着火试验中，有时也会关注在那些不同于标准大气条件下测量热释放量（例如调查诸如航天器中的大气或特高氧大气的影响，或模拟增氧辐射的影响）。

6.4　试验设备

试验设备应有在水平或垂直方向测试 6.2 规定的试验样品类型之一的能力。选择的方向应能产生输入到与全尺寸产品和其安装有关的防火安全工程计算中的最合适的数据。

6.4.1 小规模着火试验设备

试验设备应能将相同的辐射热通量施加到暴露的试验样品表面。以金刚砂、钨石英或金属线圈元件为基础的电辐射加热器，能对试验样品提供相同的辐射热通量。试验设备应有点火器，能点燃因热通量作用到试验样品表面后产生的燃烧流。典型的点火器是电火花器或小型混合气体火焰，两者都符合要求。

该设备应有排气管道，收集排出的全部燃烧流和空气的混合物。需要包括测量质量流量和温度的不同的测量仪器。需要一些有足够灵敏度的专用仪器，即耗氧方法用的氧气分析仪、二氧化碳生成方法用的二氧化碳分析仪和气体温升方法用的热电偶或热电堆。

注：试验设备通常包括多个装置能同时进行相关测量，如测量样品质量损失用的测压元件、在排气管中测量烟模糊的光学系统、排气管中测量燃烧产物浓度的气体分析仪、测量微粒的烟灰收集系统和在不同位置上的温度和压力测量仪。还应规定对试验仪器进行适当校准。

6.4.2 中规模和大规模着火试验设备

中规模或大规模着火试验设备至少应有合适结构的排气管，可容纳和安装热释放量测量装置。其他所有仪器将根据试验要求确定。上述用于小规模着火试验的同类型仪器，可用于中规模和大规模着火试验设备。

6.4.3 小规模与中规模/大规模着火试验方法的比较

目前已充分确定热释放量是输入着火危险评定中的基本要素。这些评定用输入数据可通过大规模、中规模和小规模着火试验设备获得。通过合理选择外部热通量和其他条件，小规模着火试验在不同的外部通量标准下的热释放量和质量损失速率测量，在某些情况下会与大规模着火试验的测量相关联[13]、[14]和[15]。

7 热释放数据的相关性

7.1 对着火危险的影响

热释放速率是着火强度测量，而总热释放量则是量化了着火的大小。热释放速率是确定材料和产品对着火危险影响程度的主要变量[16]。

因此热释放数据是着火危险评定和防火安全工程的重要输入数据。

7.2 次级起燃和火焰蔓延

火焰蔓延取决于起燃燃料与火源的距离。起燃取决于来自输入的火源释放的热能。依据热释放试验设备测量的热释放速率和其他可测的着火特性，利用计算机着火模型或甚至简单的经验相关性，就可以评估最大火焰蔓延(和潜在火焰蔓延速率)。

7.3 自蔓延着火临界值的测定

已发现在某些情况下，热释放速率可以确定受控维持的着火和持续不衰退的着火(即成为自蔓延)两者之间的临界点。因此测定符合自蔓延临界点的热释放速率也是重要的。

7.4 达到轰燃的可能性

在着火模拟试验中，热释放数据可用于预测火灾发展至轰燃状态的可能性。

7.5 烟和有毒气体

对于指定的燃料和制定的着火阶段，热释放速率决定了烟和有毒气体的产生速率；因此如果能减少热释放量，则产生的烟和有毒气体也会减少。

7.6 热释放试验在研究和发展中的作用

有效利用材料新配方(例如添加阻燃剂或改变关键化学成分)、产品新设计(例如改变电工电子产品的形状或尺寸)或整体系统内部单个产品新的几何排列，可以提高防火安全性。在上述情况中，热释放测量提供了有用的数据。

参 考 文 献

[1] IEC 60695-1-10, Fire hazard testing—Part 1-10: Guidance for assessing the fire hazard of electrotechnical products—General guidelines(under consideration)

[2] IEC 60695-1-11, Fire hazard testing—Part 1-11: Guidance for assessing the fire hazard of electrotechnical products—Fire hazard assessment(under consideration)

[3] IEC 60695-4:2005, Fire hazard testing—Part 4: Terminology concerning fire tests for electrotechnical products

[4] THORNTON, W., The Relation of Oxygen to Heat of Combustion of Organic Compounds, The London, Edinburgh and Dublin Philosophical Magazine and Journal of Science 33, 196(1917)

[5] HUGGETT, C., Estimation of Rate of Heat Release by Means of Oxygen Consumption, Journal of Fire and Flammability, 12, 61-65(1980)

[6] BSI DD 246: Recommendations for the use of the cone calorimeter(1999)

[7] IEC 60836:2005, Specifications for unused silicone insulating liquids for electrotechnical purposes

[8] IEC 61099:1992, Specifications for unused synthetic organic esters for electrical purposes

[9] IEC 60867:1993, Insulating liquids—Specifications for unused liquids based on synthetic aromatic hydrocarbons

[10] IEC 60296:2003, Fluids for electrotechnical applications—Unused mineral insulating oils for transformers and switchgear

[11] ISO 5660-1: 2002, Reaction-to-fire tests—Heat release, smoke production and mass loss rate—Part 1: Heat release rate(cone calorimeter method)

[12] TEWARSON, A., JIANG, F. H. and MIRIKAWA, T., Ventilation—Controlled Combustion of Polymers, Combustion and Flame, 95, 151-169(1993)

[13] TEWARSON, A., Generation of Heat and Chemical Compounds in Fires, pp. 1-179 to 1-199 in the SFPE Handbook of Fire Protection Engineering, Society of Fire Prevention Engineers, Boston, MA, USA(1988)

[14] BABRAUSKAS, V., and GRAYSON, S. J., Heat Release in Fires, Elsevier Applied Science Publishers, London, UK(1992)

[15] DRYSDALE, D. D., An Introduction to Fire Dynamics, John Wiley and Sons, New York, NY, USA(1985)

[16] DINENNO, P. J. et al(Editors), SFPE Handbook of Fire Protection Engineering, 2nd edn., NFPA, Quincy, MA, USA(1995)

[17] CEN TS 45545-2, Railway applications—Fire protection on railway vehicles—Part 2: Requirements for fire behaviour of materials and components.

ICS 29.020
K 04

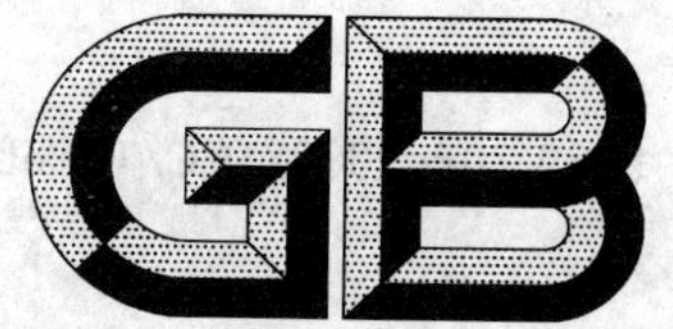

中华人民共和国国家标准

GB/T 5169.30—2008/IEC/TR 60695-8-2:2008

电工电子产品着火危险试验 第30部分:热释放 试验方法概要和相关性

Fire hazard testing for electric and electronic products—Part 30:Heat release—Summary and relevance of test methods

(IEC/TR 60695-8-2:2008,Fire hazard testing—Part 8-2:Heat release—Summary and relevance of test methods,IDT)

2008-12-30 发布 2009-10-01 实施

中华人民共和国国家质量监督检验检疫总局
中国国家标准化管理委员会 发布

前言

GB/T 5169《电工电子产品着火危险试验》分为以下部分：

——GB/T 5169.1—2007 电工电子产品着火危险试验 第1部分：着火试验术语(IEC 60695-4：2005,IDT)

——GB/T 5169.2—2002 电工电子产品着火危险试验 第2部分：着火危险评定导则 总则(IEC 60695-1-1：1999,IDT)

——GB/T 5169.3—2005 电工电子产品着火危险试验 第3部分：电子元件着火危险评定技术要求和试验规范制订导则(IEC 60695-1-2：1982,IDT)

——GB/T 5169.5—2008 电工电子产品着火危险试验 第5部分：试验火焰 针焰试验方法 装置、确认试验方法和导则(IEC 60695-11-5：2004,IDT)

——GB/T 5169.7—2001 电工电子产品着火危险试验 试验方法 扩散型和预混合型火焰试验方法(idt IEC 60695-2-4/0：1991)

——GB/T 5169.9—2006 电工电子产品着火危险试验 第9部分：着火危险评定导则 预选试验规程的使用(IEC 60695-1-30：2002,IDT)

——GB/T 5169.10—2006 电工电子产品着火危险试验 第10部分：灼热丝/热丝基本试验方法 灼热丝装置和通用试验方法(IEC 60695-2-10：2000,IDT)

——GB/T 5169.11—2006 电工电子产品着火危险试验 第11部分：灼热丝/热丝基本试验方法 成品的灼热丝可燃性试验方法(IEC 60695-2-11：2000,IDT)

——GB/T 5169.12—2006 电工电子产品着火危险试验 第12部分：灼热丝/热丝基本试验方法 材料的灼热丝可燃性试验方法(IEC 60695-2-12：2000,IDT)

——GB/T 5169.13—2006 电工电子产品着火危险试验 第13部分：灼热丝/热丝基本试验方法 材料的灼热丝起燃性试验方法(IEC 60695-2-13：2000,IDT)

——GB/T 5169.14—2007 电工电子产品着火危险试验 第14部分：试验火焰 1 kW标称预混合型火焰 装置、确认试验方法和导则(IEC 60695-11-2：2003,IDT)

——GB/T 5169.15—2008 电工电子产品着火危险试验 第15部分：试验火焰 500 W火焰 装置和确认试验方法(IEC/TS 60695-11-3：2004,IDT)

——GB/T 5169.16—2008 电工电子产品着火危险试验 第16部分：试验火焰 50 W水平与垂直火焰试验方法(IEC 60695-11-10：2003,IDT)

——GB/T 5169.17—2008 电工电子产品着火危险试验 第17部分：试验火焰 500 W火焰试验方法(IEC 60695-11-20：2003,IDT)

——GB/T 5169.18—2005 电工电子产品着火危险试验 第18部分：将电工电子产品的火灾中毒危险减至最小的导则 总则(IEC 60695-7-1：1993,IDT)

——GB/T 5169.19—2006 电工电子产品着火危险试验 第19部分：非正常热 模压应力释放变形试验(IEC 60695-10-3：2002,IDT)

——GB/T 5169.20—2006 电工电子产品着火危险试验 第20部分：火焰表面蔓延 试验方法概要和相关性(IEC/TS 60695-9-2：2001,IDT)

——GB/T 5169.21—2006 电工电子产品着火危险试验 第21部分：非正常热 球压试验(IEC 60695-10-2：2003,IDT)

——GB/T 5169.22—2008 电工电子产品着火危险试验 第22部分：试验火焰 50 W火焰 装

置和确认试验方法(IEC/TS 60695-11-4:2004,IDT)

——GB/T 5169.23—2008 电工电子产品着火危险试验 第23部分:试验火焰 管形聚合材料500 W垂直火焰试验方法(IEC/TS 60695-11-21:2005,IDT)

——GB/T 5169.24—2008 电工电子产品着火危险试验 第24部分:着火危险评定导则 绝缘液体(IEC/TS 60695-1-40:2002,IDT)

——GB/T 5169.25—2008 电工电子产品着火危险试验 第25部分:烟模糊 总则(IEC 60695-6-1:2005,IDT)

——GB/T 5169.26—2008 电工电子产品着火危险试验 第26部分:烟模糊 试验方法概要及相关性(IEC/TS 60695-6-2:2005,IDT)

——GB/T 5169.27—2008 电工电子产品着火危险试验 第27部分:烟模糊 小规模静态试验方法 仪器说明(IEC/TR 60695-6-30:1996,IDT)

——GB/T 5169.28—2008 电工电子产品着火危险试验 第28部分:烟模糊 小规模静态试验方法 材料(IEC/TS 60695-6-31:1999,IDT)

——GB/T 5169.29—2008 电工电子产品着火危险试验 第29部分:热释放 总则(IEC 60695-8-1:2008,IDT)

——GB/T 5169.30—2008 电工电子产品着火危险试验 第30部分:热释放 试验方法概要及相关性(IEC/TS 60695-8-2:2008,IDT)

——GB/T 5169.31—2008 电工电子产品着火危险试验 第31部分:火焰表面蔓延 总则(IEC 60695-9-1:2006,IDT)

本部分为GB/T 5169的第30部分。

本部分等同采用IEC/TR 60695-8-2:2008《着火危险试验 第8-2部分:热释放 试验方法概要及相关性》(英文版),但按GB/T 20000.2—2001《标准化工作指南 第2部分:采用国际标准的规则》中4.2 b)和5.2的规定作了少量编辑性修改。

本部分由全国电工电子产品着火危险试验标准化技术委员会(SAC/TC 300)提出并归口。

本部分由中国电器科学研究院负责起草,广东出入境检验检疫局检验检疫技术中心、公安部四川消防研究所、广州威凯检测技术研究所、深圳市计量质量检测研究院、中国电子技术标准化研究所等参加起草。

本部分主要起草人:陈灵、武政、赵成刚、陈兰娟、裴晓波、李保军、姜华、王忠义。

本部分是首次发布。

引　言

所有电工电子产品的设计都应考虑着火风险和潜在的着火危险。元件、电路和设备设计以及材料筛选在这方面的目的是将潜在的火灾事故风险降低到可以接受的水平，即使发生可预见的非正常使用、故障和失效等状况也是如此。制定中的 IEC 60695-1-10[4]和 IEC 60695-1-11[6]为如何达到这一目的提供了导则。

主要目的为：

a) 防止带电元件引起的起燃；

b) 如果发生起燃，将着火范围限制在电工电子产品外壳内。

次要目的包括减小超出产品外壳的火焰蔓延和减少包括热、烟、毒性气体或腐蚀性气体等燃烧产物的有害影响。

涉及电工电子产品的火灾也可能因外部非电热源引发。总体风险评估应考虑这一因素。

火灾产生的热量(热危险)、毒性和/或腐蚀性化合物、以及由烟雾导致的视觉模糊，均对生命和财产造成危害。随着热释放量的增加，火灾风险增大，可能发展成有轰燃现象的火灾。

着火试验中最重要的测量方法之一是测量热释放量，是确定着火危险的一个重要因素；也是防火安全工程计算的参数之一。

测量和使用热释放量以及其他着火试验数据，可用于减小着火的可能性(或影响)，即使电工电子产品发生可预测的非正常使用、故障或失效等状况也是如此。

当一种材料被外部热源加热时会产生燃烧流，与空气混合后会起燃并引发火灾。这一过程中释放的热量有的被燃烧流和空气的混合物带走，有的因辐射损失掉，有的又返回到固体材料上，使其产生更多的高温分解物，从而延续这一过程。

热量也可能会传递到临近的其他可燃产品上，并释放增加的热量和燃烧流。

着火过程中热能量的释放速率定义为热释放速率。热释放速率影响火焰蔓延和次级着火，因此很重要。其他参数也很重要，例如可燃性、火焰蔓延和着火的边界效应等(参见 GB/T 5169 和 IEC 60695 标准系列)。

电工电子产品着火危险试验 第30部分:热释放 试验方法概要和相关性

1 范围

GB/T 5169 的本部分介绍了公开发表的测量电工电子产品热释放的试验方法概要。本部分陈述了目前试验方法的技术状态,在适当之处,还包括对其相关性和使用的特殊观察。

即将出版的 IEC 60695-1-10[4]和 IEC 60695-1-11[6]中,热释放数据可作为着火危险评定和防火安全工程的组成部分。

2 规范性引用文件

下列文件中的条款通过 GB/T 5169 的本部分的引用而成为本部分的条款。凡是注日期的引用文件,其随后所有的修改单(不包括勘误的内容)或修订版均不适用于本部分,然而,鼓励根据本部分达成协议的各方研究是否可使用这些文件的最新版本。凡是不注日期的引用文件,其最新版本适用于本部分。

GB/T 5169.1—2007 电工电子产品着火危险试验 第1部分:着火试验术语(IEC 60695-4:2005,IDT)

GB/T 5169.29—2008 电工电子产品着火危险试验 第29部分:热释放 总则(IEC 60695-8-1:2008,IDT)

ISO/IEC 13943:2000 消防安全 词汇

3 术语和定义

GB/T 5169.1—2007 和 ISO/IEC 13943:2000 及下列术语和定义适用于本部分。

3.1

燃烧 combustion

物质与氧化剂相互作用的放热反应。

注:燃烧一般在伴随着火焰和/或炽热时会释放燃烧流。

[ISO/IEC 13943:2000,定义 23]

3.2

燃烧产物 combustion products

燃烧后产生的固体、液体和气体。

注:燃烧产物可能包括燃烧流、灰烬、炭、余渣和/或烟炱。

3.3

完全燃烧 complete combustion

所有燃烧产物完全氧化的燃烧。

注1:当氧化剂是氧气时,所有的炭转化为二氧化碳,所有的氢转化为水。

注2:如果除炭、氢和氧外还有其他的元素参与燃烧过程,那么完全燃烧的定义不可能唯一。

3.4

受控着火 controlled fire

为提供有用的结果,有意安排的着火,着火的时间和空间都受到控制。

[ISO/IEC 13943:2000,定义 40,修改]

3.5

有效燃烧热值　effective heat of combustion

在规定的时间段，试验样品燃烧时释放的热量除以同时间段试验样品损失的质量。

注1：如果所有试验样品全部转化为挥发性的燃烧产物和所有燃烧产物完全氧化，则该值等于净燃烧热值。

注2：标准单位为 $kJ \cdot g^{-1}$。

3.6

着火　fire

燃烧的特征过程是释放热量和燃烧流，同时伴有烟、和/或火焰、和/或炽热。

3.7

燃烧流　fire effluent

通过燃烧或者高温分解产生的所有的气体和/或烟雾(包含悬浮的微粒)。

[ISO/IEC 13943:2000，定义45]

3.8

着火危险　fire hazard

着火引起的物理对象或条件伴随的潜在不良后果。

3.9

防火安全工程　fire safety engineering

应用以科学原理为基础的工程方法，通过分析特定火情或量化一组火情风险，开发或评估建筑环境方面的设计。

3.10

着火试验　fire test

为测量试验样品对着火一个或多个方面的防火性能或着火反应而设计的程序。

3.11

轰燃　flash-over

在封闭的空间内可燃材料的整个表面突然转入着火状态。

[GB/T 5169.1—2007，定义3.42]

3.12

总燃烧热值　gross heat of combustion

在规定的条件下，当物质完全燃烧同时产生水全部冷凝后所产生的燃烧热值。

[ISO/IEC 13943:2000，定义86.2]

3.13

燃烧热值　heat of combustion

单位质量的物质燃烧产生的热量。

注：标准单位是 $kJ \cdot g^{-1}$。

见3.3、3.5、3.12和3.18。

3.14

热释放量　heat release

燃烧产生的热能量。

注：标准单位为焦耳(J)。

3.15

热释放速率　heat release rate

燃烧产生热能量的速率。

注：标准单位为瓦特(W)。

3.16

中规模着火试验　intermediate-scale fire test

在中尺寸试验样品上进行的着火试验。

注：本定义通常用于试验样品的最大尺寸在1 m～3 m之间的着火试验。

3.17

大规模着火试验　large-scale fire test

不能在典型试验室中进行的、用大尺寸试验样品完成的着火试验。

注：本定义通常适用于试验样品的最大尺寸大于3 m的着火试验。

3.18

净燃烧热值　net heat of combustion

当燃烧产生的水都变为气态时，燃烧释放的热量。

注：净燃烧热值总是小于总燃烧热值，因为没有包含水蒸气冷凝所释放的热量。

3.19

氧化

物质中氧元素或者其他带负电元素比例增加的化学反应。

注：本术语在化学领域有更广泛的含义，包括原子、分子或离子失去一个或多个电子的过程。

3.20

氧化剂　oxidizing agent

具有氧化能力的物质。

注：燃烧就是一种氧化。

3.21

耗氧原理　oxygen consumption principle

燃烧时消耗的氧气质量与释放的热量之间的比例关系。

注：常用值为13.1 kJ·g^{-1}。

3.22

热解　pyrolysis

物质因热效应而产生的化学分解。

注1：本术语通常指有焰燃烧发生前的着火阶段。

注2：在火灾科学中，没有关于有氧或无氧的假设。

3.23

小规模着火试验　small-scale fire test

在小尺寸试验样品上进行的着火试验。

注：本定义通常用于试验样品最大尺寸小于1 m的着火试验。

3.24

试验样品　test specimen

经受评定和测量过程的样本。

注：在着火试验中，样本可以是材料、产品、部件、结构元件或其任何组合。也可以是模拟产品特性的传感器。

3.25

非受控着火　uncontrolled fire

在时间和空间上未受控制的着火。

4　试验方法概要

本概要不能用来替代那些作为唯一有效引用文件的已出版标准。

4.1 测量完全燃烧

4.1.1 氧弹式量热仪

4.1.1.1 参考文献

ISO 1716[6]和 GB/T 14402—2007。

4.1.1.2 目的和原理

试验的目的是测量一定体积内燃烧产生的总热量。一个特定物质的试验样品在标准条件下、恒定体积、大气含氧量，用通过苯甲酸校准过的密封量热器对样品进行测量。在上述条件下，燃烧热量是基于观察到的温升，同时考虑热损失和水蒸气的潜热。

4.1.1.3 试验样品

典型的试验样品是将 0.5 g 的精细苯甲酸粉末和 0.5 g 的材料一起混合进行试验。

4.1.1.4 试验方法

“弹”是一个中央容器，有足够强度经受高压，因此内部体积保持恒定。弹浸在搅拌的水池中，弹和水池的组合就是量热仪。量热仪也浸在一个外部的水池中。在燃烧反应期间，量热仪中的水温和外部水池的水温应受持续监控，并通过电加热调整到相同温度。这是为了确保量热仪对周围环境没有净热量损失，即确保量热仪是绝热的。

在测量之前，将试验样品(为已知质量的苯甲酸和已知质量的试验材料的混合物)放进“弹”内并与电引燃线接触。在压力(3.0 MPa～3.5 MPa)下对容器充氧，随之将容器密封，允许其达到热平衡。然后用标准输入能量点燃样品。由于燃烧发生在高压富氧条件下，因此样品完全燃烧。根据已知的量热仪热容量和燃烧反应导致的温升可以计算出释放的热量。

试验给出了等容条件下释放的热量，即内部能量的变化 ΔU。恒定压力下的总燃烧热量是热函差 ΔH。计算公式如下：

$$\Delta H = \Delta U + \Delta(PV)$$

其中 $\Delta(PV)$ 是采用理想气体定律计算获得；

$$\Delta(PV) = \Delta(nRT) \quad (R = 8.314\ \mathrm{J \cdot K^{-1} \cdot mol^{-1}})$$

为了计算 ΔH，必须定义燃烧反应的性质，即了解燃烧产品的化学成分。但对此总是未知的。然而，ΔH 和 ΔU 之间的差异很小，在多数火灾科学中可以忽略。例如在炭燃烧形成二氧化碳的情况下：

$\Delta U = -32.76\ \mathrm{kJ \cdot g^{-1}}$ 和 $\Delta H = -32.97\ \mathrm{kJ \cdot g^{-1}}$

如果已知试验样品中的氢含量，可以计算出净燃烧热量。假设所有的氢转化成水，计算时使用 $2.449\ \mathrm{kJ \cdot g^{-1}}$，该值为 25 ℃时水的发热潜值。

4.1.1.5 重复性和再现性

CEN/TC 127 在实验室间进行了试验，ISO 1716[6]的附录 B 概述了试验结果。

4.1.1.6 试验数据的相关性

在氧弹式量热仪中测量燃烧热时，全部样品完全被转化为充分氧化的产物。在火灾中这种情况很少发生，因为一些潜在可燃的材料通常剩下焦碳，燃烧产物通常仅部分氧化，例如烟中的烟炱颗粒和一氧化碳。因此，火灾中的热释放通常要小于根据燃烧热数据计算出的理论最大值。

燃烧热值数据是热化学科学的基础，在着火模型和防火安全工程中非常重要。

在欧洲建筑制品指令[7]中，如果按照 ISO 1716 使用氧弹式量热仪测定的材料的总的燃烧热值小于 $2\ \mathrm{kJ \cdot g^{-1}}$，则材料被分类为不燃物。

4.2 测量不完全燃烧

4.2.1 锥形量热仪

4.2.1.1 参考文献

ISO 5660-1[8]、GB/T 16172—2007 和 ASTM E1354[9]。

4.2.1.2 目的和原理

小规模热释放试验方法以耗氧技术为基础，需要具备测量质量损失的测压元件、试验样品夹具、对试验样品表面施加均匀热通量的锥形加热器和耗氧测量装置。

本试验方法可以测量热释放速率(包括峰值和平均值)、总热释放值、有效燃烧热值、质量损失、起燃时间和烟模糊度。暴露方式分为有火花点燃和无火花点燃。

外部热通量可以在 0 kW·m^{-2}～100 kW·m^{-2}之间变化。

4.2.1.3 试验样品

样品夹具可适应的最大样品尺寸为 100 mm×100 mm×50 mm 厚。样品夹具正常位置是水平的，但垂直的样品夹具也允许以垂直方向暴露。

注：尽管电线和电缆安装在样品夹具上并进行试验，但这与确认的大型试验无关。

4.2.1.4 试验方法

试验时，试验样品暴露于电锥形加热器产生的规定的辐射通量下。用外部火花完成导向点火，直到样品起燃再移开点火器。通过测量通风管内的氧气浓度和使用耗氧原理来评定热释放速率(见 4.1 和 GB/T 5169.29—2008)。

4.2.1.5 重复性和再现性

针对建筑制品和塑料材料的实验室间评价试验已完成。详细资料可在 ASTM RR E05-1008[10]中获得。

针对建筑制品、塑料材料(见 ISO 5660-1:2002 的 B.1～B.3)和遇热膨胀塑料(见 ISO 5660-1:2002 的 B.4)的其他实验室间的评价试验也已完成。

目前没有针对电工电子产品的实验室间评价数据。

已出版的 ASTM D6113[11]是关于电线和电缆的试验方法。

4.2.1.6 试验数据的相关性

从这些试验中获得的数据可以用于评估热释放对总体着火危险的影响，用于防火工程安全的计算以及研究和产品改进。

应在通风良好的条件下进行试验样品的测试。

4.2.2 俄亥俄州大学量热仪

4.2.2.1 参考文献

ASTM E906[12]。

4.2.2.2 目的和原理

本试验方法以温度测量技术为基础，可以测量热释放速率。包括测量材料和产品的热释放速率的峰值和平均值、总热释放值、起燃时间和烟模糊度。

试验样品暴露于有或没有小火焰导向点火的辐射能量下。

外部热通量可以在 0 kW·m^{-2}～100 kW·m^{-2}之间变化。

4.2.2.3 试验样品

样品夹具可适应的最大样品尺寸为 150 mm×150 mm×50 mm 厚。样品夹具正常位置是垂直的，但水平的样品夹具也允许以水平方向暴露。

4.2.2.4 试验方法

将试验样品放在始终有恒定气流的试验箱中。试验样品的表面暴露于辐射能源。用发出气体的非导向或导向点火器使燃烧开始。

离开试验箱的气体的温度变化应被连续监控，依据这些数据计算放热速率。

4.2.2.5 重复性和再现性

数据可以通过 ASTM 的俄亥俄州大学 RHR 热量测定工作组获得，参考 ASTM E-5.21.34。

4.2.2.6 **试验数据的相关性**

从这些试验中获得的数据可以用于评估热释放对总体着火危险的影响,用于防火工程安全的计算以及研究和产品改进。

本试验方法被美国联邦飞行管理局所使用,用于评估飞行舱的材料符合联邦飞行条例[13]的一致性。

4.2.3 **垂直电缆梯试验**

注:测量热释放的垂直电缆梯试验的概要和对照见表1。

4.2.3.1 **参考文献——ASTM和UL**

ASTM D5537[14]和UL 1685[15]。

4.2.3.1.1 **目的和原理**

这两个试验方法非常相似,但每个方法包含两个协议。这些试验方法用于测定燃烧电缆的火焰蔓延、热释放速率和总热释放量,也可用于评估烟模糊、质量损失和燃烧气体释放。

引燃源是丙烷气预混合燃烧器,标准功率为20 kW,燃烧器正交于垂直的样品,或与垂直线呈20°夹角。电缆安装在垂直梯上,安装结构和装载量取决于试验要求。

4.2.3.1.2 **试验样品**

试验样品是长度为2.44 m的电缆。

4.2.3.1.3 **试验方法**

将电缆以适当的结构安装在垂直梯上。将丙烷燃烧器放置在靠近垂直电缆梯的底部(每个协议要求的位置不同)。通过测量通风管中的氧气浓度、流动速度和温度,利用耗氧原理来测定热释放速率。在通风管中还可测量释放的烟和燃烧产物。

4.2.3.1.4 **重复性和再现性**

目前没有可利用的数据。

ASTM D5537试验方法的实验室间评价由ASTM D09电气和电子绝缘委员会发起,但尚未完成。

4.2.3.1.5 **试验数据的相关性**

从这些试验中获得的数据可以用于评估电线和电缆对总体着火危险的影响和防火工程安全的计算。

4.2.3.2 **参考文献——EN**

EN 50399[13]。

4.2.3.2.1 **目的和原理**

EN 50399规定了评估电缆燃烧性能反应的试验设备和试验程序。EN 50399是在电缆燃烧性能研究程序[17]的基础上发展起来的,以适应欧洲建筑制品指令(CPD)[7],实现按建筑制品指令(CPD)将电缆燃烧性能分类。

试验方法描述了多根电缆安装在垂直电缆梯上的中规模着火试验,试验在规定引燃源下进行,以评估这种电缆的燃烧特性并能直接说明其性能。试验提供了因电缆起燃的电缆着火初期阶段的数据。通过测量热释放速率,提示火焰沿电缆传播的潜在危险,对于影响到起燃空间周围区域的火灾,通过测量阻光烟的产生,提示起燃空间和周围环境能见度降低的危险。

试验时可测定以下参数:火焰蔓延、热释放速率、总热释放量、产烟速率、产烟总量、着火发展速率指数和产生燃烧滴/颗粒。

试验设备符合EN 50266-1[18],但试验时还有其他测量热释放量和产烟量的装置。

注:和EN 50266-1相对应的IEC标准为IEC 60332-3-10[19]。

EN 50399包含2个协议。一个协议规定引燃源丙烷的流量为442 $mg \cdot s^{-1} \pm 10\ mg \cdot s^{-1}$和空气的流量为1 550 $mg \cdot s^{-1} \pm 140\ mg \cdot s^{-1}$(标称功率为20.5 kW)。这用于B2ca、Cca和Dca分类。另一个协议是引燃源丙烷的流量为647 $mg \cdot s^{-1} \pm 15\ mg \cdot s^{-1}$和空气的流量为2 300 $mg \cdot s^{-1} \pm 140\ mg \cdot s^{-1}$(标称功率为30 kW)。这用于B1ca分类。

4.2.3.2.2 **试验样品**

试验样品是加工过的一段电缆，最小长度为 3.5 m。安装的方式取决于电缆的直径。试验样品之间的距离也是取决于电缆的直径。

4.2.3.2.3 **试验方法**

电缆以合适的结构安装在垂直梯的前面。在燃烧器下方电缆低端伸出约 50 cm。利用耗氧原理，通过测量氧气的浓度、排气管中的流量和温度来测定热释放速率（见 3.21）。

通过试验箱的空气的流量为 8 $m^3 \cdot min^{-1} \pm 0.8\ m^3 \cdot min^{-1}$。

排气管中容积流量设置在 0.7 $m^3 \cdot s^{-1} \sim 1.2\ m^3 \cdot s^{-1}$之间。试验期间保持这一流量。

施加试验火焰的时间为 20 min，之后将火焰熄灭。穿过试验箱的空气流动在火焰熄灭后维持 30 s。

在进行 B1ca 分类试验时，将一块不燃物硅化钙板放在梯后。

4.2.3.2.4 **重复性和再现性**

2007 年夏季在实验室间进行过了重复性和再现性评估试验。

4.2.3.2.5 **试验数据的相关性**

根据欧洲建筑产品指令，试验方法在欧洲得到发展，欧洲委员会[20]将试验分为 4 类。欧洲成员国可以使用试验数据，第一次使用时，有一个对于建筑物内电缆燃烧性能进行分类的协调体系。

利用另外的测量技术可以证实[17]其他的标准试验，例如对于建筑制品，可以通过其他适合的方法评价电缆的防火性能。这些技术包含对热释放和产烟量的测量。与现有 EN 50266 中描述的试验方法和 IEC 60332-3 中不同的部分是，它们有更为复杂的评估体系，而且其结果更加精确和精密，评估的防火等级范围更宽。

4.2.4 **单体燃烧试验(SBI)**

4.2.4.1 **参考文献**

EN 13823[21]和 GB/T 20284—2006。

4.2.4.2 **目的和原理**

单体燃烧试验(SBI)主要是用于评估平面建筑制品（地板除外）的燃烧性能，试验样品以角型方式布置，暴露于由丙烷燃烧器模拟单体燃烧试验(SBI)的辐射和火焰，丙烷砂盒燃烧器放在试验样品墙角的底部。SBI 试验方法不适用于电缆。标准范围的注释说明“对于类似产品的处理，例如线性材料（导管、输送管、电缆等）可能需要特殊的规定”。

试验样品安装在小推车上，小推车放置在排气系统的下面的框架中。试验样品对燃烧器的反应用仪器和视觉监控。火焰蔓延、热释放和产烟量都需要进行检测。

4.2.4.3 **试验样品**

角型试验样品有两个翼（长翼和短翼），最大厚度为 200 mm，两翼之间安装夹角为 90°。短翼为 495 mm×1 500 mm，长翼为 1 000 mm×1 500 mm。硅化钙板用于支撑试验样品的两翼。硅化钙板可以直接依靠自立的试验样品放置或者远离试验样品放置。

表 1 垂直电缆梯试验的概要和比较

	ASTM D 5537[14] 协议 A UL 1685[15] UL 1581-1160 协议[a]	ASTM D 5537[14] 协议 B UL 1685[15] UL 1581-1164 协议[a]	EN 50399[16]
燃烧器功率/kW(近似)	21	21	20.5 或 30
火焰施加时间/min	20	20	20
燃烧器的位置[b]	457 mm 距后面 76 mm	305 mm 距前面 76 mm	600 mm 距前面 75 mm

表 1(续)

	ASTM D 5537[14] 协议 A UL 1685[15] UL 1581-1160 协议[a]	ASTM D 5537[14] 协议 B UL 1685[15] UL 1581-1164 协议[a]	EN 50399[16]
燃烧器角度	水平	向上 20°	水平
梯的长度/m	2.44	2.44	3.5
梯的宽度/m	0.305	0.3	0.5
试验样品的长度/m	2.44	2.44	最少 3.5
试验样品的宽度/m 和安装方式	0.15 仅是前部	0.25 仅是前部	0.22～0.32 仅是前部
需要捆扎的电缆	不	如果电缆直径小于 13 mm	如果电缆直径小于或等于 5 mm
规定的试验罩	有	有	有
要求的试验运行次数	1	1	1
从底部算起最大的 烧焦长度/m	2.44(UL) 没有要求(ASTM)	1.805(UL)[c] 没有要求(ASTM)	在试验方法中没有规定要求[d]
热释放量	选项(UL) 强制(ASTM)	选项(UL) 强制(ASTM)	强制

[a] UL 1685 和 ASTM D5537 都包含 2 个协议。ASTM D5537 的协议 A 等同于 UL 1685 中的 UL 1581-1160 协议,ASTM D5537 的协议 B 等同于 UL 1685 中的 UL 1581-1164 协议。ASTM D5424[22]与 ASTM 5537 一样,除了烟释放是强制测量外,热释放量、质量损失、有毒气体和烧焦长度的测量是可选项。在 ASTM D5537 中,热释放量、质量损失和烧焦长度是强制测量,烟和有毒气体的测量是可选项。ASTM 着火试验标准中不包含通过/不通过的指标。当一件电缆进行 UL 1685 试验并符合火焰蔓延、热释放量和烟释放指标时,该电缆被划分为"有限冒烟"电缆。

[b] 底部之上的高度和到试验样品表面的距离。

[c] 从燃烧器的水平高度线测量,最大烧焦长度为 1.5 m。

[d] 这些要求见欧洲委员会 2006/751/EC[20]决议的表 4。

4.2.4.4 试验方法

试验样品暴露于位于内角底部的砂盒燃烧器产生的火焰。火焰由丙烷气体燃烧而产生,提供的热量输出为 30.7 kW±2.0 kW。

记录数据的时间段超过 26 min,在这个时间段内,评价试验样品性能的时间间隔超过 20 min。试验样品的性能参数是:热释放量、产烟量、火焰横向蔓延和落下燃烧滴落物及燃烧颗粒。

使用远离试验样品的同样的辅助燃烧器,测量起燃前短时期内燃烧器产生的热和烟。

用于分级的热释放重要参数是着火发展速率指数($FIGRA$)。它被定义为 $HRR\mathrm{av}(t)/(t-300\ \mathrm{s})$ 的最大商,式中 $HRR\mathrm{av}(t)$是热释放速率 30 s 移动平均值。

4.2.4.5 重复性和再现性

实验室间在 1997 年进行了一次系列试验。有 15 个实验室参加,对 30 个产品进行了 3 次测试。试验结果在 EN 13823 的附录 B 中给出。

实验室在 2005 年 1 月进行了第二次系列试验[23]。有 30 个欧洲实验室参加,测试了 9 种不同结构的产品。

4.2.4.6 试验数据的相关性

根据欧洲建筑制品指令,试验方法在欧洲得到发展,欧洲委员会将试验方法分为 4 类。试验被设计为以全规模(尺寸)试验预测性能,全规模(尺寸)试验是 ISO 9705[24]规定的一个参考火情。试验数据允许 EU 成员使用,第一次使用时,有一个协调体系对建筑制品燃烧性能进行分类。

4.2.5 水平电缆梯试验

4.2.5.1 参考文献

EN 50289-4-11[25]。

4.2.5.2 目的和原理

试验方法规定了水平燃烧试验,用于测量通信电缆的火焰传播距离、光学烟密度、总热释放量、热释放速率、起燃时间和燃烧滴落物/燃烧颗粒。电缆在标准安装条件下进行试验。

引燃源是双通道甲烷气体扩散型火焰燃烧器,标准功率为 88 kW±2 kW。试验火焰延伸至试验样品一末端之上 1.37 m 处,忽略火焰的逆向蔓延。

注 1:试验装置以 NFPA 262 试验[26](UL 910)为基础,但在 EN 试验中热释放速率的测量是强制的,而在 NFPA 试验中则是可选项。

注 2:NFPA 262/UL 910 的发展状态回顾见[27]。

4.2.5.3 试验箱

试验箱长 8.9 m,内部尺寸为宽 451 mm±6 mm,高 305 mm±6 mm。底部和侧面用绝缘耐火砖砌成,顶部使用标称 50 mm 厚的无机成分材料隔热。试验箱一侧装有一排观察窗口。

注:试验箱一般是指“斯坦纳管道”。

4.2.5.4 电缆托盘梯

梯形电缆托盘用于支承开放式电缆试验样品或托盘装电缆试验样品,试验样品为长 7 300 mm±51 mm,宽 305 mm±3 mm。每个环长为 286 mm±3 mm。梯子水平安装于试验箱中心,位于试验箱底板上方约 200 mm 处。

4.2.5.5 试验样品

试验样品是长度为 7 320 mm±152 mm 的电缆,单层安装在电缆托盘梯上。电缆段平行放置,整齐排列,之间没有空隙。

4.2.5.6 试验方法

将电缆单层安装在水平梯上,放入试验箱内。用进气阀和排气管闸控制空气流动。空气流动保持在 $1.22\ m \cdot s^{-1} \pm 0.025\ m \cdot s^{-1}$。试验火焰点燃时启动数据记录系统。试验持续 20 min。

利用耗氧原理,通过测量氧气浓度、排气管中的流速和温度来测定热释放速率。在排气管中也可测量烟的光学密度。

报告的试验数据包括:最大的火焰传播距离、烟光学密度的峰值和平均值、烟释放速率、烟释放速率峰值、烟释放总量、热释放速率峰值和总的热释放量。

4.2.5.7 重复性和再现性

目前没有可利用的数据。

4.2.5.8 试验数据的相关性

本试验是比较严酷的电缆着火试验之一,用于测试夹层电缆。

注:夹层是指人工天花板上方设置的加热管、通风管或者空调管的区域,也有通信电缆和其他有效设施。

从这些试验中获得的数据可以用于评估通信电缆对总体着火危险的影响和防火工程安全的计算。

4.2.6 开放式量热法着火试验

ISO 24473[28]规定了一系列试验方法,模拟一件或一组试验物体在良好通风条件下的实际规模着火。根据可利用设备的等级,可研究不同着火规模的范围。

ISO 24473[28]给出的信息是,如何评估一个或者一组物体在使用规定引火源的条件下对火灾发展的影响。这些试验方法提供了着火所有阶段的数据,但不包括周围建筑物的反馈作用。也能根据产生的热、烟和燃烧气体,提供不同产品或组件的燃烧性能的比较数据,为数学模拟研究提供输入数据。

ISO 24473[28]适用于研究电工电子产品受外部热源影响时的状况。

参 考 文 献

[1] GB/T 14402—2007 建筑材料及制品的燃烧性能 燃烧热值的测定(IDT ISO 1716:2002)

[2] GB/T 16172—2007 建筑材料热释放速率试验方法(IDT ISO 5660-1:2002)

[3] GB/T 20284—2006 建筑材料或制品的单体燃烧试验(IDT EN 13823:2002)

[4] IEC 60695-1-10, Fire hazard testing—Part 1-10: Guidance for assessing the fire hazard of electrotechnical products—General guidance(under consideration)

[5] IEC 60695-1-11, Fire hazard testing—Part 1-11: Guidance for assessing the fire hazard of electrotechnical products—Fire hazard assessment(under consideration)

[6] ISO 1716: 2002, Reaction to fire tests for building products—Determination of the heat of combustion

[7] Council Directive 89/106/EEC of 21 December 1988, The Construction Products Directive

[8] ISO 5660-1:2002, Reaction-to-fire tests-Heat release, smoke production and mass loss rate—Part 1: Heat release rate(cone calorimeter method)

[9] ASTM E1354: Standard Test Method for Heat and Visible Smoke Release Rates for Materials and Products Using an Oxygen Consumption Calorimeter

[10] ASTM RR E05-1008: Interlaboratory Round-Robin Trials to Assess Repeatability and Reproducibility for the Cone Calorimeter. (Unpublished research report-see Appendix X2. 1 of ASTM E1354)

[11] ASTM D6113: Standard Test Method for Using a Cone Calorimeter to Determine Fire—Test Response Characteristics of Insulating Materials Contained in Electrical or Optical Fiber Cables

[12] ASTM E906: Standard Test Method for Heat and Visible Smoke Release Rate for Materials and Products

[13] U. S. Department of Transportation, Federal Aviation Regulations, FAR Sec. 25. 853—Compartment Interiors

[14] ASTM D5537-2003: Standard Test Method for Heat Release, Flame Spread, Smoke Obscuration, and Mass Loss Testing of Insulating Materials Contained in Electrical or Optical Fiber Cables When Burning in a Vertical Cable Tray Configuration

[15] UL 1685-1997: Standard for Vertical—Tray Fire—Propagation and Smoke—Release Test for Electrical and Optical—Fiber Cables

[16] EN 50399, Common test methods for cables under fire conditions—Heat release and smoke production measurement on cables during flame spread test—Apparatus, procedures, results (to be published)

[17] Fire Performance of Electrical Cables, Final report on the European Commission SMT programme sponsored research project SMT4-CT96-2059, Interscience Communications Limited 2000, ISBN 09532312 5 9.

[18] EN 50266-1, Common test methods for cables under fire conditions—Test for vertical flame spread of vertically-mounted bunched wires or cables—Part 1: Apparatus

[19] IEC 60332-3-10, Tests on electric cables under fire conditions—Part 3-10: Test for vertical flame spread of vertically-mounted bunched wires or cables—Apparatus

[20] European Commission Decision 2006/751/EC

[21] EN 13823:2002, Reaction to fire tests for building products—Building products, excluding

floorings, exposed to thermal attack by a single burning item

[22] ASTM D5424, Standard Test Method for Smoke Obscuration Testing of Insulating Materials Contained in Electrical or Optical Fiber Cables When Burning in a Vertical Configuration

[23] "SBI Second Round-Robin", Call identifier ENTR/2002/CP11: Theme No. 11/2002, 31st January 2005

[24] ISO 9705:1993, Fire tests—Full-scale room test for surface products

[25] EN 50289-4-11:2002, Communication cables-Specifications for test methods—Part 4-11: Environmental test methods. A horizontal integrated fire test method

[26] NFPA 262:2006, Standard Method of Test for Flame Travel and Smoke of Wires and Cables for Use in Air—Handling Spaces-2007 Edition

[27] Hirschler, M. M., Plenum Cable Test Method: History and Implications, Business Communications Company 10th Annual Conference on Recent Advances in Flame Retardancy of Polymeric Materials, May 20-22, 1999, Stamford, CT, Ed. M. Lewin, pp 325-349, Norwalk, CT, 1999.

[28] ISO 24473, Fire tests—Open calorimetry—Measurement of the rate of production of heat and combustion products for fires of up to 40 MW(to be published)

[29] IEC 60695(all parts), Fire hazard testing

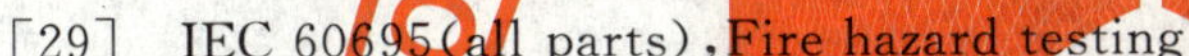

ICS 29.020
K 04

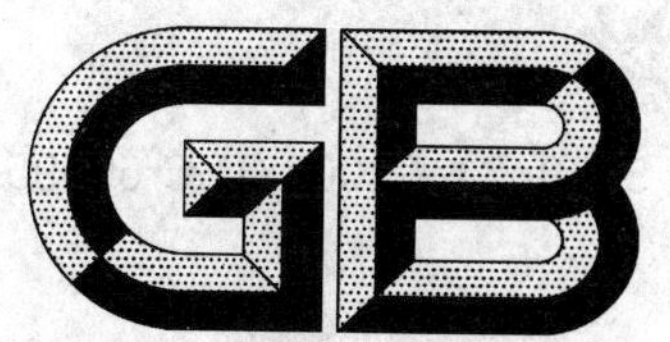

中华人民共和国国家标准

GB/T 5169.31—2008/IEC 60695-9-1:2005

电工电子产品着火危险试验 第31部分:火焰表面蔓延 总则

Fire hazard testing for electric and electronic products—Part 31: Surface spread of flame—General guidance

(IEC 60695-9-1:2005, Fire hazard testing—Part 9-1: Surface spread of flame—General guidance, IDT)

2008-12-30 发布

2009-10-01 实施

中华人民共和国国家质量监督检验检疫总局
中国国家标准化管理委员会 发布

前言

GB/T 5169《电工电子产品着火危险试验》分为以下部分：

——GB/T 5169.1—2007 电工电子产品着火危险试验 第1部分：着火试验术语(IEC 60695-4:2005,IDT)

——GB/T 5169.2—2002 电工电子产品着火危险试验 第2部分：着火危险评定导则 总则(IEC 60695-1-1:1999,IDT)

——GB/T 5169.3—2005 电工电子产品着火危险试验 第3部分：电子元件着火危险评定技术要求和试验规范制订导则(IEC 60695-1-2:1982,IDT)

——GB/T 5169.5—2008 电工电子产品着火危险试验 第5部分：试验火焰 针焰试验方法 装置、确认试验方法和导则(IEC 60695-11-5:2004,IDT)

——GB/T 5169.7—2001 电工电子产品着火危险试验 试验方法 扩散型和预混合型火焰试验方法(idt IEC 60695-2-4/0:1991)

——GB/T 5169.9—2006 电工电子产品着火危险试验 第9部分：着火危险评定导则 预选试验规程的使用(IEC 60695-1-30:2002,IDT)

——GB/T 5169.10—2006 电工电子产品着火危险试验 第10部分：灼热丝/热丝基本试验方法 灼热丝装置和通用试验方法(IEC 60695-2-10:2000,IDT)

——GB/T 5169.11—2006 电工电子产品着火危险试验 第11部分：灼热丝/热丝基本试验方法 成品的灼热丝可燃性试验方法(IEC 60695-2-11:2000,IDT)

——GB/T 5169.12—2006 电工电子产品着火危险试验 第12部分：灼热丝/热丝基本试验方法 材料的灼热丝可燃性试验方法(IEC 60695-2-12:2000,IDT)

——GB/T 5169.13—2006 电工电子产品着火危险试验 第13部分：灼热丝/热丝基本试验方法 材料的灼热丝起燃性试验方法(IEC 60695-2-13:2000,IDT)

——GB/T 5169.14—2007 电工电子产品着火危险试验 第14部分：试验火焰 1 kW 标称预混合型火焰 装置、确认试验方法和导则(IEC 60695-11-2:2003,IDT)

——GB/T 5169.15—2008 电工电子产品着火危险试验 第15部分：试验火焰 500 W 火焰 装置和确认试验方法(IEC/TS 60695-11-3:2004,IDT)

——GB/T 5169.16—2008 电工电子产品着火危险试验 第16部分：试验火焰 50 W 水平与垂直火焰试验方法(IEC 60695-11-10:2003,IDT)

——GB/T 5169.17—2008 电工电子产品着火危险试验 第17部分：试验火焰 500 W 火焰试验方法(IEC 60695-11-20:2003,IDT)

——GB/T 5169.18—2005 电工电子产品着火危险试验 第18部分：将电工电子产品的火灾中毒危险减至最小的导则 总则(IEC 60695-7-1:1993,IDT)

——GB/T 5169.19—2006 电工电子产品着火危险试验 第19部分：非正常热 模压应力释放变形试验(IEC 60695-10-3:2002,IDT)

——GB/T 5169.20—2006 电工电子产品着火危险试验 第20部分：火焰表面蔓延 试验方法概要和相关性(IEC/TS 60695-9-2:2001,IDT)

——GB/T 5169.21—2006 电工电子产品着火危险试验 第21部分：非正常热 球压试验(IEC 60695-10-2:2003,IDT)

——GB/T 5169.22—2008 电工电子产品着火危险试验 第22部分：试验火焰 50 W 火焰 装

置和确认试验方法(IEC/TS 60695-11-4:2004,IDT)

——GB/T 5169.23—2008 电工电子产品着火危险试验 第23部分:试验火焰 管形聚合材料500 W垂直火焰试验方法(IEC/TS 60695-11-21:2005,IDT)

——GB/T 5169.24—2008 电工电子产品着火危险试验 第24部分:着火危险评定导则 绝缘液体(IEC/TS 60695-1-40:2002,IDT)

——GB/T 5169.25—2008 电工电子产品着火危险试验 第25部分:烟模糊 总则(IEC 60695-6-1:2005,IDT)

——GB/T 5169.26—2008 电工电子产品着火危险试验 第26部分:烟模糊 试验方法概要和相关性(IEC/TS 60695-6-2:2005,IDT)

——GB/T 5169.27—2008 电工电子产品着火危险试验 第27部分:烟模糊 小规模静态试验方法 仪器说明(IEC/TR 60695-6-30:1996,IDT)

——GB/T 5169.28—2008 电工电子产品着火危险试验 第28部分:烟模糊 小规模静态试验方法 材料(IEC/TS 60695-6-31:1999,IDT)

——GB/T 5169.29—2008 电工电子产品着火危险试验 第29部分:热释放 总则(IEC 60695-8-1:2001,IDT)

——GB/T 5169.30—2008 电工电子产品着火危险试验 第30部分:热释放 试验方法概要和相关性(IEC/TS 60695-8-2:2000,IDT)

——GB/T 5169.31—2008 电工电子产品着火危险试验 第31部分:火焰表面蔓延 总则(IEC 60695-9-1:2006,IDT)

本部分为GB/T 5169的第31部分。

本部分等同采用IEC 60695-9-1:2005《着火危险试验 第9-1部分:火焰表面蔓延 总则》(英文版),但按GB/T 20000.2—2001《标准化工作指南 第2部分:采用国际标准的规则》中4.2b)和5.2的规定作了少量编辑性修改,删除了3.7的注和3.18的注。

本部分由全国电工电子产品着火危险试验标准化技术委员会(SAC/TC 300)提出并归口。

本部分由中国电器科学研究院负责起草,广东出入境检验检疫局检验检疫技术中心、广州威凯检测技术研究所、武汉计算机外部设备研究所、深圳市出入境检验检疫局、深圳市计量质量检测研究院、中国电子技术标准化研究所等参加起草。

本部分主要起草人:陈灵、黄成柏、陈兰娟、武政、张效忠、毕凯军、李保军、姜华、王忠义。

本部分是首次发布。

引　言

由于火灾会产生热量(热效危险)、毒性和腐蚀性气体、烟雾(非热效危险),因此对生命和财产构成严重威胁。着火危险随着燃烧区域的增大而增加,在有些情况下导致轰燃和形成完全着火。这是建筑物火灾中典型的火情。

由于火焰和外部热源产生的热量使材料表面产生热解前沿,导致在火焰前沿的前面发生超出起燃区域的火焰表面蔓延。热解前沿是材料表面热解材料和非热解材料的分界线。易燃蒸气产生于混合了空气的热解材料区域,起燃后产生火焰前沿。

火焰表面蔓延的速率是火焰前沿通过的距离除以经过该距离所用的时间。火焰表面蔓延的速率取决于这样一些因素:例如外部供给的热量,和/或超出起燃区域的燃烧材料的火焰产生的热量,及易燃程度(包括最低起燃温度、厚度、密度、比热、材料的导热率)。火焰提供的热量取决于放热率、样品方位、空气流速以及相对于火焰表面蔓延方向的气流方向。一般来说,材料表现出以下火焰表面蔓延特征之一:

a) 无传播:起燃区域之外无火焰传播;

b) 减速传播:火焰传播在到达材料表面的末端之前停止;

c) 传播:火焰传播超出起燃区域并最终覆盖了材料的整个表面。

用于描述燃烧特性中火焰表面蔓延的材料性质,与表面预热和热解、蒸气的产生、蒸气和空气的混合、起燃、混合物的燃烧、热量的产生和燃烧的产物有关。阻燃剂和表面处理应用于降低火焰表面蔓延。评估材料的火焰表面蔓延特征需要考虑的因素是:

a) 火情(表面方向、通风、起燃源等);

b) 测量方法;

c) 所得结果的使用和解释。

电工电子产品着火危险试验
第31部分:火焰表面蔓延 总则

1 范围

GB/T 5169 的本部分给出了评定电工电子产品及所用材料表面火焰蔓延的导则。

2 规范性引用文件

下列文件中的条款通过 GB/T 5169 的本部分的引用而成为本部分的条款。凡是注日期的引用文件,其随后所有的修改单(不包括勘误的内容)或修订版均不适用于本部分,然而,鼓励根据本部分达成协议的各方研究是否可使用这些文件的最新版本。凡是不注日期的引用文件,其最新版本适用于本部分。

GB/T 5169.1—2007 电工电子产品着火危险试验 第1部分:着火试验术语(IEC 60695-4:2005,IDT)

ISO/IEC 13943:2000 消防安全 术语

ISO 2592:2000 闪点和燃点测定方法 (克利夫兰开口杯法)

3 术语和定义

以下术语和定义适用于本部分。部分定义采用了 GB/T 5169.1—2007 和 ISO 2592:2000 中的定义。

3.1

燃烧 combustion

物质和氧化剂发生的放热反应。

注:通常燃烧发出伴有火焰和/或可见光的烟气。

[ISO/IEC 13943:2000,定义 23]

3.2

损坏面积 damaged area

在规定的条件下,因着火而受到永久损伤的表面积的总和。

注1:用 m^2 表示。

注2:本术语的使用者应说明所考虑的损坏类型。可包括例如:材料损失、变形、软化、熔化、炭化、燃烧、热解或化学侵蚀。

[ISO/IEC 13943:2000,定义 27]

3.3

损坏长度 damaged length

在规定的试验条件下,材料损坏面积在一规定方向的最大长度。(见燃烧长度)

注:用 m 表示。

3.4

燃烧长度 extent of combustion

在规定的试验条件下,材料因燃烧或热解而损坏的最大长度,不包括仅是变形的损坏部分。(见损坏长度)

[GB/T 5169.1—2007,定义 3.16]

3.5

着火　fire

a）以放热和生成废水废气为特征的燃烧过程，同时伴有烟雾和/或火焰和/或灼热现象；

b）在时间和空间方面均失控的快速燃烧蔓延。

[GB/T 5169.1—2007，定义 3.19]

3.6

着火危险　fire hazard

着火造成生命伤害或损失和/或财产损失的可能性。

[GB/T 5169.1—2007，定义 3.26]

3.7

燃点　fire point

在标准试验条件下，在小火焰施加至产品表面后，产品起燃且持续燃烧至规定的时间的最低温度。

3.8

火情　fire scenario

对特定场所真实火灾或大规模模拟试验，从起燃前到燃烧结束的一个或多个阶段条件（包括环境条件）的详细描述。

[GB/T 5169.1—2007，定义 3.32]

3.9

火焰（名词）　flame (noun)

通常有发光的气相燃烧区域。

[ISO/IEC 13943:2000，定义 60]

3.10

火焰前沿　flame front

在气相状态下，材料表面燃烧区域的边界。

[GB/T 5169.1—2007，定义 3.34]

3.11

阻燃（名词）　flame retardant (noun)

为了抑制或延迟火焰的出现和/或减小火焰传播（蔓延）速率，在材料中添加一种物质或对材料进行的一种处理。

注：使用阻燃剂并非必然抑制着火。

[ISO/IEC 13943:2000，定义 65]

3.12

火焰蔓延　flame spread

火焰前沿的传播。

[GB/T 5169.1—2007，定义 3.36]

3.13

轰燃　flash-over

在封闭的空间内可燃材料的整个表面突然转入着火状态。

[GB/T 5169.1—2007，定义 3.42]

3.14

闪点　flashpoint

在规定的试验条件下，产品受热产生的蒸气遇火即燃时，该产品的最低温度。

注：用℃表示。

[GB/T 5169.1—2007，定义 3.43]

3.15

完全着火　fully developed fire

可燃材料全部转化为着火的状态。

[ISO/IEC 13943:2000,定义 80]

3.16

热通量　heat flux

单位面积、单位时间内发出、传递或接收的热能的总和。

注：用 $W \cdot m^{-2}$ 表示。

[ISO/IEC 13943:2000,定义 85]

3.17

热释放速率　heat release rate

在着火或着火试验时，单位时间释放出的热能。

注：标准单位是 W。

3.18

起燃　ignition

燃烧的开始。

[ISO/IEC 13943:2000,定义 96]

3.19

引燃源　ignition source

引起燃烧的能量源。

[ISO/IEC 13943:2000,定义 97]

3.20

起燃温度(最低)　ignition temperature (minimum)

按试验方法的规定，材料或引燃源在规定的试验条件下可以开始持续燃烧时的(最低)温度。

注：起燃需要足够的可燃气体和氧化剂(空气)。维持燃烧需要足够的可燃气体产生速度。最低起燃温度包含无限长时间地施加热应力的条件。就实际用途而言，标准应规定合适的最低起燃温度。

[GB/T 5169.1—2007,定义 3.51]

3.21

热解　pyrolysis

材料受热产生的不可逆的化学分解。

[GB/T 5169.1—2007,定义 3.70]

3.22

热解前沿　pyrolysis front

材料表面热解的边界。

[GB/T 5169.1—2007,定义 3.71]

3.23

火焰表面蔓延　surface spread of flame

移开引燃源后火焰通过液体或固体表面的传播。

[ISO/IEC 13943:2000,定义 160]

3.24

火焰表面蔓延速率　surface spread of flame rate

在规定的试验条件下，单位时间火焰表面蔓延的距离。

3.25

热惯量 thermal inertia

导热系数、密度和比热的乘积。

注1：当材料暴露于热通量时，表面温度上升的速率主要取决于材料的热惯量值。材料被加热时，热惯量低的材料其表面温度迅速升高，反之亦然。

注2：标准单位是 $J^2 \cdot s^{-1} \cdot m^{-4} \cdot K^{-2}$。

4 火焰蔓延的原理

4.1 液体

液体表面的火焰表面蔓延受液体闪点和燃点的影响。闪点是液体在规定试验条件下被加热至产生的蒸气遇火即燃时的最低温度。在这种情况下，按 ISO 2592:2000(克利夫兰开口杯法)测量闪点。

注：重要的是确定试验方法，因为所描述的在开放的液体表面上的火焰蔓延，ISO 2592:2000 是适用的。另一个可选的闪点测试方法在 ISO 2719(宾斯基-马丁闭口杯法)中列明，测量在一个受限空间的闪点，且用于探测挥发性材料的微小数量，该标准被引用于绝缘液体的 IEC 标准。这种方法所测得的闪点明显低于 ISO 2592:2000 的方法。

燃点是液体不仅起燃而且将会持续燃烧的温度。火焰表面蔓延速率持续增加到液体被加热至它的闪点。当液体温度高于它的闪点时，火焰表面蔓延速率取决于气相参数，如果液体温度低于它的闪点时则取决于液相参数。气相参数包括气流、火焰和热辐射的影响。液相参数包括对流运动，表面张力和液体粘性。

4.2 固体

固体表面的火焰表面蔓延总是与外界因素(风和通风)产生气流和火焰本身所产生的气流相关。与火焰表面蔓延方向相反的气流(逆流)会降低火焰表面蔓延速率，而与火焰表面蔓延方向相同的气流(助风)会提高火焰表面蔓延速率。

对于在底部起燃的垂直试验样品，火焰向顶部移动，定义为火焰表面上蔓延。而对于在顶部起燃的垂直试验样品，火焰向底部移动，这种状况定义为火焰表面下蔓延。对于水平试验样品，火焰向起燃区域侧向移动，这种状况定义为火焰表面侧蔓延。

试验样品起燃后，如果火焰传送了充分的热通量，大部分是热传导所产生的热通量，火焰传播就会出现，热解前沿的前端将持续热解，并且将以充分的速率起燃。

热解前沿前面传递的热通量的大小取决于试验样品的热释放速率，反之，耐起燃性是试验样品的最低起燃温度和表面加热速率的函数。

表面加热速率依次是若干试验样品性质的函数：

a) 厚度；

b) 导热系数(k)；

c) 密度(ρ)；

d) 比热(c)。

就试验样品的厚度来说，表面以下的材料能够传导带走热量，因而会降低表面加热速率并提高耐起燃性。在薄的试验样品中就不会发生这种情况，因此耐起燃性较低。

k、ρ、c 的乘积为“热惯量”。如果热惯量高，例如在固态金属的状态下，表面加热的速率会相对较低，因而达到起燃温度所需要的时间也相对较长。如果热惯量低，例如一些泡沫塑料或低密度可燃材料，表面加热速率相对较高，因而达到起燃温度所需要的时间也相对较短。

在参考文献 ISO/TR 5658-1 中给出了关于固体火焰蔓延的更加详细的导则。

5 选择试验方法的考虑因素

5.1 火情

所选试验方法应与涉及的火情有关。要考虑的重要因素包括：

a) 试验样品的几何形状,包括存在的边、角或连接部位;

b) 表面的方向;

c) 火焰传播方向;

d) 气流的速度与方向;

e) 起燃源的性质与位置;

f) 任何外部热通量的大小和位置;

g) 可燃材料是固体还是液体。

5.2 引燃源

实验室试验所用的引燃源应与涉及的火情有关。电工电子设备的着火危险涉及两种引燃源：

a) 来自电工电子设备和系统内局部异常和内部过热源;

b) 来自电工电子设备和系统外部的火焰源或过热源。

5.3 试验样品的类型

试验样品可以是产品、产品部件、模拟产品(有代表性的产品的一部分)、基本材料(固体或液体),或者是几种材料的复合物。

应限制试验样品的形状、尺寸和排列的变化。

一些试验样品可能会表现出各向异性,例如挤压成形或模压成形的热塑性材料。预期的用法和安装实际情况会导致着火的双向传播,这会带来着火安全危险,例如计算机房,那些试验样品应在"x"、"y"两个方向上进行测试。

注:本建议不适用于那些特定安装在长而薄的结构里的产品,例如电缆和管道。

5.4 试验程序和装置

应适当地设计试验程序,使试验结果可用于危险分析。然而在单一的试验仅是用于质量控制或调整时,可能不必要。

试验装置应能测试实际的电工电子产品、模拟产品、材料或复合物,详见5.3。

试验装置应能将外部热源或火焰的热通量近似均衡地施加给试验样品预期发生起燃的区域。

可施加热通量的试验装置应能点燃从试验样品中释放的蒸气和空气的混合气体。电火花点火器或预混合煤气的火焰是适用的。

在良好通风条件下进行火焰表面蔓延试验时,应采用与涉及的火情相关的空气流速。

5.5 测量方法

5.5.1 直接测量

通过视觉观察火焰前沿的位置。可按时间函数记录火焰前沿的位置或简单检查符合/不符合距离标准。

5.5.2 间接测量

使用两种方法间接评定火焰蔓延速率或量值。

一种方法是记录指示材料是否已被燃烧或损坏。例如纸片、废棉或棉线。这些指示材料放置在试验样品上或靠近试验样品的规定位置。

另一种方法是记录烧焦或损坏表面的位置和/或量值。可按时间的函数测量或简单地记录是否符合/不符合距离标准和面积标准。

应该注意，直接方法和间接方法通常不会得出相同的结果。

使用这两种技术确立了火焰表面蔓延速率和蔓延长度的试验结果之间的有限相关性。

6 试验结果的应用和说明

火焰表面蔓延取决于热解、起燃和材料的燃烧特性。当材料的放热速率增加时，材料表面上的火焰表面蔓延就会增加，燃烧产物的生成也会增加。因此对于特定的火灾，火焰表面蔓延、放热速率、燃烧产物的生成、着火危险和灭火难度会同时增加。

通过测定火焰表面蔓延的速率(和相关的放热速率和燃烧产物生成速率)，可以预测电工电子产品着火时的相对危险性。这种评定是基于火焰表面蔓延越慢，可预测的危险性就越低的原则。理想的情况是火焰表面蔓延不传播或减速传播。

参 考 文 献

[1] GB/T 5169.1—2007 电工电子产品着火危险试验 第1部分:着火试验术语

[2] IEC Guide 104:1997, *The preparation of safety publications and the use of basic safety publications and group safety publications*

[3] IEC 60332-1-1:2004, Tests on electric and optical fibre cables under fire conditions—Part 1-1: Test for vertical flame propagation for a single insulated wire or cable—Apparatus

[4] IEC 60332-1-2:2004, Tests on electric and optical fibre cables under fire conditions—Part 1-2: Test for vertical flame propagation for a single insulated wire or cable—Procedure for 1 kW premixed flame

[5] IEC 60332-1-3:2004, Tests on electric and optical fibre cables under fire conditions—Part 1-3: Test for vertical flame propagation for a single insulated wire or cable—Procedure for determination of flaming droplets/particles

[6] IEC 61197:1993, Insulating liquids—Linear flame propagation—Test method using a glass-fibre tape

[7] ISO/IEC Guide 51:1999, *Safety aspects—Guidelines for their inclusion in standards*

[8] ISO/IEC 13943:2000, *Fire safety—Vocabulary*

[9] ISO 2719:2002, Determination of flash point—Pensky—Martens closed cup method

[10] ISO/TR 5658-1:1997, Reaction to fire tests—Spread of flame—Part 1: Guidance on flame spread (available in English only)

[11] Bhatnagar, S. K., Varshney, B. S., and Mohanty, B., An Appraisal of Standard Methods for Determination of Surface Spread of Flame Behavior of Materials, Fire and Materials, 16, 141, 1992

[12] Clarke, F., Hoover, J. R., Caudill, L. M., Fine, A., Parnell, A. and Butcher, G., Characterizing Fire Hazard of Unprotected Cables in Over-Ceiling Voids Used for Ventilation, Interflam 1993

[13] Interscience Communications Limited, London, (UK), 1993

[14] Drysdale, D., An Introduction to Fire Dynamics, John Wiley and Sons, New York, N. Y. (USA), Chapters 6 and 7, pp. 186-252, 1985

[15] Factory Mutual, Specification Standard for Cable Fire Propagation, Class No. 3972. Research Corporation, Norwood, MA (USA) 02062, 1989

[16] Fernandez-Pello, A. C. and Hirano, T., Controlling Mechanisms of Surface Spread of Flame, Combustion Science and Technology, 32, 1, 1983

[17] Friedman, R., Principles of Fire Protection Chemistry, Second Edition, National Fire Protection Association, Quincy, MA (USA) 1989

[18] Glassman, I., and Hansel, J. G., Some Thoughts and Experiments on Liquid Fuel Spreading, Steady Burning, and Ignitability in Quiescent Atmospheres. Fire Research Abstracts and Reviews, 10, 217-234, 1968

[19] Hilado, C. J., Flammability Test Methods Handbook, Technomic Publishing Co., Inc., Westport, Co (USA), 1973

[20] Hirschler, M. M., Comparison of Large-and Small-Scale Heat Release Tests with Electri-

cal Cables, Fire and Materials, 18, 61, 1994

[21] Quintiere, J. G. , Surface Spread of Flame, Section 2, Chapter 14, pp. 2-205 to 2-216 in SFPE Handbook of Fire Protection Engineering, National Fire Protection Association Press, Quincy, MA (USA), 1995

[22] Tewarson, A. , and Khan, M. M. , A New Standard Test for the Quantification of Fire Propagation Behavior of Electrical Cables Using Factory Mutual Research Corporations Small Scale Flammability Apparatus, Fire Technology, 28, 125, 1992

[23] Tewarson, A. , Surface Spread of Flame in Standard Tests for Electrical Cables, Technical Report J. I. 8 OM2E1. RC-2, September 1993. Factory Mutual Research Corporation, Norwood, MA (USA)

ICS 19.040
K 04

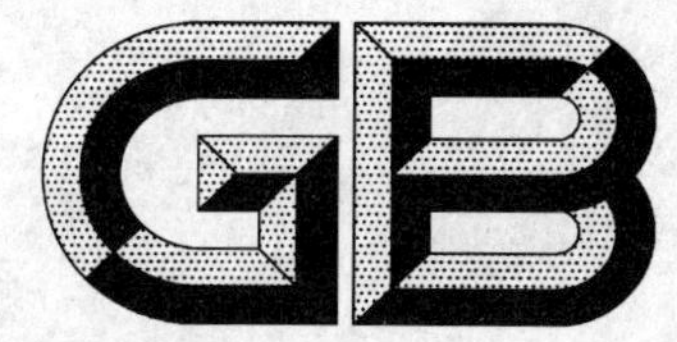

中华人民共和国国家标准

GB/T 5170.1—2008
代替 GB/T 5170.1—1995

电工电子产品环境试验设备检验方法　总则

Inspection methods for environmental testing equipments for electric and electronic products—General

2008-06-16 发布　　2009-03-01 实施

中华人民共和国国家质量监督检验检疫总局
中国国家标准化管理委员会　发布

前　言

GB/T 5170 目前包含以下几部分：

——GB/T 5170.1—2008　电工电子产品环境试验设备检验方法　总则

——GB/T 5170.2—2008　电工电子产品环境试验设备检验方法　温度试验设备

——GB/T 5170.5—2008　电工电子产品环境试验设备检验方法　湿热试验设备

——GB/T 5170.8—2008　电工电子产品环境试验设备检验方法　盐雾试验设备

——GB/T 5170.9—2008　电工电子产品环境试验设备检验方法　太阳辐射试验设备

——GB/T 5170.10—2008　电工电子产品环境试验设备检验方法　高低温低气压试验设备

——GB/T 5170.11—2008　电工电子产品环境试验设备检验方法　腐蚀气体试验设备

——GB/T 5170.13—2005　电工电子产品环境试验设备基本参数检定方法　振动(正弦)试验用机械振动台

——GB/T 5170.14—1985　电工电子产品环境试验设备基本参数检定方法　振动(正弦)试验用电动振动台

——GB/T 5170.15—2005　电工电子产品环境试验设备基本参数检定方法　振动(正弦)试验用液压振动台

——GB/T 5170.16—2005　电工电子产品环境试验设备基本参数检定方法　稳态加速度试验用离心机

——GB/T 5170.17—2005　电工电子产品环境试验设备基本参数检定方法　低温/低气压/湿热综合顺序试验设备

——GB/T 5170.18—2005　电工电子产品环境试验设备基本参数检定方法　温度/湿度组合循环试验设备

——GB/T 5170.19—2005　电工电子产品环境试验设备基本参数检定方法　温度/振动(正弦)综合试验设备

——GB/T 5170.20—2005　电工电子产品环境试验设备基本参数检定方法　水试验设备

本部分是 GB/T 5170 的第 1 部分。

本部分代替 GB/T 5170.1—1995《电工电子产品环境试验设备基本参数检定方法　总则》。

本部分与 GB/T 5170.1—1995《电工电子产品环境试验设备基本参数检定方法　总则》相比，技术内容主要有如下变化：

——标准名称“电工电子产品环境试验设备基本参数检定方法 总则”更改为“电工电子产品环境试验设备检验方法 总则”；

——增加了前言；

——所有用词“检定”更改为“检验”；

——删除了术语“指示点”；

——修改了“温度波动度”的定义和计算方法；

——修改了“温度变化速率”的定义和计算方法；

——增加了“相对湿度波动度”的定义和计算方法；

——增加了“相对湿度均匀度”的定义和计算方法；

——增加了“每 5 min 温度平均变化速率”的定义和计算方法；

——增加了“温度指示误差”的定义；

——增加了“相对湿度指示误差”的定义；
——增加了“气压指示误差”的定义；
——增加了“温度过冲”的定义；
——增加了“温度过冲量”的定义；
——增加了“相对湿度过冲”的定义；
——增加了“相对湿度过冲量”的定义；
——增加了“温度过冲恢复时间”的定义；
——增加了“相对湿度过冲恢复时间”的定义；
——删除了“光谱能量分布偏差”的定义；
——删除了“辐射强度偏差”的定义；
——删除了“试验箱(室)环境参数中值”的定义；
——删除了“试验箱(室)的调整值”的定义；
——删除了“试验箱(室)指示仪表修正值”的定义；
——增加了“谐波失真度”的定义；
——增加了“振动幅值均匀性”的定义；
——增加了“横向振动比”的定义；
——检验负载改为空载；
——检验仪器的要求更改为使用的测量系统其测量结果的扩展不确定度($k=2$)不大于被测参数允许偏差的三分之一；
——删除了“试验箱(室)的调整及修正”部分。

本部分由全国电工电子产品环境条件与环境试验标准化技术委员会(SAC/TC 8)提出并归口。

本部分起草单位:信息产业部电子第五研究所。

本部分主要起草人:伍伟雄、肖建红、谢晨浩、郑术力、蔡锦文、张孝华、罗军、薛秀美、乔新愚。

本部分所代替标准的历次版本发布情况为:

——GB/T 5170.1—1985;
——GB/T 5170.1—1995。

电工电子产品环境试验设备检验方法　总则

1　范围

GB/T 5170 的本部分规定了环境试验设备(以下简称“设备”)检验所用术语和定义、检验条件、检验仪器、检验周期、检验负载、设备的外观和安全、检验记录表、检验结果处理等要求。

本部分适用于电工电子产品进行环境试验所用设备的检验,其他产品进行环境试验所用设备的检验亦可参照使用。

2　规范性引用文件

下列文件中的条款通过 GB/T 5170 的本部分的引用而成为本部分的条款。凡是注日期的引用文件,其随后所有的修改单(不包括勘误的内容)或修订版均不适用于本部分,然而,鼓励根据本部分达成协议的各方研究是否可使用这些文件的最新版本。凡是不注日期的引用文件,其最新版本适用于本部分。

GB/T 2421　电工电子产品环境试验　第 1 部分:总则(GB/T 2421—1999, idt IEC 60068-1:1988)

3　术语和定义

GB/T 2421 所确立的以及下列术语和定义适用于本部分。

3.1　通用术语

3.1.1

环境条件　environmental condition

产品所经受的周围物理、化学和生物的条件。

3.1.2

环境参数　environmental parameters

表征环境条件的一个或几个物理、化学和生物的特性参数。

3.1.3

综合试验设备　combined testing equipments

能同时模拟两种或多种环境参数试验的设备。

3.1.4

组合试验设备　composite testing equipments

能依次连续模拟两种或多种环境参数试验的设备。

3.1.5

标称值　no minal value

当检验环境试验设备时,按试验方法要求所规定的环境参数值或按需要预先确定的环境参数值。

3.1.6

特定负载　specified load

利用试验设备进行环境试验的样品。

3.1.7

模拟负载　simulation load

根据有关标准规定制造的负载。

注：应考虑质量、几何尺寸、迎风面积及热容量等因素。

3.2　气候环境试验设备术语

3.2.1

试验设备容积　testing equipment volume

试验箱(室)内壁所限定空间的实际容积，用 m^3 表示。

3.2.2

工作空间　working space

试验箱(室)中能将规定的试验条件保持在规定偏差范围内的那部分空间。

3.2.3

试验箱(室)稳定状态　steady state of test chamber

试验箱(室)工作空间内任意点的自身变化量达到设备本身性能指标要求时的状态。

3.2.4

温度偏差　temperature deviation

试验箱(室)稳定状态下，工作空间各测量点在规定时间内实测最高温度和最低温度与标称温度的上下偏差。计算公式如下：

$$\Delta T_{max} = T_{max} - T_N \quad\cdots\cdots(1)$$

$$\Delta T_{min} = T_{min} - T_N \quad\cdots\cdots(2)$$

式中：

ΔT_{max}——温度上偏差，单位为摄氏度(℃)；

ΔT_{min}——温度下偏差，单位为摄氏度(℃)；

T_{max}——规定时间内实测最高温度，单位为摄氏度(℃)；

T_{min}——规定时间内实测最低温度，单位为摄氏度(℃)；

T_N——标称温度，单位为摄氏度(℃)。

3.2.5

相对湿度偏差　relative humidity deviation

试验箱(室)稳定状态下，工作空间各测量点在规定时间内实测最高相对湿度和最低相对湿度与标称相对湿度的上下偏差。计算公式如下：

$$\Delta H_{max} = H_{max} - H_N \quad\cdots\cdots(3)$$

$$\Delta H_{min} = H_{min} - H_N \quad\cdots\cdots(4)$$

式中：

ΔH_{max}——相对湿度上偏差，%RH；

ΔH_{min}——相对湿度下偏差，%RH；

H_{max}——规定时间内实测最高相对湿度，%RH；

H_{min}——规定时间内实测最低相对湿度，%RH；

H_N——标称相对湿度，%RH。

3.2.6

温度波动度　temperature fluctuation

试验箱(室)稳定状态下，在规定的时间间隔内，工作空间内任意一点温度随时间的变化量。计算公式如下：

$$\Delta T_j = T_{jmax} - T_{jmin} \quad\cdots\cdots(5)$$

式中：

ΔT_j——工作空间第 j 点在规定的时间间隔内的温度波动度，单位为摄氏度(℃)；

$T_{j\max}$——工作空间第 j 点在规定的时间间隔内的实测最高温度，单位为摄氏度(℃)；

$T_{j\min}$——工作空间第 j 点在规定的时间间隔内的实测最低温度，单位为摄氏度(℃)。

3.2.7

相对湿度波动度　relative humidity fluctuation

试验箱(室)稳定状态下，在规定的时间间隔内，工作空间内任意一点相对湿度随时间的变化量。计算公式如式下：

$$\Delta H_j = H_{j\max} - H_{j\min} \qquad \cdots\cdots(6)$$

式中：

ΔH_j——工作空间第 j 点在规定的时间间隔内的相对湿度波动度，%RH；

$H_{j\max}$——工作空间第 j 点在规定的时间间隔内的实测最高相对湿度，%RH；

$H_{j\min}$——工作空间第 j 点在规定的时间间隔内的实测最低相对湿度，%RH。

3.2.8

温度均匀度　temperature uniformity

试验箱(室)稳定状态下，工作空间在某一瞬时任意两点温度之间的最大差值。

计算方法：稳定状态下，工作空间各测量点在 30 min 内(每 1 min 测量一次)每次测量中实测最高温度与最低温度之差的算术平均值，计算公式如下：

$$\Delta T_u = \left[\sum_{j=1}^{30}(T_{j\max} - T_{j\min})\right]/30 \qquad \cdots\cdots(7)$$

式中：

ΔT_u——温度均匀度，单位为摄氏度(℃)；

$T_{j\max}$——各测量点在第 j 次测量中的实测最高温度，单位为摄氏度(℃)；

$T_{j\min}$——各测量点在第 j 次测量中的实测最低温度，单位为摄氏度(℃)。

3.2.9

相对湿度均匀度　relative humidity uniformity

试验箱(室)稳定状态下，工作空间在某一瞬时任意两点相对湿度之间的最大差值。

计算方法：稳定状态下，工作空间各测量点在 30 min 内(每 1 min 测量一次)每次测量中实测最高相对湿度与最低相对湿度之差的算术平均值，计算公式如下：

$$\Delta H_u = \left[\sum_{j=1}^{30}(H_{j\max} - H_{j\min})\right]/30 \qquad \cdots\cdots(8)$$

式中：

ΔH_u——相对湿度均匀度，%RH；

$H_{j\max}$——各测量点在第 j 次测量中的实测最高相对湿度，%RH；

$H_{j\min}$——各测量点在第 j 次测量中的实测最低相对湿度，%RH。

3.2.10

温度变化速率　temperature variation rate

试验箱(室)工作空间几何中心点测得的两个规定温度之间的转变速率，用℃/min 表示。计算公式如下：

$$V_T = \frac{(T_2 - T_1) \times 80\%}{t} \qquad \cdots\cdots(9)$$

式中：

V_T——温度变化速率，单位为摄氏度每分钟(℃/min)；

T_2——最高规定温度,单位为摄氏度(℃);

T_1——最低规定温度,单位为摄氏度(℃);

t——温度从规定温度范围的10%上升(下降)到90%的时间,单位为分钟(min)。

3.2.11

每5 min温度平均变化速率　temperature average variation rate of per 5 minute

试验箱(室)工作空间几何中心点测得的两个规定温度之间每5 min的平均转变速率,用℃/min表示。计算公式如下:

$$V_T = |\Delta T| / 5 \quad \cdots\cdots(10)$$

式中:

V_T——每5 min温度平均变化速率,单位为摄氏度每分钟(℃/min);

ΔT——每5 min的温度变化量,单位为摄氏度(℃)。

3.2.12

气压偏差　air pressure deviation

试验箱(室)稳定状态下,工作空间测量点在规定时间内实测最高气压和最低气压与标称气压的上下偏差。计算公式如下:

$$\Delta P_{max} = P_{max} - P_N \quad \cdots\cdots(11)$$

$$\Delta P_{min} = P_{min} - P_N \quad \cdots\cdots(12)$$

式中:

ΔP_{max}——气压上偏差,单位为千帕(kPa);

ΔP_{min}——气压下偏差,单位为千帕(kPa);

P_{max}——规定时间内实测最高气压,单位为千帕(kPa);

P_{min}——规定时间内实测最低气压,单位为千帕(kPa);

P_N——标称气压,单位为千帕(kPa)。

3.2.13

气压变化速率　air pressure variation rate

试验箱(室)工作空间测量点测得的两个规定气压之间的转变速率,用kPa/min表示。计算公式如下:

$$V_p = \frac{(P_2 - P_1)}{t} \quad \cdots\cdots(13)$$

式中:

V_p——气压变化速率,单位为千帕每分钟(kPa/min);

P_2——最高规定气压值,单位为千帕(kPa);

P_1——最低规定气压值,单位为千帕(kPa);

t——升压或降压时间,单位为每分钟(min)。

3.2.14

温度恢复时间　temperature recovery time

在规定的温度下达到稳定状态后,工作空间温度从置入负载起到恢复原稳定状态所需要的时间。

3.2.15

温度过冲　temperature over

设备升温或降温至规定温度时,工作空间实际温度超出规定温度允许偏差范围。

3.2.16

温度过冲量　temperature overshoot

设备升温或降温至规定温度时,工作空间实际温度超出规定温度允许偏差范围的量。

3.2.17

温度过冲恢复时间　recovery time of temperature over

温度过冲超出规定温度允许偏差范围到开始稳定在规定温度允许偏差范围的时间。

3.2.18

相对湿度过冲　relative humidity over

设备在加湿或减湿至规定相对湿度时,工作空间实际相对湿度超出规定相对湿度允许偏差范围。

3.2.19

相对湿度过冲量　relative humidity overshoot

设备在加湿或减湿至规定相对湿度时,工作空间实际相对湿度超出规定相对湿度允许偏差范围的量。

3.2.20

相对湿度过冲恢复时间　recovery time of relative humidity over

相对湿度过冲超出规定相对湿度允许偏差范围到开始稳定在规定相对湿度允许偏差范围的时间。

3.2.21

温度指示误差　temperature indication error

试验箱(室)温度指示值与工作空间实际温度值之差。

3.2.22

相对湿度指示误差　relative humidity indication error

试验箱(室)相对湿度指示值与工作空间实际相对湿度值之差。

3.2.23

气压指示误差　air pressure indication error

试验箱(室)气压指示值与工作空间实际气压值之差。

3.2.24

盐雾沉降率　salt fog sedimentation rate

试验箱(室)工作空间的盐雾在规定面积上单位时间的自由沉降量,用 mL/(h·80 cm^2)表示。

3.3　机械环境试验设备术语

3.3.1

频率范围　frequency range

振动台能满足规定技术指标的工作频率区间。

3.3.2

频率指示误差　frequency indication error

振动台频率指示值与实际值之差。

3.3.3

频率稳定度　frequency stability

振动台定频振动时频率维持不变的能力,用规定时间内频率的变化量表示。

3.3.4

扫频速率误差　sweep rate error

振动台扫频振动时,设定的扫频速率与实际扫频速率(oct/min)之差,用百分数表示。

3.3.5

振幅指示误差　amplitude indication error

振动台振幅指示值与实际值之差。

3.3.6

定振精度　constant vibration accuracy

振动台扫频振动时，振幅在频率坐标上维持不变的能力，用控制点振幅实际值相对于设定值的偏差分贝(dB)数表示，按式(14)计算：

$$N = 20\lg(a_1/a_0) \qquad \cdots\cdots(14)$$

式中：

N——定振精度，单位为分贝(dB)；

a_1——同次扫频振动中控制点振幅的实际值；

a_0——同次扫频振动中控制点振幅的设定值。

3.3.7

本底噪声加速度　ground noise acceleration

振动台处于空载工作状态，设定振幅为最小(电动振动台输入激振信号为零)时，台面中心点噪声加速度的真有效值。

3.3.8

台面漏磁　table magnetic leakage

电动振动台系统励磁装置处于工作状态，工作台面上方规定高度平面上漏磁场最大值。

3.3.9

辐射噪声最大声级　the maximum sound level of radiation noise

在规定的频率范围内，振动台以最大振幅振动时在规定位置辐射噪声的最大声级。

3.3.10

安装计算半径　mounting calculation radius

安装在离心式稳态加速度试验机上的试验样品，其稳态加速度值等于规定值处的回转半径。

3.3.11

转速稳定度　rotation rate stability

在离心式稳态加速度试验机进行规定加速度试验时，工作台转速维持不变的能力，用规定时间内转速变化量的百分数表示。

3.3.12

谐波失真度　harmonic distortion

正弦振动波形失真度，以各次谐波幅值的平方和的均方根值与基波幅值之百分比表示，用于计算失真度的谐波信号至少应包含至第五次谐波。

3.3.13

振动幅值均匀性　vibration amplitude uniformity

振动台台面各安装点振动幅值与台面中心点振动幅值之差值的绝对值，与台面中心点振动幅值之百分比，其最大值为台面振动幅值均匀性。

3.3.14

横向振动比　transverse vibration ratio

垂直于主振方向且互相垂直的两个方向的振动幅值之平方和的均方根值，与主振方向振动幅值之百分比。

4　检验条件

4.1　气候条件

a)　温度：15 ℃～35 ℃；

b)　相对湿度：不大于 85％RH；

c) 气压：80 kPa～106 kPa。

注：对大型设备或基于某种原因，设备不能在上述条件下进行检验时，应把实际气候条件记录在检验报告中。当有关标准要求严格控制环境条件时，应在该标准中另行规定。

4.2 电源条件

符合设备相关的电源要求。

4.3 用水条件

符合设备相关的用水要求。

4.4 其他条件

a) 设备周围无强烈冲击、振动、电磁场及腐蚀性气体存在；

b) 设备应避免阳光直射或其他冷热源影响。

5 检验仪器

5.1 使用的测量系统其测量结果的扩展不确定度($k=2$)不大于被测参数允许偏差的1/3。

5.2 二次仪表与一次仪表应一同校验。

6 检验周期

6.1 正常使用的设备，最长不超过一年应进行一次检验。

6.2 对设备的重要部位(指对设备性能有直接影响的部位)维修或更换后，应进行检验合格后方可使用。

6.3 设备在安装调试之后或启封重新使用之前均应进行检验。

7 检验负载

检验设备一般在空载条件下进行，如在负载条件下检验，应在检验报告中说明。气候环境试验设备的检验负载应满足以下条件：

a) 负载的总质量在每立方米工作空间容积内放置不超过80 kg；

b) 负载的总体积不大于工作空间容积的1/5；

c) 在垂直于主导风向的任意截面上，负载面积之和应不大于该处工作空间截面积的1/3，负载放置时不可阻塞气流的流动。

机械环境试验设备的检验负载应在相应的设备检验方法中具体规定。

注：新设备检验时，检验负载的具体选择也可由设备供需双方协商解决。

8 对受检设备的外观和安全要求

8.1 受检设备的名称、型号、主要性能指标、生产厂、设备编号、制造年月均应有明确的标记。

8.2 受检设备的控制仪表、设定仪表和指示仪表等均不应有明显影响性能的缺陷。

8.3 受检设备的各种安全报警保护装置应工作正常。

9 检验记录表

设备进行检验时，各种检验项目均应填写检验记录表。检验记录表上应填写受检单位、受检设备的名称、型号、设备编号、生产厂、检验仪器的名称、型号、检验环境条件、检验参数标称值、设备仪表设定值及指示值，检验原始数据、检验结果、检验日期和检验人员签名等内容。

10 检验结果的处理

10.1 受检设备合格与否的判定

检验结果符合有关标准规定，则判为“合格”，否则为“不合格”。

10.2 特殊情况处理

当受检设备的个别参数或个别测量点，其检验结果不能满足技术指标的要求且与测量点的位置有关时，按以下办法处理：允许适当缩小受检设备的工作空间，缩小后的工作空间应满足全部技术指标要求，但在检验报告中必须给出限制性说明。

10.3 检验报告

检验报告分为“封面”及“内容”两部分。

10.3.1 检验报告封面

检验报告的封面应包括以下信息：

a) 报告号；

b) 受检设备名称、型号、生产厂、设备编号；

c) 明确的结论；

d) 检验、核验、批准人员签字；

e) 检验单位公章；

f) 检验日期、有效日期。

10.3.2 检验报告内容

检验报告内容应包括标称值、设定值、设备仪表指示值、各测量点测量数据、结果和必要的检验说明等。根据需要，检验报告内容还应包括检验用仪表名称、型号以及检验标准依据等。

10.4 检验标志

检验结果采用“合格”、“限用”、“停用”三种标志。检验标志应贴在受检设备显著的位置上。

ICS 19.040
K 04

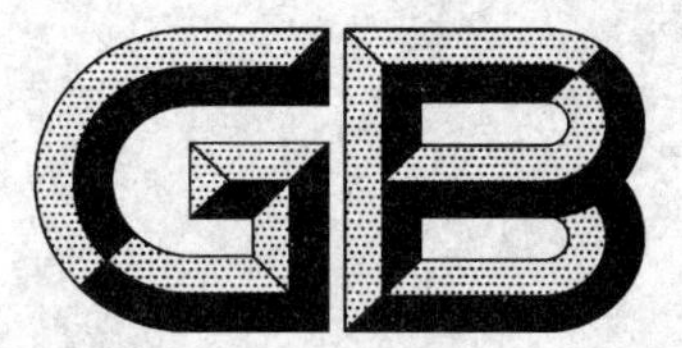

中华人民共和国国家标准

GB/T 5170.2—2008
代替 GB/T 5170.2—1996

电工电子产品环境试验设备检验方法 温度试验设备

Inspection methods for environmental testing equipments for electric and electronic products—Temperature testing equipments

2008-06-16 发布

2009-03-01 实施

中华人民共和国国家质量监督检验检疫总局
中国国家标准化管理委员会 发布

前 言

GB/T 5170目前包含以下几部分：

——GB/T 5170.1—2008 电工电子产品环境试验设备检验方法 总则

——GB/T 5170.2—2008 电工电子产品环境试验设备检验方法 温度试验设备

——GB/T 5170.5—2008 电工电子产品环境试验设备检验方法 湿热试验设备

——GB/T 5170.8—2008 电工电子产品环境试验设备检验方法 盐雾试验设备

——GB/T 5170.9—2008 电工电子产品环境试验设备检验方法 太阳辐射试验设备

——GB/T 5170.10—2008 电工电子产品环境试验设备检验方法 高低温低气压试验设备

——GB/T 5170.11—2008 电工电子产品环境试验设备检验方法 腐蚀气体试验设备

——GB/T 5170.13—2005 电工电子产品环境试验设备基本参数检定方法 振动(正弦)试验用机械振动台

——GB/T 5170.14—1985 电工电子产品环境试验设备基本参数检定方法 振动(正弦)试验用电动振动台

——GB/T 5170.15—2005 电工电子产品环境试验设备基本参数检定方法 振动(正弦)试验用液压振动台

——GB/T 5170.16—2005 电工电子产品环境试验设备基本参数检定方法 稳态加速度试验用离心机

——GB/T 5170.17—2005 电工电子产品环境试验设备基本参数检定方法 低温/低气压/湿热综合顺序试验设备

——GB/T 5170.18—2005 电工电子产品环境试验设备基本参数检定方法 温度/湿度组合循环试验设备

——GB/T 5170.19—2005 电工电子产品环境试验设备基本参数检定方法 温度/振动(正弦)综合试验设备

——GB/T 5170.20—2005 电工电子产品环境试验设备基本参数检定方法 水试验设备

本部分是GB/T 5170的第2部分。

本部分代替GB/T 5170.2—1996。与GB/T 5170.2—1996相比，技术内容主要有如下变化：

——标准名称“电工电子产品环境试验设备基本参数检定方法 温度试验设备”更改为“电工电子产品环境试验设备检验方法 温度试验设备”；

——所有用词“检定”更改为“检验”；

——增加了“术语和定义”一章；

——增加了“温度波动度”检验项目；

——增加了“温度均匀度”检验项目；

——增加了“每5 min温度平均变化速率”检验项目；

——增加了“温度指示误差”检验项目；

——增加了“温度过冲量”检验项目；

——增加了“温度过冲恢复时间”检验项目；

——增加了“噪声”检验项目；

——删除了“相对湿度”检验项目；

——在“检验用主要仪器及要求”一章中，给出了温度测量系统其测量结果的扩展不确定度($k=2$)

的要求；

——增加了“检验负载”一章；

——修改了“温度变化速率”的计算方法；

——测量数据记录改为每一分钟记录一次数据；

——删除了“检定过程中的处理”部分；

——附录 A“测量记录表格示例”更改为“检验项目的选择”；

——删除了附录 B“温度波动度、温度均匀度检定方法”。

附录 A 为规范性附录。

本部分由全国电工电子产品环境条件与环境试验标准化技术委员会(SAC/TC 8)提出并归口。

本部分起草单位：信息产业部电子第五研究所。

本部分主要起草人：伍伟雄、谢晨浩、蔡锦文、张孝华、罗军、薛秀美、孔玉梅、梁为旺、罗国良。

本部分所代替标准的历次版本发布情况为：

——GB/T 5170.2—1985，GB/T 5170.3—1985，GB/T 5170.4—1985；

——GB/T 5170.2—1996。

电工电子产品环境试验设备检验方法 温度试验设备

1 范围

GB/T 5170 的本部分规定了温度(含低温、高温和温度变化)试验设备的检验项目、检验用主要仪器及要求、检验负载、检验条件、检验方法、数据处理结果与检验结果、检验周期等内容。

本部分适用于对 GB/T 2423.1《电工电子产品环境试验　第 2 部分:试验方法　试验 A:低温》、GB/T 2423.2《电工电子产品环境试验　第 2 部分:试验方法　试验 B:高温》和 GB/T 2423.22《电工电子产品环境试验　第 2 部分:试验方法　试验 N:温度变化》所用试验设备的首次检验/验收检验和周期检验。

本部分也适用于类似试验设备的检验。

2 规范性引用文件

下列文件中的条款通过 GB/T 5170 的本部分的引用而成为本部分的条款。凡是注日期的引用文件,其随后所有的修改单(不包括勘误的内容)或修订版均不适用于本部分,然而,鼓励根据本部分达成协议的各方研究是否可使用这些文件的最新版本。凡是不注日期的引用文件,其最新版本适用于本部分。

GB/T 2423.1　电工电子产品环境试验　第 2 部分:试验方法　试验 A:低温(GB/T 2423.1—2001,idt IEC 60068-2-1:1990)

GB/T 2423.2　电工电子产品环境试验　第 2 部分:试验方法　试验 B:高温(GB/T 2423.2—2001,idt IEC 60068-2-2:1974)

GB/T 2423.22　电工电子产品环境试验　第 2 部分:试验方法　试验 N:温度变化(GB/T 2423.22—2002,IEC 60068-2-14:1984,IDT)

GB/T 2424.5　电工电子产品环境试验　温度试验箱性能确认(GB/T 2424.5—2006,IEC 60068-3-5:2001,IDT)

GB/T 5170.1—2008　电工电子产品环境试验设备检验方法　总则

GB/T 16839.1　热电偶　第 1 部分:分度表(GB/T 16839.1—1997,idt IEC 60584-1:1995)

IEC 60751　工业铂电阻敏感元件

3 术语和定义

本部分采用 GB/T 5170.1—2008 规定的术语和定义。

4 检验项目

本部分的检验项目如下:

——温度偏差;

——温度波动度;

——温度均匀度;

——风速;

——温度变化速率;

——每 5 min 温度平均变化速率；

——温度恢复时间；

——温度指示误差；

——温度过冲量；

——温度过冲恢复时间；

——噪声。

5 检验用主要仪器及要求

5.1 温度测量仪器

采用由铂电阻、热电偶传感器及二次仪表组成的温度测量系统，其测量结果的扩展不确定度（$k=2$）不大于被检温度允许偏差的 1/3。

铂电阻传感器应符合 IEC 60751 的等级 A，热电偶传感器应符合 GB/T 16839.1。

传感器在空气中的 50％响应时间应在 10 s～40 s 之间，温度测量系统的响应时间应小于 40 s。

当测量温度变化速率时，温度测量系统的响应时间应小于 5 s。

5.2 风速测量仪器

采用各种风速仪，其感应量不大于 0.05 m/s。

5.3 噪声测量仪器

带 A 计权网络的声级计，其测量结果的扩展不确定度（$k=2$）不大于 1 dB。

6 检验负载

按 GB/T 5170.1—2008 第 7 章的规定（或按有关标准的规定）。

7 检验条件

7.1 受检试验设备在检验时的气候条件、电源条件、用水条件和其他条件应符合 GB/T 5170.1—2008 第 4 章的规定。

7.2 受检试验设备的外观和安全要求应符合 GB/T 5170.1—2008 第 8 章的规定。

8 检验方法

8.1 测量点数量及位置

8.1.1 温度偏差、温度波动度、温度均匀度、温度指示误差、风速的测量点数量及位置

8.1.1.1 根据试验设备容积的大小，将工作空间分为上、中、下三层，中层通过工作空间几何中心点。将一定数量的温度传感器布放在其中规定的位置上，传感器不应受冷热源的直接辐射。

8.1.1.2 测量点分别位于上、中、下三层。

8.1.1.3 温度测量点用英文字母 O、A、B、C、D、E、F、G、H、J、K、L、M、N、U 表示。

8.1.1.4 测量点 O 为设备工作空间的几何中心点，其他各测量点的位置与设备内壁的距离为工作室各自边长的 1/10（遇有风道时，是指与送风口和回风口的距离），但最大距离不大于 500 mm，最小距离不小于 50 mm。如果设备带有样品架或样品车时，下层测量点可布放在样品架或样品车上方 10 mm 处。

8.1.1.5 风速测量点与温度测量点的数量与布放位置完全相同。

8.1.1.6 试验设备容积小于或等于 2 m^3 时，温度测量点为 9 个，布放位置如图 1 所示。

8.1.1.7 试验设备容积大于 2 m^3 时，温度测量点为 15 个，布放位置如图 2 所示。

8.1.1.8 当试验设备容积小于 0.05 m^3 或大于 50 m^3 时，可适当减少或增加测量点。

8.1.1.9 根据试验和检验的需要，可在试验设备工作空间增加对疑点的测量。

8.1.2 **温度变化速率、每 5 min 温度平均变化速率、温度过冲量、温度过冲恢复时间的测量点位置**

测量点规定为设备工作空间的几何中心点。

8.1.3 **温度恢复时间的测量点位置**

测量点规定为设备的控制点。

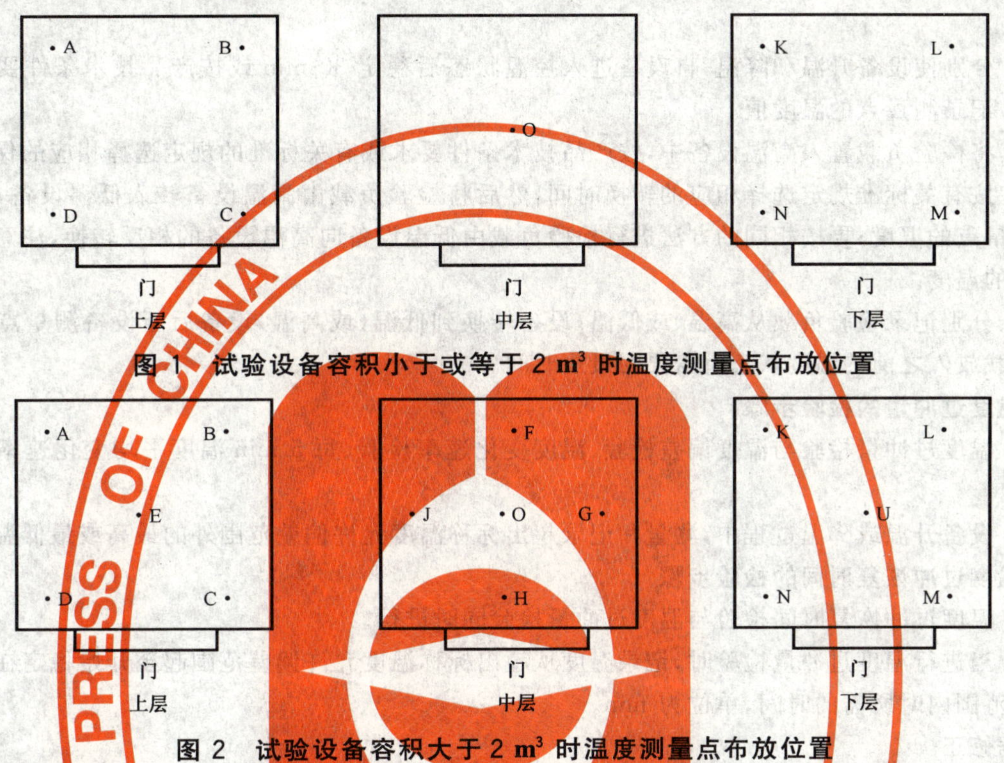

图 1 试验设备容积小于或等于 2 m^3 时温度测量点布放位置

图 2 试验设备容积大于 2 m^3 时温度测量点布放位置

8.2 **检验步骤**

8.2.1 **温度偏差、温度波动度、温度均匀度、温度指示误差的检验步骤**

8.2.1.1 选择检验的温度标称值

在试验设备温度可调范围内，一般选取 GB/T 2423.1 和 GB/T 2423.2 标准中规定的有代表性的温度标称值。

低温：−65℃，−55℃，−40℃，−25℃，−10℃，−5℃等。

高温：+30℃，+40℃，+55℃，+70℃，+85℃，+100℃，+125℃，+155℃，+175℃，+200℃等。

根据试验和检验的需要，亦可选取其他温度标称值。

8.2.1.2 按规定位置安装温度测量传感器，把试验设备的温度控制器调节到所要求的标称温度上。

8.2.1.3 使试验设备降温或升温，自设备进入控温状态后稳定 30 min(稳定时间最长不超过 2 h)，开始记录各测量点的温度和设备指示温度，每隔 1 min 记录一次，在 30 min 内共记录 30 次。

注：当设备控制器的温度示值达到设定值偏差带时起，可视为进入控温状态。

8.2.2 **风速的检验步骤**

8.2.2.1 本测量在空载和室温条件下进行。

8.2.2.2 将风速计的传感器置于各测量点，测量每点的风速，取其最大值作为该测量点的风速。

8.2.3 **温度变化速率的检验步骤**

8.2.3.1 把试验设备调节到要求温度上，自设备进入控温状态后稳定 30 min。

8.2.3.2 把试验设备调节到另一要求温度上，记录测量点的温度从温度范围的 10%上升(下降)到 90%所需的时间。

8.2.4 **每 5 min 温度平均变化速率的检验步骤**

8.2.4.1 把试验设备调节到要求温度上，自设备进入控温状态后稳定 30 min。

8.2.4.2 按要求的变化速率使试验设备升温或降温至另一要求温度，在升降温过程中，每 1 min 测量一次测量点的温度。

8.2.5 **温度恢复时间的检验步骤**

8.2.5.1 按规定位置安装温度测量传感器，将高温和低温设备的温度控制器分别调节到所要求的标称温度上。

8.2.5.2 分别使设备升温和降温，自设备进入控温状态后稳定 30 min 或按产品技术条件要求稳定相应的时间，记录测量点的温度值。

8.2.5.3 将检验负载置入高温设备中，按产品技术条件要求或有关标准的规定选择相应的保持时间。

8.2.5.4 按有关标准规定选择相应的转换时间，然后将检验负载由高温设备转入低温设备，注意观察和记录测量点的温度；再按相同的方法进行检验负载由低温设备向高温设备的相反转换，注意观察和记录测量点的温度。

8.2.5.5 分别记录检验负载从高温(或低温)设备转换到低温(或高温)设备后至设备测量点温度恢复到检验负载放入之前的温度状态所需要的最短时间。

8.2.6 **温度过冲量的检验步骤**

8.2.6.1 温度过冲量检验与温度偏差检验、温度变化速率检验、每 5 min 温度平均变化速率检验同时进行。

8.2.6.2 设备升温或降温过程中，测量和记录超出标称温度允许偏差范围外的最高或最低温度值。

8.2.7 **温度过冲恢复时间的检验步骤**

8.2.7.1 温度过冲恢复时间检验与温度过冲量检验同时进行。

8.2.7.2 当进行温度过冲量检验时，记录温度从超出标称温度允许偏差范围起至开始稳定在标称温度允许偏差范围内时所需的时间，单位为 min。

8.3 **数据修正**

对所记录的全部测量数据，按测量系统的修正值进行修正。

8.4 **计算方法**

8.4.1 **温度偏差的计算方法**

对 8.2.1.3 记录的数据，按下式计算温度偏差：

$$\Delta T_{\max} = T_{\max} - T_{\mathrm{N}} \quad \cdots\cdots(1)$$

$$\Delta T_{\min} = T_{\min} - T_{\mathrm{N}} \quad \cdots\cdots(2)$$

式中：

$\Delta T_{\max}$——温度上偏差，单位为摄氏度(℃)；

$\Delta T_{\min}$——温度下偏差，单位为摄氏度(℃)；

$T_{\max}$——各测量点在 30 min 内的实测最高温度值，单位为摄氏度(℃)；

$T_{\min}$——各测量点在 30 min 内的实测最低温度值，单位为摄氏度(℃)；

T_{N}——标称温度值，单位为摄氏度(℃)。

8.4.2 **温度波动度的计算方法**

对 8.2.1.3 记录的数据，按下式计算温度波动度：

$$\Delta T_j = T_{j\max} - T_{j\min} \quad \cdots\cdots(3)$$

式中：

ΔT_j——试验设备工作空间第 j 点温度波动度，单位为摄氏度(℃)；

$T_{j\max}$——试验设备工作空间第 j 点在 30 min 内的实测最高温度值，单位为摄氏度(℃)；

$T_{j\min}$——试验设备工作空间第 j 点在 30 min 内的实测最低温度值，单位为摄氏度(℃)。

取 ΔT_j 的最大值为设备的温度波动度。

8.4.3 温度均匀度的计算方法

对 8.2.1.3 记录的数据，按下式计算温度均匀度：

$$\Delta T_u = \left[\sum_{j=1}^{30}(T_{j\max} - T_{j\min})\right]/30 \qquad \cdots\cdots(4)$$

式中：

ΔT_u——温度均匀度，单位为摄氏度(℃)；

$T_{j\max}$——各测量点在第 j 次测量中的实测最高温度值，单位为摄氏度(℃)；

$T_{j\min}$——各测量点在第 j 次测量中的实测最低温度值，单位为摄氏度(℃)。

8.4.4 温度指示误差的计算方法

对 8.2.1.3 记录的数据，按下式计算温度指示误差：

$$T_O = \frac{1}{M \times N}\sum_{i=1}^{N}\sum_{j=1}^{M} T_{ij} \qquad \cdots\cdots(5)$$

$$T_D = \frac{1}{N}\sum_{j=1}^{N} T_j \qquad \cdots\cdots(6)$$

$$\Delta T_D = T_D - T_O \qquad \cdots\cdots(7)$$

式中：

M——设备工作空间的测量点数；

N——测量次数；

T_{ij}——设备工作空间第 j 点第 i 次的温度测量值，单位为摄氏度(℃)；

T_j——设备第 j 次指示温度值，单位为摄氏度(℃)；

T_O——设备工作空间全部测量点的温度测量平均值，单位为摄氏度(℃)；

T_D——设备指示温度的平均值，单位为摄氏度(℃)；

ΔT_D——温度指示误差，单位为摄氏度(℃)。

8.4.5 风速的计算方法

对 8.2.2.2 记录的数据，按下式计算风速：

$$v = \sum_{i=1}^{n} v_i / n \qquad \cdots\cdots(8)$$

式中：

v——试验设备工作空间内的风速，单位为米每秒(m/s)；

v_i——各测量点的风速，单位为米每秒(m/s)；

n——测量点数。

8.4.6 温度变化速率的计算方法

对 8.2.3.2 记录的数据，按下式计算温度变化速率：

$$V_T = \frac{(T_2 - T_1) \times 80\%}{t} \qquad \cdots\cdots(9)$$

式中：

V_T——温度变化速率，单位为摄氏度每分钟(℃/min)；

T_2——最高规定温度，单位为摄氏度(℃)；

T_1——最低规定温度，单位为摄氏度(℃)；

t——温度自规定温度范围的 10%上升(下降)到 90%的时间，单位为分钟(min)。

8.4.7 每 5 min 温度平均变化速率的计算方法

对 8.2.4.2 记录的数据，按下式计算每 5 min 温度平均变化速率：

$$V_T = |\Delta T| / 5 \qquad (10)$$

式中：

V_T——每 5 min 温度平均变化速率，单位为摄氏度每分钟(℃/min)；

ΔT——每 5 min 的温度变化值，单位为摄氏度(℃)。

注：在两个规定温度之间测量每 5 min 温度平均变化速率得到的多个值，可取其中的最小值与最大值的范围作为测量结果。

8.4.8 温度恢复时间的计算方法

8.2.5.5 记录的时间，即为设备在该检验温度下的温度恢复时间。

8.4.9 温度过冲量的计算方法

对 8.2.6.2 记录的数据，按下式计算温度过冲量：

$$\Delta T_O = |T - T_N| - |\Delta T| \qquad (11)$$

式中：

ΔT_O——温度过冲量，单位为摄氏度(℃)；

T——超出标称温度允许偏差范围外的实测最高或最低温度值，单位为摄氏度(℃)；

T_N——标称温度值，单位为摄氏度(℃)；

ΔT——标称温度允许偏差值，单位为摄氏度(℃)。

注：当测量点的温度不能达到或没有超出标称温度允许偏差范围时，则不存在温度过冲，即没有温度过冲量。

8.4.10 温度过冲恢复时间的计算方法

8.2.7.2 记录的时间，即为设备在该检验温度下的温度过冲恢复时间，单位为 min。

注：只有存在温度过冲时，才有温度过冲恢复时间。

8.5 噪声测量方法

8.5.1 测量环境

a) 测量场地的地面(反射面)不能由于振动而辐射显著的声能。

b) 在测量点上，试验设备工作时测得的 A 计权声压级与背景噪声的 A 计权声压级之差应至少大于 3 dB，若小于 10 dB 应按表 1 修正。

c) 户外测量时，风速应小于 6 m/s(相当于四级风)，并应使用风罩。

表 1 背景噪声的修正

试验设备工作时测得的 A 计权声压级与背景噪声测得的 A 计权声压级之差/dB	背景噪声修正值(应减去的量)/dB
3	3.0
4	2.0
5	2.0
6	1.0
7	1.0
8	1.0
9	0.5
10	0.5
>10	0

8.5.2 噪声的测量

8.5.2.1 测量点位置

测量点位于距离设备正面中轴线 1 m 远(与设备正面垂直)、距离地面高度为设备高度 1/2 处，但距离地面最大高度不大于 1.5 m，最小高度不小于 1 m。

8.5.2.2 **测量**

a) 试验设备开机前,测量点的背景噪声的 A 计权声压级。

b) 在试验设备空载且辐射噪声最大的工作条件下正常稳定运行后,使用声级计的 A 计权网络测量 A 计权声压级,传声器应正对试验设备,使用声级计的"慢"时间计权特性进行测量,声压级的读数为观察周期内的平均值(对偶然出现的最大值或最小值不予考虑)。为避免测量时操作者身体的反射影响,操作距离传声器应至少大于 0.5 m。

c) 记录测量的数值,按表 1 修正后,即为试验设备运行时噪声的 A 计权声压级。

9 数据处理结果与检验结果

9.1 数据处理结果

数据处理结果应符合 GB/T 2423.1、GB/T 2423.2、GB/T 2423.22 或有关标准和合同的要求。

9.2 检验结果

9.2.1 当试验设备的个别测量点的检验结果不能满足技术指标的要求时,允许适当缩小试验设备的工作空间或检验参数范围,在缩小后的工作空间或相应的参数范围内,应满足全部技术指标要求,检验结果为限用,同时注明限用范围。

9.2.2 按 GB/T 5170.1—2008 第 10 章的规定出具检验报告。

10 检验周期

按 GB/T 5170.1—2008 第 6 章的规定。

附　录　A
（规范性附录）
检验项目的选择

首次检验/验收检验和周期检验时，若无其他规定，按表 A.1 选择检验项目。

表 A.1　检验项目的选择

序　　号	检验项目	首次检验/验收检验	周期检验
1	温度偏差	○	○
2	温度波动度	○	○
3	温度均匀度	△	☆
4	风速	△	☆
5	温度变化速率	△	☆
6	每 5 min 温度平均变化速率	△	☆
7	温度恢复时间	△	☆
8	温度指示误差	○	○
9	温度过冲量	△	☆
10	温度过冲恢复时间	△	☆
11	噪声	△	☆

注：符号“○”表示必须检验的项目；符号“△”表示有该项目要求的试验设备而必须检验的项目；符号“☆”表示用户可选择的检验项目。

ICS 19.040
K 04

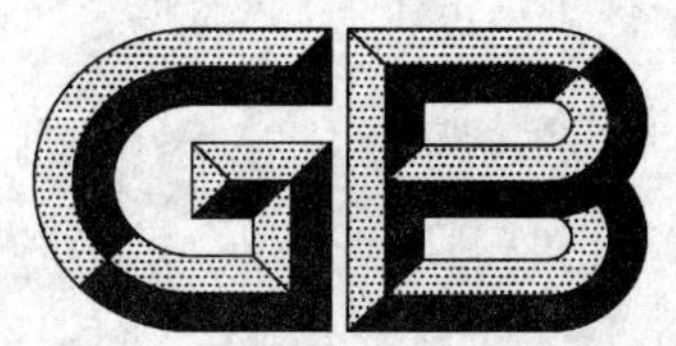

中华人民共和国国家标准

GB/T 5170.5—2008
代替 GB/T 5170.5—1996

电工电子产品环境试验设备检验方法 湿热试验设备

Inspection methods for environmental testing equipments for electric and electronic products—Damp heat testing equipments

2008-06-16 发布　　2009-03-01 实施

中华人民共和国国家质量监督检验检疫总局
中国国家标准化管理委员会　发布

前 言

GB/T 5170 目前包含以下几部分：

——GB/T 5170.1—2008 电工电子产品环境试验设备检验方法 总则

——GB/T 5170.2—2008 电工电子产品环境试验设备检验方法 温度试验设备

——GB/T 5170.5—2008 电工电子产品环境试验设备检验方法 湿热试验设备

——GB/T 5170.8—2008 电工电子产品环境试验设备检验方法 盐雾试验设备

——GB/T 5170.9—2008 电工电子产品环境试验设备检验方法 太阳辐射试验设备

——GB/T 5170.10—2008 电工电子产品环境试验设备检验方法 高低温低气压试验设备

——GB/T 5170.11—2008 电工电子产品环境试验设备检验方法 腐蚀气体试验设备

——GB/T 5170.13—2005 电工电子产品环境试验设备基本参数检定方法 振动(正弦)试验用机械振动台

——GB/T 5170.14—1985 电工电子产品环境试验设备基本参数检定方法 振动(正弦)试验用电动振动台

——GB/T 5170.15—2005 电工电子产品环境试验设备基本参数检定方法 振动(正弦)试验用液压振动台

——GB/T 5170.16—2005 电工电子产品环境试验设备基本参数检定方法 稳态加速度试验用离心机

——GB/T 5170.17—2005 电工电子产品环境试验设备基本参数检定方法 低温/低气压/湿热综合顺序试验设备

——GB/T 5170.18—2005 电工电子产品环境试验设备基本参数检定方法 温度/湿度组合循环试验设备

——GB/T 5170.19—2005 电工电子产品环境试验设备基本参数检定方法 温度/振动(正弦)综合试验设备

——GB/T 5170.20—2005 电工电子产品环境试验设备基本参数检定方法 水试验设备

本部分是 GB/T 5170 的第 5 部分。

本部分代替 GB/T 5170.5—1996。与 GB/T 5170.5—1996 相比，技术内容主要有如下变化：

——标准名称“电工电子产品环境试验设备基本参数检定方法 湿热试验设备”更改为“电工电子产品环境试验设备检验方法 湿热试验设备”；

——所有用词“检定”更改为“检验”；

——增加了“术语和定义”一章；

——增加了“相对湿度波动度”检验项目；

——增加了“相对湿度均匀度”检验项目；

——增加了“每 5 min 温度平均变化速率”检验项目；

——增加了“温度指示误差”检验项目；

——增加了“相对湿度指示误差”检验项目；

——增加了“温度过冲量”检验项目；

——增加了“相对湿度过冲量”检验项目；

——增加了“温度过冲恢复时间”检验项目；

——增加了“相对湿度过冲恢复时间”检验项目；

——增加了“噪声”检验项目；

——在“检验用主要仪器及要求”一章中，给出了温度测量系统和湿度测量系统其测量结果的扩展不确定度($k=2$)的要求；

——增加了“检验负载”一章；

——测量数据记录改为每一分钟记录一次数据；

——增加了附录A“检验项目的选择”；

——增加了附录B“干湿表法测量相对湿度”。

附录A和附录B为规范性附录。

本部分由全国电工电子产品环境条件与环境试验标准化技术委员会(SAC/TC 8)提出并归口。

本部分起草单位：信息产业部电子第五研究所。

本部分主要起草人：伍伟雄、谢晨浩、蔡锦文、张孝华、罗军、薛秀美、孔玉梅、梁为旺、罗国良。

本部分所代替标准的历次版本发布情况为：

——GB/T 5170.5—1985，GB/T 5170.6—1985，GB 5170.7—1985，GB/T 5170.5—1996。

电工电子产品环境试验设备检验方法
湿热试验设备

1 范围

GB/T 5170 的本部分规定了湿热试验设备的检验项目、检验用主要仪器及要求、检验负载、检验条件、检验方法、数据处理结果与检验结果、检验周期等内容。

本部分适用于对 GB/T 2423.3《电工电子产品环境试验 第 2 部分:试验方法 试验 Cab:恒定湿热试验》、GB/T 2423.4《电工电子产品环境试验 第 2 部分:试验方法 试验 Db:交变湿热试验方法》和 GB/T 2423.16《电工电子产品环境试验 第 2 部分:试验方法 试验 J:长霉》所用试验设备的首次检验/验收检验和周期检验。

本部分也适用于类似试验设备的检验。

2 规范性引用文件

下列文件中的条款通过 GB/T 5170 的本部分的引用而成为本部分的条款。凡是注日期的引用文件,其随后所有的修改单(不包括勘误的内容)或修订版均不适用于本部分,然而,鼓励根据本部分达成协议的各方研究是否可使用这些文件的最新版本。凡是不注日期的引用文件,其最新版本适用于本部分。

GB/T 2423.3 电工电子产品环境试验 第 2 部分:试验方法 试验 Cab:恒定湿热试验(GB/T 2423.3—2006,IEC 60068-2-78:2001,IDT)

GB/T 2423.4 电工电子产品环境试验 第 2 部分:试验方法 试验 Db:交变湿热试验方法(GB/T 2423.4—2008,IEC 60068-2-30:2005,IDT)

GB/T 2423.16 电工电子产品环境试验 第 2 部分:试验方法 试验 J:长霉(GB/T 2423.16—1999,idt IEC 60068-2-10:1988)

GB/T 2424.6 电工电子产品环境试验 温度/湿度试验箱性能确认(GB/T 2424.6—2006,IEC 60068-3-6:2001,IDT)

GB/T 5170.1—2008 电工电子产品环境试验设备检验方法 总则

GB/T 6999 环境试验用相对湿度查算表

GB/T 16839.1 热电偶 第 1 部分:分度表(GB/T 16839.1—1997,idt IEC 60584-1:1995)

IEC 60751 工业铂电阻敏感元件

3 术语和定义

本部分采用 GB/T 5170.1—2008 规定的术语和定义。

4 检验项目

本部分的检验项目如下:

——温度偏差;

——相对湿度偏差;

——温度波动度;

——相对湿度波动度;

——温度均匀度；

——相对湿度均匀度；

——每 5 min 温度平均变化速率；

——风速；

——升降温特性；

——温度指示误差；

——相对湿度指示误差；

——温度过冲量；

——相对湿度过冲量；

——温度过冲恢复时间；

——相对湿度过冲恢复时间；

——噪声。

5 检验用主要仪器及要求

5.1 温度测量仪器

采用由铂电阻、热电偶传感器及二次仪表组成的温度测量系统，其测量结果的扩展不确定度($k=2$)不大于被检温度允许偏差的 1/3。

铂电阻传感器应符合 IEC 60751 的等级 A，热电偶传感器应符合 GB/T 16839.1。

传感器在空气中的 50％响应时间应在 10 s～40 s 之间，温度测量系统的响应时间应小于 40 s。

5.2 湿度测量仪器

采用干湿球温度计或由其他湿度传感器组成的湿度测量系统，其测量结果的扩展不确定度($k=2$)不大于被测湿度允许偏差的 1/3。

5.3 风速测量仪器

采用各种风速仪，其感应量不大于 0.05 m/s。

5.4 噪声测量仪器

带 A 计权网络的声级计，其测量结果的扩展不确定度($k=2$)不大于 1 dB。

6 检验负载

按 GB/T 5170.1—2008 第 7 章的规定(或按有关标准的规定)。

7 检验条件

7.1 受检试验设备在检验时的气候条件、电源条件、用水条件和其他条件应符合 GB/T 5170.1—2008 第 4 章的规定。

7.2 受检试验设备的外观和安全要求应符合 GB/T 5170.1—2008 第 8 章的规定。

8 检验方法

8.1 温度偏差、相对湿度偏差、温度波动度、相对湿度波动度、温度均匀度、相对湿度均匀度、温度指示误差、相对湿度指示误差、每 5 min 温度平均变化速率、风速的检验方法

8.1.1 测量点数量及位置

8.1.1.1 根据试验设备容积的大小，将工作空间分为上、中、下三层，中层通过工作空间几何中心点。将一定数量的温度、相对湿度传感器布放在其中规定的位置上，传感器不应受冷热源的直接辐射。

8.1.1.2 测量点分别位于上、中、下三层。

8.1.1.3 温度测量点用 O、A、B、C、D、E、F、G、H、J、K、L、M、N、U 表示。

8.1.1.4　相对湿度测量点用 O_h、D_h、H_h、L_h 表示。

8.1.1.5　风速测量点数量及布放位置与温度测量点完全相同。

8.1.1.6　测量点 E、O、O_h、U 分别位于上、中、下层的几何中心。其他各测量点与试验设备内壁的距离为各自边长的 1/10(遇有风道时,是指与送风口和回风口的距离),但最大距离不大于 500 mm,最小距离不小于 50 mm。如果设备带有样品架或样品车时,下层测量点可布放在样品架或样品车上方 10 mm 处。

8.1.1.7　试验设备容积小于或等于 2 m^3 时,温度测量点为 9 个,相对湿度测量点为 3 个,位置如图 1 所示。

8.1.1.8　试验设备容积大于 2 m^3 时,温度测量点为 15 个,相对湿度测量点为 4 个,布放位置如图 2 所示。

8.1.1.9　当试验设备容积小于 0.05 m^3 或大于 50 m^3 时,可适当减少或增加测量点。

8.1.1.10　根据试验和检验的需要,可在试验设备工作空间增加对疑点的测量。

8.1.1.11　每 5 min 温度平均变化速率测量点为工作空间几何中心点。

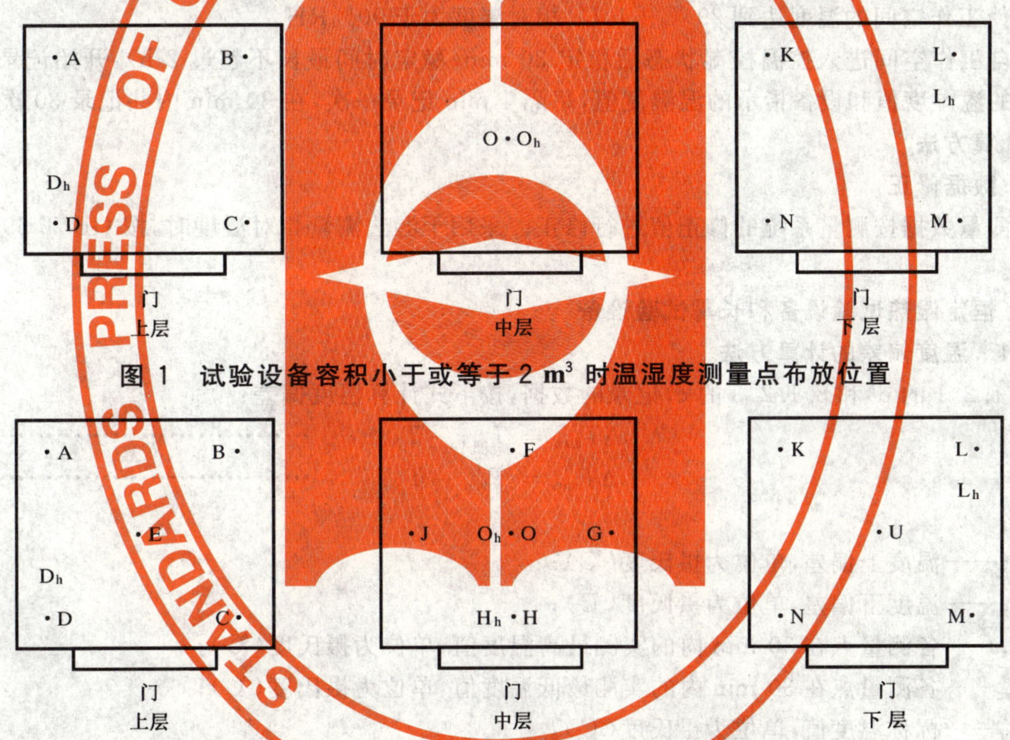

图 1　试验设备容积小于或等于 2 m^3 时温湿度测量点布放位置

图 2　试验设备容积大于 2 m^3 时温湿度测量点布放位置

8.1.2　检验步骤

8.1.2.1　恒定湿热试验设备

a)　按规定位置安装温度、相对湿度测量传感器。在空载和室温条件下,将风速计的传感器置于各测量点,测量每点的风速,取其最大值作为该测量点的风速。

b)　按规定的升温速率升至所规定的温度。升温期间,每 1 min 测量一次中心点的温度值。

c)　在 2 h 内使相对湿度达到所规定的相对湿度值。

d)　自工作空间进入控温控湿状态后稳定 30 min(稳定时间最长不超过 2 h),开始记录各测量点的温湿度值和设备指示的温湿度值,每隔 1 min 记录一次,在 30 min 内共记录 30 次。

注:当设备控制器的温湿度示值达到设定值偏差带时起,可视为进入控温控湿状态。

8.1.2.2　交变湿热试验设备

a)　按规定位置安装温度、相对湿度测量传感器。使工作空间的温度达到 25 ℃±3 ℃,相对湿度保持在 45%RH～75%RH 之间。

b) 在 1 h 内，使工作空间的相对湿度不低于 95%RH，从此刻开始，使工作空间的温湿度按 GB/T 2423.4中规定的程序，即按“升温—高温高湿—降温—低温高湿”连续变化。

c) 在升温阶段和升温结束后 15 min 内，每 1 min 测量一次中心点（O，O_h）的温湿度值。

d) 进入高温高湿恒定阶段后稳定 30 min，开始记录各测量点的温湿度值和设备指示的温湿度值，每隔 1 min 记录一次，在 30 min 内共记录 30 次。

e) 自降温阶段开始前的 15 min 开始，每 1 min 测量一次中心点（O，O_h）的温湿度值，直到工作空间的温度达到 25 ℃±3 ℃、相对湿度不低于 95% RH，即进入低温高湿阶段为止。

f) 进入低温高湿恒定阶段后稳定 30 min，开始记录各测量点的温湿度值和设备指示的温湿度值，每隔 1 min 记录一次，在 30 min 内共记录 30 次。

8.1.2.3 长霉试验设备

a) 按规定位置安装温度、相对湿度测量传感器。在空载和室温条件下，将风速计的传感器置于各测量点，测量每点的风速，取其最大值作为该测量点的风速。

b) 使工作空间的温度达到 29 ℃±1 ℃，相对湿度大于 90%RH。

c) 自工作空间进入控温控湿状态后稳定 30 min（稳定时间最长不超过 2 h），开始记录各测量点的温湿度值和设备指示的温湿度值，每隔 1 min 记录一次，在 30 min 内共记录 30 次。

8.1.3 计算方法

8.1.3.1 数据修正

全部测量数据按测量系统的修正值进行修正。采用干湿法测量相对湿度时，按 GB/T 6999 查出相对湿度值。

8.1.3.2 恒定湿热试验设备和长霉试验设备

8.1.3.2.1 温度偏差的计算方法

对 8.1.2.1 的 d）和 8.1.2.3 的 c）记录的数据，按下式计算温度偏差：

$$\Delta T_{max} = T_{max} - T_N \quad \cdots\cdots (1)$$

$$\Delta T_{min} = T_{min} - T_N \quad \cdots\cdots (2)$$

式中：

ΔT_{max}——温度上偏差，单位为摄氏度（℃）；

ΔT_{min}——温度下偏差，单位为摄氏度（℃）；

T_{max}——各测量点在 30 min 内的实测最高温度值，单位为摄氏度（℃）；

T_{min}——各测量点在 30 min 内的实测最低温度值，单位为摄氏度（℃）；

T_N——标称温度值，单位为摄氏度（℃）。

8.1.3.2.2 相对湿度偏差的计算方法

对 8.1.2.1 的 d）和 8.1.2.3 的 c）记录的数据，按下式计算相对湿度偏差：

$$\Delta H_{max} = H_{max} - H_N \quad \cdots\cdots (3)$$

$$\Delta H_{min} = H_{min} - H_N \quad \cdots\cdots (4)$$

式中：

ΔH_{max}——相对湿度上偏差，%RH；

ΔH_{min}——相对湿度下偏差，%RH；

H_{max}——各测量点在 30 min 内的实测最高相对湿度值，%RH；

H_{min}——各测量点在 30 min 内的实测最低相对湿度值，%RH；

H_N——标称相对湿度值，%RH。

8.1.3.2.3 温度波动度的计算方法

对 8.1.2.1 的 d）和 8.1.2.3 的 c）记录的数据，按下式计算温度波动度：

$$\Delta T_j = T_{j\max} - T_{j\min} \quad \cdots\cdots(5)$$

式中：

ΔT_j——试验设备工作空间第 j 点温度波动度，单位为摄氏度(℃)；

$T_{j\max}$——试验设备工作空间第 j 点在 30 min 内的实测最高温度值，单位为摄氏度(℃)；

$T_{j\min}$——试验设备工作空间第 j 点在 30 min 内的实测最低温度值，单位为摄氏度(℃)。

取 ΔT_j 的最大值为设备的温度波动度。

8.1.3.2.4 相对湿度波动度的计算方法

对 8.1.2.1 的 d)和 8.1.2.3 的 c)记录的数据，按下式计算相对湿度波动度：

$$\Delta H_j = H_{j\max} - H_{j\min} \quad \cdots\cdots(6)$$

式中：

ΔH_j——试验设备工作空间第 j 点相对湿度波动度，%RH；

$H_{j\max}$——试验设备工作空间第 j 点在 30 min 内的实测最高相对湿度值，%RH；

$H_{j\min}$——试验设备工作空间第 j 点在 30 min 内的实测最低相对湿度值，%RH。

取 ΔH_j 的最大值为设备的相对湿度波动度。

8.1.3.2.5 温度均匀度的计算方法

对 8.1.2.1 的 d)和 8.1.2.3 的 c)记录的数据，按下式计算温度均匀度：

$$\Delta T_{\mathrm{u}} = \left[\sum_{j=1}^{30}(T_{j\max} - T_{j\min})\right]/30 \quad \cdots\cdots(7)$$

式中：

ΔT_{u}——温度均匀度，单位为摄氏度(℃)；

$T_{j\max}$——各测量点在第 j 次测量中的实测最高温度值，单位为摄氏度(℃)；

$T_{j\min}$——各测量点在第 j 次测量中的实测最低温度值，单位为摄氏度(℃)。

8.1.3.2.6 相对湿度均匀度的计算方法

对 8.1.2.1 的 d)和 8.1.2.3 的 c)记录的数据，按下式计算相对湿度均匀度：

$$\Delta H_{\mathrm{u}} = \left[\sum_{j=1}^{30}(H_{j\max} - H_{j\min})\right]/30 \quad \cdots\cdots(8)$$

式中：

ΔH_{u}——相对湿度均匀度，%RH；

$H_{j\max}$——各测量点在第 j 次测量中的实测最高相对湿度值，%RH；

$H_{j\min}$——各测量点在第 j 次测量中的实测最低相对湿度值，%RH。

8.1.3.3 温度指示误差的计算方法

对 8.1.2.1 的 d)和 8.1.2.3 的 c)记录的数据，按下式计算温度指示误差：

$$T_{\mathrm{O}} = \frac{1}{M \times N}\sum_{i=1}^{N}\sum_{J=1}^{M} T_{ij} \quad \cdots\cdots(9)$$

$$T_{\mathrm{D}} = \frac{1}{N}\sum_{j=1}^{N} T_j \quad \cdots\cdots(10)$$

$$\Delta T_{\mathrm{D}} = T_{\mathrm{D}} - T_{\mathrm{O}} \quad \cdots\cdots(11)$$

式中：

M——设备工作空间的测量点数；

N——测量次数；

T_{ij}——设备工作空间第 j 点第 i 次的温度测量值，单位为摄氏度(℃)；

T_j——设备第 j 次指示温度值，单位为摄氏度(℃)；

T_{O}——设备工作空间全部测量点的温度测量平均值，单位为摄氏度(℃)；

T_D——设备指示温度的平均值，单位为摄氏度(℃)；

ΔT_D——温度指示误差，单位为摄氏度(℃)。

8.1.3.3.1 相对湿度指示误差的计算方法

对 8.1.2.1 的 d)和 8.1.2.3 的 c)记录的数据，按下式计算相对湿度指示误差：

$$H_O = \frac{1}{M \times N} \sum_{i=1}^{N} \sum_{J=1}^{M} H_{ij} \qquad \cdots\cdots (12)$$

$$H_D = \frac{1}{N} \sum_{j=1}^{N} H_j \qquad \cdots\cdots (13)$$

$$\Delta H_D = H_D - H_O \qquad \cdots\cdots (14)$$

式中：

M——设备工作空间的测量点数；

N——测量次数；

H_{ij}——设备工作空间第 j 点第 i 次的相对湿度测量值，%RH；

H_j——设备第 j 次指示相对湿度值，%RH；

H_O——设备工作空间全部测量点的相对湿度测量平均值，%RH；

H_D——设备指示相对湿度的平均值，%RH；

ΔH_D——相对湿度指示误差，%RH。

8.1.3.3.2 每 5 min 温度平均变化速率的计算方法

对 8.1.2.1 的 b)记录的数据，按下式计算每 5 min 温度平均变化速率：

$$V_T = |\Delta T| / 5 \qquad \cdots\cdots (15)$$

式中：

V_T——每 5 min 温度平均变化速率，单位为摄氏度每分钟(℃/min)；

ΔT——每 5 min 的温度变化量，单位为摄氏度(℃)。

注：在两个规定温度之间测量每 5 min 温度平均变化速率得到的多个值，可取其中的最小值与最大值的范围作为测量结果。

8.1.3.3.3 风速的计算方法

对 8.1.2.1 的 a)和 8.1.2.3 的 a)记录的数据，按下式计算风速：

$$v = \sum_{i=1}^{n} v_i / n \qquad \cdots\cdots (16)$$

式中：

v——试验设备工作空间内的风速，单位为米每秒(m/s)；

v_i——各测量点的风速，单位为米每秒(m/s)；

n——测量点数。

8.1.3.4 交变湿热试验设备

8.1.3.4.1 描绘升温特性曲线

a) 按 GB/T 2423.4 有关规定，必要时绘出升温阶段的温湿度允许变化范围图。

b) 将 8.1.2.2 的 c)测得的中心点的温湿度数据描绘在 8.1.3.4.1 的 a)的范围图中，用点划线连接，作出升温特性曲线。

8.1.3.4.2 描绘降温特性曲线

a) 按 GB/T 2423.4 的有关规定，必要时绘出降温阶段的温湿度允许变化范围图。

b) 将 8.1.2.2 的 e)测得的中心点的温湿度数据描绘在 8.1.3.4.2 的 a)的范围图中，用点划线连接，作出降温特性曲线。

8.1.3.4.3 温度偏差、相对湿度偏差的计算方法

a) 对 8.1.2.2 的 d)和 8.1.2.2 的 f)记录的数据，按式(1)、式(2)分别计算高温高湿阶段和低温高湿阶段的温度偏差。

b) 对 8.1.2.2 的 d)和 8.1.2.2 的 f)记录的数据，按式(3)、式(4)分别计算高温高湿阶段和低温高湿阶段的相对湿度偏差。

8.1.3.4.4 温度波动度、相对湿度波动度的计算方法

对 8.1.2.2 的 d)和 8.1.2.2 的 f)记录的数据，按式(5)、式(6)计算高温高湿阶段和低温高湿阶段的温度波动度、相对湿度波动度。

8.1.3.4.5 温度均匀度、相对湿度均匀度的计算方法

对 8.1.2.2 的 d)和 8.1.2.2 的 f)记录的数据，按式(7)、式(8)计算高温高湿阶段和低温高湿阶段的温度均匀度、相对湿度均匀度。

8.1.3.4.6 温度指示误差、相对湿度指示误差的计算方法

对 8.1.2.2 的 d)和 8.1.2.2 的 f)记录的数据，按式(9)、式(10)、式(11)、式(12)、式(13)、式(14)计算高温高湿阶段和低温高湿阶段的温度指示误差、相对湿度指示误差。

8.2 温度过冲量、相对湿度过冲量的检验方法

8.2.1 测量点位置

测量点规定为设备工作空间的几何中心点。

8.2.2 检验步骤

8.2.2.1 温度过冲量和相对湿度过冲量检验与温度偏差检验、相对湿度偏差检验、每 5 min 温度平均变化速率检验同时进行。

8.2.2.2 设备在升温或降温过程中，测量和记录超出标称温度允许偏差范围外的最高或最低温度值；在加湿或减湿过程中，测量和记录超出标称相对湿度允许偏差范围外的最高或最低相对湿度值。

8.2.3 计算方法

8.2.3.1 数据修正

对所记录的测量数据，按测量系统的修正值进行修正。

8.2.3.2 温度过冲量的计算方法

对 8.2.2.2 记录的数据，按下式计算温度过冲量：

$$\Delta T_{O} = | T - T_{N} | - | \Delta T | \qquad (17)$$

式中：

ΔT_{O}——温度过冲量，单位为摄氏度(℃)；

T——超出标称温度允许偏差范围外的实测最高或最低温度值，单位为摄氏度(℃)；

T_{N}——标称温度值，单位为摄氏度(℃)；

ΔT——标称温度允许偏差值，单位为摄氏度(℃)。

注：当测量点的温度不能达到或没有超出标称温度允许偏差范围时，则不存在温度过冲，即没有温度过冲量。

8.2.3.3 相对湿度过冲量的计算方法

对 8.2.2.2 的测量数据，按下式计算相对湿度过冲量：

$$\Delta H_{O} = | H - H_{N} | - | \Delta H | \qquad (18)$$

式中：

ΔH_{O}——相对湿度过冲量，%RH；

H——超出标称相对湿度的实测最高或最低相对湿度值，%RH；

H_{N}——标称相对湿度值，%RH；

ΔH——标称相对湿度允许偏差值，%RH。

注：当测量点的相对湿度不能达到或没有超出标称相对湿度允许偏差范围时，则不存在相对湿度过冲，即没有相对湿度过冲量。

8.3 温度过冲恢复时间和相对湿度过冲恢复时间的检验方法

8.3.1 测量点规定为设备工作空间的几何中心点。

8.3.2 温度过冲恢复时间检验与温度过冲量检验同时进行。当进行温度过冲量检验时，记录温度从超出标称温度允许偏差范围外起至开始稳定在标称温度允许偏差范围内时所需的时间，即为设备在该检验温度下的温度过冲恢复时间，单位为 min。

8.3.3 相对湿度过冲恢复时间检验与相对湿度过冲量检验同时进行。当进行相对湿度过冲量检验时，记录相对湿度从超出标称相对湿度允许偏差范围外起至开始稳定在标称相对湿度允许偏差范围内时所需的时间，即为设备在该检验相对湿度下的相对湿度过冲恢复时间，单位为 min。

注：只有存在温度（相对湿度）过冲时，才有温度（相对湿度）过冲恢复时间。

8.4 噪声测量方法

8.4.1 测量环境

a) 测量场地的地面（反射面）不能由于振动而辐射显著的声能。

b) 在测量点上，试验设备工作时测得的 A 计权声压级与背景噪声的 A 计权声压级之差应至少大于 3 dB，若小于 10 dB 应按表 1 修正。

c) 户外测量时，风速应小于 6 m/s（相当于四级风），并应使用风罩。

表 1 背景噪声的修正

试验设备工作时测得的 A 计权声压级与背景噪声测得的 A 计权声压级之差/dB	背景噪声修正值（应减去的量）/dB
3	3.0
4	2.0
5	2.0
6	1.0
7	1.0
8	1.0
9	0.5
10	0.5
＞10	0

8.4.2 噪声的测量

8.4.2.1 测量点位置

测量点位于距离设备正面中轴线 1 m 远（与设备正面垂直）、距离地面高度为设备高度 1/2 处，但距离地面最大高度不大于 1.5 m，最小高度不小于 1 m。

8.4.2.2 测量

a) 试验设备开机前，测量测量点的背景噪声的 A 计权声压级。

b) 在试验设备空载且辐射噪声最大的工作条件下正常稳定运行后，使用声级计的 A 计权网络测量 A 计权声压级，传声器应正对试验设备，使用声级计的“慢”时间计权特性进行测量，声压级的读数为观察周期内的平均值（对偶然出现的最大值或最小值不予考虑）。为避免测量时操作者身体的反射影响，操作距离传声器应至少大于 0.5 m。

c) 记录测量的数值，按表 1 修正后，即为试验设备运行时噪声的 A 计权声压级。

9 数据处理结果与检验结果

9.1 数据处理结果

数据处理结果应符合 GB/T 2423.3、GB/T 2423.4、GB/T 2423.16 或有关标准和合同的要求。升温特性曲线应连续上升，降温特性曲线应连续下降，不应呈锯齿状。

9.2 检验结果

9.2.1 当试验设备的个别测量点的检验结果不能满足技术指标的要求时，允许适当缩小试验设备的工作空间或检验参数范围，在缩小后的工作空间或相应的参数范围内，应满足全部技术指标要求，检验结果为限用，同时注明限用范围。

9.2.2 按 GB/T 5170.1—2008 第 10 章的规定出具检验报告。

10 检验周期

按 GB/T 5170.1—2008 第 6 章的规定。

附 录 A
（规范性附录）
检验项目的选择

首次检验/验收检验和周期检验时，若无其他规定，按表 A.1 选择检验项目。

表 A.1 检验项目的选择

序号	检验项目	首次检验/验收检验	周期检验
1	温度偏差	○	○
2	相对湿度偏差	○	○
3	温度波动度	○	○
4	相对湿度波动度	△	☆
5	温度均匀度	△	☆
6	相对湿度均匀度	△	☆
7	每 5 min 温度平均变化速率	△	☆
8	风速	△	☆
9	升降温特性	△	☆
10	温度指示误差	○	○
11	相对湿度指示误差	○	○
12	温度过冲量	△	☆
13	相对湿度过冲量	△	☆
14	温度过冲恢复时间	△	☆
15	相对湿度过冲恢复时间	△	☆
16	噪声	△	☆
注：符号“○”表示必须检验的项目；符号“△”表示有该项目要求的试验设备而必须检验的项目；符号“☆”表示用户可选择的检验项目。			

附 录 B
（规范性附录）
干湿表法测量相对湿度

B.1 干湿表法测量相对湿度的方法

a) 由二支型号相同，误差值相同的感温元件组成，二支感温元件之间的距离约 25 mm。

b) 湿球纱布采用气象用湿球纱布，长约 100 mm。湿球用水是蒸馏水或去离子水。

c) 水杯带盖并盛满蒸馏水或去离子水，水杯中水面到湿球底部的距离约为 30 mm。

d) 湿球感温元件包扎纱布时，先把手洗净，再用清洁水将湿球感温元件洗净，然后用纱布上的纱线把纱布服帖无皱折地包圈在湿球感温元件上，但重叠部分不要超过湿球圆周的 1/4。不要扎得过紧，以免影响吸水，并剪掉多余的纱线。

e) 湿球纱布应保持清洁，柔软和湿润，一般每周更换一次。

f) 读出干湿球温度表的差值，利用此差值在相应的湿度查算表中对应干球温度表读数查出相对湿度值。

g) 相对湿度查算表根据试验设备工作空间内各点的风速而确定。风速的测量是按以下方法而测定。

B.2 风速的测量

a) 测量点数量及布放位置与相对湿度测量点相同。

b) 将风速计的传感器置于各测量点，测量每点的风速，取其最大值作为该测量点的风速。

ICS 19.040
K 04

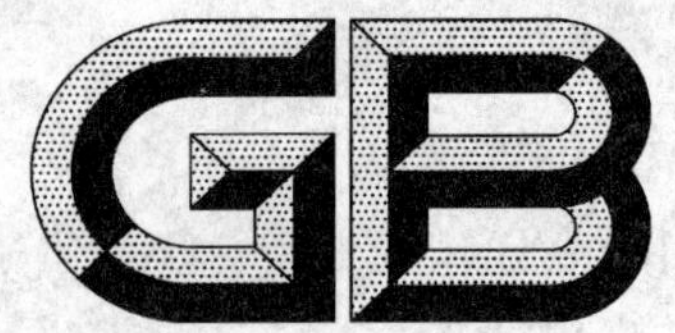

中华人民共和国国家标准

GB/T 5170.8—2008
代替 GB/T 5170.8—1996

电工电子产品环境试验设备检验方法 盐雾试验设备

Inspection methods for environmental testing equipments for electric and electronic products—Salt mist testing equipments

2008-06-16 发布

2009-03-01 实施

中华人民共和国国家质量监督检验检疫总局
中国国家标准化管理委员会 发布

前　言

GB/T 5170 目前包含以下几部分：

——GB/T 5170.1—2008　电工电子产品环境试验设备检验方法　总则

——GB/T 5170.2—2008　电工电子产品环境试验设备检验方法　温度试验设备

——GB/T 5170.5—2008　电工电子产品环境试验设备检验方法　湿热试验设备

——GB/T 5170.8—2008　电工电子产品环境试验设备检验方法　盐雾试验设备

——GB/T 5170.9—2008　电工电子产品环境试验设备检验方法　太阳辐射试验设备

——GB/T 5170.10—2008　电工电子产品环境试验设备检验方法　高低温低气压试验设备

——GB/T 5170.11—2008　电工电子产品环境试验设备检验方法　腐蚀气体试验设备

——GB/T 5170.13—2005　电工电子产品环境试验设备基本参数检定方法　振动(正弦)试验用机械振动台

——GB/T 5170.14—1985　电工电子产品环境试验设备基本参数检定方法　振动(正弦)试验用电动振动台

——GB/T 5170.15—2005　电工电子产品环境试验设备基本参数检定方法　振动(正弦)试验用液压振动台

——GB/T 5170.16—2005　电工电子产品环境试验设备基本参数检定方法　稳态加速度试验用离心机

——GB/T 5170.17—2005　电工电子产品环境试验设备基本参数检定方法　低温/低气压/湿热综合顺序试验设备

——GB/T 5170.18—2005　电工电子产品环境试验设备基本参数检定方法　温度/湿度组合循环试验设备

——GB/T 5170.19—2005　电工电子产品环境试验设备基本参数检定方法　温度/振动(正弦)综合试验设备

——GB/T 5170.20—2005　电工电子产品环境试验设备基本参数检定方法　水试验设备

本部分是 GB/T 5170 的第 8 部分。

本部分代替 GB/T 5170.8—1996。与 GB/T 5170.8—1996 相比，技术内容主要有如下变化：

——标准名称“电工电子产品环境试验设备基本参数检定方法　盐雾试验设备”更改为“电工电子产品环境试验设备检验方法　盐雾试验设备”；

——所有用词“检定”更改为“检验”；

——增加了“术语和定义”一章；

——增加了“温度波动度”检验项目；

——增加了“温度均匀度”检验项目；

——增加了“温度指示误差”检验项目；

——增加了“温度过冲量”检验项目；

——增加了“温度过冲恢复时间”检验项目；

——增加了“噪声”检验项目；

——在“检验用主要仪器及要求”一章中，给出了温度测量系统其测量结果的扩展不确定度($k=2$)的要求；

——增加了“检验负载”一章；

——测量数据记录改为每一分钟记录一次数据；

——增加了附录 A“检验项目的选择”。

附录 A 为规范性附录。

本部分由全国电工电子产品环境条件与环境试验标准化技术委员会(SAC/TC 8)提出并归口。

本部分起草单位:信息产业部电子第五研究所。

本部分主要起草人:伍伟雄、谢晨浩、蔡锦文、张孝华、罗军、薛秀美、孔玉梅、梁为旺、罗国良。

本部分所代替标准的历次版本发布情况为:

——GB/T 5170.8—1985;

——GB/T 5170.8—1996。

电工电子产品环境试验设备检验方法
盐雾试验设备

1 范围

GB/T 5170 的本部分规定了盐雾试验设备的检验项目、检验用主要仪器及要求、检验负载、检验条件、检验方法、数据处理结果与检验结果、检验周期等内容。

本部分适用于 GB/T 2423.17《电工电子产品环境试验 第 2 部分:试验方法 试验 Ka:盐雾试验方法》和 GB/T 2423.18《电工电子产品环境试验 第 2 部分:试验方法 试验 Kb:盐雾,交变(氯化钠溶液)》所用盐雾试验设备的首次检验/验收检验和周期检验。

本部分也适用于类似试验设备的检验。

对交变试验所用湿热试验设备的检验见 GB/T 5170.5。

2 规范性引用文件

下列文件中的条款通过 GB/T 5170 的本部分的引用而成为本部分的条款。凡是注日期的引用文件,其随后所有的修改单(不包括勘误的内容)或修订版均不适用于本部分,然而,鼓励根据本部分达成协议的各方研究是否可使用这些文件的最新版本。凡是不注日期的引用文件,其最新版本适用于本部分。

GB/T 2423.17 电工电子产品环境试验 第 2 部分:试验方法 试验 Ka:盐雾试验方法(GB/T 2423.17—2008,IEC 60068-2-11:1981,IDT)

GB/T 2423.18 电工电子产品环境试验 第 2 部分:试验方法 试验 Kb:盐雾,交变(氯化钠溶液)(GB/T 2423.18—2000,idt IEC 60068-2-52:1996)

GB/T 5170.1—2008 电工电子产品环境试验设备检验方法 总则

GB/T 16839.1 热电偶 第 1 部分:分度表(GB/T 16839.1—1997,idt IEC 60584-1:1995)

IEC 60751 工业铂电阻敏感元件

3 术语和定义

本部分采用 GB/T 5170.1—2008 规定的术语和定义。

4 检验项目

本部分的检验项目如下:

——温度偏差;

——温度波动度;

——温度均匀度;

——盐雾沉降率;

——温度指示误差;

——温度过冲量;

——温度过冲恢复时间;

——噪声。

5 检验用主要仪器及要求

5.1 温度测量仪器

采用由铂电阻、热电偶传感器及二次仪表组成的温度测量系统，其测量结果的扩展不确定度($k=2$)不大于被检温度允许偏差的1/3。

铂电阻传感器应符合IEC 60751的等级A，热电偶传感器应符合GB/T 16839.1。

传感器在空气中的50%响应时间应在10 s～40 s之间，温度测量系统的响应时间应小于40 s。

5.2 盐雾沉降率测量仪器

盐雾沉降率测量仪器由以下两部分组成：

——面积80 cm^2 的玻璃(塑料)漏斗；

——容量50 mL的量筒。

5.3 噪声测量仪器

带A计权网络的声级计，其测量结果的扩展不确定度($k=2$)不大于1 dB。

6 检验负载

按GB/T 5170.1—2008第7章的规定(或按有关标准的规定)。

7 检验条件

7.1 受检试验设备在检验时的气候条件、电源条件、用水条件和其他条件应符合GB/T 5170.1—2008第4章的规定。

7.2 受检试验设备的外观和安全要求应符合GB/T 5170.1—2008第8章的规定。

8 检验方法

8.1 温度偏差、温度波动度、温度均匀度、温度指示误差、盐雾沉降率检验方法

8.1.1 温度测量点数量及位置

8.1.1.1 根据试验设备容积的大小，将工作空间分为上、中、下三层，上层与工作室顶面的距离是工作室高度的1/10，中层通过工作空间几何中心点，下层在底层样品架上方10 mm处。

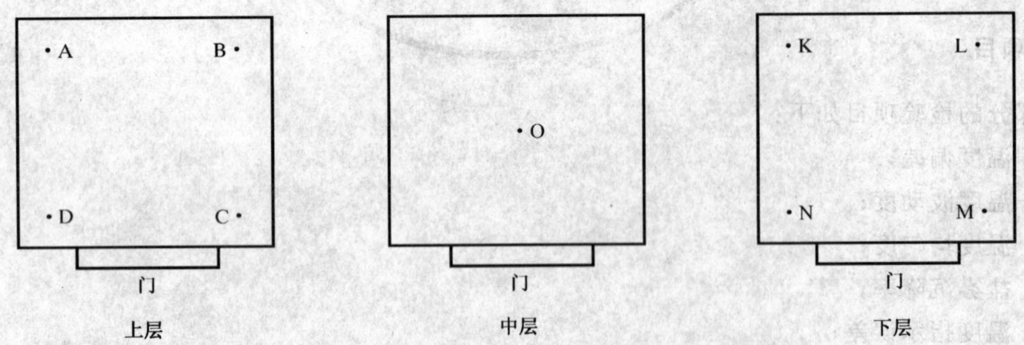

图1 试验设备容积小于或等于2 m^3 时温度测量点布放位置

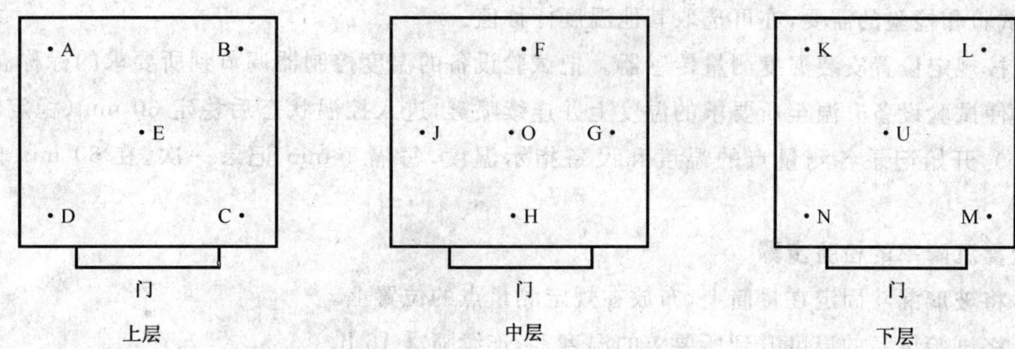

图 2 试验设备容积大于 2 m³ 时温度测量点布放位置

8.1.1.2 测量点位于上、中、下三层，如图 1 和图 2 所示，用英文字母 O、A、B、C、D、E、F、G、H、J、K、L、M、N、U 表示。

8.1.1.3 试验设备容积小于或等于 2 m³ 时，测量点为 9 个，位置如图 1 所示。测量点 O 位于工作室的几何中心(或离喷雾塔适当距离)，其他各测量点与试验设备内壁的距离为各自边长的 1/10，但不小于 50 mm。

8.1.1.4 试验设备容积大于 2 m³ 时，测量点为 15 个，位置如图 2 所示。测量点 E、O、U 分别位于上、中、下层的几何中心，其他各测量点与试验设备内壁的距离为各自边长的 1/10，但不小于 50 mm。

8.1.2 盐雾沉降率测量点数量及位置

8.1.2.1 试验设备容积小于或等于 2 m³ 时，测量点 5 个，除中心点 E 外，其他各点与试验设备内壁的距离约为 150 mm，如图 3 所示。中心位置有喷雾塔时，中心点可离喷雾塔适当距离。

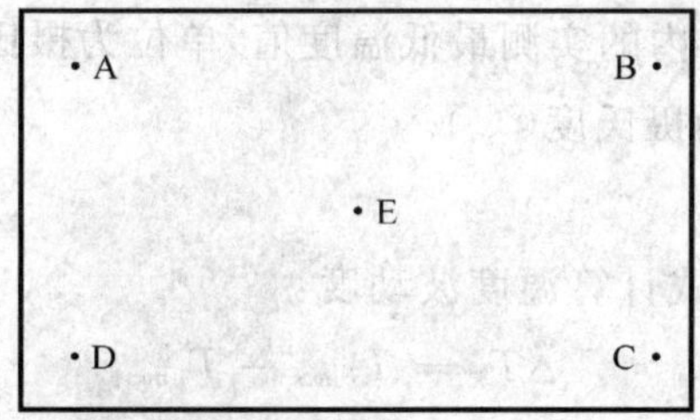

图 3 试验设备容积小于或等于 2 m³ 时盐雾沉降率测量点布放位置

8.1.2.2 试验设备容积大于 2 m³ 时，测量点为 9 个，除中心点 E 外，其他各点与内壁距离均为 170 mm，如图 4 所示。中心位置有喷雾塔时，中心点可离喷雾塔适当距离。

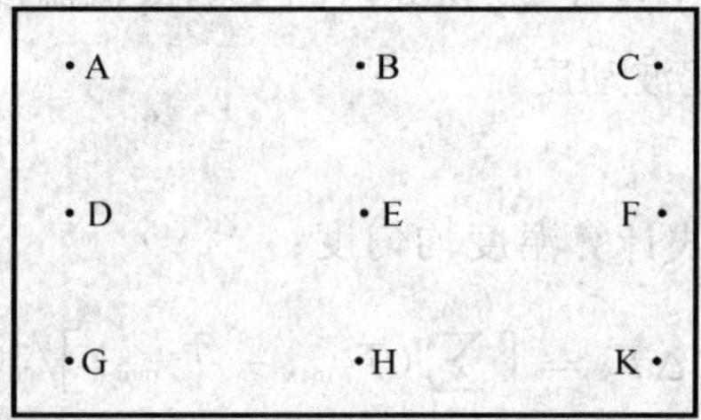

图 4 试验设备容积大于 2 m³ 时盐雾沉降率测量点布放位置

8.1.2.3 玻璃漏斗位于测量点上，其上平面与工作室底面的高度为工作室高度的 1/3。

8.1.3 温度偏差、温度波动度、温度均匀度、温度指示误差的检验步骤

8.1.3.1 选择检验温度标称值

一般选取 GB/T 2423.17 和 GB/T 2423.18 标准中规定的温度标称值。

根据试验和检验的需要，亦可选取其他温度标称值。

8.1.3.2 按规定位置安装温度测量传感器。把试验设备的温度控制器调节到所要求的标称温度上。

8.1.3.3 使试验设备升温至所要求的温度上并连续喷雾，进入控温状态后稳定 30 min(稳定时间最长不超过 2 h)，开始记录各测量点的温度和设备指示温度，每隔 1 min 记录一次，在 30 min 内共记录 30 次。

8.1.4 盐雾沉降率的检验步骤

8.1.4.1 将玻璃漏斗固定在量筒上，布放在规定测量点的位置上。

8.1.4.2 将试验设备的温度升到所要求的温度上，连续喷雾 16 h。

8.1.4.3 喷雾停止后立即取出量筒，记录收集到的溶液量。

8.1.5 计算方法

8.1.5.1 数据修正

对所记录的全部测量数据，按测量系统的修正值进行修正。

8.1.5.2 温度偏差计算方法

对 8.1.3.3 记录的数据，按下式计算温度偏差：

$$\Delta T_{\max} = T_{\max} - T_{\mathrm{N}} \quad \cdots\cdots(1)$$

$$\Delta T_{\min} = T_{\min} - T_{\mathrm{N}} \quad \cdots\cdots(2)$$

式中：

$\Delta T_{\max}$——温度上偏差，单位为摄氏度(℃)；

$\Delta T_{\min}$——温度下偏差，单位为摄氏度(℃)；

$T_{\max}$——各测量点在 30 min 内的实测最高温度值，单位为摄氏度(℃)；

$T_{\min}$——各测量点在 30 min 内的实测最低温度值，单位为摄氏度(℃)；

T_{N}——标称温度值，单位为摄氏度(℃)。

8.1.5.3 温度波动度计算方法

对 8.1.3.3 记录的数据，按下式计算温度波动度：

$$\Delta T_j = T_{j\max} - T_{j\min} \quad \cdots\cdots(3)$$

式中：

ΔT_j——试验设备工作空间第 j 点温度波动度，单位为摄氏度(℃)；

$T_{j\max}$——试验设备工作空间第 j 点在 30 min 内的实测最高温度值，单位为摄氏度(℃)；

$T_{j\min}$——试验设备工作空间第 j 点在 30 min 内的实测最低温度值，单位为摄氏度(℃)。

取 ΔT_j 的最大值为设备的温度波动度。

8.1.5.4 温度均匀度计算方法

对 8.1.3.3 记录的数据，按下式计算温度均匀度：

$$\Delta T_{\mathrm{u}} = \left[\sum_{j=1}^{30}(T_{j\max} - T_{j\min})\right]/30 \quad \cdots\cdots(4)$$

式中：

ΔT_{u}——温度均匀度，单位为摄氏度(℃)；

$T_{j\max}$——各测量点在第 j 次测量中的实测最高温度值，单位为摄氏度(℃)；

$T_{j\min}$——各测量点在第 j 次测量中的实测最低温度值，单位为摄氏度(℃)。

8.1.5.5 温度指示误差计算方法

对 8.1.3.3 记录的数据,按下式计算温度指示误差:

$$T_O = \frac{1}{M \times N}\sum_{i=1}^{N}\sum_{j=1}^{M} T_{ij} \quad \cdots\cdots(5)$$

$$T_D = \frac{1}{N}\sum_{j=1}^{N} T_j \quad \cdots\cdots(6)$$

$$\Delta T_D = T_D - T_O \quad \cdots\cdots(7)$$

式中:

M——设备工作空间的测量点数;

N——测量次数;

T_{ij}——设备工作空间第 j 点第 i 次的温度测量值,单位为摄氏度(℃);

T_j——设备第 j 次指示温度值,单位为摄氏度(℃);

T_O——设备工作空间全部测量点的温度测量平均值,单位为摄氏度(℃);

T_D——设备指示温度的平均值,单位为摄氏度(℃);

ΔT_D——温度指示误差,单位为摄氏度(℃)。

8.1.5.6 盐雾沉降率计算方法

对 8.1.4.3 记录的数据,按下式计算各测量点的盐雾沉降率:

$$G = V/t \quad \cdots\cdots(8)$$

式中:

G——盐雾沉降率,单位为毫升每小时每 80 平方厘米[mL/(h · 80 cm²)];

V——盐雾沉降量,单位为毫升每 80 平方厘米(mL/80 cm²);

t——连续喷雾时间,单位为小时(h)。

8.2 温度过冲量检验方法

8.2.1 测量点位置

测量点规定为设备工作空间的几何中心点。

8.2.2 检验步骤

8.2.2.1 温度过冲量检验与温度偏差检验同时进行。

8.2.2.2 设备升温过程中,测量和记录超出标称温度允许偏差范围外的最高温度值。

8.2.3 计算方法

8.2.3.1 数据修正

对所记录的测量数据,按测量系统的修正值进行修正。

8.2.3.2 温度过冲量计算方法

对 8.2.2.2 记录的数据,按下式计算温度过冲量:

$$\Delta T_o = |T - T_N| - |\Delta T| \quad \cdots\cdots(9)$$

式中:

ΔT_o——温度过冲量,单位为摄氏度(℃);

T——超出标称温度允许偏差范围外的实测最高温度值,单位为摄氏度(℃);

T_N——标称温度值,单位为摄氏度(℃);

ΔT——标称温度允许偏差值,单位为摄氏度(℃)。

注:当测量点的温度不能达到或没有超出标称温度允许偏差范围时,则不存在温度过冲,即没有温度过冲量。

8.3 温度过冲恢复时间检验方法

8.3.1 测量点规定为设备工作空间的几何中心点。

8.3.2 温度过冲恢复时间检验与温度过冲量检验同时进行。

8.3.3 当进行温度过冲量检验时，记录温度从超出标称温度允许偏差范围外起至开始稳定在标称温度允许偏差范围内时所需的时间，即为设备在该检验温度下的温度过冲恢复时间，单位为 min。

注：只有存在温度过冲时，才有温度过冲恢复时间。

8.4 噪声测量方法

8.4.1 测量环境

a) 测量场地的地面(反射面)不能由于振动而辐射显著的声能。

b) 在测量点上，试验设备工作时测得的 A 计权声压级与背景噪声的 A 计权声压级之差应至少大于 3 dB，若小于 10 dB 应按表 1 修正。

c) 户外测量时，风速应小于 6 m/s(相当于四级风)，并应使用风罩。

表 1 背景噪声的修正

试验设备工作时测得的 A 计权声压级与背景噪声测得的 A 计权声压级之差/dB	背景噪声修正值(应减去的量)/dB
3	3.0
4	2.0
5	2.0
6	1.0
7	1.0
8	1.0
9	0.5
10	0.5
＞10	0

8.4.2 噪声的测量

8.4.2.1 测量点位置

测量点位于距离设备正面中轴线 1 m 远(与设备正面垂直)、距离地面高度为设备高度 1/2 处，但距离地面最大高度不大于 1.5 m，最小高度不小于 1 m。

8.4.2.2 测量

a) 试验设备开机前，测量测量点的背景噪声的 A 计权声压级。

b) 在试验设备空载且辐射噪声最大的工作条件下正常稳定运行后，使用声级计的 A 计权网络测量 A 计权声压级，传声器应正对试验设备，使用声级计的“慢”时间计权特性进行测量，声压级的读数为观察周期内的平均值(对偶然出现的最大值或最小值不予考虑)。为避免测量时操作者身体的反射影响，操作距离传声器应至少大于 0.5 m。

c) 记录测量的数值，按表 1 修正后，即为试验设备运行时噪声的 A 计权声压级。

9 数据处理结果与检验结果

9.1 数据处理结果

数据处理结果应符合 GB/T 2423.17、GB/T 2423.18 或有关标准和合同的要求。

9.2 检验结果

9.2.1 当试验设备的个别测量点的检验结果不能满足技术指标的要求时，允许适当缩小试验设备的工作空间或检验参数范围，在缩小后的工作空间或相应的参数范围内，应满足全部技术指标要求，检验结果为限用，同时注明限用范围。

9.2.2 按 GB/T 5170.1—2008 第 10 章的规定出具检验报告。

10 检验周期

按 GB/T 5170.1—2008 第 6 章的规定。

附 录 A
（规范性附录）
检验项目的选择

首次检验/验收检验和周期检验时，若无其他规定，按表A.1选择检验项目。

表 A.1 检验项目的选择

序号	检验项目	首次检验/验收检验	周期检验
1	温度偏差	○	○
2	温度波动度	○	○
3	温度均匀度	△	☆
4	盐雾沉降率	○	○
5	温度指示误差	○	○
6	温度过冲量	△	☆
7	温度过冲恢复时间	△	☆
8	噪声	△	☆

注：符号“○”表示必须检验的项目；符号“△”表示有该项目要求的试验设备而必须检验的项目；符号“☆”表示用户可选择的检验项目。

ICS 19.040
K 04

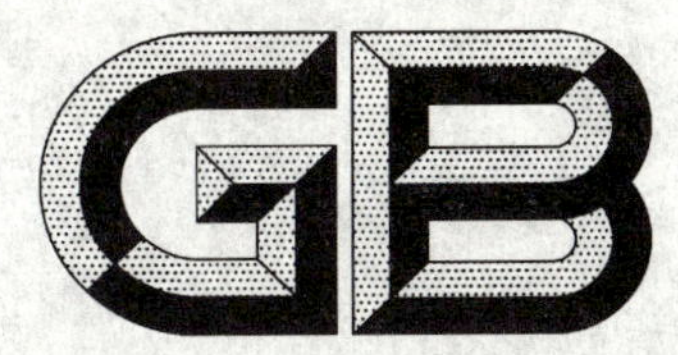

中华人民共和国国家标准

GB/T 5170.9—2008
代替 GB/T 5170.9—1996

电工电子产品环境试验设备检验方法 太阳辐射试验设备

Inspection methods for environmental testing equipments for electric and electronic products—Solar radiation testing equipments

2008-06-16 发布 2009-03-01 实施

中华人民共和国国家质量监督检验检疫总局
中国国家标准化管理委员会 发布

前言

GB/T 5170 目前包含以下几部分：

——GB/T 5170.1—2008 电工电子产品环境试验设备检验方法 总则

——GB/T 5170.2—2008 电工电子产品环境试验设备检验方法 温度试验设备

——GB/T 5170.5—2008 电工电子产品环境试验设备检验方法 湿热试验设备

——GB/T 5170.8—2008 电工电子产品环境试验设备检验方法 盐雾试验设备

——GB/T 5170.9—2008 电工电子产品环境试验设备检验方法 太阳辐射试验设备

——GB/T 5170.10—2008 电工电子产品环境试验设备检验方法 高低温低气压试验设备

——GB/T 5170.11—2008 电工电子产品环境试验设备检验方法 腐蚀气体试验设备

——GB/T 5170.13—2005 电工电子产品环境试验设备基本参数检定方法 振动（正弦）试验用机械振动台

——GB/T 5170.14—1985 电工电子产品环境试验设备基本参数检定方法 振动（正弦）试验用电动振动台

——GB/T 5170.15—2005 电工电子产品环境试验设备基本参数检定方法 振动（正弦）试验用液压振动台

——GB/T 5170.16—2005 电工电子产品环境试验设备基本参数检定方法 稳态加速度试验用离心机

——GB/T 5170.17—2005 电工电子产品环境试验设备基本参数检定方法 低温/低气压/湿热综合顺序试验设备

——GB/T 5170.18—2005 电工电子产品环境试验设备基本参数检定方法 温度/湿度组合循环试验设备

——GB/T 5170.19—2005 电工电子产品环境试验设备基本参数检定方法 温度/振动（正弦）综合试验设备

——GB/T 5170.20—2005 电工电子产品环境试验设备基本参数检定方法 水试验设备

本部分是 GB/T 5170 的第 9 部分。

本部分代替 GB/T 5170.9—1996。与 GB/T 5170.9—1996 相比，技术内容主要有如下变化：

——标准名称“电工电子产品环境试验设备基本参数检定方法 太阳辐射试验设备”更改为“电工电子产品环境试验设备检验方法 太阳辐射试验设备”；

——所有用词“检定”更改为“检验”；

——增加了“术语和定义”一章；

——增加了“温度波动度”检验项目；

——检验项目“温度变化速率”更改为“每 5 min 温度平均变化速率”；

——增加了“温度指示误差”检验项目；

——增加了“噪声”检验项目；

——在“检验用主要仪器及要求”一章中，给出了测量系统其测量结果的扩展不确定度（$k=2$）的要求；

——增加了“检验负载”一章；

——测量数据记录改为每一分钟记录一次数据；

——删除了“检定过程中的处理”部分；

——增加了附录A“检验项目的选择”。

附录A为规范性附录。

本部分由全国电工电子产品环境条件与环境试验标准化技术委员会(SAC/TC 8)提出并归口。

本部分起草单位:信息产业部电子第五研究所。

本部分主要起草人:伍伟雄、谢晨浩、蔡锦文、张孝华、罗军、薛秀美、孔玉梅、梁为旺、罗国良。

本部分所代替标准的历次版本发布情况为:

——GB/T 5170.9—1985;

——GB/T 5170.9—1996。

电工电子产品环境试验设备检验方法 太阳辐射试验设备

1 范围

GB/T 5170 的本部分规定了太阳辐射试验设备的检验项目、检验用主要仪器及要求、检验负载、检验条件、检验方法、数据处理结果与检验结果、检验周期等内容。

本部分适用于对 GB/T 2423.24《电工电子产品环境试验　第 2 部分:试验方法　试验 Sa:模拟地面上的太阳辐射》所用试验设备的首次检验/验收检验和周期检验。

本部分也适用于类似试验设备的检验。

2 规范性引用文件

下列文件中的条款通过 GB/T 5170 的本部分的引用而成为本部分的条款。凡是注日期的引用文件,其随后所有的修改单(不包括勘误的内容)或修订版均不适用于本部分,然而,鼓励根据本部分达成协议的各方研究是否可使用这些文件的最新版本。凡是不注日期的引用文件,其最新版本适用于本部分。

GB/T 2423.24　电工电子产品环境试验　第 2 部分:试验方法　试验 Sa:模拟地面上的太阳辐射(GB/T 2423.24—1995,idt IEC 60068-2-5:1975)

GB/T 5170.1—2008　电工电子产品环境试验设备检验方法　总则

GB/T 5170.2　电工电子产品环境试验设备检验方法　温度试验设备

GB/T 16839.1　热电偶　第 1 部分:分度表(GB/T 16839.1—1997,idt IEC 60584-1:1995)

IEC 60751　工业铂电阻敏感元件

3 术语和定义

本部分采用 GB/T 5170.1—2008 规定的术语和定义。

4 检验项目

本部分的检验项目如下:

——辐射强度及光谱能量(紫外线、可见光、红外线辐射强度)分布;

——温度偏差;

——温度波动度;

——每 5 min 温度平均变化速率;

——风速;

——温度指示误差;

——噪声。

5 检验用主要仪器及要求

5.1 辐射强度测量仪器

采用太阳辐射强度计或其他类似的仪器,其测量波长范围为 0.28 μm～3.00 μm,其测量结果的扩展不确定度($k=2$)不大于被测辐射强度允差的 1/3。

5.2 光谱能量分布测量仪器

采用分光辐射仪或其他类似的仪器，其测量波长范围为 0.28 μm～3.00 μm，其测量结果的扩展不确定度($k=2$)不大于被测辐射强度允差的 1/3。

5.3 温度测量仪器

采用由铂电阻、热电偶传感器及二次仪表组成的温度测量系统，其测量结果的扩展不确定度($k=2$)不大于被检温度允许偏差的 1/3。

铂电阻传感器应符合 IEC 60751 的等级 A，热电偶传感器应符合 GB/T 16839.1。

传感器在空气中的 50%响应时间应在 10 s～40 s 之间，温度测量系统的响应时间应小于 40 s。

5.4 风速测量仪器

采用各种风速仪，其感应量不大于 0.05 m/s。

5.5 噪声测量仪器

带 A 计权网络的声级计，其测量结果的扩展不确定度($k=2$)不大于 1 dB。

6 检验负载

按 GB/T 5170.1—2008 第 7 章的规定(或按有关标准的规定)。

7 检验条件

7.1 受检试验设备在检验时的气候条件、电源条件、用水条件和其他条件应符合 GB/T 5170.1—2008 第 4 章的规定。

7.2 受检试验设备的外观和安全要求应符合 GB/T 5170.1—2008 第 8 章的规定。

8 检验方法

8.1 测量点数量及位置

8.1.1 辐射强度和光谱能量分布测量点数量及布放位置

对设备内所规定的照射平面上的辐射强度及光谱能量(紫外线、可见光、红外线辐射强度)分布进行测量时，将一定数量的传感器布放在工作空间规定的位置上。

8.1.1.1 灯管为垂直安装在通过设备内的几何中心点时，一般将设备内的样品架分为上、中、下三层。中层通过设备的几何中心，上、下二层距样品架顶部和底部的距离均为 50 mm。在每一层选取二个测量点，共六个测量点，用英文字母 A、B、C、D、E、F 表示，布放位置如图 1 所示。

8.1.1.2 灯管为水平安装在设备内的顶部时，在设备内规定的照射平面上布放五个测量点，其中一个测量点布放在平面几何中心，其余四个测量点按对称位置布放在四角，与水平样品架边缘距离为 50 mm。测量点用英文字母 A、B、C、D、E 表示，布放位置如图 2。

8.1.2 温度偏差、温度波动度、温度指示误差测量点数量及布放位置

对设备的温度性能进行测量时，将一定数量的传感器布放在设备工作空间内。

8.1.2.1 灯管为垂直安装在通过设备内的几何中心点时，在设备样品架中层左、右、前三个方向布放三个测量点，测量点位于样品架与箱壁距离的一半，用英文字母 A、B、C 表示，布放位置如图 3 所示。

8.1.2.2 灯管为水平安装在设备内的顶部时，一般在设备内规定的照射测量平面以下 0～50 mm 的水平平面上布放四个测量点。测量点位于水平样品架边缘与箱壁距离的一半，用英文字母 A、B、C、D 表示，布放位置如图 4。

8.1.3 每 5 min 温度平均变化速率测量点

测量点为设备的控制点。

8.1.4 风速测量点

测量点与温度偏差测量点的数量与位置相同。

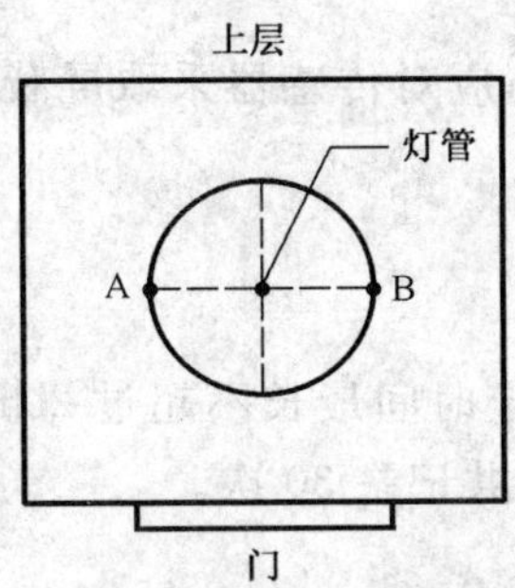

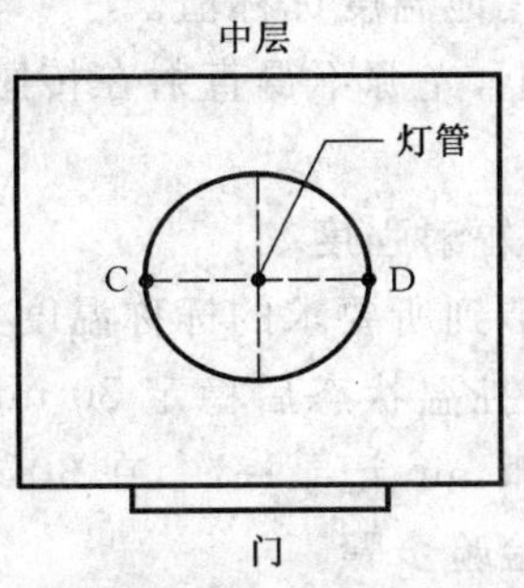

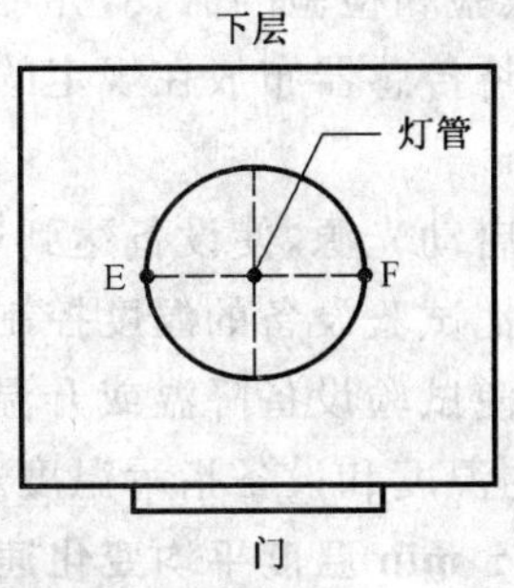

图 1 辐射强度及光谱能量(紫外线、可见光、红外线辐射强度)分布测量点布放位置(灯管为垂直安装)

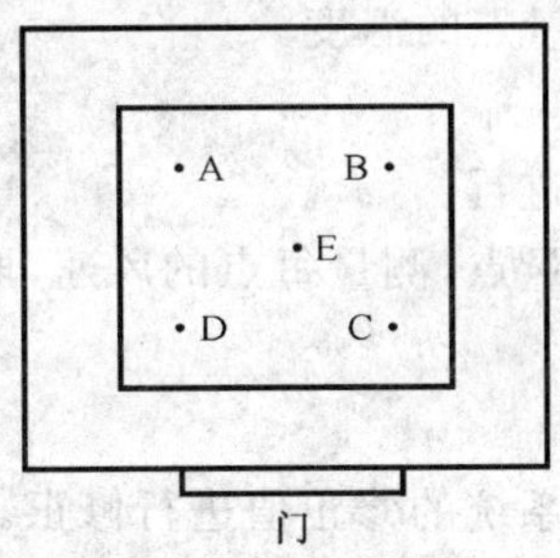

图 2 辐射强度及光谱能量(紫外线、可见光、红外线辐射强度)分布测量点布放位置(灯管为水平安装)

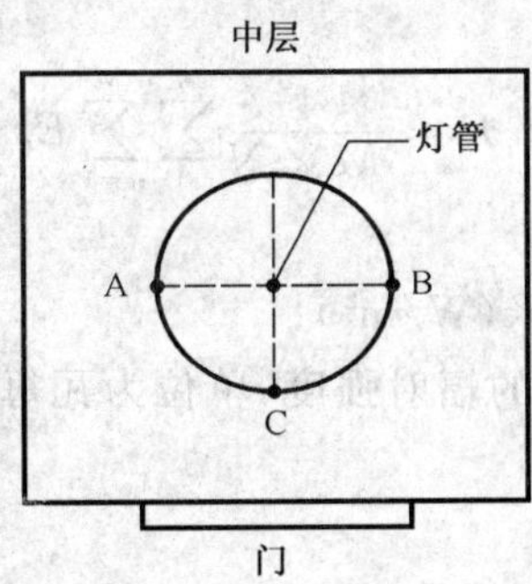

图 3 温度测量点布放位置(灯管为垂直安装)

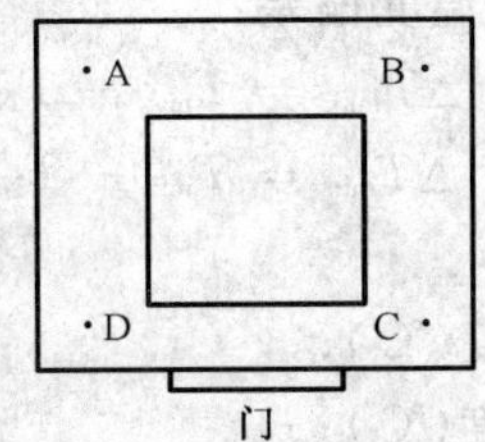

图 4 温度测量点布放位置(灯管为水平安装)

8.2 检验步骤

8.2.1 辐射强度及光谱能量(紫外线、可见光、红外线辐射强度)分布检验步骤

8.2.1.1 将传感器布放在规定的位置上,使传感器的感应面与光源入射方向垂直。

8.2.1.2 启动光源,待光源稳定以后,依次测量各点的辐射强度,每点连续测量三次,每次间隔 1 min。

8.2.2 温度偏差、温度波动度、温度指示误差的检验步骤

8.2.2.1 选择检验温度标称值

在试验设备温度可调范围内，一般选取 GB/T 2423.24 标准中规定的有代表性的温度标称值。常温：25 ℃，高温：40 ℃、55 ℃。

根据试验和检验的需要，亦可选取其他温度标称值。

8.2.2.2 将传感器布放在规定的位置上，光源不得直射在传感器上，应对传感器采取屏蔽方法防止辐射热效应。

8.2.2.3 启动光源，使设备达到规定的辐射强度。

8.2.2.4 把试验设备的温度控制器调节到所要求的标称温度上。

8.2.2.5 使试验设备降温或升温，进入控温状态后稳定 30 min（稳定时间最长不超过 2 h），开始记录各测量点的温度和设备指示温度，每隔 1 min 记录一次，在 30 min 内共记录 30 次。

8.2.3 每 5 min 温度平均变化速率的检验步骤

8.2.3.1 将传感器布放在规定的位置上。启动光源，使试验设备达到规定的辐射强度。

8.2.3.2 使设备的温度按 GB/T 2423.24 中的试验方法 A、方法 B、方法 C 或其他的温变程序试验。在升降温过程中，每 1 min 记录一次测量点的温度。

8.2.4 风速检验步骤

8.2.4.1 本测量在空载和室温条件下进行。

8.2.4.2 将风速计的传感器置于各测量点，测量每点的风速，取最大值作为该测量点的风速。

8.3 计算方法

8.3.1 数据修正

对所记录的全部测量数据，按测量系统的修正值进行修正。

8.3.2 辐射强度及光谱能量（紫外线、可见光、红外线辐射强度）分布计算方法

对 8.2.1.2 记录的数据，按下式计算试验设备工作空间的辐射强度和光谱能量（紫外线、可见光、红外线）分布的辐射强度：

$$E = \frac{1}{M \times N} \sum_{i=1}^{N} \sum_{j=1}^{M} E_{ij} \qquad \cdots\cdots(1)$$

式中：

E——辐射强度，单位为瓦每平方米（W/m^2）；

E_{ij}——工作空间第 i 点第 j 次测量的辐射强度，单位为瓦每平方米（W/m^2）；

M——测量点数；

N——测量次数。

8.3.3 温度偏差计算方法

对 8.2.2.5 记录的数据，按下式计算温度偏差：

$$\Delta T_{max} = T_{max} - T_N \qquad \cdots\cdots(2)$$

$$\Delta T_{min} = T_{min} - T_N \qquad \cdots\cdots(3)$$

式中：

ΔT_{max}——温度上偏差，单位为摄氏度（℃）；

ΔT_{min}——温度下偏差，单位为摄氏度（℃）；

T_{max}——各测量点在 30 min 内的实测最高温度值，单位为摄氏度（℃）；

T_{min}——各测量点在 30 min 内的实测最低温度值，单位为摄氏度（℃）；

T_N——标称温度值，单位为摄氏度（℃）。

8.3.4 温度波动度计算方法

对 8.2.2.5 记录的数据，按下式计算温度波动度：

$$\Delta T_j = T_{j\max} - T_{j\min} \quad \cdots\cdots(4)$$

式中：

ΔT_j——试验设备工作空间第 j 点温度波动度，单位为摄氏度(℃)；

$T_{j\max}$——试验设备工作空间第 j 点在 30 min 内的实测最高温度值，单位为摄氏度(℃)；

$T_{j\min}$——试验设备工作空间第 j 点在 30 min 内的实测最低温度值，单位为摄氏度(℃)。

取 ΔT_j 的最大值为设备的温度波动度。

8.3.5 温度指示误差计算方法

对 8.2.2.5 记录的数据，按下式计算温度指示误差：

$$T_O = \frac{1}{M \times N}\sum_{i=1}^{N}\sum_{j=1}^{M} T_{ij} \quad \cdots\cdots(5)$$

$$T_D = \frac{1}{N}\sum_{j=1}^{N} T_j \quad \cdots\cdots(6)$$

$$\Delta T_D = T_D - T_O \quad \cdots\cdots(7)$$

式中：

M——设备工作空间的测量点数；

N——测量次数；

T_{ij}——设备工作空间第 j 点第 i 次的温度测量值，单位为摄氏度(℃)；

T_j——设备第 j 次指示温度值，单位为摄氏度(℃)；

T_O——设备工作空间全部测量点的温度测量平均值，单位为摄氏度(℃)；

T_D——设备指示温度的平均值，单位为摄氏度(℃)；

ΔT_D——温度指示误差，单位为摄氏度(℃)。

8.3.6 每 5 min 温度平均变化速率计算方法

对 8.2.3.2 的测量数据，按下式计算每 5 min 温度平均变化速率：

$$V_T = |\Delta T| / 5 \quad \cdots\cdots(8)$$

式中：

V_T——每 5 min 温度平均变化速率，单位为摄氏度每分钟(℃/min)；

ΔT——每 5 min 的温度变化值，单位为摄氏度(℃)。

注：在两个规定温度之间测量每 5 min 温度平均变化速率得到的多个值，可取其中的最小值与最大值的范围作为测量结果。

8.3.7 风速计算方法

对 8.2.4.2 的测量数据，按下式计算风速：

$$v = \sum_{i=1}^{n} v_i / n \quad \cdots\cdots(9)$$

式中：

v——试验设备工作空间内的风速，单位为米每秒(m/s)；

v_i——各测量点的风速，单位为米每秒(m/s)；

n——测量点数。

8.4 噪声测量方法

8.4.1 测量环境

a) 测量场地的地面(反射面)不能由于振动而辐射显著的声能。

b) 在测量点上，试验设备工作时测得的 A 计权声压级与背景噪声的 A 计权声压级之差应至少大于 3 dB，若小于 10 dB 应按表 1 修正。

c) 户外测量时，风速应小于 6 m/s(相当于四级风)，并应使用风罩。

表 1 背景噪声的修正

试验设备工作时测得的 A 计权声压级与背景噪声测得的 A 计权声压级之差/dB	背景噪声修正值(应减去的量)/dB
3	3.0
4	2.0
5	2.0
6	1.0
7	1.0
8	1.0
9	0.5
10	0.5
>10	0

8.4.2 噪声的测量

8.4.2.1 测量点位置

测量点位于距离设备正面中轴线 1 m 远(与设备正面垂直)、距离地面高度为设备高度 1/2 处,但距离地面最大高度不大于 1.5 m,最小高度不小于 1 m。

8.4.2.2 测量

a) 试验设备开机前,测量测量点的背景噪声的 A 计权声压级。

b) 在试验设备空载且辐射噪声最大的工作条件下正常稳定运行后,使用声级计的 A 计权网络测量 A 计权声压级,传声器应正对试验设备,使用声级计的“慢”时间计权特性进行测量,声压级的读数为观察周期内的平均值(对偶然出现的最大值或最小值不予考虑)。为避免测量时操作者身体的反射影响,操作距离传声器应至少大于 0.5 m。

c) 记录测量的数值,按表 1 修正后,即为试验设备运行时噪声的 A 计权声压级。

9 数据处理结果与检验结果

9.1 数据处理结果

数据处理结果应符合 GB/T 2423.24 或有关标准和合同的要求。

9.2 检验结果

9.2.1 当试验设备的个别测量点的检验结果不能满足技术指标的要求时,允许适当缩小试验设备的工作空间或检验参数范围,在缩小后的工作空间或相应的参数范围内,应满足全部技术指标要求,检验结果为限用,同时注明限用范围。

9.2.2 按 GB/T 5170.1—2008 第 10 章的规定出具检验报告。

10 检验周期

按 GB/T 5170.1—2008 第 6 章的规定。

附 录 A
（规范性附录）
检验项目的选择

首次检验/验收检验和周期检验时，若无其他规定，按表 A.1 选择检验项目。

表 A.1 检验项目的选择

序 号	检 验 项 目	首次检验/验收检验	周 期 检 验
1	辐射强度及光谱能量（紫外线、可见光、红外线辐射强度）分布	○	○
2	温度偏差	○	○
3	温度波动度	○	○
4	每 5 min 温度平均变化速率	△	☆
5	风速	△	☆
6	温度指示误差	○	○
7	噪声	△	☆
注：符号“○”表示必须检验的项目；符号“△”表示有该项目要求的试验设备而必须检验的项目；符号“☆”表示用户可选择的检验项目。			

ICS 19.040
K 04

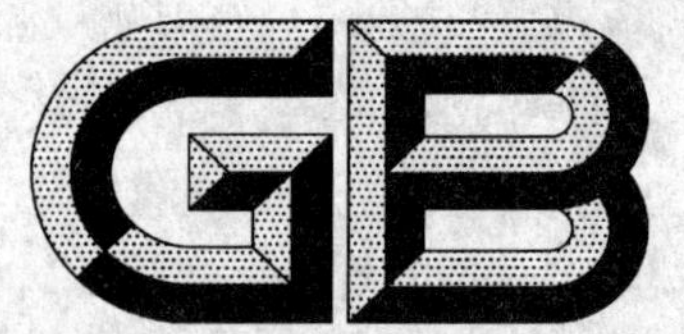

中华人民共和国国家标准

GB/T 5170.10—2008
代替 GB/T 5170.10—1996

电工电子产品环境试验设备检验方法 高低温低气压试验设备

Inspection methods for environmental testing equipments for electric and electronic products—Combined high and low temperature/low air pressure testing equipments

2008-06-16 发布　　2009-03-01 实施

中华人民共和国国家质量监督检验检疫总局
中国国家标准化管理委员会　发布

前言

GB/T 5170 目前包含以下几部分：

——GB/T 5170.1—2008 电工电子产品环境试验设备检验方法 总则

——GB/T 5170.2—2008 电工电子产品环境试验设备检验方法 温度试验设备

——GB/T 5170.5—2008 电工电子产品环境试验设备检验方法 湿热试验设备

——GB/T 5170.8—2008 电工电子产品环境试验设备检验方法 盐雾试验设备

——GB/T 5170.9—2008 电工电子产品环境试验设备检验方法 太阳辐射试验设备

——GB/T 5170.10—2008 电工电子产品环境试验设备检验方法 高低温低气压试验设备

——GB/T 5170.11—2008 电工电子产品环境试验设备检验方法 腐蚀气体试验设备

——GB/T 5170.13—2005 电工电子产品环境试验设备基本参数检定方法 振动（正弦）试验用机械振动台

——GB/T 5170.14—1985 电工电子产品环境试验设备基本参数检定方法 振动（正弦）试验用电动振动台

——GB/T 5170.15—2005 电工电子产品环境试验设备基本参数检定方法 振动（正弦）试验用液压振动台

——GB/T 5170.16—2005 电工电子产品环境试验设备基本参数检定方法 稳态加速度试验用离心机

——GB/T 5170.17—2005 电工电子产品环境试验设备基本参数检定方法 低温/低气压/湿热综合顺序试验设备

——GB/T 5170.18—2005 电工电子产品环境试验设备基本参数检定方法 温度/湿度组合循环试验设备

——GB/T 5170.19—2005 电工电子产品环境试验设备基本参数检定方法 温度/振动（正弦）综合试验设备

——GB/T 5170.20—2005 电工电子产品环境试验设备基本参数检定方法 水试验设备

本部分是 GB/T 5170 的第 10 部分。

本部分代替 GB/T 5170.10—1996。与 GB/T 5170.10—1996 相比，技术内容主要有如下变化：

——标准名称“电工电子产品环境试验设备基本参数检定方法 高低温低气压试验设备”更改为“电工电子产品环境试验设备检验方法 高低温低气压试验设备”；

——所有用词“检定”更改为“检验”；

——增加了“术语和定义”一章；

——增加了“温度波动度”检验项目；

——增加了“温度均匀度”检验项目；

——检验项目“综合检定温度平均变化速率”更改为“综合检验每 5 min 温度平均变化速率”；

——增加了“温度指示误差”检验项目；

——增加了“气压指示误差”检验项目；

——增加了“温度过冲量”检验项目；

——增加了“温度过冲恢复时间”检验项目；

——增加了“噪声”检验项目；

——在“检验用主要仪器及要求”一章中，给出了测量系统其测量结果的扩展不确定度($k=2$)的要求；

——增加了“检验负载”一章；

——测量数据记录改为每一分钟记录一次数据；

——删除了“检定过程中的处理”部分；

——增加了附录A“检验项目的选择”。

附录A为规范性附录。

本部分由全国电工电子产品环境条件与环境试验标准化技术技术委员会(SAC/TC 8)提出并归口。

本部分起草单位：信息产业部电子第五研究所。

本部分主要起草人：伍伟雄、谢晨浩、蔡锦文、张孝华、罗军、薛秀美、孔玉梅、梁为旺、罗国良。

本部分所代替标准的历次版本发布情况为：

——GB/T 5170.10—1985；

——GB/T 5170.10—1996。

电工电子产品环境试验设备检验方法 高低温低气压试验设备

1 范围

GB/T 5170的本部分规定了高低温低气压(含低气压、低温低气压和高温低气压)试验设备的检验项目、检验用主要仪器及要求、检验负载、检验条件、检验方法、数据处理结果与检验结果、检验周期等内容。

本部分适用于对GB/T 2423.21《电工电子产品基本环境试验规程　试验M:低气压试验方法》、GB/T 2423.25《电工电子产品基本环境试验规程　试验Z/AM:低温/低气压综合试验方法》和GB/T 2423.26《电工电子产品基本环境试验规程　试验Z/BM:高温/低气压综合试验方法》所用试验设备的首次检验/验收检验和周期检验。

本部分也适用于类似试验设备的检验。

2 规范性引用文件

下列文件中的条款通过GB/T 5170的本部分的引用而成为本部分的条款。凡是注日期的引用文件,其随后所有的修改单(不包括勘误的内容)或修订版均不适用于本部分,然而,鼓励根据本部分达成协议的各方研究是否可使用这些文件的最新版本。凡是不注日期的引用文件,其最新版本适用于本部分。

GB/T 2423.21　电工电子产品基本环境试验规程　试验M:低气压试验方法(GB/T 2423.21—1993,neq IEC 60068-2-13:1983)

GB/T 2423.25　电工电子产品基本环境试验规程　试验Z/AM:低温/低气压综合试验方法(GB/T 2423.25—1992,neq IEC 60068-2-40:1976)

GB/T 2423.26　电工电子产品基本环境试验规程　试验Z/BM:高温/低气压综合试验方法(GB/T 2423.26—1992,neq IEC 60068-2-41:1976)

GB/T 5170.1—2008　电工电子产品环境试验设备检验方法　总则

GB/T 5170.2　电工电子产品环境试验设备检验方法　温度试验设备

GB/T 16839.1　热电偶　第1部分:分度表(GB/T 16839.1—1997,idt IEC 60584-1:1995)

IEC 60751　工业铂电阻敏感元件

3 术语和定义

本部分采用GB/T 5170.1—2008规定的术语和定义。

4 检验项目

本部分的检验项目如下:

——低气压偏差;

——气压变化速率;

——综合检验温度偏差;

——综合检验温度波动度;

——综合检验温度均匀度;

——综合检验气压偏差；

——综合检验每 5 min 温度平均变化速率；

——综合检验气压变化速率；

——温度指示误差；

——气压指示误差；

——温度过冲量；

——温度过冲恢复时间；

——噪声。

5 检验用主要仪器及要求

5.1 温度测量仪器

采用由铂电阻、热电偶传感器及二次仪表组成的温度测量系统应满足低气压条件下的测量要求，其测量结果的扩展不确定度($k=2$)不大于被检温度允许偏差的 1/3。

铂电阻传感器应符合 IEC 60751 的等级 A，热电偶传感器应符合 GB/T 16839.1。

传感器在空气中的 50%响应时间应在 10 s～40 s 之间，温度测量系统的响应时间应小于 40 s。

5.2 低气压测量仪器

采用的气压表(计)，其测量结果的扩展不确定度($k=2$)不大于被测气压允许偏差的 1/3。

5.3 噪声测量仪器

带 A 计权网络的声级计，其测量结果的扩展不确定度($k=2$)不大于 1 dB。

6 检验负载

按 GB/T 5170.1 第 7 章的规定(或按有关标准的规定)。

7 检验条件

7.1 受检设备在检验时的气候条件、电源条件、用水条件和其他条件应符合 GB/T 5170.1—2008 第 4 章的规定。

7.2 受检试验设备的外观和安全要求应符合 GB/T 5170.1—2008 第 8 章的规定。

8 检验方法

8.1 测量点数量及位置

8.1.1 综合检验温度偏差、温度波动度、温度均匀度、温度指示误差的测量点数量及位置

8.1.1.1 根据试验设备容积的大小，将工作空间分为上、中、下(立式)或前、中、后(卧式)三层，将一定数量的温度传感器布放在其中规定的位置上，传感器不应受冷热源的直接辐射。

8.1.1.2 温度测量点用英文字母 O、A、B、C、D、E、F、G、H、J、K、L、M、N、U 表示。

8.1.1.3 测量点 O 为设备工作空间的几何中心点，其他各测量点的位置与设备内壁的距离为工作室各自边长的 1/10(遇有风道时，是指与送风口和回风口的距离)，但最大距离不能大于 500 mm，最小距离不能小于 50 mm。如果设备带有样品架或样品车时，下层测量点可布放在样品架或样品车上方 10 mm 处。

8.1.1.4 试验设备容积小于或等于 2 m^3 时，温度测量点为 9 个，布放位置如图 1 所示。

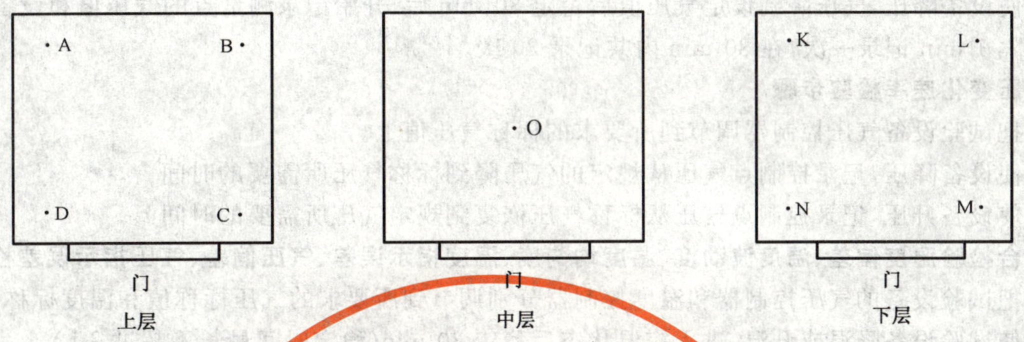

图 1 试验设备容积小于或等于 2 m^3 时温度测量点布放位置

8.1.1.5 试验设备容积大于 2 m^3 时，温度测量点为 15 个，布放位置如图 2 所示。

8.1.1.6 根据试验和检验的需要，可在试验设备工作空间增加对疑点的测量。

8.1.1.7 对于其他形状的试验设备，测量点数量和位置可参照上述规定执行。

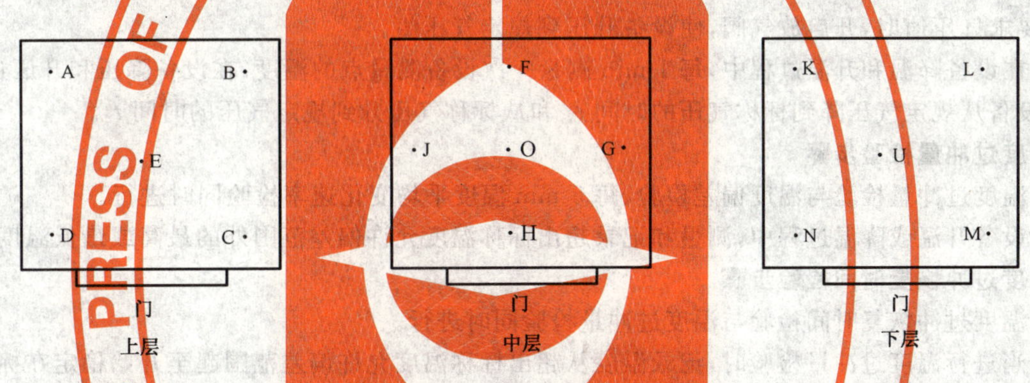

图 2 试验设备容积大于 2 m^3 时温度测量点布放位置

8.1.2 低气压偏差、气压变化速率、综合检验气压变化速率、综合检验气压偏差、气压指示误差的测量点位置

测量点为试验设备工作空间任意点或设备取压口处。

8.1.3 综合检验每 5 min 温度平均变化速率、温度过冲量、温度过冲恢复时间的测量点位置

测量点规定为设备的几何中心点。

8.2 检验步骤

8.2.1 选择检验温度标称值

在设备温度可调范围内，一般选取 GB/T 2423.25 和 GB/T 2423.26 标准中规定的有代表性的温度标称值。

低温：−65 ℃，−55 ℃，−40 ℃，−25 ℃，−10 ℃，−5 ℃等。

高温：+30 ℃，+40 ℃，+55 ℃，+70 ℃，+85 ℃，+100 ℃，+125 ℃，+155 ℃，+175 ℃，+200 ℃ 等。

根据试验和检验的需要，亦可选取其他温度标称值。

8.2.2 选择低气压标称值

在设备低气压可调范围内，一般选取 GB/T 2423.21 标准中规定的有代表性的低气压标称值：1 kPa，2 kPa，4 kPa，8 kPa，15 kPa，25 kPa，40 kPa，55 kPa，61.5 kPa，70 kPa，79.5 kPa，84 kPa 等。

根据试验和检验的需要，亦可选取其他低气压标称值。

8.2.3 低气压偏差、气压指示误差检验步骤

8.2.3.1 把试验设备的气压控制器调节到所要求的标称低气压值上。

8.2.3.2 使设备降压，气压降到设定气压值后稳定 30 min 后，开始记录测量点的气压值和设备指示的气压值，每隔 1 min 记录一次，在 30 min 内共记录 30 次。

8.2.4 气压变化速率检验步骤

8.2.4.1 把试验设备气压控制器调节到所要求的标称气压值上。

8.2.4.2 使设备降压，记录控制点气压从规定的气压降到标称气压所需要的时间 t_1。

8.2.4.3 使设备升压，记录控制点气压从标称气压恢复到规定气压所需要的时间 t_2。

8.2.5 综合检验温度偏差、温度波动度、温度均匀度、温度指示误差、气压偏差、气压指示误差检验步骤

8.2.5.1 把试验设备的气压控制器和温度控制器分别调节到所要求的气压标称值和温度标称值上。

8.2.5.2 使试验设备降温或升温，进入控温状态后稳定 30 min(稳定时间最长不超过 2 h)。

8.2.5.3 启动降压系统，当气压降至标称气压时，使气压保持 30 min 后，开始记录气压测量点、各温度测量点、设备温度指示值、设备气压指示值，每隔 1 min 记录一次，在 30 min 内共记录 30 次。

8.2.6 综合检验每 5 min 温度平均变化速率和气压变化速率检验步骤

8.2.6.1 把试验设备的气压控制器和温度控制器分别调节到所要求的气压标称值和温度标称值上。

8.2.6.2 按要求的变化速率使设备降温或升温，当温度测量点达到要求温度时，使设备降压，当气压测量点达到要求气压值时，开启放气阀，使设备升压到规定气压值。

8.2.6.3 在设备降温和升温过程中，每 1 min 测量一次设备测量点的温度；在设备降压和升压过程中，分别记录设备从规定气压降到标称气压的时间 t_1 和从标称气压升到规定气压的时间 t_2。

8.2.7 温度过冲量检验步骤

8.2.7.1 温度过冲量检验与温度偏差检验、每 5 min 温度平均变化速率检验同时进行。

8.2.7.2 设备升温或降温过程中，测量和记录超出标称温度允许偏差范围外的最高或最低温度值。

8.2.8 温度过冲恢复时间检验步骤

8.2.8.1 温度过冲恢复时间检验与温度过冲量检验同时进行。

8.2.8.2 当进行温度过冲量检验时，记录温度从超出标称温度允许偏差范围起至开始稳定在标称温度允许偏差范围内时所需的时间，单位为 min。

8.3 计算方法

8.3.1 数据修正

对所记录的全部测量数据，按测量系统的修正值进行修正。

8.3.2 低气压偏差计算方法

对 8.2.3.2 记录的数据，按下式计算低气压偏差：

$$\Delta P_{max} = P_{max} - P_N \qquad \cdots\cdots(1)$$

$$\Delta P_{min} = P_{min} - P_N \qquad \cdots\cdots(2)$$

式中：

ΔP_{max}——气压上偏差，单位为千帕(kPa)；

ΔP_{min}——气压下偏差，单位为千帕(kPa)；

P_{max}——测量点在 30 min 内的实测最高气压，单位为千帕(kPa)；

P_{min}——测量点在 30 min 内的实测最低气压，单位为千帕(kPa)；

P_N——标称气压值，单位为千帕(kPa)。

8.3.3 气压指示误差计算方法

对 8.2.3.2 记录的数据，按下式计算气压指示误差：

$$\Delta P_D = \overline{P}_D - \overline{P} \qquad \cdots\cdots(3)$$

式中：

ΔP_D——气压指示误差，单位为千帕(kPa)；

$\overline{P}$——设备测量点在 30 min 内的气压测量平均值，单位为千帕(kPa)；

$\overline{P}_D$——设备指示气压在 30 min 内的指示平均值，单位为千帕(kPa)。

8.3.4 气压变化速率计算方法

对 8.2.4.2 和 8.2.4.3 记录的数据，按下式计算气压变化速率：

$$V_{p1}=\frac{(P_0-P_N)}{t_1} \qquad \cdots\cdots(4)$$

$$V_{p2}=\frac{(P_0-P_N)}{t_2} \qquad \cdots\cdots(5)$$

式中：

V_{p1}——降压过程的气压变化速率，单位为千帕每分钟(kPa/min)；

V_{p2}——升压过程的气压变化速率，单位为千帕每分钟(kPa/min)；

P_0——规定的气压值，单位为千帕每分钟(kPa/min)；

P_N——标称气压值，单位为千帕每分钟(kPa/min)；

t_1——降压时间，单位为分钟(min)；

t_2——升压时间，单位为分钟(min)。

8.3.5 综合检验温度偏差计算方法

对 8.2.5.3 记录的数据，按下式计算温度偏差：

$$\Delta T_{max}=T_{max}-T_N \qquad \cdots\cdots(6)$$

$$\Delta T_{min}=T_{min}-T_N \qquad \cdots\cdots(7)$$

式中：

ΔT_{max}——温度上偏差，单位为摄氏度(℃)；

ΔT_{min}——温度下偏差，单位为摄氏度(℃)；

T_{max}——各测量点在 30 min 内的实测最高温度值，单位为摄氏度(℃)；

T_{min}——各测量点在 30 min 内的实测最低温度值，单位为摄氏度(℃)；

T_N——标称温度值，单位为摄氏度(℃)。

8.3.6 综合检验温度波动度计算方法

对 8.2.5.3 记录的数据，按下式计算温度波动度：

$$\Delta T_j=T_{j\,max.}-T_{j\,min.} \qquad \cdots\cdots(8)$$

式中：

ΔT_j——试验设备工作空间第 j 点温度波动度，单位为摄氏度(℃)；

$T_{j\,max}$——试验设备工作空间第 j 点在 30 min 内的实测最高温度值，单位为摄氏度(℃)；

$T_{j\,min}$——试验设备工作空间第 j 点在 30 min 内的实测最低温度值，单位为摄氏度(℃)。

取 ΔT_j 的最大值为设备的温度波动度。

8.3.7 综合检验温度均匀度计算方法

对 8.2.5.3 记录的数据，按下式计算温度均匀度：

$$\Delta T_u=\left[\sum_{j=1}^{30}(T_{j\,max}-T_{j\,min})\right]/30 \qquad \cdots\cdots(9)$$

式中：

ΔT_u——温度均匀度，单位为摄氏度(℃)；

$T_{j\,max}$——各测量点在第 j 次测量中的实测最高温度值，单位为摄氏度(℃)；

$T_{j\,min}$——各测量点在第 j 次测量中的实测最低温度值，单位为摄氏度(℃)。

8.3.8 综合检验温度指示误差计算方法

对 8.2.5.3 记录的数据，按下式计算温度指示误差：

$$T_O=\frac{1}{M\times N}\sum_{i=1}^{N}\sum_{j=1}^{M}T_{ij} \qquad \cdots\cdots(10)$$

$$T_{D}=\frac{1}{N}\sum_{j=1}^{N}T_{j} \quad \cdots\cdots(11)$$

$$\Delta T_{D}=T_{D}-T_{O} \quad \cdots\cdots(12)$$

式中：

M——设备工作空间的测量点数；

N——测量次数；

T_{ij}——设备工作空间第 j 点第 i 次的温度测量值，单位为摄氏度(℃)；

T_{j}——设备第 j 次指示温度值，单位为摄氏度(℃)；

T_{O}——设备工作空间全部测量点的温度测量平均值，单位为摄氏度(℃)；

T_{D}——设备指示温度的平均值，单位为摄氏度(℃)；

ΔT_{D}——温度指示误差，单位为摄氏度(℃)。

8.3.9　综合检验气压偏差计算方法

对 8.2.5.3 记录的数据，按式(1)、式(2)计算综合检验时的气压偏差。

8.3.10　综合检验气压指示误差计算方法

对 8.2.5.3 记录的数据，按式(3)计算综合检验时的气压指示误差。

8.3.11　综合检验每 5 min 温度平均变化速率计算方法

对 8.2.6.3 记录的数据，按下式计算综合检验每 5 min 温度平均变化速率：

$$V_{T}=|\Delta T|/5 \quad \cdots\cdots(13)$$

式中：

V_{T}——每 5 min 温度平均变化速率，单位为摄氏度每分钟(℃/min)；

ΔT——每 5 min 的温度变化值，单位为摄氏度(℃)。

注：在两个规定温度之间测量每 5 min 温度平均变化速率得到的多个值，可取其中的最小值与最大值的范围作为测量结果。

8.3.12　综合检验气压变化速率计算方法

对 8.2.6.3 的测量数据，按式(4)、式(5)计算综合检验气压变化速率。

8.3.13　温度过冲量计算方法

对 8.2.7.2 记录的数据，按下式计算温度过冲量：

$$\Delta T_{O}=|T-T_{N}|-|\Delta T| \quad \cdots\cdots(14)$$

式中：

ΔT_{O}——温度过冲量，单位为摄氏度(℃)；

T——超出标称温度允许偏差范围外的实测最高或最低温度值，单位为摄氏度(℃)；

T_{N}——标称温度值，单位为摄氏度(℃)；

ΔT——标称温度允许偏差值，单位为摄氏度(℃)。

注：当测量点的温度不能达到或没有超出标称温度允许偏差范围时，则不存在温度过冲，即没有温度过冲量。

8.3.14　温度过冲恢复时间计算方法

8.2.8.2 记录的时间，即为设备在该检验温度下的温度过冲恢复时间，单位为 min。

注：只有存在温度过冲时，才有温度过冲恢复时间。

8.4　噪声测量方法

8.4.1　测量环境

a)　测量场地的地面(反射面)不能由于振动而辐射显著的声能。

b)　在测量点上，试验设备工作时测得的 A 计权声压级与背景噪声的 A 计权声压级之差应至少大于 3 dB，若小于 10 dB 应按表 1 修正。

c)　户外测量时，风速应小于 6 m/s(相当于四级风)，并应使用风罩。

8.4.2 噪声的测量

8.4.2.1 测量点位置

测量点位于距离设备正面中轴线 1 m 远(与设备正面垂直)、距离地面高度为设备高度 1/2 处，但距离地面最大高度不大于 1.5 m，最小高度不小于 1 m。

8.4.2.2 测量

a) 试验设备开机前，测量测量点的背景噪声的 A 计权声压级。

b) 在试验设备空载且辐射噪声最大的工作条件下正常稳定运行后，使用声级计的 A 计权网络测量 A 计权声压级，传声器应正对试验设备，使用声级计的“慢”时间计权特性进行测量，声压级的读数为观察周期内的平均值(对偶然出现的最大值或最小值不予考虑)。为避免测量时操作者身体的反射影响，操作距离传声器应至少大于 0.5 m。

c) 记录测量的数值，按表 1 修正后，即为试验设备运行时噪声的 A 计权声压级。

表 1 背景噪声的修正

试验设备工作时测得的 A 计权声压级与背景噪声测得的 A 计权声压级之差/dB	背景噪声修正值(应减去的量)/dB
3	3.0
4	2.0
5	2.0
6	1.0
7	1.0
8	1.0
9	0.5
10	0.5
>10	0

9 数据处理结果与检验结果

9.1 数据处理结果

数据处理结果应符合 GB/T 2423.21、GB/T 2423.25、GB/T 2423.26 或有关标准和合同的要求。

9.2 检验结果

9.2.1 当试验设备的个别测量点的检验结果不能满足技术指标的要求时，允许适当缩小试验设备的工作空间或检验参数范围，在缩小后的工作空间或相应的参数范围内，应满足全部技术指标要求，检验结果为限用，同时注明限用范围。

9.2.2 按 GB/T 5170.1—2008 第 10 章的规定出具检验报告。

10 检验周期

按 GB/T 5170.1—2008 第 6 章的规定。

附 录 A
（规范性附录）
检验项目的选择

首次检验/验收检验和周期检验时，若无其他规定，按表 A.1 选择检验项目。

表 A.1 检验项目的选择

序号	检 验 项 目	首次检验/验收检验	周期检验
1	气压偏差	○	○
2	气压变化速率	△	☆
3	综合检验温度偏差	△	△
4	综合检验温度波动度	△	△
5	综合检验温度均匀度	△	☆
6	综合检验气压偏差	△	△
7	综合检验每 5 min 温度平均变化速率	△	☆
8	综合检验气压平均变化速率	△	☆
9	温度指示误差	△	△
10	气压指示误差	○	○
11	温度过冲量	△	☆
12	温度过冲恢复时间	△	☆
13	噪声	△	☆

注：符号“○”表示必须检验的项目；符号“△”表示有该项目要求的试验设备而必须检验的项目；符号“☆”表示用户可选择的检验项目。

ICS 19.040
K 04

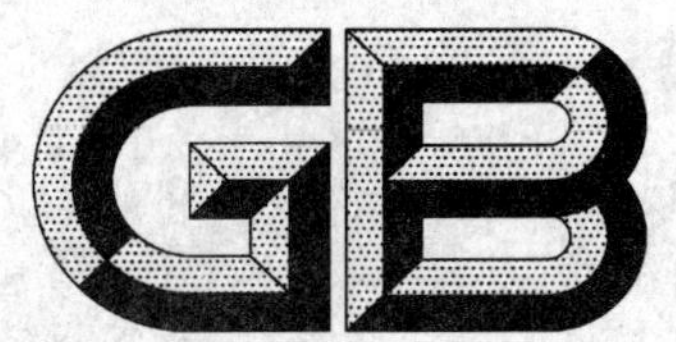

中华人民共和国国家标准

GB/T 5170.11—2008
代替 GB/T 5170.11—1996

电工电子产品环境试验设备检验方法 腐蚀气体试验设备

Inspection methods for environmental testing equipments for electric and electronic products—Corrosive gas testing equipments

2008-06-16 发布 2009-03-01 实施

中华人民共和国国家质量监督检验检疫总局
中国国家标准化管理委员会 发布

前　言

GB/T 5170 目前包含以下几部分：

——GB/T 5170.1—2008　电工电子产品环境试验设备检验方法　总则

——GB/T 5170.2—2008　电工电子产品环境试验设备检验方法　温度试验设备

——GB/T 5170.5—2008　电工电子产品环境试验设备检验方法　湿热试验设备

——GB/T 5170.8—2008　电工电子产品环境试验设备检验方法　盐雾试验设备

——GB/T 5170.9—2008　电工电子产品环境试验设备检验方法　太阳辐射试验设备

——GB/T 5170.10—2008　电工电子产品环境试验设备检验方法　高低温低气压试验设备

——GB/T 5170.11—2008　电工电子产品环境试验设备检验方法　腐蚀气体试验设备

——GB/T 5170.13—2005　电工电子产品环境试验设备基本参数检定方法　振动(正弦)试验用机械振动台

——GB/T 5170.14—1985　电工电子产品环境试验设备基本参数检定方法　振动(正弦)试验用电动振动台

——GB/T 5170.15—2005　电工电子产品环境试验设备基本参数检定方法　振动(正弦)试验用液压振动台

——GB/T 5170.16—2005　电工电子产品环境试验设备基本参数检定方法　稳态加速度试验用离心机

——GB/T 5170.17—2005　电工电子产品环境试验设备基本参数检定方法　低温/低气压/湿热综合顺序试验设备

——GB/T 5170.18—2005　电工电子产品环境试验设备基本参数检定方法　温度/湿度组合循环试验设备

——GB/T 5170.19—2005　电工电子产品环境试验设备基本参数检定方法　温度/振动(正弦)综合试验设备

——GB/T 5170.20—2005　电工电子产品环境试验设备基本参数检定方法　水试验设备

本部分是 GB/T 5170 的第 11 部分。

本部分代替 GB/T 5170.11—1996《电工电子产品环境试验设备基本参数检定方法　腐蚀气体试验设备》。与 GB/T 5170.11—1996 相比，本部分技术内容主要有如下变化：

——标准名称“电工电子产品环境试验设备基本参数检定方法　腐蚀气体试验设备”更改为“电工电子产品环境试验设备检验方法　腐蚀气体试验设备”；

——所有用词“检定”更改为“检验”；

——增加了“术语和定义”一章；

——增加了“温度波动度”检验项目；

——增加了“温度均匀度”检验项目；

——增加了“相对湿度波动度”检验项目；

——增加了“相对湿度均匀度”检验项目；

——增加了“温度指示误差”检验项目；

——增加了“相对湿度指示误差”检验项目；

——检验项目“气流平均相对速度”更改为“风速”；

——增加了“噪声”检验项目；

——在“检验用主要仪器及要求”一章中，给出了温度测量系统和湿度测量系统其测量结果的扩展不确定度($k=2$)的要求；

——增加了“检验负载”一章；

——测量数据记录改为每一分钟记录一次数据；

——增加了附录A“检验项目的选择”。

附录A为规范性附录。

本部分由全国电工电子产品环境条件与环境试验标准化技术委员会(SAC/TC 8)提出并归口。

本部分起草单位：信息产业部电子第五研究所。

本部分主要起草人：伍伟雄、谢晨浩、蔡锦文、张孝华、罗军、薛秀美、孔玉梅、梁为旺、罗国良。

本部分所代替标准的历次版本发布情况为：

——GB/T 5170.11—1985,GB/T 5170.12—1985；

——GB/T 5170.11—1996。

电工电子产品环境试验设备检验方法
腐蚀气体试验设备

1 范围

GB/T 5170的本部分规定了腐蚀气体试验设备的检验项目、检验用主要仪器及要求、检验负载、检验条件、检验方法、数据处理结果与检验结果、检验周期等内容。

本部分适用于电工电子产品腐蚀气体试验所用的试验设备的首次检验/验收检验和周期检验。

本部分也适用于类似试验设备的检验。

2 规范性引用文件

下列文件中的条款通过GB/T 5170的本部分的引用而成为本部分的条款。凡是注日期的引用文件,其随后所有的修改单(不包括勘误的内容)或修订版均不适用于本部分,然而,鼓励根据本部分达成协议的各方研究是否可使用这些文件的最新版本。凡是不注日期的引用文件,其最新版本适用于本部分。

GB/T 5170.1—2008 电工电子产品环境试验设备检验方法 总则

GB/T 6999 环境试验用相对湿度查算表

GB/T 16839.1 热电偶 第1部分:分度表(GB/T 16839.1—1997,idt IEC 60584-1:1995)

IEC 60751 工业铂电阻敏感元件

3 检验项目

本部分的检验项目如下:

——温度偏差;

——温度波动度;

——温度均匀度;

——相对湿度偏差;

——相对湿度波动度;

——相对湿度均匀度;

——温度指示误差;

——相对湿度指示误差;

——腐蚀气体浓度偏差;

——风速;

——照度;

——噪声。

4 术语和定义

本部分采用GB/T 5170.1—2008规定的术语和定义。

5 检验用主要仪器及要求

5.1 温度测量仪器

采用由铂电阻、热电偶传感器及二次仪表组成的温度测量系统，其测量结果的扩展不确定度($k=2$)不大于被检温度允许偏差的1/3。

铂电阻传感器应符合IEC 60751的等级A，热电偶传感器应符合GB/T 16839.1。

传感器在空气中的50%响应时间应在10 s～40 s之间，温度测量系统的响应时间应小于40 s。

5.2 湿度测量仪器

采用干湿球温度计或由其他湿度传感器组成的湿度测量系统，其测量结果的扩展不确定度($k=2$)不大于被测湿度允许偏差的1/3。

5.3 腐蚀气体浓度测量仪器

采用准确度优于±5%的腐蚀气体浓度测量仪器。化学分析方法也可以采用。

5.4 风速测量仪器

采用各种风速仪，其感应量不大于0.05 m/s。

5.5 照度测量仪器

采用准确度不低于±8%的照度测量仪器。

5.6 噪声测量仪器

带A计权网络的声级计，其测量结果的扩展不确定度($k=2$)不大于1 dB。

6 检验负载

按GB/T 5170.1—2008第7章的规定(或按有关标准的规定)。

7 检验条件

7.1 受检设备在检验时的气候条件、电源条件、用水条件和其他条件应符合GB/T 5170.1—2008第4章的规定。

7.2 受检试验设备的外观和安全要求应符合GB/T 5170.1—2008第8章的规定。

8 检验方法

8.1 温度偏差、温度波动度、温度均匀度、相对湿度偏差、相对湿度波动度、相对湿度均匀度、温度指示误差、相对湿度指示误差、腐蚀气体浓度偏差、风速测量点数量及位置

8.1.1 将试验设备的工作空间分为上、中、下(或前、中、后)三层，将一定数量的温度、相对湿度传感器及腐蚀气体取样管口布放在规定位置上。

8.1.2 温度测量点用英文字母O、A、B、C、D、K、L、M、N表示。

8.1.3 相对湿度测量点用O_h、D_h、L_h表示。

8.1.4 腐蚀气体浓度测量点用O_c、D_c、L_c表示。

8.1.5 风速测量点与温度测量点的数量与布放位置完全相同。

8.1.6 测量点O、O_h、O_c为工作空间的几何中心点。其他测量点的位置与试验设备内壁的距离为工作室各自边长的1/10，但最小距离不小于50 mm。

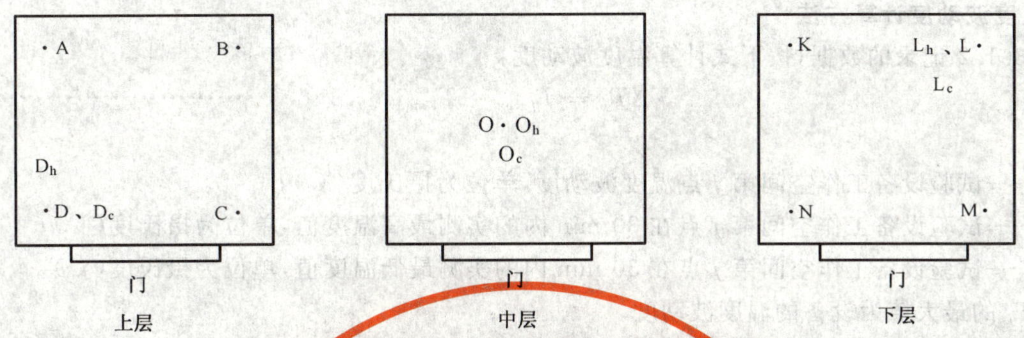

图1 温度、湿度、腐蚀气体浓度测量点布放位置

8.1.7 试验设备容积小于或等于2 m^3 时，温度测量点为9个，相对湿度测量点和腐蚀气体浓度测量点各为3个，布放位置如图1所示。

8.1.8 根据试验与检验要求，可在工作空间内增加对疑点的测量。

8.1.9 对于其他形状的试验设备，测量点数量和位置可参照上述规定执行。

8.2 照度测量点数量及布放位置

工作空间内照度的最大值点及最小值点为测量点。

8.3 检验步骤

8.3.1 温度偏差、相对湿度偏差、温度波动度、相对湿度波动度、温度均匀度、相对湿度均匀度、温度指示误差、相对湿度指示误差检验步骤

8.3.1.1 按规定位置安装温度、相对湿度测量传感器。把试验设备的温湿度控制器调节到所要求的标称温湿度上。

8.3.1.2 进入控温控湿状态后稳定30 min(稳定时间最长不超过2 h)，开始记录各测量点的温湿度值和设备指示的温湿度值，每隔1 min记录一次，在30 min内共记录30次。

8.3.2 腐蚀气体浓度偏差检验步骤

在试验设备温度和相对湿度达到标称值后，通入腐蚀气体(二氧化硫或硫化氢)并达到标称浓度值，稳定30 min，而后在1 h内每隔10 min测量一次腐蚀气体浓度值，共测7次。

8.3.3 风速检验步骤

测量各点的风速，取其最大值作为该测量点的风速。

8.3.4 照度检验步骤

测量工作空间内照度的最大值及最小值。

8.4 计算方法

8.4.1 数据修正

对所记录的全部测量数据，按测量系统的修正值进行修正；当采用干湿法测量相对湿度时，按GB/T 6999计算相对湿度值。

8.4.2 温度偏差计算方法

对8.3.1.2记录的数据，按下式计算温度偏差：

$$\Delta T_{max} = T_{max} - T_N \quad \cdots\cdots(1)$$

$$\Delta T_{min} = T_{min} - T_N \quad \cdots\cdots(2)$$

式中：

ΔT_{max}——温度上偏差，单位为摄氏度(℃)；

ΔT_{min}——温度下偏差，单位为摄氏度(℃)；

T_{max}——各测量点在30 min内的实测最高温度值，单位为摄氏度(℃)；

T_{min}——各测量点在30 min内的实测最低温度值，单位为摄氏度(℃)；

T_N——标称温度值，单位为摄氏度(℃)。

8.4.3 温度波动度计算方法

对 8.3.1.2 记录的数据，按下式计算温度波动度：

$$\Delta T_j = T_{j\max} - T_{j\min} \qquad \cdots\cdots(3)$$

式中：

ΔT_j——试验设备工作空间第 j 点温度波动度，单位为摄氏度(℃)；

$T_{j\max}$——试验设备工作空间第 j 点在 30 min 内的实测最高温度值，单位为摄氏度(℃)；

$T_{j\min}$——试验设备工作空间第 j 点在 30 min 内的实测最低温度值，单位为摄氏度(℃)。

取 ΔT_j 的最大值为设备的温度波动度。

8.4.4 温度均匀度计算方法

对 8.3.1.2 记录的数据，按下式计算温度均匀度：

$$\Delta T_u = \left[\sum_{j=1}^{30}(T_{j\max} - T_{j\min})\right]/30 \qquad \cdots\cdots(4)$$

式中：

ΔT_u——温度均匀度，单位为摄氏度(℃)；

$T_{j\max}$——各测量点在第 j 次测量中的实测最高温度值，单位为摄氏度(℃)；

$T_{j\min}$——各测量点在第 j 次测量中的实测最低温度值，单位为摄氏度(℃)。

8.4.5 相对湿度偏差计算方法

对 8.3.1.2 记录的数据，按下式计算相对湿度偏差：

$$\Delta H_{\max} = H_{\max} - H_N \qquad \cdots\cdots(5)$$

$$\Delta H_{\min} = H_{\min} - H_N \qquad \cdots\cdots(6)$$

式中：

$\Delta H_{\max}$——相对湿度上偏差，%RH；

$\Delta H_{\min}$——相对湿度下偏差，%RH；

$H_{\max}$——各测量点在 30 min 内的实测最高相对湿度值，%RH；

$H_{\min}$——各测量点在 30 min 内的实测最低相对湿度值，%RH；

H_N——标称相对湿度值，%RH。

8.4.6 相对湿度波动度的计算方法

对 8.3.1.2 记录的数据，按下式计算相对湿度波动度：

$$\Delta H_j = H_{j\max} - H_{j\min} \qquad \cdots\cdots(7)$$

式中：

ΔH_j——试验设备工作空间第 j 点相对湿度波动度，%RH；

$H_{j\max}$——试验设备工作空间第 j 点在 30 min 内的实测最高相对湿度值，%RH；

$H_{j\min}$——试验设备工作空间第 j 点在 30 min 内的实测最低相对湿度值，%RH。

取 ΔH_j 的最大值为设备的相对湿度波动度。

8.4.7 相对湿度均匀度的计算方法

对 8.3.1.2 记录的数据，按下式计算相对湿度均匀度：

$$\Delta H_u = \left[\sum_{j=1}^{30}(H_{j\max} - H_{j\min})\right]/30 \qquad \cdots\cdots(8)$$

式中：

ΔH_u——相对湿度均匀度，%RH；

$H_{j\max}$——各测量点在第 j 次测量中的实测最高相对湿度值，%RH；

$H_{j\min}$——各测量点在第 j 次测量中的实测最低相对湿度值，%RH。

8.4.8 温度指示误差计算方法

对 8.3.1.2 记录的数据,按下式计算温度指示误差:

$$T_{O}=\frac{1}{M\times N}\sum_{i=1}^{N}\sum_{j=1}^{M}T_{ij} \quad \cdots\cdots(9)$$

$$T_{D}=\frac{1}{N}\sum_{j=1}^{N}T_{j} \quad \cdots\cdots(10)$$

$$\Delta T_{D}=T_{D}-T_{O} \quad \cdots\cdots(11)$$

式中:

M——设备工作空间的测量点数;

N——测量次数;

T_{ij}——设备工作空间第 j 点第 i 次的温度测量值,单位为摄氏度(℃);

T_{j}——设备第 j 次指示温度值,单位为摄氏度(℃);

T_{O}——设备工作空间全部测量点的温度测量平均值,单位为摄氏度(℃);

T_{D}——设备指示温度的平均值,单位为摄氏度(℃);

ΔT_{D}——温度指示误差,单位为摄氏度(℃)。

8.4.9 相对湿度指示误差的计算方法

对 8.3.1.2 记录的数据,按下式计算相对湿度指示误差:

$$H_{O}=\frac{1}{M\times N}\sum_{i=1}^{N}\sum_{j=1}^{M}H_{ij} \quad \cdots\cdots(12)$$

$$H_{D}=\frac{1}{N}\sum_{j=1}^{N}H_{j} \quad \cdots\cdots(13)$$

$$\Delta H_{D}=H_{D}-H_{O} \quad \cdots\cdots(14)$$

式中:

M——设备工作空间的测量点数;

N——测量次数;

H_{ij}——设备工作空间第 j 点第 i 次的相对湿度测量值,%RH;

H_{j}——设备第 j 次指示相对湿度值,%RH;

H_{O}——设备工作空间全部测量点的相对湿度测量平均值,%RH;

H_{D}——设备指示相对湿度的平均值,%RH;

ΔH_{D}——相对湿度指示误差,%RH。

8.4.10 腐蚀气体浓度偏差计算方法

对 8.3.2 记录的数据,按下式计算腐蚀气体浓度偏差:

$$\Delta C_{max}=C_{max}-C_{N} \quad \cdots\cdots(15)$$

$$\Delta C_{min}=C_{min}-C_{N} \quad \cdots\cdots(16)$$

式中:

ΔC_{max}——腐蚀气体浓度上偏差值,$\times10^{-6}$(体积比);

ΔC_{min}——腐蚀气体浓度下偏差值,$\times10^{-6}$(体积比);

C_{max}——各测量点在 1 h 内实测最高腐蚀气体浓度值,$\times10^{-6}$(体积比);

C_{min}——各测量点在 1 h 内实测最低腐蚀气体浓度值,$\times10^{-6}$(体积比);

C_{N}——腐蚀气体标称浓度值,$\times10^{-6}$(体积比)。

8.4.11 风速计算方法

对 8.3.3 记录的数据,按下式计算风速:

$$v = \sum_{i=1}^{n} v_i / n \qquad \cdots\cdots\cdots\cdots (17)$$

式中:

v——试验设备工作空间内的风速,单位为米每秒(m/s);

v_i——各测量点的风速,单位为米每秒(m/s);

n——测量点数。

8.4.12 照度计算方法

8.3.4 测得的照度,即为设备工作空间的照度范围。

8.5 噪声测量方法

8.5.1 测量环境

a) 测量场地的地面(反射面)不能由于振动而辐射显著的声能。

b) 在测量点上,试验设备工作时测得的 A 计权声压级与背景噪声的 A 计权声压级之差应至少大于 3 dB,若小于 10 dB 应按表 1 修正。

c) 户外测量时,风速应小于 6 m/s(相当于四级风),并应使用风罩。

表 1 背景噪声的修正

试验设备工作时测得的 A 计权声压级与背景噪声测得的 A 计权声压级之差/dB	背景噪声修正值(应减去的量)/dB
3	3.0
4	2.0
5	2.0
6	1.0
7	1.0
8	1.0
9	0.5
10	0.5
>10	0

8.5.2 噪声的测量

8.5.2.1 测量点位置

测量点位于距离设备正面中轴线 1 m 远(与设备正面垂直)、距离地面高度为设备高度 1/2 处,但距离地面最大高度不大于 1.5 m,最小高度不小于 1 m。

8.5.2.2 测量

a) 试验设备开机前,测量测量点的背景噪声的 A 计权声压级。

b) 在试验设备空载且辐射噪声最大的工作条件下正常稳定运行后,使用声级计的 A 计权网络测量 A 计权声压级,传声器应正对试验设备,使用声级计的“慢”时间计权特性进行测量,声压级的读数为观察周期内的平均值(对偶然出现的最大值或最小值不予考虑)。为避免测量时操作者身体的反射影响,操作距离传声器应至少大于 0.5 m。

c) 记录测量的数值,按表 1 修正后,即为试验设备运行时噪声的 A 计权声压级。

9 数据处理结果与检验结果

9.1 数据处理结果

数据处理结果应符合有关标准和合同的要求。

9.2 检验结果

按 GB/T 5170.1—2008 第 10 章的规定出具检验报告。

10 检验周期

按 GB/T 5170.1—2008 第 6 章的规定。

附 录 A
（规范性附录）
检验项目的选择

首次检验/验收检验和周期检验时，若无其他规定，按表 A.1 选择检验项目。

表 A.1 检验项目的选择

序号	检 验 项 目	首次检验/验收检验	周期检验
1	温度偏差	○	○
2	相对湿度偏差	○	○
3	温度波动度	○	○
4	相对湿度波动度	△	☆
5	温度均匀度	△	☆
6	相对湿度均匀度	△	☆
7	温度指示误差	○	○
8	相对湿度指示误差	○	○
9	腐蚀气体浓度偏差	○	○
10	风速	○	☆
11	照度	△	△
12	噪声	△	☆
注：符号“○”表示必须检验的项目；符号“△”表示有该项目要求的试验设备而必须检验的项目；符号“☆”表示用户可选择的检验项目。			

ICS 19.040
K 04

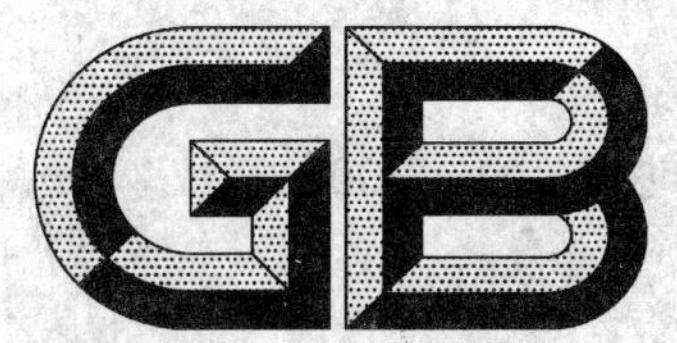

中华人民共和国国家标准

GB/T 5170.21—2008

电工电子产品环境试验设备 基本参数检验方法 振动(随机)试验用液压振动台

Inspection methods for basic parameters of environmental testing equipments for electric and electronic products— Hydraulic vibrating type machines for vibration(random) test

2008-12-30 发布 2009-11-01 实施

中华人民共和国国家质量监督检验检疫总局
中国国家标准化管理委员会 发布

前 言

GB/T 5170 目前包括以下 21 个部分：

——GB/T 5170.1 电工电子产品环境试验设备检验方法 总则；

——GB/T 5170.2 电工电子产品环境试验设备基本参数检定方法 温度试验设备；

——GB/T 5170.5 电工电子产品环境试验设备检验方法 湿热试验设备；

——GB/T 5170.8 电工电子产品环境试验设备基本参数检定方法 盐雾试验设备；

——GB/T 5170.9 电工电子产品环境试验设备检验方法 太阳辐射试验设备；

——GB/T 5170.10 电工电子产品环境试验设备基本参数检定方法 高低温低气压试验设备；

——GB/T 5170.11 电工电子产品环境试验设备检验方法 腐蚀气体试验设备；

——GB/T 5170.13 电工电子产品环境试验设备基本参数检定方法 振动(正弦)试验用机械振动台；

——GB/T 5170.14 电工电子产品环境试验设备基本参数检定方法 振动（正弦）试验用电动振动台；

——GB/T 5170.15 电工电子产品环境试验设备基本参数检定方法 振动(正弦)试验用液压振动台；

——GB/T 5170.16 电工电子产品环境试验设备基本参数检定方法 稳态加速度试验用离心机；

——GB/T 5170.17 电工电子产品环境试验设备基本参数检定方法 低温/低气压/湿热综合顺序试验设备；

——GB/T 5170.18 电工电子产品环境试验设备基本参数检定方法 温度/湿度组合循环试验设备；

——GB/T 5170.19 电工电子产品环境试验设备基本参数检定方法 温度/振动(正弦)综合试验设备；

——GB/T 5170.20 电工电子产品环境试验设备基本参数检定方法 水试验设备；

——GB/T 5170.21 电工电子产品环境试验设备基本参数检验方法 振动(随机)试验用液压振动台。

本部分是 GB/T 5170 的第 21 部分。

本部分由全国电工电子产品环境条件与环境试验标准化技术委员会(SAC/TC 8)提出并归口。

本部分起草单位：信息产业部电子第五研究所。

本部分主要起草人：郑术力、肖建红。

电工电子产品环境试验设备
基本参数检验方法
振动(随机)试验用液压振动台

1 范围

GB/T 5170的本部分规定了振动(随机)试验用液压振动台在进行定型鉴定,首次检验和定期检验时的检验项目、检验用主要仪器及要求、检验条件、检验时的一般规定、检验方法及检验结果等内容。

本部分适用于按GB/T 2423.56和GB/T 2424.25进行振动试验用液压振动台(以下简称振动台)基本参数的检验方法。

本部分也适用于类似试验设备的检验。

2 规范性引用文件

下列文件中的条款通过GB/T 5170的本部分的引用而成为本部分的条款。凡是注日期的引用文件,其随后所有的修改单(不包括勘误的内容)或修订版均不适用于本部分,然而,鼓励根据本部分达成协议的各方研究是否可使用这些文件的最新版本。凡是不注日期的引用文件,其最新版本适用于本部分。

GB/T 2423.56 电工电子产品环境试验 第2部分:试验方法 试验Fh:宽带随机振动(数字控制)和导则(GB/T 2423.56—2006,IEC 60068-2-64:1993,IDT)

GB/T 2424.25 电工电子产品环境试验 第3部分:试验导则 地震试验方法

GB/T 5170.1—2008 电工电子产品环境试验设备检验方法 总则

GB/T 5170.15 电工电子产品环境试验设备基本参数检验方法 振动(正弦)试验用液压振动台

3 术语和定义

GB/T 5170.1—2008确立的术语和定义适用于本部分。

4 检验项目

本部分规定的检验项目如下:

——GB/T 5170.15规定的参数;

——额定参数(最大随机动态力、最大负载、最大加速度总均方根值);

——振动控制仪随机自闭环加速度功率谱控制动态范围;

——振动控制仪随机信号平稳性、正态分布和各态历经性;

——振动控制仪通道一致性;

——试验系统随机加速度功率谱控制动态范围;

——试验系统随机振动加速度总均方根值带外带内比值;

——试验系统随机加速度总均方根值示值误差;

——试验系统随机加速度功率谱密度示值误差;

——试验系统随机加速度总均方根值和加速度功率谱密度控制精度。

5 检验用主要仪器及要求

5.1 正弦振动参数测量仪器

正弦振动参数测量主要仪器及要求参照 GB/T 5170.15。

5.2 随机振动参数测量仪器

动态信号分析仪，加速度总均方根值测量结果的扩展不确定度应优于 1%($k=2$)；加速度功率谱密度测量结果的扩展不确定度应优于 5%($k=2$)；动态范围不小于 72 dB。

6 检验条件

6.1 受检试验设备在检验时的气候条件、电源条件、用水条件和其他条件应符合 GB/T 5170.1—2008 第 4 章的规定。

6.2 受检试验设备的外观和安全要求应符合 GB/T 5170.1—2008 第 8 章的规定。

7 一般规定

7.1 检验用负载

检验用负载应是外形对称的刚性体，其质量、质心高、表面粗糙度及安装偏心距应符合有关规定。负载与台面刚性连接，其安装共振频率应在试验频率以外。

7.2 传感器

加速度计(或位移传感器和速度传感器)应刚性地固定在台面中心或靠近控制传感器的位置。

8 检验方法

8.1 安装负载

根据检验要求选择空载检验或安装检验用负载。检验用负载应满足本部分第 7 章的要求。

8.2 安装传感器

振动台按规定准备完毕，按第 7 章的要求，如图 1 在振动台台面或负载上安装加速度传感器，并连接好测量系统。

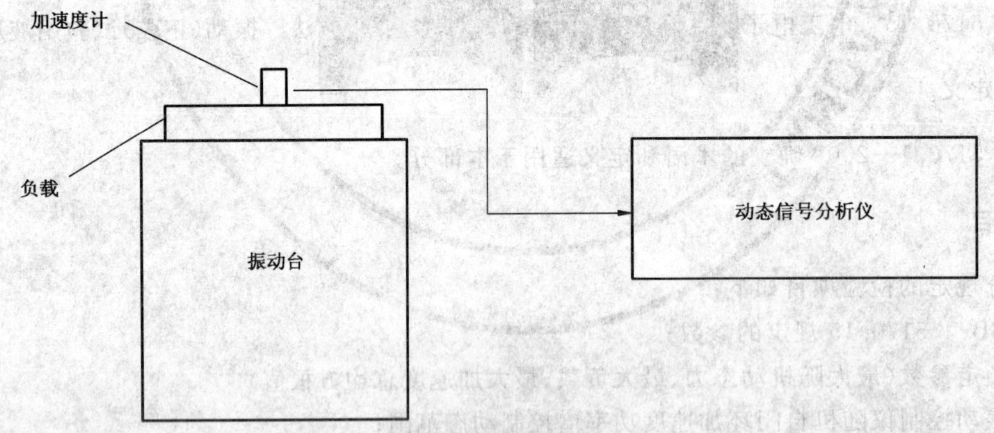

图 1 测量系统连接图

8.3 正弦振动参数的检验

按照 GB/T 5170.15 规定的检验项目和检验方法进行检验。

8.4 振动控制仪随机自闭环加速度功率谱控制动态范围的检验

振动控制仪采用图 2 谱形在适当量级上做随机自闭环控制，信号发生器的输出端接动态信号分析仪，如图 3 所示。动态信号分析仪采用海宁窗函数，幅值采用对数坐标。测量控制仪所能均衡的动态范围。

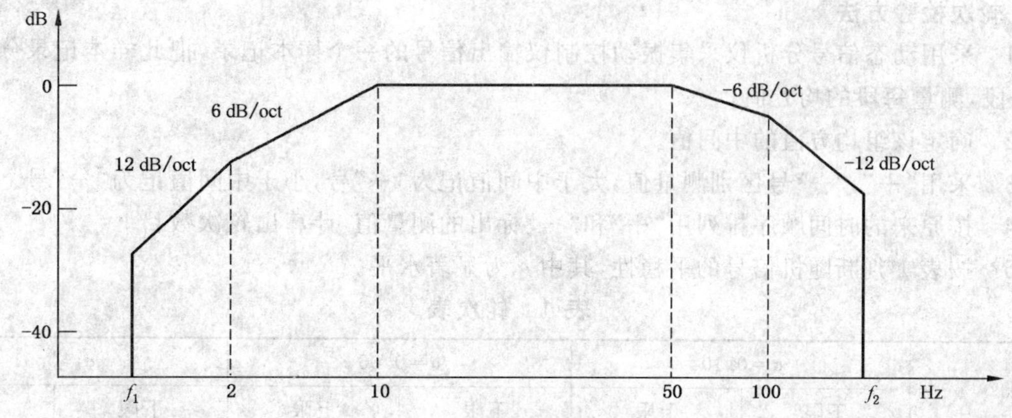

注：f_1、f_2 分别为产品说明书中给出的频率下限值和频率上限值。

图 2　控制仪随机自闭环加速度功率谱控制动态范围设置

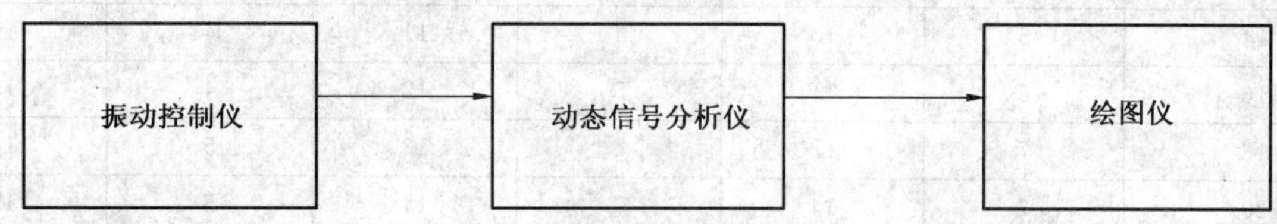

图 3　控制仪随机自闭环加速度功率谱控制动态范围检验框图

8.5　振动控制仪随机信号的检验

振动控制仪采用图 4 谱形在适当量级上作随机自闭环控制，信号发生器的输出端接动态信号分析仪，如图 3 所示。动态信号分析仪采用矩形窗函数。观察其时域波形、自相关函数、概率密度和概率分布函数。

时域波形应无周期性，自相关函数幅值逐渐衰减，概率密度和分布曲线与理论正态分布概率密度和分布曲线相比较，观察其一致性，形状应无严重畸变。

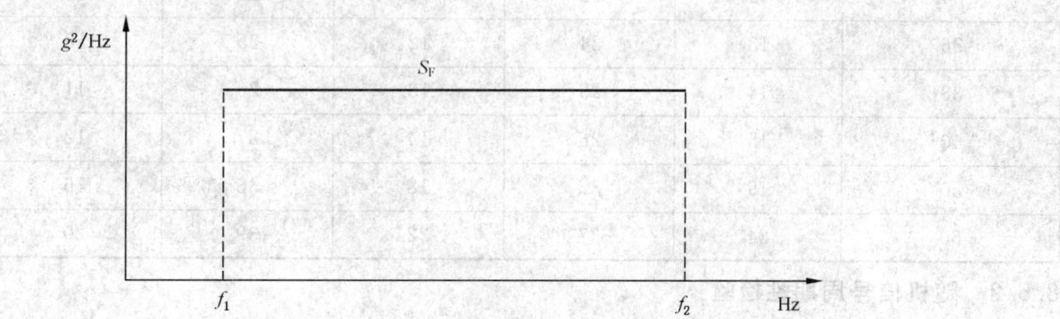

注：f_1、f_2 分别为产品说明书中或技术协议给出的频率下限值和频率上限值。

图 4　振动控制仪随机信号的检验谱形设置

8.5.1　随机信号平稳性检验

8.5.1.1　定性检验方法

采用动态信号分析仪观察振动控制仪的时域输出波形，若信号的平均值波动很小，波形的峰谷变化比较均匀及频率结构比较一致，而且从不同的时间样本记录测得的均方值等效，则可认为被测随机信号是平稳的。

8.5.1.2 **轮次检验方法**

8.5.1.2.1 采用动态信号分析仪采集振动控制仪输出信号的一个样本记录，把此样本记录分成等间距的 N 个子段，测量每段的均方值。

8.5.1.2.2 确定该组均方值的中间值。

8.5.1.2.3 采用"＋"，"－"号区别测量值，大于中间值记为"＋"号，小于中间值记为"－"号。

8.5.1.2.4 按原来的时间顺序排列用"＋"和"－"标出的测量值，计算出轮次数目。

8.5.1.2.5 按表1判断随机信号的平稳性，其中 α 为显著水平。

表1 轮次表

N	$\alpha=0.10$		$\alpha=0.05$		$\alpha=0.01$	
	下限	上限	下限	上限	下限	上限
8	3	6	—	—	—	—
10	4	7	3	8	—	—
12	4	9	4	9	3	10
14	5	10	4	11	4	11
16	6	11	5	12	4	13
18	7	12	6	13	5	14
20	7	14	7	14	5	15
22	7	16	7	16	5	18
24	8	17	7	18	6	19
26	9	18	8	19	7	20
28	10	19	9	20	7	22
30	11	22	10	21	8	23
32	11	22	11	22	9	24
34	12	23	11	24	10	25
36	13	24	12	25	10	27
38	14	25	13	26	11	28
40	15	26	14	27	12	29
50	19	32	18	33	16	35
60	24	37	22	39	20	41

8.5.2 **随机信号周期性检验**

8.5.2.1 **定性检验方法**

采用动态信号分析仪测量振动控制仪输出信号的自相关函数，若其自相关函数在时间延迟很大时接近于零，则认为被测信号无周期分量。若自相关函数衰减为重复的周期振荡，则被测信号含有周期分量。

8.5.2.2 **方差检验方法**

8.5.2.2.1 采用动态信号分析仪测量振动控制仪 T_s 长的输出信号，观察其功率谱密度曲线是否有陡峰。若有一个或多个陡峰，按下述方法检验。

8.5.2.2.2 把记录的样本分成等间距的 N 个子段，测量每段的均方值（一般限制 $N<0.1BT$）。

8.5.2.2.3 假设测量的样本信号是随机的，按式(1)计算期望的标准化方差：

$$\varepsilon^2 = \frac{1}{BT_\alpha} \qquad (1)$$

式中：

B——分析仪滤波器带宽；$T_\alpha = T/N$。

8.5.2.2.4 按式(2)计算均方测量值实际的标准化方差：

$$\hat{\varepsilon^2} = \frac{\frac{1}{N-1}\left[\sum_{i=1}^{N}(\hat{G}_i - \frac{1}{N}\sum_{i=1}^{N}\hat{G}_i)^2\right]}{(\frac{1}{N}\sum_{i=1}^{N}\hat{G}_i)^2} \qquad (2)$$

式中：

$\hat{G}_i$——第 i 段均方测量值。

8.5.2.2.5 按式(3)计算实际的与期望的标准化方差之比：

$$R_\varepsilon = \frac{\hat{\varepsilon^2}}{\varepsilon^2} \qquad (3)$$

若在统计上 R_ε 等效于1，则认为功率谱密度曲线陡峰是由窄带随机信号引起的；若 R_ε 显著地小于1，则认为功率谱密度曲线陡峰是由周期分量引起的。判断 R_ε 等效于1的标准为：

$$R_\varepsilon > \frac{x^2_{1-\alpha}(N-1)}{N-1} \text{ 则 } R_\varepsilon = 1$$

$$R_\varepsilon < \frac{x^2_{1-\alpha}(N-1)}{N-1} \text{ 则 } R_\varepsilon < 1$$

式中：

$x^2_{1-\alpha}(N-1)$——自由度 $N-1$ 的卡埃平方分布；

α——判断的显著性水平。

8.5.3 随机信号正态性检验

8.5.3.1 定性检验方法

采用动态信号分析仪测量振动控制仪输出信号的概率密度曲线，并与理论正态概率密度分布曲线相比较。若曲线呈对称钟形，且其上没有断痕和尖峰，则被测信号概率密度为正态分布。

8.5.3.2 卡埃平方拟合优度检验方法

8.5.3.2.1 采用动态信号分析仪测量振动控制仪输出信号的一个样本，按递增次序排列：

$$x_1 \leqslant x_2 \leqslant x_3 \cdots \leqslant x_n$$

8.5.3.2.2 按子样大小确定分组区间 k：

当 $n=200$ 时，$k=18\sim20$；

当 $n=400$ 时，$k=25\sim30$；

当 $n=1\,000$ 时，$k=35\sim40$。

8.5.3.2.3 按 $P=1/k$ 确定每个区间的概率，并由标准正态概率分布表查出每个区间限所要求的 Z_α 值。

8.5.3.2.4 由式(4)和式(5)计算样本均值 $\overline{X}$ 和方差 s^2：

$$\overline{X} = \frac{1}{n}\sum_{i=1}^{n}x_i \qquad (4)$$

$$s^2 = \frac{1}{n-1}\sum_{i=1}^{n}(x_i - \overline{X})^2 \qquad (5)$$

8.5.3.2.5 按 $x = sZ_\alpha + \overline{X}$ 计算标准化区间限。

8.5.3.2.6 把区间限用到样本记录上，确定频数 f_j。

8.5.3.2.7 按式(6)计算每个分组区间频数偏离期望频数 F 的标准化平方偏差和：

$$x^2 = \sum_{j=1}^{k}(F - f_j)^2/F \quad \cdots\cdots(6)$$

式中：

$F=n/k$。

8.5.3.2.8 选取自由度可 $k-3$，显著水平 α，查卡埃平方分布表确定接受域，判断是否符合正态性假设。

8.6 多通道振动控制仪任意两通道之间一致性的检验

多通道振动控制仪在工作频率范围内设置平直谱，在适当的量级上作随机自闭环控制。一个通道作为控制通道，其他通道作为测量通道。控制仪输出任两通道之间的传递特性，观察其幅值比和相位差。其 99%以上的测量值应符合附录 B 的规定。

8.7 额定参数检验

8.7.1 最大加速度总均方根值的检验

振动台空载，按 8.2 连接好测量系统。控制仪按图 5 设置谱形，峰值因子设为 3，容差限设为±3 dB，按有关技术文件设置最大加速度总均方根值，并均衡控制，连续振动 5 min，采用动态信号分析仪或数字电压表测量其加速度总均方根值，其结果应满足产品说明书或技术协议的要求。

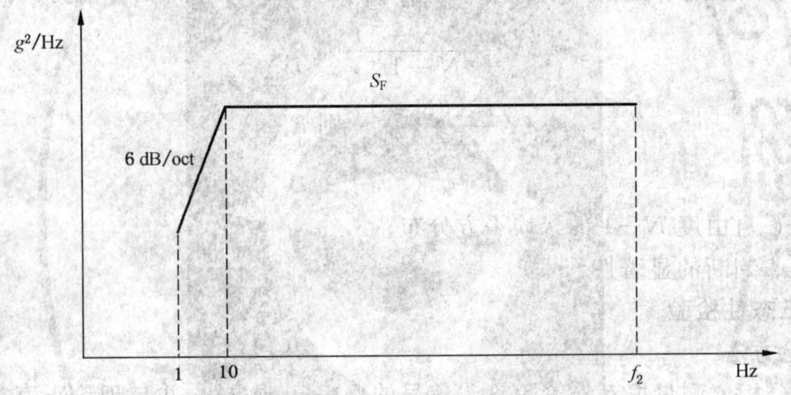

注：f_2 为产品说明书中给出的频率上限值。

图 5 额定参数检验谱形设置

8.7.2 最大随机动态力的检验

将振动台的负载刚性安装在振动台台面中心部位，按 8.2 连接好测量系统。控制仪按图 5 设置谱形，峰值因子设为 3，容差限设为±3 dB，按式(7)计算结果设置加速度总均方根值，并均衡控制，连续振动 5 min，采用动态信号分析仪或数字电压表测量其加速度总均方根值，其结果应满足产品说明书或技术协议的要求。

$$a = \frac{F}{m_d + m_e} \quad \cdots\cdots(7)$$

式中：

a——加速度总均方根值；

F——振动台额定随机动态力；

m_d——振动台运动部件质量；

m_e——振动台负载质量。

8.7.3 最大负载的检验

将额定质量的负载刚性安装在振动台台面中心部位，按 8.2 连接好测量系统。控制仪按图 5 设置谱形，峰值因子设为 3，容差限设为±3 dB，按产品说明书要求设置加速度总均方根值，并均衡控制，连续振动 5 min，采用动态信号分析仪或数字电压表测量其加速度总均方根值，其结果应满足产品说明书或技术协议的要求。

8.8 试验系统加速度功率谱控制动态范围的检验

按8.2连接好测量系统。控制仪按图2设置谱形，其加速度总均方根值设置在适当量级，振动控制系统均衡控制，采用动态信号分析仪测量振动台台面的加速度功率谱控制动态范围，动态信号分析仪采用海宁窗函数，取100次以上的平均次数，幅值采用对数坐标，记录并量取动态范围值。

8.9 试验系统振动加速度总均方根值带外带内比值的检验

按8.2连接好测量系统。控制仪按图5设置谱形，其加速度总均方根值设置在适当量级，振动控制系统均衡控制，采用动态信号分析仪测量振动台台面的加速度功率谱密度，幅值采用线性坐标，基带分析，海宁窗函数，取100次以上的平均次数，分别测量1 Hz～200 Hz和200 Hz～1 000 Hz两个频段的加速度总均方根值 A_a 和 A_b，按式(8)计算频带外加速度总均方根值与频带内加速度总均方根值之比 R。

$$R=\frac{A_b}{A_a}\times 100\% \qquad (8)$$

8.10 试验系统加速度总均方根值示值误差的检验

按8.2连接好测量系统。控制仪按图5设置谱形，其加速度总均方根值设置在适当量级 A_r，振动控制系统均衡控制，采用动态信号分析仪测量振动台台面的加速度总均方根值，幅值采用线性坐标，基带分析，海宁窗函数，测量频率范围1 Hz～200 Hz，取100次以上的平均次数，读取加速度总均方根值10次以上，计算其平均值 A_a，按式(9)计算试验系统加速度总均方根值示值误差 δ_A。

$$\delta_A=\frac{A_r-A_a}{A_a}\times 100\% \qquad (9)$$

8.11 试验系统加速度功率谱密度示值误差的检验

按8.2连接好测量系统。控制仪按图5设置谱形，其平直段加速度功率谱密度值设置在适当量级 S'_{ASD}，振动控制系统均衡控制。采用动态信号分析仪测量振动台台面的加速度功率谱密度，幅值采用线性坐标，采用海宁窗函数，取平均次数120次，在谱形的平直段任取3个频率点，测量各频率点加速度功率谱密度值，重复10次，计算其平均值 S_{ASD}，按式(10)计算试验系统加速度功率谱密度示值误差 δ_{ASD}。

$$\delta_{ASD}=\frac{S'_{ASD}-S_{ASD}}{S_{ASD}}\times 100\% \qquad (10)$$

8.12 试验系统加速度总均方根值和加速度功率谱密度控制精度的检验

按8.2连接好测量系统。控制仪按图5设置谱形，振动控制系统均衡控制。

8.12.1 按8.10测量振动台台面加速度总均方根值的平均值 A，每隔2 min测量1次，共测量5次，按式(11)分别计算每次加速度总均方根值的控制精度。

$$C_A=20\lg\frac{A}{A'} \qquad (11)$$

式中：

C_A——加速度总均方根值控制精度；

A——各次测量加速度总均方根值的平均值；

A'——试验系统设置的加速度总均方根值。

8.12.2 在图5谱形的平直段任取一频率点，采用动态信号分析仪测量振动台台面的加速度功率谱密度，采用海宁窗函数，取平均次数10次，每次测量取5个读数，计算其平均值 $\overline{S}_{ASD}$。每隔2 min测量1次，共测量5次，按式(12)分别计算每次加速度功率谱密度值的控制精度。

$$C_D=20\lg\frac{\overline{S}_{ASD}}{S'_{ASD}} \qquad (12)$$

式中：

C_D——加速度功率谱密度值的控制精度；

$\overline{S}_{ASD}$——各次测量功率谱密度值的平均值；

S'_{ASD}——试验系统设置的加速度功率谱密度值。

9 数据处理结果与检验结果

9.1 数据处理结果

数据处理结果应符合有关标准、合同的要求。

9.2 检验结果

按 GB/T 5170.1—2008 第 10 章的规定出具检验报告。

10 检验周期

按 GB/T 5170.1—2008 第 6 章的规定。

附 录 A
（资料性附录）
检验项目的选择

除非有关规范另有规定，振动台作定型鉴定、出厂/验收检验及定期检验时，正弦部分参数按GB/T 5170.15选择检验项目，检验项目见表 A.1；随机部分按表 A.2 选择检验项目。未经定型鉴定的，出厂/验收检验项目按定型鉴定项目选取。

表 A.1 正弦部分检验项目的选择

序号	检验项目		定型鉴定	首次/验收检验	定期检验	对应 GB/T 5170.15 章节
1	最大载荷		○	○		
2	频率范围		○	○		
3	最大位移幅值	空载	○	△		
		满载	○	○		
4	最大速度幅值	空载	○	△		
		满载	○	○		
5	最大加速度幅值	空载	○	△		
		满载	○	○		
6	波形失真度	空载	○	○	○	
		满载	○	△		
7	横向振动比	空载	○	○	○	
		满载	○	△		
8	台面振动幅值均匀度		○	○	○	
9	频率指示误差		○	○	○	
10	频率稳定度		○	△	△	
11	振动幅值指示误差		○	○	○	
12	加速度信噪比		○	○	△	
13	扫频速率误差		○	○		
14	定振精度	空载	○	○	○	
		满载	○			
15	辐射噪声最大声压级		○			
16	连续工作时间		○	△	△	

注：符号“○”表示必须检验的项目；符号“△”表示抽样检查或视情况选择检验（指检验方或被检验方中任一方提出需检验）的项目。

表 A.2 检验项目的选择

序号	检验项目	定型鉴定	首次/验收检验	定期检验	对应章节
1	振动控制仪随机自闭环加速度功率谱控制动态范围	○	○		8.4
2	振动控制仪随机信号检验(平稳性、正态分布和各态历经性检验)	○	○		8.5
3	振动控制仪通道一致性	○	△	△	8.6
4	额定参数(最大随机动态力、最大负载、最大加速度总均方根值)	○	○		8.7
5	试验系统随机加速度功率谱控制动态范围	○	○	○	8.8
6	试验系统随机振动加速度总均方根值带外带内比	○	○	△	8.9
7	试验系统随机加速度总均方根值示值误差	○	○	○	8.10
8	试验系统随机加速度功率谱密度示值误差	○	○	○	8.11
9	试验系统随机加速度总均方根值和加速度功率谱密度控制精度	○	○	○	8.12

注：符号“○”表示必须检验的项目；符号“△”表示抽样检查或视情况选择检验(指检验方或被检验方中任一方提出需检验)的项目。

附 录 B
（资料性附录）
基本参数允许误差

除非有关规范另有规定，振动台检验时，额定参数要求与型号规格规定一致；正弦部分参数的允许误差参照 GB/T 5170.15，随机部分参数的允许误差参照表 B.1。

表 B.1 基本参数误差要求

序号	检验项目	允许误差
1	振动控制仪随机自闭环加速度功率谱控制动态范围	≥35 dB
2	振动控制仪通道一致性	幅值比：≤0.2 dB 相位差：≤2°
3	试验系统加速度功率谱控制动态范围	≥25 dB
4	试验系统振动加速度总均方根值带外带内比	≤10%
5	试验系统加速度总均方根值示值误差	±10%
6	试验系统加速度功率谱密度示值误差	±20%
7	试验系统加速度总均方根值控制精度	±1 dB
8	试验系统加速度功率谱密度值控制精度	±3 dB

ICS 67.220.20
X 42

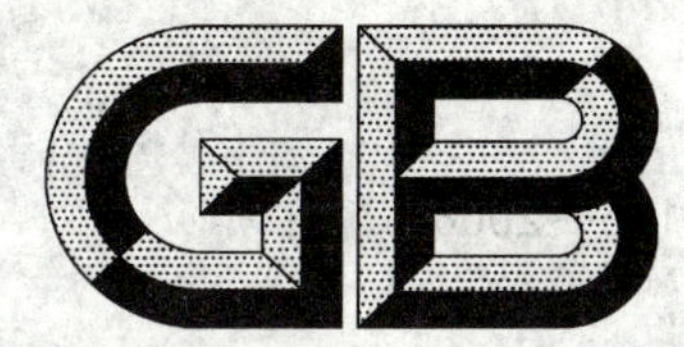

中华人民共和国国家标准

GB 5175—2008
代替 GB 5175—2000

食品添加剂　氢氧化钠

Food additive—Sodium hydroxide

2008-06-25 发布　　2009-01-01 实施

中华人民共和国国家质量监督检验检疫总局
中国国家标准化管理委员会　发布

前　　言

本标准的第4章、第7章和第9章为强制性，其余为推荐性。

本标准与美国食品化学品法典[FCC(V):2004]《氢氧化钠》的一致性程度为非等效。

本标准代替GB 5175—2000《食品添加剂　氢氧化钠》。

本标准与GB 5175—2000的主要差异如下：

——“要求”中增加了“外观”内容(本版4.1)；

——食品添加剂固体氢氧化钠的总碱量由“95.0%～100.5%”改为“98.0%～100.5%”(2000年版第3章；本版4.2)；

——食品添加剂液体氢氧化钠的总碱量由“97.0%～103.0%”改为“98.0%～103.0%”(2000年版第3章；本版4.3)；

——食品添加剂固体氢氧化钠和液体氢氧化钠中碳酸钠含量由“不大于3.0%”改为“2.0%”(2000年版第3章；本版4.2、4.3)；

——食品添加剂固体氢氧化钠和液体氢氧化钠中重金属含量由“0.002%”改为“0.000 5%”(2000年版第3章；本版4.2)；

——删减了食品添加剂固体氢氧化钠和食品添加剂液体氢氧化钠的铅含量的要求(2000年版第3章；本版4.2、4.3)；

——食品添加剂液体氢氧化钠的汞的含量由“0.000 1%”改为“0.000 01%”(2000年版第3章；本版4.3)；

——总碱量测定中将“甲基橙指示液”改用“溴甲酚绿-甲基红指示液”(2000年版4.2；本版5.5)。

本标准由中国石油和化学工业协会提出。

本标准由全国化学标准化技术委员会无机化工分会(SAC/TC 63/SC 1)和全国食品添加剂标准化技术委员会(SAC/TC 11)共同归口。

本标准主要起草单位：青岛海晶化工集团有限公司、四川自贡鸿鹤化工股份公司、天津化工研究设计院。

本标准主要起草人：张英民、曹勇、王彦。

本标准所代替标准的历次版本发布情况：

——GB 5175—1985、GB 5175—2000。

食品添加剂　氢氧化钠

1　范围

本标准规定了食品添加剂氢氧化钠的要求、试验方法、检验规则、标志、标签、包装、运输和贮存。

本标准适用于食品添加剂氢氧化钠。该产品在食品工业上用作酸度调节剂和食品工业用加工助剂。

2　规范性引用标准

下列文件中的条款通过本标准的引用而成为本标准的条款。凡是注日期的引用文件，其随后所有的修改单(不包括勘误的内容)或修订版均不适用于本标准，然而，鼓励根据本标准达成协议的各方研究是否可使用这些文件的最新版本。凡是不注日期的引用文件，其最新版本适用于本标准。

GB 190—1990　危险货物包装标志

GB/T 191—2008　包装储运图示标志(ISO 780:1997,MOD)

GB/T 534—2002　工业硫酸

GB /T 6678　化工产品采样总则

GB /T 6682—2008　分析实验室用水规格和试验方法(ISO 3696:1987,MOD)

GB /T 5009.74—2003　食品添加剂中重金属限量试验

GB /T 5009.76—2003　食品添加剂中砷的测定

HG/T 3696.1　无机化工产品化学分析用标准滴定溶液的制备

HG/T 3696.2　无机化工产品化学分析用杂质标准溶液的制备

HG/T 3696.3　无机化工产品化学分析用制剂及制品的制备

3　分子式和相对分子质量

分子式：NaOH

相对分子质量：40.00(按 2007 年国际相对原子质量)

4　要求

4.1　外观：

4.1.1　食品添加剂固体氢氧化钠为白色或近乎白色。

4.1.2　食品添加剂液体氢氧化钠是清亮的或略有混浊，无色或带粉颜色的液体。

4.2　食品添加剂固体氢氧化钠应符合表 1 要求。

表 1　要求

项　目		指　标
总碱量(以 NaOH 计),w/%		98.0～100.5
碳酸钠(Na_2CO_3),w/%	≤	2.0
砷(As),w/%	≤	0.000 3
重金属(以 Pb 计),w/%	≤	0.000 5
不溶物及有机杂质		通过试验
汞(Hg),w/%	≤	0.000 01

4.3 食品添加剂液体氢氧化钠应符合表2要求。

表2 要求

项目		指标
总碱量(以 NaOH 计)(按氢氧化钠的标示值折算),w/%		98.0～103.5
碳酸钠(Na_2CO_3)(按氢氧化钠的标示值折算),w/%	≤	2.0
砷(As),w/%	≤	0.000 3
重金属(以 Pb 计),w/%	≤	0.000 5
不溶物及有机杂质		通过试验
汞(Hg),w/%	≤	0.000 01

5 试验方法

5.1 安全提示

本产品是强碱,和试验中所用的强酸一样,具有腐蚀性,操作时应小心。如溅到皮肤上立即用大量水冲洗。

5.2 一般规定

本标准所用试剂和水,在没有注明其他要求时,均指分析纯试剂和 GB/T 6682—2008 规定的三级水。

试验中所需标准溶液、杂质标准溶液、制剂和制品,在没有注明其他要求时均按 HG/T 3696.1、HG/T 3696.2、HG/T 3696.3 的规定制备。

5.3 外观的判别

在自然光下,目视判别所取样品。

5.4 鉴别试验

5.4.1 本品的水溶液能离解出 OH^-,呈强碱性反应。

5.4.2 钠离子的鉴别。

5.4.2.1 仪器、设备

顶端烧制有铂丝的玻璃棒。

5.4.2.2 操作步骤

用洁净的铂丝以盐酸润湿后,在火焰上燃烧至无色;蘸取试样,在无色火焰中燃烧,火焰即呈鲜黄色。

5.5 总碱量和碳酸钠含量的测定

5.5.1 方法提要

总碱量:试样溶液以溴甲酚绿-甲基红为指示液,用盐酸标准滴定溶液滴定至终点,根据盐酸标准滴定溶液的消耗量确定总碱量。

碳酸钠含量:于试样溶液中加入氯化钡,则碳酸钠转化为碳酸钡沉淀;溶液中的氢氧化钠以酚酞为指示液,用盐酸标准滴定溶液滴定至终点,测得氢氧化钠的含量。用总碱量减去氢氧化钠含量,则可得碳酸钠的含量。

5.5.2 试剂和材料

5.5.2.1 氯化钡溶液:100 g/L;

使用前以酚酞为指示液,用氢氧化钠溶液调至粉红色。

5.5.2.2 盐酸标准滴定溶液:c(HCl)约为 1 mol/L;

5.5.2.3 酚酞指示液:10 g/L;

5.5.2.4 溴甲酚绿-甲基红指示液:1 g/L。

5.5.3 **分析步骤**

5.5.3.1 **试验溶液的制备**

用已知质量的称量瓶,迅速称取固体氢氧化钠(38±1)g或液体氢氧化钠(50±1)g,精确至0.01 g,放入400 mL聚乙烯烧杯中,用水溶解。冷却到室温后,移入1 000 mL具塑料塞的容量瓶中,加水稀释至刻度,摇匀,将溶液置于清洁干燥的聚乙烯塑料瓶中。此为试验溶液A。

5.5.3.2 **测定**

用移液管移取50 mL试验溶液A,注入250 mL锥形瓶中,加入2至3滴溴甲酚绿-甲基红指示液,在磁力搅拌器搅拌下,用盐酸标准滴定溶液密闭滴定至溶液由绿色变为暗红色,煮沸2 min,冷却后继续滴定至溶液再呈暗红色。

用移液管另移取50 mL试验溶液A,注入250 mL锥形瓶中,加入20 mL氯化钡溶液,再加入2至3滴酚酞指示液,在磁力搅拌器搅拌下,用盐酸标准滴定溶液密闭滴定至溶液呈粉红色为终点。

5.5.4 **结果计算**

5.5.4.1 总碱量以氢氧化钠(NaOH)的质量分数 w_1 计,数值以%表示,按式(1)计算:

$$w_1 = \frac{V_1 c M_1 / 1\,000}{m \times \frac{50}{1\,000}} \times 100 \qquad \cdots\cdots(1)$$

5.5.4.2 碳酸钠含量以碳酸钠(Na_2CO_3)的质量分数 w_2 计,数值以%表示,按式(2)计算:

$$w_2 = \frac{(V_1 - V_2) c M_2 / 1\,000}{m \times \frac{50}{1\,000}} \times 100 \qquad \cdots\cdots(2)$$

式中:

V_1——以溴甲酚绿-甲基红为指示液,滴定试验溶液所消耗的氢氧化钠标准滴定溶液的体积的数值,单位为毫升(mL);

V_2——以酚酞为指示液,滴定试验溶液所消耗的氢氧化钠标准滴定溶液的体积的数值,单位为毫升(mL);

c——氢氧化钠标准滴定溶液浓度的准确数值,单位为摩尔每升(mol/L);

m——试料质量的数值,单位为克(g);

M_1——氢氧化钠(NaOH)的摩尔质量的数值,单位为克每摩尔(g/mol)(M=40.00);

M_2——碳酸钠$\left(\frac{1}{2}Na_2CO_3\right)$的摩尔质量的数值,单位为克每摩尔(g/mol)($M$=52.99)。

5.5.4.3 以相对于标示值的质量分数表示的液体氢氧化钠的总碱量(以NaOH计)的质量分数以 w_3 计,数值以%表示,按式(3)计算:

$$w_3 = \frac{w_1}{b} \times 100 \qquad \cdots\cdots(3)$$

5.5.4.4 以相对于标示值的质量分数表示的液体氢氧化钠的碳酸钠(Na_2CO_3)的质量分数以 w_4 计,数值以%表示,按式(4)计算:

$$w_4 = \frac{w_2}{b} \times 100 \qquad \cdots\cdots(4)$$

式中:

b——液体氢氧化钠浓度的标示值。

取平行测定结果的算术平均值为测定结果,氢氧化钠质量分数的两次平行测定结果的绝对差值不大于:0.2%;碳酸钠质量分数的两次平行测定结果的绝对差值不大于:0.1%。

5.6 砷含量的测定

称取(10.00±0.01)g 固体氢氧化钠试样或相当于(10.00±0.01)g(以实测的液体氢氧化钠的质量分数折算)固体氢氧化钠试样的液体试样,加水约 20 mL 溶解或稀释。缓慢滴加盐酸溶液(1+1)中和至中性(用 pH 试纸指示)。冷至室温后,移入 100 mL 容量瓶中,稀释至刻度,摇匀(必要时干过滤,弃去初滤液)。此为试验溶液 B,备用。

用移液管移取 10 mL 试验溶液 B,置于定砷瓶中,以下按 GB/T 5009.76—2003 的砷斑法进行测定。

用移液管移取 3 mL 砷标准溶液(1 mL 溶液含有 1 μg 砷)作为标准,以下按 GB/T 5009.76—2003 的砷斑法进行测定。

5.7 重金属含量的测定

用移液管移取 20 mL 试验溶液 B 于 50 mL 比色管中,加入 1 滴酚酞指示液,以氨水溶液(1+1)调至粉红色,以下按 GB /T 5009.74—2003 第 6 章进行测定。

用移液管移取 10 mL 铅标准溶液(1 mL 溶液含 1 μg 铅)作为标准,以下按 GB /T 5009.74—2003 第 6 章进行测定。

5.8 不溶物和有机杂质的测定

称取 (5.00±0.01)g 固体氢氧化钠,溶于 100 mL 水中。此溶液是完全清亮、无色或略微带点颜色。

5.9 汞含量的测定

5.9.1 方法提要

同 GB/T 534—2002 的 5.6.2.1。

5.9.2 试剂

5.9.2.1 硫酸溶液:1+1;其他试剂同 GB/T 534—2002 的 5.6.2.2。

5.9.3 仪器、设备

同 GB/T 534—2002 的 5.6.2.3。

5.9.4 分析步骤

5.9.4.1 试验溶液的制备

称量(2.00±0.01)g 固体氢氧化钠或相当于(2.00±0.01)g 固体氢氧化钠的液体样品,置于 100 mL 烧杯中,溶于 20 mL 水中,滴加 10 mL 硫酸溶液(5.9.2.1),加入 0.5 mL 高锰酸钾溶液,将此烧杯盖上表面玻璃,煮沸几秒钟,然后冷却。

5.9.4.2 空白试验溶液的制备

除不加试样外,与试验溶液同时同样处理。

5.9.4.3 工作曲线的绘制

按照 GB/T 534—2002 的 5.6.2.4.2 操作,选择含汞量 0 μg~1 μg 的标准曲线。

5.9.4.4 试样溶液和空白溶液的测定

按照 GB/T 534—2002 的 5.6.2.4.3 和 5.6.2.4.4 操作。

5.9.5 结果计算

按照 GB/T 534—2002 的 5.6.2.5 和 5.6.2.6。

5.9.6 含汞废液的处理

将含汞废液收集于约 50 L 的容器中,当废液大约 40 L 时依次加入 400 g/L 氢氧化钠溶液400 mL、100 g 硫化钠($Na_2S \cdot 9H_2O$),摇匀。10 min 后缓慢加入质量分数为 30%过氧化氢溶液 400 mL,充分混合,放置 24 h 后将上部清液排入废水中,沉淀物转入另一容器中,由专人进行汞的回收。

6 检验规则

6.1 本标准采用型式检验和出厂检验。

6.1.1 本标准所有指标项目为型式检验项目。正常情况下，每一个月至少进行一次型式检验。有下列情况之一时，也应进行型式检验：

a) 更换关键生产工艺；

b) 主要原料有变化；

c) 停产后恢复生产；

d) 出厂检验结果与上次型式检验有较大差异。

6.1.2 本标准规定项目中的总碱量、碳酸钠、砷、重金属、不溶物及有机杂质为出厂检验项目，应逐批检验。

6.2 生产企业用相同材料，基本相同的生产条件，连续生产或同一班组生产的食品添加剂氢氧化钠为一批，每批产品折成固体碱不超过 300 t。

6.3 食品添加剂固体氢氧化钠按 GB/T 6678 的规定确定采样单元数。采样时，将采样器慢速插入至容器深度的三分之二处采样。将采得的样品混匀，总量不少于 500 g，分装于两个清洁干燥的塑料袋或具塞的塑料瓶中，密封。

食品添加剂液体氢氧化钠用槽车或贮槽装运时，从上、中、下三处(上部离液面十分之一液层，下部离液体底部十分之一液层)取出等量试样，混匀，总样量不得少于 500 mL，置于塑料瓶中密封。

在塑料瓶上粘贴标签注明：生产厂名、产品名称、批号或槽车号、采样日期和采样者姓名。一瓶用于检验，另一瓶保存三个月备查。

6.4 食品添加剂氢氧化钠应由生产厂的质量监督检验部门按照本标准的要求进行检验，生产厂应保证每批出厂的产品都符合本标准的要求。

6.5 检验结果如有指标不符合本标准要求时，应重新自两倍量的包装中采样复验，复验结果即使只有一项指标不符合本标准要求时，则整批产品为不合格。

7 标志、标签

7.1 食品添加剂氢氧化钠包装容器上应有牢固清晰的标志，内容包括：生产厂名、厂址、产品名称、“食品添加剂”字样、净含量、批号或生产日期、危险化学品许可证号、卫生许可证号及本标准编号，以及 GB 190—1990 中规定的“腐蚀品”标志、GB/T 191—2008 中规定的“向上”和“怕湿”标志、安全标签。

7.2 每批出厂的食品添加剂氢氧化钠都应附有质量证明书，内容包括：生产厂名、厂址、产品名称、净含量、批号或生产日期、产品质量符合本标准的证明、本标准编号、危险化学品许可证号、卫生许可证号，以及安全技术说明书和安全标签。

8 包装、运输、贮存

8.1 食品添加剂固体氢氧化钠采用铁桶或其他密闭容器包装，包装容器应符合有关规定。桶盖应密封牢固。每桶净含量 200 kg。

食品添加剂液体氢氧化钠用专用槽车或贮槽装运，并定期清洗。

允许使用符合食品包装标准要求的塑料桶、槽车装运食品添加剂片状氢氧化钠或液体氢氧化钠。

8.2 食品添加剂氢氧化钠在运输过程中不得与酸和有毒有害物品混运并防止撞击。

8.3 食品添加剂氢氧化钠应贮存在阴凉干燥处，避免破损、污染、受潮及与酸接触。

8.4 食品添加剂氢氧化钠保质期为 1 年，逾期检验合格，仍可继续使用。

9 安全

氢氧化钠具有强腐蚀性，可能接触其粉尘时，应佩戴头罩型电动送风过滤式防尘呼吸器。必要时，佩戴空气呼吸器。穿橡胶耐酸碱服。戴橡胶耐酸碱手套。工作场所禁止吸烟、进食和饮水，饭前要洗手。工作完毕，淋浴更衣。

ICS 71.100.40
G 73

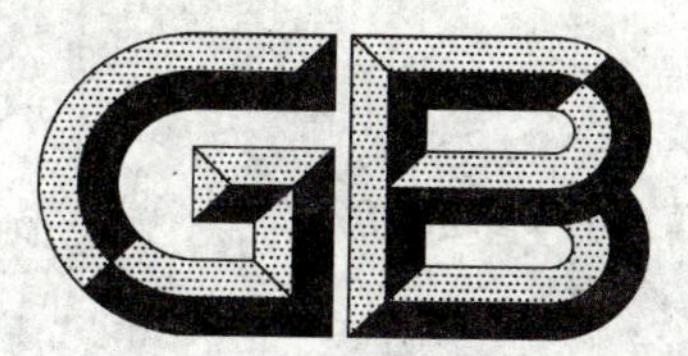

中华人民共和国国家标准

GB/T 5177—2008
代替 GB/T 5177.1—1993、GB/T 5177.2～5177.4—1985、GB/T 5177.5—2002

工业直链烷基苯

Industrial lineal alkylbenzene

2008-05-28 发布

2008-12-01 实施

中华人民共和国国家质量监督检验检疫总局
中国国家标准化管理委员会 发布

前　言

本标准附录 A 参考 ISO 2211:1973《液体化学品　以 Hazen 单位(铂-钴色标)测量色泽》制定。

本标准技术指标(优等品)参照美国 UOP 公司洗涤剂用烷基化物质量保证指标设定,达到国际先进水平。

本标准是对 GB/T 5177.1—1993、GB/T 5177.2～5177.4—1985、GB/T 5177.5—2002 的整合修订。

本标准代替下列国家标准:

GB/T 5177.1—1993《工业烷基苯色泽的测定》;

GB/T 5177.2—1985《工业烷基苯中可磺化物含量的测定》;

GB/T 5177.3—1985《工业烷基苯平均相对分子量的测定　气液色谱法》;

GB/T 5177.4—1985《工业烷基苯溴指数的测定　电位滴定法》;

GB/T 5177.5—2002《工业直链烷基苯》。

本标准与原系列标准相比,主要有如下变动:

——将原单独编辑的方法标准作为本标准的附录;

——对原标准中试验方法的精密度的表示做了更新,由标准偏差改为重复性限;

——修改了溴价测定中混合滴定溶液的组成;

——修改了平均相对分子质量的计算方法;

——修订了原标准中一些编辑性错误。

本标准的附录 A、附录 B、附录 C、附录 D 均为规范性附录。

本标准由中国轻工业联合会提出。

本标准由全国表面活性剂和洗涤用品标准化技术委员会归口。

本标准起草单位:中国日用化学工业研究院、金陵石化烷基苯厂、中国石油抚顺石化公司洗涤剂化工厂。

本标准主要起草人:李晓辉、黄爱忠、武荣鑫。

工业直链烷基苯

1 范围

本标准规定了工业直链烷基苯的技术要求、试验方法、检验规则及标志、包装、运输、贮存要求。

本标准适用于以脱氢法和裂解法生产的工业直链烷基苯,该产品主要供生产合成洗涤剂用。

2 规范性引用文件

下列文件中的条款通过本标准的引用而成为本标准的条款。凡是注日期的引用文件,其随后所有的修改单(不包括勘误的内容)或修订版均不适用于本标准,然而,鼓励根据本标准达成协议的各方研究是否可使用这些文件的最新版本。凡是不注日期的引用文件,其最新版本适用于本标准。

GB/T 614 化学试剂 折光率测定通用方法(GB/T 614—2006,ISO 6353-1:1982,NEQ)

GB/T 1884 原油和液体石油产品密度实验室测定法(密度计法)(GB/T 1884—2000,eqv ISO 3675:1998)

GB/T 6536 石油产品蒸馏测定法

GB/T 7380 表面活性剂和洗涤剂 含水量的测定 卡尔·费休法(GB/T 7380—1995,idt ISO 4317:1991)

GB/T 15818 表面活性剂 生物降解度试验方法

QB/T 2739—2005 洗涤用品常用试验方法 滴定分析(容量分析)用试验溶液的制备

3 产品分子式

工业直链烷基苯的分子式为:$R-C_6H_5$(R 为平均十二碳烷基)。

4 要求

4.1 外观

水白透明、无悬浮物的液体。

4.2 生物降解度

工业直链烷基苯经磺化、中和制成的烷基苯磺酸钠,初级生物降解度在 7 d 后不低于 90%。

4.3 理化指标

工业直链烷基苯的理化指标应符合表 1 的规定,脱氢法工业直链烷基苯指标不得低于一等品。

表 1 工业直链烷基苯的理化指标

项目		指标		
		优等品	一等品	合格品
色泽/Hazen	≤	10	20	100
折光指数 n_D^{20}		1.482 0～1.485 0	1.482 0～1.487 0	1.482 0～1.489 0
密度(20℃)/(g/cm³)		0.855～0.870		
溴价/(gBr/100 g)	≤	0.02	0.03	0.25
可磺化物(质量分数)/%	≥	98.5	97.5	96.5

表 1(续)

项　　目			指　　标		
			优等品	一等品	合格品
平均相对分子质量			238～250		235～250
水分(质量分数)/%		<	0.010		0.050
馏程/℃	体积分数 5%	>	280		270
	体积分数 95%	<	310	315	320

5　试验方法

除非另有说明，在分析中仅使用确认为分析纯的试剂和蒸馏水或去离子水或纯度相当的水。

5.1　外观

将试样置于烧杯或玻璃瓶中，在 25℃目测。

5.2　色泽

按附录 A 测定。

5.3　折光指数

按 GB/T 614 测定。

5.4　密度

按 GB/T 1884 测定。

5.5　溴价

按附录 B 测定。

5.6　可磺化物

按附录 C 测定。

5.7　平均相对分子质量

按附录 D 测定。

5.8　水分

按 GB/T 7380 测定。

5.9　馏程

按 GB/T 6536 测定。

5.10　生物降解度

按 GB/T 15818 测定。

6　检验规则

6.1　检验分类和检验项目

6.1.1　型式检验

型式检验项目包括第 4 章规定的全部项目。在下列情况下应进行型式检验。

a)　正式生产时，原料、工艺、设备、管理等方面(包括人员素质)有较大改变，可能影响产品质量时；

b)　正常生产时，应定期进行型式检验，一般情况每年一次；

c)　长期停产后恢复生产时；

d)　出厂检验结果与上次型式检验结果有较大差异时；

e)　国家行业管理部门和质量监督机构提出进行型式检验时。

6.1.2 **出厂检验**

出厂检验项目包括外观和理化指标。

6.2 **产品组批与抽样规则**

6.2.1 产品按批交付及抽样验收，一次交付的同一规格、同一批号的产品为一交付批。

生产单位交付的产品，应先经其质量检验部门按本标准检验，符合本标准并出具产品质量检验合格证书，方可出厂。产品质量检验合格证书应包括：生产厂商名称、产品名称、商标、执行标准编号、产品等级、批号、批量、质量指标、生产日期等。

收货方凭产品质量检验合格证书验收，必要时可按下述规定在一个月内抽样验收或仲裁。

6.2.2 取样

以罐（车、船）或桶为单位，批量大于1时，根据批量大小，罐（车、船）装产品按表2、桶装产品按表3确定取样单位数，从批中随机抽取样本单位。

表2 罐（车、船）装产品的批量和样本

批量（包装数）	1	≤8	9～15	≥16
样本	1	2	3	5

表3 桶装产品的批量和样本

批量（包装数）	1	≤25	26～150	151～1 200	≥1 201
样本	1	2	3	5	8

对于横截面均匀一致的油罐，采用等量合并从油罐的顶液面到罐底的油面的高度的六分之一、二分之一、六分之五液面处所采取试样组合而成的方法取样。

对于火车油罐车和汽车油罐车，在罐内深度二分之一液面处取样。

从每个取样单位中等量采取总量为3 kg的样品，分装于三个洁净、干燥的具塞样品瓶内，加塞密封，贴上标签，注明产品名称、产品等级、产品批号、生产单位、采样日期、采样人。交收双方各持一份进行检验，第三份由交货方保管，备仲裁检验用，样品应存放于暗处，保管期为一个月。

6.3 **判定规则**

检验结果按修约值比较法判定合格与否。如理化指标有一项不合格，可重新取两倍样本，对不合格项进行复检，复检结果仍不合格，则判该批产品不合格。

6.4 **仲裁**

交收双方因检验结果不同，如不能协商一致时，可商请仲裁检验，以仲裁结果为最终依据。

7 标志、包装、运输、贮存

7.1 **标志**

7.1.1 包装物应有下列标志：

a) 产品名称、商标、等级、采用标准编号；

b) 生产日期或产品批号；

c) 净含量和毛重；

d) 有防水防潮等文字或标识；

e) 生产企业名称、地址和联系电话等。

7.1.2 包装物上印刷的标志（图案及文字）应清晰美观，无脱色，防水、防油。

7.2 **包装**

应用不影响产品质量的专用油罐（车、船）或不受腐蚀、能保证强度的清洁容器包装，产品装入容器时应根据气温变化留有空隙，装入容器后须盖紧并加印封。包装净含量应符合标称质量。

7.3 运输

运输过程中应加遮盖物，防止日晒、雨淋、受潮，轻装轻卸，避免包装破损。

7.4 贮存

产品应贮存在干燥、洁净的库房内，盖口须朝上，如需在露天存放时，应加遮盖物以防晒、防雨、防潮、防止包装破损。

附 录 A
（规范性附录）
色泽的测定

A.1 原理

以分光光度计在波长 373 nm 处测得系列色度标准溶液的吸光度，绘制色泽标准曲线。利用工业直链烷基苯样品与铂-钴溶液有相似的光谱特征吸收，在同波长下测定样品的吸光度，然后在色泽标准曲线中查出其相应的铂-钴色泽值，以 Hazen 色度单位表示。

Hazen 色度单位：每升溶液含铂（以氯铂酸型）1 mg 和氯化钴六水合物 2 mg 时的色泽。

A.2 试剂

A.2.1 氯铂酸钾（K_2PtCl_6）。

A.2.2 氯化钴（$CoCl_2 \cdot 6H_2O$）（GB/T 1270）。

A.2.3 盐酸（GB/T 622），$\rho_{20}=1.19$，优级纯。

A.3 仪器

常用实验室仪器和

A.3.1 分光光度计，具有 373 nm 波长。

A.3.2 比色池，1 cm、5 cm。

A.4 程序

A.4.1 配制铂-钴标准溶液

称取 1.245 g 氯铂酸钾（A.2.1）和 1.000 g 氯化钴（A.2.2），加 100 mL 蒸馏水溶解，再加入100 mL 浓盐酸（A.2.3）使之完全溶解，然后移入 1 000 mL 容量瓶中，用蒸馏水稀释至刻度。

按表 A.1 所列体积分别移取上述溶液至 20 只 100 mL 容量瓶中，用蒸馏水稀释至刻度，摇匀，配制成一系列色泽标准溶液。

表 A.1 色泽标准溶液的配制

色泽值/Hazen	吸取标准溶液/mL	色泽值/Hazen	吸取标准溶液/mL
5	1	70	14
10	2	100	20
15	3	150	30
20	4	200	40
25	5	250	50
30	6	300	60
35	7	350	70
40	8	400	80
50	10	450	90
60	12	500	100

A.4.2　绘制色泽标准曲线

将配制的系列色泽标准溶液，用分光光度计(A.3.1)于波长 373 nm 处，以蒸馏水作参比，采用5 cm 和 1 cm 的比色池(色泽值小于等于 100 Hazen，用 5 cm 比色池；色泽值大于 100 Hazen，用1 cm比色池)测定吸光度，以色泽值(Hazen)为横坐标，吸光度值为纵坐标，分别绘制吸光度-色泽标准曲线。

A.4.3　测定

将样品倒入比色池中(如试样混浊或有悬浮物，需预先干燥并过滤)，浅色试样使用 5 cm 比色池，深色试样使用 1 cm 比色池，以蒸馏水为参比，在波长 373 nm 处测定吸光度。

根据所测试样的吸光度，从吸光度-色泽标准曲线上查得对应色泽值，即为试样的色泽值。

A.5　精密度

色泽值在 5 Hazen～70 Hazen 时，在重复性条件下获得的两次独立测定结果的绝对差值不大于 8，以大于 8 的情况不超过 5%为前提。

附 录 B
(规范性附录)
溴价的测定

B.1 原理

将工业直链烷基苯溶解在特定溶剂内,用溴化钾-溴酸钾标准溶液滴定,因被测溶液中游离溴浓度的微小增加而引起电极电位的突变,即为滴定的终点。

B.2 术语和定义

下列术语和定义适用于本标准。

B.2.1

溴价 bromine number

在给定条件下,100 g 试样所消耗溴的克数,称为样品的溴价。

B.2.2

溴指数 bromine index

在给定条件下,100 g 试样所消耗溴的毫克数,称为样品的溴指数。

B.3 试剂

B.3.1 滴定溶液:将下列试剂按体积依次倾入棕色试剂瓶中混合,制备成 1 L 溶液。

a) 乙酸(GB/T 676),704 mL;

b) 四氯化碳(GB/T 688),134 mL;

c) 无水乙醇(GB/T 678),134 mL;

d) 硫酸(GB/T 625),(1+5)溶液,18 mL;

e) 溴化钾(GB/T 649),(3+10)溶液,10 mL。

B.3.2 溴化钾-溴酸钾(GB/T 650),$c\left(\frac{1}{2}Br_2\right)=0.02$ mol/L 标准滴定溶液,按 QB/T 2739—2005 中 4.18 配制和标定。

B.4 仪器

常用实验室仪器和

B.4.1 电位滴定仪,配有玻璃电极、铂电极各一支。

B.4.2 电磁搅拌器,带有 30 mm 搅拌棒(外包聚四氟乙烯)。

B.4.3 微量具塞滴定管,5 mL,分度 0.02 mL。

B.4.4 高型烧杯,250 mL。

B.4.5 秒表。

B.5 程序

按电位滴定仪(B.4.1)的使用说明书连接电极,校正仪器。

称取一定量的试样(称样量参照表 B.1,称准至 0.001 g),置于烧杯(B.4.4)中,加入 100 mL 滴定溶液(B.3.1),放入一根 30 mm 长的电磁搅拌棒。置烧杯于电磁搅拌器(B.4.2)托盘上,将电极浸入溶液,离杯底约 30 mm。开动电磁搅拌器搅拌 10 min,搅拌速度以不产生气泡为宜。

用微量滴定管(B.4.3)滴加溴化钾-溴酸钾标准滴定溶液(B.3.2),每加0.1 mL,记录1 min后电动势的读数。当电位突跃后,每加0.1 mL标准滴定溶液1 min后电动势读数的增量不超过10 mV,即认为到达终点。记录消耗的溴化钾-溴酸钾标准滴定溶液的体积。

同时取100 mL滴定溶液作空白测定,每次滴入溴化钾-溴酸钾标准滴定溶液的量改为0.02 mL。

表 B.1　溴价与称样量的关系

估算溴价范围/(g 溴/100 g)	称样量/g
0～0.020	10～15
0.021～0.050	4～10
0.051～0.100	2～4
0.100～1.000	0.5～2

B.6　结果计算

溴价以克溴每百克(g 溴/100 g)为单位按式(B.1)计算:

$$溴价=\frac{(V_1-V_2)\times c\times 7\ 990}{m\times 1\ 000} \qquad \cdots\cdots(B.1)$$

溴指数以毫克溴每百克(mg 溴/100 g)为单位按式(B.2)计算:

$$溴指数=\frac{(V_1-V_2)\times c\times 7\ 990}{m} \qquad \cdots\cdots(B.2)$$

式中:

V_1——滴定试样所消耗的溴化钾-溴酸钾标准滴定溶液的体积,单位为毫升(mL);

V_2——滴定空白所消耗的溴化钾-溴酸钾标准滴定溶液的体积,单位为毫升(mL);

c——溴化钾-溴酸钾标准滴定溶液的浓度,单位为摩尔每升(mol/L);

m——称取试样的质量,单位为克(g)。

溴价以两次平行测定结果的算术平均值修约至小数点后三位作为测定结果。

B.7　精密度

在重复性条件下获得的两次独立测定结果的绝对差值应符合表B.2要求。

表 B.2　溴价精密度

单位为克溴每百克

溴价范围	绝对差值
0～0.010	<0.001
0.010～0.100	0.001～0.005
0.100～1.000	0.005～0.050

附　录　C
（规范性附录）
可磺化物的测定

C.1　原理

将工业直链烷基苯用发烟硫酸磺化，经氢氧化钠中和，用正戊烷（或石油醚）抽提不磺化物。由差减法求得可磺化物的百分含量。

C.2　术语和定义

下列术语和定义适用于本标准。

C.2.1

可磺化物　sulfonated matter

在试验条件下能同发烟硫酸反应的烷基化物。

C.3　试剂

C.3.1　发烟硫酸，配制成含 20%SO_3。

C.3.2　氢氧化钠(GB/T 629)，140 g/L 溶液。

C.3.3　95%乙醇(GB/T 679)。

C.3.4　正戊烷或石油醚(GB/T 15894)，馏程 30℃～60℃。

C.3.5　丙酮(GB/T 686)。

C.3.6　酚酞(GB/T 10729)，10 g/L 指示液，按 QB/T 2739—2005 中 5.1 配制。

C.4　仪器

常用实验室仪器和

C.4.1　电动搅拌器。

C.4.2　三口烧瓶，100 mL。

C.4.3　水银温度计，100℃，分度为 1℃。

C.4.4　滴液漏斗，60 mL。

C.4.5　具塞量筒，250 mL。

C.4.6　量筒，100 mL。

C.4.7　虹吸管，内径内 3 mm～4 mm，管端内径 1 mm～2 mm。

C.4.8　蒸馏底瓶，250 mL。

C.4.9　溶剂回收装置，可与蒸馏底瓶(C.4.8)相配。

C.4.10　水浴。

C.5　程序

C.5.1　磺化

称取烷基苯试样 10 g(精确至 0.001 g)于三口烧瓶(C.4.2)中(小心地加入试样，切勿使试样溅在烧瓶壁上)，在三口烧瓶的中口和一个侧口分别装上搅拌器(C.4.1)和温度计(C.4.3)，按烃：酸＝1：1.2(质量分数)称取发烟硫酸(C.3.1)于滴液漏斗(C.4.4)中，将滴液漏斗插入三口烧瓶另一侧口内，坐入水浴。开动搅拌器，速度不宜太快，同时调节水浴温度至 51℃。当反应瓶内液体温度升至 51℃时，开始慢慢滴加发烟硫酸，加酸速度以保持反应温度 55℃±1℃为宜，避免温度过高引起局部过磺化。加酸时间为 20 min，反应 5 min 后加快搅拌。加酸结束后，继续保持温度 55℃±1℃，搅拌 20 min。

磺化完成后，将反应物冷却到 40℃以下，加入 1 滴～2 滴酚酞指示液，用氢氧化钠溶液(C.3.2)中和到 pH 值 7～8，中和温度控制在 50℃～60℃。然后用 80 mL 热蒸馏水把反应物定量地转移到具塞量筒(C.4.5)中，再用 50 mL 乙醇(C.3.3)洗涤三口烧瓶、搅拌器及温度计，洗液并入具塞量筒中。

C.5.2 抽提不磺化物

将具塞量筒中内容物冷却至室温，盖紧量筒塞，上下剧烈摇动，使其全部溶解。然后用 50 mL 正戊烷(或石油醚)(C.3.4)洗涤三口瓶、搅拌器及温度计，洗液并入具塞量筒中，盖紧量筒塞，上下再摇动几次，小心打开塞子，用少量正戊烷冲洗塞子及量筒壁，静置分层。待分层后，插入虹吸管(C.4.7)，管口高于正戊烷-醇溶液界面 5 mm～6 mm 处，将上层清液虹吸至预先称量的蒸馏底瓶中，注意勿将下层醇溶液带入。按上述操作重复萃取四次，萃取液并入蒸馏底瓶中。装好回收溶剂装置，在 60℃～70℃的水浴上回收溶剂，直到无馏出物流出为止。取下蒸馏底瓶，放在水浴上，加丙酮 2 mL，插入吹气管至离瓶底 5 cm 处，以 2 L/min 的干燥气流驱赶残留溶剂。2 min 后，将蒸馏底瓶用洁净干燥纱布擦干，移入干燥器中冷却 15 min 后称量。重复此操作，但每次吹气 1 min，以前后两次称量之差在 0.020 g 之内为恒重。

C.5.3 空白试验

取 200 mL 正戊烷(或石油醚)于预先称量的蒸馏底瓶中，按 C.5.2 的溶剂回收操作做空白试验。

C.6 结果计算

样品中可磺化物的质量分数(%)按式(C.1)计算：

$$\text{可磺化物} = \frac{m-(m_1-m_0)}{m} \times 100\% \quad \cdots\cdots(\text{C.1})$$

式中：

m——称取试样量，单位为克(g)；

m_1——蒸馏底瓶中残留物量，单位为克(g)；

m_0——空白试验的残留物量，单位为克(g)。

以两次平行测定结果的算术平均值修约至小数点后一位作为测定结果。

C.7 精密度

在重复性条件下获得的两次独立测定结果的绝对差值不大于 0.2%，以大于 0.2%的情况不超过 5%为前提。

附　录　D
（规范性附录）
平均相对分子质量的测定

D.1　原理

采用气液色谱法测定工业直链烷基苯的碳原子数分布并计算平均相对分子质量。

D.2　仪器

D.2.1　色谱仪

D.2.1.1　具有火焰离子化检测器和程序升温控制器，带有数据处理系统。

D.2.1.2　填充柱：不锈钢柱管，长 1 m～6 m，内径 2 mm～4 mm，内装高温非极性固定相（如 SE30、OVI01），并于试验前预老化；或玻璃毛细管柱，长 20 m～50 m。要求不同碳原子数的烷基苯的色谱峰能很好分开。

D.2.2　微量注射器，1 μL 或 10 μL。

D.3　试剂

D.3.1　参考烷基苯：已知链长的烷基苯混合物，例如，C_9～C_{15}烷基苯。可采用一已知组成的产品作为参考样品，此参考样品可用来检验色谱仪的性能是否正常。

D.3.2　载气：氮气，纯度 99.99%。

D.3.3　辅助气：氢气，纯度 99.99%；空气，由钢瓶或无油气体压缩机供给。

D.3.4　丙酮（GB/T 686）。

D.4　色谱条件

D.4.1　载气流速

根据柱类型和直径，流速可在 0.3 mL/min～40 mL/min；

D.4.2　注射口温度

注射口温度为 250℃～300℃。

D.4.3　柱温

a)　恒温：根据样品性质，温度在 150℃～180℃之间；

b)　程序升温：初始温度为 140℃～170℃，升温速率为 0.5℃/min～2℃/min，终温为 180℃～250℃。

D.5　程序

D.5.1　试样制备

若用毛细管柱，必要时可配制 1 体积烷基苯与 1 体积丙酮（D.3.4）的混合液；若采用填充柱，可直接使用烷基苯。

D.5.2　测定

用微量注射器（D.2.2）将足够量的试样（D.5.1）注入色谱仪，使得到的色谱图峰高适当。

典型色谱图示为图 D.1 和图 D.2。

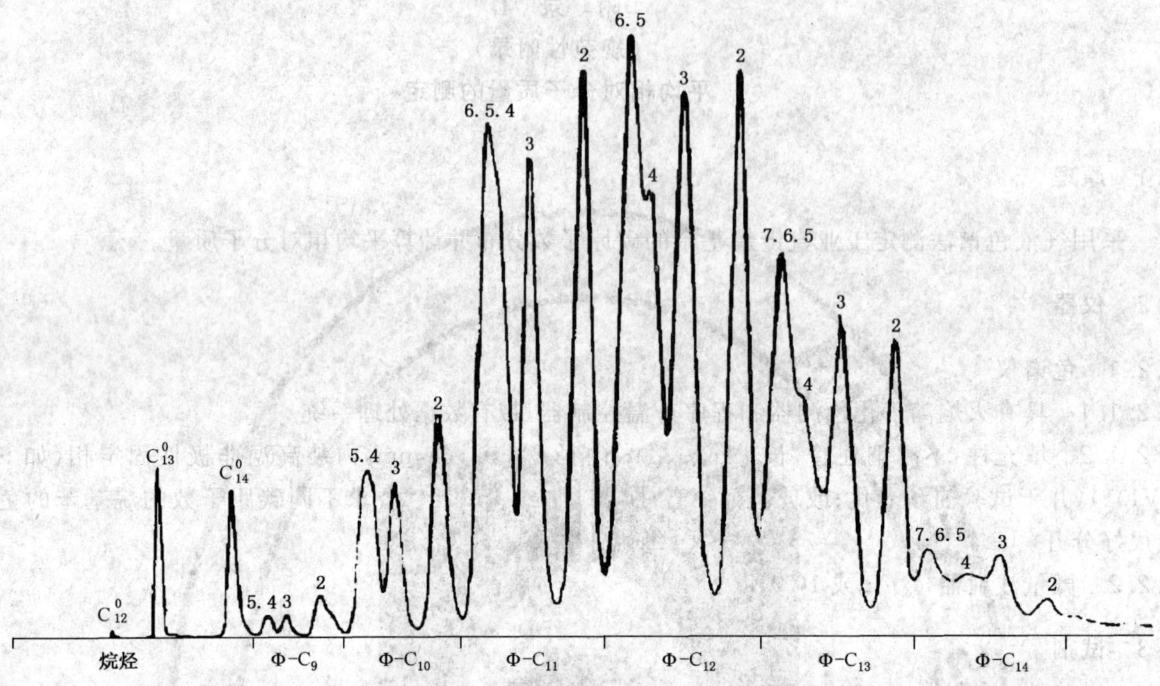

图 D.1 烷基苯的填充柱色谱图(峰顶数字为苯在烷链上的取代位置,Φ代表苯基)

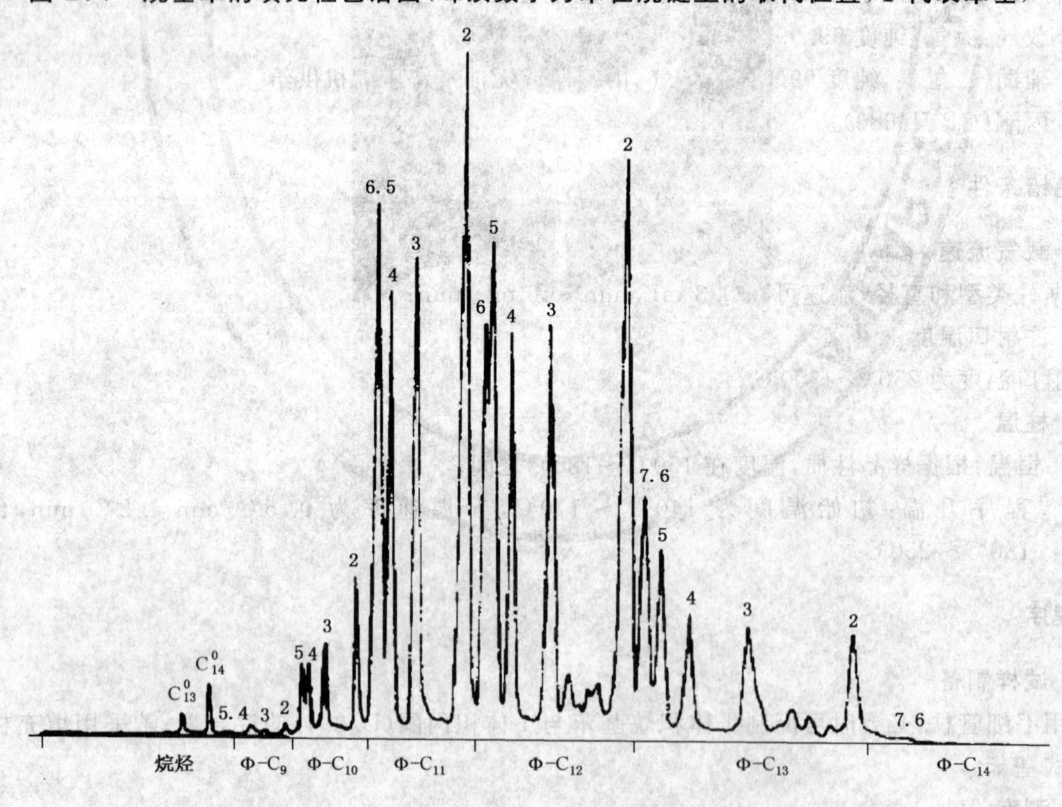

图 D.2 烷基苯的毛细管柱色谱图(Φ代表苯基)

D.5.3 定性

用试样色谱图与参考烷基苯(D.3.1)色谱图对照的方法检定试样的组分。

D.5.4 定量

积分测定各碳原子数烷基苯的峰面积，并计算总峰面积。

D.6 结果计算

i 碳烷基苯的峰面积占总峰面积的百分数 A_i 按式(D.1)计算：

$$A_i = \frac{a_i}{A} \times 100\% \qquad \cdots\cdots(D.1)$$

非烷基苯组分的峰面积占总峰面积的百分数 D 按式(D.2)计算：

$$D = \frac{d}{A} \times 100\% \qquad \cdots\cdots(D.2)$$

烷基苯的平均相对分子质量 M 按式(D.3)计算：

$$M = \frac{\sum_i A_i \times M_i}{100 - D} \qquad \cdots\cdots(D.3)$$

式中：

a_i——i 碳烷基苯的峰面积；

d——非烷基苯组分的峰面积；

A——总峰面积；

M_i——i 碳烷基苯的相对分子质量，见表 D.1。

以两次平行测定结果的算术平均值修约至小数点后一位作为测定结果。

表 D.1 各碳数烷基苯的相对分子质量

碳数	相对分子质量
C_9	204
C_{10}	218
C_{11}	232
C_{12}	246
C_{13}	260
C_{14}	274
C_{15}	288

D.7 精密度

在重复性条件下获得的两次独立测定结果的绝对差值不大于 12，以大于 12 的情况不超过 5%为前提。

ICS 71.100.40
G 72

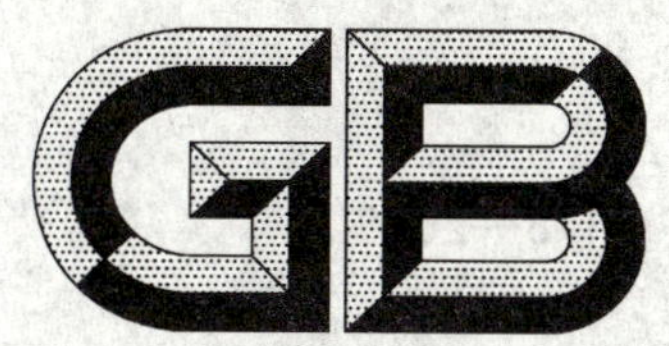

中华人民共和国国家标准

GB/T 5178—2008
代替 GB/T 5178—1985

表面活性剂 工业直链烷基苯磺酸钠平均相对分子质量的测定 气液色谱法

Surface active agents—Determination of mean relative molecular mass for technical straight-chain sodium alkylbenzenesulfonates—Gas-liquid chromatographic method

(ISO 6841:1988, Surface active agents—Technical straight-chain sodium alkylbenzenesulfonates—Determination of mean relative molecular mass by gas-liquid chromatography, MOD)

2008-12-30 发布 2009-09-01 实施

中华人民共和国国家质量监督检验检疫总局
中国国家标准化管理委员会 发布

前　言

本标准修改采用国际标准 ISO 6841:1988《表面活性剂　工业直链烷基苯磺酸钠　平均相对分子质量的测定　气液色谱法》。

本标准根据 ISO 6841:1988 重新起草。对于修改采用 ISO 标准的内容,所存在的技术性差异用垂直线标示在它们所涉及条款的页边右侧空白处,并在附录 A 中列出了本条款与有关 ISO 标准的对应信息,给出了技术性差异及其原因一览表以供参考。

本标准代替 GB/T 5178—1985《工业直链烷基苯磺酸钠平均相对分子量的测定　气液色谱法》。

本标准与 GB/T 5178—1985 相比主要变化如下:

——标准名称变为"表面活性剂　工业直链烷基苯磺酸钠平均相对分子质量的测定　气液色谱法";

——增加了利用微波消解法脱去磺酸基,该方法较原标准方法更为简单,且缩短了脱磺时间。

本标准的附录 A 为资料性附录。

本标准由中国轻工业联合会提出。

本标准由全国表面活性剂和洗涤用品标准化技术委员会归口。

本标准起草单位:国家洗涤用品质量监督检验中心(太原)、中国日用化学工业研究院、浙江赞宇科技股份有限公司。

本标准主要起草人:严方、姚晨之、周卯星、黄亚茹。

本标准所代替标准的历次版本发布情况为:

——GB/T 5178—1985。

表面活性剂　工业直链烷基苯磺酸钠 平均相对分子质量的测定　气液色谱法

1　范围

本标准规定了测定工业直链烷基苯磺酸钠平均相对分子质量的方法。

本标准适用于直链烷基苯的测定。

本标准不适用于支链烷基苯的测定(因支链烷基苯的色谱峰无法进行鉴定)。

2　原理

试样在浓磷酸介质中脱磺酸基,并用石油醚萃取释出的烷基苯。用气液色谱法测定萃取烷基苯的平均相对分子质量。

计算烷基苯磺酸钠的平均相对分子质量。利用气液色谱法测定脱磺酸基烷基苯的平均相对分子质量,然后以加 SO_3Na 基的式量减去一个氢的原子量来计算。

3　试剂和参考样品

除非另有说明,在分析中仅使用确认为分析纯的试剂和无二氧化碳的蒸馏水或去离子水或纯度相当的水。

3.1　磷酸。

3.2　石油醚,馏程 30 ℃～60 ℃。

3.3　无水硫酸钠。

3.4　氢氧化钠,160 g/L 溶液。

3.5　丙酮。

3.6　参考烷基苯:已知链长的烷基苯混合物,例如 C_9～C_{15} 烷基苯。可采用一已知组分的产品作为参考样品,此参考样品可用来检验色谱仪的性能是否正常。

4　仪器

4.1　热裂解管:外径 11 mm,长 60 mm(壁厚约 1 mm)的硬质玻璃管,管口翻边,见图 1a)。

4.2　螺帽及空心螺栓:可用其垫硅橡胶和聚四氟乙烯膜将热裂解管(4.1)密封,见图 1b)和图 1c)。

单位为毫米

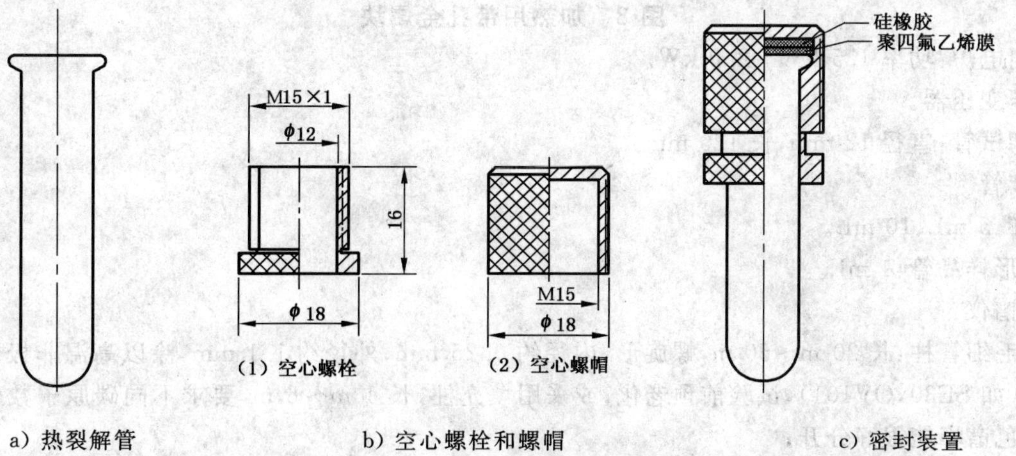

a) 热裂解管　　b) 空心螺栓和螺帽　　c) 密封装置

图 1　热裂解管及密封装置

4.3 金属安全管：可容纳热裂解管(4.1)，以预防热裂解破裂，顶部配以螺盖，见图2。

单位为毫米

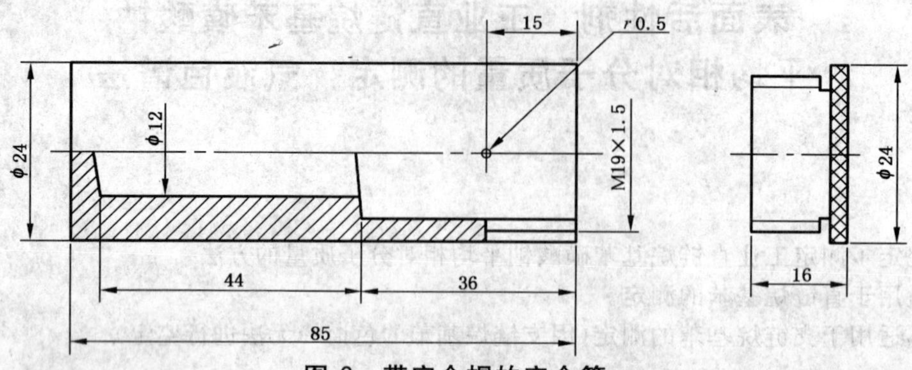

图2 带安全帽的安全管

4.4 加热装置：带孔的金属块，或其他能控制温度约250℃的均匀热源。用带孔金属块时，孔径应与金属安全管(4.3)的外径相匹配，使金属安全管恰好置于其中，金属块上还带有一插温度计用的小孔(图3)。

单位为毫米

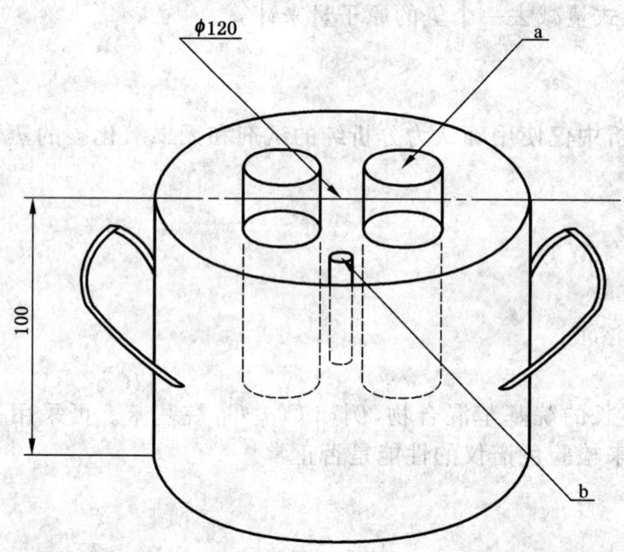

a——放置金属安全管孔(φ25 mm×85 mm)；
b——插温度计孔(φ7 mm×60 mm)。

图3 加热用带孔金属块

4.5 封闭电炉：功率1.5 kW～2.0 kW。

4.6 调压变压器。

4.7 具塞试管：直径12 mm，长120 mm。

4.8 吸液管。

4.9 烧杯：5 mL、10 mL。

4.10 锥形样品管：1 mL。

4.11 色谱仪：

a) 毛细管柱：长20 m～50 m，螺旋形，内径约0.25 mm，外径约1.1 mm，涂以高温非极性固定相(如SE30，OV101)，试验前预老化；或采用填充柱，长1 m～6 m，要求不同碳原子数烷基苯的色谱峰能很好分开；

b) 火焰离子化检测器；

c) 电子积分器；

d) 记录仪；

e) 微量注射器：5 μL、10 μL；

f) 载气：氮气。

4.12 微波消解仪。

4.13 聚四氟乙烯消解罐。

5 程序

5.1 试样

精确称取试样 0.10 g 置于热裂解管(4.1)或聚四氟乙烯消解罐(4.13)内。

5.2 脱磺酸基

5.2.1 热裂解脱磺酸基

加 2 mL 磷酸(3.1)置于装有试样的热裂解管内，装上垫以硅橡胶及聚四氟乙烯膜的螺帽及空心螺栓(4.2)，并用手稍旋紧。将密封好的热解管置于安全管(4.3)中，旋上螺盖。

将安全管置于约 250 ℃的加热装置(4.4)中，反应 15 min 左右，取出安全管，用水冷却后，取出密封的热裂解管。

5.2.2 微波消解脱磺酸基

5.2.2.1 加入 3 mL 磷酸(3.1)，混匀并静置 1 min，使之初步反应结束，再加盖密封。

5.2.2.2 严格遵守仪器操作规程，将消解罐置于微波快速消解系统中，并确认温度罐和压力罐已分别与温度传感器和压力传感器连接。

5.2.2.3 消解分两步进行，参数设定见表 1。

表 1 消解时温度-时间程序

步 骤	温度/℃	时间/min	功率/W
第一步	150	10	300(三罐运行时)
第二步	180	5	300(三罐运行时)

5.2.2.4 待冷却至 60 ℃后取出消解罐。

5.2.3 烷基苯的萃取

旋开热裂解管或聚四氟乙烯消解罐(4.13)并转移内容物至一具塞试管(4.7)中，用 2 mL 或 4 mL 石油醚(3.2)冲洗热裂解管或聚四氟乙烯消解罐，并将洗涤液转入此试管。

盖好试管塞摇动之，并静置分层，用吸液管(4.8)将石油醚层转移至第二个具塞试管中。

再加 2 mL 石油醚至第一个试管中，盖好管塞，摇动并静置分层。将石油醚层用吸液管转移至第二个试管中，与第一次萃取液合并。

向合并的石油醚萃取物中加入等体积的蒸馏水，塞好试管塞，摇动并静置分层，用吸液管将下层水吸出弃去。重复此操作 4 次～5 次。

加 1 mL 氢氧化钠溶液(3.4)于蒸馏水洗过的石油醚层中，塞好试管塞，摇动并静置分层，用吸液管将下部水层吸出弃去。

加约 1 g 无水硫酸钠(3.3)至石油醚萃取物中，塞好试管塞，摇动，并放置 20 min。

将石油醚萃取物转移至烧杯(4.9)中，在 60 ℃～70 ℃的水浴上缓慢加热，蒸去大部分石油醚，然后将其转移至样品管(4.10)中继续蒸发。

5.3 色谱分析

5.3.1 色谱仪参数

5.3.1.1 注射口：温度大于 250 ℃。

5.3.1.2 柱温：恒温，根据样品性质，温度在 150 ℃～180 ℃之间；或程序升温：起始温度为 140 ℃～170 ℃，以 0.5 ℃/min～2 ℃/min 的速率升温至终温 180 ℃～250 ℃。

5.3.1.3 载气:根据柱类型和直径,流速可为 0.3 mL/min~40 mL/min。

5.3.1.4 检测器条件:温度大于 250 ℃。

5.3.2 仪器性能检验

注射一定量参考烷基苯(3.6)于色谱仪中,使各碳数烷基苯色谱峰能很好分离,记录保留时间,以便与样品对照。

5.3.3 试验

5.3.3.1 试样的配制

采用毛细管柱[4.11.a)],必要时,可配制 1 体积烷基苯萃取物(5.2.3)和 1 体积丙酮(3.5)的混合液。

采用填充柱[4.11.a)],可直接使用烷基苯萃取物。

5.3.3.2 试样的引入

用微量注射器[4.11.e)]将足够量的试液(5.3.3.1)注入色谱仪,使得到的色谱图峰高适当(见图 4)。

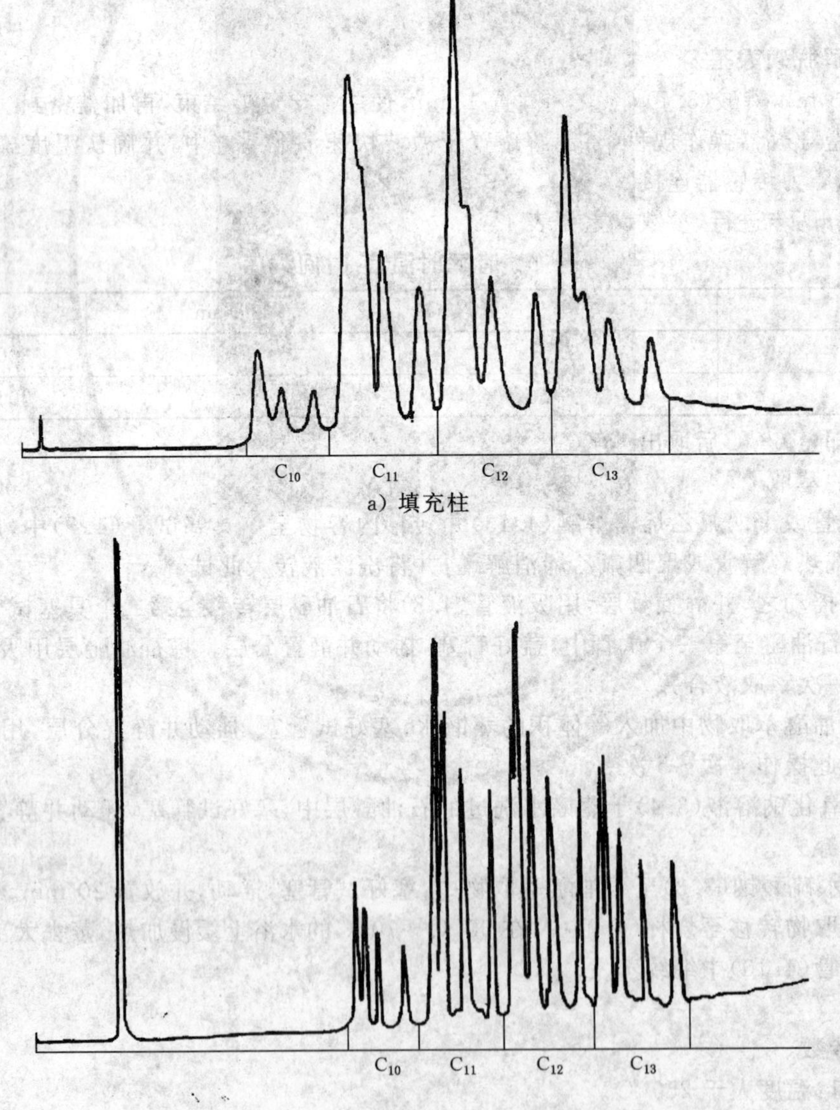

a) 填充柱

b) 毛细管柱

图 4 烷基苯典型气相色谱图

6 色谱图的检验

6.1 定性分析

用试验色谱图与参考烷基苯(3.6)色谱图对照的方法鉴定试样的组分。

6.2 定量分析

用电子积分器[4.11.c)]测定各碳原子数烷基苯的峰面积,并计算总峰面积。

7 结果的表示

7.1 计算方法

i 碳烷基苯的质量分数按式(1)计算:

$$B_i = \frac{a_i}{A} \times 100\% \quad \cdots\cdots(1)$$

式中:

B_i——i 碳烷基苯的质量分数,%;

a_i——i 碳烷基苯的峰面积;

A——总峰面积。

烷基苯的平均相对分子质量按式(2)计算:

$$\overline{M} = \frac{100}{\sum_i \frac{B_i}{M_i}} \quad \cdots\cdots(2)$$

式中:

$\overline{M}$——烷基苯的平均相对分子质量;

B_i——i 碳烷基苯的质量分数,%;

M_i——i 碳烷基苯的平均相对分子质量,见表 1。

表 1 i 碳烷基苯的平均相对分子质量

碳 原 子 数	M_i
C_9	204
C_{10}	218
C_{11}	232
C_{12}	246
C_{13}	260
C_{14}	274
C_{15}	288

由算得的烷基苯的平均相对分子质量加 102 即可求出烷基苯磺酸钠的平均相对分子质量。

7.2 精密度

在重复性条件下获得的两次独立测定结果的绝对差值不大于 12,以大于以上规定的情况不超过 5%为前提。

附 录 A
（资料性附录）
本标准与 ISO 6841:1988 的技术性差异及其原因

表 A.1 给出了本标准与 ISO 6841:1988 的技术性差异及其原因一览表。

表 A.1 本标准与 ISO 6841:1988 技术性差异及其原因

本标准章条编号	本标准内容	ISO 章条编号	ISO 6841:1988 内容	原因
3.2	石油醚，馏程 30 ℃～60 ℃	4.2	石油醚馏程 40 ℃～60 ℃	更符合我国实际
3.6	参考烷基苯：已知链长的烷基苯混合物，例如 C_9～C_{15} 烷基苯。可采用一已知组分的产品作为参考样品，此参考样品可用来检验色谱仪的性能是否正常	4.5	C_9～C_{15} 烷基苯（包括苯环上的碳原子数）	尊重我国的习惯
4.11f)	载气：氮气（我国气相色谱仪大多采用火焰离子化检测器，大都采用氮气为载气）	4.6	载气可为氮气、氦气、氩气或氢气	更符合我国实际，氦、氩及氢气不适合我国的具体情况
4.1 4.2 4.3 4.4 4.12	脱磺酸基装置：由热裂解管、螺帽及空心螺栓、金属安全管构成。可用金属块加热，或采用微波消解仪	5.1 5.2 5.3 5.4	脱磺酸基装置：采用氧-煤气或氧-空气焰密封燃烧管于硅油浴中加热	脱磺效果相同，安全，裂解管可重复使用
5.1	精确称取试样 0.10 g	7.1	称取 50 mg～100 mg，称准至 1 mg	用气液色谱法测定脱磺酸烷基苯的碳原子数分布，从而算出其平均分子量，无需准确称样
5.2	①采用螺帽及空心螺栓将热裂解管密封，使样品在其中脱磺酸基；或采用微波消解仪脱磺酸基。 ②水洗 4 次～5 次	7.2	①采用氧-煤气或空气-煤气密封燃烧管，使样品在其中反应。 ②不用水洗	①安全性高，脱磺效果相同。 ②本法先用水洗涤醚层，是为了先除掉醚层中大量的磷酸，以使用氢氧化钠中和醚层时易于分层；ISO 6841 直接以氢氧化钠洗涤中和醚层，往往对分层不利
5.3.1.1	注射口：温度大于 250 ℃	7.3.1.1	注射口温度大于 210 ℃	根据我国的实验室情况，恒温及程序升温多采用此温度范围
5.3.1.2	①恒温：150 ℃～180 ℃之间。 ②程序升温：终温 180 ℃～250 ℃	7.3.1.2	①恒温：170 ℃～200 ℃之间。 ②程序升温：终温 180 ℃～210 ℃	
5.3.1.4	检测器条件：温度大于 250 ℃	7.3.1.4	检测器条件：温度大于 210 ℃	
7.1	C_i 烷基苯的分子量表中的碳原子数不包括苯环的碳原子数	9.1	C_i 烷基苯的分子量表中的碳原子数包括苯环的碳原子数	尊重我国的习惯

ICS 53.060
J 83

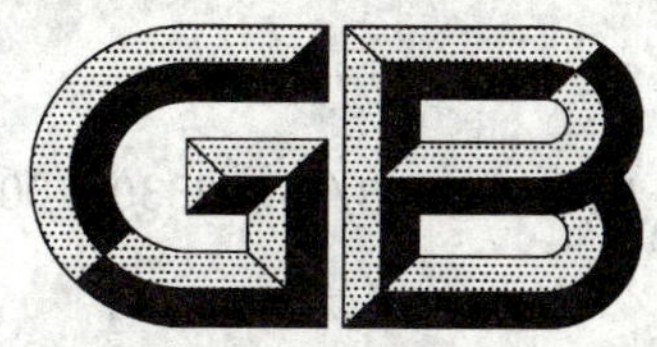

中华人民共和国国家标准

GB/T 5182—2008/ISO 2330:2002
代替 GB/T 5182—1996

叉车 货叉 技术要求和试验方法

Fork-lift trucks—Fork arms—Technical characteristics and testing

(ISO 2330:2002,IDT)

2008-05-05 发布 2008-11-01 实施

中华人民共和国国家质量监督检验检疫总局
中国国家标准化管理委员会 发布

前　言

本标准等同采用 ISO 2330:2002《叉车　货叉　技术要求和试验方法》(英文版)。

本标准等同翻译 ISO 2330:2002。

为了便于使用,本标准作了下列编辑性修改:

——“本国际标准”一词改为“本标准”;

——用小数点“.”代替作为小数点的逗号“,”;

——删除国际标准的前言;

——对 ISO 2330:2002 中引用的其他国际标准,用已采用为我国的标准代替对应的国际标准;

——5.1 中去掉了“载荷中心不大于 4 000 kg×600 mm”的表述;

——6.2 中去掉了“载荷中心为 5 500 kg×600 mm”的表述;

——6.1.2 中,用“q”代替“Q”。

本标准代替 GB/T 5182—1996《叉车　货叉　技术要求和试验》。与 GB/T 5182—1996 相比主要变化如下:

——第 1 章中增加了各种安装形式实心截面货叉的具体型式,包括挂钩型、轴套型或销轴型、螺栓连接型和辊子型货叉;

——本标准第 2 章中,用 GB/T 229 代替了原标准中的 ISO 148:1983;

——本标准 6.1.1、6.1.2 和 6.2 中将单根额定起重量的划分值由原标准的“5 000 kg”改为“5 500 kg”;

——6.1.2 中,用“q”代替“Q”;

——将原标准中第 9 章的“注 1”改为本标准第 9 章的条款。

本标准由中国机械工业联合会提出。

本标准由北京起重运输机械研究所归口。

本标准负责起草单位:北京起重运输机械研究所。

本标准参加起草单位:浙江诺力机械股份有限公司。

本标准主要起草人:赵春晖。

本标准所代替标准的历次版本发布情况为:

——GB/T 5182—1985、GB/T 5182—1996。

叉车　货叉　技术要求和试验方法

1　范围

本标准规定了批量生产的各种安装型式的实心截面货叉的制造、试验和标记要求。这些货叉包括但不限于挂钩型、轴套型或销轴型、螺栓连接型和辊子型货叉。

经货叉制造商和用户协商同意，这些要求也适用于非批量生产的货叉。

2　规范性引用文件

下列文件中的条款通过本标准的引用而成为本标准的条款。凡是注日期的引用文件，其随后所有的修改单(不包括勘误的内容)或修订版均不适用于本标准，然而，鼓励根据本标准达成协议的各方研究是否可使用这些文件的最新版本。凡是不注日期的引用文件，其最新版本适用于本标准。

GB/T 229　金属材料　夏比摆锤冲击试验方法(GB/T 229—2007，ISO 148-1:2006，MOD)

GB/T 5140　叉车　挂钩型货叉　术语(GB/T 5140—2005，ISO 2331:1974，IDT)

GB/T 5184—2008　叉车　挂钩型货叉和货叉架　安装尺寸(ISO 2328:2007，IDT)

ISO 683-1:1987　热处理钢、合金钢和易切钢　第1部分:按照不同成形的黑钢制件直接硬化的非合金钢和低合金锻钢

3　术语和定义

GB/T 5140 确立的以及下列术语和定义适用于本标准。

3.1

货叉样品　prototype fork arm

任意组合的新水平段横截面、新垂直段横截面、新材料、新型挂钩或新叉根结构，准备用作批量生产的货叉。

4　制造

货叉应采用实心横截面的材料制造。

5　试验

5.1　货叉样品应按第6章进行屈服试验和第7章进行冲击试验，并满足其试验要求。

单根额定起重量不大于4 000 kg的货叉样品应按第8章进行疲劳试验，并满足其试验要求。

5.2　经货叉制造商和用户协商同意，批量生产的货叉可定期进行第6章和第7章所述试验。

6　屈服试验

6.1　试验载荷

6.1.1　单根额定起重量不大于5 500 kg的货叉

试验载荷 F_T 为其额定起重量 C 的3倍。

6.1.2　单根额定起重量大于5 500 kg的货叉

试验载荷 F_T 为其额定起重量 C(单位为千克)乘以安全系数 R，R 值按下式计算，且 $R \geqslant 2.5$。

$$R = 3 - 0.08(q - 10)$$

式中：

$q = \frac{2C}{1\ 000}$。

6.2 试验步骤

货叉的固定方式应与其在叉车上的使用工况相同，并配有测量永久变形的检具。

在距货叉垂直段前表面 D 处（见图 1），逐渐而无冲击地施加相应的试验载荷两次，每次加载保持 30 s。对于单根额定起重量小于 5 500 kg 的货叉，D 为 GB/T 5184—2008 表 1 中规定的额定载荷中心距；对于单根额定起重量不小于 5 500 kg 的货叉，D 由叉车制造商规定。

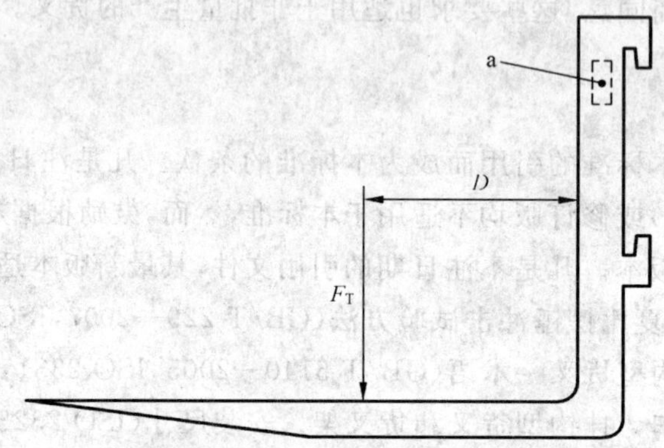

a 标记位置（两侧均可）。

图 1 标记位置和加载位置

6.3 试验要求

在第一次试验和第二次试验后，应从货叉水平段叉尖部位的上表面读取试验数据。比较两次加载试验后的数据，货叉应无永久变形。

7 冲击试验

7.1 取样

应按 ISO 683-1 中规定的棒材和线材选取试件的位置，并沿相对于货叉截面为纵向方向选取试样。应优先从上下挂钩之间的区域选取，但也可以从专门为冲击试验提供的上挂钩以上的货叉垂直段的延伸部分选取或从具有足够尺寸（如长度至少是宽度的两倍）的货叉半成品上选取，所取试样应与被试货叉的横截面、材料和热处理相同。

7.2 试验步骤

按 GB/T 229 进行冲击试验，使用标准的 V 形切口试样，试验温度为－20℃。

7.3 试验要求

试样在－20℃时的冲击值不应小于 27 J。

8 疲劳试验

8.1 试验载荷值、加载频率和试验周期

8.1.1 动态试验载荷应具有恒定的幅度，其峰值为货叉额定起重量 C 的 1.25 倍。动态试验载荷的最小值不应大于额定起重量 C 的 0.1 倍。

8.1.2 试验载荷频率最大值应为 10 Hz。如果货叉温度超过 50℃或发生共振现象，应降低频率。

8.1.3 试验周期不应少于 10^6 试验载荷循环次数。

8.2 试验步骤

货叉的固定方式应与其在叉车上的使用工况相同。试验载荷应施加在距货叉垂直段前表面距离为

D处，D值按6.2的规定(见图1)。

8.3 试验要求

试验后，货叉应无裂纹或永久变形。裂纹检查步骤应符合第9章的规定。

9 表面裂纹检验

货叉制造商应对批量生产(或疲劳试验后)的每根货叉进行全面的裂纹目测检查，特别是对叉根、所有焊缝、上下挂钩的焊接热影响区、上下挂钩与垂直段的连接部位进行裂纹的无损探伤。如发现裂纹，则货叉不应投入使用。

推荐裂纹的无损探伤采用磁粉探伤法。

10 标记

10.1 在图1所示位置(两侧均可)，每根货叉应按下述内容永久标记：

a) 单根货叉的额定起重量C，单位为千克(kg)；

b) 规定的载荷中心距D，单位为毫米(mm)；

c) 货叉制造商的标记；

d) 生产日期或批号。

10.2 需要时，货叉上可标出叉车制造商的标记和出厂编号。

ICS 53.060
J 83

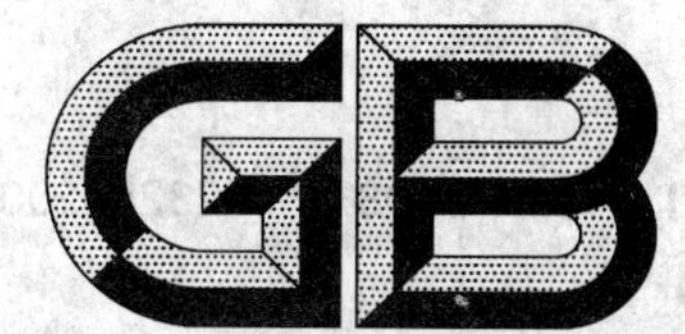

中华人民共和国国家标准

GB/T 5184—2008/ISO 2328:2007
代替 GB/T 5184—1996

叉车　挂钩型货叉和货叉架　安装尺寸

Fork-lift trucks—Hook-on type fork arms and fork arm carriages—Mounting dimensions

(ISO 2328:2007,IDT)

2008-07-09 发布　　　　2009-02-01 实施

中华人民共和国国家质量监督检验检疫总局
中国国家标准化管理委员会　发布

前 言

本标准等同采用 ISO 2328:2007《叉车　挂钩型货叉和货叉架　安装尺寸》(英文版)。

本标准等同翻译 ISO 2328:2007。

为便于使用,本标准作了下列编辑性修改:

——“本国际标准”一词改为“本标准”;

——删除了国际标准的前言;

——用小数点“.”代替作为小数点的逗号“,”;

——对 ISO 2328:2007 中引用的国际标准,用已采用为我国的标准代替对应的国际标准;

——删除了条文的脚注 1);

——删除了 4.1 的注;

——根据我国机械制图标准的要求,对图 1 和图 3 进行了修改,删除了图 1 中的脚注 b 和脚注 c;

——删除了表 2 的脚注 b 和脚注 c。

本标准代替 GB/T 5184—1996《叉车　挂钩型货叉和货叉架　安装尺寸》。

本标准与 GB/T 5184—1996 相比主要变化如下:

——第 1 章中增加了对额定起重量“不大于 10 999 kg”的限制;

——第 2 章中,增加了引用文件“GB 10827　机动工业车辆　安全规范”;

——第 3 章中增加了 GB 10827 规定的术语;

——将原标准第 4 章“尺寸”改为本标准的 4.1,并且增加了:“当为了避免意外脱落,而将下部装卸槽偏心设置时,该槽应相对于货叉架中心线偏移尺寸 w(见图 1);上部中心定位槽应再加深 3 mm,以便于属具和货叉的安装”的要求;

——增加了图 2 和图 3,图 1 进行了修改;

——增加了“如果采用偏心下装卸槽作为防止货叉意外脱落的方法时,则使用说明书中应包含警示内容”的要求;

——本标准表 1 和表 2 中,将叉车额定起重量与额定载荷中心距二个项目合在一列,并且相对于 ≤999 kg、(1 000～2 500) kg 和(2 501～4 999) kg 三种规格,载荷中心距分别增加了 600 mm 一档。

本标准由中国机械工业联合会提出。

本标准由全国工业车辆标准化技术委员会(SAC/TC 332)归口。

本标准起草单位:北京起重运输机械研究所。

本标准主要起草人:赵春晖。

本标准所代替标准的历次版本发布情况为:

——GB 5184—1985、GB/T 5184—1996。

叉车　挂钩型货叉和货叉架　安装尺寸

1　范围

本标准规定了叉车挂钩型货叉和货叉架的安装尺寸和附加要求，以便货叉或属具与其他属具能够互换。这些尺寸和要求与叉车的额定起重量(不大于 10 999 kg)和货叉的型式有关。

2　规范性引用文件

下列文件中的条款通过本标准的引用而成为本标准的条款。凡是注日期的引用文件，其随后所有的修改单(不包括勘误的内容)或修订版均不适用于本标准，然而，鼓励根据本标准达成协议的各方研究是否可使用这些文件的最新版本。凡是不注日期的引用文件，其最新版本适用于本标准。

GB/T 5140　叉车　挂钩型货叉　术语(GB/T 5140—2005，ISO 2331:1974，IDT)

GB 10827　机动工业车辆　安全规范(GB 10827—1999，eqv ISO 3691:1980)

3　术语和定义

GB/T 5140 和 GB 10827 中确立的术语和定义适用于本标准。

4　要求

4.1　尺寸

A 型(低位)和 B 型(高位)货叉(货叉的型式由下挂钩的位置确定)及货叉架的安装尺寸应分别符合图 1、图 2 和图 3 及表 1 和表 2 的规定。表 2 中规定的货叉定位槽尺寸应以适当的间距分布在货叉架横梁上。为了对属具进行定位，应在货叉架上横梁中心线上位于上边缘处设置一个定位槽。然而，当为了避免意外脱落，而将下部装卸槽偏心设置时，该槽应相对于货叉架中心线偏移尺寸 w(见图 1)；上部中心定位槽应再加深 3 mm，以便于属具和货叉的安装。

4.2　挡块

为防止货叉从货叉架端部横向脱落，应设有挡块。如果这些挡块不是采用焊接等方法固定的，则使用说明书中应包含“若挡块没有正确就位，则叉车应禁止使用”的警示。

4.3　下横梁上的装卸槽

如果在货叉架下横梁边缘开货叉装卸槽，则货叉装卸槽的位置应如图 3 所示，图 3 中的视图 *X* 为可选的结构。如果在货叉架上、下横梁上的装卸槽的位置可能使货叉或属具从横梁上意外脱落，则应采取其他措施防止这种情况发生。

如果采用偏心下装卸槽作为防止货叉意外脱落的方法时，则使用说明书中应包含有下列警示内容：

警告——如果货叉/锁紧销未完全接合，货叉可能意外脱落。

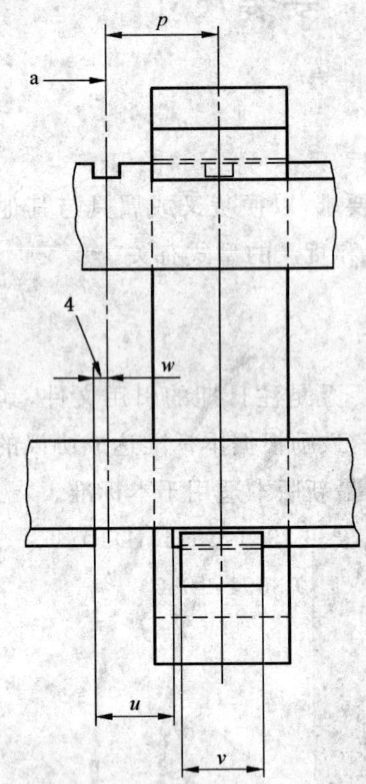

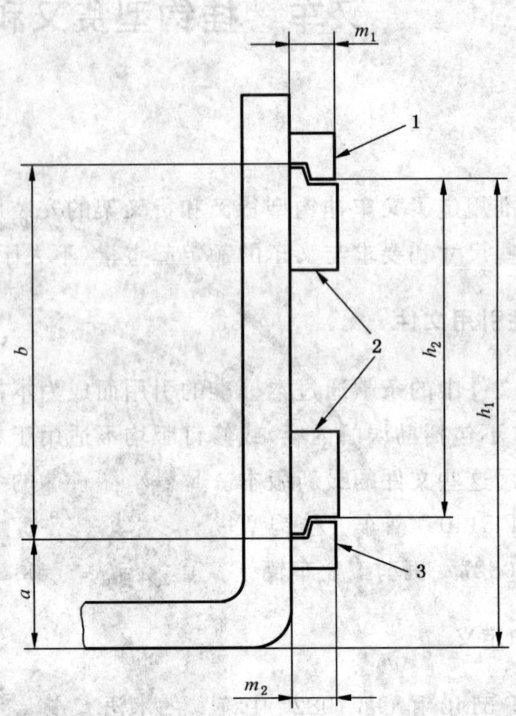

1——上挂钩；

2——货叉架；

3——下挂钩；

4——下部装卸槽相对于货叉架中心线的位置。

[a] 货叉架中心线。

注：有关尺寸值见表 1 和表 2。

图 1　安装在货叉架上的挂钩型货叉

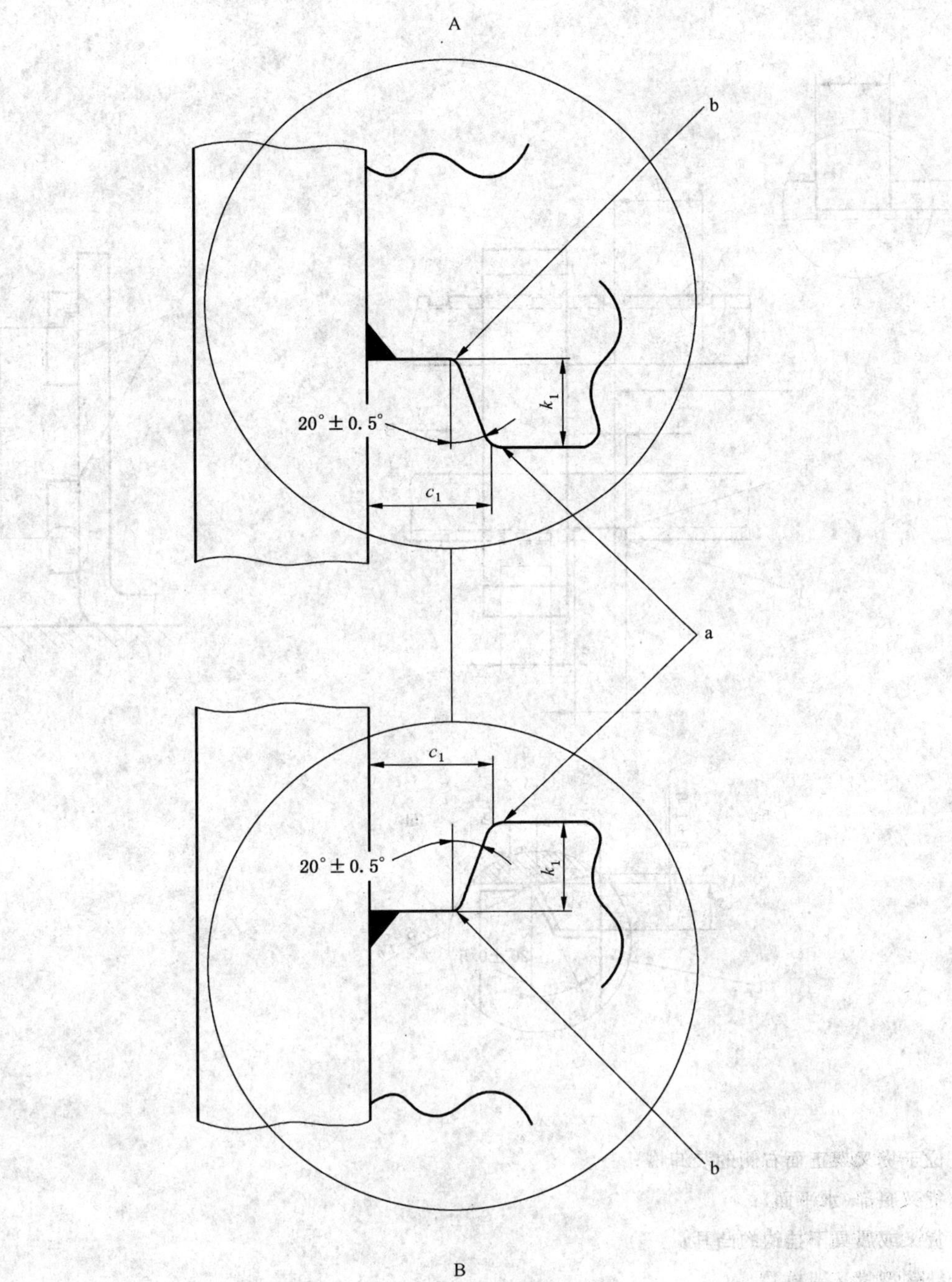

A——上挂钩详图；

B——下挂钩详图。

[a] 为留有间隙，上下挂钩可为圆角或倒角。

[b] 最大圆角半径为 1.0 mm。

注：有关尺寸值见表 1。

图 2　货叉挂钩详图

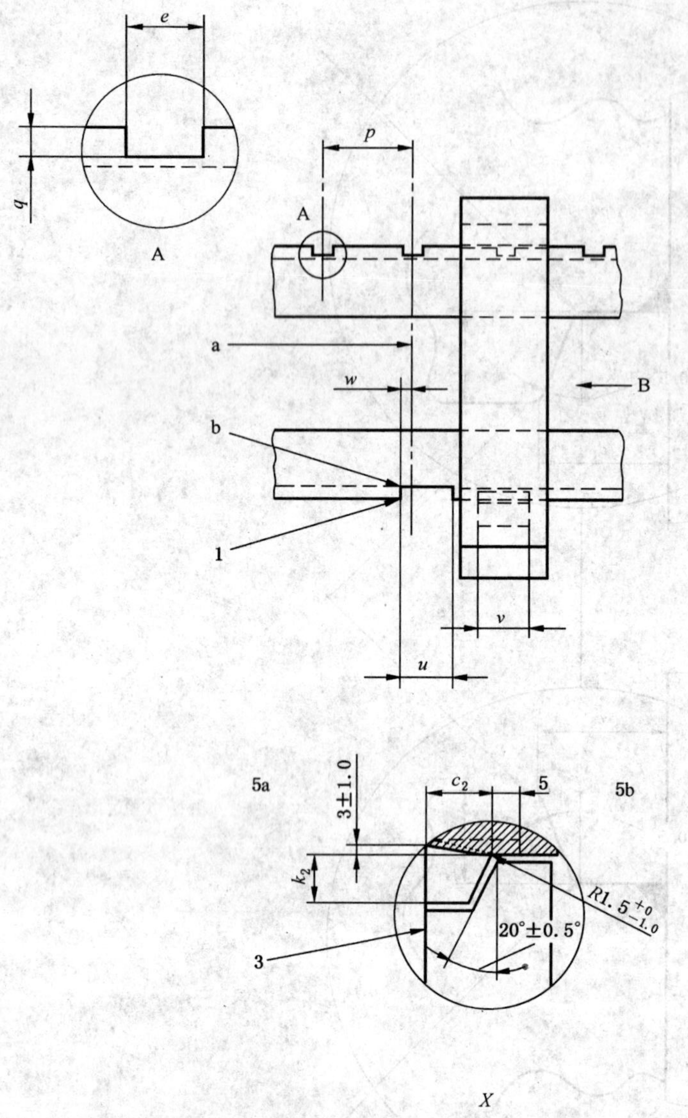

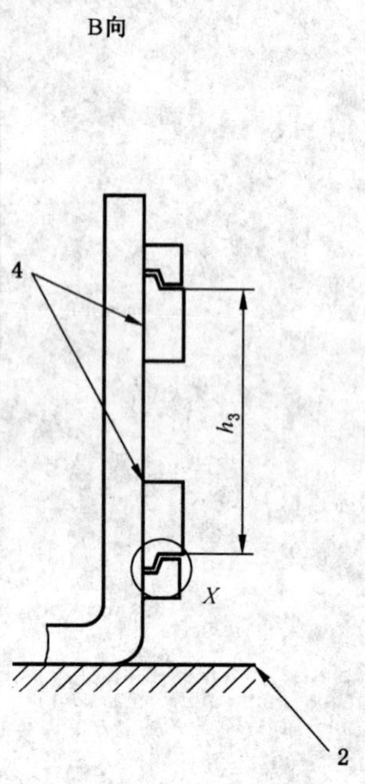

1——位于货叉架正面右侧的装卸槽；

2——货叉底部(水平面)；

3——货叉或属具下挂钩的凸耳；

4——挂钩型货叉架横梁。

5a——便于属具安装的可供选择的前倾角；

5b——便于属具安装的可供选择的矩形前开口。

[a] 货叉架中心线。

[b] 最大圆角半径为 5 mm。

注:有关尺寸值见表 1 和表 2。

图 3　挂钩型货叉架

表 1 挂钩型货叉安装尺寸

单位为毫米

叉车额定起重量/额定载荷中心距		货叉型式	a 参考值	c_1 $^{+1.0}_{0}$	h_1 ±3.0	h_2		m_1 max	m_2 max	k_1 min	下挂钩 v ±1.5
等级	kg/mm					数值	公差				
1	≤999/400 和 600	A	76	16.5	394	306	$^{+1.0}_{0}$	28	26	14	90
		B	114		432						
2	1 000～2 500/500 和 600	A	76	16.5	470	382		31	29	14	90
		B	152		546						
3	2 501～4 999/500 和 600	A	76	22	568	477		40	38	17	115
		B	203		695						
4	5 000～8 000/600	A	127	26	743	598	$^{+1.5}_{0}$	47	45	20	139
		B	254		870						
5	8 001～10 999/600	A	127	35	830	680		65	63	26	164
		B	257		960						

表 2 货叉架安装尺寸

单位为毫米

叉车额定起重量/额定载荷中心距		货叉型式	a 参考值	b 参考值	c_2 $^{0}_{-1.0}$	e ±0.8	h_3		k_2 $^{0}_{-1.5}$	q[a] min	下部装卸槽 u ±2.0	装卸槽偏移尺寸 w ±1.5	p max
等级	kg/mm						数值	公差					
1	≤999/400 和 600	A	76	331	16	16	305	$^{0}_{-1.0}$	13	8	95	13	160
		B	114										
2	1 000～2 500/500 和 600	A	76	407	16	16	381		13	8	95	13	160
		B	152										
3	2 501～4 999/500 和 600	A	76	508	21.5	19	476		16	10	120	20	160
		B	203										
4	5 000～8 000/600	A	127	635	25.5	19	597	$^{0}_{-1.5}$	19	12	145	27.5	160
		B	254										
5	8 001～10 999/600	A	127	728	34	25	678		25	16	171	30	160
		B	257										

[a] 中心定位槽应加深 3 mm，以便于属具和货叉的安装。

ICS 77.150.30
H 62

中华人民共和国国家标准

GB/T 5187—2008
代替 GB/T 5187—1985、GB/T 5188—1985、GB/T 5189—1985

铜及铜合金箔材

Foil of copper and copper alloy

2008-03-31 发布　　　　2008-09-01 实施

中华人民共和国国家质量监督检验检疫总局
中国国家标准化管理委员会　发布

前　言

本标准代替 GB/T 5187—1985《纯铜箔》、GB/T 5188—1985《黄铜箔》、GB/T 5189—1985《青铜箔》。

本标准与 GB/T 5187—1985、GB/T 5188—1985、GB/T 5189—1985 相比，主要变化如下：

——将可供规格由原来的“0.008 mm～0.050 mm(纯铜箔)”、“0.010 mm～0.050 mm(黄铜箔)”和“0.005 mm～0.050 mm(青白铜箔)”统一改为“0.012 mm～0.15 mm”。宽度也根据生产能力适当放宽，并取消了长度的规定；

——产品牌号增加了 TU1、TU2、H65、QSn7-0.2、QSn8-0.3、BZn18-18 和 BZn18-26；

——纯铜类增加了 1/4 硬(Y_4)、半硬(Y_2)状态，黄铜类增加了 1/4 硬(Y_4)、半硬(Y_2)、特硬(T)、弹硬(TY)状态，锡青铜类增加了特硬(T)，白铜类增加了半硬(Y_2)状态；

——宽度允许偏差由负偏差改为“±”偏差，并进行严格规定；

——增加了“箔材的侧边弯曲度应不超过 2 mm/m”的规定；

——对力学性能进行了补充规定。并规定“维氏硬度试验、拉伸试验任选其一，未作特别说明时，提供维氏硬度试验”和“厚度不大于 0.05 mm 的黄铜、白铜箔材的力学性能仅供参考”；

——将批重统一规定为不大于 5 000 kg。

本标准中白铜箔内容源自 YS/T 522—2006《镍及白铜箔》(原 GB/T 5190—1985)。

本标准由中国有色金属工业协会提出。

本标准由全国有色金属标准化技术委员会归口。

本标准由中铝洛阳铜业有限公司、中国有色金属工业标准计量质量研究所负责起草。

本标准主要起草人：孟惠娟、吕孝良、余学涛、朱迎利、丁顺德、康敬乐、邵胜忠。

本标准所代替标准的历次版本发布情况为：

——GB/T 5187—1985、GB/T 5188—1985、GB/T 5189—1985。

铜及铜合金箔材

1 范围

本标准规定了铜及铜合金箔材的要求、试验方法、检验规则、标志、包装、运输和贮存等。本标准适用于电子、仪表等工业部门用铜及铜合金轧制箔材。

2 规范性引用文件

下列文件中的条款通过本标准的引用而成为本标准的条款。凡是注日期的引用文件，其随后所有的修改单(不包括勘误的内容)或修订版均不适用于本标准，然而，鼓励根据本标准达成协议的各方研究是否可使用这些文件的最新版本。凡是不注日期的引用文件，其最新版本适用于本标准。

GB/T 228—2002 金属材料 室温拉伸试验方法

GB/T 4340.1 金属维氏硬度试验 第1部分：试验方法

GB/T 5121(所有部分) 铜及铜合金化学分析方法

GB/T 5231 加工铜及铜合金化学成分和产品形状

GB/T 8888 重有色金属加工产品的包装、标志、运输和贮存

3 要求

3.1 产品分类

3.1.1 牌号、状态、规格

箔材的牌号、状态和规格应符合表1的规定。

表1 牌号、状态和规格

牌号	状态	(厚度×宽度)/mm
T1、T2、T3、TU1、TU2	软(M)、1/4硬(Y_4)、半硬(Y_2)、硬(Y)	(0.012～<0.025)×≤300 (0.025～0.15)×≤600
H62、H65、H68	软(M)、1/4硬(Y_4)、半硬(Y_2)、硬(Y)、特硬(T)、弹硬(TY)	
QSn6.5-0.1、QSn7-0.2	硬(Y)、特硬(T)	
QSi3-1	硬(Y)	
QSn8-0.3	特硬(T)、弹硬(TY)	
BMn40-1.5	软(M)、硬(Y)	
BZn15-20	软(M)、半硬(Y_2)、硬(Y)	
BZn18-18、BZn18-26	半硬(Y_2)、硬(Y)、特硬(T)	

3.1.2 标记示例

产品标记按产品名称、牌号、状态、规格和标准编号的顺序表示。标记示例如下：

用T2制造的、软(M)状态、厚度为0.05 mm、宽度为600 mm的箔材标记为：

铜箔 T2M 0.05×600 GB/T 5187—2008

3.2 化学成分

箔材的化学成分应符合GB/T 5231中的相应牌号的规定。

3.3 外形尺寸及允许偏差

3.3.1 厚度、宽度及其允许偏差

箔材的厚度、宽度及其允许偏差应符合表2的规定。

表 2 厚度、宽度允许偏差

单位为毫米

厚　度	厚度允许偏差/±		宽度允许偏差/±	
	普通级	高精级	普通级	高精级
<0.030	0.003	0.002 5	0.15	0.10
0.030～<0.050	0.005	0.004		
0.050～0.15	0.007	0.005		
注：按高精级订货时应在合同中注明，未注明时按普通级供货。				

3.3.2 侧边弯曲度

箔材的侧边弯曲度应不超过 2 mm/m。

3.4 力学性能

箔材的室温力学性能应符合表 3 的规定。维氏硬度试验、拉伸试验任选其一，未作特别说明时，提供维氏硬度试验结果。

表 3 力学性能

牌　号	状　态	抗拉强度 R_m/(N/mm²)	伸长率 $A_{11.3}$/%	维氏硬度 HV
T1、T2、T3 TU1、TU2	M	≥205	≥30	≤70
	Y_4	215～275	≥25	60～90
	Y_2	245～345	≥8	80～110
	Y	≥295	—	≥90
H68、H65、H62	M	≥290	≥40	≤90
	Y_4	325～410	≥35	85～115
	Y_2	340～460	≥25	100～130
	Y	400～530	≥13	120～160
	T	450～600	—	150～190
	TY	≥500	—	≥180
QSn6.5-0.1 QSn7-0.2	Y	540～690	≥6	170～200
	T	≥650	—	≥190
QSn8-0.3	T	700～780	≥11	210～240
	TY	735～835	—	230～270
QSi3-1	Y	≥635	≥5	—
BZn15-20	M	≥340	≥35	—
	Y_2	440～570	≥5	
	Y	≥540	≥1.5	
BZn18-18 BZn18-26	Y_2	≥525	≥8	180～210
	Y	610～720	≥4	190～220
	T	≥700	—	210～240
BMn40-1.5	M	390～590	—	—
	Y	≥635		
注：厚度不大于 0.05 mm 的黄铜、白铜箔材的力学性能仅供参考。				

3.5 外观质量

箔材的表面应光滑、清洁，表面色泽应均匀一致，不允许有裂纹、划伤、起皮、氧化、黑斑等影响使用的缺陷。

箔材的两边应切齐，无裂边、卷边等缺陷。

4 试验方法

4.1 化学成分的仲裁分析方法

箔材的化学成分的仲裁分析按 GB/T 5121 的规定进行。

4.2 外形尺寸测量方法

箔材的外形尺寸应用相应精度的测量工具进行测量。厚度测量位置：宽度不大于 100 mm 时，在距离边部不小于 3 mm 处测量；宽度大于 100 mm 时，在距离边部不小于 5 mm 处测量。

4.3 力学性能检验方法

箔材的拉伸试验方法按 GB/T 228 的规定进行，试样的选取按附录 A 表 A.1 中 P02 的规定。维氏硬度试验按 GB/T 4340.1 的规定进行。

4.4 外观质量检查方法

箔材的外观质量应用目视或相应精度的测量工具进行测量和检验。

5 检验规则

5.1 检查和验收

5.1.1 箔材应由供方技术监督部门进行检验，保证产品质量符合本标准或订货合同的规定，并填写质量证明书。

5.1.2 需方对收到的产品按本标准的规定进行复验，复验结果与本标准及订货合同的规定不符时，应以书面形式向供方提出，由供需双方协商解决。属于外观质量及尺寸偏差的异议，应在收到产品之日起一个月内提出；其他质量异议，应在收到产品三个月内提出。如需仲裁，仲裁取样应由供需双方共同进行。

5.2 组批

箔材应成批提交验收，每批应由同一牌号、状态和规格的产品组成。每批重量应不大于 5 000 kg。

5.3 检验项目

每批箔材应进行化学成分、外形尺寸偏差、力学性能（维氏硬度试验或拉伸试验）和外观质量的检验。

5.4 取样

箔材取样应符合表 4 的规定。

表 4 取样

检验项目	取样规定	要求的章条号	试验方法的章条号
化学成分	供方 1 个试样/熔次，需方 1 个试样/批	3.2	4.1
外形尺寸	逐卷检查	3.3	4.2
拉伸性能	任取 2 卷/批，沿轧制方向任取 1 个试样/卷	3.4	4.3
维氏硬度	任取 2 卷/批，1 个试样/卷	3.4	4.3
外观质量	逐卷检查	3.5	4.4

5.5 检验结果的判定

5.5.1 化学成分不合格时，判该批箔材不合格。

5.5.2 箔材的外形尺寸偏差和外观质量不合格时，判该卷不合格。

5.5.3 当力学性能的试验结果中有试样不合格时，应从该批箔材中另取双倍数量的试样(其中一个试样必须取自原检验不合格的那卷箔材)进行重复试验，重复试验结果全部合格，则判整批产品合格。若重复试验结果仍有试样不合格，则判该批箔材不合格，或由供方逐卷检验，合格者交货。

6 标志、包装、运输、贮存和质量证明书

产品的标志、包装、运输、贮存和质量证明书应符合 GB/T 8888 的规定。

7 订货单(或合同)内容

订购本标准所列产品的订货单(或合同)内应包括下列内容：

a) 产品名称；
b) 合金牌号；
c) 供应状态；
d) 尺寸规格；
e) 重量；
f) 力学性能(维氏硬度试验或拉伸试验)；
g) 本标准编号；
h) 其他。

ICS 59.080.50
W 58

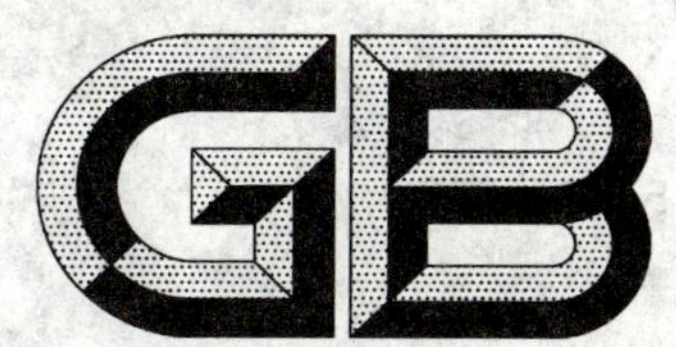

中华人民共和国国家标准

GB/T 5196—2008
代替 GB 5196—1985

绳索 鉴别用的颜色标记

Ropes and cordage—Colour code for identification

2008-06-18 发布 2009-03-01 实施

中华人民共和国国家质量监督检验检疫总局
中国国家标准化管理委员会 发布

前　言

本标准代替 GB 5196—1985《绳索　鉴别用的颜色标记》。

本标准与 GB 5196—1985 相比主要变化如下：

——在化纤学名后加入对应的简称；

——取消参照采用 ISO 4877:1980《绳索　鉴别用的颜色标记》；

——马尼拉麻原特种优级改为优等；

——马尼拉麻原一级、二级改为一等、合格。

本标准由中国纺织工业协会提出。

本标准由上海市纺织工业技术监督所归口。

本标准由上海市纺织工业技术监督所负责起草。

本标准主要起草人：邵天乐、王憬义、马海有。

本标准所代替标准的历次版本发布情况为：

——GB 5196—1985。

绳索　鉴别用的颜色标记

1　范围

本标准是对用作鉴别绳索组成材料的颜色标记所作的统一规定。

本标准适用于给定最小直径 4 mm 以上的马尼拉麻和西沙尔麻绳索和聚酰胺(锦纶)、聚酯(涤纶)、聚乙烯(乙纶)、聚丙烯(丙纶)化纤绳索。

2　原理

在绳索的绳股中置入规定的颜色绳纱,或将整根绳索染上规定的颜色。

3　颜色标记

绳索的组成材料和鉴别标记的颜色要求按表 1 规定执行。

表 1　绳索的组成材料和鉴别标记的颜色要求

材　料		鉴别材料颜色	鉴别标记
马尼拉麻	优等	黑色	其中三股各有一根黑色绳纱
	一等		其中两股各有一根黑色绳纱
	合格		一股中有一根黑色绳纱
西沙尔麻		红色	一股中有一根红色绳纱
聚酰胺(锦纶)		绿色[a]	一股中有一根绿色绳纱
聚酯(涤纶)		蓝色[b]	一股中有一根蓝色绳纱
聚乙烯(乙纶)		橙色	一股中有一根橙色绳纱或整根绳索为橙色
聚丙烯(丙纶)		棕色	一股中有一根棕色绳纱或整根绳索为棕色
[a,b] 宜选择浅绿色(聚酰胺用)和深蓝色(聚酯用),以避免两种颜色混淆。			

ICS 13.280
F 84

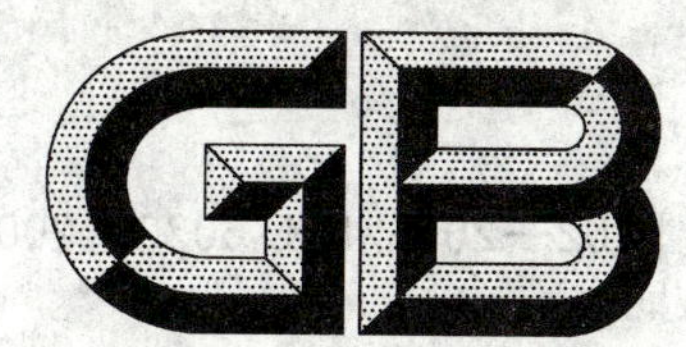

中华人民共和国国家标准

GB/T 5202—2008/IEC 60325:2002
代替 GB/T 5202—1985

辐射防护仪器 α、β和α/β(β能量大于60 keV)污染测量仪与监测仪

Radiation protection instrumentation—Alpha, beta and alpha/beta(beta energy >60 keV) contamination meters and monitors

(IEC 60325:2002,IDT)

2008-01-22 发布　　2008-09-01 实施

中华人民共和国国家质量监督检验检疫总局
中国国家标准化管理委员会　发布

前　言

本标准等同采用 IEC 60325:2002《辐射防护仪器　α、β和α/β(β能量＞60 keV)污染测量仪和监测仪》(英文版)。

为了便于使用,本标准对 IEC 60325:2002 做了下列编辑性修改:

——删除国际标准的前言;

——在“2　规范性引用文件”中用采用国际标准的我国标准代替对应的国际标准,以GB/T 4960.6 代替 IEC 60050(393):1996 和 IEC 60050(394):1995,删去了在正文中未出现的标准;

——删去 10.3.1 和 10.3.1.1.1 中有关交流电源不符合国情的内容;

——按照汉语习惯对一些编排格式进行了修改(例如:注的后面加“:”、一些列项说明的后面将“。”改为“;”;

——用小数点符号“.”代替国际标准中的小数点符号“,”;

——由于 6.8 已规定“机械冲击”的内容,故删去“11.2　机械冲击”,同时删去“11.1　概述”;

——表 3“β辐射”一栏中的“3.7 MBq”与 9.6.3 的第 2 段“370 kBq”不符,改为 370 kBq;

——表 3“预热时间(便携式仪器)”一栏中的最后一行“8.7.2”与标准正文不符(正文中的 8.7.2 是过载保护的试验方法)改为“8.5.2”;

——表 3“电源”一栏将频率中的“＋1 Hz　－3 Hz”改为“47 Hz　51 Hz”,与标准正文 10.3.1.1.3 的表述一致;

——表 3“辐射发射”一栏中的“1 V/m”与 10.4.6.1 的“0.1 V/m”不符,改为 0.1 V/m。

本标准代替 GB/T 5202—1985《α、β和α-β表面污染测量仪与监测仪》。

本标准与 GB/T 5202—1985 相比主要变化如下:

a)　标准名称改为《辐射防护仪器　α、β和α/β(β能量大于 60 keV)污染测量仪与监测仪》;

b)　增加了“仪器分类”一章;

c)　在“环境影响”一章中增加了“电磁兼容性”的内容,包括对“静电放电”、“射频电磁场”、“由脉冲群和射频感应的传导骚扰”、“浪涌”、“电压暂降和短时中断”和“辐射发射”的要求和试验方法。

本标准由中国核工业集团公司提出。

本标准由全国核仪器仪表标准化技术委员会归口。

本标准起草单位:深圳市计量质量检测研究院、中核集团西安核仪器厂。

本标准主要起草人:李名兆、沈忠义、周迎春、梁平。

本标准于 1985 年 7 月首次发布。

辐射防护仪器 α、β和 α/β(β能量大于60 keV) 污染测量仪与监测仪

1 范围

本标准适用于直接测量或直接探测发射α和/或β核素的表面污染测量仪和监测仪,其至少包括:

——探测装置(包括计数管、闪烁探测器或半导体探测器等),它可以固定连接或由软电缆连接,或者组成一单独的装置;

——测量装置。

一些测量仪和监测仪由探测装置和测量装置组成,在能将探测装置与仪器分开的情况下,可单独使用探测装置。为了满足本标准,要求所有包括探测装置和测量装置的仪器符合本标准要求,或探测装置和测量装置分别符合本标准相关部分要求。

注:对于后一种使用方式经证明符合本标准的要求,但是不能就此推断其他特殊仪器的组合配置也符合标准。后一种使用方式,允许用户使用不同制造厂生产的装置进行组合配置。

本标准适用于:

——α表面污染测量仪;

——α表面污染监测仪;

——β表面污染测量仪;

——β表面污染监测仪;

——α/β表面污染测量仪;

——α/β表面污染监测仪。

后两种设备能够同时确定α和β污染,并分别显示测量结果:

——α(β,α/β)表面污染测量仪:包括一个或多个辐射探测器和相关装置或基本功能单元。在检查表面污染时,用来测量α(β、α/β)表面发射率;

——α(β,α/β)表面污染监测仪。

本标准也适用于那些有特殊用途的仪器和为测量特殊性质表面而设计的仪器。但标准的某些要求需根据这些仪器的特殊要求进行修改或补充。

如果一个仪器能实现多种功能,则仪器需满足这些不同功能的所有要求。如果仪器以一种功能为主,兼有其他功能,则仪器需满足主要功能的所有要求,并尽可能满足其他功能的要求。

本标准不适用于测量或探测最大能量小于60 keV β粒子的辐射监测仪或测量仪。

本标准的目的是规定标准要求和给出一些适用方法的实例,还规定了一般特性、一般试验条件和方法、辐射特性、电气安全、环境特性以及α、β及α/β污染测量仪和监测仪的合格证书。

2 规范性引用文件

下列文件中的条款通过本标准的引用而成为本标准的条款。凡是注日期的引用文件,其随后所有的修改单(不包括勘误的内容)或修订版均不适用于本标准,然而,鼓励根据本标准达成协议的各方研究是否可使用这些文件的最新版本。凡是不注日期的引用文件,其最新版本适用于本标准。

GB 156—2007 标准电压(IEC 60038:2002,MOD)

GB/T 2423.5—1995 电工电子产品环境试验 第二部分:试验方法 试验Ea和导则:冲击(idt IEC 60068-2-27:1987)

GB/T 4960.6—1996 核科学技术术语 核仪器仪表

GB/T 12128—1989　用于校准表面污染监测仪的参考源　β发射体和α发射体(ISO 8769:1986,NEQ)

GB/T 16511—1996　电气和电子测量设备随机文件(idt IEC 61187:1993)

GB/T 17626.2—2006　电磁兼容　试验和测量技术　静电放电抗扰度试验(IEC 61000-4-2:2001,IDT)

GB/T 17626.3—2006　电磁兼容　试验和测量技术　射频电磁场辐射抗扰度试验(IEC 61000-4-3:2002,IDT)

GB/T 17626.4—1998　电磁兼容　试验和测量技术　电快速瞬变脉冲群抗扰度试验(idt IEC 61000-4-4:1995)

GB/T 17626.5—1999　电磁兼容　试验和测量技术　浪涌(冲击)抗扰度试验(idt IEC 61000-4-5:1995)

GB/T 17626.6—1998　电磁兼容　试验和测量技术　射频场感应的传导骚扰抗扰度(idt IEC 61000-4-6:1996)

GB/T 17626.11—1999　电磁兼容　试验和测量技术　电压暂降、短时中断和电压变化抗扰度试验(idt IEC 61000-4-11:1994)

EJ/T 1204.1—2006　电离辐射测量探测限和判断阈的确定　第1部分:忽略样品处理影响的计数测量(ISO 11929-1:2000,IDT)

ISO 7503(所有部分)　表面污染评价

3　术语和定义

GB/T 4960.6—1996确立的以及下列术语和定义适用于本标准。

3.1

有效测量范围　effective range of measurement

满足本标准要求的测量仪或监测仪的被测量数值范围。

3.2

源的表面发射率　surface emission rate of a source

$q/2\pi$

单位时间内从源的前表面发射高于某一能量的给定类型的粒子数。

3.3

源效率　source efficiency

ε_s

单位时间内从源的前表面或其窗口发射高于某一能量的给定类型的粒子数(表面发射率)与单位时间内从源(对于薄源)或其饱和层厚度(对于强源)内产生或释放的同一类型粒子数之比。

3.4

高效率源　high efficiency source

粒子能量大于5.9 keV(包括反散射粒子)、效率大于25%的源(这一定义适用于最大能量大于150 keV的β发射体)。

3.5

小面积源　small area source

活性表面积最大线性尺寸不超过1 cm的源。

3.6

表面发射率响应　surface emission rate response

仪器效率　instrument efficiency

在制造厂规定的条件(探测器灵敏面积、源的活性面积和源与探测器之间的距离)下,配置在仪器上的探测器表面发射率响应(效率)是探测到的粒子数(例如经本底修正的单位时间内的计数)与在相同时间间隔内由辐射源前表面发射的同一类型粒子数之比(表面发射率的约定真值)。

3.7

(测量装置的)响应时间　response time(of a measuring assembly)

从被测量发生阶跃变化后到输出信号的变化第一次达到最终值的某一给定百分数(通常为 90%)时所需的时间。

注:对于积分测量装置,响应时间是指示值一阶导数或斜率平衡值的 90%。

3.8

探测器的灵敏面积　sensitive area of the detector

由制造厂规定的探测器面积,对小面积源的探测效率超过最大效率的 50%。

3.9

总等效厚度　total equivalent thickness

指从污染表面正常发射的(α 或 β)粒子达到探测器灵敏体积所需穿过的厚度,通常以单位面积的质量表示。

注:厚度包括空气中的距离加上探测器窗的厚度,有时还包括为防止污染探测器窗而设置的保护屏厚度。

3.10

指示值误差　indication error

在测量点上,一个量的指示值 M_i 与该量的约定真值 M_t 之差,以 $M_i - M_t$ 表示。

3.11

响应　response

R

监测仪或测量仪的指示值与其约定真值之比:

$$R = \frac{M_i}{M_t}$$

3.12

指示值相对误差　relative error of indication

I

以百分数表示的被测量指示值误差与该量的约定真值之比:

$$I = \frac{M_i - M_t}{M_t} \times 100\%$$

3.13

相对固有误差　relative intrinsic error

在规定的参考条件下,受到规定的参考辐射照射时,仪器指示值的相对误差。

3.14

变异系数　coefficient of variation

V

一组 n 次测量值(x_i)的标准偏差(s)与其算术平均值($\overline{x}$)之比(V),关系式如下:

$$V = \frac{s}{\overline{x}} = \frac{1}{\overline{x}} \sqrt{\frac{1}{n-1} \sum_{i=1}^{n} (x_i - \overline{x})^2}$$

3.15

单位面积表面发射率的探测限　detection limit of the surface emission rate per unit area

单位面积表面发射率按照 EJ/T 1204.1 给出的方法导出。

注：如果有计数率和适当的计数时间，应使用简化的公式计算探测下限计数率。在时间已经预选、本底计数率已知的情况下，使用以下简化的公式：

$$R_n = (k_{1-\alpha} + k_{1-\beta})\sqrt{R_0\left(\frac{1}{t_0} + \frac{1}{t_b}\right)}$$

式中：

R_n——探测下限的净计数率；

R_0——本底计数率；

t_0——本底计数的预选时间；

t_b——测量的预选时间；

$k_{1-\alpha}$——第一类误差风险正态分布的分位数；

$k_{1-\beta}$——第二类误差风险正态分布的分位数。

例如，$\alpha=\beta=0.05$，$(k_{1-\alpha})=(k_{1-\beta})=1.645$

$$R_n = (1.645 + 1.645)\sqrt{R_0\left(\frac{1}{t_0} + \frac{1}{t_b}\right)}$$

对特定核素的表面发射率探测极限变为：

$$DL = \frac{R}{S_{(\text{nuclide})}A}$$

式中：

$S_{(\text{nuclide})}$——表面发射率响应（见 3.6）；

A——探测装置的灵敏面积。

单位面积的表面发射率应以 $s^{-1}\cdot cm^{-2}$ 为单位表示。

3.16

量的约定真值　conventionally true value of a quantity

一个量的最佳估计值。

注：此值通常由一个次级或初级标准确定或溯源，或由一台经次级或初级标准校准的参考仪器来确定。

3.17

探测装置　detection assembly

至少包括探测器的装置。

3.18

测量装置　measurement assembly

显示被测污染水平的装置。

3.19

α、β或α/β表面污染监测仪　alpha, beta or alpha/beta surface contamination meter

包括一个或多个辐射探测器和相关部件或基本功能单元的仪器，在检查表面污染时用于分别测量α(β、α/β)表面发射率。

3.20

α、β或α/β表面污染监测仪　alpha, beta or alpha/beta surface contamination monitor

具备给出易于察觉的报警方式（通常为可视和/或可听）的α(β、α/β)活度测量仪，在检查表面污染时指示单位表面积的表面发射率超过了可调整的预定值。

4　单位

在本标准中，使用国际单位制(SI)单位及其倍数和分数单位。也可以使用以下非国际单位制单位：

时间：年(a)、天(d)、小时(h)、分钟(min)

能量：电子伏(eV)（$1eV=1.602\times10^{-19}J$）

注：辐射量和剂量测定的定义在 GB/T 4960.6—1996 中给出。

5 仪器分类

按照其状态，仪器可分为：

——探测装置；

——测量装置；

——一体的污染测量仪或监测仪。

按照其使用方式，测量装置和一体的污染测量仪或监测仪可分为：

——移动式仪器；

——便携式仪器。

按照其使用的电源类型，测量装置和一体的污染测量仪或监测仪可分为：

——使用交流电源的仪器；

——使用原电池或二次电池的仪器。

按照辐射的类型，探测装置和一体的污染测量仪或监测仪可分为：

——α 污染测量仪或监测仪；

——β 污染测量仪或监测仪；

——α/β 污染测量仪或监测仪。

6 一般特性

6.1 探测装置

探测装置的设计应使探测器的灵敏面积距检测表面的距离小于 5 mm(α 探测器)和小于 10 mm(β 探测器)。

如果探测器的灵敏面积表面装有保护网格，由制造厂规定网格的标称透过率。保护网格的厚度应尽量将所有角度入射的屏蔽降到最低(以避免准直效应)。

应规定探测装置的总面积和灵敏面积。

如果探测器要求使用计数气体，制造厂应说明气体的类型和所需流量。

当将仪器效率储存在存储器中时，应使用多个合适的测量装置进行检查，以保证各种因子不受测量装置的影响。

6.2 易于去污

仪器的结构应使其易于去污。例如，建议仪器采用光滑无孔、没有裂缝的外表面。至少在使用测量装置的情况下，还可以选择将装置放在较薄且柔性的机套中，这样既使用方便又容易去污，并且机套配备透明的部分，便于仪器读数。

6.3 密封

对于室外使用的仪器，制造厂应说明所采取的防潮措施。

6.4 报警阈

本条仅适用于监测仪。

监测仪应有含一个或多个报警阈值的必备电路。

报警阈值的数目由制造厂和用户协商确定。

报警阈值应按可调整范围的百分数给出或按显示的单位给出。

设计的每一个报警阈允许通过测试信号、放射源或者信号输入电路方便地进行操作确认。

应规定可调整范围，报警阈值在这一范围内的任意一点都可作调整。通过任何方法在超过范围限值以外设定报警阈均不会报警。如果设有静噪功能，当报警条件终止时，应能自动复位至静噪状态。

操作者应不易进入报警阈值的调整(例如，需操作钥匙开关或保护密码)。对于移动式和固定式仪器，至少有一组由触发单元控制的电触点用于外部报警，在正常工作条件下电触点随时可用。对于便携式仪器，是否配备报警输出电触点，由用户和制造厂协商确定。

6.5 仪器指示值

6.5.1 污染测量仪

除了可见的计数率指示以外,还应提供带有静音功能的计数率声响指示。在噪声水平较高的场合使用时应配置耳机。

具有数字显示的仪器应能检查显示的所有位数均正确。

应防止校准控制旋钮进行未经授权的调整。

6.5.2 监测仪

除了上述提到的计数率声响指示以外,在污染超过某一预置值时,仪器应给出声响指示或灯光指示。虽然声响指示可以由产生计数率声响指示的相同变换器产生,但两者应有明显差别。

6.5.3 以活度表示的指示值

当指示值以活度或单位面积活度表示时,为了使该指示值有效,应明确指明能量范围或核素。当指示值可能以活度或单位面积活度表示时,假定表面发射率与活度之比为 0.5,实际上由于反散射的原因或更多是由于参考源和样品之间的自吸收不同,这一比值并不一定总是 0.5。一个切实可行的解决办法是使用一个参考源代表被监测的污染表面(近似于自吸收和反散射)。如果这种方法不可行,假设的对所测表面类型的响应与对参考源响应之比应符合 ISO 7503 并由制造厂规定。

6.6 有效测量范围

对于线性刻度的仪器,有效测量范围应是每一量程的 10%～100%。

对于对数刻度的仪器,有效测量范围应是最低有效十进位位的 1/3 到满刻度。

对于数字显示的仪器,有效测量范围应是从第二个最低有效数字开始到满刻度。

制造厂应说明每一量程的有效测量范围。对于多量程仪器,相邻量程的有效测量范围之间应有重叠。

对于数字及指数显示(例如,x、$y\times10^{\pm a}$)的仪器,尾数应至少有两位数字(例如,1.0～9.9),并且制造厂应规定有效测量范围(例如,$1.0\times10^{-2}\ s^{-1}$～$9.9\times10^{-4}\ s^{-1}$)。为了符合本标准,使用这种显示方式的仪器应满足数字刻度仪器的要求。最灵敏量程的最大读数所对应的计数率至少为 $1\ s^{-1}$。在这种情况下,对小于 $4\ s^{-1}$的计数率,可能不满足有关统计涨落(见 8.1)和响应时间(见 8.2)的要求,具有积分功能的仪器有利于低计数率的测量。

6.7 显示

仪器的指示值应以单位时间计数表示,或在被监测表面发射率与单位时间的计数之间建立关系并满足本标准要求的情况下,指示值可以使用活度或单位面积活度表示。

6.8 机械冲击

便携式仪器应能承受来自各个方向的机械冲击而不损坏,峰值加速度为 $300\ m\cdot s^{-2}$,时间间隔为 18 ms,冲击波形为半正弦波(见 GB/T 2423.5—1995)。

6.9 电子设备的调整和维护附件

除了必要的说明书和维修手册以外,所有仪器还应配备有足够多的易于接近的检验点,以便调整和确定故障的位置,同时在必要时还要有维修附件(如印刷电路扩充板、跨接引线)和专用维修工具。应有防止未经授权进入仪器调整功能的措施。

7 一般试验方法

7.1 试验

7.1.1 质量鉴定试验

为了证明设计的充分性,同时证明设备在正常状态、运行条件和预计运行事件下均能满足制造厂和用户商定的技术要求,在该设备有代表性的样本上进行的试验。

注:为了验证满足说明书的要求应进行质量鉴定试验。

质量鉴定试验分为型式试验和例行试验。

7.1.1.1 **型式试验**

在产品有代表性的一个或多个样本上进行的符合性试验。

7.1.1.2 **常规试验**

在制造过程中或完工后对每台仪器进行的试验，以确定其是否符合某种准则。

7.1.2 **验收试验**

为了向客户证明仪器满足其说明书规定要求的合同试验。

7.2 **概述**

除了在9.2.2和9.3.2中规定的试验为常规试验以外，下述条款列举的所有试验均为型式试验。

然而，经制造厂与用户协商，这些试验可作为验收试验。除非另有规定，在仪器的有效测量范围内，应满足相应试验的要求。

7.2.1 **基本原则**

7.2.1.1 **标准试验条件**

标准试验条件见表1。本标准规定的试验可按是否在标准试验条件下进行分类。

7.2.1.2 **标准试验条件下进行的试验**

在标准试验条件下进行的试验见表2，表2给出了试验特性、要求（指示值的允许变化范围）和规定试验方法的相应条款号。

7.2.1.3 **随影响量变化进行的试验**

这些试验用于确定影响量变化所带来的影响，表3给出了每个影响量的变化范围和随之发生的仪器指示值变化限值。

为了检验表3中任一影响量变化的影响，所有其他的影响量应保持在表1给出的标准试验条件的限值以内，除非在有关的试验中另有说明。

为了简化每个主要影响量单独变化的试验，只需进行有关固有误差的常规试验。

只有当规定的常规试验不足以给出具有代表性的指示值时，才需试验仪器的其他方面性能随影响量的变化。

7.2.2 **指示值随影响量变化的允许限值**

分别取每一个影响量，而其他影响量均保持在表1给出的范围内，确定仪器正常工作范围，在该范围内指示值变化应保持在制造厂说明的限值以内。除非制造厂与用户协商确定，制造厂给出的限值不应超过表3中规定的数值。应确定与参考条件中有关数值的变化。

这些试验用于抽样检验，选择的抽样样品数量由制造厂和用户协商确定。

7.2.3 **参考核素**

7.2.3.1 **α发射体**

参考核素为^{241}Am或^{239}Pu。

7.2.3.2 **β发射体**

除了用于测量能量小于200 keV β粒子的探测装置以外，参考核素为^{36}Cl或^{204}Tl。制造厂应说明使用的核素。

如果探测装置用于测量最大能量小于200 keV的β粒子，参考核素为^{14}C。

7.3 **本底**

应使用一种合适的方法（可能包括计算）从观测到的信号中扣除仪器指示的本底。

如果仪器能够通过扣除本底计数率得到净计数率，那么制造厂应明确说明使用的方法及其不确定度。

7.4 **统计涨落**

对于任何使用辐射的试验，如果单独由辐射随机性引起的统计涨落在其允许的指示值变化中占有显著份额，那么为了验证该项试验是否满足要求，就应取足够多的读数，以保证能够有足够的精密度估算这些读数的平均值。为保证这些读数在统计上是相互独立的，相邻两次读数之间的时间间隔应至少为响应时间的三倍。

8 电气特性

8.1 统计涨落

仅适用于测量仪和监测仪。

8.1.1 要求

由于α、β粒子发射的随机性，污染测量仪的指示值在平均值上下波动。

由于这种随机波动的影响，指示值的变异系数应小于0.2。

这一要求适用于超过相应于下列指示值的任何污染水平：

线性刻度的仪器：最灵敏量程最大刻度的1/3；

对数刻度的仪器：最低有效刻度的三倍；

数字显示的仪器：最小有效数字的10倍。

不排除选择时间常数的可能性，但并不是所有时间常数都满足这些要求。在这种情况下，制造厂应说明时间常数符合这一要求。

8.1.2 试验方法

用一个放射源照射仪器，在最灵敏量程最大刻度的1/3～1/2之间（线性刻度的仪器）或最灵敏十进位位（对数刻度仪器）给出一个指示值，或在第二个最低有效数字（数字显示的仪器）中给出一个数字指示值。

以适当的时间间隔至少取20个读数。为了使这些读数在统计上是相互独立的，所选时间间隔应不小于测量装置响应时间的三倍。确定所取读数的平均值和变异系数。变异系数应在8.1.1的限值以内。

8.2 响应时间

适用于测量仪、监测仪和测量装置。

8.2.1 要求

响应时间应按下述方法确定：被测污染突然发生变化，如果指示的辐射增加，则指示值在7 s内达到下述公式的数值；如果指示的辐射减少，则在10 s内达到下述公式的数值：

$$M_i + \frac{90}{100}(M_f - M_i)$$

式中：

M_i——初始指示值；

M_f——最终指示值。

制造厂应说明响应时间。

8.2.2 试验方法

既可以使用合适的放射源对测量仪和监测仪进行本项试验，也可以通过将一个合适的电信号输入到测量装置的输入端进行本项试验。

对于线性刻度的仪器，在试验的量程上，初始计数率和最终计数率之差应至少是最大读数的1/2（由于响应时间实际上是随灵敏度的降低而减小，所以通过试验较低的量程就能满足这一技术要求）。

对于对数刻度的仪器，最终计数率和初始计数率应至少相差10倍。较低的计数率不应超过最低有效十进位位的1/3。

应进行增加或减少计数率指示值的测量。

在使用电信号方法的情况下，输入的电信号应符合上述要求。

对于增加计数率的试验，首先以较高的计数率照射仪器并记录指示值M_f。

然后，再以较低的计数率照射仪器，照射时间要足以使指示值 M_i 达到稳定并记录这一指示值。

最后，尽可能快地把计数率改变为相应于指示值 M_f 的计数率，并测量达到 8.2.1 公式给出数值所需的时间。

以同样方法进行减少计数率的试验，只是将 M_f 和 M_i 对应的计数率互换。

8.3 响应时间与统计涨落之间的关系

响应时间与统计涨落的变异系数是两个相关特性，在 8.1 和 8.2 中给出了可接受的限值。

对于高污染水平，建议只要可能，当统计涨落满足规定的限值时，应减少响应时间。

如果响应时间不大于 1 s 已能满足 8.1 和 8.2 规定的限值，最好减少统计涨落，而不是将响应时间降至 1 s 之内。

对于那些不能满足上述要求的最低污染水平，制造厂应说明合适的变异系数和响应时间的数值。

8.4 报警阈漂移

适用于监测仪和具有报警功能的测量装置。

8.4.1 要求

对于通过脉冲发生器确定报警阈(触发阈)的仪器，如果达到报警阈值的 80%，持续时间 8 h，不触发报警。如果达到报警阈值的 120%，应在 10 s 内触发报警。

8.4.2 试验方法

对于设有不同报警阈值的仪器，应在对数刻度仪器或数字刻度仪器的每个合适的十进位位上进行试验，在根据设置的量程来设置报警阈的情况下，应在线性刻度仪器的每个合适的量程上进行试验。

由于辐射发射的随机性，应使用产生均匀间隔脉冲的脉冲发生器进行试验，而不使用探测器。

设 L 为试验点的报警阈值，X 为相应于 L 的脉冲率(根据制造厂提供的数据)。

应满足下列条件：

在未启动报警的情况下，使用 0.8 X 的脉冲率。将报警阈值设置在 L，8 h 内应不触发报警。

在未启动报警的情况下，使用 1.2 X 的脉冲率并保证在 10 s 内触发报警。这一试验应在时间间隔 T 到 $2T$ 内至少要重复四次(T 至少为 6 h)。

8.5 (便携式仪器的)预热时间试验

8.5.1 测量仪和监测仪

至少提前 4 h 关闭仪器，用合适的放射源照射探测器。然后打开仪器，并在打开仪器后的 20 s～120 s 内每隔 5 s 记录一次读数。在打开仪器 15 min 后，至少记录 10 个读数并取平均值作为指示值的“最终值”。

最终值与在曲线上 60 s 和 120 s 读数值的相对变化应在表 3 规定的限值以内。

8.5.2 测量装置

对于本项试验，为了给出只触发装置设定阈值(小于触发水平的 1.1 倍)和在装置量程内某一计数率的脉冲，应提供一个脉冲发生器，同时还要求有一个高压仪表监测供给探测器的高压。就像探测器一样，脉冲发生器将给装置提供信号。还应由制造厂规定最大负载时所施加的高压来监测探测器的高压。应配有关闭装置的试验附件，在试验开始之前 4 h 应关闭装置。

如果必要，本项试验可能进行高压稳定性和阈值稳定性两次试验。

打开装置，并在打开装置后的 60 s～120 s 内每隔 10 s 记录一次装置和高压仪表的读数。以打开装置 15 min 后记录的读数作为最终值。打开装置 1 min 以后，装置的读数应在最终值的 10%以内；打开装置 2 min 以后，装置读数应在最终值的 5%以内。打开装置 1 min 以后，高压仪表的读数应在最终值的 2%以内；打开装置在 2 min 以后，高压仪表的读数应在最终值的 1%以内。

在装置采用盖革计数器的情况下，在 1 min 和 2 min 时，高压稳定性可放宽至±5%。

(盖革计数器不需要高度稳定的高压。)

8.6 分辨时间

8.6.1 测量仪和监测仪

使用双脉冲发生器来确定测量仪和监测仪的分辨时间。两个脉冲之间的时间是可变的和已知的。脉冲宽度大约是仪器分辨时间的 1/10，两个脉冲初始间隔时间大约是分辨时间的 10 倍。脉冲的频率应使仪器在量程的前半部分给出指示值，同时脉冲上升时间约占脉冲持续时间的 1/10。在试验中注意观察仪器的指示值，减少脉冲间隔时间，直到指示值为初始值的 75%。在这一点上的脉冲间隔时间就是分辨时间。应对所有量程重复进行本项试验。

8.6.2 探测装置

对于本项试验，要求有分辨时间好于探测装置的计数设备（如果需要，可以按 8.6.3 规定的对测量装置的方法进行试验）。

使用由制造厂规定的探测装置进行下述测量：

——本底计数率 M_b；

——由放射源给出一个计数率 M_1 该计数率尽可能高，但小于探测器计数率范围的 10%；

——由该放射源和在其附近放置一个具有大致相同活度的第二个放射源产生的计数率 M_{12}；

——移走第一个放射源，只保留第二个放射源产生的计数率 M_2。

分辨时间由以下公式给出：

$$\frac{M_1+M_2-M_{12}-M_b}{M_{12}^2+M_b^2-(M_1^2+M_2^2)}$$

制造厂应说明超过 1 μs 的分辨时间。

8.6.3 测量装置

对于本项试验，要求有一个双脉冲发生器，它发出两次脉冲之间的时间间隔是可变的。双脉冲发生器给出可以触发测量装置的脉冲。

设置的双脉冲重复频率应在略低于满刻度处产生一个读数。应缓慢减少两个脉冲之间的时间间隔，直到读数略有降低。在这一点上，脉冲触发沿之间的延迟就是装置的分辨时间。对于线性刻度的测量装置，应对每个测量量程进行测量。

8.6.4 探测和测量一体装置的量程限制

当测量装置的最大量程（以 s^{-1} 表示）和探测装置的分辨时间（以 s 表示）的乘积超过 0.1 时，不应使用探测和测量一体装置。

在不能修正分辨时间时，无论是探测装置产生更长的时间还是测量装置产生更长的时间，这一限制仅适用于测量装置。如果能够通过手动或自动进行适当的分辨时间修正，就可以符合上述要求。

8.7 过载保护

8.7.1 要求

用大于相应于指示值最大量程活度的放射源照射仪器，仪器的指示值保持在满刻度以外。对于具有一个以上刻度量程的仪器，这项要求适合于每一个量程。

使用放射源照射，仪器应在 5 s 之内指示过载，移走放射源后，指示值在 30 s 之内应恢复正常。

在使用保持满刻度方法的情况下，它与实际测量的计数率无关。在任何量程上达到满刻度读数以后，就可以使用这些方法。

8.7.2 试验方法

用活度至少 10 倍于每个刻度量程满刻度偏转或活度相当于 $10^6 s^{-1}$ 的放射源（取两者中较大的）照射测量仪和监测仪 1 min，以此试验来确定是否符合要求。这一要求应适合于每一个刻度量程。移走过载放射源 5 min 后，性能应恢复正常（见 9.2.1）。

测量装置的制造厂应规定满足要求的方法以及适用的探测装置的类型和范围。

例如，当使用带盖革计数器的探测装置时，应同时试验高压电流断开的范围和盖革计数器；对使用带闪烁计数器的探测装置，应同时试验不同的高压电源断开的设置点、适用的倍增极电流的范围以及闪烁计数器。

盖革计数器探测装置的制造厂应规定由高压提供给探测装置的最小电流，此时计数率是：

$$\frac{1}{\text{分辨时间(s)}}$$

闪烁计数器的制造厂应规定倍增极分压器的阻抗和总阻抗的变化。

8.8 工作坪（仅对于探测装置）

探测装置与合适的计数设备连接，应使用^{36}Cl 放射源（对于 β 探测器）或^{241}Am 放射源（对于 α 探测器）照射探测装置。由制造厂规定探测装置的高压，记录计数率。探测装置的高压变化±3%，计数率的变化应不超过±15%。由于电压变化可能造成本底值的变化，但本底信号的变化应小于 50%。

在探测装置用于低能 β 测量的场合，应使用^{14}C 放射源进行试验，而不使用^{36}Cl。

8.9 阈值（仅对于探测装置）

探测装置与合适的计数设备连接，应使用^{36}Cl 放射源（对于 β 探测器）或^{241}Am 放射源（对于 α 探测器）照射探测装置。由制造厂规定探测装置的高压，记录计数率。脉冲触发阈值变化±10%，计数率的变化应不超过±2%。

在探测装置用于低能 β 测量的场合，应使用^{14}C 放射源进行试验，而不使用^{36}Cl。

9 辐射特性

9.1 概述

为了确定仪器的辐射特性，制造厂应说明探测器正面到所用试验源活性表面之间的距离。

9.2 仪器效率

9.2.1 要求

仪器效率（见 3.6）是一项常规试验，应对每一台仪器进行试验。制造厂应在合格证书中说明仪器对于合适的参考核素的表面发射率响应。

9.2.2 测量仪器效率的方法

使用合适的放射源，按 9.2.2.1 的规定进行试验。在其他情况下，按 9.2.2.2 的规定进行试验。

9.2.2.1 应使用可以照射到探测器整个灵敏面积的高效率源来测量探测装置的仪器效率。源的表面发射率分布是均匀的，在任意 10 cm^2 范围内，每单位面积表面发射率与总面积每单位面积表面发射率之差不大于 6%，测量不确定度为 1 倍 σ（见 GB/T 12128—1989）。试验源的表面发射率约定真值应是已知的，并且误差小于±10%。

9.2.2.2 如果源的面积不能满足 9.2.2.1 的要求，可以使用比探测器灵敏面积小的源。在这种情况下，应使用该源在不同的位置依次进行多次测量，测量时应覆盖探测器的每一部分，但相邻区域不能重叠。

9.2.3 试验方法

本项试验适用于探测装置、一体的污染监测仪和测量仪。

9.2.3.1 探测装置

使用 9.2.2 规定的方法和由制造厂规定输入特性（阈值、上升时间、阻抗等）的计数设备和高压，对规定的放射性核素测量表面发射率响应。表面发射率响应应在制造厂规定数值的 20%以内。

9.2.3.2 污染监测仪和测量仪

表面发射率响应应在制造厂规定数值的 25%以内。

9.3 探测器表面的响应变化

9.3.1 要求

使用小面积源来检查探测装置整个面积上响应的一致性。探测装置对小面积源的响应(在检查时通常位于表面)随源相对于探测器的位置和网格的透射特性而变化。

在本项试验中,响应应大于所出现的最大响应的一半。

制造厂应说明:

——探测器响应随源相对于探测器窗位置的变化。制造厂应规定源和探测器窗之间的距离,理想距离为 3 mm～4 mm;

——保护网格的透射特性。

9.3.2 试验方法

应将探测器的灵敏面积分为近似相等的若干部分。每一部分的线性尺寸尽可能接近 25 mm。

例如,尺寸为 x(mm)乘以 y(mm)的矩形灵敏区面积,每一部分的面积是 $\frac{x}{m}$(mm)乘以 $\frac{y}{n}$(mm),其中:

$$25m < x < 25(m+1) \quad 和 \quad 25n < y < 25(n+1)$$

m 和 n 是正整数。

圆形探测器应根据探测器的半径 r 来分区。每一部分由 $r-25a$ 和 $r-25(a+1)$ 确定,其中 $a=0$ 或整数,$r-25(a+1)$ 是正数。每个圆环面积分为 n 个扇区,其中:

$$25n < 2\pi(r-25a) < 25(n+1)$$

剩余在中心的小圆,其半径为 25 mm 或更小的情况下,它作为一个单独附加的面积。否则,将其分为三个独立的扇区。

应尽可能将参考核素的小面积源置于靠近每一部分的中心并测量响应。

对于很大的探测装置(灵敏面积超过 625 cm^2),分成小面积的数量可以降到 100,每一部分的面积尽可能相同。

9.4 相对固有误差

9.4.1 要求

在标准试验条件下,仪器对有关参考核素的指示值相对固有误差 E 在整个有效测量范围内应不超过±25%(对于测量仪和监测仪)和±10%(对于测量装置)。

注:这项误差不包括所用试验源的单位面积表面发射率约定真值的不确定度。

9.4.2 试验方法

型式试验至少应在每个系列产品中的一台仪器上进行,常规试验应在每一台仪器上进行。

9.4.2.1 型式试验

对于线性刻度的仪器,型式试验应在所有量程上进行相对固有误差的测量,在每一量程上至少取三个点,即在最大刻度的75%、50%和25%附近测量。

对于对数刻度或数字显示仪器,至少在有效测量范围内每个十进位位中取三个点进行试验。

如果仪器使用了多种刻度方式,每一种刻度都应符合要求。

测量装置、测量仪和监测仪都应进行本项试验。假设除了死时间(已进行处理)以外,探测装置将具有线性响应。

至少在相应于最高指示值和最低指示值两点,对测量仪和监测仪进行试验,其他试验可以通过输入电脉冲的方法进行。

对于本项试验,可以使用除 7.2.3 规定的参考源以外的辐射进行。在这种情况下,为了确定实际的相对固有误差,应确定该辐射响应与参考源辐射响应之间的转换因子。

9.4.2.2 常规试验

对于线性刻度的仪器,应在每个量程最大刻度的 50%～75%之间取一个点进行常规试验。对于对数刻度或数字显示的仪器，应在有效测量范围内的每个十进位位中取一个点进行试验。

使用试验源至少对测量仪和监测仪进行一次试验。其他试验可以通过输入电脉冲的方法进行，在这种情况下，应满足9.4.2.3的要求。

9.4.2.3 **电信号试验方法**

电信号应尽量模拟探测器发送的信号，并将电信号输入到某个点上，试验除探测器以外的整体仪器(例如，通过使用一个随机脉冲发生器)。

当使用放射源照射仪器时，如果 I 是仪器指示的计数率，那么应输入电信号产生相同的指示值 I。令电信号为 Q。

那么，如果另一指示值 i 由输入 q 产生，相对固有误差 E 由以下公式给出：

$$E(\%)=\left(I-\frac{i_Q}{i_q}\right)\times 100$$

式中：

i_Q——电信号 Q 产生的计数率；

i_q——电信号 q 产生的计数率。

并且观测值需在9.4.1给出的极限以内。

如果使用电信号方法试验，应在随带文件中说明。

9.4.2.4 **观测值的解释方法**

为了确定9.4.2的要求是否得到满足，有必要考虑所用试验源单位面积发射率活度约定真值的不确定度。

对于测量仪和监测仪，如果其观测值在下述两个限值之内，就可认为满足9.4.2的要求：

a) E 的任一观测值应不超过±35%；

b) E 的任何观测值之差应不超过50%。

对于测量装置，E 的任一观测值应不超过±20%。

9.4.3 **最小可探测单位面积表面发射率**

制造厂应说明在250 nGy·h^{-1}的γ辐射本底中最小可探测单位面积表面发射率(见3.15)。该值应以参考核素的表面发射响应为基准。

9.5 **表面发射率响应随辐射能量的变化**

9.5.1 **α污染测量仪或监测仪或探测装置**

没有特殊规定。

应用户的要求，制造厂应说明探测器对天然铀的响应。

注：由于铀具有很低的比活度，这一响应只有在很低的活度下才能测定。

9.5.2 **β污染测量仪或监测仪或探测装置**

9.5.2.1 **要求**

除了9.2.2规定的测量，还应使用以下至少三种不同最大能量分布的β发射体测量仪器效率：

——小于0.2 MeV；

——在0.2 MeV～0.5 MeV之间；

——大于0.5 MeV。

适用的放射性核素是：

^{14}C (最大β能量：0.155 MeV，半衰期：5730a)；

^{147}Pm (最大β能量：0.22 MeV，半衰期：2.6a)；

^{60}Co (最大β能量：0.31 MeV，半衰期：5.271a)；

^{36}Cl (最大β能量：0.714 MeV，半衰期：301000a)；

^{204}Tl (最大β能量：0.77 MeV，半衰期：3.8a)；

$^{90}Sr/^{90}Y$　(最大β能量:0.51 MeV,半衰期:29a),^{90}Y　(最大β能量:2.26 MeV)。

制造厂应说明:

a) 已测量表面发射率响应的核素;

b) 对每一个核素的表面发射率响应值。

这些要求仅与探测器、测量仪和监测仪有关。

9.5.2.2 **试验方法**

对所用每一个核素表面发射率响应的测量方法应符合 9.2.2 规定的要求。

使用合适的放射源,按 9.2.2.1 的规定进行试验。在其他情况下,应按 9.2.2.2 的规定进行试验。

9.6 **对其他电离辐射的响应**

9.6.1 **概述**

在设计测量表面污染的仪器时,应尽可能降低其他电离辐射的影响。

建议β探头有某种形式的档板,使其能区别γ和β辐射。档板应以低原子序数(小于 22)的材料制成。

档板厚度应以单位面积的等效质量来表示。

9.6.2 **γ辐射**

9.6.2.1 **α污染测量仪、监测仪和探测装置**

(不适用于测量和区分α、β粒子的功能。)

a) 要求

仪器的性能不受 10 mGy・h^{-1}的空气比释动能率影响。

b) 试验方法

使整个探测器受不小于 10 mGy・h^{-1}的空气比释动能率照射,并记录指示的计数率。记录的计数率应小于当测量由参考α源产生的表面发射率为 5 s^{-1}时得到的计数率。

然后,应使用具有合适活度的α辐射试验源对探测器进行照射,使其在仪器的最灵敏量程(或对数刻度仪器在最低十进位位以内,或数字显示仪器在第二个最低有效十进位位以内)给出一个指示值并记录计数率。

对于探测装置,α辐射应给出每秒大约 10 个计数。

最后,应使用不小于 10 mGy・h^{-1}的γ空气比释动能率和α辐射试验源同时照射探测器。上述测量所使用的源应具有相同的结构。计数率的变化应保持在表 3 规定的限值之内。

c) 说明

进行本项试验的理由是:虽然γ辐射本身不会产生任何指示值,但有些类型的α污染测量仪器以某种方式间接地受γ辐射的影响,在这种情况下对α辐射的灵敏度将发生变化。上述给出的空气比释动能率应由密封的^{137}Cs源提供。

在很多情况下,γ辐射的影响在低能时比较明显,所以上述试验应使用^{241}Am产生的辐射重复进行,但空气比释动能率不小于 100 μGy・h^{-1}。

9.6.2.2 **β污染测量仪、监测仪和探测器以及α/β测量仪或监测仪的α测量**

应使用不小于 10 μGy・h^{-1}的空气比释动能率照射探测器并记录计数率。在适用于每一个探测器通道的情况下,对于 10 μGy・h^{-1}的γ空气比释动能率,应给出以单位时间计数表示的结果。在读数是以活度或单位面积活度表示情况下,应规定等效活度或等效单位面积活度。

上述给出的空气比释动能率应由密封的^{137}Cs源提供。

9.6.3 **β辐射(对α污染测量仪、监测仪和探测装置)**

本项试验不适用于同时测量α和β辐射的仪器。

应使用其活度接近但不超过 370 kBq、横截面尺寸小于 20 mm 的$^{90}Sr/^{90}Y$源。

首先,将α辐射试验源放置在探测器前端的一点,距离尽可能接近 5 mm 但小于 5 mm,记录从α源得到的计数率。对于本项试验，α源的尺寸比探测器窗口面积小，而且源的活度足够低，仅在线性刻度仪器的最灵敏量程中、对数刻度仪器的最灵敏十进位位内或数字显示仪器的第二个最灵敏十进位位内给出读数。

然后，在探测器和α辐射源都不移动的情况下，将β源放置在探测器前端。计数率的变化应保持在表3规定的限值之内。

对于能同时测量α和β辐射的仪器，上述试验应仅使用β源，并给出以β放射源单位活度计数表示的结果。在读数是以活度或单位面积活度表示情况下，应规定等效活度或等效单位面积活度。

9.6.4 **α辐射(对β污染测量仪和监测仪)**

本项试验仅适用于窗厚小于5 mg·cm^{-2}的探测器装置。

将一个薄α源(例如：^{241}Am)放置在距探头表面不超过10 mm处。如果源有外壳，其总等效厚度(见3.9)小于1.5 mg·cm^{-2}。

应给出以α发射体在单位时间内单位表面发射率计数表示的响应；在读数是以活度或单位面积活度表示的情况下，那么响应就以α发射体单位面积单位表面发射率的活度表示。

注：如果使用^{241}Am，可能有59 keV的γ辐射对响应的贡献。在这种情况可以确定的场合下，应扣除光子的贡献并应给出减去这一影响的响应。

9.6.5 **中子**

中子响应试验不是强制性的，只有规定了这一要求才进行试验。试验特性由制造厂与用户协商确定。

9.7 **本底计数率**

制造厂应说明由空气比释动能率不大于0.2 μGy·h^{-1}的本底产生的计数率或指示值。

10 环境影响

10.1 环境温度

10.1.1 要求

a) 温度稳定性

在表3规定的温度范围内，指示值和其他参数应保持在表3规定的限值以内。

b) 温度冲击

当环境温度从20℃升至40℃(仅室内使用的仪器为35℃)和从20℃降至－10℃(仅室内使用的仪器为10℃)时，升温或降温的时间每次少于5 min，仪器的读数与20℃时读取的一组参考读数相比，响应值、高压及阈值设置值的变化应不超过表3给定值的两倍。

c) 低温起动

将仪器放在规定的最低温度下至少4 h，仪器打开开关后应正常工作。

10.1.2 试验方法

本项试验通常在环境试验箱内进行。如果试验探测装置、测量仪和监测仪，为了提供足够的活度指示值，应使用放射源。

除非仪器对湿度变化特别灵敏，一般不需要调节环境试验箱内的湿度。但应采取措施，防止潮气结露。

a) 温度稳定性

仪器应在每一个极限温度下至少保持4 h并在最后30 min内进行所要求参数的测量。在这种情况下的温度变化应小于每小时10℃。指示值的变化限值在表3中给出。

b) 温度冲击

应将仪器置于20℃±2℃温度下，允许稳定的最短时间为40 min。然后环境温度应在5 min之内升至40℃(仅室内使用的仪器为35℃)。在2 h内，应在5 min时记录试验参数，以后每隔15 min记录一次。然后允许仪器在4 h内降至20℃±2℃。最后，环境温度应在5 min之内达到－10℃(仅室内使用的仪器为10℃)。在2 h内,应在5 min时记录试验参数,以后每隔15 min记录一次。

c) 低温起动

应将仪器置于－10℃(或一个相对合适的)温度下至少4 h,然后在不受气候条件影响下打开开关,仪器应正常工作。

10.1.3 测量仪和监测仪

应记录指示值的变化。

10.1.4 测量装置

还将通过确定探测装置的高压变化和输入阈值的变化对测量装置的性能进行测量。制造厂应规定监测输入阈值的脉冲发生器设备的要求。监测设备应置于环境试验箱之外。不必同时进行探测装置的高压变化和输入阈值的变化这两种测量。高压变化应在400 V和1 400 V或在适用的设置极限值(如果它们在这些值以内)上进行试验。输入阈值的变化应由输入脉冲的高度决定,需给出一个相当于所用脉冲发生器脉冲频率一半的读数。

对于仅使用半导体探测器的系统,不要求进行高压试验。

10.1.5 探测装置

这些试验应在探测装置与测量装置连接的情况下进行,探测装置的制造厂应规定其特性。应按制造厂的规定设置高压和阈值。仅将探测装置放置在环境试验箱内。应记录在极限温度下与在标准温度条件下计数率的变化。

10.2 相对湿度

10.2.1 要求

在表3规定的湿度范围内,指示值和其他参数应保持在表3规定的限值以内。

只有在认为相对湿度的影响比较明显时,才要求进行该影响量的试验。

10.2.2 试验方法

本项试验应按10.1规定的相似方法进行,温度保持在35℃。

10.3 电源

10.3.1 交流供电的仪器

仪器应按GB 156—2007规定的单相交流电压等级供电。

10.3.1.1 电源变化

10.3.1.1.1 要求

仪器应能够在电源电压为(88%～110%)U_N范围内和电源频率为47 Hz～51 Hz范围内正常工作,指示值和其他参数的变化不超过表3规定的限值。

10.3.1.1.2 对测量仪和监测仪的试验方法

使用一个放射源,在最灵敏量程满刻度偏转的大约2/3处(对于线性刻度的仪器)或第二个最低有效十进位位最大值的20%处(对于数字显示的仪器)或最低有效十进位位最大值的2/3处(对于对数刻度的仪器)给出一个读数。在电源电压和频率为标称值时,按7.4的规定取足够多的读数并求出平均值。

电源频率为标称值,在电源电压比标称电压高10%时,取足够多的连续读数并求出平均值;电源频率为标称值,在电源电压比标称电压低12%时,取足够多的连续读数并求出平均值。

这些平均值与在标称电压下获得的指示值之差应不大于±10%。

电源电压为标称值,在电源频率为47 Hz和51 Hz时,分别取足够多的连续读数并求出平均值。这些平均值与在标称频率下获得的指示值之差应不大于±5%。

应对相当于仪器最灵敏量程或十进位位满刻度值大约2/3处的活度水平重复上述试验。

10.3.1.1.3　对测量装置的试验方法

这些要求用于确定：

a）对响应的影响；

b）对输入阈值的影响；

c）对高压的影响：

1）为了在测量量程的最高端获得一个读数（对于具有一个以上测量量程的装置，应在最低量程和最高量程进行试验），应使用脉冲发生器。根据上述给出的电压极值和频率极值来确定读数变化。

2）按测量装置制造厂的规定，将装置与脉冲发生器连接。为了在相当于脉冲发生器的脉冲频率一半处给出一个读数，应根据所需的脉冲高度确定触发水平。根据上述规定的电压极值和频率极值来确定触发水平的变化。

3）将装置与能够测量范围在 300 V～1 500 V 的电压表连接。将电压设置在 400 V 或如果这个电压较高可设置在最低值，也可将电压设置在 1 400 V 或如果这个电压较低可设置在较高值，然后进行试验。根据上述规定的电压极值和频率极值来确定高压的变化。

电压和频率的变化应满足 10.3.1.1.1 的要求。

10.3.2　电池

10.3.2.1　要求

在仪器是由电池供电的场合，电池应与电子仪器实体分隔。

电池的容量应保证仪器在无报警状态下连续使用下述时间以后，仪器的指示值与初始值之差不大于±10%。

——原电池：24 h；

——二次电池：12 h。

在最大负载条件下，应提供检查电池状态的仪器。

应在仪器的显示器上清楚地标明能使仪器的性能保持在规定要求之内的最低电池容量。

应在仪器的显示器上清楚地标明不能使仪器的性能保持在规定要求之内的任何电池状态的指示值。

电池可以用任一需要的方式连接，但电池应能逐个更换；制造厂应在仪器上清楚地标出电池的正确极性。

如果使用二次电池，应能在 16 h 之内重新充满电。

建议使用完成充电后自动关闭充电器的装置。

10.3.2.2　对测量仪和监测仪供电电池的试验

本项试验应使用制造厂推荐型号的新原电池或充满电的二次电池。用具有足够活度的合适放射源照射探测器，分别在相应于最灵敏和最不灵敏量程满刻度偏转的大约 2/3 处给出一个计数率。应不触发报警。

对配有扬声器的仪器，在报警声响起或未触发报警电路、接通扬声器和仪器工作在最不灵敏量程时，重复进行试验。

在所有情况下，连续取 10 个计数率的读数并求出其平均值。将仪器放在这些源的前方照射并连续工作 24 h（对于使用原电池的仪器）或 12 h（对于使用二次电池的仪器）。在本项试验结束前，在所有情况下，再次连续取 10 个计数率的读数并求出其平均值。这些平均值与初始值之差应不大于 10%。

仪器连续工作，直到电池的状态显示仪器可能不能正常工作。再次记录读数，该读数与初始值之差应不大于 12%。

10.4 电磁兼容性

本项试验用于检查探测装置或测量装置与相关测量或探测装置的兼容性满足电磁兼容的要求。然而，当使用未试验的相关设备而得到兼容性时，可以确定其本身部件、装置的兼容性。

为了产生一个合适的指示值(在第三个最低有效量程或十进位位)，应使用一个合适的放射源照射探测装置。在使用监测仪的情况下，报警阈值应设置在大约是指示的计数率的两倍。在使用 α/β 探测装置情况下，报警阈值应设置在 β 模式上。

10.4.1 静电放电

10.4.1.1 要求

由静电放电产生的最大虚假指示值(包括瞬态和稳态)应小于指示值的 10%。应不触发报警。

10.4.1.2 放电的严酷度

按照 GB/T 17626.2—2006 的规定，使用一个合适的试验用放电机，对操作者在正常使用期间可能接触到整个仪器的各个部分进行至少五次放电，应通过观察显示值来检查是否符合性能要求。静电放电应相当于给 150 pF 的电容器充电至 6 kV 电压并通过 330Ω 电阻放电(按照 GB/T 17626.2—2006 规定的严酷度等级 2 进行接触放电)。当试验带绝缘表面的仪器时，应使用 8 kV 空气放电方法(严酷度等级 3)。

10.4.2 射频电磁场

10.4.2.1 要求

最大虚假指示值(包括瞬态和稳态)应小于指示值的 10%。应不触发报警。

10.4.2.2 试验方法

无论仪器周围是否有射频场都进行测量，应通过观察显示值来检查是否符合性能要求。

电磁场强度应为 10 V/m，频率范围为 80 MHz～1 GHz，以 1% 为一个步长(GB/T 17626.3—2006 规定的严酷度等级 3)。对于以电池供电的仪器，10.4.2.1 的要求不适用，还应增加在 27 MHz 处进行试验。办了减少为证明符合要求所需的测量次数，仅在一个方向用 20 V/m 的场强度在下列频率上进行试验：(27)MHz、80 MHz、90 MHz、100 MHz、110 MHz、120 MHz、130 MHz、140 MHz、150 MHz、160 MHz、180 MHz、200 MHz、220 MHz、240 MHz、260 MHz、290 MHz、320 MHz、350 MHz、380 MHz、420 MHz、460 MHz、510 MHz、560 MHz、620 MHz、680 MHz、750 MHz、820 MHz、900 MHz和1 000 MHz。其中(27)MHz 为以电池供电的仪器增加的试验频率点。

如果在这些频率的一个频率上观察到大于 10.4.2.1 给出限值 1/3 的变化，按照 GB/T 17626.3—2006 的规定，对仪器在所有三个取向、用 10 V/m 的场强度、以 ±1% 为步长在该频率 ±5% 的范围内进行附加试验。

10.4.3 由脉冲群和射频感应的传导骚扰

10.4.3.1 要求

最大虚假指示值(包括瞬态和稳态)应小于指示值的 10%。应不触发报警。

10.4.3.2 传导骚扰的严酷度

对于交流供电的仪器，无论是否存在由脉冲群感应的传导骚扰(GB/T 17626.4—1998)和射频场感应的传导骚扰(GB/T 17626.6—1998)，应通过观察显示值来检查是否符合性能要求。按照 GB/T 17626.4—1998和 GB/T 17626.6—1998 的规定，这两种传导骚扰的严酷度等级为 3 级。

10.4.4 浪涌

10.4.4.1 要求

最大虚假指示值(包括瞬态和稳态)应小于指示值的 10%。应不触发报警。

10.4.4.2 试验方法

对于交流供电的仪器，无论是否存在由浪涌感应的骚扰(GB/T 17626.5—1999)，应通过观察显示值来检查是否符合性能要求。按照 GB/T 17626.5—1999 的规定，严酷度等级为 3 级。

10.4.5 电压暂降和短时中断

10.4.5.1 要求

最大虚假指示值(包括瞬态和稳态)应小于指示值的10%,应不触发报警。

10.4.5.2 试验方法

对于交流供电的仪器,无论是否存在由电压暂降和短时中断感应的骚扰(GB/T 17626.11—1999),应通过观察显示值来检查是否符合性能要求,在GB/T 17626.11—1999的6.5.2(电压变化)规定的那些试验除外。

10.4.6 辐射发射

10.4.6.1 要求

电离辐射防护仪器可用于许多不同领域。仪器的发射强度应小于对同一地点使用的其他设备引起干扰的强度。除非制造厂与用户另有协议,在距离天线1 m处测量时,在1 kHz~1 GHz频率范围内,发射强度应小于0.1 V/m。

10.4.6.2 试验方法

将仪器放在合适的屏蔽间或屏蔽箱中。在仪器置于距离天线1 m处。仪器处于关闭状态,按下表的规定使用窄带宽收集本底谱。

频　率	频带宽度
1 kHz~50 kHz	100 Hz
50 kHz~500 kHz	400 Hz
500 kHz~1 MHz	2 kHz
1 MHz~10 MHz	10 kHz
10 MHz~1 GHz	50 kHz

打开仪器并进行窄带宽扫描。记录频率和指示的发射强度。净发射强度应低于10.4.6.1的规定。

11 贮存

在温带地区使用的仪器,其设计应保证在制造厂的包装条件下、温度在−25℃~50℃范围内、不带电池存放(或运输),至少三个月后仍能正常工作。

在某些情况下,可能需要制定更严格的规定。例如,在空运时,具有承受低环境压力的能力。

12 文件

12.1 合格证书

每一台仪器应随机携带一份合格证书,至少给出下列资料(见GB/T 16511—1996)。

12.1.1 测量装置

制造厂名称或注册商标;

装置的类型和系列号;

每一个测量量程的刻度限值;

适用于探测部件的高压范围;

可供的最大负载;

质量和尺寸;

触发阈或阈值。

12.1.2 探测装置

制造厂名称或注册商标；

探测装置的类型和序号；

对参考核素(规定的放射性核素)的仪器效率；

仪器效率随β能量的变化(对β探测器)；

探测器表面的响应变化；

探测器窗的灵敏区域；

保护格栅的透射特性；

源和探测器灵敏体积之间窗的材料，以 $mg \cdot cm^{-2}$ 表示材料的单位面积总质量；

质量和尺寸。

12.1.3 测量仪和监测仪

制造厂名称或注册商标；

仪器的类型和序号；

对特殊核素的仪器效率；

仪器效率随β能量的变化(对β探测器)；

探测器表面的响应变化；

探测器窗的灵敏面积；

保护格栅的透射特性；

源和探测器灵敏体积之间窗的材料，以 $mg \cdot cm^{-2}$ 表示材料的单位面积总质量；

仪器的质量和尺寸。

表 1 参考条件和标准试验条件

影响量	参考条件	标准试验条件
预热时间	15 min	≥15 min
环境温度	20℃	18℃～22℃
相对湿度	65%	55%～75%
大气压力	101.3 kPa	86 kPa～106 kPa
电源电压	标称电压 U_N	$U_N \pm 1\% U_N$
电源频率	标称频率 f_N	$f_N \pm 2\% f_N$
电源波形	正弦波	总谐波畸变小于 5%
环境 γ 辐射	空气比释动能率小于 0.2 $\mu Gy \cdot h^{-1}$	空气比释动能率小于 0.25 $\mu Gy \cdot h^{-1}$
外界电磁场	忽略不计	小于引起干扰的最小值
外界磁感应	忽略不计	小于地磁场感应值的两倍
仪器的取向	由制造厂说明	规定取向±2°
仪器调节	调到正常工作状态	调到正常工作状态
放射性物质的污染	忽略不计	忽略不计

表 2　标准试验条件下进行的试验

试验特性	要　求	试验方法的相关条款		
		探测装置	测量装置	测量仪和监测仪
仪器效率	由制造厂说明	9.2.3.1		9.2.3.2
表面发射率与源位置的关系	由制造厂说明并大于平均值的50%	9.3.2		9.3.2
相对固有误差	测量仪和监测仪：±25% 测量装置：±10%		9.4.2	9.4.2
统计涨落	变异系数小于0.2			8.1.2
响应时间	小于7 s		8.2.2	8.2.2
分辨时间	由制造厂说明	8.6.2	8.6.3	8.6.1
工作坪	施加的电压变化±3%：±15%	8.8		8.8
阈值	触发阈值变化±10%：±2%	8.9		

表 3　改变影响量的试验

影响量	影响量的数值范围	指示值的变化限值	试验方法的相关条款		
			探测装置	测量装置	测量仪和监测仪
辐射能量：α测量仪和监测仪	没有规定				
辐射能量：β测量仪、监测仪和探测装置	至少在0.2 MeV～2.2 MeV 最大能量范围内		9.5.2.2		9.5.2.2
γ辐射： α测量仪、监测仪和探测装置	空气比释动能率： 10 mGy·h⁻¹	±25%	9.6.2.1		9.6.2.1
β测量仪、监测仪和探测装置	10 μGy·h⁻¹	由制造厂说明	9.6.2.2		9.6.2.2
α和β测量仪和监测仪	10 μGy·h⁻¹	由制造厂说明	9.6.2.2		9.6.2.2
β辐射	在不超过5 cm的距离放置一个不少于370 kBq的源	α测量仪、监测仪和探测装置：±25% α和β测量仪和监测仪：由制造厂说明	9.6.3		9.6.3
α辐射	α发射体距探测器1 cm处	由制造厂说明	9.6.4		9.6.4
中子	没有规定		9.6.5		9.6.5
本底计数率	空气中γ吸收剂量率： 0.2 μGy·h⁻¹	由制造厂说明计数率	9.7		9.7
预热时间 （便携式仪器）	1 min	高压的±25%、±10%、±2%		8.5.2	8.5.1
	2 min	±20%			8.5.1
		高压的±5%和±1%		8.5.2	

表 3(续)

影响量	影响量的数值范围	指示值的变化限值	试验方法的相关条款		
			探测装置	测量装置	测量仪和监测仪
过载	活度相当于每个量程满刻度偏转的100倍	保持在满刻度以外5 min		8.7.2	8.7.2
环境温度	室内使用:10℃～35℃	±15%			10.1.3
		±5%		10.1.4	
		高压设置值的±1%		10.1.4	
		阈值设置值的±5%		10.1.4	
		±5%	10.1.5		
	室外使用:−10℃～40℃	±20% ±7%		10.1.4	10.1.3
		高压设置值的±2%		10.1.4	
		阈值设置值的±5%		10.1.4	
		±10%	10.1.5		
相对湿度	35℃时,40%～85%				
	测量仪和监测仪	±7.5%			10.2.2
	测量装置	±2.5%		10.2.2	
		高压设置值的±0.5%		10.2.2	
		阈值设置值的±2.5%		10.2.2	
	探测装置	±2.5%	10.2.2		
电源	(88%～110%)U_N	±10%			10.3.1.1.2
		指示值的±5%		10.3.1.1.3	
		高压变化±1%		10.3.1.1.3	
		阈值的±10%		10.3.1.1.3	
	47 Hz 51 Hz	±5%			10.3.1.1.2
		指示值的±2.5%		10.3.1.1.3	
		高压变化±0.5%		10.3.1.1.3	
		阈值的±10%		10.3.1.1.3	

表 3(续)

影响量	影响量的数值范围	指示值的变化限值	试验方法的相关条款		
			探测装置	测量装置	测量仪和监测仪
电磁兼容性：					
静电放电	按GB/T 17626.2—2006的规定	计数率的10%		10.4.1.2	10.4.1.2
射频电磁场	按GB/T 17626.3—2006的规定	计数率的10%		10.4.2.2	10.4.2.2
由脉冲群和射频感应的传导骚扰	按GB/T 17626.4—1998和GB/T 17626.6—1998的规定	计数率的10%		10.4.3.2	10.4.3.2
由浪涌感应的传导骚扰	按GB/T 17626.5—1999的规定	计数率的10%		10.4.4.2	10.4.4.2
电压暂降和短时中断	按 GB/T 17626.11—1999的规定	计数率的10%		10.4.5.2	10.4.5.2
辐射发射	见10.4.6	在1 kHz～1 GHz频率范围内小于0.1 V/m		10.4.6.2	10.4.6.2
贮存	−25℃～50℃	符合规定的限值	11	11	11

ICS 27.120.20
F 65

中华人民共和国国家标准

GB/T 5204—2008
代替 GB/T 5204—1994

核电厂安全系统定期试验与监测

Periodic tests and monitoring of the safety system of nuclear power plant

2008-07-18 发布 2009-04-01 实施

中华人民共和国国家质量监督检验检疫总局
中国国家标准化管理委员会 发布

前　言

本标准对应于 IEEE Std 338—2006《核电厂安全系统定期试验与监测》(英文版)，与于 IEEE Std 338—2006 一致性程度为非等效。风险管理技术的具体应用可参考 IEEE Std 338—2006 的附录 A～附录 D。

本标准代替 GB/T 5204—1994《核电厂安全系统定期试验与监测》。

本标准与 GB/T 5204—1994 相比主要变化如下：

——增加了"初始的试验间隔或以后的试验间隔时间的改变应利用确定论的或基于风险的方法(或两者的结合)来决定"(6.5.1)。"试验间隔时间还应考虑与可用性目标有关的设计基准试验间隔"(6.5.2)。

——增加了设备和系统的风险增加量[6.5.3.1 b)]；

——增加了利用基于风险管理技术的方法决定初始的试验间隔时间应考虑的因素(6.5.4)；

——增加了"并证明这样的变更不会对公众的健康与安全或堆芯损坏造成有害的影响"(6.5.6)。

本标准是对 GB/T 13284.1《核电厂安全系统　第 1 部分：准则》和 GB/T 12788《核电厂安全级电力系统准则》有关定期试验的说明和补充。

本标准由中国核工业集团公司提出。

本标准由全国核仪器仪表标准化技术委员会归口。

本标准起草单位：中国核动力研究设计院。

本标准修改版主要起草人：周继翔、王华金、周祖鑑。

本标准于所代替标准的历次版本发布情况为：

——GB 5204—1985、GB/T 5204—1994。

核电厂安全系统定期试验与监测

1 范围

本标准规定了核电厂安全系统实施定期试验与监测的设计准则与试验要求。

本标准适用于核电厂安全系统的定期试验与监测的设计。

本标准不适用于核电厂安全系统的维修。

2 规范性引用文件

下列文件中的条款通过本标准的引用而成为本标准的条款。凡是注日期的引用文件，其随后所有的修改单(不包括勘误的内容)或修订版均不适用于本标准，然而，鼓励根据本标准达成协议的各方研究是否可使用这些文件的最新版本。凡是不注日期的引用文件，其最新版本适用于本标准。

GB/T 13629 核电厂安全系统中数字计算机的适用准则

HAD 003/09 核电厂调试和运行期间的质量保证

3 术语和定义

下列术语和定义适用于本标准。

3.1

安全系统 safety system

与安全有重要关系的系统，用于在任何工况下保证反应堆安全停堆、从堆芯排出热量或限制预计运行事件和事故工况的后果。安全系统执行安全功能，其电气部分属于安全级(1E 级)。

3.2

安全功能 safety function

为了把核电厂参数保持在按设计基准事故确定的可接受的限值内，所必需的一种过程或状态(例如应急负反应性引入、事故后热量排出、应急堆芯冷却、事故后放射性物质清除和安全壳隔离)。

注：完成某一安全功能是反应堆停堆系统和辅助支持设施完成所有必需的保护动作，或者是专设安全设施和辅助支持设施完成所有必需的保护动作，或者由两者共同实现。

3.3

安全组 safety group

某一假设始发事件发生时，能完成其要求的安全功能的一组最少量的部件、组合和设备组合。一个安全组包括一个或多个序列。

3.4

定期试验 periodic test

为探测故障和检查可运行性，按计划的间隔时间所进行的试验。

3.5

交迭试验 overlap test

为了检查整个通道、序列或负载组的功能，在通道、序列或负载组的不同部分或子系统上分段进行试验，不同部分或子系统的试验要覆盖毗连的部件。

3.6

负载组 load group

在一个序列之内，由一个公用电源馈电的母线、变压器、配电装置和负载的组合体。

3.7

功能试验　function test

确定部件或系统执行预期功能的试验。

3.8

监测　monitoring

用来连续指示系统(或子系统)的状态或条件的手段。

3.9

试验持续时间　test duration

从试验开始到试验结束所经历的时间间隔。

3.10

试验间隔时间　test interval

在同一个设备或系统上进行同种试验时,两次试验开始时刻之间所经历的时间。

3.11

试验旁通　test bypass

一种试验方式,在电厂功率运行期间,将被试验的安全组设置成允许任一个通道或负载组能试验、校准或维护,而不启动安全组的保护动作。

3.12

通道检查　channel check

为确定通道的全部部件是否正处在它们指定的限值之内,按规定的间隔时间所进行的性能定性评估。

3.13

通道校准　channel calibration

调整通道的输出,使之对该通道所测的参数和性能具有可接受的准确度和量程。

3.14

运行限制条件　limiting condition for operation;LCO

电厂安全运行所要求的设备最低功能能力或性能水平。

4　总则

4.1　安全系统的定期试验与监测是为了实现预期的系统可用性。应注意探测设备的运行状态是否处在规定的限值之内。规定的限值是最低的性能要求,例如响应时间、整定值准确度,以及设计基准规定的其他性能要求。

4.2　安全系统应设计成在电厂运行期间以及电厂停运期间是可试验的。这种试验性应允许单独试验各冗余通道和负载组,同时保持系统对真实信号的响应能力、或者必要时触发被试验通道的输出、或者按安全要求和运行限制条件旁通某个设备。

5　设计要求

5.1　安全系统的定期试验应尽可能实际地模拟其所要求的安全功能,能证明被试验的物项在正常环境条件下具有执行其功能的能力。设计质量鉴定已证明所选设备满足异常环境条件(例如地震、极端的温度、压力和湿度等)下运行的要求,因此,设备对极端环境的试验不属于定期试验范围。

5.2　试验装置及其接口不应使冗余通道之间和冗余负载组之间丧失独立性。在确定系统的可用性时,应考虑为试验目的而设置在安全系统中的设备。

5.3　在安全系统的设计中,宜考虑试验对电厂可用性、可维修性、运行、运行方式和运行限制条件的影响。为此在必要的场合可提供具有符合逻辑的冗余设备。

5.4 在选择安全系统的所有部件时，应考虑可试验性。敏感元件宜安装在可接近的地方。可行的话，安装在可以就地校准的地方。在选择驱动装置时，应考虑它们的状态指示能力。

5.5 设计应使安全系统具有进行功能试验的能力。功能试验最好采用从敏感元件到被驱动设备同时试验的方法。在不能实现上述方法的地方，可以采用分段交迭试验的方法。

5.6 触发保护动作是定期试验程序中的一部分。在不允许触发保护动作的地方，系统的设计应按下述方法处理：

a) 所有驱动装置和被驱动设备可以单独地试验，或合理地分成几个组进行试验。例如，安全壳喷淋泵的驱动装置与安全壳喷淋阀的驱动装置分别进行试验。

b) 在试验某设备的驱动装置时，制止该设备运转。例如，当应急冷却泵电动机的断路器转到试验位置时，在试验断路器闭合期间，切断泵电动机的电源。

c) 被驱动设备的运行需要一个以上的驱动装置的(符合)动作时，分别对其进行试验。例如，提供给隔离阀的压缩空气由两个电磁阀符合动作来控制，这两个电磁阀可分别进行试验。

d) 按照5.6 b)或5.6 c)所做的设计应有文件证明：在电厂运行期间，未经试验的被驱动设备的故障概率是可以接受的，而且在电厂停运时，可对被驱动设备进行例行试验。

5.7 系统设计宜考虑在试验活动的各个阶段中系统、部件和人因之间的相互关系。测试点和相关的试验装置宜设置在便于实施定期试验的位置。

5.8 试验人员和控制室之间应设有通信手段，以确保控制室操纵员和试验人员均知道在试验之中的那些系统的状态。此外，在试验人员之间也应设有通信工具，以便他们能充分地联络。

5.9 在选择试验系统的类型时，宜考虑自动试验装置。试验装置可以是外接式的，也可以设置在安全系统内。如果在定期试验中采用了可编程数字计算机，不管是内置式的还是外接式的自动试验装置，都要遵守本标准和GB/T 13629的规定。

5.10 为试验安全系统的电源、仪表和控制部分所作的设计应与相连的机械和流体系统的试验条款协调一致。

5.11 为检验每个保护通道的整个脱扣动作，使用扰动被测的或替代的过程变量的方法优先于使用模拟的信号。如果扰动被测变量或替代量不能实现时，其他的试验方法应有文件证明是正确的。

5.12 如有可能，试验装置(例如试验板)可与安全系统装在一起，以便进行定期试验而不要加设或拆除导线，但这些试验装置不得干扰部件或系统的可运行性或安全功能。

5.13 设计中宜采取措施，以防止试验期间同时旁通冗余通道或负载组。

5.14 在单个的通道或负载组之中使用了冗余部件的地方，设计宜允许单独地试验每一个部件。

5.15 系统宜设计成取出熔断器或断开断路器，只是为了试验通道或负载组的逻辑驱动。例如，用取出通道的电源熔断器来模拟通道失去电源所引起的驱动动作。

5.16 如果安全系统的某部分不运行或被旁通，在控制室内宜提供指示。

6 试验大纲要求

6.1 基本要求

6.1.1 安全系统定期试验的范围可包括功能试验和检查、正确校准的验证和响应时间试验。试验大纲应写明试验类型、试验条件、试验步骤及试验间隔时间，并明确性能试验的验收准则。

6.1.2 应分别检验安全系统每个冗余部分的可运行性。如果这种试验在反应堆运行期间不能实现，在电厂停运时应试验可运行性。

6.1.3 在反应堆运行期间的可运行性的试验，应尽可能多地包括通道和负载组，并包括敏感元件和驱动器，而不危及电厂的连续正常运行。

6.1.4 试验程序应能证实试验完成之后被试验的设备已恢复到它的正常运行方式。

6.1.5 只要有可能，试验应在真实的或相似的运行条件下完成，包括运行的顺序。例如，柴油发电机的加载顺序。

6.1.6 试验应按成文的并经批准的试验程序进行。

6.1.7 试验大纲应定期修订,以便确定它的整体有效性。

6.1.8 不应用一次简单的重复试验的成功来否定失败的试验结果。成功的重复试验之前应作出书面的评价,或进行纠正活动(例如:维护、修理或改变程序)。如有可能,应确定故障的根本原因。

6.1.9 试验大纲应按逻辑顺序编制,以便在试验过程中能及时评价系统的所有工况,并可确定需要进一步试验的单个部件。

6.1.10 每个安全系统的试验大纲应设计成对有关的运行通道、系统或部件的干扰减到最小。

6.1.11 每个安全系统的试验大纲应设计成能产生为客观评价系统的性能与可用性所需的数据;若可能,提供趋势数据,确定性能退化并提供故障征兆指示。

6.1.12 行政管理与质量保证的要求应符合 HAD 003/09 的要求。

6.1.13 连续性检查可以补充功能试验,但不应替代功能试验。

6.2 大纲的目标

定期试验大纲包括的程序和报告应达到下列目标:

a) 便于行政管理与监查;
b) 鉴别高故障率;
c) 通过试验活动的正确协调,使之对整个电厂运行的干扰和安全的影响减到最小;
d) 保证冗余的保护通道和负载组不同时进行试验;
e) 制定一个计划表,它包括一个完整的基本试验循环和进行试验的状态;
f) 标识被试验的系统、通道和负载组;
g) 试验应尽可能真实地模拟正常的运行条件,在试验过程中可要求系统运行;
h) 试验间隔时间的变更应符合 6.5 的规定;
i) 制定定期试验大纲考虑以下因素:
   1) 系统故障模式与影响;
   2) 部件故障模式;
   3) 适用的风险可靠性与可用性分析;
   4) 故障报告分析与其他历史数据;
   5) 逻辑结构;
   6) 电厂运行计划;
   7) 设备质量鉴定文件,例如合格寿命的鉴定文件。

6.3 试验类型

6.3.1 通道检查

配有指示器的通道可用下列一种或多种方法检验其可运行性:

a) 对监测同一变量的各通道读数进行比较(例如,功率通道 1 与冗余的功率通道 2 和 3 进行比较);
b) 对监测同一变量、彼此具有已知关系的各通道读数进行比较(例如,在启堆和停堆期间,源区段和中间区段中子监测装置都处于测量范围时,对它们的读数进行比较);
c) 对监测不同变量、而变量之间具有已知关系的各通道读数进行比较(例如,反应堆功率和一回路冷却剂出口温度或蒸汽压力);
d) 选择比较的通道时,应考虑共因故障(例如,与共用一个参考管的液位测量仪表进行比较)。

6.3.2 功能试验

功能试验应确保被试设备能执行其设计功能。

6.3.2.1 设备(系统部件)的功能试验应包括如下一个或多个试验:

a) 手动启动设备(例如,电动机、泵、压缩机、汽轮机和发动机)并观察其运行(例如,压力、流量、温度、电压或速度)。试验持续时间应足以达到其稳定运行状态。在不允许启动泵或其他设备的地方,可按 5.6 和 5.15 的规定进行试验。
b) 手动控制电动阀并记下它们的行程时间。当不能做阀的全行程试验时,允许进行部分行程试验(例如,主蒸汽隔离阀、汽轮机截止阀或调节阀)或阀的控制系统试验(例如,快速毒物注入阀的控制电路)。在电厂停运期间,宜例行地实施全行程试验。
c) 注入适当的试验信号,以便给出一个相应的指示(例如,“等效”脱扣输出的数值)或触发脱扣输出,或上述两者。若可能,应试验报警和脱扣功能及其他指示。

6.3.2.2 检验系统或子系统功能应包括下列试验:
a) 逐个触发驱动装置,并观察负载组的运行(例如,使母线低电压继电器动作,观察母线的瞬态、负载的切除、柴油发电机的启动和顺序加载)。
b) 检验手动启动的安全功能。在电厂运行期间不能进行这种试验时,可在反应堆停堆期间进行(例如,手动紧急停堆)。
c) 试验旁通的状态和可运行性、旁通与试验的指示以及旁通与试验的报警电路。
d) 改变一个或多个参数的输入信号水平,使之达到脱扣或计算的输出变化,而其他变量的信号保持在正常预期值上。被改变的参数应根据设计基准事件工况和预期的运行事件来选择。

6.3.3 通道校准的验证

通道校准的验证宜证明:随着已知的精确输入,通道给出所要求的模拟量输出或状态翻转。此外,在模拟量的通道中,可以检查线性度和回差。如果达到所要求的输出,试验是合格的。如果达不到所要求的输出(例如,在规定的整定值上没有出现状态翻转或模拟输出超过允差),或观察到饱和或弯曲,或要求调整增益、偏置、脱扣整定值等,则试验不合格(调整过程是维修活动,不属于本标准的范围)。因此,试验结果应按 HAD 003/09 的规定进行记录。不符合项经维修或适当的处置之后,应重新验证。

6.3.4 响应时间的验证

6.3.4.1 仅对安全系统或子系统进行响应时间试验,以验证响应时间在安全分析报告给定的限值之内。

6.3.4.2 响应时间试验包括从敏感元件到被驱动设备整个系统的试验。若一次试验不能实现整个系统的试验时,应测量该系统各分立部分的响应时间,并表明所有响应时间之和处在整个系统要求的限值之内,工艺过程到敏感元件和被驱动设备到工艺过程的响应时间试验,不属本标准的要求。

6.3.4.3 在规定的试验周期内,安全系统的各分立部分已经做过试验,而且已验证其响应时间在规定的限值之内,则不必要求试验。此外,在确定一个系统的总响应时间时,可适当地不计及那些响应时间低于系统的响应时间一个或一个以上数量级的部件。为验证整个系统的响应,试验应提供足够的交迭。

6.3.4.4 若不能将敏感元件包括在单个的或系统的响应时间试验之中,若可能,则敏感元件可定期地从其正常安装位置上拆下来试验。试验装置尽可能模拟实际安装的环境和配置。

6.3.4.5 如果由功能试验、校准检查或其他试验验证了安全系统设备的响应时间,即代替了响应时间试验,则不要求对所有安全有关设备进行响应时间试验。如果能证明在例行的定期试验期间,响应时间变化超过可接受限值所伴随的性能变化是可探测的,这种情况是可以接受的。

6.3.4.6 对于不包括敏感元件在内的通道响应时间试验,试验设备应模拟敏感元件在其所要求的整个功能范围内的输出。为确定整个响应时间,应同时记录输入和输出状态。试验输入应跨越正常脱扣的整定值,以便通道在非脱扣条件下完全复原,在脱扣条件下保证完全脱扣。

6.3.4.7 如果保护脱扣功能由两个或两个以上变量触发动作(例如,脱扣点是由温度、压力和中子注量率信号计算的),通道的响应时间应用每个变量产生的脱扣动作来检验。在试验中,其余变量的试验信号应设置在它们的预期运行范围内,这样试验将产生保守的试验结果。

6.3.4.8 如果在反应堆正常运行期间不能测量响应时间,应在反应堆停堆期间进行测量。

6.3.5 **逻辑系统功能试验**

逻辑系统功能试验应试验从敏感元件到驱动装置的全部逻辑部件。逻辑系统功能可以用一系列时序的、交迭的或整个系统的试验来检验。

6.4 试验方法

6.4.1 应为每个系统制定一个满足本标准要求的专用试验程序。

6.4.2 试验或试验的组合应全面检查每个保护通道或负载组(例如,包括敏感元件和最终的驱动或启动装置,直到连接的所有负载)。试验期间应检测冗余通道之间的相互作用。

6.4.3 试验合格的标志:

a) 状态变化有直观而确切的预先确定的指示,例如固态或机电装置运行具有相应的信号(音响报警、灯光的亮或灭,触点状态的改变、仪表的指示、电动机的启动、阀或其他驱动器动作);

b) 在冗余通道中没有观察到任何异常结果。

6.4.4 通道的试验输入应尽可能从靠近敏感元件的地点引入。这可以用不同方法实现,例如:

a) 扰动被监测的变量,例如改变压力、温度或功率水平;

b) 将一个与被监测变量相同性质的代用输入量引入敏感元件,并适当地变化,例如,打开流量测量差压计上的平衡阀,隔断和排空到压力测量装置的输入,将热的或冷的流体注入到被测温度的流体中。

6.4.5 当包括敏感元件在内的整体检查不能实现时,可对一个通道进行局部试验,为此宜适当地引入一个模拟的或数字的输入,并改变试验信号的变化范围。试验信号的变化范围应保证被监测变量达到整定值时能产生保护动作。

6.4.6 在了解被试通道的性能特征之后,应确定试验信号变化的性质。设备性能的退化或故障可能影响对上升时间、幅值或其他波形特性的响应。不同性质的试验信号有以下几种类型:

a) 慢变化信号。如果这种类型的信号要求保护动作,而且通过观测或根据设备的响应(其变化已趋于允差带的限值)表明该设备可能对慢变化的信号不会产生保护动作,那么应选用这种类型的信号;

b) 快变化信号。如果这种类型的信号要求保护动作,而且通过观测或根据设备的响应(其变化已趋于允差带的限值)表明该设备可能对快变化的信号不会产生保护动作,那么应选用这种类型的信号;

c) 大变化信号。如果这种类型的信号要求保护动作,而且通过观测或根据设备的响应(其变化已趋于允差带的限值)表明该设备可能对相对正常值的大偏差信号不会产生保护动作(例如,出现了饱和或弯曲),那么应选用这种类型的信号。

6.4.7 为了检验各种预期工况下通道的合格性能,对给定的通道或设备进行试验,按实际需要可选用一种类型的信号,也可采用几种类型信号的组合。每个通道保护动作的动作值对标称整定值的允许偏差应按不同类型信号来确定。

6.4.8 本标准的定期试验程序不宜要求临时的试验连接。为了试验需要临时的试验连接、卸下熔断器、断开断路器或用其他方法断开电路时,应遵守现行的管理规程。试验程序或管理规程应提供检验断开的电路或临时连接在试验完成之后恢复到正常状态的方法。

6.5 试验间隔时间

6.5.1 初始的试验间隔时间或以后的试验间隔时间的改变应利用确定论的或基于风险的方法(或两者的结合)来决定。

6.5.2 试验间隔时间还应考虑与可用性目标有关的设计基准试验间隔时间。

6.5.3 利用确定论方法决定初始的试验间隔时间应恰当地考虑下列因素:

6.5.3.1 对于设备和系统应考虑:

a) 监管部门的要求;

b） 风险增加量；

c） 电厂计划的运行循环周期；

d） 对电厂安全的影响；

e） 有效的人力使用；

f） 电厂人员所受的放射性照射；

g） 因试验引起的设备性能退化。

6.5.3.2 对于设备还应考虑：

a） 制造厂的技术规格书或建议；

b） 类似设备使用的历史经验，例如：故障率数据（包括从可靠性数据库获得的资料），运行前试验，质量资料，以及工业使用经验和电厂的运行经验；

c） 设备质量鉴定报告和分析；

d） 故障数据：重要故障的模式、故障的机理、故障和修理的概率分布。这些分布是确定试验间隔时间主要考虑的问题，它们用参数表征，例如：平均故障间隔时间（MTTF）、平均修复时间（MTTR）、故障概率和可变性（可从试验结果获得）、历史数据和工程判断力。

6.5.3.3 系统或子系统试验间隔时间还应包括设计基准规定的试验间隔时间，即与可用性目标联系在一起。

6.5.4 还可以利用基于风险管理技术的方法决定初始的试验间隔时间，应恰当地考虑以下因素：

a） 试验引起的电站瞬态引入的风险；

b） 试验引起设备老化、磨损等引入的风险；

c） 试验后可能不正确重新组态引入的风险；

d） 试验期间设备停运引入的风险。

6.5.5 为了确定所使用的试验间隔时间能否保证设备有效运行，应定期评价试验间隔时间对所设计的设备性能的影响，变更试验间隔时间应得到监管部门的批准，应考虑以下情况：

a） 设备性能史、实际的故障率以及故障率的可能明显增加；

b） 与故障相关的校正行动；

c） 在同类电厂或环境、或两者中设备的性能；

d） 与设备有关的电厂设计的变更；

e） 故障率重大变化的探测。

6.5.6 试验间隔时间可以改变，以适应电厂运行方式，但要证明这样的改变对被试验设备的预期性能无有害影响，并证明这样的变更不会对公众的健康与安全或堆芯损坏造成有害的影响。

6.5.7 不运行的或者已脱扣的系统或设备不必做试验，但在他们再次投入运行以前应进行试验。若试验间隔时间作了变更，还应遵守 6.5.3 和 6.5.4 的要求。

6.6 程序的格式和文件

试验应按照编写好的并经过批准的试验程序执行。试验程序应遵守 HAD 003/09 的规定进行编写。

ICS 87.040
G 50

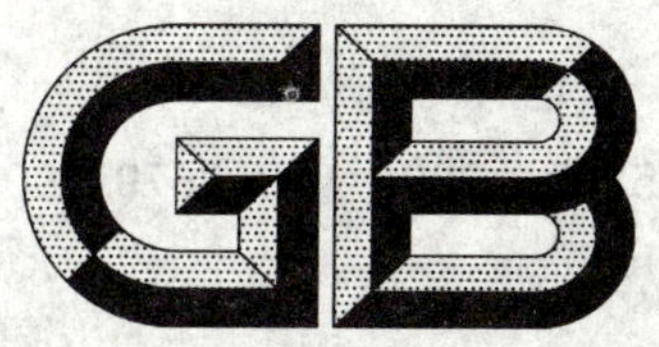

中华人民共和国国家标准

GB/T 5208—2008/ISO 3679:2004
代替 GB/T 5208—1985，GB/T 7634—1987

闪点的测定　快速平衡闭杯法

Determination of flash point—Rapid equilibrium closed cup method

(ISO 3679:2004,IDT)

2008-06-04 发布　　2008-12-01 实施

中华人民共和国国家质量监督检验检疫总局
中国国家标准化管理委员会　发布

前　言

本标准等同采用 ISO 3679:2004《闪点的测定——快速平衡闭杯法》(英文版)。

本标准代替 GB/T 5208—1985《涂料闪点测定法　快速平衡法》和 GB/T 7634—1987《石油及有关产品低闪点的测定　快速平衡法》。

本标准与 GB/T 5208—1985 和 GB/T 7634—1987 的主要技术差异为：

——本标准将两个标准内容进行合并，其适用的产品及测试闪点的范围较原标准更宽泛；

——原两个标准为参照采用 ISO 1523:1983 和 ISO 3679:1983；

——增加了仪器校验方法；

——增加了测试用温度计的技术要求；

——增加了嵌入杯使用方法；

——增加了测试闪点大于 100℃样品的相关内容；

——精密度表述方式不同；

——按闪点不大于 100℃和大于 100℃分别叙述了操作步骤；

——闪点测试仪器的要求以附录 A 方式给出。

本标准的附录 A、附录 B 为规范性附录，附录 C、附录 D 为资料性附录。

本标准由中国石油和化学工业协会提出。

本标准由全国涂料和颜料标准化技术委员会(SAC/TC 5)归口。

本标准起草单位：中海油常州涂料化工研究院。

本标准主要起草人：冯世芳。

GB/T 5208 于 1985 年首次发布，GB/T 7634 于 1987 年首次发布，本次为第一次整合修订。

闪点的测定 快速平衡闭杯法

1 范围

本标准规定了一种用于闭杯闪点在－30℃～300℃范围内的色漆(含水性色漆)、清漆、漆基、胶黏剂、溶剂、石油及有关产品闭杯闪点测定的方法。当使用带有闪点检测器(A.1.6)的仪器时,本标准也适用于脂肪酸甲酯(FAME)闪点的测定。

2 规范性引用文件

下列文件中的条款通过本标准的引用而成为本标准的条款。凡是注日期的引用文件,其随后所有的修改单(不包括勘误的内容)或修订版均不适用于本标准,然而,鼓励根据本标准达成协议的各方研究是否可使用这些文件的最新版本。凡是不注日期的引用文件,其最新版本适用于本标准。

GB/T 3186 色漆、清漆和色漆与清漆用原材料 取样(GB/T 3186—2006,ISO 15528:2000,IDT)

GB/T 20777 色漆和清漆 试样的检查和制备(GB/T 20777—2006,ISO 1513:1992,IDT)

SY/T 5317 石油液体管线自动取样法(SY/T 5317—2006,ISO 3171:1988,IDT)

ISO 3170 石油及液体石油产品手工取样法

3 术语和定义

下列术语和定义适用于本标准。

3.1

闪点 flash point

在规定的试验条件下,用规定的方法测试时,利用测试火焰能使试验样品的蒸气瞬间点燃,且火焰蔓延到整个液体表面,并被校正至101.3 kPa大气压下的试验样品的最低温度。

4 原理

将规定体积的试验样品注入保持在受试材料预计闪点温度下的试验杯中,经过规定的时间后,点火并观察有无闪燃出现,在不同的温度点用新取的试样继续试验,直到测出闪点并达到规定的灵敏度。

5 试剂和材料

5.1 清洗溶剂

一种用来清除前次试验留在试验杯和盖上的残余试样的合适的溶剂。

注:溶剂的选择将取决于前次受试材料及残余物的黏性。低挥发性芳烃(不含苯)溶剂可用来清除石油残迹,像甲苯-丙酮-甲醇这样的混合溶剂对清除橡胶类沉积物是有效的。

5.2 校验液体

一系列有证标准物质(CRM)和/或二级工作标准(SWS),详见附录C。

6 仪器

6.1 总则

仪器见附录A,附录A包含了试验杯和盖的组合件,连同尺寸和特殊要求的详图,见图A.1至图A.5。超过－30℃～300℃范围的闪点的测试也许需要不止一个仪器设备。

6.2 注射器

6.2.1 2 mL 注射器:可调节至能加入样品 2.00 mL±0.05 mL,如果需要,可装配一个针头,适合于试验温度不大于 100℃时使用,当测试 FAME 时,所有温度点都采用 2 mL 样品。

6.2.2 5 mL 注射器:可调节至能加入样品 4.00 mL±0.10 mL,如果需要,可装配一个针头,适合于试验温度高于 100℃时使用,当测试 FAME 时,不需要用 5 mL 注射器。

6.3 气压计:精确至 0.1 kPa,不必使用气象台和航空站使用的、预先校准至海平面读数的气压计。

6.4 加热器或烘箱(任选):如果需要,可用来加热样品,并能将温度控制在±5℃范围内。如果使用烘箱,它对烃类蒸气应是真正安全的。

建议烘箱带有防爆装置。

6.5 冷却器或冰箱(任选):如果需要,可用来冷却样品,能将样品冷却至比预计闪点低 10℃,并且可将温度控制在±5℃范围内,如果使用冰箱,应该带有防爆装置。

6.6 防风罩(任选):如果需要将气流减至最小,可在仪器的后面和两侧安装防风罩。

注:高 350 mm,宽 480 mm,深 240 mm 的防风罩是适宜的。

6.7 嵌入杯(任选):见附录 D。

注:对于难取出的样品,可以使用薄的金属嵌入杯。

7 仪器准备

7.1 总则

根据预计的闪点温度选择适宜的仪器。按照仪器制造商的说明正确设定和操作仪器。对于可能会粘附的材料,可按附录 D 所述使用嵌入杯。

7.2 仪器的安装

将仪器(附录 A)固定在处于无风位置的水平稳固的台面上。

当防风设施无效时,推荐使用防风罩。

注:当测试可能产生有毒气体的材料时,可以将仪器放在带有专用气流控制器的通风柜里。调节气流控制器,使试验期间有毒气体可以被抽出而不会在试验杯周围产生气流。

7.3 试验杯及附件的清洗

用合适的溶剂(5.1)清洗试验杯、盖及其附件,以清除由前次试验留下的树脂或残余物的痕迹。按照仪器制造商说明书维护保养仪器。

注 1:可以用干燥洁净的空气吹除所用溶剂留存的最后痕迹。

注 2:加料器管口可以用管道清洗器方便地清洗。

7.4 仪器校验

7.4.1 用测试有证标准物质(CRM)(5.2)的方法,每年至少校验一次仪器的标准功能。所得结果与 CRM 的给定值之差应不大于$\frac{R}{\sqrt{2}}$,R 是该方法的再现性限(见 13.3)。

建议更频繁地校验检查用二级工作标准(SWS_s)(5.2)来做。

注:附录 C 给出了用 CRM_s 和 SWS_s 校验仪器的推荐程序和 SWS_s 的制作方法。

7.4.2 在校验检查期间获得的数值既不能用于提供偏差报告,也不能用于对其后用仪器测试的闪点进行修正。

如果仪器校验未通过,建议操作者做如下检查:

a) 盖与试验杯是否形成不漏气的密封;

b) 活门片是否形成不透光的密封;

c) 温度计水银球和柱体插入部分是否包裹有足够满足要求的导热胶。

8 取样

8.1 除非另有规定，按 GB/T 3186、ISO 3170 或 SY/T 5317 的规定取样。

8.2 把足够量的样品置于由适用于所抽取液体的材料制成的紧密密封的容器中，且为了安全的目的，确保盛样容器只装填其容积的 85%～95%。

如果预测测试不止一次的话，应当选择子样品的量，且 9.1.1 的规定适用。

8.3 在能将蒸气损失减至最小和压力增大的条件下贮存样品，避免在超过 30℃ 的温度下贮存样品。

9 样品处理

9.1 石油产品和脂肪酸甲酯

9.1.1 子样品，打开容器取出试验样品之前，在冷却器或冰箱(6.5)中冷却样品或将样品及其容器的温度调节到比第一次选择的试验温度至少低 10℃，如果测试前必须贮存等分原始样品，应确保容器仍然至少装填至其容量的 85%。慢慢搅拌子样品确保均匀，这样挥发性组分和轻质组分的损失可以降至最低程度。

注：如果样品的体积降至容器容量的 85%以下，闪点试验的结果可能会受到影响。

9.1.2 室温下是液体的样品，如果试验样品可以充分流动，在取出试验样品前，用手轻轻摇动来混合样品，注意将挥发性组分的损失降至最低程度。如果样品在室温下太黏稠，可以用加热器或烘箱(6.4)将处于容器中的样品加热至比试验温度低 10℃，以使样品可以用轻轻摇动的方式被混合。

9.1.3 固体或半固体样品，如果按 9.1.2 加热不能使受试材料充分流动，以便通过加料孔注入到试验杯中，可以在打开盖时，用固体分送器或平勺将试验样品加入到试验杯中。

9.2 色漆、清漆和相关材料

按 GB/T 20777 的规定制备样品。

10 试验步骤

10.1 总则

10.1.1 按照制造商的说明将试验温度调至所需要的闪点温度。

10.1.2 当测试脂肪酸甲酯(FAME)时，应使用闪点检测器(A.1.6)。

10.1.3 不要多次使用试验火焰对试验样品点火。每次试验应采用新的试验样品。每次试验后用气体控制阀关闭调节器和试验火焰。当试验杯温度降至安全范围时，取出试验样品并清洗仪器。

10.1.4 不要把真实的闪点与点火时真正闪火前有时环绕着试验火焰的蓝色光环相混淆。

注：可任选的闪点检测器(A.1.6)不受该光环影响，而且不需要操作者仔细观察闪点试验。

10.1.5 用气压计(6.3)记录下试验时仪器附近的环境大气压力。

注：不需要考虑将大气压力读数校正至 0℃时的大气压力，尽管某些气压计被设计成可以自动进行这种校正。

10.2 测定不大于 100℃和 FAME 所有温度下闪点的试验步骤。

10.2.1 用温度调至比预计闪点至少低 10℃的清洁干燥的注射器吸取 2 mL 试验样品，取出样品后立即盖紧样品容器，以使挥发性组分的损失降至最低程度。

10.2.2 小心地将注射器移至加料孔，并通过充分推下注射器的注塞将试验样品注入试验杯。移开注射器。

10.2.3 对于固体或半固体样品，可直接将大约相当于 2 mL 的样品加入试验杯中，并使样品尽可能均匀地分布于试验杯底部。

10.2.4 开启 1 min 定时器(A.1.3)打开气体控制阀并点燃试验火焰，将试验火焰调成直径为 4 mm 的球形，如果安装了闪点检测器(A.1.6)则重新设定该检测器。

10.2.5 当可听得见的计时信号发出声音时，在 2 s～3 s 内缓慢匀速地打开活门片，施加试验火焰，然后关闭活门片,同时观察闪火情况(见10.1.4)。

如果当打开滑板并插入试验火焰时,连续发光的火焰在喷嘴处燃烧,那么闪点在很大程度上比试验温度低,在这种情况下,建议试验温度降低10℃。

10.2.6 如果观察到闪火,则用新取的试验样品,从比观察到闪火温度低5℃的温度开始,重复10.2.1至10.2.5的试验步骤。如果在该较低的温度下仍然观察到闪火,则将温度再降低5℃,并再重复一次试验步骤,直到观察不到闪火。

10.2.7 如果未观察到闪火,则用新取的试验样品,从比前次测定温度高5℃的温度开始重复10.2.1至10.2.5的试验步骤,以每次高5℃的间隔重复试验直到观察到闪火。

10.2.8 从10.2.6和10.2.7确定的相距5℃间隔的较低温度点开始,以1℃为间隔,每次试验用新取的试验样品重复10.2.1至10.2.5的试验步骤,直到观察到闪火。记录用1℃间隔观察到闪火时温度计上的温度读数。如果需要更精确,可以用比1℃间隔观察到闪火的温度低0.5℃的温度测试新取的试验样品,如果未观察到闪火,则用1℃间隔测试时记录的温度作为精确到0.5℃时观察到的闪点。如果观察到了闪火,则这一新的温度读数就是观察到的闪点。

10.3 大于100℃闪点的试验步骤[测试FAME(见10.2)除外]

10.3.1 用清洁干燥的注射器(6.2.2)吸取4 mL试验样品,取出样品后立即盖紧样品容器,以使挥发性组分的损失降至最低程度。

10.3.2 小心地将注射器移至加料孔,并通过充分推下注射器的注塞将试验样品注入试验杯,移开注射器。

10.3.3 对于固体或半固体样品,可直接将大约相当于4 mL的样品加入试验杯中,并使样品尽可能均匀地分布于试验杯底部。

10.3.4 开启2 min定时器(A.1.3),打开气体控制阀并点燃试验火焰,用节流阀将试验火焰调成直径为4 mm的球形,如果安装了闪点检测器(A.1.6),则重新设定该检测器。

10.3.5 按10.2.5至10.2.8的试验步骤进行,并记录观察到的闪点。

11 计算

11.1 大气压读数的转换

如果大气压力读数不是以kPa单位测得的,可按下列公式之一换算成kPa:

hPa读数×0.1=kPa

mbar读数×0.1=kPa

mmHg读数×0.133 3=kPa

11.2 观测的闪点修正为标准大气压下的闪点

用下列公式计算修正为标准大气压101.3 kPa下的闪点(T_C)。

$$T_C = T_0 + 0.25(101.3 - P)$$

式中:

T_0——环境大气压力下观测到的闪点,单位为摄氏度(℃);

P——环境大气压力,单位为千帕(kPa)。

注:只有当大气压力在98.0 kPa~104.7 kPa范围内时,上式才能精确修正。

12 结果表示

报告修正为标准大气压下的闪点,按规定精确至0.5℃或1℃。

报告试验温度间隔(0.5℃或1℃)。

报告仪器附近环境大气压力(见10.1.5)。

13 精密度

13.1 总则

13.2、13.3 和表 1 给出的精密度是通过对石油及相关产品、FAME 产品和 25℃时黏度低于 150 mm^2/s的色漆、磁漆、喷漆、清漆及相关产品的实验室间试验结果进行统计分析得出的。

13.2 重复性限 *r*

由同一操作者，使用同一仪器，在固定的操作条件下，按本试验方法的规定正确操作，对同一样品进行试验所测得的两个试验结果之差最终只有 5%会超过表 1 给出的数值。

13.3 再现性限 *R*

由不同操作者，在不同实验室内，按本试验方法正确操作，对同一样品进行试验所测得的两个单独的试验结果之差最终只有 5%会超过表 1 给出的数值。

表 1 精密度数值

分类	重复性限/℃	再现性限/℃
石油及相关产品		
20℃～70℃	0.5	0.03(X+29)
70℃以上	0.022$X^{0.9}$	0.083$X^{0.9}$
色漆、磁漆、喷漆和清漆		
37.8℃时黏度≤5.8 mm^2/s	1.7	3.3
37.8℃时黏度＞5.8 mm^2/s	3.3	5.0
脂肪酸甲酯(FAME)	1.9	15.0
注：X 是被比较结果的平均值。		

注：下列数值是由表 1 中石油及相关产品精密度数值计算得出的。

温度/℃	重复性限/℃	再现性限/℃
20	0.5	1.4
70	0.5	2.9
93	1.3	4.9
150	2.0	7.5
200	2.6	9.9
260	3.3	12.4

14 试验报告

试验报告至少应包括下列内容：

a) 注明本标准编号；

b) 受试产品的类型及完整的标识；

c) 试验结果(见 12 章)；

d) 与规定方法的任何偏离；

e) 试验日期。

附 录 A
（规范性附录）
闪点测试仪器

A.1 仪器

A.1.1 试验杯组件

A.1.1.1 总则：试验杯组件平面图和部件图如图 A.1 至图 A.5 所示。

A.1.1.2 金属块：由铝合金或导热性相似的不生锈的金属制成，带有一个圆柱形的凹陷区（试验杯），试验杯一侧有一开孔用来插入温度传感器(A.1.4)。当温度传感器（温度计水银球）就位后，周围应有合适的具有导热性的热塑性材料（见下面的注）包裹。

注：吸热的有机硅材料是适合使用的材料。

A.1.1.3 盖：装有可打开的滑板和滑板打开时允许直径为 4 mm±0.5 mm 的试验火焰插入试验杯的部件。当试验火焰喷嘴插入时，试验火焰喷嘴应与盖下距盖±0.1 mm 内的水平面相交。盖上应开有一个延伸至试验杯内、用于导入试样的小孔，还应有一个将盖紧固在金属杯上的合适的夹紧装置。盖上的三个开孔应处于试验杯横截面内，滑板应装备一个弹簧或其他装置，以确保关闭滑板时，滑板保持在完全密闭状态。当滑板处于打开位置时，滑板上的两个开孔应与盖上两个对应的开孔重合，O 型圈应由耐热材料制做，并且当盖关闭时提供紧密的密封。

注：在某些仪器上试验火焰的下倾可以自动操纵。

A.1.1.4 电加热器：以提供有效导热的方式与试验杯底部相连接。当用整只温度计测量时，在无通风的区域，对于试验期间试验温度 t≤100℃的测试，加热器控制器应能将试验杯温度维持在±0.5℃范围内，对于试验温度 t>100℃的测试，应将试验杯温度维持在±2℃范围内。

A.1.2 试验火焰和引导火焰

火焰应用合适的易燃气体（如：天然气、家用煤气或液化石油气）作燃料。在靠近试验火焰的盖上应刻上直径为 4 mm 的测量环。

A.1.3 定时器

定时器在 60 s±2 s 和 120 s±4 s 后能发出声频信号。

A.1.4 温度传感器

符合附录 B 规定要求的内充液体的玻璃温度计，或精度相同的可供选择的温度测量装置和/或系统。温度传感器最初的选择应该基于受试材料预期的闪点。

A.1.5 试验杯冷却器（任选）

电子珀尔帖或其他合适的冷却器。

A.1.6 闪点检测器（任选）

用于检测闪点火焰的低质量的热电偶装置，如果在 100 ms 内检测出温度上升 6.0℃，则指示闪火。

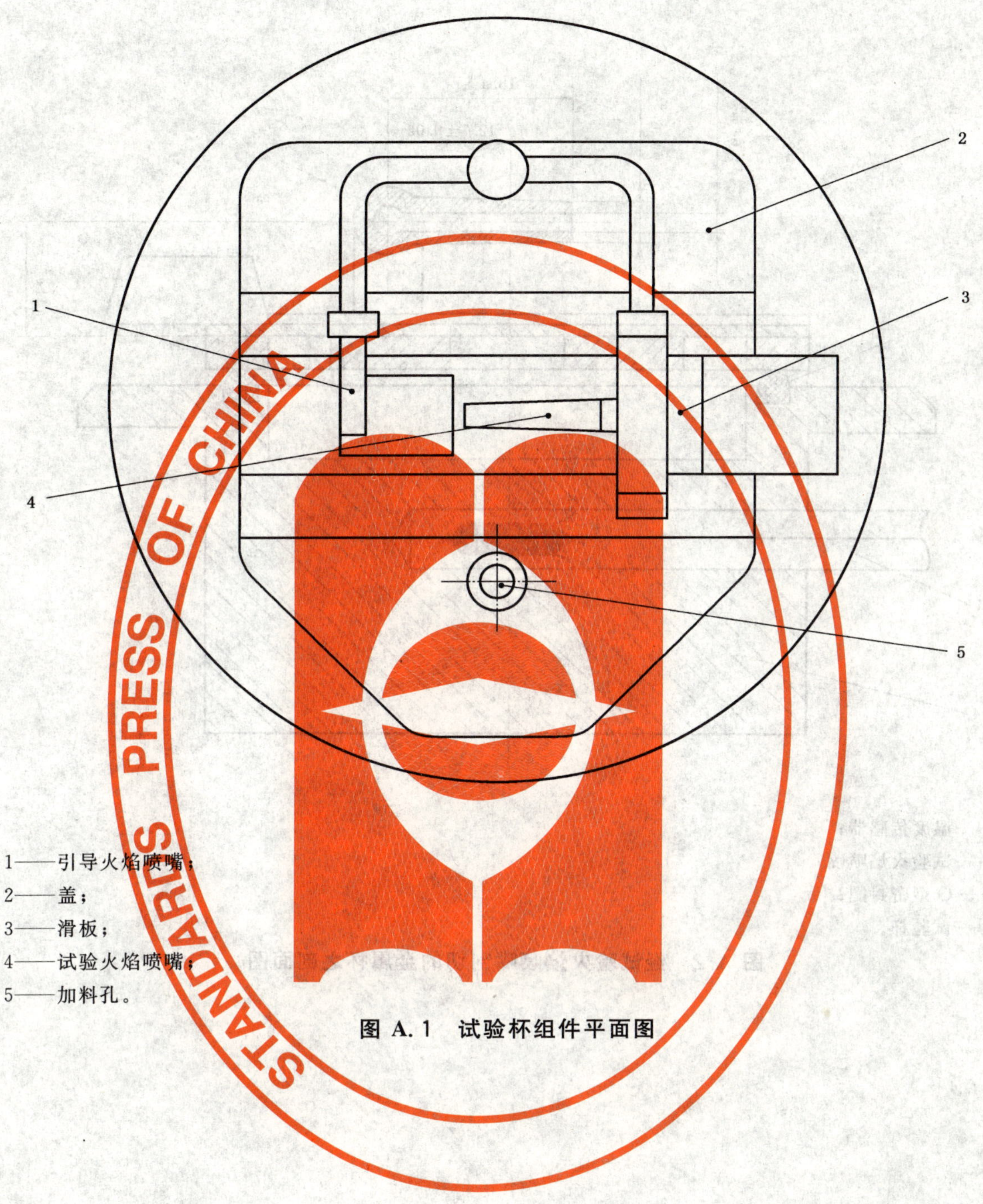

1——引导火焰喷嘴；

2——盖；

3——滑板；

4——试验火焰喷嘴；

5——加料孔。

图 A.1 试验杯组件平面图

单位为毫米

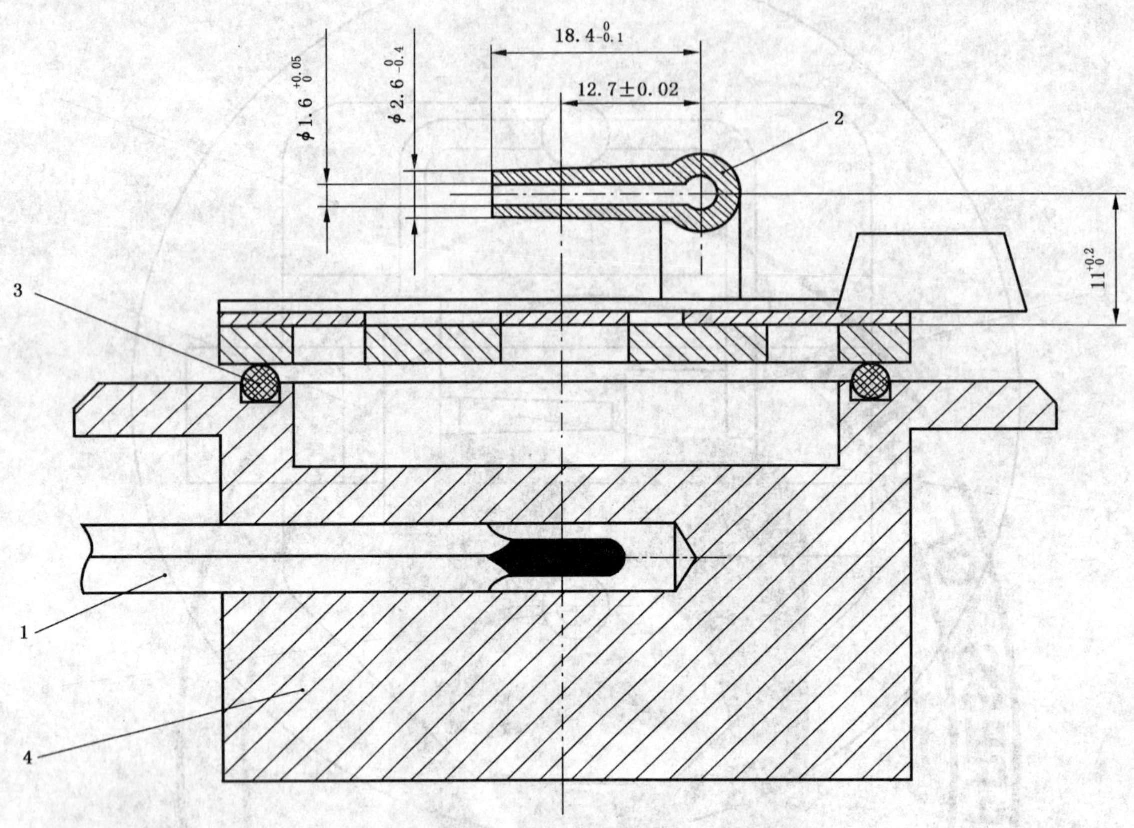

1——温度传感器；

2——试验火焰喷嘴；

3——O 型密封圈；

4——试验杯。

图 A.2 经试验火焰喷嘴剖切的金属杯之剖面图

单位为毫米

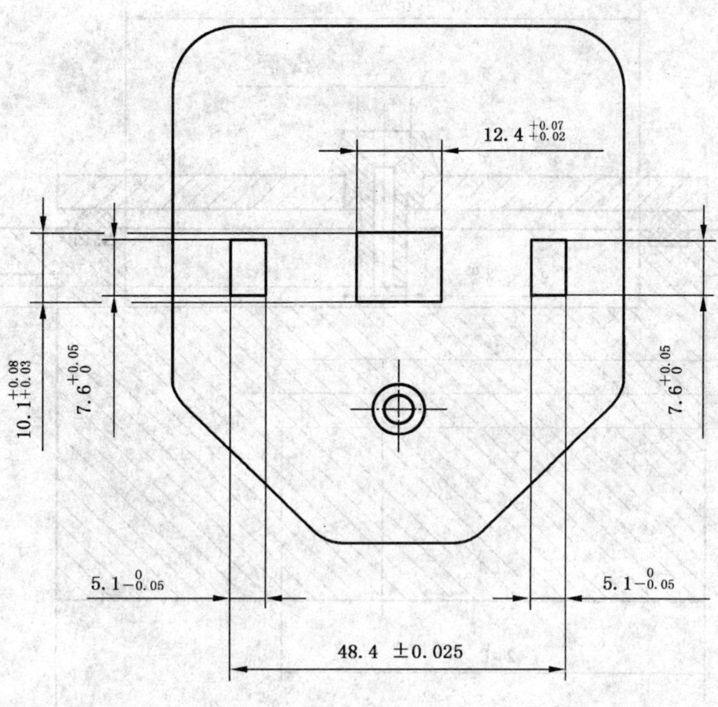

图 A.3　盖

单位为毫米

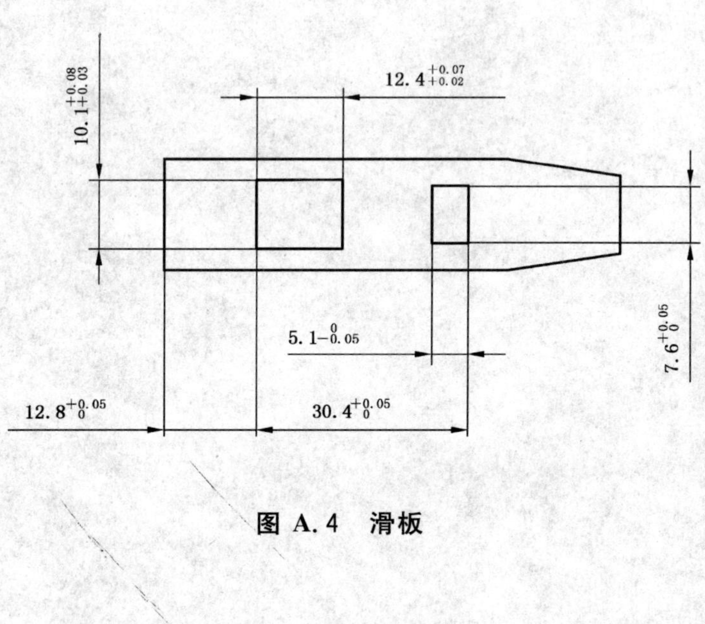

图 A.4　滑板

单位为毫米

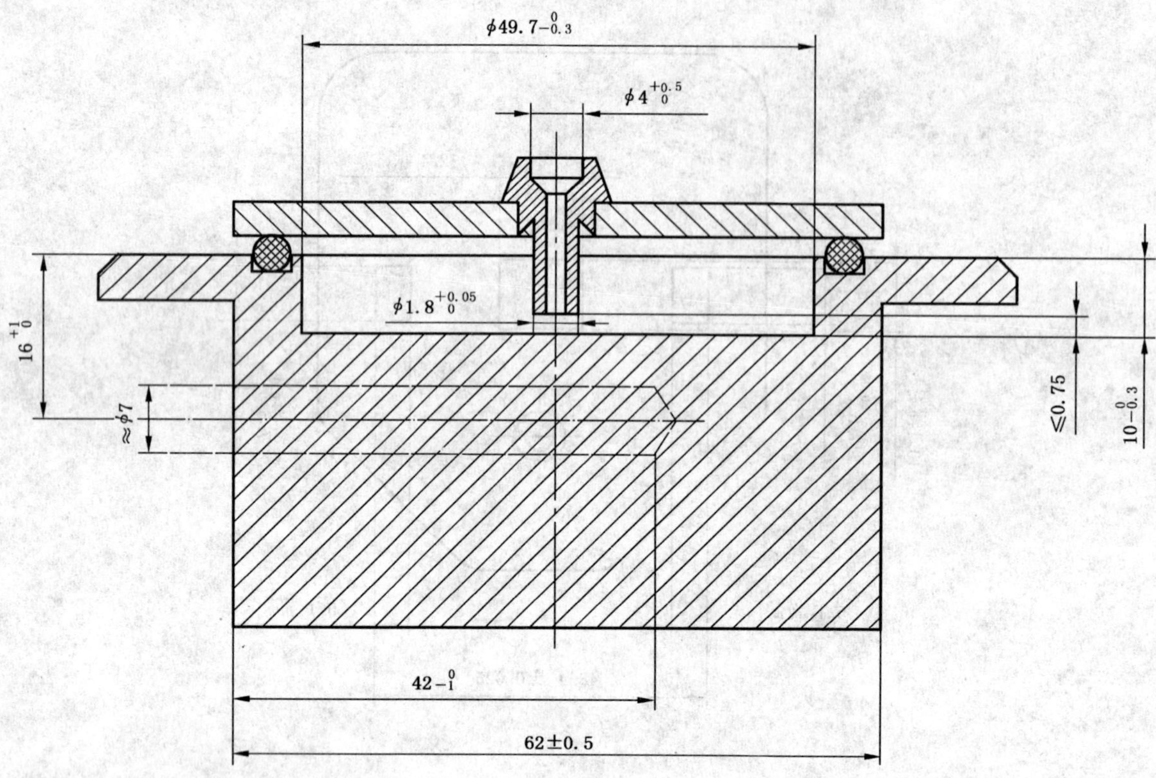

图 A.5 经加料孔剖切的金属杯之剖面图

附 录 B
（规范性附录）
温度计技术要求

B.1 内充液体的玻璃温度计

表B.1给出了A.1.4中规定的内充液体的玻璃温度计的技术要求，可选择的温度测量装置和/或系统的刻度精度等级应满足该技术要求，牢记这些温度计插入部分的特征。

表 B.1 温度计技术要求

类型	适于零度下温度使用	低量程	高量程
温度范围/℃	−30～100	0～110	100～300
插入部分长度/mm	44	44	44
刻度线标记/℃			
分度	1	1	1
每处长刻度线	5	5	5
每处数值	10	10	10
最大线宽/mm	0.15	0.15	0.15
最大刻度误差/℃	0.5	0.5	2.0
膨胀空间	要求	要求	要求
总长度/mm	195～200	195～200	195～200
棒外径/mm	6～7	6～7	6～7
水银球长度/mm	10～14	10～14	10～14
水银球外径/mm	4～6	4～6	4～6
刻度设置/℃			
水银球下端的刻度	−30	0	100
距离/mm	57～61	48～52	48～52
刻度范围长度/mm	115～135	115～135	115～135
注：IP91C(低量程)和IP98C(高量程)温度计满足上述要求。目前还没有已被编号的适于零度以下温度范围的温度计。			

附 录 C
（资料性附录）
仪器的校验

C.1 总则

本附录描述了制备二级工作标准(SWS)和用SWS及有证标准物质(CRM)进行校验检查的方法。

仪器的性能应该定期校验，可以用按照ISO指南34[2]和ISO指南35[3]制备的CRM作基准，也可以用按照C.2.2中给出的一种方法制备的内部用标准物质/SWS作基准。应该按照ISO指南33[1]和ISO 4259[5]的规定评定仪器的性能。

就结果的准确度而言，试验结果的评价采取95%的置信度。

C.2 校验检查标准

C.2.1 有证标准物质(CRM)由一种稳定的单一碳氢化合物或其他稳定的物质组成，其闪点按照ISO指南34和ISO指南35确定，利用特定的实验室间分析方法可以给出特定方法的校验值。

C.2.2 二级工作标准(SWS)，由一种稳定的单一碳氢化合物或其他稳定的物质组成，其闪点按下列方法之一确定：

a) 使用预先用一种CRM校验过的仪器测试有代表性的子样品至少3次。在剔除离群值后，统计分析测试结果，计算结果的算术平均值。

b) 至少利用三个实验室测试一试两份有代表性的样品来实施实验室间特定方法的试验程序。应在统计分析实验室间数据后，计算闪点的给定值。

将SWS_s贮存于能保持SWS完整性，不受阳光直接照射，温度低于10℃的容器中。

C.3 步骤

C.3.1 选择闪点处于仪器将要测试的闪点范围内的CRM或SWS，近似的闪点值见表C.1。

为了覆盖尽可能宽的范围，建议至少使用两种CRM_s或SWS_s，此外，还建议用CRM或SWS的等分样品进行重复性试验。

C.3.2 用按照第10章的方法测试CRM(C.2.1)来对新仪器进行校准检查，对在用仪器每年至少校准检查一次。

C.3.3 用按照第10章的方法测试SWS(C.2.2)来进行期间核查。

C.3.4 按照第11章针对大气压力修正结果，用固定的记录记下修正后的结果，精确至0.1℃。

表C.1 碳氢化合物闭杯闪点近似值

碳氢化合物	标称闪点 /℃
2,2,4—三甲基戊烷(异辛烷)	−9.5
甲苯	6.0
辛烷	14
1,4—二甲苯	27
壬烷	32
癸烷	49
十一烷	63

表 C.1（续）

碳氢化合物	标称闪点 /℃
十二烷	81
十四烷	109
十六烷	134

C.4 测试结果的评价

C.4.1 总则

用 CRM 的检定值或 SWS 的给定值比较修正后的测试结果。

在 C.4.1.1 和 C.4.1.2 给出的公式中，假设已经按照 ISO 4259[5] 评估了再现性，并且按照 ISO 指南 35 叙述的步骤得到了 CRM 的检定值或 SWS 的给定值。而且假设测试误差比试验方法的标准偏差小，那么测试误差也比试验方法的再现性限 R 小。

C.4.1.1 单一试验

对于用一种 CRM 或 SWS 做的单一试验，单一试验结果与 CRM 检定值或 SWS 给定值之间的差值应该在式(C.1)容差范围内：

$$|x-\mu| \leqslant \frac{R}{\sqrt{2}} \quad \cdots\cdots(\text{C.1})$$

式中：

x——试验结果；

μ——CRM 检定值或 SWS 给定值；

R——试验方法的再现性限。

C.4.1.2 重复试验

如果用一种 CRM 或 SWS 做重复试验的次数为 n，那么 n 次试验结果的平均值与 CRM 检定值或 SWS 给定值之间的差值应该在式(C.2)容差范围内：

$$|\bar{x}-\mu| \leqslant \frac{R_1}{\sqrt{2}} \quad \cdots\cdots(\text{C.2})$$

式中：

$\bar{x}$——试验结果的平均值；

μ——CRM 检定值或 SWS 给定值；

$$R_1 = \sqrt{R^2 - r^2[1-(1/n)]}$$

式中：

R——试验方法的再现性限；

r——试验方法的重复性限；

n——用 CRM 或 SWS 进行重复试验的次数。

C.4.2 如果试验结果与容差要求相符，记录这一事实。

C.4.3 如果试验结果不符合容差要求，而且一种 SWS 已用于校验检查，则用一种 CRM 重复做校验检查。如果试验结果符合容差要求，记录这一事实，并清除掉该 SWS。

C.4.4 如果试验结果仍不符合容差要求，则应检查仪器，核对仪器是否符合仪器说明书的要求。如果没有明显的不一致，则用不同的 CRM 再进行一次校验检查，如果结果符合容差要求，记录这一事实。如果结果仍不在要求的容差范围内，则应将仪器送到制造商处做详细的检查。

附　录　D
（资料性附录）
嵌入杯的使用

D.1　总则

当试验结束时从试验杯中完全清除某些样品既困难又费时，可以使用能嵌入试验杯中的一次性的薄金属杯来排除这些难题。

D.2　嵌入杯材质

厚约 0.05 mm 的任何金属箔都可以使用，要保证金属箔能够成型并紧密地贴合于试验杯上。

D.3　步骤

用实心金属块或专用工具将金属箔压入试验杯制成嵌入杯，制成的嵌入杯应紧密贴合于试验杯上。

D.4　校验

用 CRM 或 SWS（见 7.4）校验嵌入杯材质及嵌入杯形成的步骤。

参 考 文 献

[1] ISO 指南 33:2000,有证标准物质的使用.

[2] ISO 指南 34:2000,标准物质制造商能力的通用要求.

[3] ISO 指南 35:1989,标准物质证书——通用和统计原则.

[4] ISO 1523:2002,闪点的测定——闭口杯平衡法.

[5] ISO 4259:1992,石油产品——与试验方法有关的精密度数据的测定和应用.

[6] BELL,L. H. J. 石油学会(Inst. Petrol. ,)57(556),July 1971.

[7] RYBICKY,J. and STEVENS,J. R. J. 涂料技术(Coatings Tech nol. ,)53(676),May 1981:PP. 40-42.

ICS 87.060.10
G 53

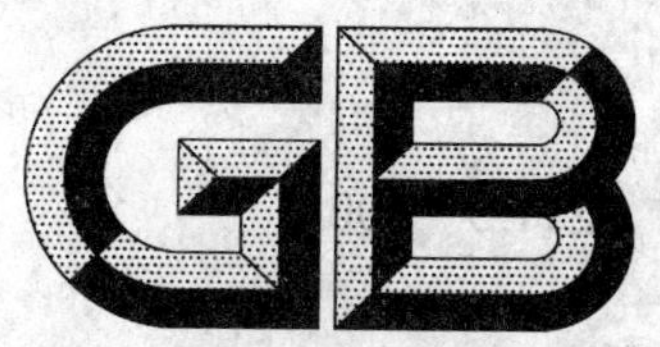

中华人民共和国国家标准

GB/T 5211.5—2008
代替 GB/T 5211.5～5211.10—1985

颜料耐性测定法

Method for the determination of resistance to materials of pigments

2008-06-04 发布　　2008-12-01 实施

中华人民共和国国家质量监督检验检疫总局
中国国家标准化管理委员会　发布

前言

GB/T 5211 是颜料试验方法系列标准，下面列出了系列标准的构成：

——第 1 部分：颜料水溶物测定　冷萃取法

——第 2 部分：颜料水溶物测定　热萃取法

——第 3 部分：颜料在 105℃挥发物的测定

——第 4 部分：颜料装填体积和表观密度的测定

——第 5 部分：颜料耐性测定法

——第 11 部分：颜料水溶硫酸盐、氯化物和硝酸盐的测定

——第 12 部分：颜料水萃取液电阻率的测定

——第 13 部分：颜料水萃取液酸碱度的测定

——第 14 部分：颜料筛余物的测定　机械冲洗法

——第 15 部分：颜料吸油量的测定

——第 16 部分：白色颜料消色力的比较

——第 17 部分：白色颜料对比率(遮盖力)的比较

——第 18 部分：颜料筛余物的测定　水法　手工操作

——第 19 部分：着色颜料的相对着色力和冲淡色的测定　目视比较法

——第 20 部分：在本色体系中白色、黑色和着色颜料颜色的比较　色度法

本部分为 GB/T 5211 的第 5 部分。

本部分代替 GB/T 5211.5—1985《颜料耐水性测定法》、GB/T 5211.6—1985《颜料耐酸性测定法》、GB/T 5211.7—1985《颜料耐碱性测定法》、GB/T 5211.8—1985《颜料耐油性测定法》、GB/T 5211.9—1985《颜料耐溶剂性测定法》和 GB/T 5211.10—1985《颜料耐石蜡性测定法》六项标准。

本部分与 GB/T 5211.5—1985、GB/T 5211.6—1985、GB/T 5211.7—1985、GB/T 5211.8—1985、GB/T 5211.9—1985 和 GB/T 5211.10—1985 相比，主要技术差异为：

——耐水性、耐酸性、耐碱性和耐溶剂性测定中增加了用手工振荡法制备试液的方法；

——增加了范围、规范性引用文件和参考文献等内容；

——除按 GB/T 1.1 要求进行编辑性修改外，还对其内容进行了整合。

本部分由中国石油和化学工业协会提出。

本部分由全国涂料和颜料标准化技术委员会(SAC/TC 5)归口。

本部分主要起草单位：中海油常州涂料化工研究院、昆山市世名科技开发有限公司。

本部分主要起草人：沈苏江、石一磊。

本部分被整合的六项标准均于 1985 年首次发布，本次为第一次整合修订。

颜料耐性测定法

1 范围

本部分规定了测定颜料耐水性、耐酸性、耐碱性、耐油性、耐溶剂性和耐石蜡性的通用试验方法。

2 规范性引用文件

下列文件中的条款通过GB/T 5211的本部分的引用而成为本部分的条款。凡是注日期的引用文件，其随后所有的修改单(不包括勘误的内容)或修订版均不适用于本部分，然而，鼓励根据本部分达成协议的各方研究是否可使用这些文件的最新版本。凡是不注日期的引用文件，其最新版本适用于本部分。

GB 250 评定变色用灰色样卡(GB 250—1995,idt ISO 105/A02:1993,Textiles—Tests for colour fastness—Part A02:Grey scale for assessing change in colour)

GB 251 评定沾色用灰色样卡(GB 251—1995,idt ISO 105/A03:1993,Textiles—Tests for colour fastness—Part A03:Grey scale for assessing staining)

GB/T 254 半精炼石蜡

GB/T 1864—1989 颜料颜色的比较(eqv ISO 787-1:1982,General methods of test for pigments and extenders—Part 1:Comparison of colour of pigments)

GB/T 1914 化学分析滤纸

GB/T 6682 分析实验室用水规格和试验方法(GB/T 6682—2008,ISO 3696:1987,MOD)

GB/T 10335.1 涂布纸和纸板 涂布美术印刷纸(铜版纸)

3 术语和定义

下列术语和定义适用于本部分。

3.1

耐水性 resistance to water

颜料和水接触后，由于颜料微溶于水，会造成水的沾色，颜料耐水性指颜料对抗水的溶解而造成水沾色的性能。

3.2

耐酸性 resistance to acid

颜料和酸溶液接触后，由于颜料和酸作用，会造成酸溶液的沾色和颜料本身的变色，颜料耐酸性指颜料对抗酸的作用而造成酸溶液沾色和颜料变色的性能。

3.3

耐碱性 resistance to alkali

颜料和碱溶液接触后，由于颜料和碱作用，会造成碱溶液的沾色和颜料本身的变色，颜料耐碱性指颜料对抗碱的作用而造成碱溶液沾色和颜料变色的性能。

3.4

耐油性 resistance to oil

颜料和油接触后，由于某些颜料微溶于油，会造成油的沾色，颜料耐油性指颜料对抗油的溶解而造成油沾色的性能。

3.5

耐溶剂性　resistance to solvent

颜料和溶剂接触后，由于某些颜料溶于溶剂，会造成溶剂的沾色，颜料耐溶剂性指颜料对抗溶剂的溶解而造成溶剂沾色的性能。

3.6

耐石蜡性　resistance to paraffin

颜料和石蜡接触后，由于某些颜料溶于石蜡，会造成石蜡的沾色，颜料耐石蜡性指颜料墨浆在熔融石蜡中对抗石蜡的溶解而造成石蜡沾色的性能。

4　材料和仪器设备

4.1　蒸馏水：符合 GB/T 6682 规定的纯度至少为三级的水。

4.2　盐酸：化学纯，2%溶液。

4.3　氢氧化钠：化学纯，2%溶液。

4.4　精制亚麻仁油：颜色(铁钴比色计)不大于 9 级；黏度(涂-4)(25℃)，24 s～28 s；酸值(以 KOH 计)为 3 mg/g～4 mg/g；密度(23℃)小于 0.932 g/mL。

4.5　溶剂：化学纯。

4.6　调墨油：4 号，纯亚麻仁油制，颜色(铁钴比色计)不大于 8 级；黏度(25℃)，2 600 mPa·s～2 800 mPa·s；酸值(以 KOH 计)不大于 8 mg/g。

4.7　燥油：外观为米白色膏状物，精制亚麻仁油制，含有钴、锰、铅催干剂，细度不大于 25 μm。

4.8　石蜡：58 号，符合 GB/T 254 要求。

4.9　试管：容量 25 mL，带磨口塞。

4.10　电动振荡器：振荡频率为(280±5)次/min，振荡幅度为(40±2)mm。

4.11　细孔坩埚：容量 25 mL。

注：如需要，可用玻璃滤器。

4.12　抽滤瓶：容量 125 mL。

4.13　滤纸：符合 GB/T 1914 规定。

4.14　比色皿：厚度 0.5 cm。

4.15　比色架：比色架应有两个孔，恰好插入二支比色皿，背景为白色。

4.16　评定变色用灰色样卡：符合 GB 250 要求。

4.17　评定沾色用灰色样卡：符合 GB 251 要求。

4.18　画报印刷纸：100 g/m^2，符合 GB/T 10335.1 要求。

4.19　天平：精确至 0.001 g 和 0.2 g。

4.20　注射器：容量 1 mL。

4.21　烧杯：容量 50 mL。

4.22　电热恒温水浴锅：可控制温度在±1℃内。

4.23　调刀：钢制，锥形刀身，长为 140 mm～150 mm，最宽处为 20 mm～25 mm，最窄处不小于12.5 mm。

4.24　自动研磨机：带有磨砂玻璃磨盘，直径为 180 mm～250 mm，使用时施加的压力最大约 1 000 N，磨盘转速为 70 r/min～120 r/min。有计数装置。最好可通冷却水，如果自动研磨机不能通冷却水，应保证在研磨过程中温度不变。

4.25　无色光学透明玻璃：尺寸适宜。

5 测定方法及结果的表示

5.1 耐水性

5.1.1 总则

需做两份平行试验。

5.1.2 试液的制备

5.1.2.1 使用冷水

称取颜料样品 0.5 g(精确至 0.001 g)放入试管(4.9)中，加入 20 mL 蒸馏水(4.1)，盖紧磨口塞，水平固定在电动振荡器(4.10)上或手工剧烈振荡 5 min，然后静置 30 min。将悬浮液倒入铺设 3 层滤纸(4.13)的细孔坩埚(4.11)中，真空抽滤直至得到清澈滤液。

5.1.2.2 使用热水

称取颜料样品 0.5 g(精确至 0.001 g)放入试管(4.9)中，加入 20 mL 煮沸的蒸馏水(4.1)，充分润湿颜料后，在沸腾的水浴中加热 10 min，取出冷却至室温，将悬浮液倒入铺设 3 层滤纸(4.13)的细孔坩埚(4.11)中，真空抽滤直至得到清澈滤液。

5.1.3 沾色级别的评定

将蒸馏水和按 5.1.2.1 或 5.1.2.2 制得的清澈滤液分别注满两个比色皿(4.14)，将比色皿放入比色架(4.15)中，在朝北自然光照下，入射光与被观察物成 45°角，观察方向垂直于被观察物表面，对照评定沾色用灰色样卡(4.17)目视评定滤液的沾色级别。

5.1.4 结果的表示

颜料耐水性以滤液的沾色级别表示。

滤液的沾色级别最好为 5 级，最差为 1 级，滤液的沾色程度介于两级之间，以 4～5、3～4、2～3 和 1～2表示。

平行试验结果应相同，否则重新进行试验。

5.2 耐酸性

5.2.1 总则

需做两份平行试验。

5.2.2 试液和滤饼的制备

称取两份颜料样品，每份 0.5 g(精确至 0.001 g)，分别放入两支试管(4.9)中，其中一支加入 20 mL 蒸馏水(4.1)，另一支加入 20 mL 盐酸溶液(4.2)，盖紧磨口塞，水平固定在电动振荡器(4.10)上或手工剧烈振荡 5 min，然后将悬浮液分别倒入铺设 3 层滤纸(4.13)的细孔坩埚(4.11)中，真空抽滤直至得到清澈滤液，并保留所得滤饼。

5.2.3 沾色和变色级别的评定

5.2.3.1 沾色级别的评定

将盐酸溶液(4.2)和按 5.2.2 中加入盐酸溶液所制得的清澈滤液分别注满两个比色皿(4.14)，将比色皿放入比色架(4.15)中，在朝北自然光照下，入射光与被观察物成 45°角，观察方向垂直于被观察物表面，对照评定沾色用灰色样卡(4.17)目视评定滤液的沾色级别。

5.2.3.2 变色级别的评定

将按 5.2.2 所制得的滤饼并列放在白瓷板上，压上无色光学透明玻璃(4.25)，用与 5.2.3.1 中相同的方法对照评定变色用灰色样卡(4.16)目视评定滤饼的变色级别。

5.2.4 结果的表示

颜料耐酸性以滤液的沾色级别、滤饼的变色级别或同时以滤液的沾色级别和滤饼的变色级别表示。

滤液的沾色级别、滤饼的变色级别最好为 5 级，最差为 1 级，滤液的沾色程度介于两级之间，以 4～5、3～4、2～3 和 1～2 表示。滤饼的变色程度介于两级之间，以 4/5、3/4、2/3 和 1/2 表示。如同时以滤液的沾色级别和滤饼的变色级别表示时，表示为A[B]，A表示滤液的沾色级别，[B]表示滤饼的变色级别。

示例1：某颜料耐酸性试验时滤液的沾色级别为5级，滤饼的变色级别为4/5，若同时以滤液的沾色级别和滤饼的变色级别表示时，表示为5[4/5]。

平行试验结果应相同，否则重新进行试验。

5.3 耐碱性

5.3.1 总则

需做两份平行试验。

5.3.2 试液和滤饼的制备

称取两份颜料样品，每份0.5 g(精确至0.001 g)，分别放入两支试管(4.9)中，其中一支加入20 mL蒸馏水(4.1)，另一支加入20 mL氢氧化钠溶液(4.3)，盖紧磨口塞，水平固定在电动振荡器(4.10)上或手工剧烈振荡5 min，然后将悬浮液分别倒入铺设3层滤纸(4.13)的细孔坩埚(4.11)中，真空抽滤直至得到清澈滤液，并保留所得滤饼。

5.3.3 沾色和变色级别的评定

5.3.3.1 沾色级别的评定

将氢氧化钠溶液(4.3)和按5.3.2中加入氢氧化钠溶液所制得的清澈滤液分别注满两个比色皿(4.14)，将比色皿放入比色架(4.15)中，在朝北自然光照下，入射光与被观察物成45°角，观察方向垂直于被观察物表面，对照评定沾色用灰色样卡(4.17)目视评定滤液的沾色级别。

5.3.3.2 变色级别的评定

将按5.3.2所制得的滤饼并列放在白瓷板上，压上无色光学透明玻璃(4.25)，用与5.3.3.1中相同的方法对照评定变色用灰色样卡(4.16)目视评定滤饼的变色级别。

5.3.4 结果的表示

颜料耐碱性以滤液的沾色级别、滤饼的变色级别或同时以滤液的沾色级别和滤饼的变色级别表示。

滤液的沾色级别、滤饼的变色级别最好为5级，最差为1级，滤液的沾色程度介于两级之间，以4～5、3～4、2～3和1～2表示。滤饼的变色程度介于两级之间，以4/5、3/4、2/3和1/2表示。如同时以滤液的沾色级别和滤饼的变色级别表示时，表示为A[B]，A表示滤液的沾色级别，[B]表示滤饼的变色级别。

示例2：某颜料耐碱性试验时滤液的沾色级别为5级，滤饼的变色级别为4/5，若同时以滤液的沾色级别和滤饼的变色级别表示时，表示为5[4/5]。

平行试验结果应相同，否则重新进行试验。

5.4 耐油性

5.4.1 总则

需做两份平行试验。

5.4.2 色浆的制备

称取颜料样品0.2 g(精确至0.001 g)置于自动研磨机(4.24)下层玻璃板上，用注射器(4.20)吸取表1中规定量的精制亚麻仁油(4.4)加入，用调刀(4.23)将颜料和油混合均匀，按GB/T 1864规定方法制备色浆，研磨转数见表1。

表1

颜料类型	用油量/mL	每遍研磨转数	研磨遍数
无机颜料	0.3	25	3
色淀颜料	0.4	25	4
有机颜料	0.6～0.8	50	4～6

5.4.3　试件的制作

5.4.3.1　渗圈滤纸的制作

将上述色浆全部置于滤纸(4.13)中心,待渗圈渗至由色浆的边缘至渗圈外缘的距离为 2 cm 时,剪去色浆部分。

5.4.3.2　空白试验滤纸的制作

将 2 滴精制亚麻仁油(4.4)滴于滤纸(4.13)上,作评级对比用。

5.4.4　沾色级别的评定

将渗圈滤纸和空白试验滤纸并列置于滤纸上,在朝北自然光照下,入射光与被观察物成 45°角,观察方向垂直于被观察物表面,对照评定沾色用灰色样卡(4.17)目视评定渗圈的沾色级别。

5.4.5　结果的表示

颜料耐油性以渗圈的沾色级别来表示。

渗圈的沾色级别最好为 5 级,最差为 1 级,沾色程度介于两级之间,以 4～5、3～4、2～3 和 1～2 表示。

平行试验结果应相同,否则重新进行试验。

5.5　耐溶剂性

5.5.1　总则

需做两份平行试验。

5.5.2　试液的制备

称取颜料样品 0.5 g(精确至 0.001 g)放入试管(4.9)中,加入 20 mL 溶剂(4.5),盖紧磨口塞,水平固定在电动振荡器(4.10)上或手工剧烈振荡 1 min。将悬浮液倒入铺设 3 层滤纸(4.13)的细孔坩埚(4.11)中,真空抽滤直至得到清澈滤液,收集滤液并用溶剂稀释至 20 mL,摇匀备用。

5.5.3　沾色级别的评定

将溶剂(4.5)和按 5.5.2 制得的清澈试液分别注满两个比色皿(4.14),将比色皿放入比色架(4.15)中,在朝北自然光照下,入射光与被观察物成 45°角,观察方向垂直于被观察物表面,对照评定沾色用灰色样卡(4.17)目视评定试液的沾色级别。

5.5.4　结果的表示

颜料耐溶剂性以试液的沾色级别表示。

试液的沾色级别最好为 5 级,最差为 1 级,试液的沾色程度介于两级之间,以 4～5、3～4、2～3 和 1～2表示。

平行试验结果应相同,否则重新进行试验。

5.6　耐石蜡性

5.6.1　总则

需做两份平行试验。

5.6.2　试样条的制备

将调墨油(4.6)和燥油(4.7)以 85∶15(质量比)混合调匀,称取适量颜料样品置于自动平磨机(4.24)下层玻璃板上,用注射器(4.20)吸取一定量的混合油加入,用调刀(4.23)将颜料和油混合均匀,按 GB/T 1864 规定方法制备色浆。将制得的颜料浆置于画报印刷纸(4.18)上,刮涂成均匀的墨条,自然干燥至以手指接触无沾染即可。

将制得的样纸裁成 20 mm×40 mm 的样条,有墨部分和无墨部分各为 20 mm×20 mm。

5.6.3　浸蜡试验

5.6.3.1　试样条的浸蜡试验

称取石蜡(4.8)20 g(精确至 0.2 g),放入烧杯(4.21)中,将烧杯置于电热恒温水浴锅(4.22)上加热,当石蜡温度达到 80℃±1℃时,将样条全部浸入熔融的石蜡中,5 min 后,用不锈钢镊子夹住样条有墨部分的上端，轻轻晃动数次，垂直取出，待样条冷却后作评级用。

5.6.3.2 空白纸条的浸蜡试验

取 20 mm×40 mm 的空白画报印刷纸按 5.6.3.1 方法作浸蜡试验，待纸条冷却后留作评级对比用。

5.6.4 沾色级别的评定

将浸过蜡的样条和空白纸条并列置于画报印刷纸上，在朝北自然光照下，入射光与被观察物成 45°角，观察方向垂直于被观察物表面，对照评定沾色用灰色样卡(4.17)目视评定无墨部分的沾色级别。

5.6.5 结果的表示

颜料耐石蜡性以样条无墨部分的沾色级别来表示。

沾色级别最好为 5 级，最差为 1 级，沾色程度介于两级之间，以 4～5、3～4、2～3 和 1～2 表示。

平行试验结果应相同，否则重新进行试验。

6 试验报告

试验报告至少应包括以下内容：

a) 试验样品的类型及名称；
b) 注明本部分编号；
c) 耐水性试验应注明用冷水还是热水；
d) 耐溶剂性试验应注明所用溶剂名称；
e) 耐水性、耐酸性、耐碱性和耐溶剂性试验时应注明用电动振荡器还是手工振荡；
f) 试验过程中发生的异常现象；
g) 试验结果；
h) 试验日期。

ICS 87.060.10
G 53

中华人民共和国国家标准

GB/T 5211.11—2008/ISO 787-13:2002
代替 GB/T 5211.11—1986

颜料水溶硫酸盐、氯化物和硝酸盐的测定

Determination of water-soluble sulfates, chlorides and nitrates of pigments

(ISO 787-13:2002, General methods of test for pigments and extenders—Part 13: Determination of water-soluble sulfates, chlorides and nitrates, IDT)

2008-06-04 发布　　2008-12-01 实施

中华人民共和国国家质量监督检验检疫总局
中国国家标准化管理委员会　发布

前　言

本部分等同采用 ISO 787-13:2002《颜料和体质颜料通用试验方法　第 13 部分:水溶硫酸盐、氯化物和硝酸盐的测定》(英文版)。

GB/T 5211 是颜料试验方法系列标准,下面列出了系列标准的构成:

——第 1 部分:颜料水溶物测定　冷萃取法

——第 2 部分:颜料水溶物测定　热萃取法

——第 3 部分:颜料在 105℃挥发物的测定

——第 4 部分:颜料装填体积和表观密度的测定

——第 5 部分:颜料耐性测定法

——第 11 部分:颜料水溶硫酸盐、氯化物和硝酸盐的测定

——第 12 部分:颜料水萃取液电阻率的测定

——第 13 部分:颜料水萃取液酸碱度的测定

——第 14 部分:颜料筛余物的测定　机械冲洗法

——第 15 部分:颜料吸油量的测定

——第 16 部分:白色颜料消色力的比较

——第 17 部分:白色颜料对比率(遮盖力)的比较

——第 18 部分:颜料筛余物的测定　水法　手工操作

——第 19 部分:着色颜料的相对着色力和冲淡色的测定　目视比较法

——第 20 部分:在本色体系中白色、黑色和着色颜料颜色的比较　色度法

本部分为 GB/T 5211 的第 11 部分。

本部分代替 GB/T 5211.11—1986《颜料水溶硫酸盐、氯化物和硝酸盐的测定》。

本部分与前版 GB/T 5211.11—1986 的主要技术差异为:

——改变了盐酸的浓度;

——在 6.1 和 8.1 中改变了盐酸的加入体积。

本部分由中国石油和化学工业协会提出。

本部分由全国涂料和颜料标准化技术委员会(SAC/TC 5)归口。

本部分起草单位:中海油常州涂料化工研究院。

本部分主要起草人:陈刚。

本部分于 1986 年首次发布。

颜料水溶硫酸盐、氯化物和硝酸盐的测定

1 范围

本部分规定了测定颜料样品在水中可溶硫酸盐、氯化物和硝酸盐的通用试验方法。

注：当本通用试验方法适用于指定颜料或体质颜料时，只要在该颜料或体质颜料产品标准中列入参照本部分的条款，并注明由于产品的特性需要做的变更。仅当此通用方法不适用于某特定的产品时，才应规定某一专用方法来测定。

2 规范性引用文件

下列文件中的条款通过 GB/T 5211 的本部分的引用而成为本部分的条款。凡是注日期的引用文件，其随后所有的修改单(不包括勘误的内容)或修订版均不适用于本部分，然而，鼓励根据本部分达成协议的各方研究是否可使用这些文件的最新版本。凡是不注日期的引用文件，其最新版本适用于本部分。

GB/T 3186 色漆、清漆和色漆与清漆用原材料 取样(GB/T 3186—2006，ISO 15528:2000，IDT)

3 试剂

所用试剂均为分析纯，应用蒸馏水或与蒸馏水纯度相当的水。

3.1 盐酸：ρ=1.18 g/mL。

3.2 硝酸银：0.01 mol/L 标准溶液。

3.3 氯化铵溶液：17.2 mg/L。

3.4 氢氧化钠溶液：200 g/L。

3.5 氯化钡溶液：50 g/L。

3.6 铬酸钾溶液：50 g/L。

3.7 德瓦尔达(Devarda)合金粉末。

3.8 奈斯勒(Nessler)试剂，按方法 a)或 b)制备：

a) 在 3.5 mL 水中溶解 5 g 碘化钾，加入冷饱和氯化汞($HgCl_2$)溶液，搅拌直至生成淡红色沉淀为止，继续搅拌下加入 40 mL 氢氧化钾(500 g/L)，用水稀释至 100 mL，混合均匀，静置，倾取上层清液，贮存于暗处。

b) 在 80 mL 水中溶解 3.5 g 碘化钾和 1.25 g 氯化汞($HgCl_2$)，加入冷饱和氯化汞($HgCl_2$)溶液，摇荡到有微红色沉淀生成，然后加入 12 g 氢氧化钠，摇荡至溶解，最后加入少许饱和氯化汞溶液，并用水稀释至 100 mL，在数日内不时摇动，然后让其静置，试验时取上层清液。

4 仪器

除常规仪器外，尚需下列仪器：

4.1 烧结二氧化硅坩埚式过滤器，孔隙度 P10 或 P16(孔径 4 μm～16 μm)。

注：也可用孔隙度相近的玻璃过滤器。

4.2 奈斯勒(Nessler)比色管，容量 50 mL。

4.3 蒸馏设备。

5 取样

按 GB/T 3186 的规定取受试样品的代表性样品。

6 硫酸盐的测定

6.1 步骤

吸取按颜料水溶物测定(热萃取法或冷萃取法)所得的清澈萃取液 50 mL,于 250 mL 烧杯中,加 3 mL盐酸(3.1)酸化,并将溶液充分煮沸,要小心避免溶液飞溅而损失,逐滴加氯化钡溶液(3.5)溶液到此热溶液中,稍过量,将此溶液静置过夜。倾析上层清液通过预先恒重过的过滤器(4.1),将沉淀洗涤至无氯化物,小心灼烧,烧至赤热,在干燥器中冷却,称量,精确到 1 mg。

注:当用玻璃过滤器时,在(150±2)℃下干燥器皿和沉淀至恒重。

6.2 结果表示

按式(1)计算水溶硫酸盐的含量 $w(SO_4^{2-})$,以质量分数(%)表示:

$$w(SO_4^{2-}) = \frac{206m_1}{m_0} \quad \cdots\cdots(1)$$

式中:

m_0——水溶物测定所使用的颜料质量,单位为克(g);

m_1——硫酸钡沉淀的质量,单位为克(g)。

计算结果保留两位小数。

7 氯化物的测定

7.1 步骤

吸取按颜料水溶物测定(热萃取法或冷萃取法)所得的清澈萃取液 50 mL,于 250 mL 烧杯中,加 1 mL铬酸钾溶液(3.6),在缓慢而有力的摇动下,用硝酸银(3.2)滴定,直到生成浅红棕色且不褪色为止。

进行空白试验。加 1 mL 铬酸钾溶液到 50 mL 水中,用硝酸银溶液滴定到颜色与前面滴定的一致为止,允许有一定程度的乳白色或浑浊。

注:滴定终点亦可用电位指示法确定。

7.2 结果表示

按式(2)计算水溶性氯化物含量 $w(Cl^-)$,以质量分数(%)表示:

$$w(Cl^-) = 0.177\,3 \times \frac{(V_1 - V_0)}{m} \quad \cdots\cdots(2)$$

式中:

V_0——空白试验所消耗的 0.01 mol/L 硝酸银溶液的体积,单位为毫升(mL);

V_1——试验时所消耗的 0.01 mol/L 硝酸银溶液的体积,单位为毫升(mL);

m——水溶物测定所用颜料的质量,单位为克(g)。

计算结果保留到两位小数。

8 硝酸盐的测定

8.1 步骤

吸取按颜料水溶物测定(热萃取法或冷萃取法)所得的清澈萃取液 50 mL,放入蒸馏烧瓶(4.3)中,并稀释到 150 mL,加 3 g 德瓦尔达合金粉末(3.7)和 30 mL 氢氧化钠溶液(3.4),立刻接上蒸馏设备,在接收瓶中加入 2 mL 盐酸(3.1)和 30 mL 水。

缓慢加热烧瓶到反应开始，使反应温和地进行 0.5 h 左右，继续蒸馏出大约 70 mL 液体，在这过程中接收瓶必须用流水保持冷却。

馏出液加水稀释至 250 mL，取 5 mL 置于奈斯勒比色管(4.2)中稀释至 50 mL，加 1 mL 奈斯勒试剂(3.8)混合后，使试液显色。用滴定管加入不同体积的氯化铵溶液(3.3)于若干个奈斯勒比色管中，按试液显色过程相同的方法制备标准系列，从中得出某个与试液颜色相似的标准溶液。

取 50 mL 蒸馏水进行空白试验。

8.2 结果表示

按式(3)计算水溶性硝酸盐含量 $w(NO_3^-)$，以质量分数(%)表示：

$$w(NO_3^-) = 0.5 \times \frac{(V_1 - V_0)}{m} \qquad \cdots\cdots(3)$$

式中：

V_0——空白试验所需的氯化铵溶液的体积，单位为毫升(mL)；

V_1——试验所需的氯化铵溶液的体积，单位为毫升(mL)；

m——水溶物测定所用颜料的质量，单位为克(g)。

计算结果保留两位小数。

9 试验报告

试验报告应包括下列内容：

a) 注明本标准编号；

b) 识别受试产品所需的所有细节；

c) 与上述规定试验步骤的任何不同之处；

d) 试验所用水萃取液的获得的方法，热萃取法还是冷萃取法；

e) 注明 6.2、7.2 和 8.2 的试验结果；

f) 试验日期。

ICS 77.140.50
H 46

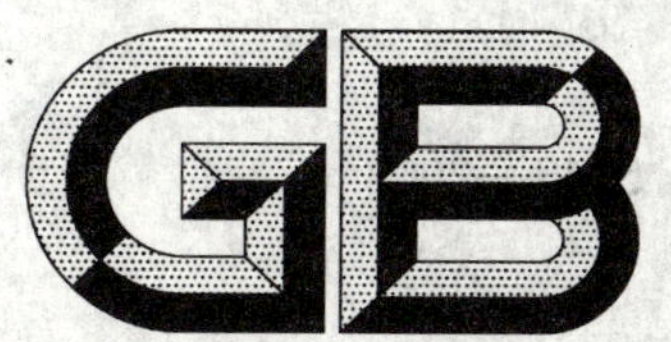

中华人民共和国国家标准

GB/T 5213—2008
代替 GB/T 5213—2001

冷轧低碳钢板及钢带

Cold rolled low carbon steel sheet and strip

2008-10-10 发布　　　　2009-05-01 实施

中华人民共和国国家质量监督检验检疫总局
中国国家标准化管理委员会　发布

前　言

本标准根据国内冷轧低碳钢板及钢带的生产、使用情况，同时参考 EN 10130:2006《冷成型用冷轧低碳扁平钢材——交货技术条件》(英文版)，对 GB/T 5213—2001《深冲压用冷轧薄钢板及钢带》进行了修订。

本标准代替 GB/T 5213—2001《深冲压用冷轧薄钢板及钢带》。

本标准与 GB/T 5213—2001 相比，对下列主要技术内容进行了修改：

——标准名称修改为《冷轧低碳钢板及钢带》；

——修改了牌号命名方法；

——增加了一般用和冲压用钢级 DC01，DC03 以及特超深冲用钢级 DC07；

——表面质量级别由两种修改为三种；

——尺寸、外形、重量及允许偏差直接采用 GB/T 708；

——调整了对化学成分的规定；

——取消 SC1 按拉延级别分为 F、HF 和 ZF 三个级别的规定以及杯突、弯曲和金相的规定；

——表面结构中增加了粗糙度 *Ra* 的要求；

——对于钢带状态交货的产品，其表面有缺陷的部分的长度由 8%调整为 6%。

本标准附录 A、附录 B 为资料性附录。

本标准由中国钢铁工业协会提出。

本标准由全国钢标准化技术委员会归口。

本标准负责起草单位：宝山钢铁股份有限公司。

本标准参加起草单位：鞍钢股份有限公司、马鞍山钢铁股份有限公司、冶金工业信息标准研究院。

本标准主要起草人：李玉光、涂树林、徐宏伟、孙忠明、王晓虎、陈玥、杨兴亮、施鸿雁、于成峰、黄锦花。

本标准所替代标准的历次版本发布情况为：

——GB/T 5213—1985、GB/T 5213—2001。

冷轧低碳钢板及钢带

1 范围

本标准规定了冷轧低碳钢板及钢带(以下简称钢板及钢带)的分类和代号、尺寸、外形、重量、技术要求、检验和试验、包装、标志及质量证明书等内容。

本标准适用于汽车、家电等行业使用的厚度为0.30 mm～3.5 mm冷轧低碳钢板及钢带。

2 规范性引用文件

下列文件中的条款通过本标准的引用而成为本标准的条款。凡是注日期的引用文件,其随后所有的修改单(不包括勘误的内容)或修订版均不适用于本标准,然而,鼓励根据本标准达成协议的各方研究是否可使用这些文件的最新版本。凡是不注日期的引用文件,其最新版本适用于本标准。

GB/T 223.9 钢铁及合金 铝含量的测定 铬天青S分光光度法

GB/T 223.16 钢铁及合金化学分析方法 变色酸光度法测定钛量

GB/T 223.17 钢铁及合金化学分析方法 二安替比林甲烷光度法测定钛量

GB/T 223.40 钢铁及合金 铌含量的测定 氯磺酚S分光光度法

GB/T 223.59 钢铁及合金 磷含量的测定 铋磷钼蓝分光光度法和锑磷钼蓝分光光度法

GB/T 223.63 钢铁及合金化学分析方法 高碘酸钠(钾)光度法测定锰量

GB/T 223.64 钢铁及合金 锰含量的测定 火焰原子吸收光谱法

GB/T 228 金属材料 室温拉伸试验方法(GB/T 228—2002,eqv ISO 6892:1998)

GB/T 247 钢板和钢带检验、包装、标志及质量证明书的一般规定

GB/T 708 冷轧钢板和钢带的尺寸、外形、重量及允许偏差

GB/T 2523 冷轧薄钢板(带)表面粗糙度测量方法

GB/T 2975 钢及钢产品力学性能试验取样位置及试样制备(GB/T 2975—1998,eqv ISO 377:1997)

GB/T 4336 碳素钢和中低合金钢 火花源原子发射光谱分析方法(常规法)

GB/T 5027 金属材料薄板和薄带塑性应变比(r值)的测定(GB/T 5027—2007,ISO 10113:2006,IDT)

GB/T 5028 金属薄板和薄带拉伸应变硬化指数(n值)试验方法(GB/T 5028—1999,eqv ISO 10275:1993)

GB/T 8170 数值修约规则

GB/T 17505 钢及钢产品交货一般技术要求(GB/T 17505—1998,eqv ISO 404:1992)

GB/T 20066 钢和铁 化学成分测定用试样的取样和制样方法(GB/T 20066—2006,ISO 14284:1996,IDT)

GB/T 20123 钢铁 总碳硫含量的测定高频感应炉燃烧后红外吸收法(常规方法)(GB/T 20123—2006,ISO 15350:2000,IDT)

GB/T 20125 低合金钢 多元素含量的测定 电感耦合等离子体原子发射光谱法

GB/T 20126 非合金钢 低碳含量的测定 第2部分:感应炉(经预加热)内燃烧后红外吸收法

3 分类和代号

3.1 牌号命名方法

钢板及钢带的牌号由三部分组成,第一部分为字母“D”,代表冷成形用钢板及钢带,第二部分为字

母“C”，代表轧制条件为冷轧；第三部分为两位数字序列号，即01、03、04等。

示例：DC01

D——表示冷成形用钢板及钢带

C——表示轧制条件为冷轧

01——表示数字序列号

3.2 钢板及钢带按用途分类如表1的规定。

表1

牌　　号	用　　途
DC01	一般用
DC03	冲压用
DC04	深冲用
DC05	特深冲用
DC06	超深冲用
DC07	特超深冲用

3.3 钢板及钢带按表面质量分类如表2的规定。

表2

级　　别	代　　号
较高级表面	FB
高级表面	FC
超高级表面	FD

3.4 钢板及钢带按表面结构分类如表3的规定。

表3

表　面　结　构	代　　号
光亮表面	B
麻面	D

4 订货所需信息

4.1 用户订货时应提供如下信息：

a) 产品名称(钢板或钢带)；

b) 本产品标准号；

c) 牌号；

d) 规格及尺寸、不平度精度；

e) 表面质量级别；

f) 表面结构；

g) 边缘状态；

h) 包装方式；

i) 重量；

j) 用途；

k) 其他特殊要求(如表面朝向等)。

4.2 如订货合同中未注明尺寸和不平度精度、表面质量级别、表面结构种类、边缘状态及包装等信息，则本标准产品按普通的尺寸和不平度精度、较高级表面、表面结构为麻面的切边钢板或切边钢带供货，并按供方提供的包装方式包装。

5 尺寸、外形、重量及允许偏差

钢板及钢带的尺寸、外形、重量及允许偏差应符合 GB/T 708 的规定。

6 技术要求

6.1 化学成分

钢的化学成分(熔炼分析)参考值见附录 A。如需方对化学成分有要求，应在订货时协商。

6.2 冶炼方法及制造过程

钢板及钢带所用的钢采用氧气转炉或电炉冶炼，除非另有规定，冶炼方式由供方选择。

6.3 交货状态

6.3.1 钢板及钢带以退火后平整状态交货。

6.3.2 钢板及钢带通常涂油供货，所涂油膜应能用碱水溶液去除，在通常的包装、运输、装卸和储存条件下，供方应保证自生产完成之日起 6 个月内不生锈。如需方要求不涂油供货，应在订货时协商。

注：对于需方要求的不涂油产品，供方应不承担产品锈蚀的风险。订货时，需方应被告知，在运输、装卸、储存和使用过程中，不涂油产品表面易产生轻微划伤。

6.4 力学性能

钢板及钢带的力学性能应符合表 4 的规定。

表 4

牌号	屈服强度[a,b] R_{eL} 或 $R_{P0.2}$/MPa 不大于	抗拉强度 R_m/MPa	断后伸长率[c,d] A_{80}/% (L_0=80 mm, b=20 mm) 不小于	r_{90} 值[e] 不小于	n_{90} 值[e] 不小于
DC01	280[f]	270～410	28	—	—
DC03	240	270～370	34	1.3	—
DC04	210	270～350	38	1.6	0.18
DC05	180	270～330	40	1.9	0.20
DC06	170	270～330	41	2.1	0.22
DC07	150	250～310	44	2.5	0.23

[a] 无明显屈服时采用 $R_{P0.2}$，否则采用 R_{eL}。当厚度大于 0.50 mm 且不大于 0.70 mm 时，屈服强度上限值可以增加 20 MPa；当厚度不大于 0.50 mm 时，屈服强度上限值可以增加 40 MPa。

[b] 经供需双方协商同意，DC01、DC03、DC04 屈服强度的下限值可设定为 140 MPa，DC05、DC06 屈服强度的下限值可设定为 120 MPa，DC07 屈服强度的下限值可设定为 100 MPa。

[c] 试样为 GB/T 228 中的 P6 试样，试样方向为横向。

[d] 当厚度大于 0.50 mm 且不大于 0.70 mm 时，断后伸长率最小值可以降低 2%(绝对值)；当厚度不大于 0.50 mm 时，断后伸长率最小值可以降低 4%(绝对值)。

[e] r_{90} 值和 n_{90} 值的要求仅适用于厚度不小于 0.50 mm 的产品。当厚度大于 2.0 mm 时，r_{90} 值可以降低 0.2。

[f] DC01 的屈服强度上限值的有效期仅为从生产完成之日起 8 天内。

6.5 拉伸应变痕

6.5.1 产品退火后，为了避免在后续成形过程中出现拉伸应变痕，制造厂通常要进行适度平整。但随着存储时间的延长，由于受时效的影响，形成拉伸应变痕的趋势会重新出现，因此建议用户应该尽快使用。

6.5.2 钢板及钢带拉伸应变痕的规定如表5所示。

表5

牌　　号	拉伸应变痕
DC01	室温储存条件下，表面质量为FD的钢板及钢带自生产完成之日起3个月内使用时不应出现拉伸应变痕
DC03	室温储存条件下，钢板及钢带自生产完成之日起6个月内使用时不应出现拉伸应变痕
DC04	室温储存条件下，钢板及钢带自生产完成之日起6个月内使用时不应出现拉伸应变痕
DC05	室温储存条件下，钢板及钢带自生产完成之日起6个月内使用时不应出现拉伸应变痕
DC06	室温储存条件下，钢板及钢带使用时不出现拉伸应变痕
DC07	室温储存条件下，钢板及钢带使用时不出现拉伸应变痕

6.6 表面质量

6.6.1 钢板及钢带表面不应有结疤、裂纹、夹杂等对使用有害的缺陷，钢板及钢带不得有分层。

6.6.2 钢板及钢带各表面质量级别的特征如表6所述。

6.6.3 对于钢带，由于没有机会切除带缺陷部分，因此允许带缺陷交货，但有缺陷部分应不超过每卷总长度的6%。

表6

级　别	代　号	特　　征
较高级表面	FB	表面允许有少量不影响成形性及涂、镀附着力的缺陷，如轻微的划伤、压痕、麻点、辊印及氧化色等
高级表面	FC	产品两面中较好的一面无肉眼可见的明显缺陷，另一面至少应达到FB的要求
超高级表面	FD	产品两面中较好的一面不应有影响涂漆后的外观质量或电镀后的外观质量的缺陷，另一面至少应达到FB的要求

6.7 表面结构

表面结构为麻面(D)时，平均粗糙度 Ra 目标值为大于0.6 μm且不大于1.9 μm；表面结构为光亮表面(B)时，平均粗糙度 Ra 目标值为不大于0.9 μm。如需方对粗糙度有特殊要求，应在订货时协商。

7 检验和试验

7.1 钢板及钢带的外观用肉眼检查。

7.2 钢板及钢带的尺寸、外形应用合适的测量工具测量。

7.3 r_{90} 值是在15%应变时计算得到的，均匀延伸小于15%时，以均匀延伸结束时的应变计算。n_{90} 值是在10%～20%应变范围内计算得到的，均匀延伸小于20%时，应变范围为10%至均匀延伸结束时的应变。

7.4 钢板及钢带的检验项目、试样数量、取样方法和试验方法应符合表7的规定。

表7

序号	检验项目	试样数量(个)	取样方法	试验方法
1	化学分析	1/炉	GB/T 20066	GB/T 223、GB/T 4336、GB/T 20123、GB/T 20125、GB/T 20126
2	拉伸试验	1/批	GB/T 2975	GB/T 228
3	塑性应变比(r_{90}值)	1/批		GB/T 5027和7.3
4	应变硬化指数(n_{90}值)	1/批		GB/T 5028和7.3
5	表面粗糙度	—		GB/T 2523

7.5 钢板及钢带应按批验收，每个检验批应由同一牌号、同一规格、同一加工状态的钢板或钢带组成。每批的重量应不大于 30 t，对于卷重大于 30 t 的钢带，每卷作为一个检验批。

7.6 钢板及钢带的复验应符合 GB/T 17505 的规定。

8 包装、标志及质量证明书

钢板及钢带的包装、标志及质量证明书应符合 GB/T 247 的规定。如需方对包装重量有特殊要求，应在合同中注明。

9 数值修约

数值修约按 GB/T 8170 的规定。

10 国内外牌号近似对照

本标准牌号与国内外标准牌号的近似对照见附录 B。

附 录 A
（资料性附录）
钢的化学成分

A.1 钢的化学成分（熔炼分析）参考值见表 A.1。

表 A.1

%（质量分数）

牌 号	C	Mn	P	S	Al_t[a]	Ti[b]
DC01	≤0.12	≤0.60	≤0.045	≤0.045	≥0.020	—
DC03	≤0.10	≤0.45	≤0.035	≤0.035	≥0.020	—
DC04	≤0.08	≤0.40	≤0.030	≤0.030	≥0.020	—
DC05	≤0.06	≤0.35	≤0.025	≤0.025	≥0.015	—
DC06	≤0.02	≤0.30	≤0.020	≤0.020	≥0.015	≤0.30[c]
DC07	≤0.01	≤0.25	≤0.020	≤0.020	≥0.015	≤0.20[c]

[a] 对于牌号 DC01、DC03 和 DC04，当 C≤0.01 时 Al_t≥0.015。

[b] DC01、DC03、DC04 和 DC05 也可以添加 Nb 或 Ti。

[c] 可以用 Nb 代替部分 Ti，钢中 C 和 N 应全部被固定。

附 录 B
（资料性附录）
国内外牌号近似对照

B.1 本标准牌号与被替代标准及国内外标准的近似对照见表 B.1。

表 B.1

GB/T 5213—2008	GB/T 5213—2001 GB/T 13237—1991	EN 10130-2006	JIS G 3141-2005	ISO 3574:1999	ASTM A 1008M-07
DC01	08Al	DC01	SPCC	CR1	CS Type C
DC03	—	DC03	SPCD	CR2	CS Type A,B
DC04	SC1	DC04	SPCE	CR3	DS Type A,B
DC05	SC2	DC05	SPCF	CR4	DDS
DC06	SC3	DC06	SPCG	CR5	EDDS
DC07	—	DC07	—	—	—

ICS 29.020
J 09

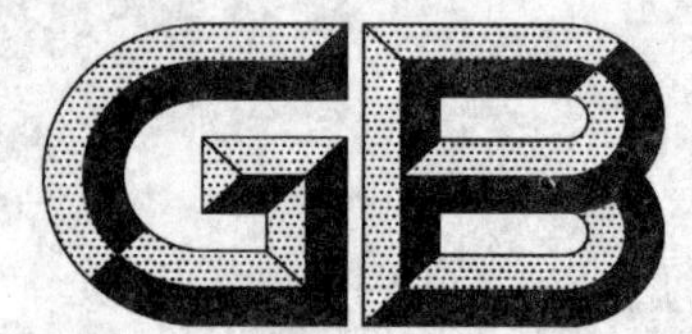

中华人民共和国国家标准

GB 5226.1—2008/IEC 60204-1:2005
代替 GB 5226.1—2002

机械电气安全　机械电气设备
第1部分:通用技术条件

**Electrical safety of machinery—Electrical equipment of machines—
Part 1:General requirements**

(IEC 60204-1:2005,Safety of machinery—Electrical equipment of machines—
Part 1:General requirements,IDT)

2008-12-30 发布　　2010-02-01 实施

中华人民共和国国家质量监督检验检疫总局
中国国家标准化管理委员会　发布

前 言

本标准的全部技术内容为强制性。

GB 5226《机械电气安全 机械电气设备》分为如下几部分：

——第1部分：通用技术条件；

——第11部分：交流电压高于1 000伏或直流电压高于1 500伏但不超过36千伏的通用技术条件；

——第31部分：缝纫机、缝制单元和系统的特殊安全和电磁兼容性方面的要求；

——第32部分：起重机械通用技术条件；

——第33部分：半导体专用设备的特殊要求。

本部分为GB 5226的第1部分。

本部分等同采用IEC 60204-1:2005《机械安全 机械电气设备 第1部分：通用技术条件》(第5版，英文版)。

本部分代替GB 5226.1—2002《机械安全 机械电气设备 第1部分：通用技术条件》。

本部分在技术内容上与GB 5226.1—2002之间主要差异如下：

——范围扩大，不仅适用于机械的电气和电子设备及系统，也适用于可编程序设备及系统；

——对活动机械保护接地作了规定；

——对电气设备泄漏电流大于10 mA a.c或d.c提出附加保护接地要求；

——对控制功能增加了安全要求；

——对自动切断电源作保护增加了相关说明及条件，对TN系统试验作了规定；

——删去电子设备一章(GB 5226.1—2002年版的第11章)；

——增加了系统间接接触的防护及常用导线截面积对照两个附录。

本部分的附录A为规范性附录，附录B、附录C、附录D、附录E、附录F和附录G为资料性附录。

本部分由中国机械工业联合会提出。

本部分由全国工业机械电气系统标准化技术委员会(SAC/TC 231)归口。

本部分负责起草单位：北京机床研究所和北京凯恩帝数控技术有限责任公司。

本部分参加起草单位：杭州机床集团有限公司、中国科学院沈阳计算技术研究所、中国纺织机械(集团)有限公司、长沙建设机械研究院、浙江凯达机床集团有限公司、九川集团浙江科技股份公司、苏州工业园区四通科技发展有限公司。

本部分主要起草人：黄祖广、赵钦志、杨京彦、杨洪丽、黄麟、陈建明、于东、赵关红、曾杨、何宇军、陈建国、高建军。

本部分所代替标准的历次版本发布情况：

——JB 2738—1980；

——GB 5226.1—1985；

——GB/T 5226.1—1996；

——GB 5226.1—2002。

IEC 前言

1) IEC(国际电工委员会)是由各国家电工委员会(IEC 国家委员会)组成的世界标准化组织。IEC 的宗旨是促进电气和电子领域有关标准化所有问题的合作。为此目的和其他活动的需要,IEC 出版国际标准,技术规范,技术报告,公开可买到的规范(PAS)和指南(以下称为 IEC 出版物)。标准的制定委托给技术委员会,任何 IEC 国家委员会对所涉及题目感兴趣均可参加其制定工作。与 IEC 有联系的国家政府和非政府组织,也可参加标准的制定工作。IEC 和国际标准化组织(ISO)按照两个组织商定的条件密切合作。

2) IEC 关于技术问题的决定或协议,是由特别关心这些问题的所有国家委员会代表出席的技术委员会所制定,对所述及的问题尽可能表达国际的一致意见。

3) IEC 出版物以推荐的方式供国际使用并在这种意义上为国家委员会所接受。而所有合理的努力是为确保 IEC 出版物的内容准确,对于终端用户使用的方法或任何错误的解释 IEC 不承担责任。

4) 为了促进国际统一,IEC 国家委员会有责任将 IEC 出版物最大限度地应用于他们的国家和地区出版物。IEC 出版物与其相应的国家或地区出版物间任何差异均应在国家出版物或地区出版物中明确指出。

5) IEC 对任何声称符合 IEC 出版物的设备不提供表示批准的标志方法也不对其负责。

6) 所有用户应保证他们持有本出版物的最新版本。

7) 使用或信赖本 IEC 出版物或任何其他 IEC 出版物引起的任何个人伤害、财产损坏或不论什么性质的其他损害,无论直接或间接的,或成本(包括法定费用)和花费,对此 IEC 或其董事会、雇员或代理,包括单独专家和 IEC 技术委员会及 IEC 国家委员会的成员均不负责。

8) 注意本出版物引用的规范性引用文件。

9) 值得注意的是本部分中有些元件可能涉及专利权。IEC 将不负责鉴定任何或所有这类专利权。

国际标准 IEC 60204-1 由 IEC/TC 44 机械安全-电工技术委员会制定。

第 5 版撤销并代替 1997 年发布的第 4 版和 1999 年第 1 号修正案。第 5 版构成技术修订本。第 5 版综合第 4 版的资料及规定机械通用技术条件的修正案,包括活动机械和复杂(如大型)机械装置。

本标准文本基于下述文件:

FDIS	表决报告
44/494/FDIS	44/502/RVD

有关批准本标准的全部表决信息见上表所示的表决报告。

本出版物按照 ISO/IEC 指令第 2 部分的规定起草。

某些国家存在下列不同:

——4.3.1:公共配电系统供电的电压特性在欧洲由 EN 50160:1999《公共配电系统供电的电压特性》规定(欧洲);

——5.1:例外情况不允许(美国);

——5.1:建筑物的低电压装置中不允许采用 TN-C 系统(挪威);

——5.2:保护接地导体连接用的端子的识别可通过绿颜色,字母 G 或 GR 或 GRD 或 GND,或词汇 ground 或 grounding,或图形符号 IEC 60417-5019(DB:2002-10)或任何组合(美国);

——6.3.3b),13.4.5b),18.2.1:不允许 TT 电源系统(美国);

——7.2.3:TN-S 系统强制断开中线(法国和挪威);

——7.2.3:第 3 段,中线配电不允许用 IT 系统(美国和挪威);

——9.1.2:最大标称交流控制电路电压是 120 V(美国);

——12.2:在机械上只允许绞合导线,外壳内 0.2 mm 硬导线除外(美国);

——12.2:机械上允许最小动力电路导体,在多导体电缆或外壳中是 0.82 mm(AWG18)(美国);

——表 5:截面积按使用美国线规(AWG)的 ANSI/NFPA 79 中的规定,见附录 G 的(美国);

——13.2.2:保护导线的颜色标识,绿色(带或不带黄色条纹)与黄/绿双色组合等效(美国和加拿大);

——13.2.3:接地中线用白色或天然灰标识代替浅蓝色标识(美国和加拿大);

——15.2.2:第 1 段:导线间最大值 150 V(美国);

——15.2.2:第 2 段,第 5 个波折号:照明电路的满负载电流额定值不超过 15 A(美国);

——16.4:铭牌标记要求(美国)。

在总标题《机械安全——机械电气设备》下,IEC 60204 由下列部分组成:

——第 1 部分:通用技术条件;

——第 11 部分:电压高于 1 000 V a.c.或 1 500 V d.c.但不超过 36 kV 的高压设备的技术条件;

——第 31 部分:缝纫机、缝制单元和系统的特殊安全和 EMC 要求;

——第 32 部分:起重机械技术条件;

——第 33 部分:半导体专用设备的特殊要求。

委员会决定在有关专门出版物的数据中,在 IEC 网站"http://webstore.iec.ch"中指明的维护修订结果日期前本出版物的内容不变。在这个日期,出版物将:

- 重新确认;
- 取消;
- 由修订本代替;
- 修正。

引　言

GB 5226 的本部分对机械电气设备提出技术要求和建议，以便促进提高：

——人员和财产的安全性；

——控制响应的一致性；

——维护的便利性。

本部分使用指南见附录 F。

图 1 有助于理解一台机械各个环节及其相关设备间的关系。图 1 为某典型机械和关联设备的框图，它示出本部分所涉及电气设备的各个环节。圆括号内的数字为本部分的章条号。从图 1 可看出所有各环节包括防护装置、切削/夹紧、软件和文件共同构成该机械，而且一台以上机械至少通过一级监控共同工作，构成制造系统或制造单元。

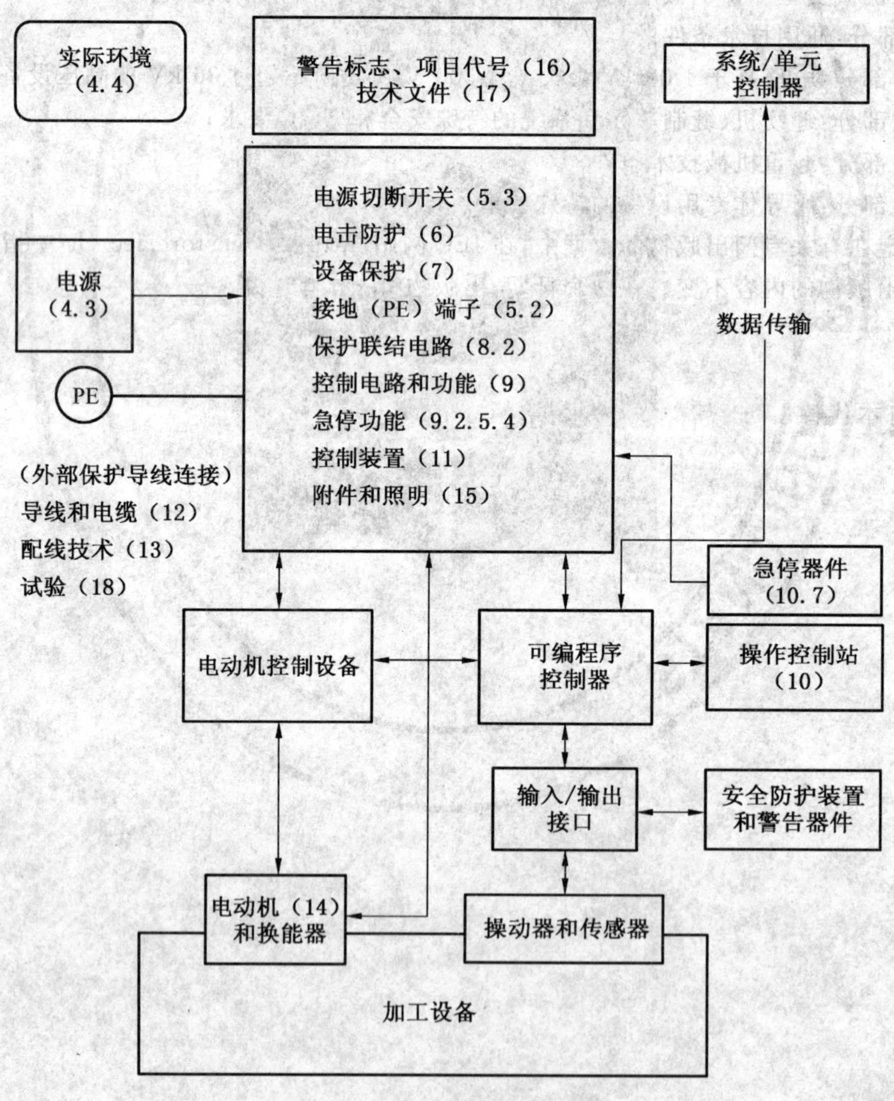

图 1　典型机械框图

机械电气安全 机械电气设备 第1部分:通用技术条件

1 范围

GB 5226 的本部分适用于机械(包括协同工作的一组机械)的电气、电子和可编程序电子设备及系统,而不适用于手提工作式机械。

注1:本部分是通用标准,不限制或阻碍技术进步。

注2:本部分中的"电气"一词包括电气、电子和可编程序电子三方面(如电气设备是指电气设备、电子设备和可编程序电子设备)。

注3:就本部分而言,"人"(Person)一词泛指任何个人包括受用户或其代理指派、使用和管理上述机械的人。

本部分所论及的设备是从机械电气设备的电源引入处开始的(见 5.1)。

注4:GB 16895/IEC 60364 系列标准给出了建筑物电气装置的要求。

本部分适用的电气设备或电气设备部件,其标称电压不超过 1 000 V a.c 或 1 500 V d.c,额定频率不超过 200 Hz。

注5:对于较高电压要求见 GB 5226.3。

本部分不包括所有技术要求(如防护、联锁或控制),这些要求是其他标准或规则为保障人身免遭非电气伤害所需要的。对有特殊要求的各种类型机械对安全性可提出特殊要求。

本部分具体适用于(但不限于)3.35 所定义的机械电气设备。

注6:附录 C 所列举的机械,其电气设备属于 GB 5226 本部分范围。

本部分未规定下述机械电气设备的附加和特殊技术要求:

——露天(即建筑物或其他防护结构的外部)机械;

——使用、处理或生产易爆材料(如油漆或锯末)的机械;

——易爆易燃环境中使用的机械;

——当加工或使用某种材料时会产生特殊风险的机械;

——矿山机械;

——缝纫机、缝制单元和缝制系统(包括在 GB 5226.4 中);

——起重机械(包括在 GB 5226.2 中)。

直接用电能作为加工手段的动力电路不属于 GB 5226 本部分的范围。

2 规范性引用文件

下列文件中的条款通过在 GB 5226 的本部分中引用而构成为本部分的条款。凡是注日期的引用文件,其随后所有的修改单(不包括勘误的内容)或修订版不适用于本部分,然而,鼓励根据本部分达成协议的各方研究是否可使用这些文件的最新版本。凡是不注日期的引用文件,其最新版适用于本部分。

GB 755 旋转电机 定额和性能(GB 755—2008,IEC 60034-1:2004,IDT)

GB/T 4026—2004 人机界面标志标识的基本方法和安全规则 设备端子和特定导体终端标识及字母数字系统的应用通则(IEC 60445:1999,IDT)

GB 4208—2008 外壳防护等级(IP 代码)(IEC 60529:2001,IDT)

GB/T 4728.1—2005 电气简图用图形符号 第1部分:一般要求(IEC 60617 database,IDT)

GB/T 4728.2—2005 电气简图用图形符号 第2部分:符号要素、限定符号和其他常用符号(IEC 60617 database,IDT)

GB/T 4728.3—2005 电气简图用图形符号 第3部分:导体和连接件(IEC 60617 database,IDT)

GB/T 4728.4—2005 电气简图用图形符号 第4部分:基本无源元件(IEC 60617 database,IDT)

GB/T 4728.5—2005 电气简图用图形符号 第5部分:半导体管和电子管(IEC 60617 database,IDT)

GB/T 4728.6—2008 电气简图用图形符号 第6部分:电能的发生与转换(IEC 60617 database:2007,IDT)

GB/T 4728.7—2008 电气简图用图形符号 第7部分:开关、控制和保护器件(IEC 60617 database:2007,IDT)

GB/T 4728.8—2008 电气简图用图形符号 第8部分:测量仪表、灯和信号器件(IEC 60617 database:2007,IDT)

GB/T 4728.9—2008 电气简图用图形符号 第9部分:电信 交换和外围设备(IEC 60617 database:2007,IDT)

GB/T 4728.10—2008 电气简图用图形符号 第10部分:电信 传输(IEC 60617 database:2007,IDT)

GB/T 4728.11—2008 电气简图用图形符号 第11部分:建筑安装平面布置图(IEC 60617 database:2007,IDT)

GB/T 4728.12—2008 电气简图用图形符号 第12部分:二进制逻辑元件(IEC 60617 database:2007,IDT)

GB/T 4728.13—2008 电气简图用图形符号 第13部分:模拟元件(IEC 60617 database:2007,IDT)

GB/T 4772.1 旋转电机尺寸和输出功率等级 第1部分:机座号56～400和凸缘号55～1 080(GB/T 4772.1—1999,idt IEC 60072-1:1991)

GB/T 4772.2 旋转电机尺寸和输出功率等级 第2部分:机座号355～1 000和凸缘号1 180～2 360(GB/T 4772.2—1999,idt IEC 60072-2:1990)

GB/T 4942.1 旋转电机外壳防护等级(IP代码) 分级(GB/T 4942.1—2006,IEC 60034-5:2000,IDT)

GB/T 5094.1 工业系统、装置与设备以及工业产品 结构原则与参照代号 第1部分:基本规则(GB/T 5094.1—2002,IEC 61346-1:1996,IDT)

GB/T 5094.2 工业系统、装置与设备以及工业产品 结构原则与参照代号 第2部分:项目的分类与分类码(GB/T 5094.2—2003,IEC 61346-2:2000,IDT)

GB/T 5094.3 工业系统、装置与设备以及工业产品 结构原则与参照代号 第3部分:应用指南(GB/T 5094.3—2005,IEC 61346-3:2001,IDT)

GB/T 5094.4 工业系统、装置与设备以及工业产品 结构原则与参照代号 第4部分:概念的说明(GB/T 5094.4—2005,IEC 61346-4:1998,IDT)

GB/T 5465.2—2008 电气设备用图形符号 第2部分:图形符号(IEC 60417 DB:2007,IDT)

GB/T 6988.1—2008 电气技术用文件的编制 第1部分:规则(IEC 61082-1:2006,IDT)

GB/T 6988.2—1997 电气技术用文件的编制 第2部分:功能性简图(idt IEC 61082-2:1993)

GB/T 6988.3—1997 电气技术用文件的编制 第3部分:接线图和接线表(idt IEC 61082-3:1993)

GB/T 6988.4—2002 电气技术用文件的编制 第4部分:位置文件与安装文件(idt IEC 61082-4:1996)

GB 7251.1—2005 低压成套开关设备和控制设备 第1部分:型式试验和部分型式试验 成套设备(idt IEC 60439-1:1999)

GB 7251.2—2006 低压成套开关设备和控制设备 第2部分:对母线干线系统(母线槽)的特殊要求(IEC 60439-2:2000,IDT)

GB 7251.3—2006 低压成套开关设备和控制设备 第3部分:对非专业人员可进入场地的低压成套开关设备和控制设备-配电板的特殊要求(IEC 60439-3:2001,IDT)

GB 7251.4—2006 低压成套开关设备和控制设备 第4部分:对建筑工地用成套设备(ACS)的特殊要求(IEC 60439-4:2004,IDT)

GB 7251.5—2008 低压成套开关设备和控制设备 第5部分:对公用电网动力配电成套设备的特殊要求(IEC 60439-5:2006,IDT)

GB 7947—2006 人机界面标志标识的基本和安全规则 导体的颜色或数字标识(IEC 60446:1999,IDT)

GB/T 9089.3—2008 户外严酷条件下电气设施 第3部分:设备及附件的一般要求(IEC 60621-3:1986,MOD)

GB/T 11918—2001 工业用插头插座和耦合器 第1部分:通用要求(IEC 60309-1:1999,IDT)

GB/T 13002 旋转电机 热保护(GB/T 13002—2008,IEC 60034-11:2004,IDT)

GB 14048.1—2006 低压开关设备和控制设备 第1部分:总则(IEC 60947-1:2004,MOD)

GB 14048.2—2008 低压开关设备和控制设备 第2部分:断路器(IEC 60947-2:2006,IDT)

GB 14048.3—2008 低压开关设备和控制设备 第3部分:低压开关、隔离器 隔离开关和熔断器组合电器(IEC 60947-3:2005,IDT)

GB 14048.5—2008 低压开关设备和控制设备 第5-1部分:控制电路电器和开关元件 机电式控制电路电器(IEC 60947-5-1:2003,IDT)

GB 14048.7—2006 低压开关设备和控制设备 第7-1部分:辅助电器 铜导体的接线端子排(IEC 60947-7-1:2002,MOD)

GB/T 15706.1—2007 机械安全 基本概念与设计通则 第1部分:基本术语和方法(ISO 12100-1:2003,IDT)

GB/T 15706.2—2007 机械安全 基本概念与设计通则 第2部分:技术原则(ISO 12100-2:2003,IDT)

GB 16754—2008 机械安全 急停 设计原则(ISO 13850:2006,IDT)

GB/T 16855.1—2008 机械安全 控制系统有关安全部件 第1部分:设计通则(ISO 13849-1:2006,IDT)

GB/T 16855.2—2007 机械安全 控制系统有关安全部件 第2部分:确认(ISO 13849-2:2003,IDT)

GB 16895.3—2004 建筑物电气装置 第5-54部分:电气设备的选择和安装 接地配置、保护导体和保护联接导体(IEC 60364-5-54:2002,IDT)

GB 16895.21—2004 建筑物电气装置 第4-41部分:安全防护 电击防护(IEC 60364-4-41:2001,IDT)

GB 16895.22—2004 建筑物电气装置 第5-53部分:电气设备的选择和安装——隔离、开关和控制设备 第534节:过电压保护电器(IEC 60364-5-53:2002,IDT)

GB/T 16895.23—2005 建筑物电气装置 第6-61部分:检验——初检(IEC 60364-6-61:2001,IDT)

GB/T 16935.1—2008 低压系统内设备的绝缘配合 第1部分:原理、要求和试验(IEC 60664-1:2007,IDT)

GB/T 17045—2008 电击防护 装置和设备的通用部分(IEC 61140:2001,IDT)

GB/T 17627.2—1998 低压电气设备的高电压试验技术 第二部分:测量系统和试验设备

(eqv IEC 61180-2:1994)

GB 18209.1 机械安全 指示、标志和操作 第1部分:关于视觉、听觉和触觉信号的要求(GB 18209.1—2000,IEC 61310-1:1995,IDT)

GB 18209.2 机械安全 指示、标志和操作 第2部分:标志要求(GB 18209.2—2000,IEC 61310-2:1995,IDT)

GB 18209.3 机械安全 指示、标志和操作 第3部分:操作件的位置和操作的要求(GB 18209.3—2002,IEC 61310-1:1999,IDT)

GB/T 18216.3—2007 交流1 000 V和直流1 500 V以下低压配电系统电气安全 防护措施的试验、测量或监控设备 第3部分:环路阻抗(IEC 61557-3:1997,IDT)

GB/T 19045—2003 明细表的编制(IEC 62027:2000,IDT)

GB 19212.1—2008 电力变压器、电源、电抗器和类似产品的安全 第1部分:通用要求和试验(IEC 61558-1:2005,IDT)

GB 19212.7—2006 电力变压器、电源装置和类似产品的安全 第7部分:一般用途安全隔离变压器的特殊要求(IEC 61558-2-6:1997,MOD)

GB/T 19529—2004 技术信息与文件的构成(IEC 62023:2000,IDT)

GB/T 19671—2005 机械安全 双手操纵装置功能状况及设计原则(ISO 13851:2002,MOD)

GB/T 19678—2005 说明书的编制 构成、内容和表示方法(IEC 62079:2001,IDT)

IEC 60073:2002 人-机界面标志标识的基本和安全规则 指示器和操作器的编码规则

IEC 60364-4-43:2001 建筑物电气装置 第4-43部分:安全保护 过电流防护

IEC 60364-5-52:2001 建筑物电气装置 第5-52部分:电气设备的选择和安装 配线系统

IEC 60447:2004 人-机界面标志和标识的基本和安全规则 人机界面(MMI)操作规则

IEC 61984:2001 连接器 安全要求和试验

IEC 62061:2005 机械安全 有关安全的电气、电子和可编程电子控制系统的功能安全

ISO 7000:2004 设备用图形符号 标志和一览表

3 术语和定义

下列术语和定义适用于本部分:

3.1

操动器 actuator

将外部手动作用施加在装置上的部件。

注1:手柄、旋钮、按钮、滚轮、推杆操作件等。

注2:有某些操作方式只要求起作用而不需外部作用力。

注3:见3.34。

3.2

环境温度 ambient temperature

应用电气设备处的空气或其他介质的温度。

3.3

遮栏 barrier

从各正常通道方向预防直接接触的部件。

3.4

电缆托架 cable tray

一种底部为连续条状略向上折边但无罩的电缆支架。

注:电缆托架可穿孔或不穿孔。

[IEV 826-15-08]

3.5

电缆管道装置　cable trunking system

由底座和可拆卸罩组成的封闭外壳装置，是包容绝缘电线、电缆、软线和其他电气设备的管道。

3.6

联合引发　concurrent

以联合形式起作用。用于下列情况：在操作条件下，同时存在两处或多处控制作用（但不一定同时动作）。

3.7

导线管　conduit

用于布线的管状部件，绝缘导线和电缆穿入其中且可更换。

注：导线管应紧密连接以使绝缘导线和/或电缆只能穿入管内而不允许穿到外侧。

[IEV 826-06-03]

3.8

（机械的）控制电路　control circuit (of a machine)

用于机械和电气设备控制（包括监测）的电路。

3.9

控制器件　control device

连接在控制电路中用来控制机械工作的器件（如位置传感器、手控开关、接触器、继电器、电磁阀等）。

3.10

控制设备　controlgear

开关电器及其相关控制、测量、保护和调节设备的组合，也包括这些器件及设备与相关内部连接、辅助装置、外壳和支承结构的组合，一般用于消耗电能的设备的控制。

[IEV441-11-03]

3.11

可控停止　controlled stop

机械运动的停止是在停止的过程中保持机械致动机构的动力。

3.12

直接接触　direct contact

人或牲畜与带电部分的接触。

[IEV 826-12-03]

3.13

（触头元件）的直接断开操作　direct opening action (of a contact element)

开关的操动器规定的运动通过无弹性部件（即不采用弹簧）使触头断开。

[GB 14048.5—2008，K.2.2]

3.14

管道　duct

专用于放置和保护电线、电缆及母线的封闭管道。

注：管道类型包括导线管（3.7）、电缆管道装置（3.5）和地下线槽。

3.15

电气工作区　electrical operating area

电气设备用的隔间或位置，只限于熟练的或受过训练人员不用钥匙或工具就可以打开门或移去遮栏而靠近，电气工作区标有清晰的警告标志。

3.16

电子设备　electronic equipment

包含其运行依赖电子器件和元件电路的电气设备部件。

3.17

急停器件　emergency stop device

用手操动来引发急停功能的控制器件。

[GB 16754—2008,3.2]

注：见附录 E。

3.18

紧急断开器件　emergency switching off device

用手操动的,用来切断发生电击危险或其他有关电的危险的装置的部分或全部电源的控制器件。

3.19

封闭电气工作区　enclosed electrical operating area

电气设备用的隔间或位置,只限于熟练的或受过训练人员用钥匙或工具打开门或移去遮栏而靠近,电气工作区标有清晰的警告标志。

3.20

外壳　enclosure

为防护某些外来影响和防止任何方向直接接触而提供的设备防护部件。

注：取自现行 IEV 的定义,在本部分范围内需作如下解释：

1)　外壳为人或牲畜触及危险件提供保护；

2)　遮栏、孔型通道或用于防止或限制专用测试探头进入的任何其他装置,不论是附着在外壳上的还是由封闭的设备构成的,均可视为外壳的组成部分,除非它们不用钥匙或工具能移去。

3)　外壳可以是：

——安装在机械上或独立于机械的柜体或箱体；

——由机械结构上的封闭空间构成的壁龛。

3.21

设备　equipment

设备是一个通用术语,包括材料、装置、器件、用具、卡具、仪器以及涉及电气装置或用于电气装置的零件。

3.22

等电位联结　equipotential bonding

为了达到等电位,保证多个可导电部分间的电连接。

[IEV 195-1-10]

3.23

外露可导电部分　exposed conductive part

易触及的、正常工作状态不带电,但在故障情况下可能带电的电气设备的可导电部分。

[IEV 826-12-10,修订]

3.24

外部(界)可导电部分　extraneous conductive part

不是电气装置组成部分且易引入电位(通常是地电位)的导电体。

[IEV 826-12-11,修订]

3.25

失效　failure

执行某项规定能力的终结。

注 1：失效后，该功能项有故障。

注 2："失效"是一个事件，而区别于作为一种状态的"故障"。

注 3：本概念作为定义，不适用于仅有软件组成的功能项目。

[IEV191-04-01]

注 4：实际上，故障和失效这两个术语经常作同位语用。

3.26

故障　fault

不能执行某规定功能的一种特征状态。它不包括在预防性维护和其他有计划的行动期间，以及因缺乏外部资源条件下不能执行规定功能。

注 1：故障经常作为功能项本身失效的结果，但也许在失效前就已经存在。

注 2：英语用的术语"fault"及其定义与 IEV 191-05-01 给出的等同。在机械领域，这一术语法语用 "defaut"，德语用"Fehler"而不用术语"Panne"和"Fehlzustand"。

3.27

功能联结　functional bonding

等电位联结是为电气设备适合的功能所需要的。

3.28

危险　hazard

伤害身体或损害健康的潜在源。

注 1："危险"一词可由其起源(例如：机械危险和电气危险)，或其潜在伤害的性质(例如：电击危险、切割危险、中毒危险和火灾危险)进行限定。

注 2：危险有如下定义：

——危险既可以一直存在于机械的预期使用中(如危险运动部件的运动、焊接过程中的电弧、有害身体的工作姿势、噪声、高温等)。

——危险又可以意外发生(如爆炸、意外启动引起的挤压、泄漏引起的喷射、加减速引起的坠落等)。

[GB/T 15706.1—2007，3.6，修订]

3.29

间接接触　indirect contact

人或牲畜与故障情况下变为带电的外露可导电部分的接触。

[IEV 826-12-04，修订]

3.30

感应电源系统　inductive power supply system

感应电源传输系统是由磁轨转换器和磁轨导体组成，他们能沿着一个或多个提取器和关联的提取转换器移动，并没有任何电流产生或机械接触，其目的是为了传输电能(例如：可移式机械)。

注：磁轨导体和提取器分别类似于变压器的初级和次级线圈。

3.31

(电气)受过训练人员　(electrically) instructed person

一个受电气熟练人员指导和培训，能够觉查风险和避免电气危险的人。

[IEV 826-18-02，修订]

3.32

(安全防护)联锁　interlock (for safeguarding)

将防护装置或器件与控制系统互连和/或将全部或部分电能分配给机械的一种电路。

3.33

带电部分　live part

正常工作时带电的导线或导电体，包括中性导线 N，但规定不含 PEN 导体。

注：本术语不一定含有电击危险的意思。

3.34

机械致动机构 machine actuator

一种用于引起机械运动的动力机构。

3.35

机械(机器) machinery (machine)

由若干零、部件组合而成,其中至少有一个零件是可以运动的,并具有适当的机械操作执行机构、控制和动力电路等。它们的组合具有一定应用目的,如物料的加工、处理、搬运或包装等。

“机械”这一术语也包括机器的组合,即将同一应用目的的若干台机器安排、控制得如同一台完整机器那样发挥它们的功能。

[GB/T 15706.1—2007,3.1,修订]

注:在这用的“组合”这一术语在通常意义上不仅是电气部件的组合。

3.36

标记 marking

用于识别设备、元件和(或)器件的主要符号或铭牌,可能包括某些特征。

3.37

中性导线(符号 N) neutral conductor (symbol N)

连接到系统中性点上并能提供传输电能的导体。

[IEV 826-14-07,修订]

3.38

阻挡物 obstacle

用于防止无意的直接接触,但不能防止有意直接接触的一种部件。

3.39

过电流 overcurrent

超过额定值的各种电流。就导线而言额定值指载流容量。

[IEV 826-11-14,修订]

3.40

(电路的)过载 overload (of a circuit)

过载是指无故障情况下电路超过满载值时,电路内时间与电流的关系。

注:过载不宜用作过电流的同义词。

3.41

插头/插座组合 plug/socket combination

适用于导体端子,为连接和断开两个或多个导体的组件和适配组件。

注:插头/插座组合的示例包括:

——符合 IEC 61984 要求的连接器;

——符合 GB/T 11918 要求的电源插头和插座、电缆耦合器或器具耦合器;

——符合 GB 2099.1 的电源插头和插座或符合 GB 17465.1 要求的器具耦合器。

3.42

动力电路 power circuit

从电网向生产性操作的电气设备单元和控制电路变压器等供电的电路。

3.43

保护联结 protective bonding

为防止电击的等电位联结。

注:防止电击的措施也能减少灼伤或火灾的风险。

3.44

保护联结电路 protective bonding circuit

为防止因绝缘失效发生电击而连接在一起的保护导线和导体件。

3.45

保护导线(体) protective conductor

防止电击措施中所需用的一种导线,用于下列部分之间的电气连接:

——外露可导电部分;

——外部可导电部分;

——总接地端子。

[IEV 826-13-22,修订]

3.46

冗余技术 redundancy

多重器件或系统,用于确保一路失效时,另一路能有效地执行所要求的功能。

3.47

参照代号 reference designation

用于标识文件中和设备上项目的区别代码。

3.48

风险 risk

在危险状态下,可能损伤或危害健康的概率和程度的综合。

[GB/T 15706.1—2007,3.11,修订]

3.49

安全防护装置 safeguard

为保护人们避免危险而提供的防护装置或保护器件。

3.50

安全防护 safeguarding

使用安全防护装置保护人员的措施。这些保护措施使人员远离那些不能合理消除的危险或者通过本质安全设计方法无法充分减小的风险。

[GB/T 15706.1—2007,3.20]

3.51

维修站台 servicing level

操作或维修电气设备时,维护人员通常站立的台面。

3.52

短路电流 short-circuit current

由于电路中的故障或连接错误造成的短路而引起的过电流。

[IEV441-11-07]

3.53

(电气)熟练人员 (electrically) skilled person

有技术知识或充分经验,能够觉查风险和避免电气危险的人员。

[IEV 826-18-01,修订]

3.54

供方 supplier

提供电气设备或与机械有关的辅助装置的一个实体(如制造厂、承包商、安装者、组装者)。

注:用户自己也可作为供方。

3.55

开关电器 switching device

用于接通或断开一个或几个电路电流的电器。

[IEV441-14-01,修订]

注:开关器件可执行一个或两个这样的动作。

3.56

不可控停止 uncontrolled stop

通过切除机械致动机构的电源来停止机械的运动。

注:本术语并不意味着对其他停止器件做出任何的具体规定,如机械或液压式刹车机构。

3.57

用户 user

使用机械及其相关电气设备的实体。

4 基本要求

4.1 一般原则

本部分适用于各种机械和协同工作的机械群体的电气设备。

作为机械风险评价的整个技术要求的一部分,与电气设备危害有关的危险应进行评价。这将确定风险的充分降低,以及对可能遭受危害人员的必要保护措施,并要求机械及电气设备的性能保持在令人满意的水平。

危险情况起因有下列几种,但不限于这些:

——电气设备失效或故障,从而导致电击或电火的发生;

——控制电路(或者与其有关的元器件)失效或故障,从而导致机械误动作;

——电源的骚扰或中断,以及动力电路失效或故障造成的机械误动作;

——由于滑动或滚动接触的电路连续性损失,所引起的安全功能失效;

——由电气设备外部或内部产生的电骚扰(如电磁、静电),从而导致机械误动作;

——由存储的能量(电气或机械的)释放,从而导致例如电击、会引起伤害的非预期动作;

——噪声达到危害人员健康的程度;

——会引起伤害的外表温度。

安全措施包括设计阶段和要求用户配置的综合设施。

在设计和研制过程中,应首先识别源于机械及电气设备的危险和风险。由本质安全设计方法不能消除危险和/或充分降低风险的场合,应提供降低风险的保护措施(例如:安全防护)。在需要进一步降低风险的场合,应提供额外的方法(例如:警示方法),此外,降低风险的工作程序是需要的。

本部分推荐使用附录B的查询表以便于拟定用户和供方间的协议。协议是根据电气设备的有关基本条件和用户的附加技术要求而制定的,这些附加要求包括:

——根据机械(或一组机械)的类型和使用,提出附加的安全要点;

——便于维护或修理;

——提高操作的可靠性和简易性。

4.2 电气设备的选择

4.2.1 概述

电气设备和器件应:

——适应于它们预期的用途;和

——符合上述有关标准的规定;和

——按供方说明书要求使用。

4.2.2 符合 GB 7251 系列标准的电气设备

机械电气设备应满足机械风险评价所确定的安全要求。依据机械的预期使用和机械电气设备情况，设计者可选用符合 GB 7251 系列标准（见附录 F）的相关部分规定的机械电气设备部件。

注：GB 7251 系列标准规定的设备要求覆盖了尽可能宽的成套低压开关设备和控制设备应用范围。

4.3 电源

4.3.1 概述

电气设备应设计成能在下列电源条件下正常运行：

——按 4.3.2 或 4.3.3 规定的电源条件；

——按附录 B 由用户规定的电源条件；

——专用电源（如车载发电机）由供方规定。

4.3.2 交流电源

电压：稳态电压值为 0.9～1.1 倍标称电压。

频率：0.99～1.01 倍标称频率（连续的）。

0.98～1.02 倍标称频率（短时工作）。

谐波：2 次～5 次畸变谐波总和不超过线电压方均根值的 10%；对于 6 次～30 次畸变谐波的总和允许最多附加线电压方均根值的 2%。

不平衡电压：三相电源电压负序和零序成分都不应超过正序成分的 2%。

电压中断：在电源周期的任意时间，电源中断或零电压持续时间不超过 3 ms，相继中断间隔时间应大于 1 s。

电压降：电压降不应超过大于 1 周期的电源峰值电压的 20%，相继降落间隔时间应大于 1 s。

4.3.3 直流电源

由电池供电：

电压 0.85～1.15 倍标称电压。

0.7～1.2 倍标称电压（在用电池组供电的运输工具的情况下）。

电压中断时间 不超过 5 ms。

由换能装置供电：

电压 0.9～1.1 倍标称电压。

电压中断时间 不超过 20 ms，相继中断间隔时间应大于 1 s。

纹波电压（峰对峰） 不超过标称电压的 0.15 倍。

注：为了保证电气设备的正确工作，电源条件按 IEC 导则 106 变动。

4.3.4 专用电源系统

专用电源系统（如车载发电机）可以超过 4.3.2 和 4.3.3 所规定的限值，前提是设备应设计成在所提供的条件下能正常运行。

4.4 实际环境和运行条件

4.4.1 概述

电气设备应适应于其预期使用的实际环境和运行条件。4.4.2～4.4.8 规定的实际环境和运行条件范围覆盖了本部分包含的大多数机械。当实际环境和运行条件与下文规定范围不符时，供方（见 4.1）和用户可能有必要达成协议。

4.4.2 电磁兼容性（EMC）

电气设备产生的电磁骚扰不应超过其预期使用场合允许的水平。设备对电磁骚扰应有足够的抗扰度水平，以保证电气设备在预期使用环境中可以正确运行。

注 1：EMC 通用标准 GB/T 17799.1 或 GB/T 17799.2 和 GB 17799.3 或 GB 17799.4 给出了 EMC 通用的抗扰度和发射限值。

注 2：为确保电气和电子系统的 EMC 水平，IEC 61000-5-2 给出了其系统电缆和接地的指南。如果有产品标准（如 IEC 61496-1、IEC 61800-3、IEC 60947-5-2），产品标准优先于通用标准。

限制产生电磁骚扰（即传导和辐射的发射）的措施包括：

——电源滤波；

——电缆屏蔽；

——使射频辐射减至最小的外壳设计；

——射频抑制技术。

提高设备的抗扰度，抑制传导和射频辐射骚扰的措施包括：

——功能联结系统的设计，其应考虑如下要求：

- 敏感电路连接到底板的端子上，这种连接端子应使用 GB/T 5465.2—2008 中 5020 的图形符号标记：

- 底板接地的连接应使用尽可能短的低阻抗射频导线连接到底板接地。

——为将共模骚扰减至最小，将敏感电气设备或电路直接连接到 PE 电路或功能接地（FE）（见图 2）导体上。这种连接端子应使用 GB/T 5465.2—2008 中 5018 的图形符号标记：

——将敏感电路与骚扰源分离；

——使射频发射减至最小的外壳设计；

——EMC 布线规范：

- 采用双绞线以降低差模骚扰的影响；
- 敏感电路的导线与发射骚扰的导线保持足够的距离；
- 电缆交叉走线时，采用尽可能接近 90°的电缆定向走线；
- 电缆尽可能接近接地平板走线；
- 对于低射频阻抗端子采用静电屏蔽和/或电磁屏蔽。

4.4.3 环境空气温度

电气设备应能正常工作在预期使用环境空气温度 5 ℃～40 ℃范围内，对于非常热的环境（如热带气候、钢厂、造纸厂）及寒冷环境，需提出额外要求（见附录 B）。

4.4.4 湿度

当最高温度为 40 ℃，相对湿度不超过 50％时，电气设备应能正常工作。温度低则允许高的相对湿度如 20 ℃时为 90％。

要求采取正确的电气设备设计来防止偶然性凝露的有害影响，必要时采用适当的附加设施（如内装加热器、空调器、排水孔）。

4.4.5 海拔

电气设备应能在海拔 1 000 m 以下正常工作。

4.4.6 污染

电气设备应适当保护，以防固体物和液体的侵入（见 11.3）。

若电气设备安装处的实际环境中存在污染物（如灰尘、酸类物、腐蚀性气体、盐类物）时，电气设备应适当防护，供方与用户可能有必要达成专门协议（见附录 B）。

4.4.7 离子和非离子辐射

当设备受到辐射时（如微波、紫外线、激光、X 射线），应采取附加措施，以避免误动作和加速绝缘的老化。供方与用户可能有必要达成专门协议（见附录 B）。

4.4.8 振动、冲击和碰撞

应通过选择合适的设备，将它们远离振源安装或采取附加措施，以防止（由机械及其有关设备产生或实际环境引起的)振动、冲击和碰撞的不良影响。供方与用户可能有必要达成专门的协议(见附录B)。

4.5 运输和存放

电气设备应通过设计或采取适当的预防措施,以保障能经受得住在－25 ℃～＋55 ℃的温度范围内的运输和存放,并能经受温度高达70 ℃、时间不超过24 h的短期运输和存放。应采取防潮、防振和抗冲击措施,以免损坏电气设备。供方与用户可能有必要达成专门协议(见附录B)。

注:在低温下易损坏的电气设备包括PVC绝缘电缆。

4.6 设备搬运

由于运输需要与主机分开的、或独立于机械的重大电气设备,应提供合适的手段,以供起重机或类似设备操作。

4.7 安装

应按照供方说明书安装电气设备。

5 引入电源线端接法和切断开关

5.1 引入电源线端接法

建议把机械电气设备连接到单一电源上。如果需要用其他电源供电给电气设备的某些部分(如不同工作电压的电子设备),这些电源宜尽可能取自组成为机械电气设备一部分的器件(如变压器、换能器等)。对大型复杂机械包括许多以协同方式一起工作的且占用较大空间的机械,可能需要一个以上的引入电源,这要由场地电源的配置来定(见5.3.1)。

除非机械电气设备采用插头/插座直接连接电源处(见5.3.2e)),否则建议电源线直接连到电源切断开关的电源端子上。

使用中线时应在机械的技术文件(如安装图和电路图)上表示清楚,按16.1要求标记N,并应对中线提供单用绝缘端子(见附录B)。

在电气设备内部,中线和保护联结电路之间不应相连,也不应使用PEN兼用端子。

例外情况:TN-C系统电源到电气设备的连接点处,中线端子和PE端子可以相连。

所有引入电源端子都应按GB/T 4026—2004和16.1作出清晰的标记(外部保护导线端子的标识见5.2)。

5.2 连接外部保护接地系统的端子

电气设备应根据配电系统连接外部保护接地系统或连接外部保护导线,该连接的端子应设置在各引入电源有关相线端子的邻近处。

这种端子的尺寸应适合与表1规定截面积的外部铜保护导线相连接。

表1 外部保护铜导线的最小截面积

设备供电相线的截面积 S/mm^2	外部保护导线的最小截面积 S_P/mm^2
$S \leqslant 16$	S
$16 < S \leqslant 35$	16
$S > 35$	$S/2$

如果外部导线不是铜的,则端子尺寸应适当选择(见8.2.2)。

每个引入电源点,连接外部保护接地系统或外部保护导线的端子应加标志或用字母标志PE来标记(见GB/T 4026—2004)。

5.3 电源切断(隔离)开关

5.3.1 概述

下列情况应装电源切断开关:

——机械的每个引入电源;

注：引入电源可直接连接到机械或通过供电系统供电。机械的供电系统可包含导线、导体排、汇流环、软电缆系统(卷绕式的、花彩般垂挂的)或感应供电电源系统；

——每个车载电源。

当需要时(如机械及电气设备工作期间)电源切断开关将切断(隔离)机械电气设备的电源。

当配备两个或两个以上的电源切断开关时，为了防止出现危险情况，包括损坏机械或加工件，应采取联锁保护措施。

5.3.2 型式

电源切断开关应是下列型式之一：

a) 符合 GB 14048.3—2008 的隔离开关，使用类别 AC-23B 或 DC-23B；

b) 符合 GB 14048.3—2008 的隔离器，带辅助触点的隔离器，在任何情况下辅助触点都使开关器件在主触点断开之前先切断负载电路；

c) 绝缘符合 GB 14048.2—2008 的断路器；

d) 任何符合 IEC 产品标准和满足 GB 14048.1—2008 隔离要求，又在产品标准中定义适合作为电动机负荷开关或其他感应负荷应用类别的开关电器；

e) 通过软电缆供电的插头/插座组合。

5.3.3 技术要求

当电源切断开关采用 5.3.2a)～d)规定的型式之一时，它应满足下述全部要求：

——把电气设备从电源上隔离，仅有一个“断开”和“接通”位置，清晰地标记“○”和“|”(GB/T 5465.2—2008 中 5008 和 GB/T 5465.2—2008 中 5007 符号，见 10.2.2)；

——有可见的触头间隙或位置指示器并已满足隔离功能的要求，指示器在所有触头没有确实断开前不能指示断开(隔离)；

——有一个外部操作装置(如手柄)，(例外：动力操作的开关设备有其他办法断开的场合，这种操作不必一定要从电柜外部进行)。在外部操作装置不打算供紧急操作使用场合时，外部操作装置的颜色最好使用黑色或灰色(见 10.7.4 和 10.8.4)；

——在断开(隔离)位置上提供能锁住的机构(如挂锁)。锁住时，应防止遥控及在本地使开关闭合；

——切断电源电路的所有带电导线。但对于 TN 电源系统，中线可以切断也可以不切断。有些国家采用中线时强制要求切断中线除外；

——有足以切断最大电动机堵转电流及所有其他电动机和负载的正常运行电流总和的分断能力。计算的分断能力可以用验证过的差异因素适当降低。

当电源切断开关是插头/插座组合时，应满足下列要求：

——有切换能力的或有分断能力的联锁开关电器，要有足以切断最大电动机堵转电流及所有其他电动机和负载的正常运行电流总和的分断能力。计算的分断能力可以用验证过的差异因素适当降低。当联锁开关电器为电动操作(例如：接触器)时，其应具有与之相适应的使用类别；

——13.4.5 中的 a)～f)。

注：符合 GB/T 11918—2001 要求的插头/插座、电缆耦合器或器具耦合器可满足这些要求。

在电源切断开关为插头/插座组合场合，应提供适当使用类别的开关电器用于机械的“通”和“断”。采用上述联锁的开关电器可达到这一要求。

5.3.4 操作装置

电源切断开关的操作装置(例如：手柄)应容易接近，应安装在维修站台以上 0.6 m～1.9 m 间。上限值建议为 1.7 m。

注：GB 18209.3 给出了操作方向要求。

5.3.5 例外电路

下列电路不必经电源切断开关切断：

——维修时需要的照明电路；

——供给维修工具和设备(如手电钻、试验设备)专用连接的插头/插座电路；

——仅用于电源故障时自动脱扣的欠压保护电路；

——为满足操作要求宜经常保持通电的设备电源电路(如温度控制测量器件、加工中的产品加热器、程序存储器件)；

——联锁控制电路。

但是建议给这些电路配备自己的切断开关。

这种不通过电源切断开关切断的电路应满足下列要求：

——在电源切断开关邻近设置符合16.1要求的永久性警告标志；

——在维修说明书中相应说明，并应提供下列一项或多项内容：

- 在每个例外电路附近设置符合16.1要求的永久性警告标志；或
- 使例外电路与其他电路隔离；
- 用颜色标识导线时，应考虑13.2.4推荐的颜色。

5.4 防止意外起动的断开器件

应配备防止意外起动的断开器件(如维修期间机械或机械部件的起动可能发生危险)。

这些器件应方便、适用，安装位置合适并易于识别他们的功能和用途(例如：必要时用符合16.1要求的耐久标记)。

注1：本部分未提出全部防止意外起动的规定(见GB 19670)。

应采取措施防止这些器件来自控制器或其他位置的疏忽或错误的闭合(见5.6)。

满足隔离功能的下列器件可满足这些要求。

——5.3.2所述的器件；

——仅限于安装在封闭的电气工作区(见3.19)的隔离器、可插拔式熔断体或可插拔式连接件。

不能满足隔离功能的器件(如用控制电路切断的接触器)，这种器件仅宜用于下述场合：

——检查；

——调整；

——电气设备作业场合为：

- 无电击(见第6章)和灼伤的危害；
- 整个作业中切断方法保持有效；
- 辅助性质的作业(如不扰乱现存配线就可更换插入式器件)。

注2：根据风险评价选择器件，并考虑器件的预期使用，例如：装在封闭的电气工作区使用的隔离器、可插拔式熔断体或可插拔式连接件由清洁工人[见17.2b)12)]操作是不恰当的。

5.5 断开电气设备的器件

当电气设备要求断开和隔离时，应配备电气设备的断开(隔离)器件使其工作。这样的断开器件应满足以下条件：

——对预期使用适当而方便；

——安排合适；

——对电气设备的电路或部件进行维修时可以快速识别(例如：在必要处设置符合16.1要求的永久性标志)。

应提供措施以防止断开器件来自控制器和(或)其他位置因疏忽或错误的闭合(也见5.6)。

电源切断开关(见5.3)在有些情况下能满足切断功能的要求。而有些场合需要由公共汇流排、汇流线或感应电源系统向机械电气设备的单独工作部件或向多台机械馈电时，应该为需要隔离开的每个部件或每台机械配备断开器件。

除电源切断开关器件外，下列器件可以达到断开的目的和满足切断功能要求。

——5.3.2 所述器件；

——仅限于安装在电气工作区(见 3.15)的隔离器、可插拔式熔断体或可插拔式连接件，并随电气设备提供相关信息[见 17.2b)9)和 b)12)]。

注：已提供符合 6.2.2c)电击防护的场合，可插拔式熔断体或可插拔式连接件由熟练或受过训练的人员使用。

5.6 对未经允许、疏忽和错误连接的防护

装在封闭电气工作区外的 5.4 和 5.5 所述器件在其断开位置(或断开状态)应提供安全措施(例如：提供挂锁、陷阱钥匙联锁)，这种安全措施应防止遥控及在本地使开关闭合。

非锁住断开器件(如可插拔式熔断体或可插拔式连接件)，可采用其他防止连接的保护措施(例如：符合 16.1 警告标志)。

但是，按照 5.3.2e)使用插头/插座时，只要其位置处于工作人员即时监督之下，不需要提供断开位置的保护措施。

6 电击防护

6.1 概述

电气设备应具备在下列情况下保护人们免受电击的能力：

——直接接触(见 6.2 和 6.4)；

——间接接触(见 6.3 和 6.4)。

建议采用 6.2、6.3 和 6.4 中 PELV 规定的防护措施，这些规定源于 GB 16895.21—2004。这些防护措施不适用的场合，例如：由于实际或运行条件，可以采用 GB 16895.21—2004 的其他措施。

6.2 直接接触的防护

6.2.1 概述

电气设备的每个电路或部件，无论是否采用 6.2.2 或 6.2.3 规定的措施，都应采用 6.2.4 的规定。

例外：在这些防护措施不适用的场合，可以采用 GB 16895.21—2004 所定义的其他直接接触的防护措施(如使用遮栏或外护物，置于伸臂范围以外的防护，使用阻挡物，使用结构或安装防护通道技术)(见 6.2.5 和 6.2.6)。

当电气设备安装在任何人(包括儿童)都能打开的地方，采用 6.2.3 或 6.2.2 中的防护措施，其直接接触的防护等级应采用至少 IP4X 或 IPXXD(见 GB 4208—2008)。

6.2.2 用外壳作防护

带电部件应安装在符合第 4 章、第 11 章和第 14 章有关技术要求的外壳内，直接接触的最低防护等级为 IP2X 或 IPXXB(见 GB 4208—2008)。

如果壳体上部表面是容易接近的，直接接触的最低防护等级应为 IP4X 或 IPXXD。

只有在下列的一种条件下才允许开启外壳(即开门、罩、盖板等)：

a) 应使用钥匙或工具开启外壳，对于封闭电气工作区要求见 GB 16895.21—2004 或 GB 7251.1—2005。

注 1：钥匙或工具的使用是为限制熟练或受过训练的人员进入[见 17.2b)12)]。

当设备需要带电对电器重新调整或整定时，可能触及的所有带电部件，其防止直接接触的防护等级应至少为 IP2X 或 IPXXB。门内其他带电部件防止直接接触的防护等级应至少为 IP1X 或 IPXXA。

b) 开启外壳之前先切断其内部的带电部件。

这个技术要求可由门与切断开关(如电源切断开关)的联锁机构来实现，使得只有在切断开关断开后才能打开门，以及把门关闭后才能接通开关。

例外：下列情况可用供方规定的专门器件或工具解除联锁：

——当解除联锁时，不论什么时候都能断开切断开关并在断开位置锁住切断开关或其他防止未经允许闭合切断开关；

——当关上门时，联锁功能自动恢复；

——当设备需要带电对电器重新调整或整定时，可能触及的所有带电部件，其防止直接接触的防护等级至少为 IP2X 或 IPXXB，以及门内其他带电部件防止直接接触的防护等级至少为 IP1X 或 IPXXA；

——随电气设备提供相关信息[见 17.2b)9)和 b)12)]。

注 2：专门器件或工具的使用仅限于熟练或受过训练的人员[见 17.2b)12)]。

电柜背后门未与断开机构直接联锁时，应提供措施限制熟练或受过训练的人员[见 17.2b)12)]接近带电体。

切断开关断开后所有仍然带电的部件(见 5.3.5)应防护，其直接接触的防护等级应至少为 IP2X 或 IPXXB(见 GB 4208—2008)。这些部件应按 16.2.1 规定标明警告标志(按颜色标识导线见 13.2.4)。

以下情况除外：

——仅由于连接联锁电路而可能带电的部件和用颜色区分可能带电的部件应符合 13.2.4 规定；

——若电源切断开关单独安装在独立的外壳中，它的电源端子可以不遮盖。

c) 只有当所有带电件直接接触的防护等级至少为 IP2X 或 IPXXB 时(见 GB 4208—2008)，才允许不用钥匙或工具和不切断带电部件去开启外壳。用遮栏提供这种防护条件时，要求使用工具才能拆除遮栏，或拆除遮栏时所有被防护的带电部分能自动断电。

注 3：在防止直接接触达到 6.2.2c)要求，以及手动操动器件(例如：手动闭合接触器或继电器)可能导致危险的场合，这种操动方式应提供需要工具才能除去的遮栏或阻挡物的防护措施。

6.2.3 用绝缘物防护带电体

带电体应用绝缘物完全覆盖住，只有用破坏性办法才能去掉绝缘层。在正常工作条件下绝缘物应能经得住机械的、化学的、电气的和热的应力作用。

注：油漆、清漆、喷漆和类似产品，不适于单独用作防护正常工作条件下的电击。

6.2.4 残余电压的防护

电源切断后，任何残余电压高于 60 V 的带电部分，都应在 5 s 之内放电到 60 V 或 60 V 以下，只要这种放电速率不妨碍电气设备的正常功能(元件存储电荷小于等于 60 μC 时可免除此要求)。如果这种防护办法会干扰电气设备的正常功能，则应在容易看见的位置或在装有电容的外壳邻近处，作耐久性警告标志提醒注意危害，并说明在打开门以前的必要延时。

对插头/插座或类似的器件，拔出它们会裸露出导体件(如插针)，放电时间不应超过 1 s，否则这些导体件应加以防护，直接接触的防护等级至少为 IP2X 或 IPXXB。如果放电时间不小于 1 s，最低防护等级又未达到 IP2X 或 IPXXB(例如：有关汇流线、汇流排或汇流环装置涉及的可移式集流器，见 12.7.4)的器件，应采用附加的断开器件或适当的警告措施(例如：符合 16.1 要求的警告标志)。

6.2.5 用遮栏的防护

用遮栏的防护见 GB 16895.21—2004 中 412.2。

6.2.6 置于伸臂以外的防护或用阻挡物的防护

置于伸臂以外的防护见 GB 16895.21—2004 中 412.4。用阻挡物的防护见 GB 16895.21—2004 中 412.3。

若汇流线系统和汇流排系统的防护等级低于 IP2X 见 12.7.1。

6.3 间接接触的防护

6.3.1 概述

间接接触(3.29)防护用来预防带电部分与外露可导电部分之间因绝缘失效时所产生的危险情况。

对电气设备的每个电路或部件，至少应采用 6.3.2、6.3.3 规定的措施之一。

——防止出现危险触摸电压(6.3.2)；或

——触及触摸电压可能造成危险之前自动切断电源(6.3.3)。

注1：由触摸电压引起有害的生理效应的风险取决于触摸电压及可能暴露的持续时间。

注2：设备和保护措施的分类见 GB/T 17045—2008。

6.3.2 出现触摸电压的预防

6.3.2.1 概述

防止出现危险触摸电压有下列措施：

——采用Ⅱ类设备或等效绝缘；

——电气隔离。

6.3.2.2 采用Ⅱ类设备或等效绝缘作防护

这种措施用来预防由于基本绝缘失效而出现在易接近部件上的触摸电压。

这种保护应用下述一种或多种措施来实现：

——采用Ⅱ类电气设备或器件(双重绝缘、加强绝缘或符合 GB/T 17045—2008 的等效绝缘)；

——按 GB 7251.1—2005 采用具有完整绝缘的成套开关设备和控制设备组合；

——按 GB 16895.21—2004 中 413.2 使用附加的或加强的绝缘。

6.3.2.3 采用电气隔离作防护

单一电路的电气隔离，用来防止该电路的带电部分基本绝缘失效时的触摸电压在触及外露可导电部分而引起的电击电流。

这种防护型式应符合 GB 16895.21—2004 中 413.5 的要求。

6.3.3 用自动切断电源作防护

在故障情况下这种措施，是经保护器件自动操作切断一路或多路相线。切断应在极短时间内出现，以限制触摸电压使其在持续时间内没有危险。附录 A 给出了切断时间。

这种措施需协调以下几方面要求：

——电源接地系统型式；

——不同地基的保护联结系统的接地阻抗值；

——检测绝缘故障保护器件的特性。

出现绝缘故障后，受其影响的任何电路的电源自动切断，为了防止来自触摸电压引起的危险情况。

这种措施包括以下两方面：

——外露可导电部分的保护联结(见 8.2.3)；

——下列任一种方法：

a) 在 TN 系统中，检测到绝缘故障时过电流保护器件自动切断电源；或

b) 在 TT 系统中，检测到带电部分对外露可导电部分或对地的绝缘故障时，引发残余电流保护器件自动切断电源。

c) 采用绝缘监测或残余电流保护器件引发 IT 系统自动断开。除外：如果设置的保护器件在首次接地故障情况下切断电源，应提供绝缘监测器件，以指示来自带电部分对外露可导电部分或对地发生的首次故障。这种绝缘监测器件应引发听觉的和/或视觉的信号，随故障持续而连续。

注：在大型机器中，接地故障定位系统的预防措施能便于设备的维护。

配有按照 a)要求的自动切断，而不能确保在 A.1 规定的时间内切断的场合，应提供满足 A.3 要求所必需的辅助联结。

6.4 采用 PELV 的保护

6.4.1 基本要求

采用 PELV(保护特低电压)保护人身免于间接接触和有限区间直接接触的电击防护见 8.2.5。

PELV 电路应满足下列全部条件：

a) 标称电压不应超过：

——当设备在干燥环境正常使用，带电部分与人体无大面积接触时，不超过 25 V a.c 方均根值或 60 V d.c 无纹波；

——其他情况，6 V a.c 方均根值或 15 V d.c 无纹波。

注：无纹波一般定义为正弦波的纹波电压其纹波含量不超过 10% 方均根值。

b) 电路的一端或该电路电源的一点应连接到保护联结电路上。

c) PELV 电路的带电体应与其他带电回路电气隔离。电气隔离不应低于安全隔离变压器初级和次级电路之间的技术要求（见 GB 19212.1—2008 和 GB 19212.7—2006）。

d) 每个 PELV 电路的导线应与其他电路导线相隔离。这项要求做不到时，按 13.1.3 的隔离规定。

e) PELV 电路用插头/插座应遵守下列规定：

1) 插头应不能插入其他电压系统的插座；

2) 插座应不接受其他电压系统的插头。

6.4.2 PELV 电源

PELV 电源应为下列的一种：

——符合 GB 19212.1—2008 和 GB 19212.7—2006 要求的安全隔离变压器；

——安全等级等效于安全隔离变压器的电流源（如带等效绝缘绕组的发电机）；

——电化学电源（如电池）或其他独立的较高电压电路电源（如柴油发电机）；

——符合适用标准的电子电源，该标准规定要采取的措施，以保证即使出现内部故障输出端子的电压也不超过 6.4.1 的规定值。

7 电气设备的保护

7.1 概述

本章详述了电气设备的保护措施：

——由于短路而引起的过电流；

——过载和或电动机冷却功能损失；

——异常温度；

——失压或欠电压；

——机械或机械部件超速；

——接地故障/残余电流；

——相序错误；

——闪电和开关浪涌引起的过电压。

7.2 过电流保护

7.2.1 概述

机械电路中的电流如会超过元件的额定值或导线的载流能力，则应按下面的叙述配置过电流保护。使用的额定值或整定值在 7.2.10 中详述。

7.2.2 电源线

除非用户另有要求，否则电气设备供方不负责向电气设备电源线提供过电流保护器件。（见附录 B）

电气设备供方应在安装图上说明这种过电流保护器件的必要数据（见 7.2.10、17.4）。

7.2.3 动力电路

每根带电导线应装设过电流检测和过电流断开器件并按 7.2.10 选择。

下列导线在所有关联的带电导线未切断之前不应断开。

——交流动力电路的中性导线；

——直流动力电路的接地导线；

——连接到活动机器的外露可导电部分的直流动力导线。

如果中线的截面积至少等于或等效于有关相线，则在中线上不必设置过电流检测和切断器件。

对于截面积小于有关相线的中线，应采取 IEC 60364-5-52 中 524 所述的保护措施。

在 IT 系统中，建议不采用中线，然而，如果采用中线时，应采取 IEC 60364-4-43 中 431.2.2 所述的保护措施。

7.2.4 控制电路

直接连接电源电压的控制电路和由控制电路变压器供电的电路，其导线应依照 7.2.3 配置过电流保护。

由控制电路变压器或直流电源供电的控制电路导线应提供防止过电流保护措施（也见 9.4.3.1）：

——在控制电路连接到保护联结电路场合，在设有开关的导线上插接过电流保护器件；

——在控制电路未连接到保护联结电路场合：

  ——当所有的控制电路中采用相同截面积导线时，在设有开关的导线上插接过电流保护器件；

  ——当不同的分支控制电路采用不同截面积导线时，在设有开关的导线和各分支电路的公共导线都应插接过电流保护器件。通过变压器供电的控制电路，副边线圈一侧接保护联结电路，过电流保护器件仅要求设在另一侧电路导线上。

7.2.5 插座及其有关导线

主要用来给维修设备供电的通用插座，其馈电电路应有过电流保护。

这些插座的每个馈电电路的未接地带电导线上均应设置过电流保护器件。

7.2.6 照明电路

供给照明电路的所有未接地导线，应使用单独的过电流保护器件防护短路，与防止其他电路的防护器件分离开。

7.2.7 变压器

变压器应按照制造厂说明书设置过电流保护。这种保护（见 7.2.10）应避免：

——变压器合闸电流引起误跳闸；

——受二次侧短路的影响使绕组温升超过变压器绝缘等级允许的温升值。

过电流保护器件的型式和整定值应按照变压器供方的推荐值。

7.2.8 过电流保护器件的设置

过电流保护器件应安装在导线截面积减小或导线载流容量减小处。满足下列条件的场合除外：

——支线路载流容量不小于负载所需容量；

——导线载流容量减小处与连接过电流保护器件处之间导线长度不大于 3 m；

——采用减小短路可能性的方法安装导线，例如：导线用外壳或通道保护。

7.2.9 过电流保护器件

额定短路分断能力应不小于保护器件安装处的预期故障电流。流经过电流保护器件的短路电流除了来自电源的电流还包括附加电流（如来自电动机、功率因数补偿电容器），这些电流均应考虑进去。

如果在电源侧已设有保护器件（如电源线过电流保护器件见 7.2.2），且具有必要的分断能力，则负载侧允许选用较小分断能力的保护器件。此时，两套器件的特性应相互协调，以便经过两套串接器件的能量不超过能耐受值，不损伤负载侧过电流保护器件和由其保护的导线（见 GB 14048.2—2008 中的附录 A)。

注：使用这种协调安排的过电流保护器件可能会引起两个过电流保护器件工作。

如果采用熔断器作为过电流保护器件，应选取用户地区容易买到的类型或为用户安排备件的供应。

7.2.10 过电流保护器件额定值和整定值

熔断器的额定电流或其他过电流保护器件的整定电流应选择得尽可能小，但要满足预期的过电流通过，例如电动机起动或变压器合闸期间。选择这些器件时应考虑到控制开关电器由于过电流引起损坏的保护问题，如防备控制开关电器触点的熔焊。

过电流保护器件的额定电流或整定电流取决于受保护导线的载流能力，该保护导线应符合 12.4、D.2 和最大允许切断时间 t(按照 D.3 的要求)。应考虑到与保护电路中其他电器件协调的要求。

7.3 电动机的过热保护

7.3.1 概述

额定功率大于 0.5 kW 以上的电动机应提供电动机过热保护。

例外：

在工作中不允许自动切断电动机运转的场合(如泵起火)，这种检测方式应发出报警信号，使操作者能够响应。

电动机的过热保护可由下列来实现：

——过载保护(7.3.2)；

注 1：过载保护器件检测电路负载超过容量时电路中时间-电流间的关系(I^2t)，同时作适当的控制响应。

——超温度保护(7.3.3)；

注 2：温度检测器件可检测温度过高并引发适当的控制响应。

——限流保护(7.3.4)。

应防止过热保护复原后任何电动机自行重新起动，以免引起危险情况，损坏机械或加工件。

7.3.2 过载保护

在提供过载保护的场合，所有通电导线都应接入过载检测，中线除外。然而，在电缆过载保护(也见 D.2)未采用电动机过载检测的场合，过载检测器件数量可按用户的要求(也见附录 B)减少。对于单相电动机或直流电源，检测器件只允许用在一根未接地通电导线中。

若过载是用切断电路的办法作为保护，则开关电器应断开所有通电导线，但中线除外。

对于特殊工作制要求频繁起动、制动的电动机(如快速移动、锁紧、快速退回、灵敏钻孔等电动机)，由于保护器件与被保护绕组的时间常数相互差异较大，配置过载保护可能是困难的。需要采用为特殊工作制电动机或超温度保护(见 7.3.3)专门设计的保护器件。

对于不会出现过载的电动机(例如：由机械过载保护器件保护或有足够容量的力矩电动机和运动驱动器)不要求过载保护。

7.3.3 超温度保护

在电动机散热条件较差的场合(如尘埃环境)，建议采用带超温度保护的电动机(见 GB/T 13002)。根据电动机的型式，如果在转子失速或缺相条件下超温度保护不总是起作用，则应提供附加保护。

在可能存在超温度场合(如散热不好)，对于不会出现过载的电动机也建议设置超温度保护(如由机械过载保护器件保护或有足够容量的力矩电动机和运动驱动器)。

7.3.4 限流保护

在三相电动机中用电流限制方法达到防止过热的场合，电流限制器件的数量可从 3 个减小到 2 个(见 7.3.2)。对于单相交流电动机或直流电源，电流限制器件只允许用在未接地带电导线中。

7.4 异常温度的保护

正常运行中可能达到异常温度以致会引起危险情况的发热电阻或其他电路(例如:由于短时间工作制或冷却介质不良),应提供恰当的检测,以引发适当的控制响应。

7.5 对电源中断或电压降落随后复原的保护

如果电压降落或电源中断会引起危险情况、损坏机械或加工件,则应在预定的电压值下提供欠压保护(例如断开机械电源)。

若机械运行允许电压中断或电压降落一短暂时刻,则可配置带延时的欠压保护器件。欠压保护器件的工作,不应妨碍机械的任何停车控制的操作。

应防止电压复原或引入电源接通后机械的自行重新起动,以免引起危险情况。

如果仅是机械的一部分或以协作方式同时工作的一组机械的一部分受电压降落或电源中断的影响,则欠压保护应激发适当的控制响应。

7.6 电动机的超速保护

如果超速能引起危险情况,则应按 9.3.2 所考虑到的措施办法提供超速保护。超速保护应激发适当的控制响应,并应防止自行重新起动。

超速保护的运行方式应使电动机的机械速度限值或其负载不被超过。

注:这种保护例如由离心式开关或速度极限监视器组成。超速保护的工作方式应不超过监视器的机械速度极限或其负载。

7.7 接地故障/残余电流保护

除 6.3 中所述接地故障/残余电流用自动切断电源作保护外,本节保护用于降低由于接地故障电流小于过电流保护检测水平而对电气设备造成的危险。

保护器件的整定值只要满足电气设备正确运行应尽可能小。

7.8 相序保护

电源电压的相序错误会引起危险情况或损坏机械,故应提供相序保护。

注:下列使用条件可能引起相序错误:

——机械从一个电源转接至另一个电源;

——活动式机械配备有连接外部电源设施。

7.9 闪电和开关浪涌引起过电压的防护

闪电和开关浪涌引起的过电压效应可用保护器件防护。

应提供的场合:

——闪电过电压抑制器应连接到电源切断开关的引入端子。

——开关浪涌过电压抑制器应连接到所有要求这种保护设备的端子。

8 等电位联结

8.1 概述

本章提出保护联结和功能联结两者的要求。图 2 说明这些概念。

保护联结是为了保护人员防止来自间接接触的电击,是故障防护的基本措施(见 6.3.3 和 8.2)。

功能联结(见 8.3)的目的是为尽量减小:

——绝缘失效影响机械运行的后果;

——敏感电气设备受电骚扰而影响机械运行的后果。

通常的功能联结可由连接到保护联结电路来实现,对于电气设备的适当功能,而对保护联结电路的电骚扰水平不是足够低的场合,有必要将功能联结电路连接到单独的功能接地导体上(见图 2)。

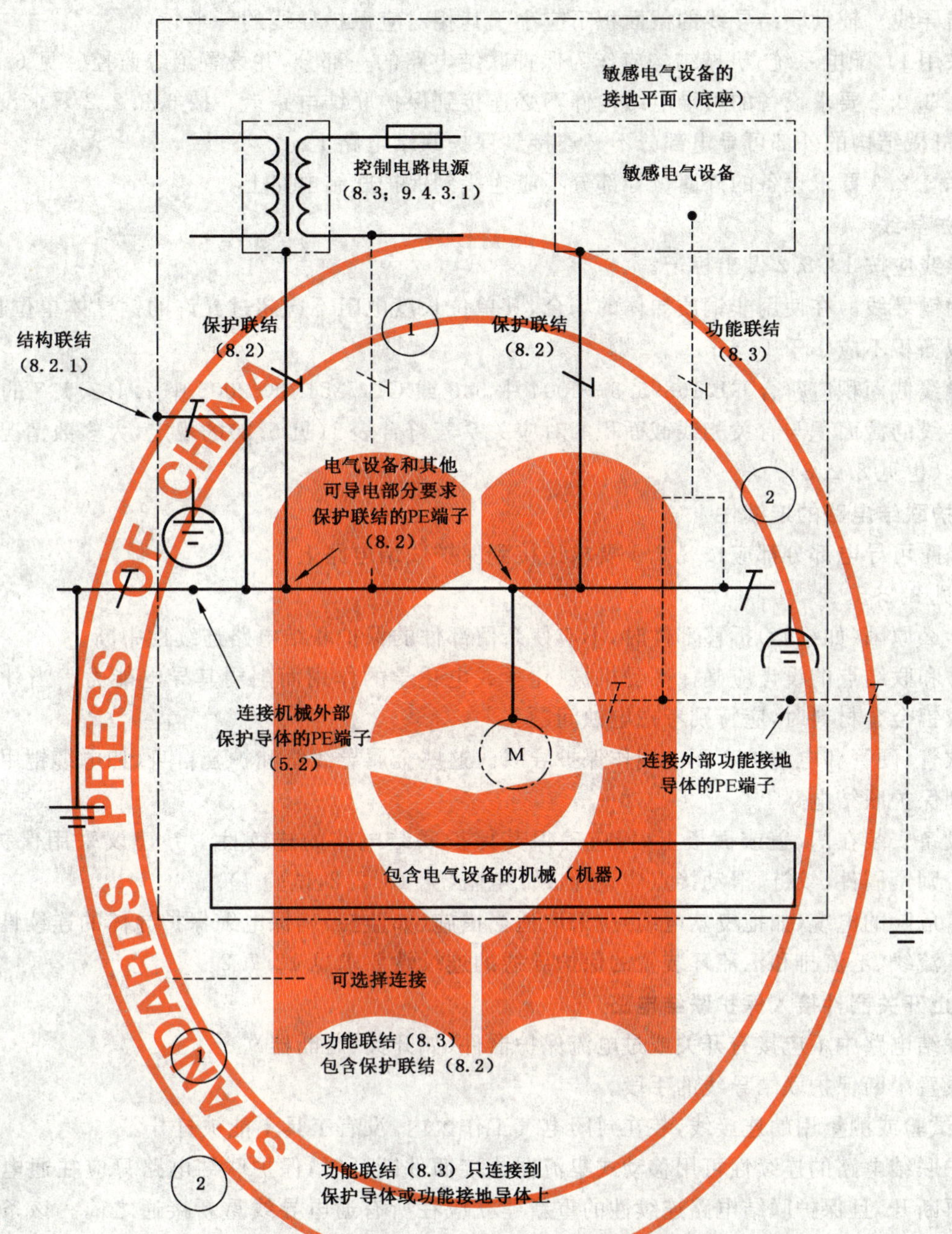

注：“功能接地导体”原先叫做“无噪声接地导线”和“FE”端子原先称为“TE”(见 GB/T 4026)。

图 2　机械电气设备等电位接地示例

8.2　保护联结电路

8.2.1　概述

保护联结电路由下列部分组成：

——PE 端子(见 5.2)；

——机械设备上的保护导线，包括电路的滑动触点；

——电气设备外露可导电部分和可导电结构件；

——机械结构的外部可导电部分。

保护联结电路所有部件的设计，应能够承受保护联结电路中由于流过接地故障电流所造成的最高热应力和机械应力。

电气设备或机械的结构件的电导率小于连接到外露可导电部分最小保护导线的电导率场合，应设辅助的联结导线。辅助联结导线的截面积不应小于其相对应保护导线的一半。

如果采用IT配电系统，机械结构应作为保护联结电路的一部分，并设置绝缘监控。见6.3.3c)。

符合6.3.2.2要求设备的可导电结构件不必连接到保护联结电路上。按6.3.2.2要求设置的所有设备，构成机械结构的外部可导电部分不必连接到保护联结电路上。

符合6.3.2.3要求设备的外露可导部分不应连接到保护联结电路上。

8.2.2 保护导线

保护导线应按13.2.2做出标记。

应采用铜导线。在使用非铜质导体的场合，其单位长度电阻不应超过允许的铜导体单位长度电阻，并且它的截面积不应小于16 mm^2。

保护导线截面积应符合GB 16895.3—2004中543或GB 7251.1—2005中7.4.3.1.7的规定。

保护导线的截面积与有关相线截面积的对应关系若符合表1(见5.2)的规定，大多数情况下都能满足这个要求(也见8.2.8)。

8.2.3 保护联结电路的连续性

所有外露可导电部分都应按8.2.1要求连接到保护联结电路上。

例外：见8.2.5。

无论什么原因(如维修)拆移部件时，不应使余留部件的保护联结电路连续性中断。

连接件和联结点的设计应确保不受机械、化学或电化学的作用而削弱其导电能力。当外壳和导体采用铝材或铝合金材料时，应特别考虑电蚀问题。

金属软管、硬管和电缆护套不应用作保护导线。这些金属导线管和护套自身(如电缆铠甲、铅护套)也应连接到保护联结电路上。

电气设备安装在门、盖或面板上时，应确保其保护联结电路的连续性。并建议采用保护导线(见8.2.2)。否则紧固件、绞链、滑动接点应设计成低电阻(见18.2.2，试验1)。

有裸露危险的电缆(如拖曳软电缆)应采取适当措施(如监控)确保电缆保护导体的连续性。

使用汇流线、汇流排和汇流环装置的保护导线的连续性要求见12.7.2。

8.2.4 禁止开关器件接入保护联结电路

保护联结电路中不应接有开关或过电流保护器件(如开关、熔断器)。

不应设置中断保护联结导线的手段。

例外：试验或测量用的连接线，装在封闭电气工作区内，没有工具不能被打开。

当保护联结电路的连续性可用移动式集流器或接插件断开时，保护联结电路只应在通电导线全部断开之后再断开，且保护联结电路连续性的重新建立应在所有通电导线重新接通之前。该条规定也适用于可移动的或可插拔的插入式器件(见13.4.5)。

8.2.5 不必连接到保护联结电路上的零件

有些零件安装后不会构成危险，那么就不必把它的裸露导体部分连接到保护联结电路上，例如：

——不能大面积触摸到或不能用手握住和尺寸很小(小于约50 mm×50 mm)的零件；

——位于不大可能接触带电体的位置或绝缘不易于失效的零件。

这适用于螺钉、铆钉和铭牌等小零件，以及装在电柜内的与尺寸大小无关的零件(如接触器或继电器的电磁铁、器件的机械部分)(也见GB 16895.21—2004中410.3.3.5)。

8.2.6 保护导线的连接点

所有保护导线应按13.1.1进行端子连接。保护导线连接点不应有其他的作用如缚系或连接用具零件。

每个保护导线接点都应有标记或标签，采用GB/T 5465.2—2008中5019符号：

或用PE字母,图形符号优先,或用黄/绿双色组合,或这些的任一组合进行标记。

8.2.7 活动机械

带车载电源的活动机械,电气设备的可导电结构件、保护导线,以及那些机械结构的外部可导电部分,应全部连接到保护联结端子上以防电击。也能从外部引入电源的活动机械,其保护联结端子应为外部保护导线的连接点。

注:当电源为设备的固定、活动或可移动物件内自带的,或无外部引入电源的(例如:当未连接车载电池充电器时),这种设备不必连接到外部保护导线。

8.2.8 电气设备对地泄漏电流大于10 mAa.c.或d.c.的附加保护联结要求

注1:对地泄漏电流定义为"在无绝缘故障情况下,从装置的带电部分流入地的电流,"(IEV 442-01-24),这种电流可以有电容成分,包括有意使用电容产生的电流。

注2:大多数符合IEC 61800相关分部要求的调速电气传动系统,其对地泄漏电流大于3.5 mAa.c.。调速电气传动系统对地泄漏电流的测定,按IEC 61800-5-1标准中型式试验规定的触摸电流测量方法要求进行。

当电气设备(如可调速电气传动系统和信息技术设备)的对地泄漏电流大于10 mAa.c.(或d.c.)时,在任一引入电源处有关保护联结电路应满足下列一项或多项要求。

a) 保护导线全长的截面积应大于10 mm^2(铜质)或16 mm^2(铝质)。

b) 当保护导线的截面积小于10 mm^2(铜质)或16 mm^2(铝质)时,应提供第二保护导线,其截面积不应小于第一保护导线,达到两保护导线截面积之和不小于10 mm^2(铜质)或16 mm^2(铝质)。

注3:这可能要求电气设备提供连接第二保护导线的独立接地端子。

c) 在保护导线连续性损失的情况下,电源应自动断开。

为防止产生电磁骚扰问题,4.4.2有关要求也适用于设双重保护导线的设备。

另外,在PE端子附近,需要时,临近电气设备铭牌的地方应设警告标志。按17.2b)1)要求提供的信息应包括泄漏电流和外部保护导线的截面积。

8.3 功能联结

防止因绝缘失效而引起的非正常运行,可按9.4.3.1要求连接到共用导线。

有关功能联结的建议是为了避免因电磁骚扰而引起的非正常运行,见4.4.2。

8.4 限制大泄漏电流影响的措施

限制大泄漏电流的影响,可用有独立绕组的专用电源变压器对大泄漏电流设备供电来实现。设备的外露可导电部分,以及变压器的二次绕组均应连接到保护联结电路上。设备与变压器二次绕组间的保护导线应满足8.2.8所列的一项或多项要求。

9 控制电路和控制功能

9.1 控制电路

9.1.1 控制电路电源

控制电路由交流电源供电时应使用变压器供电。这些变压器应有独立的绕组。如果使用几个变压器,建议这些变压器的绕组按使二次侧电压同相位的方式连接。

如果取自交流电源的直流控制电路连接到保护联结电路(见8.2.1),它们应由交流控制电路变压器的独立绕组或由另外的控制电路变压器供电。

注:符合GB 19212.18要求的带有独立绕组变压器的开关型单元满足这一要求。

用单一电动机起动器和不超过两只控制器件(如联锁装置、起/停控制台)的机械,不强制使用变压器。

9.1.2 控制电路电压

控制电压标称值应与控制电路的正确运行协调一致。当用变压器供电时,控制电路的标称电压不应超过 277 V。

9.1.3 保护

控制电路应按 7.2.4 和 7.2.10 提供过电流保护。

9.2 控制功能

注 1:GB/T 16855.1—2008,GB/T 16855.2—2007 和 IEC 62061 中给出了控制功能有关安全方面的信息。

注 2:本条款未对用于执行控制功能的设备要求做出规定。这种要求的示例见第 10 章。

9.2.1 起动功能

起动功能应通过给有关电路通电来实现(见 9.2.5.2)。

9.2.2 停止功能

有下列三种类别的停止功能:

——0 类:用即刻切除机械致动机构动力的办法停车(即不可控停止,见 3.56);

——1 类:给机械致动机构施加动力去完成停车并在停车后切除动力的可控停止(见 3.11);

——2 类:利用储留动能施加于机械致动机构的可控停止。

9.2.3 工作方式

每台机械可能有一种或多种工作方式,这取决于机械及其应用的类型。当工作方式选择能引起险情时,应采取合适的措施(如钥匙操作开关、通路编码)来防止这种选择。

方式选择本身不应引发机械运转。起动控制应单独操作。

对于每个规定的工作方式,应执行有关安全功能和/或安全防护措施。

应配备选择工作方式指示(如方式选择器位置、指示灯准备、显示器指示)。

9.2.4 安全功能和/或安全防护措施暂停

如果需要暂停安全功能和/或安全防护措施(如设置或维修目的),应确保如下保护:

——其他所有工作(控制)方式都不能使用;和

——可能包括下列一条或多条其他相关措施(见 GB/T 15706.1—2007 中 4.11.9):

- 利用“保持-运转”或相同功能的控制器件开动运转;
- 一种带急停器件的移动操纵站(如悬挂)。并包括合适的起动器件,若使用移动操纵站,则只能从此站开动运转;
- 符合 9.2.7.3 要求的带引发停止功能装置的无线控制站,及使能装置(适当场合)。使用无线控制站的场合,应只能从控制站起动运行;
- 限制运动速度或功率;
- 限制运动范围。

9.2.5 操作

9.2.5.1 概述

应为安全操作提供必要的安全功能和保护措施(如联锁,见 9.3)。

机械意外停止(如制动状态、电源故障、更换电池、无线控制时信号丢失的情况)后,应采取措施防止机械运动。

机械有多个控制站时,应采取措施保证来自不同控制站的起动指令不导致危险情况。

9.2.5.2 起动

运转的起动应只有在安全防护装置全部就位并起作用后才能进行,但 9.2.4 叙述的情况除外。

有些机械(如活动机械)上的安全功能和(或)保护措施不适合某些操作,这类操作的手动控制应采用保持运转控制,必要时,与使能装置一起使用。

应提供恰当的联锁以确保正确的起动顺序。

在机械要求使用多个控制站操作起动时，每个控制站应有独立的手动操作的起动控制器件；操作起动应满足如下条件：

——应满足机械运行的全部必要条件；

——所有起动控制器件应处于释放(断开)位置；

——所有起动控制器应联合引发(见 3.6)。

9.2.5.3 停止

根据机械的风险评价及机械的功能要求，应提供 0 类、1 类或 2 类停止(见 4.1)。

注：当电源切断开关(见 5.3)操作时属于 0 类停止。

停止功能应否定有关的起动功能(见 9.2.5.2)。

在需要的场合，应提供连接保护器件的便利条件和联锁装置。如果这种保护器件或联锁装置会引起停机，那么应将状态信号发至控制系统逻辑。停止功能的复位不应引发任何危险情况。

提供多个控制站的场合，根据机械风险评价的要求，来自任何控制站的停止指令应有效。

9.2.5.4 紧急操作(紧急停止，紧急断开)

9.2.5.4.1 概述

本部分规定紧急操作的紧急停止功能和紧急断开功能的技术要求，列于附录 E。GB 5226 本部分中这两项功能均由单人引发。

一旦紧急停止(见 10.7)或紧急断开(见 10.8)操动器的有效操作中止了后续命令，该操作命令在其复位前一直有效。复位应只能在引发紧急操作命令的位置用手动操作。命令的复位不应重新起动机械，而只是允许再起动。

所有紧急停止命令复位后才允许重新起动机械。所有紧急断开命令复位后，才允许向机械重新通电。

注：紧急停止和紧急断开是辅助性保护措施，对于某些危险(如陷入、缠绕、电击或灼伤)这些措施不是降低风险的根本方法。(见 GB/T 15706 所有部分)

9.2.5.4.2 紧急停止

紧急停止设备(含功能方面)的设计原则见 GB 16754。

急停应起 0 类或 1 类停止功能的作用(见 9.2.2)。急停的类别选择应取决于机械的风险评价。

除上述停止的要求(见 9.2.5.3)之外，紧急停止功能还有下列要求：

——紧急停止功能应否定所有其他功能和所有工作方式中的操作；

——接往能够引起危险情况的机械致动机构的动力应立即切除(0 类停止)或采用尽快停止危险运动的可控方式(1 类停止)，且不引起其他危险；

——复位不应引起重新起动。

9.2.5.4.3 紧急断开

紧急断开的功能目的见 GB 16895.22—2004。

下列场合应提供紧急断开：

——直接接触防护(如电气工作区有汇流线、汇流排、汇流环和控制设备)只是通过置于伸臂以外的防护或用阻挡物防护来达到的(见 6.2.6)；

——由电可能会引起的其他伤害或危险。

紧急断开由 0 类停止作用的机电开关器件断开相关的引入电源来完成的。如果机械不允许采用 0 类停止，就需要有其他保护，如直接接触防护，使得不需要紧急断开。

9.2.5.5 指令动作的监控

机械或机械部件的运动或动作可能导致危险情况时，应对运动或动作进行监控，如超程限制器、电动机超速检测，机械过载检测或防碰撞器件等装置。

注：有些手动控制的机械，操作者提供监控。

9.2.6 **其他控制功能**

9.2.6.1 **"保持-运转"控制**

"保持-运转"控制应要求该控制器件持续激励直至工作完成。

注：保持-运转控制。可用双手控制器件完成。

9.2.6.2 **双手控制**

可以使用以 GB/T 19671—2005 定义的三种型式的双手控制，其选择取决于风险评价。它们应具有下列特点：

Ⅰ型：这种型式要求：

——提供需要双手联合引发的两个控制引发器件；

——在危险情况期间持续操作；

——当危险情况依然存在时，释放任一个控制引发器件都应中止机械运转。

Ⅰ型双手控制器件不适合引发危险操作。

Ⅱ型：是Ⅰ型的另一种控制，当要求进行重新起动运转时，需先释放两个控制引发器件。

Ⅲ型：是Ⅱ型的另一种控制，控制引发器件联合引发的要求如下：

——应在一定时限内起动两个控制引发器件不超过 0.5 s；

——如果超过时限，应先释放两个控制引发器件，然后方可起动运转。

9.2.6.3 **使能器件**

使能控制(也见 10.9)是一个附加手动激励的控制功能联锁即：

a) 被激励时，允许机械运转由单独的起动控制引发，和

b) 去激励时：

——引发停止功能；和

——防止机械运转。

使能控制的配置应使其失效的可能性最小，例如在机械运转可能被重新起动前，要求使能控制器件去激励。借助简单装置的使能功能不应有失效的可能。

9.2.6.4 **起动与停止兼用的控制**

交替控制起动和停止运转的按钮和类似控制器件只应用不会在运行中引起危险情况的功能。

9.2.7 **无线控制**

9.2.7.1 **概述**

本节叙述使用无线(如无线电、红外线)技术在机械控制系统和操作控制站之间传输指令和信号的控制系统的功能要求。

注：这些应用和系统的完整性也适用于使用串行数据通信技术的控制功能，此处通信链路使用电缆(如同轴电缆、双铰线、光缆)。

应该有易于拆除或断开操作控制站电源的措施(也见 9.2.7.3)。

如必要应提供手段(如操作键开关，存取代码)防止未经准许使用操作控制站。

每一台操作控制站应配备预期受该控制站控制的机械的清晰指示。

9.2.7.2 **控制限制**

应采取措施保证控制指令：

——只对预期使用的机械起作用；

——只对预期使用的功能起作用。

应采取措施防止机械对其他的信号响应，应响应预期使用操作控制站的信号。

如必要，应提供手段使用机械在一个或多个区域或位置上接受操作控制站的控制。

9.2.7.3 **停止**

对于引发机械的停止功能或引发会引起危险情况所有运转的停止功能，操作控制站应包含单独和清晰可辨的装置。引发这种停止功能的操动装置，即使对机械引发的停止功能可能实现急停功能，也不应

像急停器件那样标志或标记。然而,如果无线控制系统至少满足 IEC 62061 SIL 2 和/或 GB/T 16855.1 PLd 作为急停功能的要求,该停止器件的操动装置,按急停器件标志或标记。

配备有无线控制的机械在下列情况下应该有自动引发机械停止和防止潜在危险操作的装置:

——收到停止信号时;

——系统中检测出故障时;

——在指定的时间周期内(见附录 B),未检测出有效信号(包括通信产生的信号和维修的信号)时,但不包括机械正执行预编程任务而被占用时,因此时超出了无线控制范围,又没有出现危险情况。

9.2.7.4 **使用多操作控制站**

如果机械有多个操作控制站(包括一个或多个无线控制站),应采取措施确保在给定时间内只有一个控制站起作用。由机械风险评价确定在适当位置,对哪一个操作控制站正在控制机械要有指示。

例外:按照机械风险评价的要求,来自任何一个控制站的停止指令均应有效。

9.2.7.5 **电池供电的操作控制站**

电池电压变化不应引起危险情况。如果用电池供电的无线操作控制站控制一个或多个可能有危险的运动,那么当电池电压的变化超过规定的限值时,应给操作者发出清晰的警告。此时无线操作控制站应保持其功能直到机械脱离了危险情况。

9.3 联锁保护

9.3.1 **联锁安全防护装置的复位**

联锁安全防护装置的复位不应引发危险的机械运转,以免发生危险情况。

注:有起动功能(控制防护装置)的联锁防护装置要求见 GB/T 15706.2—2007 中 5.3.2.5。

9.3.2 **超过工作限值**

超过工作限值(如速度、压力、位置)可能导致危险情况的场合,当超过预定的限值时应提供检测手段并引发适当的控制作用。

9.3.3 **辅助功能的工作**

应通过适当的器件(如压力传感器)去检验辅助功能的正常工作。

如果辅助功能(如润滑、冷却、排屑)的电动机或器件不工作有可能发生危险情况或者损坏机械和加工件,则应提供适当的联锁。

9.3.4 **不同工作和相反运动间的联锁**

所有接触器、继电器和机械控制单元的其他控制器件同时动作会带来危险时(如起动相反运动),应进行联锁防止不正确的工作。

控制电动机换向的接触器应联锁(如控制电动机的旋转方向),使得在正常使用中切换时不会发生短路。

如果为了安全或持续运行,机械上某些功能需要相互联系,则应用适当的联锁以确保正常的协调。对于在协调方式中同时工作并具有多个控制器的一组机械,必要时应对控制器的协调操作作出规定。

如果机械制动机构的故障会产生制动,此时有关的机械致动机构已供电而且可能出现危险情况,则应配备联锁去切断机械致动机构。

9.3.5 **反接制动**

如果电动机采用反接制动,则应采取有效措施以防止制动结束时电动机反转,这种反转可能会造成危险情况或损坏机械和加工件。为此,不应允许采用只按时间作用原则的控制器件。

控制电路的安排应使电动机轴转动(例如手动)时,都不应发生危险情况。

9.4 失效情况的控制功能

9.4.1 **一般要求**

电气设备中的失效或骚扰会引起危险情况或损坏机械和加工件时,应采取适当措施以减少这些失效或骚扰出现的可能性。所需的措施及其实现,无论是单独或结合使用,均依赖于有关应用的风险评价等级(见4.1)。

电气控制电路应有适当的安全性能水平,这由机械的风险评价确定。GB/T 16855.1、GB/T 16855.2和IEC 62061的要求适用。

减少这些风险的措施包括但不限于:

——机械上的保护器件(如联锁防护装置,脱扣器件);

——电路的保护联锁;

——采用成熟的电路技术和元件(见9.4.2.1);

——提供部分或完整的冗余技术(见9.4.2.2)或相异技术(见9.4.2.3);

——提供功能试验(见9.4.2.4)。

存贮器记忆例如由电池供电保持的场合,应采取措施防止由于电池失效或摘除而引起危险情况。

应提供措施(如使用按键、通路编码或工具)防止未经授权或意外修改存储器的内容。

9.4.2 失效情况下减低风险的措施

9.4.2.1 采用成熟的电路技术和元件

这些措施包括但不限于:

——工作目的的控制电路接地(见9.4.3.1和图2);

——按照9.4.3.1连接控制器件;

——用断电的方式停机(见9.2.2);

——切断被控制器件的所有通电导线(见9.4.3.1);

——使用强制(或直接)断开操作的开关电器(见GB 14048.5—2008);

——电路设计上要减少意外操作引起的失效的可能性。

9.4.2.2 部分或完整采用冗余技术

通过提供部分或完整的冗余技术可能使电路中单一失效引起危险的可能性减至最小。正常操作中冗余技术可能是有效的(在线冗余),或设计成专用电路,仅在操作功能失效时去接替保护功能(离线冗余)。

在正常工作期间离线冗余技术不起作用的场合,应采取措施确保这些控制电路在需要时可供使用。

9.4.2.3 采用相异技术

采用有不同操作原理或不同类型元件或器件的控制电路,可以减少故障和失效可能引起的危险。例如:

——由联锁防护装置控制的常开和常闭触点的组合;

——电路中不同类型控制电路元件的运用;

——在冗余结构中机电和电子电路的组合。

电和非电(如机械、液压、气压)系统的结合可以执行冗余功能和提供相异技术。

9.4.2.4 功能试验的规定

功能试验可用控制系统自动进行,也可在起动和按预定间隔手动检查或试验,或以适当方式组合(见17.2和18.6)。

9.4.3 接地故障和电压中断及电路连续性损失引起误操作的防护

9.4.3.1 接地故障

控制电路的接地故障不应引起意外的起动、潜在的危险运转或妨碍机械的停止。

满足这些要求可采用但不限于下列的方法:

方法a)由控制变压器供电的控制电路:

1) 控制电路电源接地的情况,在电源点,共用导体连接到保护联结回路。所有预期要操作电磁或其他器件(如继电器、指示灯)的触点、固态元件等插入控制电路电源有开关的导线一边与线圈或器件的端子之间。线圈或器件的其他端子(最好是同标记端)直接连接控制电路电源且没有任何开关要素的共用导体(见图 3)。

例外:保护器件的触点可以接在共用导线和线圈之间,以达到:

——在接地故障事件中,自动切断电路,或

——连接非常短(如在同一电柜中)以致不大可能有接地故障(如过载继电器)。

2) 控制电路由控制变压器供电且不连接保护联结回路,接线如图 3 所示,并配备有在接地故障中自动切断电路的器件(也见 7.2.4)。

方法 b)控制电路由控制变压器供电,变压器带中心抽头绕组,中心抽头连接保护接地回路,接线如图 4 所示,图中所有控制电路电源导线中,有包含开关元素的过电流保护器件。

注 1:对有中心抽头的接地控制电路,一个接地故障会在继电器线圈上留下 50% 的电压。在这种情况下,继电器会保持,导致不能停机。

注 2:线圈或器件可在一边或两边接通(或断开)。

方法 c)控制电路不经控制变压器供电而是下列的一种:

1) 直接连接到已接地电源的相导体之间,或;

2) 直接连接到相导体之间或连接到不接地或高阻抗接地的电源相导体和中性导体之间。

在意外起动或停止失效事件中,或在 c)2)的情况中,可能引起危险情况或损坏机械的那些机械功能的起动或停止,应使用切换所有带电体的多极开关,在接地故障事件中应提供自动切断电路的器件。

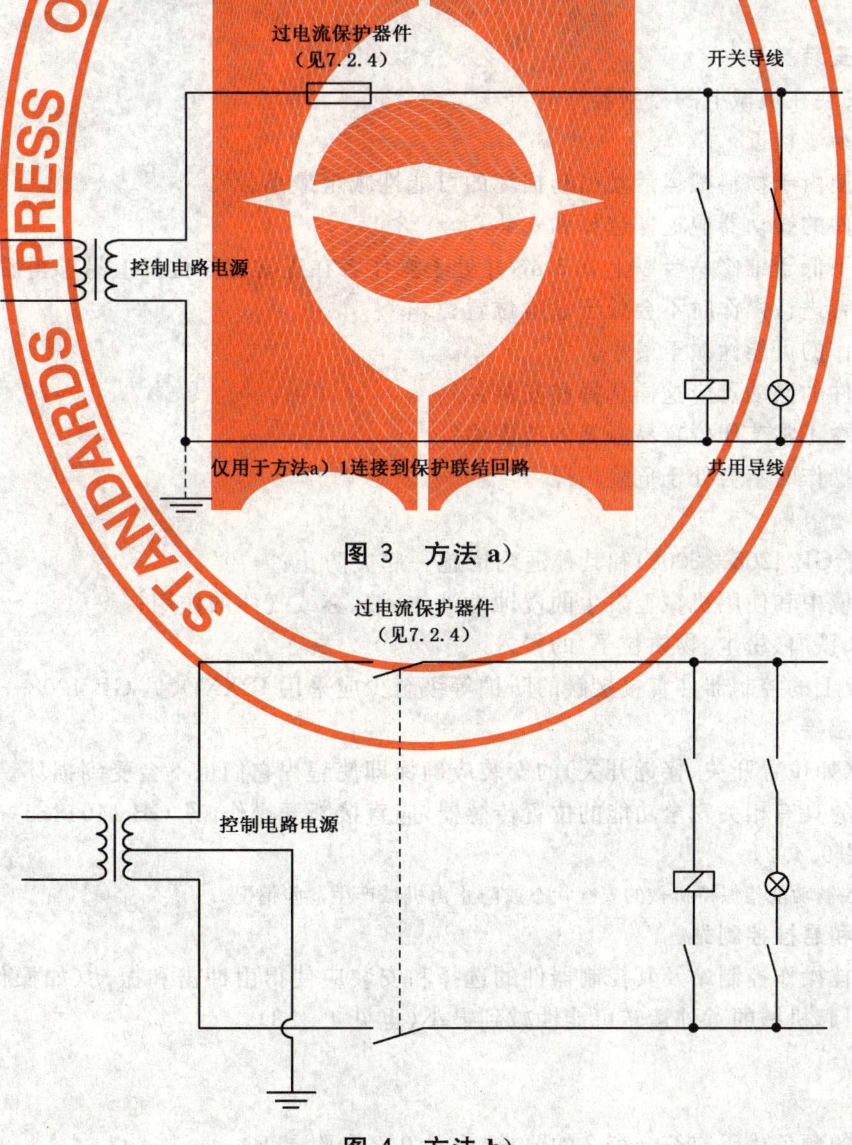

图 3 方法 a)

图 4 方法 b)

9.4.3.2　电压中断

应采用7.5中详述的要求。

如果采用存储器，一旦电源发生故障应确保正常功能(例如用非易失性存储器)，否则记忆消失会发生危险情况。

9.4.3.3　电路连续性损失

如果有关安全的控制电路连续性损失取决于滑动触头时，就可能引起危险情况，此时应采取适当措施(如采用双重滑动触头)。

10　操作板和安装在机械上的控制器件

10.1　总则

10.1.1　一般器件要求

本章包含对外装或局部露出外壳安装的器件的要求。

这些器件应按GB/T 18209选择、安装和标识或编码，并尽可能适用。

应使疏忽操作的可能性降到最低，例如采用定位装置，适应性设计，提供附加保护措施。特别考虑操作者输入装置例如触摸屏、键盘和键区的选择、排列、编程和使用。对于危险机械的控制也应特别考虑。见IEC 60447。

10.1.2　位置和安装

为了适用，安装在机械上的控制器件应：

——维修时易于接近；

——安装得使由于物料搬运活动引起损坏的可能性减至最小。

手动控制器件的操动器应这样选择和安装：

——操动器不低于维修站台以上0.6 m，并处于操作者在正常工作位置上易够得着的范围内；

——使操作者进行操作时不会处于危险位置；

——意外操作的可能性减至最小。

脚动控制器件的操动器应这样选择和安装：

——操作者在正常工作位置易触及的范围内；

——操作者操作时不会处于危险情况。

10.1.3　防护

防护等级(见GB 4208—2008)和其他适当措施一起应防止：

——实际环境中和使用机械上发生的侵蚀性液体、油、雾或气体的作用；

——杂质(如铁屑、粉尘、物质粒子)的侵入。

此外，操作板上的控制器件直接接触的防护等级至少应采用IPXXD(见GB 4208—2008)。

10.1.4　位置传感器

位置传感器(如位置开关、接近开关)的安装应确保即使超程它们也不会受到损坏。

电路中使用的具有相关安全功能的位置传感器，应直接断开操作(见GB 14048.5—2008)或提供类似可靠性措施(见9.4.2)。

注：相关安全控制功能指保持机械的安全状态或防止由机械产生危险情况。

10.1.5　便携式和悬挂控制站

便携式和悬挂操作控制站及其控制器件的选择和安装应使得由冲击和振动(如操作控制站下落或受障碍物碰撞)引起机械的意外运转可能性减到最小(也见4.4.8)。

10.2　按钮

10.2.1　颜色

按钮操动器的颜色代码应符合表2的要求(也见9.2和附录B)。

“起动/接通”操动器颜色应为白、灰、黑或绿色，优先用白色，但不允许用红色。

表 2　按钮操动器的颜色代码及其含义

颜　色	含　义	说　　明	应用示例
红	紧急	危险或紧急情况时操作	急停 紧急功能起动(见 10.2.1)
黄	异常	异常情况时操作	干预制止异常情况 干预重新起动中断了的自动循环
绿	正常	起动正常情况时操作	见 10.2.1
蓝	强制性的	要求强制动作的情况下操作	复位功能
白	未赋予 特定含义	除急停以外的一般功能的起动(见注)	起动/接通(优先) 停止/断开
灰			起动/接通 停止/断开
黑			起动/接通 停止/断开(优先)
注：如果使用代码的辅助手段(如形状、位置、标记)来识别按钮操动器，则白、灰或黑同一颜色可用于各种不同功能(如白色用于起动/接通和停止/断开)。			

急停和紧急断开操动器应使用红色。

停止/断开操动器应使用黑、灰或白色，优先用黑色。不允许用绿色。也允许选用红色，但靠近紧急操作器件建议不使用红色。

作为起动/接通与停止/断开交替操作的按钮操动器的优选颜色为白、灰或黑色，不允许用红、黄或绿色(见 9.2.6)。

对于按动它们即引起运转而松开它们则停止运转(如保持-运转)的按钮操动器，其优选颜色为白、灰或黑色，不允许用红、黄或绿色。

复位按钮应为蓝、白、灰或黑色。如果它们还用作停止/断开按钮，最好使用白、灰或黑色，优先选用黑色，但不允许用绿色。

对于不同功能使用相同颜色白、灰或黑(如起动/接通和停止/断开操动器都用白色)的场合，应使用辅助编码方法(如形状、位置、符号)以识别按钮操动器。

10.2.2　标记

除了如 16.3 所述功能识别以外，建议按钮用表 3 给出的符号标记，标记可作在其附近，最好直接标在操动器之上。

表 3　按钮符号

起动或接通	停止或断开	起动或停止和接通或断开交替动作的按钮	按动即运转而松开则停止运转的按钮(即：保持-运转)
GB/T 5465.2—2008 中 5007	GB/T 5465.2—2008 中 5008 	GB/T 5465.2—2008 中 5010 	GB/T 5465.2—2008 中 5011 

10.3 指示灯和显示器

10.3.1 使用方式

指示灯和显示器用来发出下列型式的信息：

——指示：引起操作者注意或指示操作者应该完成某种任务。红、黄、蓝和绿色通常用于这种方式；闪烁指示灯和显示器见10.3.3；

——确认：用于确认一种指令、一种状态或情况，或者用于确认一种变化或转换阶段的结束。蓝色和白色通常用于这种方式，某些情况下也可以用绿色。

指示灯和显示器的选择及安装方式，应从操作者的正常位置看得到(也见GB/T 18209.1)。

用于警告灯的指示灯电路应配备检查这些指示灯可操作性的装置。

10.3.2 颜色

除非供方和用户间另有协议(见附录B)，否则指示灯玻璃的颜色代码应根据机械的状态符合表4的要求。

表4 指示灯的颜色及其相对于机械状态的含义

颜色	含义	说明	操作者的动作
红	紧急	危险情况	立即动作去处理危险情况 (如断开机械电源，发出危险状态报警并保持机械的清除状态)
黄	异常	异常情况 紧急临界情况	监视和(或)干预(如重建需要的功能)
绿	正常	正常情况	任选
蓝	强制性	指示操作者需要动作	强制性动作
白	无确定性质	其他情况，可用于红、黄、绿、蓝色的应用有疑问时	监视

机械上指示塔台适用的颜色自顶向下依次为红、黄、蓝、绿和白色。

10.3.3 闪烁灯和显示器

为了进一步区别或发出信息，尤其是给予附加的强调，闪烁灯和显示器可用于下列目的：

——引起注意；

——要求立即动作；

——指示指令与实际情况有差异；

——指示进程中的变化(转换期间闪烁)。

对于较重点的信息，建议使用较高频率的闪烁灯(见IEC 60447推荐的闪烁速率和脉冲/间歇比)。

用闪烁灯或显示器提供较重点的信息之场合，也应提供音响报警器。

10.4 光标按钮

光标按钮操动器的颜色代码应符合表2和表4的要求。当难以选定适当的颜色时，应使用白色。急停操动器的红色不应依赖于其灯光的照度。

10.5 旋动控制器件

具有旋动部分的器件(如电位器和选择开关)的安装应防止其静止部分转动。只靠摩擦力是不够的。

10.6 起动器件

用于引发起动功能或移动机械部件(如滑板、主轴、托架)的操动器，其设计和安装应尽量减小意外操作的可能。蘑菇头操动器可用于双手控制(也见GB/T 19671—2005)。

10.7 急停器件

10.7.1 急停器件位置

急停器件应易接近。

急停器件应设置在各个操作控制站以及其他可能要求引发急停功能的位置(例外:见 9.2.7.3)。

可能出现有效和无效急停器件之间相混淆的情况,这是由非法操作控制站引起的。在这种情况下,应提供最不易混淆的装置(如使用信息)。

10.7.2 急停器件型式

急停器件的型式包括:

——掌揿或蘑菇头式按钮开关;

——拉线操作开关;

——不带机械防护装置的脚踏开关。

急停器件应有直接断开操作(见 GB 14048.5—2008 中附录 K)。

10.7.3 操动器的颜色

急停器件的操动器应着红色。最接近操动器周围的衬托色则应着黄色,见 GB 16754—2008。

10.7.4 电源切断开关的本身操作实现急停

电源切断开关本身操作在下列情况下可起急停功能的作用:

——切断开关易于操作者接近;

——切断开关是 5.3.2a)、b)、c)或 d)中所述的型式。

在这种使用条件下,电源切断开关应符合 10.7.3 的颜色要求。

10.8 紧急断开器件

10.8.1 紧急断开器件的位置

如必要,对于给定的应用应该配置紧急断开器件。这些器件通常与操作控制站隔开设置。需要提供带急停器件和紧急断开器件的控制器场合,应提供避免这些器件之间相互混淆的措施。

注:达到此要求,如预备可碎玻璃外壳的紧急断开器件。

10.8.2 紧急断开器件的型式

紧急断开器件有下列型式:

——操动器为掌揿式或蘑菇头式的按钮操作开关;

——拉线操作开关。

这些器件应是直接断开操作(见 GB 14048.5—2008 中附录 K)

按钮操作开关可装在可碎玻璃壳内。

10.8.3 操动器的颜色

紧急断开操动器应着红色。最接近操动器周围的衬托色应着黄色。

急停和紧急断开器件相互间可能出现混淆的场合应提供使混淆降至最小的措施。

10.8.4 电源切断开关的本身操作实现紧急断开

用电源切断开关本身操作实现紧急断开的场合,切断开关应易于接近,并应满足 10.8.3 的要求。

10.9 使能控制器件

当使能控制器件作为系统的部件提供时,且只在一个位置操动时,它应发出使能控制信号以允许运行。在其他任何位置,应停止或防止运行。

使能控制器件的选择和布置,应使其失效的可能性减至最小。

使能控制器件的选择应具有下列特性:

——设计要考虑人类工效学原则;

——对于二位置型式:

- 位置 1:开关的断开功能(操动器不起作用);

- 位置 2:使能功能(操动器起作用)。

——对于三位置型式:

- 位置 1:开关的断开功能(操动器不起作用);
- 位置 2:使能功能(中间位置操动器起作用);
- 位置 3:断开功能(超过中间位置操动器起作用);
- 当从位置 3 返回位置 2,使能功能不能起作用。

注:使能控制的功能已在 9.2.6.3 中说明。

11 控制设备:位置、安装和电柜

11.1 一般要求

所有控制设备的位置和安装应易于:

——接近和维修;

——防御外界影响和不限制机构的操作;

——机械及有关设备的操作和维修。

11.2 位置和安装

11.2.1 易接近性和维修

控制设备的所有元件的设置和排列应使得不用移动它们或其配线就能清楚识别。对于为了正确运行而需要检验或需要易于更换的元件,应在不拆卸机械的其他设备或部件情况下就能得以进行(开门或卸罩盖遮栏或阻挡物除外)。不是控制设备组件或器件部分的端子也应符合这些要求。

所有控制设备的安装都应易于从正面操作和维修。当需要用专用工具调整、维修或拆卸器件时,应提供这些专用工具。为了常规维修或调整而需接近的有关器件,应安设于维修站台以上 0.4 m~2 m 之间。建议端子至少在维修站台以上 0.2 m,且使导线和电缆能容易连接其上。

除操作、指示、测量、冷却器件外,在门上和通常可拆卸的外壳孔盖上不应安装控制器件。当控制器件是通过插接方式连接时,它们的插接应通过型号(形状)、标记或标志或参照代号(单个或组合使用)清楚区分(见 13.4.5)。

正常工作中需插拔的插头应具有非互换性,缺少这种特性会导致错误工作。

正常工作中需插拔的插头/插座连接器的安装应提供畅通无阻的通道。

当提供用于连接测试设备的测试点时应:

——在安装上提供畅通无阻的通道;

——有符合技术文件的清楚识别(见 17.3);

——有足够的绝缘;

——有充分空间。

11.2.2 实际隔离或成组

与电气设备无直接联系的非电气部件和器件不应安装在装有控制器件的外壳中。如电磁阀那样的器件应与其他电气设备隔离开(如在单独隔间中)。

集聚安装并连有电源电压或连有电源与控制两种电压的控制器件,应与仅连有控制电压的控制器件分隔开独立成组。

下列的接线端子应单独成组:

——动力电路;

——相关的控制电路;

——由外部电源馈电的控制电路(如联锁)。

但若能使各组容易识别(如通过标记、用不同尺寸、使用遮栏、用颜色),则各组可以邻近安装。

在布置器件位置时(包括互连),由供方为它们规定的电气间隙和爬电距离应考虑实际环境条件或外部影响。

11.2.3 热效应

发热元件(如散热片、功率电阻)的安装应使附近所有元件的温度保持在允许限值的范围内。

11.3 防护等级

控制设备应有足够的能力防止外界固体物和液体的侵入,并要考虑到机械运行时的外界影响(即位置和实际环境条件),且应充分防止粉尘、冷却液和切屑。

注1:电击防护的要求见第6章;

注2:防止水浸入的防护等级按GB 4208的规定。防护其他液体需要附加保护措施。

控制设备的外壳的防护等级应不低于IP22(见GB 4208—2008)。

例外:

a) 在电气工作区用外壳提供适当的防护等级以防止固体和液体的侵入。

b) 在汇流线或汇流排系统使用可移式集电器时,没有达到IP22但应用6.2.5的措施。

注3:下列为应用实例及由其外壳提供的典型的防护等级:

——仅装有电动机起动电阻和其他大型设备的通风电柜IP10;

——装有其他设备的通风电柜IP32;

——一般工业用电柜IP32、IP43和IP54;

——低压喷水清洗场(用软管冲、洗)的电柜IP55;

——防细粉尘的电柜IP65;

——汇流环装置的电柜IP2X。

根据安装条件可采用其他适当的防护等级。

11.4 电柜、门和通孔

制造电柜的材料能承受机械、电气和热应力以及正常工作中可能碰到的湿度和其他环境因素的影响。

紧固门和盖的紧固件应为系留式的。为观察内部安装的指示器件而提供的窗,应选择合适的能经受住机械应力和耐化学腐蚀的材料,例如不少于3 mm厚的钢化玻璃和聚碳酸脂板。

建议电柜门使用垂直绞链,开角最小95°,门宽不超过0.9 m。

门、罩盖与外壳的结合面和密封垫应能经受住机构所用的侵蚀性液体、油、雾或气体的化学影响。为了运行或维修而需要开启或移动的电柜上的门、罩和盖,应采取保持其防护等级的措施:

——它们应牢靠紧固在门、盖或电柜上;

——不应由于门、盖的移开或复位而损坏和使防护等级降低。

当外壳上有通孔(如电缆通道),包括通向地板或地基和通向机械其他部件的通孔,均应提供措施以确保获得设备规定的防护等级。电缆的进口在现场应容易再打开。机械内部装有电器件的壁龛底面可提供适当的通孔,以便能排除冷凝水。

在装有电气设备的壁龛和装有冷却液、润滑或液压油的隔间或可能进入油液、其他液体以及粉尘的隔间之间不应有通孔。这个要求不适用于专门设计的在油中工作的电器(如电磁离合器),也不适用于需要施用冷却液的电气设备。

如果电柜中有安装用孔,可能需要采取措施使安装后这些孔不削弱所要求的防护等级。

设备在正常或异常工作中,表面温度足以引起燃烧危险或对外壳材质有损害时:

——应将设备装入能承受这种温度的外壳中,而没有燃烧或损害的危险;

——设备的安装和位置应与邻近的设备有足够的距离以便安全散热(见11.2.3);

——用能耐受设备发热的材料屏蔽,避免燃烧或损害的危险。

注:警告标签应符合16.2.2的规定。

11.5 控制设备通道

通道中的门和电气工作区用的通道门应:

——至少宽 0.7 m,高 2.1 m;

——向外开;

——允许从里开门,但有措施(如应急插销)而不使用钥匙或工具。

允许人快速完全进入的外壳应装备允许逃逸的装置,例如门内侧的应急插销。预定用于这类通道的外壳,例如用于设备调整、维修,应至少有宽 0.7 m 和高 2.1 m 畅通的通道。

倘若出现:

——进入期间设备可能有电;和

——导电部分暴露。

畅通宽度应至少 1.0 m。倘若在通道两侧存在这类部件,畅通宽度至少 1.5 m。

注:这些尺寸源自 ISO 14122 系列。

12 导线和电缆

12.1 一般要求

导线和电缆的选择应适合于工作条件(如电压、电流、电击的防护、电缆的分组)和可能存在的外界影响(如环境温度、存在水或腐蚀物质、燃烧危险和机械应力包括安装期间的应力)。

注:详细信息见欧洲电工委员会 HD516S2。

这些要求不适用于按有关国家标准或 IEC 标准(如 GB 7251.1—2005)制造和测试的部件、组件和装置的集成配线。

12.2 导线

一般情况,导线应为铜质的。如果用铝导线,截面积应至少为 16 mm^2。

为保证足够的机械强度,导线截面积不应小于表 5 规定的值。然而小截面积导线或不同于表 5 结构的导线可能在设备中使用,但要通过其他措施获得足够的机械强度而不削弱正常的功能。

注:导线分类见表 D.4。

表 5 铜导线最小截面积

单位为毫米

位置	用途	电线、电缆型式				
		单芯		多芯		
		5 或 6 类软线	硬线(1 类)或绞线(2 类)	双芯屏蔽线	双芯无屏蔽线	三芯或三芯以上屏蔽线或无屏蔽线
(保护)外壳外部配线	配线电路,固定布线	1.0	1.5	0.75	0.75	0.75
	动力电路,受频繁运动的支配	1.0	—	0.75	0.75	0.75
	控制电路	1.0	1.0	0.2	0.5	0.2
	数据通信	—	—	—	—	0.08
外壳内部配线[a]	动力电路(固定连接)	0.75	0.75	0.75	0.75	0.75
	控制电路	0.2	0.2	0.2	0.2	0.2
	数据通信	—	—	—	—	0.08

a 个别标准的特殊要求除外,也见 12.1。

1 类和 2 类导线主要预定用于刚性的非运动部件之间。

易遭受频繁运动(例如机械工作每小时运动一次)的所有导线,均应采用 5 类或 6 类绞合软线。

12.3 绝缘

绝缘的类别包括(但不限于):

——聚氯乙烯(PVC);

——天然或合成橡胶;

——硅橡胶(SiR);

——无机物;

——交联聚乙烯(XLPE);

——丙烯橡胶(EPR)。

由于火的蔓延或者有毒或腐蚀性烟雾扩散,绝缘导线和电缆(如 PVC)可能构成火灾危险时,应寻求电缆供方的指导。对具有安全功能电路的完整性予以特别注意是尤其重要的。

所用电缆和电线的绝缘应适合试验电压:

——对工作在电压高于 50 V a. c 或 120 V d. c 的电缆和电线,要经受至少 2 000 V·a. c 的持续 5 min 的耐压试验。

——对于 PELV 电路,应承受至少 500 V a. c 的持续 5 min 的耐压试验(见 GB 16895.21—2004 中Ⅲ类设备)。

绝缘的机械强度和厚度应使得工作时或敷设时,尤其是电缆拉入管道时绝缘不受损伤。

12.4 正常工作时的载流容量

导线和电缆的载流容量取决于几个因素,例如绝缘材料、电缆中的导体数、设计(护套)、安装方法、集聚和环境温度。

注 1:详细信息和指导可在 IEC 60364-5-52,某些国家标准中找到或由制造商给出。

在稳态条件下,外壳和设备单独部件之间适用于 PVC 绝缘线路载流容量的典型示例见表 6。

注 2:对于特定应用,正确的电缆尺寸可能取决于工作循环的周期和电缆热时间常数之间的关系(如防止起动高惯量负载,间歇工作)应咨询电缆制造厂。

12.5 导线和电缆的电压降

在正常工作状态下,从电源端到负载的电压降不应超过额定电压的 5%。为了遵守这个要求,可能有必要采用大于表 6 规定的截面积导线。

表 6 稳态条件下环境温度 40 ℃时,采用不同敷设方法的 PVC 绝缘铜导线或电缆的载流容量(I_z)

截面积/mm^2	敷设方法(见 D.1.2)			
	B1	B2	C	E
	三相电路用载流容量 I_z/A			
0.75	8.6	8.5	9.8	10.4
1.0	10.3	10.1	11.7	12.4
1.5	13.5	13.1	15.2	16.1
2.5	18.3	17.4	21	22
4	24	23	28	30
6	31	30	36	37
10	44	40	50	52
16	59	54	66	70
25	77	70	84	88
35	96	86	104	110
50	117	103	125	133
70	149	130	160	171
95	180	156	194	207
120	208	179	225	240

表 6（续）

截面积/mm^2	敷设方法（见 D.1.2）			
	B1	B2	C	E
	三相电路用载流容量 I_z/A			
电子设备（线对）				
0.2	不适用	4.3	4.4	4.4
0.5	不适用	7.5	7.5	7.8
0.75	不适用	9.0	9.5	10

注 1：表 6 载流容量的值基于：

——平衡三相电路适用截面积 0.75 mm^2 和更大；

——控制电路线对适用截面积 0.2 mm^2 和 0.75 mm^2 之间安装更多电缆/线对，根据表 D.2 或表 D.3 降低表 6 值。

注 2：由于环境温度不是 40 ℃，用表 D.1 给出的数据。

注 3：这些值不适合绕在电缆盘上的软电缆（见 12.6.3）。

注 4：其他电缆用载流量见 IEC 60364-5-52。

12.6 软电缆

12.6.1 概述

软电缆应为 5 类或 6 类导线。

注 1：6 类导线是较小直径的绞和线，比 5 类导线更柔软（表 D.4）。

要承受恶劣工作条件的电缆应有适当的措施以防止：

——由于机械输送及拖过粗糙表面擦伤电缆；

——由于没有导向装置操纵引起电缆扭折；

——由于导向轮和强迫导向使正在电缆盘上缠绕或重新缠绕的电缆产生应力。

注 2：对这种情况的电缆见国家有关标准。

注 3：工作条件不利（如高拉应力、弯曲半径小、弯入另一个平面或频繁重复工作循环的场合）将降低电缆的工作寿命。

12.6.2 机械性能

机械电缆输送系统的设计应使在机械工作期间导线受的拉应力保持最小。使用铜导线的场合，铜导体截面的拉应力不应超过 15 N/mm^2。使用要求拉应力超过 15 N/mm^2 限值时，应选用有特殊结构特点的电缆，允许的最大拉力强度应与电缆制造厂达成协议。

软电缆导体采用非铜材质时，允许的最大应力应不超过电缆制造厂的规范。

注：下列条件影响导体的拉应力：

——加速力；

——运动速度；

——电缆净重；

——导向方法；

——电缆盘系统的设计。

12.6.3 绕在电缆盘上电缆的载流容量

若电缆要绕在电缆盘上，电缆应同导体一起选择，即当电缆完全缠绕在电缆盘上并携带正常工作负载时，导体具有不超过最高允许温度的截面。

安装在电缆盘上的圆截面电缆，在空气中最大载流容量应按表 7 减额（见 GB/T 9089.3—2008 中第 44 章）。

注：空气中电缆的载流容量可在制造厂的规范或有关国家标准中查出。

表 7 绕在电缆盘上的电缆用减额系数

电缆盘型式	电缆层数				
	任一层数	1	2	3	4
圆柱形通风	—	0.85	0.65	0.45	0.35
径向通风	0.85	—	—	—	—
径向不通风	0.75	—	—	—	—

注 1：径向电缆盘是在靠近的法兰之间调节电缆的螺旋层；如果电缆盘装有实心法兰被称作非通风式的，如果法兰有合适的孔则是通风式的。

注 2：圆柱形通风电缆盘是在大间距法兰之间调节电缆层，电缆盘和法兰端面有通风孔。

注 3：使用减额系数，建议同电缆和电缆盘制造厂讨论。这可能涉及正在使用的其他因素。

12.7 汇流线、汇流排和汇流环

12.7.1 直接接触的防护

汇流线、汇流排和汇流环应这样的安装和防护，即当正常接近机械期间，通过采用下列一种保护措施将获得直接接触的防护：

——带电部分用局部绝缘防护，或有的场合这是行不通的；

——外壳或遮栏的防护等级至少为 IP2X(见 GB 16895.21—2004 中 412.2)。

容易被触及的遮栏或外壳的水平顶面的防护等级至少达到 IP4X(见 GB 16895.21—2004 中 412.2.2)。

如果达不到所要求的防护等级，可采用把带电体置于伸臂以外的防护与符合 9.2.5.4.3 规定的紧急断开相结合。

汇流线和汇流排应按下列要求放置和保护：

——防止接触，尤其是无防护的汇流线和汇流排与如拉线开关的绳、卸荷装置和传动链等导电物体要防止接触；

——防止负载摆动的危害。

12.7.2 保护导体电路

如果汇流线、汇流排和汇流环作为保护联结电路一部分安装时，它们在正常工作时不应流过电流。因此保护导体(PE)和中性导体(N)应各自使用单独的汇流线、汇流排或汇流环。使用滑动触点的保护导体的连续性应采取适当措施(如复式集流器，连续性监视)予以保证。

12.7.3 保护导体集流器

保护导体集流器的形状或结构应使得与其他集流器不可互换。这样的集流器应是滑动触点式。

12.7.4 有断路器功能的可移式集流器

有断路器功能的可移式集流器的设计应使得只有带电部分断开后保护导体电路才能断开，而带电部分接通前，先建立保护导体的连续性(见 8.2.4)。

12.7.5 电气间隙

汇流线、汇流排和汇流环及它们的集流器的各导体之间、各邻近系统之间的电气间隙，应至少满足 GB/T 16935.1 规定的过电压类别Ⅲ的额定冲击电压要求。

12.7.6 爬电距离

汇流线、汇流排和汇流环及它们的集流器之间、各邻近系统之间和各导体之间的爬电距离应适合在预定的环境中工作，例如户外(GB/T 16935.1)，建筑物内部，由外壳保护。

适合异常粉尘、潮湿或腐蚀性环境的爬电距离要求如下：

——无防护的汇流线、汇流排和汇流环应配备最小爬电距离为 60 mm 的绝缘子；

——密封的汇流线、多极绝缘汇流排和单独绝缘汇流排应有30 mm的最小爬电距离。

应遵照制造厂的建议，采取专门措施防止由于环境状况的不利(如导电尘埃的沉积、化学腐蚀等)而使绝缘值逐渐下降。

12.7.7 导体系统分段

汇流线或汇流排可以采用恰当的设计方法分段敷设，防止由于靠近集流器本身使邻近部分带电。

12.7.8 汇流线、汇流排系统和汇流环的构造及安装

用于动力电路的汇流线、汇流排和汇流环应和控制电路的分开成组。

汇流线、汇流排和汇流环应能承受机械力和短路电流的热效应而不受损害。

敷设地下或地板下的汇流线、汇流排系统用的活动盖应设计得使一个人不用工具就不能打开。

如果汇流排安装在普通金属外壳内，外壳的单独部分应连接在一起并按照它们的长度有几点连接到保护联结导体。敷设地下或地板下的汇流排的金属盖也应连接在一起并连接到保护联结导体。

注：对于保护联结在一起的金属外壳或地下管道的盖及盖板，金属绞链被认为足以确保联结连续性。

地下和地板下汇流排管道应有排水设施。

13 配线技术

13.1 连接和布线

13.1.1 一般要求

所有连接，尤其是保护联结电路的连接应牢固，防止意外松脱。

连接方法应适合被端接导线的截面积和性质。

只有专门设计的端子，才允许一个端子连接两根或多根导线。但一个端子只应连接一根保护导线。

只有提供的端子适用于焊接工艺要求才允许焊接连接。

接线座的端子应清楚标示或用标签标明与电路图上相一致的标记。

当错误的电气连接(例如由更换元器件引起的)可能是危险源并且通过设计措施不可能降低时，导线和/或端子应按照13.2.1标识。

软导线管和电缆的敷设应使液体能排离该装置。

当器件或端子不具备端接多股芯线的条件时，应提供拢合绞心束的办法。不允许用焊锡来达到此目的。

屏蔽导线的端接应防止绞合线磨损并应容易拆卸。

识别标牌应清晰、耐久，适合于实际环境。

接线座的安装和接线应使内部和外部配线不跨越端子(见GB 14048.7—2006)。

13.1.2 导线和电缆敷设

导线和电缆的敷设应使两端子之间无接头或拼结点。使用带适合防护意外断开的插头/插座组合进行连接，对本条而言不认为是接头。

例外：如果在分线盒中不能提供(接线)端子(例如对活动机械，对有长软电缆的机械；电缆连接超长，使电缆制造厂做不到在一个电缆盘上提供电缆；电缆的修理是由于安装和工作期间，机械应力造成的)，可以使用拼接或接头。

为满足连接和拆卸电缆和电缆束的需要，应提供足够的附加长度。

电缆端部应夹牢以防止导线端部的机械应力。

只要可能就应将保护导线靠近有关的负载导线安装，以便减小回路阻抗。

13.1.3 不同电路的导线

不同电路的导线可以并排放置，可以穿在同一管道中(如导线管或电缆管道装置)，也可以处于同一多芯电缆中，只要这种安排不削弱各自电路的原有功能。如果这些电路的工作电压不同，应把它们用适当的遮栏彼此隔开，或者把同一管道内的导线都用承受最高电压导线的绝缘。例如，相对相电压用于不

接地系统，相对地电压用于接地系统。

13.1.4 感应电源系统传感器(拾取器)和传感转换器之间的连接

由感应电源制造厂规定的传感器和传感器转换器之间的电缆应：

——尽可能的短；

——充分防护机械损坏。

注：传感器的输出可能是电流源，因此对电缆的损坏可能引起高电压危险。

13.2 导线的标识

13.2.1 一般要求

每根导线应按照技术文件的要求(见第17章)在每个端部做出标记。

建议(如为维修方便)导线标识可用数字，字母数字，颜色(导线整体用单色或用单色、多色条纹)或颜色和数字或字母数字的组合。采用数字时，应是阿拉伯数字，字母应是罗马字(大写或小写)。

注：附录B可作为供方和用户之间关于最好标识方法的协议。

13.2.2 保护导线的标识

应依靠形状、位置、标记或颜色使保护导线容易识别。当只采用色标时，应在导线全长上采用黄/绿双色组合。保护导线的色标是绝对专用的。

对于绝缘导线，黄/绿双色组合应这样安排，即在任意15 mm长度的导线表面上，一种颜色的长度占30%～70%，其余部分为另一种颜色。

如果保护导线能容易地从其形状、位置或结构(如编织导线、裸绞导线)识别，或者绝缘导线一时难以购得，则不必在整个长度上使用颜色代码，而应在端头或易接近位置上清楚地标示GB/T 5465.2—2008中5019图形符号或用黄/绿双色组合标记。

13.2.3 中线的标识

如果电路包含只用用颜色标识的中线，其颜色应为蓝色。为避免与其他颜色混淆，建议使用不饱和蓝，这里称为“浅蓝”(见GB 7947—2006中3.2.2)，如果选择的颜色是中线的唯一标识，可能混淆的场合，不应使用浅蓝色来标记其他导线。

如果采用色标，用作中线的裸导线应在每个15 mm～100 mm宽度的间隔或单元内，或在易接近的位置上用浅蓝色条纹作标记，或在导线整个长度上作浅蓝色标志。

13.2.4 颜色的标识

当使用颜色代码作导线标识时，[不是保护导线(见13.2.2)和中线(见13.2.3)]标识时可采用下列颜色：

黑、棕、红、橙、黄、绿、蓝(包括浅蓝)、紫、灰、白、粉红、青绿。

注：该颜色系列取自GB/T 13534。

如果采用颜色作标识，建议在导线全长上使用带颜色的绝缘或以固定间隔在导线上和其端部或在易接近的位置用颜色标记。

由于安全原因，在有可能与黄/绿双色组合(见13.2.2)发生混淆的场合，不应使用绿色或黄色。

可以使用上面列出颜色的组合色标，只要不发生混淆和不使用绿色或黄色，不过黄/绿双色组合标记除外。

当使用颜色代码标识导线时，建议使用下列颜色代码：

——黑色：交流和直流动力电路；

——红色：交流控制电路；

——蓝色：直流控制电路；

——橙色：按照5.3.5的例外电路。

允许以下例外情况：

——买不到推荐颜色的绝缘导线时；

——采用没有黄/绿双色组合的多心电缆时。

13.3 电柜内配线

电柜内的导线应固定并需保持在适当位置。只有在用阻燃绝缘材料制造时才允许使用非金属管道(见 GB/T 18380 系列)。

建议要安装在电柜内的电气设备,要设计和制作成允许从电柜的正面修、改、配线(操作和维修)(见 11.2.1)。如果有困难,或控制器件是背后接线,则应提供检修门或能旋出的配电盘。

安装在门上或者其他活动部件上的器件,应按 12.2 和 12.6 要求使用适合部件频繁运动用的软导线连接。这些导线应紧固在固定部件上和与电气连接无关的活动部件上(见 8.2.3 和 11.2.1)。

不敷入管道的导线和电缆应牢固固定住。

引出电柜外部的控制配线,应采用接线座或连接插头/插座组合。对于插头/插座组合见 13.4.5 和 13.4.6。

动力电缆和测量电路的电缆可以直接接到想要连接的器件的端子上。

13.4 电柜外配线

13.4.1 一般要求

引导电缆进入电柜的导入装置或管道,连同专用的管接头、密封垫等一起,应确保不降低防护等级(见 11.3)。

13.4.2 外部管道

连接电气设备电柜外部的导线应封闭在如 13.5 所述的适当管道中(即导线管或电缆管道装置),只有具有适当保护套的电缆,无论是否用开式电缆托架或电缆支承设施,都可使用不封闭的通道安装,提供的器件例如位置开关或接近开关带有专用电缆,当电缆适用,足够短,放置或保护得当,使损坏的风险最小时,它们的电缆不必密封在管道中。可以不用管道安装。

与管道或多芯电缆一起使用的接头附件应适合于实际环境。

如果至悬挂按钮站的连接必须使用柔性连接,则应采用软导线管或软多芯电缆。悬挂站的重量不应借助软导线管或多芯电缆来支承,除非是为此目的专门设计的导线管或电缆。

13.4.3 机械的移动部件的连接

频繁移动的部件应按 12.2 和 12.6 要求的适合于弯曲使用的导线连接。软电缆和软导管的安装应避免过度弯曲和绷紧,尤其是在接头附件部位。

移动电缆的支承应使得在连接点上没有机械应力,也没有急弯。当用回环结构达到时,弯曲回环应有足够的长度,以便使电缆的弯曲半径至少为电缆外径的 10 倍。

机械的软电缆安装和防护应使得电缆因使用不合理等因素引起外部损坏的可能性减到最小,软电缆应防止:

——被机械自身辗过;

——被搬运车或其他机械辗过;

——运动过程中与机械的构件接触;

——在电缆吊篮中敷入和敷出,接通或断开电缆盘;

——对花彩般垂挂或悬挂电缆施加速力和风力;

——电缆收集器过度摩擦;

——暴露于过度辐射热。

电缆护套应能耐受由于移动而产生的可预料到的正常磨损,并能经受环境污染的影响(如油、水、冷却液、粉尘)。

如果移动电缆靠近运动部件,则应采取措施使运动部件和电缆之间至少应保持 25 mm 距离。如果做不到,则应在二者之间安设遮栏。

电缆输送系统的设计应使得侧向电缆角度不超过 5°,电缆进行下列操作时应避免挠曲:

——正在电缆盘上缠绕或放开；

——正接近或离开电缆导向装置。

应有措施确保至少总有两圈软电缆缠绕在电缆盘上。

起导向和携带软电缆的装置应设计成电缆在所有弯曲点处的内弯曲半径不小于表 8 规定的值，除非考虑了允许的拉力和预期疲劳寿命或与电缆制造厂另有协议。

表 8　强迫导向时软电缆允许的最小弯曲半径

用途	电缆直径或扁平电缆的厚度 d/mm		
	$d \leqslant 8$	$8 < d \leqslant 20$	$d > 20$
电缆盘	$6d$	$6d$	$8d$
导向轮	$6d$	$8d$	$8d$
花彩般垂挂装置	$6d$	$6d$	$8d$
其他	$6d$	$6d$	$8d$

两弯之间的直线段应至少为电缆直径的 20 倍。

如果软导线管靠近运动部件，则在所有运行情况下其结构和支承装置均应能防止对软导线管的损伤。

软导线管不应用于易受快速和频繁的活动的连接，除非是为此目的专门设计的。

13.4.4　机械上器件的互连

如果装在机械上的几个开关器件（如位置传感器、按钮）是串行或并联的，建议器件间的连接通过构成中间测试点的接线端子。这些端子应便于安装、充分保护。并在有关图上示出。

13.4.5　插头/插座组合

当提供插头插座组合时他们应满足下列一项或多项要求（适用时）：

例外：下列要求不适用于电柜内通过固定插头/插座组合（无软电缆）端接的元件或器件或通过插头/插座组合接至母线系统的元件。

a)　当根据 f）正确安装时，插头/插座组合的型式应在任何时间，包括连接器插入和拔出期间，防止与带电部分意外接触。防护等级应至少为 IP××B。PELV 电路除外。

b)　如果用在 TN 或 TT 系统中，保护联结触头（接地触头）应首先接通最后断开。

c)　想在加载期间连接或断开的插头/插座组合应有足够的负载分断能力。当插头/插座组合额定电流为 30 A 或更大时，应与开关器件联锁以便只有当开关器件处在断开位置时才能连接和断开。

d)　插头/插座组合额定电流大于 16 A 时，应有保持装置以防意外或事故断开。

e)　插头/插座组合的意外或事故断开会引起危险情况时，应有保持装置。

插头/插座组合的安装应满足下列要求（适用时）：

f)　断开后仍然有电的元件至少应有 IP2× 或 IP××B 的防护等级，并考虑要求的电气间隙和爬电距离。PELV 电路除外。

g)　插头/插座组合的金属外壳应连接保护联结电路。PELV 电路除外。

h)　预定传输动力负载但在负载状态持续期间不断开的插头/插座组合应有保持装置以防意外或事故断开，并应有清晰标记，表明不在负载状况下断开。

i)　如果在同一电气设备上使用几个插头/插座组合，则相关的组合应清楚标识，建议采用机械编码以防相互插错。

j)　控制电路用插头/插座组合应满足 IEC 61984 的要求。例外：见 k）项。

k)　预定家用及类似一般用途的插头/插座组合不应用于控制电路。只有符合 GB/T 11918—2001 要求的插头/插座组合，其触头应适用于控制电路。

例外：k）项要求不适用于使用高频信号的控制功能。

13.4.6 为了装运的拆卸

为了装箱运输需要拆断布线时，应在分段处提供接线端子或提供插头/插座组合。这些接线端子应适当封装，插头/插座组合应能防护运输和存储期间实际环境的影响。

13.4.7 备用导线

应考虑提供维护和修理用的备用导线。当提供备用导线时，应把它们连接在备用端子上，或用和防护接触带电部分同样的方法予以隔离。

13.5 管道、接线盒与其他线盒

13.5.1 一般要求

管道应提供适合用途的防护等级(见 GB 4208—2008)。

可能与导线绝缘接触的锐棱、焊碴、毛刺、粗糙表面或螺纹，应从管道和接头附件上清除。必要时应提供由阻燃、耐油绝缘材料构成的附加防护以保护导线绝缘。

易存积油或水分的接线盒、引线箱、电缆管道装置中应允许作有直径 6 mm 的排泄孔。

为了防止电气导线管与油、气和水管混淆，建议电气导线管用实体隔离安设，或者做出明显标记。

管道和电缆托架应刚性支承，其位置应离运动部件有足够的距离，并使损伤或磨损的可能性减至最小。在要求有人行通道区域内，管道和电缆托架的安装应至少高于工作面 2 m。

仅为机械保护装置提供管道(关于保护联接电路的连接要求见 8.2.3)。

部分被遮盖的电缆托架不应看作管道或电缆管道装置(见 13.5.6)，所用电缆的类型应适于安装，无论有或没有使用开式电缆托架或电缆支撑装置。

13.5.2 导线槽满率

关于导线槽满率的考虑应基于管道的直线性和长度以及导线的柔性。建议管道的尺寸和布置要使导线和电缆容易装入。

13.5.3 金属硬导线管及管接头

金属硬导线管及管接头应为镀锌钢或适合使用条件的耐腐蚀材料制成。应避免使用不同金属，因为它们的接触中会产生电位差腐蚀作用。

导线管应牢固固定在其位置上并将其两端支承住。

管接头应与导线管相适应并适用。应使用带螺纹的管接头。除非由于结构上的困难妨碍装配。如果使用无螺纹管接头，则导线管应牢固固定在设备上。

导线管的折弯不应损坏导线管，也不应减小导线管的有效内径。

13.5.4 金属软导线管及管接头

金属软导线管应由金属软管或编织线网铠装组成，它应适用于预期的实际环境。

管接头应与软导线管相适应并适用。

13.5.5 非金属软导线管及管接头

非金属软导线管应耐弯折，它应具有与多芯电缆护套类似的物理性能。

这种软导线管应适用于预期的实际环境。

管接头应与软导线管相适应并适用。

13.5.6 电缆管道装置

电柜外部的电缆管道装置应刚性支承，并应与机械的运动部位或污染部分隔开。

盖板的形状应正覆盖满周边；应允许加密封垫。盖板应采用适当方法连接到电缆管道装置上。对于水平安装的电缆管道装置，其盖板不应装在底部。除非为这样安装的专门设计。

注：适用于电气安装电缆干线和管道装置见 IEC 61084 系列。

如果电缆管道装置是分段供应的，则各段之间的联结应紧密配合，但不要求加密封衬垫。

除接线或排水需用孔外不应有其他开口。电缆管道装置不应有敞开的不用的出砂孔。

13.5.7 机械的隔间和电缆管道装置

应允许用机械立柱或基座内的隔间或电缆管道去封装导线，只要该隔间或电缆管道装置是与冷却液槽及油箱隔离并完全封闭的。敷入在封闭的隔间或电缆管道装置中的导线应被固紧，其布置应使得它们不易受到损坏。

13.5.8 接线盒与其他线盒

用于配线目的接线盒和其他线盒应便于维修。这些线盒应有防护以防止固体和液体的侵入，并考虑机械在预期工作情况下的外部影响(见 11.3)。

接线盒与其他线盒不应有敞开的不用的出砂孔，也不应有其他开口，其结构应能隔绝粉尘、飞散物、油和冷却液之类的物质。

13.5.9 电动机的接线盒

电动机的接线盒应密闭，仅与电动机及安装在电动机上的器件(如制动器、温度传感器、反接制动开关或测速发电机)进行连接。

14 电动机及有关设备

14.1 一般要求

电动机应符合 IEC 60034 系列标准的相关部分的要求。

电动机及有关设备保护的要求为 7.2 过流保护、7.3 过载保护、7.6 超速保护。

当电动机处于停转时，由于一些控制器件并未断开连接电动机的电源，因此应注意确保符合 5.3、5.4、5.5、7.5、7.6 和 9.4 的技术要求。电动机控制设备应按第 11 章的规定设置和安装。

14.2 电动机外壳

建议电动机外壳按 GB/T 4942.1 选择。

所有电动机的防护等级应至少为 IP23(见 GB 4208—2008)。根据使用和实际环境(见 4.4)可能需要提出更严格的要求。与机械合装一体的电动机的安装，应使它们具有足够的机械保护，避免损坏机械。

14.3 电动机尺寸

就切实可行而言，电动机尺寸应遵照 GB/T 4772 系列标准。

14.4 电动机架与隔间

每台电动机及其相关联轴器、皮带和皮带轮或链条的安装应使得它们有足够的保护，且便于检查、维护、校准、调整、润滑和更换。电动机架的结构应使得能拆卸所有的电动机压紧装置，并容易接近接线盒。

电动机的安装应确保正常的冷却，其温升保持在绝缘等级的限值内(见 GB 755)。

电动机隔间应尽可能干燥清洁，必要时应直接向机械外部通风。通风口应使切屑、粉尘或水雾的进入量处于一个允许的水平上。

不符合电动机隔间要求的其他隔间与电动机隔间之间不应有通孔。如果导线管要从别的不符合电动机隔间要求的隔间进入电动机隔间，则导线管周围的间隙应密封。

14.5 电动机选择的依据

电动机及其有关设备的特性应根据预期的工作和实际环境条件(见 4.4)进行选择。在这方面，应考虑的要点包括：

——电动机型式；

——工作循环类型(见 GB 755)；

——恒速或变速运行(以及随之发生的通风量变化的影响)；

——机械振动；

——电动机控制的型式；

——当电动机特别是由静态变换器供电时馈电电压和(或)馈电电流的谐波频谱对温升的影响;
——起动方法及起动电流对接同一电源的其他用户运行可能的影响,还要考虑供电部门可能的特殊规定;
——反转矩负载随时间和速度的变化;
——大惯量负载的影响;
——恒转矩或恒功率运行的影响;
——电动机和变换器间可能需要电抗器。

14.6 机械制动用保护器件

机械制动器的过载和过电流保护器件动作将引发有关的机械致动机构同时脱开。

注:有关的机械致动机构指与相应运动有联系,如电缆盘和长行程驱动。

15 附件和照明

15.1 附件

如果机械及其有关装置备有附件(如手提电动工具、试验设备)使用的电源插座,则应施加下列条件:

——电源插座应遵守 GB/T 11918—2001 的规定,否则它们应清楚标明电压和电流的额定值;
——应确保电源插座保护联结电路连续性,由 PELV 提供的除外;
——连往电源插座的所有未接地导线应按 7.2 和 7.3 的规定,提供合适的过电流保护和(必要时的)过载保护,并与其他电路的保护导线分开;
——在插座的电源引入线不通过机械或部分机械的电源切断开关切断的情况下,应采用 5.3.5 的要求。

注 1:见附录 B。

注 2:电源插座电路应配备剩余电流保护器件(RCDs)。

15.2 机械和电气设备的局部照明

15.2.1 概述

保护联结电路的连接应符合 8.2.2 的规定。

通/断开关不应装在灯头座上或悬挂在软线上。

应通过选用适合的光源避免照明有频闪效应。

如果电柜中装有固定照明装置,则应按 4.4.2 提出的原则考虑电磁兼容性。

15.2.2 电源

局部照明线路两导线间的标称电压不应超过 250 V。建议两导线间电压不超过 50 V。

照明电路应由下述电源之一供电(见 7.2.6):

——连接在电源切断开关负载边的专用的隔离变压器。副边电路中应设有过电流保护;
——连接在电源切断开关进线边的专用的隔离变压器。该电源应仅允许供控制电柜中维修照明电路使用。副边电路中应设有过电流保护(见 5.3.5 和 13.1.3);
——带专用过电流保护的机械电路;
——连接在电源切断开关进线边的隔离变压器,这时在原边设有专用的切断开关(见 5.3.5),副边设有过电流保护,而且装在控制电柜内电源切断开关的邻近处(见 13.1.3);
——外部供电的照明电路(例如工厂照明电源)。只允许装在控制电柜中,整个机械工作照明的额定功率不超过 3 kW。

例外:操作者在正常工作时若伸臂碰不到的固定照明,本条规定不适用。

15.2.3 保护

局部照明电路应按照 7.2.6 进行保护。

15.2.4 照明配件

可调照明配件应适应于实际环境。

灯头座应：

——符合有关 IEC 出版物；

——用保护灯头的绝缘材料制造以防止意外触电。

反光罩应用灯架而不应用灯头座支承。

例外：操作者在正常工作时若伸臂碰不到的固定照明，本条规定不适用。

16 标记、警告标志和参照代号

16.1 概述

警告标志、铭牌、标记和识别牌应经久耐用，经得住复杂的实际环境影响。

16.2 警告标志

16.2.1 电击危险

不能清楚表明其中装有会引起电击风险的电气设备的外壳，都应标记 GB/T 5465.2—2008 中 5036 图形符号：

警告标志应在外壳门或盖上清晰可见。

警告标志在下列情况可以省略(见 6.2.2b))：

——装有电源切断开关的外壳；

——人机接口或控制站；

——自带外壳的单一器件(如位置传感器)。

16.2.2 热表面危险

风险评价表明需要警告防止电气设备危险表面温度的可能性时，应使用 GB/T 5465.2—2008 中 5041 图形符号。

注：对于电气设备，这项措施在 GB 16895.2—2005 中 423 和表 42A 说明。

16.3 功能识别

控制器件、视觉指示器和显示器(尤其是涉及到安全功能的器件)，应在器件上或在其附近清晰耐久地标出与它们功能有关的标记。这些标记是设备的用户和供方之间一致商定的(见附录 B)。应优先选用 GB/T 5465.2—2008 中 5041 和 ISO 7000 规定的标准符号。

16.4 设备的标记

设备(如控制设备组合)应有清晰耐久地标记，在设备被安装后使人们清晰可见。铭牌应固定在邻近各个引入电源的外壳上，并给出下列信息：

——供方的名称或商标；

——必要时的认证标记；

——使用顺序号；

——额定电压、相数和频率(如果是交流),每个电源的满载电流;

——设备的短路额定值;

——主要文件号(见 GB/T 19529—2004)。

铭牌标示的满载电流,不应小于正常使用条件下同时运行的所有电动机和其他设备的满载电流之和。

如果仅使用单一的电动机控制器,则这种信息可在机械的清晰可见的铭牌上提供。

16.5 参照代号

所有电柜、装置、控制器件和元件应清晰标出与技术文件相一致的参照代号。

17 技术文件

17.1 概述

为了安装、操作和维护机械电气设备所需的资料,应以简图、图、表图、表格和说明书的形式提供。这些资料应使用供方和用户共同商定的语言(见附录 B)。提供的资料可随电气设备的复杂程度而异。对于很简单的设备,有关资料可以包容在一个文件中,只要这个文件能显示电气设备的所有器件并使之能够连接到供电网上。

注 1:有电气设备项目的技术文件可构成机械电气设备的文件部分。

注 2:有些国家要求使用由法律要求所覆盖的特定语言。

17.2 提供的资料

随电气设备提供的资料应包括:

a) 主要文件(元器件清单或文件清单);

b) 配套文件包括:

1) 设备、装置、安装以及电源连接方式的清楚全面的描述;

2) 电源要求;

3) 实际环境(如照明、振动、噪声级、大气污染)的资料(在适当的场合);

4) 概略图或框图(在适当的场合);

5) 电路图;

6) 下述有关资料(在适当的场合):

- 编制的程序,当使用设备需要时;
- 操作顺序;
- 检查周期;
- 功能试验的周期和方法;
- 调整维护和维修指南,尤其是对保护器件及其电路;
- 建议的备用元器件清单;
- 提供的工具清单。

7) 安全防护装置、联锁功能和防止危险的防护装置、尤其是以协作方式工作的机械防护装置的联锁的详细说明(包括互连接线图);

8) 安全防护的说明和有必要暂停安全防护功能时(如调整或维修)所提供措施的说明(见 9.2.4);

9) 保证机械安全和安全维护的程序说明(见 17.8);

10) 搬运、运输和存放的有关资料;

11) 负载电流、峰值起动电流和允许电压降的有关资料(当适用时);

12) 由于采取的保护措施引起遗留风险的资料,指出是否需要任何特殊培训的信息和任何需要个人保护设备的资料。

17.3 适用于所有文件的要求

除非制造商和用户之间另有协议,否则按下列要求:

——文件应依照 GB/T 6988 的相关部分制定；

——参照代号依照 GB/T 5094 的相关部分制定；

——说明书/手册应依照 GB/T 19678—2005 制定；

——元器件清单应依照 GB/T 19045—2003 中 B 类提供。

注：见附录 B 的 13 项。

为了便于查阅各种文件，供方应选用下述方法之一：

——文件由少量文件(例如少于 5)组成时，每个文件应附有属于电气设备的所有其他文件作为相互参照的文件号；

——只对于单层主要文件(见 GB/T 19529—2004)，应将图或文件清单中带文件号和标题的全部文件列出；

——在属于同一层次的元器件清单中，应列出文件结构某些层次(见 GB/T 19529—2004)的带文件号和标题的全部文件。

17.4 安装文件

安装文件应给出初始安装机械(包括试车)所需的全部资料。在复杂情况下，可能需要参阅详细的装配图。

应清楚表明现场安装电源电缆的推荐位置、类型和截面积。

应说明机械电气设备电源线用的过电流保护器件的形式、特性、额定电流和整定值的选择所需的数据(见 7.2.2)。

如必要，应详细说明由用户准备的地基中的管道尺寸、用途和位置(见附录 B)。

应详细说明由用户准备的机械和关联设备之间管道、电缆托架或电缆支撑物的尺寸、类型及用途(见附录 B)。

如必要，图上应表明移动或维修电气设备所需的空间。

注 1：安装图的示例见 GB/T 6988.4—2002。

此外，在需要的场合应提供互连接线图或互连接线表，这种图或表应给出所有外部连接的完整信息。如果电气设备预期使用一个以上电源供电，则互连线图或表应指明使用的每个电源所要求的变更或连接方法。

注 2：互连接线图或表的示例见 GB/T 6988.3—1997。

17.5 概略图和功能图

如果需要便于了解操作的原理，应提供概略图。概略图象征性地表示电气设备及其功能关系而无需示出所有互连关系。

注 1：概略图示例见 GB/T 6988 系列。

功能图可作为概略图的一部分或除了概略图之外还有功能图。

注 2：功能图示例见 GB/T 6988.2—1997。

17.6 电路图

应提供电路图。这些图应示出机械及其关联电气设备的电气电路。GB/T 4728 中没有出现的图形符号，应单独指明，并在图上或支持文件上说明。机械上的和贯穿于所有文件中的器件和元件的符号和标志应完全一致。

如必要应提供表明接口连接的端子图。为了简化，这种图可与电路图一起使用。这种图应包括所表明的每个单元所涉及的详细电路图。

在机电图上，开关符号应展示为电源全部断开(如电、空气、水、润滑剂的开关)，而机械及其电气设备应显示为随时可以正常起动的状态。

导线应按照 13.2 的规定标记。

电路图的展示应使得能便于了解电路的功能、便于维修和便于故障位置测定。有些控制器件和元件有关功能特性，若从它们的符号表示法不能明显表达出来，则应在图上其符号附近说明或加注脚注。

17.7 操作说明书

技术文件中应包含有一份详述电气设备安装和使用的正确方法的操作说明书。应特别注意规定的安全措施。

如果能为设备操作编制程序，则应提供编程方法、需要的设备、程序检验和附加安全措施的详细资料。

17.8 维修说明书

技术文件中应包含有一份详述调整、维护、预防性检查和修理的正确方法的维修说明书。对维修间隔和记录的建议应为该说明书的一部分。如果提供正确操作的验证方法（例如软件测试程序），则这些方法的使用应详细说明。

17.9 元器件清单

如果提供元器件清单，至少应包括订购备用件或替换件所需的信息（如元件、器件、软件、测试设备和技术文件），这些文件是预防性维修和设备保养所需要的，其中包括建议设备用户在仓库中储备的元器件。

18 检验

18.1 概述

本部分规定机械电气设备通用技术条件。特定机械检验范围在专用产品标准中规定。如果该机械尚无专用产品标准，则可从 c)～e)项中选一项或多项适合的检验，但总应包括 a)、b)和 f)项检验：

a) 电气设备的检验与技术文件一致性；

b) 若通过自动切断电源进行间接接触的防护，对于自动切断电源适用的保护条件应按照 18.2 进行检验；

c) 绝缘电阻试验（见 18.3）；

d) 耐压试验（见 18.4）；

e) 残余电压的防护（见 18.5）；

f) 功能试验（见 18.6）。

进行试验时，建议遵循以上列出的顺序。

当电气设备变动时，应采用 18.7 规定的要求。

这些试验应按照 IEC 标准规定的测量设备进行，对于符含 18.2 和 18.3 的试验，采用符合 GB/T 18216 系列标准的测量设备。

应为检验结果提供文件。

18.2 用自动切断电源作保护条件的检验

18.2.1 概述

自动切断电源的条件（见 6.3.3）应通过试验检验。

对于 TN 系统，这些试验方法的描述见 18.2.2；对于不同电源条件的应用按照 18.2.3 的规定。

对于 TT 和 IT 系统见 GB/T 16895.23—2005。

18.2.2 TN 系统试验方法

试验 1 保护联结电路连续性的检验。试验 2 用自动切断电源作保护条件的检验。

试验 1 保护联结电路连续性的检验。

PE 端子（见 5.2 和图 2）和各保护联结电路部件的有关点之间的每一个保护联结电路的电阻应采用取自最大空载电压为 24 V a.c 或 d.c 的独立电源（SELV，见 GB/T 16895.21—2004 中 413.1），电流在 0.2 A～10 A 之间进行测量。建议不使用 PELV 电源，因为这种电源在该试验中会产生使人误解的结果。根据有关保护联结导体的长度，截面积和材料，测出的电阻应在预期范围内。

注 1：对于连续性试验使用较大的电流提高试验结果的准确性，尤其包括低电阻在内，即较大截面积和（或）较短的长度。

试验2故障环路阻抗检验和关联的过电流保护器件的适合性。

机械的电源连接和引入的外部保护导线至PE端子的连接，应通过观察检验。

按照6.3.3和附录A用自动切断电源作保护条件应通过下列两种方法检验：

1) 故障环路阻抗的检验，依据：

——计算，或

——按照A.4测量。

2) 确认按照附录A的要求关联过电流保护器件的设置和特性。

注2：对于用自动切断电源作保护条件，要求电流 I_a 等于约1 kA的电路可以进行故障环路阻抗测量（在附录A规定的时间内，I_a 是引起切断器件自动动作的电流）。

18.2.3 TN系统试验方法的应用

对机械的每个保护连接电路应完成18.2.2的试验1。

当通过测量完成18.2.2的试验2时，试验1总应先于试验2。

注：在环路阻抗试验期间，保护联结电路连续性中断可能对试验者或其他人员引起危险情况或导致电气设备损坏。

对不同情况的机械所需要的试验用表9的规定。表10可用于确定机械情况。

表9 TN系统试验方法的应用

程序	机械情况	在现场检验
A	机械电气设备在现场安装和连接，若保护联结电路的连续性在现场的后续安装和连接尚未确认	试验1和试验2(见18.2.2) 例外：若由制造厂预先计算的故障环路阻抗或电阻是可靠的并且： ——设备的安装，允许检验用于计算的导线长度和截面积，和 ——若可以确定现场的电源阻抗小于或等于制造厂用于计算电源阻抗的假定值。 在现场连通保护联结电路的试验1(18.2.2)和通过观查电源的连接和引入的外部保护导线到机械PE端子的连接检验是足够了
B	保护联结电路有超过表10给定示例的电缆长度则用试验1和试验2，通过测量使机械提供保护联结电路连续性检验(见18.1)的证明。 情况B1)为了装运提供完全装配和不拆卸。 情况B2)为了装运提供的拆卸，这里拆卸、运输和重新装配后(如使用插头/插座连接)要保证保护导体的连续性	试验(见18.2.2) 例外： 可以确定现场电源阻抗小于或等于用于计算的值或试验2期间经测量的试验电压阻抗值时，现场不要求试验，但连接检验除外： ——电源的情况B1)和机械引入的外部保护导线到PE端子的情况B1)； ——电源的情况B2)和机械引入的外部保护导线到PE端子的情况B2)，以及为装运拆分所有保护导线连接的情况B2)
C	有保护联结电路且不超过表10给定示例的电缆长度的机械，通过试验1或试验2(见18.2.2)，经测量提供保护联结电路连接性检验(见18.1)的证明。 情况C1)为了装运提供完全装配和不拆卸。 情况C2)为了装运提供的拆卸，这里拆卸、运输和重新装配后(如使用插头/插座连接)要保证保护导体的连续性	不要求现场试验。对于不通过插头/插座接电源的机械，引入的外部保护导体到机械的PE端子的正确连接应通过目测检验。 情况C2)安装文件(见17.4)要求所有保护导体的连接应目测检验，此处连接指为装运被分拆过

表 10　起自每个保护器件至负载间最大电缆长度的示例

1 至每个保护器件的电源阻抗	2 截面积	3 保护器件标定额定值或整定值 I_N	4 熔丝断开时间 5 s	5 熔丝断开时间 0.4 s	6 小型断路器特性 B[1] $I_a=5\times I_N$ 断开时间 0.1 s	7 小型断路器特性 C[2] $I_a=10\times I_N$ 断开时间 0.1 s	8 可调断路器 $I_a=8\times I_N$ 断开时间 0.1 s
mΩ	mm^2	A	从每个保护器件到负载间最大电缆长度/m				
500	1.5	16	97	53	76	30	28
500	2.5	20	115	57	94	34	36
500	4.0	25	135	66	114	35	38
400	6.0	32	145	59	133	40	42
300	10	50	125	41	132	33	37
200	16	63	175	73	179	55	61
200	25(相)/16 (PE)	80	133				38
100	35(相)/16 (PE)	100	136				73
100	50(相)/25 (PE)	125	141				66
100	70(相)/35 (PE)	160	138				46
50	95(相)/50 (PE)	200	152				98
50	120(相)/70 (PE)	250	157				79

表 10 中最大电缆长度值基于下列假设：

——PVC 电缆用铜导体，在短路条件下导体温度为 160 ℃（见表 D.5）；

——16 mm^2 及以下包含相导体的电缆，保护导体与相导体截面积相等；

——16 mm^2 以上的电缆，保护导体的尺寸可以减少如表中所示；

——3 相系统，电源的标称电压 400 V；

——每个保护器件最大电源阻抗依照第 1 栏（列）；

——第 3 栏（列）的值与表 6 有关系（见 124）。

与这些假设不一致时可能要求完整计算或测量故障环路阻抗。进一步的信息见 IEC 60228 和 IEC 61200-53。

18.3　绝缘电阻试验

当执行绝缘电阻试验时，在动力电路导线和保护联结电路间施加 500 V d.c 时测得的绝缘电阻不应小于 1 MΩ。绝缘电阻试验可以在整台电气设备的单独部件上进行。

例外：对于电气设备的某些部件，如母线、汇流线、汇流排系统或汇流环装置，允许绝缘电阻最小值低一些，但不能小于 50 kΩ。

1）　按照 GB 10963 系列标准。

2）　按照 GB 10963 系列标准。

如果电气设备包含浪涌保护器件，在试验期间，该器件可能工作，则允许采用下列任何一种措施：

——折开这些器件，或

——降低试验电压值，使其低于浪涌保护器件的电压保护水平，但不低于电源电压(相对中线)的上限峰值。

18.4 耐压试验

当执行耐压试验时，应使用符合 GB/T 17627.2—1998 要求的设备。

试验电压的标称频率为 50 Hz 或 60 Hz。

最大试验电压具有两倍的电气设备额定电源电压值或 1 000 V，取其中的较大者。

最大试验电压应施加在动力电路导线和保护联结电路之间近似 1 s 时间。如果未出现击穿放电则满足要求。

不适宜经受试验电压的元件和器件应在试验期间断开。

已按照某产品标准进行过耐压试验的元件和器件在试验期间可以断开。

18.5 残余电压的防护

适当时，应进行此项试验以确保符合 6.2.4 的要求。

18.6 功能试验

电气设备的功能应进行试验。

电气安全电路的功能(如接地故障检测)应进行检验。

18.7 重复试验

如果机械及其有关设备的一些部分有变动或改进，这些部分应重新检验和试验(见 18.1)。

尤其应注意重复试验对设备可能有不利的影响(如绝缘过电压，器件的断开/重新连接)。

附 录 A
（规范性附录）
在 TN 系统中间接接触的防护[3)]

A.1 概述

间接接触的防护应由过电流保护器件提供，在电路或设备中，如果在带电部分和外露可导电部分或保护导体之间发生故障时，过电流保护器件应在足够短的切断时间内，自动切断电路或设备的供电。对于机械，切断时间不超过 5 s 视为足够短。

例外：不能保证 5 s 的切断时间时，应提供措施（如辅助保护联结）以防止来自同时可触及的可导电部分之间预期触摸电压超出 50 V a.c 或 120 V d.c 无纹波，见 A.3。

通过插座或不通过插座直接向Ⅰ类手持式或便携式设备供电的电路（如在机械上辅助设备用的插头/插座，见 15.1），表 A.1 规定的最长切断时间视为足够短。

表 A.1 TN 系统的最长切断时间

U_0[a]/V	切断时间/s
120	0.8
230	0.4
277	0.4
400	0.2
>400	0.1

[a] U_0 是对地标称交流电压方均根值。

注 1：在 GB/T 156 规定的容许偏差范围内的电压，切断时间适用于施加的标称电压。

注 2：对于两级之间的电压值，使用表中紧接在其后的较高值。

A.2 用过电流保护器件自动切断电源作保护条件

过电流保护器件特性和回路阻抗应是那样的：电气设备内任何地方的相线和保护导体或外露可导电部分之间如果发生可忽略阻抗的故障时，将在规定的时间内（即≤5 s 或≤依照表 A.1 的值）自动切断电源。下列条件满足本要求：

$$Z_s \times I_a \leqslant U_0$$

式中：

Z_s——包括电源、故障点和电源之间的带电导体到故障点和带电导体到保护导体的故障环阻抗，单位为欧姆（Ω）；

I_a——在规定的时间内引起切断保护器件自动动作的电流，单位为安培（A）；

U_0——对地标称交流电压，单位为伏（V）。

应注意由于故障电流使导体的温度提高，其电阻也随之增加。

注：计算短路电流的资料可以找到，例如在 GB/T 15544 中或从短路保护器件的供方获得。

3) 本附录 A 源自于 GB 16895.21—2004 和 GB/T 16895.23—2005。

A.3　用减小触摸电压使之低于 50 V 作保护条件

当不能采取 A.2 的要求及选择辅助联结作为防护危险触摸电压的措施时，本保护条件意指触摸电压已减小到低于 50 V 以及保护电路的阻抗(Z_{PE})若不超出下式所示时，达到了保护条件。

$$Z_{PE} \leqslant \frac{50}{U_0} \times Z_s$$

式中：

Z_{PE}——装置中设备的任何处和机械端子(见 5.2 和图 2)之间的保护联结电路的阻抗或是同时可触及的外露可导电部分和(或)外部可导电部分之间的保护联结电路的阻抗。

本条件证实通过使用 18.2.2 的试验 1 测量电阻 R_{PE} 而获得。若 R_{PE} 的测出值不超出下式所示时，达到了保护条件。

$$R_{PE} \leqslant \frac{50}{I_{a(5\ s)}}$$

式中：

$I_{a(5\ s)}$——保护器件的 5 s 动作电流，单位为安培(A)；

R_{PE}——机械上端子(见 5.2 和图 2)和设备的任何处之间的保护联结电路的电阻或是同时可触及的外露可导电部分和(或)外部可导电部分之间的保护联结电路的电阻。

注 1：辅助保护联结被认为是对防护间接接触的补充。

注 2：辅助保护联结可以包括整个装置、部分装置、设备零件或配置。

A.4　用自动切断电源保护条件的检验

A.4.1　概述

依据 A.2 用自动切断电源作间接接触防护的措施，措施的有效性检验如下：

——通过目测断路器标称设置和熔断器电流额定值来检验关联的保护器件的特性，和；

——测量故障环路阻抗(Z_s)。

例外：可获得故障环路阻抗的计算或保护导体电阻的计算以及当装置的配置允许检验导线的长度和截面积时，保护导体连续性检验可以代替测量。

A.4.2　故障环路阻抗的测量

故障环路阻抗的测量应使用符合 GB/T 18216.3 的测量设备进行。有关测量结果的信息和在测量设备的文件中规定要遵循的程序应予考虑。

在预定的装置处，当机械连接到其频率与电源的标称频率相同的电源时，应进行测量。

注：图 A.1 表明在机械上测量故障环路阻抗的典型配置。在试验期间如果不能连接电动机，在试验中，不使用的两相导体可以断开，例如拆去熔断器。

故障环路阻抗的测量值应遵照 A.2 的规定。

A.4.3　导体电阻的测量值和故障条件下实际值之间差异的考虑

注：在环境温度下进行测量，由于电流小，故障条件下则需要考虑导体的电阻随温度的提高而增加，以检验故障回路阻抗的测量值符合 A.2 的要求。

由于故障电流导体的电阻随温度的提高而增加，在下式中考虑：

$$Z_{s(m)} \leqslant \frac{2}{3} \times \frac{U_0}{I_a}$$

式中：

$Z_{s(m)}$——Z_s 的测量值。

如果故障环路阻抗的测量值大于 $2U_0/3I_a$，按照 GB/T 16895.23—2005 中 C.61.3.6.2 描述的程序可以进行更准确的评价。

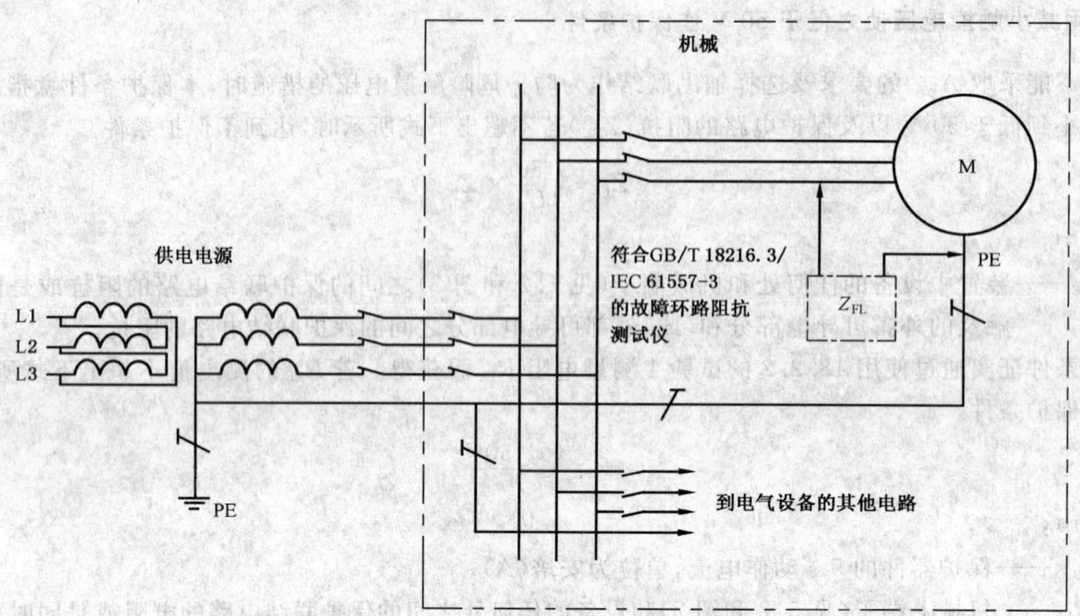

图 A.1 故障环路阻抗测量典型配置

附　录　B
(资料性附录)
机械电气设备查询表

建议由设备的预期用户提供下列信息。这些信息简化用户与供方之间就基本条件和用户的附加要求的协议以确保机械电气设备的正确设计、使用和利用(见4.1)。

制造厂/供方名称				
最终用户名称				
投标书/定单编号		日期		
机械型号		序列号		
1. 特殊条件(见第1章)				
a)　机械在露天使用吗?	是		否	
b)　机械将使用、加工或生产爆炸性或易燃性材料吗?	是/否		如果是,请详细说明	
c)　机械是在可能爆炸或易燃的环境中使用吗?	是/否		如果是,请详细说明	
d)　当生产或消耗某些材料机械会产生特殊危险吗?	是/否		如果是,请详细说明	
e)　机械用于矿山吗?	是		否	
2. 电源及有关条件(见4.3)				
a)　预期的电压波动(如果超过±10%)				
b)　预期的频率波动(如果超过±2%)	持续		短时间	
c)　指明电气设备今后可能的变化,这种变化会对电源方面增加要求				
d)　电源规定的中断如果比第4章规定的长,若电气设备在这样的条件下必须保持运行				
3)　实际环境和工作条件(见4.4)				
a)　电磁环境(见4.4.2)	居住、商业或轻工业环境		工业环境	
规定条件或要求				
b)　环境温度范围				
c)　湿度范围				
d)　海拔				
e)　规定的环境条件(如腐蚀性气体、粉尘、潮湿环境)				
f)　辐射				
g)　振动、冲击				

表（续）

h) 特殊的安装和工作要求(如阻燃的电缆和导线)				
i) 运输和存放(如温度超出4.5规定的范围)				
4 引入电源				
规定每个电源				
a) 标称电压(V)	a.c		d.c	
	若为a.c,相数		频率	
电源到机械接入点处的预期短路电流(kA r.m.s)(见第2章)				
b) 电源的接地型式(见GB 16859.1)	TN(系统具有直接接地点,保护导线(PE)接到此点上);如果规定接地点是中性点(星形中心点)或其他点		TT(系统具有直接接地点,但机械的保护导线(PE)不接到系统的接点上)	
	IT(系统不直接接地)			
c) 电气设备是否连接电源中线(N)?(见5.1)	连接		不连接	
d) 电源切断开关				
是否需要切断中线(N)?	需要		不需要	
切断中线(N)是否需要可移动的连接物?	需要		不需要	
所提供电源切断开关的型式				
5 电击防护(见第6章)				
a) 在设备正常运行期间,哪类人员可以接近电箱内部?	电气熟练人员		电气受过训练人员	
b) 为扣紧门或盖而提供的锁是可取下钥匙的吗?(见6.2.2)	是		否	
6. 设备的保护(见第7章)				
a) 电源线的过电流保护是由用户还是由供方提供?(见7.2.2)				
过电流保护器件的型式和额定值				
b) 可联机直接起动最大的三相交流电动机(kW)				
c) 电动机过载检测器件的数目是否可以减少?(见7.3)	是		否	
7. 操作				
对于无线控制系统,当缺少有效信号时,自动引发机械关机前,规定延迟时间吗?				

表（续）

8. 操作板和安装在机械上的控制器件(见第10章)				
特殊颜色优先(如与现有的机械一致)	起动		停止	
	其他			
9. 控制设备				
外壳防护等级(见11.3)或特殊条件:				
10. 配线技术(见第13章)				
对于导线使用的标识有专门的方法吗?(见13.2.1)	有		无	
型式				
11. 附件和照明				
a) 需要的插座型式是特殊的吗?	是		否	
如果是,哪种型式?				
b) 配备的维修用插座带剩余电流保护器件(RCD)的附加保护吗?	有		无	
c) 当机械配备局部照明时:	最高允许电压(V)		如果照明电路电压不是直接取自电源,则说明优选电压	
12. 标记、警告和参照代号(见第16章)				
a) 功能标识(见16.3)				
规范:				
b) 名言警句/专用标记	在电气设备上吗?		用何种语言?	
c) 认证标记	有		无	
如果有,是哪种?				
13. 技术文件(见第17章)				
a) 技术文件(见17.1)	在何载体上?		用何种语言?	
b) 由用户提供的管道、开式电缆托架或支架的尺寸、位置和用途(见17.5)				
c) 如果特定机件或控制设备组件在运往安装位置时可能影响运输,则指明对尺寸或重量的特定限制:	最大尺寸		最大重量	
d) 对于专用机械,是否需要提供负荷下机械的运行试验证书?	是		不是	
e) 对于其他机械,是否需要提供负荷下机械的运行型式试验证书?	是		不是	

附 录 C
（资料性附录）
GB 5226 的本部分涉及的机械示例

下列清单给出一些机械的示例，它们的电气设备为本部分所涉及。这个清单不意味着是无遗漏的，但是与机械(3.35)的定义相一致的。本部分不适用于 GB 4706 系列标准范围内的家用和类似家用器具相同的设备。

金属加工机械
——金属切削机床
——金属成形机械

食品机械
——碾面机
——和面机
——馅饼和糕点机械
——肉类加工处理机械

塑料和橡胶机械
——塑料注射成型机
——挤压机
——热固模机
——粉碎机
——吹膜机

印刷、纸张和纸板机械
——印刷机
——精修机、切纸机、折页机
——卷纸和纵向切分机械
——折叠箱粘合机
——纸和纸板定形机

木工机械
——木工机床
——层压机
——大型锯机

检查/测试机械
——坐标测量机
——加工过程中的测量装置

装配机械

压缩机

物料搬运机械
——工业机器人
——运输机械
——传送带
——存放和提取机械

包装机械
——码垛/拆垛机械
——打包机和收缩打包机

纺织机械

洗熨机械

制冷和空调机械

采暖和通风机械

皮革/仿革制品和鞋类机械
——剪冲机
——粗轧、擦洗、磨革、修整、刷光机
——靴鞋模压机
——鞋楦机

建筑和建材机械
——隧道掘进机械
——混凝土机械
——制砖机
——岩石加工、制陶、制玻璃机

起重机械(见 GB 5226.2)
——吊车
——起重机

人员输送机械
——自动扶梯
——缆车、升降椅、滑雪升降机
——载客电梯

动力门

休闲机械
——游乐场乘坐装置

泵类

农林机械

可移动式机械
——木工机械
——金属加工机械

活动式机械
——升降台
——叉车
——建筑机械

熔融金属热加工机械

制革机械
——多滚筒机
——带刀机
——液压制革机

采矿和采石机械

附 录 D
（资料性附录）
机械电气设备中导线和电缆的载流容量和过电流保护

本附录的目的在于提供选择导线尺寸的附加信息，在这里应对表6(见第12章)给定的条件给予修正(见表6的注)。

D.1 一般工作条件

D.1.1 环境温度

表6给出了环境温度40℃时的PVC绝缘导线的载流容量。对于其他环境温度，表D.1给出修正系数。

橡胶绝缘电缆用修正系数由电缆制造厂给出。

表 D.1 修正系数

环境温度/℃	修正系数
30	1.15
35	1.08
40	1.00
45	0.91
50	0.82
55	0.71
60	0.58
注：修正系数来源于IEC 60364-5-52，正常条件下最高温度适用PVC 70℃。	

D.1.2 安装方法

在机械中，电柜到设备各单元间的电线和电缆假定为典型的安装方法如图D.1所示(所用的字母代码按IEC 60364-5-52:2001)。

方法B1:用导线管(见3.7)和电缆管道装置(见3.5)放置和保护导线或单芯电缆。

方法B2:同B1，但用于多芯电缆。

方法C:在自由空间安装的多芯电缆，水平或垂直悬装壁侧，电缆之间无间隙。

方法E:在自由空间安装的多芯电缆，水平或垂直装在开式电缆托架上(见3.4)。

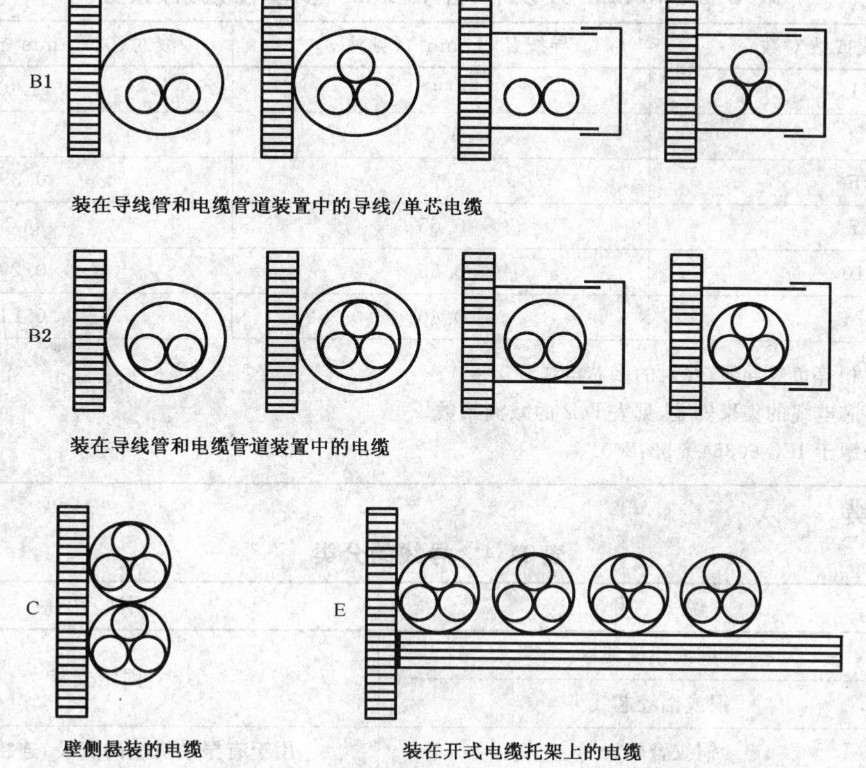

图 D.1 不受导线/电缆数量限制的导线和电缆的安装方法

D.1.3 集聚安装

如果安装多条负载电缆/线对，则表 6 的载流值 I_z 或制造厂按表 D.2 或表 D.3 的值应减额使用。

注：I_b<30%I_z 的电路不需要减额。

表 D.2 集聚安装用 I_z 减额系数

安装方法 (见图 D.1)(见注 3)	负载电缆/线对数			
	2	4	6	9
B1(导线)、B2(电缆)	0.80	0.65	0.57	0.50
C 单层安装，电缆之间无间隙	0.85	0.75	0.72	0.70
E-单层安装，在一个穿孔托架上，电缆之间无间隙	0.88	0.77	0.73	0.72
E 同上，但有 2～3 个托架垂直放置，各托架之间相距 300 mm(见注 4)	0.86	0.76	0.71	0.66
控制电路线对≤0.5 mm^2(与安装方法无关)	0.76	0.57	0.48	0.40

注 1：系数适用于：

——电缆，负载相同，电路加平衡负载；

——绝缘电线或电缆电路的分组，允许的最高工作温度相同。

注 2：同一系数适用于：

——2 组或 3 组单芯电缆；

——多芯电缆。

注 3：系数来源于 IEC 60364-5-52:2001。

注 4：穿孔电缆托架其孔占基底面积的 30%(来源于 IEC 60364-5-52:2001)。

表 D.3　10 mm^2 及以下(含 10 mm^2)多芯电缆减额系数

负载导线或线对数	导线(>1 mm^2)(见注 3)	线对(0.25 mm^2～0.75 mm^2)
1	—	1.0
3	1.0	—
5	0.75	0.39
7	0.65	0.3
10	0.55	0.29
24	0.40	0.21
注 1：适用有相等负载导线/线对的多芯电缆。 注 2：对于多芯电缆的集聚安装，见表 D.2 的减额系数。 注 3：系数来源于 IEC 60364-5-52:2001。		

D.1.4　导线分类

表 D.4　导线的分类

类　别	说　明	用法/用途
1	铜或铝硬线	固定安装
2	铜或铝绞芯线	
5	铜绞合软线	用于有振动机械的安装，连接移动部件
6	铜绞合软线，比 5 类线更软	用于频繁移动
注：来源于 IEC 60228。		

D.2　导线与过载保护器间的协调

图 D.2 说明导线参数与过载保护器间参数之间的关系。

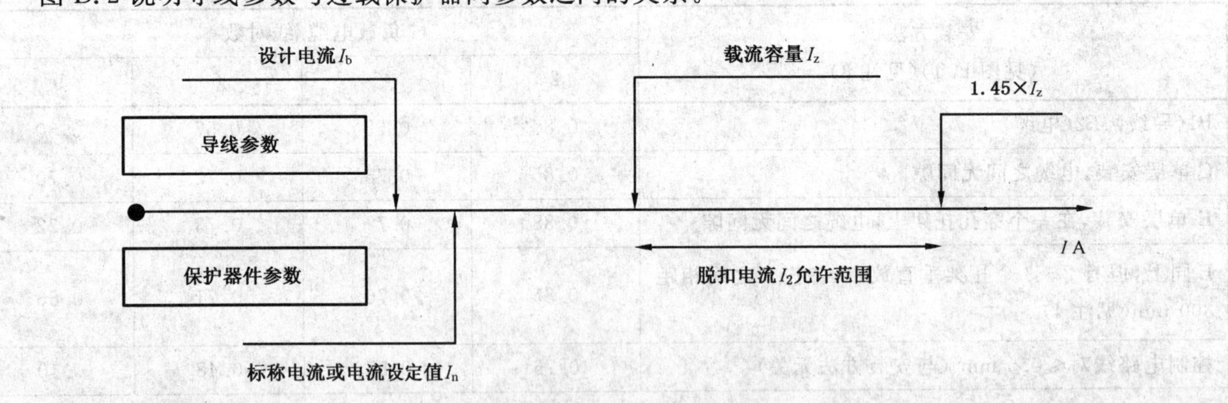

图 D.2　导线和保护器件的参数

电缆的正确保护要求防护电缆过载的保护器件(如过电流保护器件、电动机过载保护器件)满足下列两个条件：

$$I_b \leqslant I_n \leqslant I_z$$

$$I_2 \leqslant 1.45 I_z$$

式中：

I_b——设计的电路电流，单位为安培(A)；

I_z——电缆的连续工作有效载流容量，单位为安培(A)，按照表 6 对于特定安装条件：

——温度，I_z 的减额见表 D.1；

——聚集安装 I_z 的减额见表 D.2；

——多芯电缆，I_z 的减额见表 D.3。

I_n——保护器件的标称电流；

注 1：对于可调整的保护器件，标称电流 I_n 是选择的电流整定值。

I_2——在规定的时间范围内(如 63 A 的保护器件为 1 h)，保证保护器件有效动作的最小电流。

保证保护器件有效动作的电流 I_2 在产品标准中给出或由制造厂规定。

注 2：对于电动机回路导线，用于导线的过载保护，可由电动机用的过载保护来提供，而短路保护则由短路保护器件提供。

依照本条用于导线的过载保护，如果使用了兼有过载和短路两种保护的器件时，它既不在所有情况(如过载电流小于 I_2)下保证完全的保护，也不一定有经济的效果。因此，这种器件可能不适合会出现过载电流小于 I_2 的场合。

D.3 导线过电流保护

所有导线都要求用接入在所有带电导线中的保护器件来防护过电流(见 7.2)，使得在导线达到允许最高温度(见表 D.5)之前切断电缆中流动的任何短路电流。

注：关于中线见 7.2.3 第二段。

实际上，当保护器件在电流 I 作用下，在决不超过时间 t 的时间内使电路切断即达到了 7.2 的要求，此处 $t<5$ s。

时间 t 值单位为秒(s)，应按下式计算：

$$t=(K\cdot S/I)^2$$

式中：

S——截面积，单位为平方毫米(mm^2)；

I——用交流方均根值表达的短路电流，单位为安培(A)；

K——采用下列绝缘的铜导线的系数：

聚氯乙烯　115

橡胶　141

硅橡胶　132

交联聚乙烯　143

丙烯橡胶　143

gG 或 gM 型特性的熔断器(见 GB 13539.1)和按照 GB 10963 的 B 型和 C 型特性的断路器的使用确保不超过表 D.5 规定的温度限值。这适用于按表 6 选择标称电流 I_n 时，在那里 $I_n \leqslant I_z$。

表 D.5 正常和短路条件下导线允许的最高温度

绝缘种类	正常条件下导线最高温度/℃	短路条件下导线短时极限温度/℃
聚氯乙烯(PVC)	70	160
橡胶	60	200
交联聚乙烯(XLPE)	90	250
丙烯橡胶(EPR)	90	250
硅橡胶(SIR)	180	350
注：当导线短时极限温度高于 200 ℃时，镀锡或裸铜导线均不适合。镀银或镀镍铜导线适合在温度高于 200 ℃时使用。		
这些值基于短路时间不超过 5 的假定绝热性能。		

附 录 E
（资料性附录）
紧急操作功能说明

注：本附录所包含的这些概念是为了便于读者理解这些术语，虽然本部分仅使用其中的两条。

紧急操作

紧急操作包括下列单独的或组合的：

——紧急停止；

——紧急起动；

——紧急断开；

——紧急接通。

紧急停止

预期停止要出现的危险过程或运动的紧急操作。

紧急起动

预期起动过程或运动以去除或避免危险情况的紧急操作。

紧急断开

预期切断设备的全部或部分电源，避免电击危险或其他由电引起的危险的紧急操作。

紧急接通

预期接通部分设备的电源，是预期用作紧急情况的紧急操作。

附　录　F
（资料性附录）
GB 5226 的本部分使用指南

F.1　概述

本部分规定的许多通用技术要求，可能适用也可能不适用于特殊机械的电气设备。只是简单的引用而没有任何限定，对于 GB 5226.1 完整标准是不够的。要使选择的要求能覆盖本部分的全部技术要求。技术委员会制定产品系列标准或专用产品标准（欧洲标准化委员会制定的 C 类标准），而没有产品系列标准或专用产品标准的机械，机械制造厂应按下列方式采用本部分：

a)　直接引用本部分；

b)　从有关条文给出的技术要求中选择最适用的；

c)　机械电气设备的特殊要求由其他有关的标准适当覆盖时，如必要，修改某些引用条文。

提供的条文选项及修改不能对按照机械风险评价要求的防护等级有不利的影响。

当应用上述 a)、b) 和 c) 三项原则时，有如下建议：

——引用本部分的有关条文：

1)　遵照本部分，指出有关应用选择的出处；

2)　专用机械或设备要求修改或扩充的本部分条文。

对于电气设备的要求完全由本部分覆盖时，可直接引用本部分。

在所有情况下，能对下列各项进行评价是很重要的：

——完成所需要的机械风险评价；

——认真阅读理解本部分的全部要求；

——从本部分可供选择的方法中选取可应用的技术要求；

——识别不用于或不包括在本部分中的可供选择的方法或附加的特殊要求；

——明确规定这些特殊要求。

本部分的图 1 是典型机械的框图，可用作本任务的起点。它指示处理特殊要求或特殊设备的条文或子条文。本部分是复杂的文件，表 F.1 有助于识别特殊机械的应用选择，并给出引用的其他相关标准。

表 F.1　应用选择

类　别	条文或子条文	i)	ii)	iii)	iv)
范围	1		X		
基本要求	4	X	X	X	GB/T 15706（所有部分） GB/T 16856
设备选择	4.2.2		X	X	IEC 60439 系列
电源切断（隔离）开关	5.3	X			
例外电路	5.3.5	X		X	GB/T 15706（所有部分）
防止意外起动，隔离	5.4，5.5 和 5.6	X	X	X	GB 19670
电击的防护	6	X			GB 16895.21
紧急操作	9.2.5.4	X		X	GB 16754
双手控制	9.2.6.2	X	X		GB/T 19671

表 F.1（续）

类　　别	条文或子条文	i)	ii)	iii)	iv)
无线控制	9.2.7	X	X	X	
失效情况的控制功能	9.4	X	X	X	GB/T 16856 GB/T 16855(所有部分) IEC 62061
位置传感器	10.1.4	X	X	X	ISO 14119
操作者接口装置的颜色和标志	10.2，10.3 和 10.4	X	X		IEC 60073 GB 18209(所有部分)
急停器件	10.7	X	X		GB 16754
紧急断开器件	10.8	X			
控制设备—防污染保护等	10.1.3 和 11.3	X	X	X	GB 4208
导线标识	13.2	X	X		
检验	18	X	X	X	
附加的用户要求	附录 B		X	X	

应该考虑对本部分的条文和子条文起作用的下列有关项目(用 X 表示)：

i) 从给出的措施中选择；

ii) 附加要求；

iii) 不同要求；

iv) 其他可能的相关标准。

附 录 G
（资料性附录）
常用导线截面积对照表

表 G.1 提供美国线规(AWG)与平方毫米、平方英寸和圆密耳表示的导线截面积对照。

表 G.1 导线尺寸对照表

导线尺寸	线规号	截面积		20 ℃时铜导线的直流电阻	圆密耳
mm^2	(AWG)	mm^2	in^2	Ω/km	
0.2		0.196	0.000 304	91.62	387
	24	0.205	0.000 317	87.60	404
0.3		0.283	0.000 438	63.46	558
	22	0.324	0.000 504	55.44	640
0.5		0.500	0.000 775	36.70	987
	20	0.519	0.000 802	34.45	1 020
0.75		0.750	0.001 162	24.80	1 480
	18	0.823	0.001 272	20.95	1 620
1.0		1.000	0.001 550	18.20	1 973
	16	1.31	0.002 026	13.19	2 580
1.5		1.500	0.002 325	12.20	2 960
	14	2.08	0.003 228	8.442	4 110
2.5		2.500	0.003 875	7.56	4 934
	12	3.31	0.005 129	5.315	6 530
4		4.000	0.006 200	4.700	7 894
	10	5.26	0.008 152	3.335	10 380
6		6.000	0.009 300	3.110	11 841
	8	8.37	0.012 967	2.093	16 510
10		10.000	0.001 550	1.840	19 735
	6	13.3	0.020 610	1.320	26 240
16		16.000	0.024 800	1.160	31 576
	4	21.1	0.032 780	0.829 5	41 740
25		25.000	0.038 800	0.734 0	49 338
	2	33.6	0.052 100	0.521 1	66 360
35		35.000	0.054 200	0.529 0	69 073
	1	42.4	0.065 700	0.413 9	83 690
50		47.000	0.072 800	0.391 0	92 756

温度不是 20 ℃时，可用下式计算：

$$R = Rl[1 + 0.003\ 93(t - 20)]$$

式中：

Rl——20 ℃时电阻；

R——温度为 t ℃时电阻。

参 考 文 献

[1] GB/T 156—2007 标准电压(IEC 60038:2002,MOD)

[2] GB 2099.1—2008 家用和类似用途插头插座 第1部分:通用要求(IEC 60884-1:2006,MOD)

[3] GB/T 2893.1—2004 图形符号 安全色和安全标志 第1部分:工作场所和公共区域中安全标志的设计原则(ISO 3864-1:2002,MOD)

[4] GB 4706(所有部分) 家用和类似用途电器的安全(IEC 60335,IDT)

[5] GB 5226.2—2002 机械安全 机械电气设备 第32部分:起重机械技术条件(idt IEC 60204-32:1998)

[6] GB 5226.3—2005 机械安全 机械电气设备 第11部分:电压高于1 000 V a.c或1 500 V d.c但不超过36 kV的高压设备的技术条件(IEC 60204-11:2000,IDT)

[7] GB 5226.4—2005 机械安全 机械电气设备 第31部分:缝纫机械、缝制单元和系统的特殊要求(IEC 60204-31:2001,IDT)

[8] GB 10963.1—2005 电气附件 家用及类似场所用过电流保护断路器 第1部分:用于交流的断路器(IEC 60898-1:2002,IDT)

[9] GB 10963.2—2003 家用及类似场所用过电流保护断路器 第2部分:用于交流和直流的断路器(IEC 60898-2:2000,IDT)

[10] GB/T 13534—1992 电气颜色标志的代号(eqv IEC 60757:1983)

[11] GB 13539.1—2008 低压熔断器 第1部分:基本要求(IEC 60269-1:2006,IDT)

[12] GB/T 14048.10—2008 低压开关设备和控制设备 第5-2部分:控制电路电器和开关元件 接近开关(IEC 60947-5-2:2004,IDT)

[13] GB/T 15544—1995 三相交流系统短路电流计算(eqv IEC 60909:1988)

[14] GB 16895(所有部分) 建筑物电气装置(IEC 60364,IDT)

[15] GB 17465.1—1998 家用和类似用途的器具耦合器 第一部分:通用要求(eqv IEC 60320-1:1996)

[16] GB/T 17799.1—1999 电磁兼容 通用标准 居住、商业和轻工业环境中的抗扰度试验(idt IEC 61000-6-1:1997)

[17] GB/T 17799.2—2003 电磁兼容 通用标准 工业环境中的抗扰度试验(idt IEC 61000-6-2:1999)

[18] GB 17799.3—2001 电磁兼容 通用标准 居住、商业和轻工业环境中的发射标准(idt IEC 61000-6-3:1996)

[19] GB 17799.4—2001 电磁兼容 通用标准 工业环境中的发射标准(idt IEC 61000-6-4:1997)

[20] GB 17888.1—2008 机械安全 进入机械的固定设施 第1部分:进入两级平面的固定设施的选择(ISO 14122-1:2001,IDT)

[21] GB 17888.2—2008 机械安全 进入机械的固定设施 第2部分:工作台和通道(ISO 14122-2:2001,IDT)

[22] GB 17888.3—2008 机械安全 进入机械的固定设施 第3部分:楼梯、阶梯和护栏(ISO 14122-3:2001,IDT)

[23] GB/T 18216(所有部分) 交流1 000 V和直流1 500 V以下低压配电系统电气安全 防护检测的试验、测量或监控设备(IEC 61557,IDT)

[24] GB/T 18380(所有部分) 电缆在火焰条件下的燃烧试验(IEC 60332,IDT)

[25] GB 19212.18—2006 电力变压器、电源装置和类似产品的安全 第18部分:开关型电源用变压器的特殊要求(IEC 61558-2-17:1997,MOD)

[26] GB/T 19215.1—2003 电气安装用电缆槽管系统 第1部分:通用要求(IEC 61084-1:1991,MOD)

[27] GB/T 19670—2005 机械安全 防止意外启动(ISO 14118:2000,MOD)

[28] IEC 60228:2004 绝缘电缆的导体

[29] IEC 60287(所有部分) 电缆 电流定额的计算

[30] IEC 61000-5-2:1997 电磁兼容 第5部分;安装和调试指南 第2节:接地和电缆敷设

[31] IEC 61000-6-2:2005 电磁兼容 通用标准 工业环境中的抗扰度试验

[32] IEC 61200-53:1994 电气安装导则 第53部分:电气设备的选择和安装

[33] IEC 61496-1:2004 机械安全 电敏防护设备 第1部分:一般要求和试验(GB/T 19436.1—2004,IEC 61496-1:1997,IDT)

[34] IEC 61800-3:2004 调速电气传动系统 第3部分:产品的电磁兼容性标准及其特定的试验方法(GB 12668.3—2003,IEC 61800-3:1996,IDT)

[35] IEC 61800-5-1:2003 调速电气传动系统 第5-1部分:安全要求 电、热和能

[36] IEC 导则 106:1996 适用于电气设备性能定额而规定环境条件指南

[37] ISO 14119:1998/Amd.1:2007 Ed.1 机械安全 联锁装置联合防护装置 选择和设计原则

[38] CENELEC HD 516 S2 低电压谐波电缆使用指南

索　引

本索引对第3章定义的术语按字母顺序排列并指出用于本部分正文的章条号。

表（续）

enclosed electrical operating area 封闭电气工作区	3.19,5.4,5.6,6.2.2,8.2.4
enclosure　外壳	3.20,3.10,4.4.2,5.3.3,6.2.2,6.2.4,7.2.8,8.2.3,8.2.5,9.4.3.1,10.8.1,10.8.2,11.2.1,11.2.2,11.3,11.4,11.5,12.7.1,12.7.6,12.7.8,13.3,13.5.6,14.2,15.2.1,15.2.2,16.2.1,16.4,16.5,附录 B
equipment　设备	3.21,1,3.2,3.5,3.8,3.10,3.15,3.16,3.19,3.20,3.21,3.23,3.27,3.42,3.47,3.51,3.54,3.57,4.1,4.2,4.3.1,4.3.4,4.4.1,4.4.2,4.4.3,4.4.4,4.4.5,4.4.6,4.4.7,4.4.8,4.5,4.6,4.7,5.1,5.2,5.3.1,5.3.5,5.4,5.5,6.1,6.2.1,6.2.2,6.2.4,6.3.1,6.3.2.1,6.3.2.2,6.4.1,7.1,7.2.2,7.2.5,7.7,7.9,8.1,8.2.1,8.2.2,8.2.3,8.2.7,8.2.8,8.4,9.2.5.4.1,9.4.1,10.3.2,11.1,11.2.1,11.2.2,11.3,11.4,11.5,12.2,12.3,12.4,13.3,13.4.2,13.4.5,13.5.3,14.1,14.5,15.2,16.1,16.2.1,16.2.2,16.3,16.4,17.1,17.2,17.3,17.4,17.6,17.7,17.9,18.1,18.2.2,18.2.3,18.3,18.4,18.6,18.7,A.1,A.2,A.3,附录 B,D.1.2
equipotential bonding　等电位联结	3.22,3.27,3.43,8.1
exposed conductive part　外露可导电部分	3.23,3.30,3.45,6.3.1,6.3.3,7.2.3,8.2.1,8.2.3,8.2.5,8.4,A.1,A.2,A.3,A.4.2
extraneous conductive part　外部可导电部分	3.24,3.45,8.2.1,A.3
F	
failure　失效	3.25,3.26,3.44,4.1,6.3.2.2,8.1,8.2.5,8.3,9.3.4,9.4.1,9.4.2,9.4.2.1,9.4.2.2,9.4.2.3,9.4.3.1,9.4.3.2
fault　故障	3.26,3.23,3.25,3.29,3.40,3.52,4.1,6.3.2.2,6.3.2.3,6.3.3,6.4.2,7.1,7.2.9,7.7,8.1,8.2.1,8.2.8,9.2.5.1,9.2.7.3,9.4.2.3,9.4.3.1,17.6,18.2.2,18.2.3,18.6,A.1,A.2,A.4.1,A.4.2,A.4.3
functional bonding　功能联结	3.27,4.4.2,8.1,8.3
H	
hazard,hazardous　危险	3.28,1,3.20,3.30,3.49,3.50,3.53,4.1,5.4,6.2.2,6.2.4,6.3.1,6.3.2,6.3.3,7.3.1,7.4,7.5,7.6,7.8,8.2.5,9.2.3,9.2.5.1,9.2.5.3,9.2.5.4.1,9.2.5.4.2,9.2.5.4.3,9.2.5.5,9.2.6.1,9.2.6.4,9.2.7.3,9.2.7.5,9.3.1,9.3.2,9.3.3,9.3.4,9.3.5,9.4.1,9.4.2.2,9.4.2.3,9.4.3.1,9.4.3.2,9.4.3.3,10.1.1,10.1.2,10.1.4,10.2.1,10.3.2,12.1,12.3,13.1,13.4.5,16.2.1,16.2.2,17.2,18.2.3,附录 B,附录 E
I	
indirect contact　间接接触	3.29,6.1,6.3,6.4,8.1,18.1,附录 A
inductive power supply systim 感应电源系统	3.30,5.3.1,5.5,13.1.4
(electrically) instructed person (电气)受过训练人员	3.31,3.15,3.19,5.5,6.2.2,附录 B
interlock (for safeguarding) (安全防护)联锁	3.32,1,6.2.2,9.1.1,9.2.5.3,9.2.6.3,9.3,9.4.2.3,11.2.2,13.4.5,17.2

表（续）

表（续）

risk 风险	3.48,1,3.31,3.33,3.43,3.50,3.53,4.1,4.2.2,5.4,9.2.4,9.2.5.3,9.2.5.4.1,9.2.5.4.2,9.2.6.2,9.2.7.4,9.4.1,9.4.2,11.4,13.2.1,13.4.2,16.2.1,16.2.2,A.1,附录 E,F.1
S	
safeguard 安全防护装置	3.49,3.50,4.1,9.3.1,17.2
safeguarding 安全防护	3.50,3.32,4.1,17.2
servicing level 维修站台	3.51,5.3.4,10.1.2,11.2.1
short-circuit current 短路电流	3.52,7.2.9,12.7.8,附录 B,D.3
(electrically) skilled person (电气)熟练技术人员	3.53,3.15,3.19,3.31,5.5,6.2.2,附录 B
supplier 供方	3.54,4.1,4.2.1,4.3.1,4.4.1,4.4.7,4.4.8,4.5,4.7,6.2.2,7.2.2,7.2.7,7.2.10,10.3.2,11.2.2,11.4,12.3,13.2.1,16.1,16.3,16.4,17.1,17.3,17.9,附录 B,F.1
switching device 开关电器	3.55,3.10,5.3.2,5.3.3,6.2.4,7.2.10,7.3.2,8.2.4,9.2.5.4.3,9.4.2.1,9.4.3.1,13.4.4,13.4.5
U	
uncontrolled stop 不可控停止	3.56,9.2.2
user 用户	3.57,1,3.54,4.1,4.3.2,4.4.1,4.4.7,4.4.8,4.5,7.2.2,7.2.9,7.3.2,10.3.2,13.2.1,14.5,16.3,17.3,17.4,17.9,附录 B,F.1